イラストで徹底理解する
エピジェネティクスキーワード事典

分子機構から疾患・解析技術まで

編集／牛島俊和，眞貝洋一

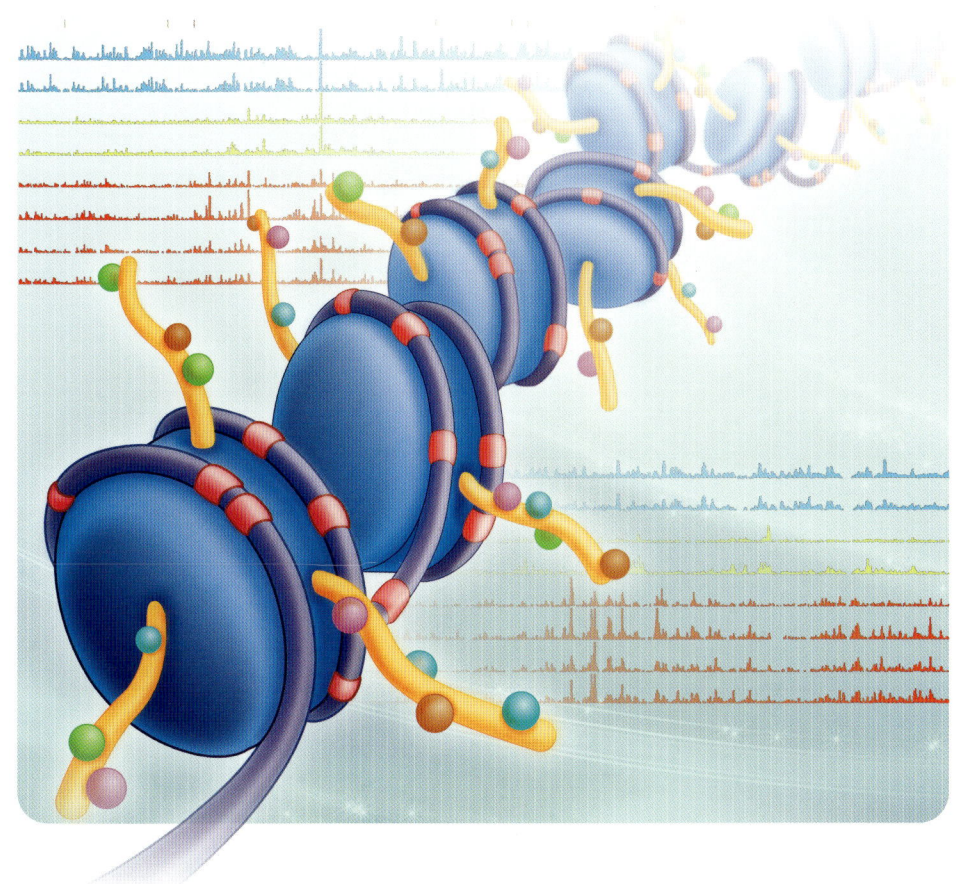

羊土社

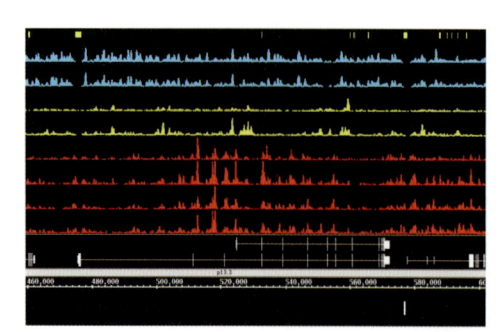
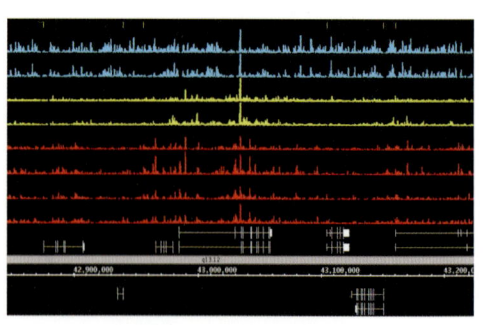

表紙写真：
ヒトES細胞およびがん細胞株のMeDIP-seq・hMeDIP-seqの解析結果
⇒第4部-2の永江玄太先生，油谷浩幸先生より提供

【注意事項】本書の情報について ──────────────
　本書に記載されている内容は，発行時点における最新の情報に基づき，正確を期するよう，執筆者，監修・編者ならびに出版社はそれぞれ最善の努力を払っております．しかし科学・医学・医療の進歩により，定義や概念，技術の操作方法や診療の方針が変更となり，本書をご使用になる時点においては記載された内容が正確かつ完全ではなくなる場合がございます．また，本書に記載されている企業名や商品名，URL等の情報が予告なく変更される場合もございますのでご了承ください．

はじめに

エピジェネティクス：
深化し続けるゲノム活用術
epigenetics : innovating tool to tailor genome

牛島俊和，眞貝洋一

　エピジェネティクスの重要性がますます高まっている．その理由はいくつかある．エピジェネティクスの概念が拡がり，扱う対象が増えてきたこと，がんのみならずさまざまな慢性疾患にも関与する可能性が高くなってきたこと，解析技法が進歩し，今までみえなかったことがみえてきたことなどである．一方で，分野の拡大に伴いフォローすべき情報が増え，新たにエピジェネティクス研究をはじめようという研究者には，敷居が高くなりつつある．そこで本書では，エピジェネティクス研究に必要な知識をすべて，基本から理解できるように工夫した．

1. エピジェネティクスの定義と担い手

　エピジェネティクスは，当初は，Conrad Waddingtonにより「発生過程で遺伝子型が表現型を決めるようになるしくみ」として定義された．その後，Arthur Riggsらにより「体細胞分裂に際して（場合によっては減数分裂に際して）保存されるDNA塩基配列以外の遺伝子機能の変化」と再定義され，以降，「体細胞分裂の際に保存されるDNA塩基配列以外の情報」とされることが多かった．その担い手として，DNAメチル化の役割が明らかになったのが1980年ごろである．その後，1994年，ヌクレオソームの位置も細胞分裂後に保存されることが見出された．さらに，ヒストンのアセチル化や一部のメチル化なども，複製を超えて保存されているようにみえることが多く，エピジェネティクスに含められた（図1）．その後，すべてのヒストン修飾が含められ，エピジェネティック修飾を付加・除去したり，読み取ったりする分子も含められるようになった．さらに，エピジェネティクス分子が結合するゲノム部位の特異性を制御するnon-coding RNA（ncRNA）や，遺伝子発現調節に重要な役割を果たす核内高次構造も，エピジェネティクスの一情報とする考え方もある．現在，確固たるエピジェネティクスの定義はないが，「DNAメチル化およびヒストン修飾に関連する学問領域」とするのが適当に思われる．本書の第1部では，これらの分子機構を理解するうえで重要なキーワードを取り上げた．

2. エピジェネティクスの役割

　受精卵では，細胞内の遺伝子の多くは働くようにも働かないようにもなりうる状態であり，いわば色が付いていない状態にある．エピジェネティクスは，発生・分化の過程で，働く遺伝子と働かない遺伝子を整然と決定し，体内の各種の細胞へと分化させ，個体を形成させていく（図2）．この部分は，Waddingtonの定義通りである．同時に，発生・分化完了後は，いったん樹立した，働く・働かない遺伝子のゲノム全体でのセット（エピゲノム）を忠実に維持し

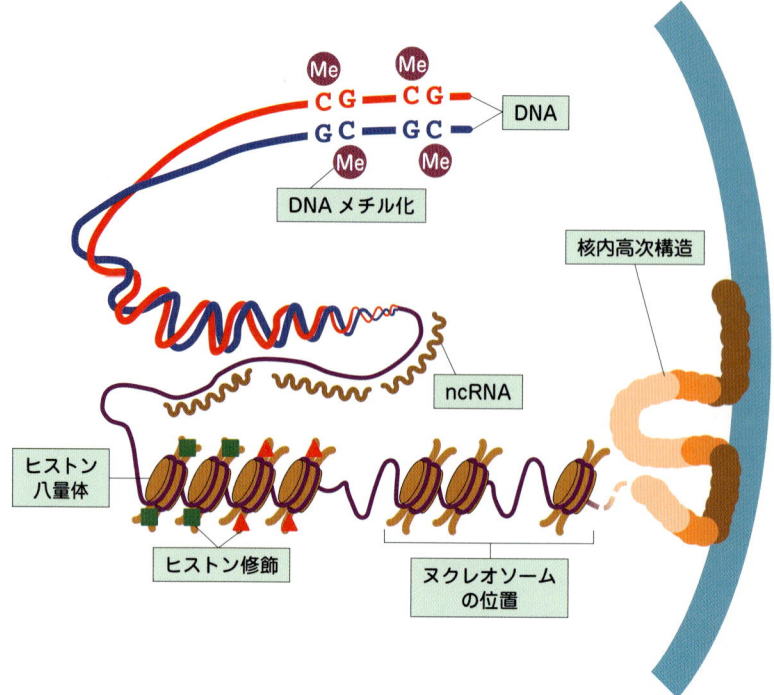

図1 エピジェネティクスの担い手
DNAはヒストン八量体に巻き付いてヌクレオソーム構造をとっている．DNAはCpG部位でメチル化されている場合があり，その状態は体細胞分裂を経ても保存される．ヒストン八量体はヒストンH2A, H2B, H3, H4各2分子ずつからなり，そのN末端はヒストンテールとしてアセチル化・メチル化などの修飾を受ける．DNAメチル化やヒストン修飾を調節するために，また，それ自体で遺伝子発現を調節するためにnon-coding RNA（ncRNA）も重要であり，エピジェネティクスの一部とされる．ヌクレオソームも特定の塩基部位に一致して存在することが多い．さらに，核内でのゲノムの高次構造も発現調節に重要であることがわかってきた

ていく．この部分は，Riggsの定義通りである．また，免疫細胞，神経細胞，おそらくその他の細胞でも，外界からの刺激に応じて，非可逆的に（少なくとも長期的に）エピゲノムを変化させて環境に適応していく．この点で，エピジェネティクスは**ゲノムと環境のインターフェース**とも考えられる．

　生殖細胞を形成する際には，親から受け継いだ，あるいは，発生に伴い途中まで形成されたエピゲノムをリセット（リプログラミング）する必要がある．そのために生殖細胞は特別なエピジェネティック制御装置をもっていることが解明されており，大きな研究領域となっている．また，本来はリプログラミングが起こらないような細胞でも，山中4因子を入れるとエピゲノムのリプログラミングが誘発され，iPS細胞（induced pluripotent stem cells）がつくられる．動物では個体世代を超えるエピゲノム変化の継承は今のところごくわずかであるが，植物ではふつうに認められる．第2部では，これまで触れてきたような，エピジェネティクスが関連する生命現象において重要なキーワードを取り上げた．

　一方で，異常なエピジェネティック修飾（エピジェネティック異常）が何らかの原因で誘発されると，その異常は維持される．1990年代から加齢に伴いDNAメチル化異常が誘発され

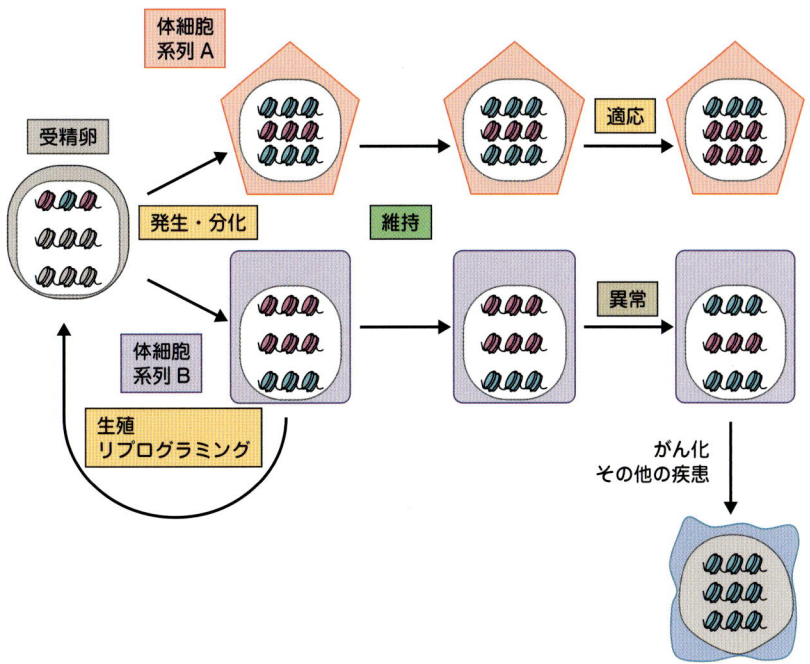

図2 エピゲノムの動と静
エピゲノムは体細胞分裂に際して維持されなくてはならない．しかし，発生・分化，環境適応，また，生殖細胞の形成においては，生理的に，ダイナミックに変化する．さらに，加齢やピロリ菌感染などの慢性炎症への曝露などで異常な変化（エピジェネティック異常）が誘発され，がんをはじめとする疾患の原因となる．ピンク・水色のヒストンは，それぞれ転写活性・非活性な修飾をもつことを示す．灰色はどちらももたないヒストン

ることは知られていたが，最近は，慢性炎症がきわめて重要であることがわかっている．さらに，がん細胞を解析してみると，がん化の原因となるような重要ながん抑制遺伝子が，DNAメチル化異常により不活化されている．したがって，エピジェネティック異常はがん化の原因となる．エピジェネティック異常には，一見正常にみえる組織でも多数の細胞に誘発されていたり，特定の遺伝子に誘発されたりする性質があることもわかり，近年，がん以外のさまざまな慢性疾患にも関与していると考えられるようになった．実際にそのことを示す成果も報告されている．第3部では，エピジェネティクスが関与する疾患における重要なキーワードを取り上げた．

3. エピジェネティック解析技術の進歩

これらのエピジェネティクス研究の進歩を支えたのは，解析技術の進歩でもある．1980年ごろ，サザンブロッティング法を使ってDNAメチル化状態を解析，細胞に導入したDNAのメチル化状態が維持されることが見出された．今では，DNAメチル化状態は，重亜硫酸（バイサルファイト）処理，抗体やMBD（methyl-CpG-binding domain）タンパク質，マスアレイ，さらには，1分子シークエンサーなど，各種の技法により解析できる．特に，最近，多くの研究者の興味を集めているのがヒドロキシメチル化DNA，さらには，その酸化物の解析

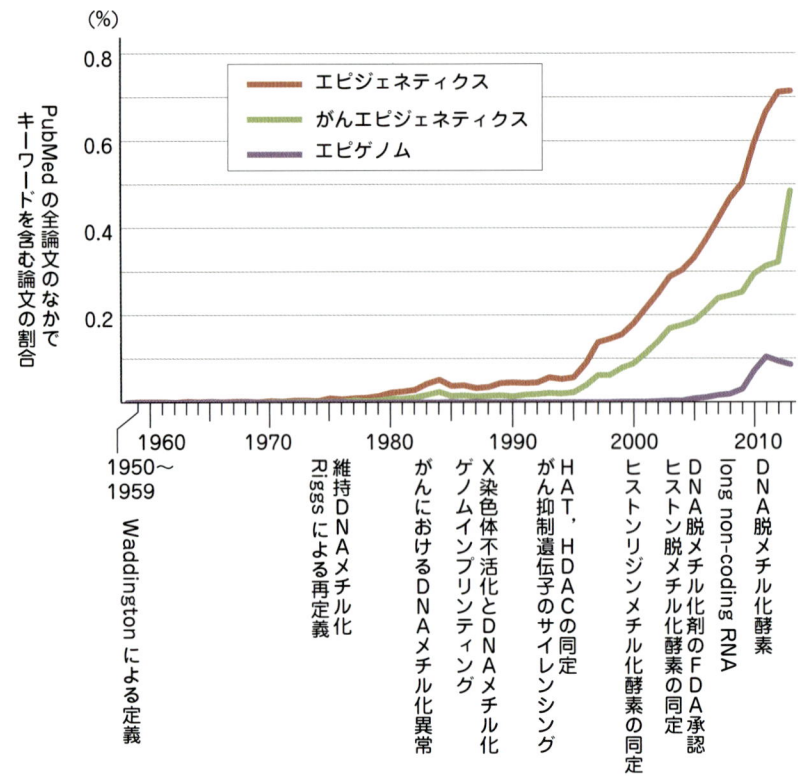

図3 エピジェネティクスの来し方
エピジェネティクス関連の論文数がPubMedの論文のどの程度を占めるか検索した．「エピジェネティクス」は"epigenetic" or "epigenetics" or "DNA methylation"，「がんエピジェネティクス」はさらに"cancer" or "neoplasm" or "tumor"をANDでかけた．「エピゲノム」は"epigenomics" or "epigenomic" or "epigenome"で検索した．検索された文献が，各年の文献の何％を占めるかを表示した．年代の下に，非常に大きなエピジェネティクス関連のできごとのみ記載した

である．DNAメチル化の全ゲノム解析（**メチローム解析**）もマイクロアレイや次世代シークエンサーを用いて容易に可能である．

ヒストン修飾の解析もクロマチン免疫沈降法の開発により，個別ゲノム領域について可能になった．マイクロアレイや次世代シークエンスと組合わせることで，ゲノム全体についてヒストン修飾を決定することもできる．一部のヒストン修飾については優秀な抗体がわが国からも開発されており，国際的にも貢献している．核内高次構造の解析には，ゲノム部位同士が近接しているかどうかを調べる解析法が一般的に用いられるようになっている．各種ヒストンの全ゲノム解析には決まった言い方はないが，メチローム解析と合わせて**エピゲノム解析**という．何種類ものエピジェネティック修飾についてのエピゲノムは，細胞の種類ごとにも異なり，環境要因への曝露の影響も受ける．エピゲノムの情報量はゲノムの10の何乗倍になり，インフォマティクスの重要性は高まるばかりである．最後に，エピジェネティック修飾の意義を知り，疾患の予防や治療に活かすためには，これらの修飾を特異的に制御する化学物質が重要になることはいうまでもない．第4部では，これらの解析技術と解析に必要な化合物から重要なキーワードを取り上げた．

4. エピジェネティクスの来し方・行く末

　まずは，エピジェネティクスの来し方をPubMedから振り返ってみよう（**図3**）．Waddingtonの言葉の提唱以来，ほとんど論文はない．しかし，Riggsらの再定義に合わせて，多少論文がみられるようになる．1980年頃，Peter Jonesらにより5-アザ-2'-デオキシシチジン（デシタビン）を用いて細胞分化とDNAメチル化との関連が解明され，1983年，がんにおけるDNAメチル化異常も解明された．その後，ゲノムインプリンティングの存在やX染色体不活化におけるDNAメチル化の重要性も解明され，エピジェネティクスおよびがんエピジェネティクスが学問領域として形成されることとなった．

　がん抑制遺伝子の不活化（サイレンシング）がDNAメチル化異常により誘発されることが示されて，がんにおけるエピジェネティクスの重要性は確立した．その後，ヒストンアセチル化酵素（HAT）・脱アセチル化酵素（HDAC）が発見され，また，古典的なゲノム網羅的な解析技術も開発され，1990年代後半にエピジェネティクス研究は分野として飛び立つことになった．2000年代に入るとヒストン修飾とDNAメチル化の関連，個々のヒストンメチル化修飾の意義が次々と解明され，数々の重要なヒストンメチル化酵素・脱メチル化酵素もわが国からも含めて同定された．2000年代後半には以前から知られるXist以外にも多数のlong non-coding RNAが存在することが示された．最近は，DNA脱メチル化酵素としてTETの役割が確立しつつあり，その中間体の生理的意義の解明に世界の研究室がしのぎを削っている．これらも含め，毎年，多数のエピジェネティクス関連の論文が発表されているのは，周知の通りである．

　では，行く末はどうなるのか？　これだけエピジェネティクスが何にでも関係するようになると，エピジェネティクスの解析は当たり前のものになるのではないかと思われる．もう10年もすると，さまざまな生物学の解析に用いざるをえない，用いて当たり前の解析手法となり，特定の研究分野としては発展的に解消していくというのが，編者の予測である．そのために，エピジェネティクス研究に重要な用語を網羅し，新しい研究へのヒントに満ちた本書が役立てば望外の幸せである．

　最後に，お忙しいなか，快く本書の執筆をお引き受け下さり，最新のキーワードを平易に解説くださった各執筆者の先生方に心からの感謝を申し上げる．

イラストで徹底理解する エピジェネティクスキーワード事典
―目次概略―

※このページは『目次概略』です．本書の構成の全体を把握するためにご活用ください．

第1部
エピジェネティクスの分子機構

1. DNAメチル化①DNAのメチル化 ······ 20
2. DNAメチル化②DNAの脱メチル化 ······ 26
3. DNAメチル化③メチル化機構の進化と多様性（植物を中心に） ······ 32
4. ヒストン修飾とその制御 概説 ヒストン修飾の種類と機能 ······ 40
5. ヒストン修飾とその制御①ヒストンのアセチル化 ······ 43
6. ヒストン修飾とその制御②ヒストンのメチル化 ······ 53
7. ヒストン修飾とその制御③ヒストンのリン酸化 ······ 61
8. ヒストン修飾とその制御④ヒストンのユビキチン化 ······ 67
9. ncRNAの種類と機能 ······ 73
10. ヌクレオソーム ······ 81
11. 核内高次構造 ······ 91

第2部
生命現象とエピジェネティクス

1. X染色体不活性化 ······ 100
2. ゲノムインプリンティング ······ 109
3. その他の染色体制御 ······ 116
4. 生殖・発生 ······ 123
5. 体細胞リプログラミング ······ 130
6. 免疫応答 ······ 138
7. 植物の外界適応 ······ 145
8. エピジェネティクスによる記憶形成制御 ······ 152
9. 老化 ······ 160

第3部
疾患とエピジェネティクス

1. がん ······ 170
2. 糖尿病 ······ 180
3. 腎疾患 ······ 186
4. 心血管疾患 ······ 192
5. 自己免疫・アレルギー疾患 ······ 201
6. 神経疾患 ······ 208
7. 精神疾患 ······ 215
8. 産科婦人科疾患　子宮筋腫と子宮内膜症 ······ 220
9. 先天性疾患 ······ 228
10. 再生医療 ······ 235
11. エピジェネティクス治療 ······ 242

第4部
エピジェネティクス解析技術

1. DNAメチル化解析法①個別領域のDNAメチル化解析 ······ 250
2. DNAメチル化解析法②網羅的なDNAメチル化解析 ······ 260
3. ヒドロキシメチル化DNA解析法 ······ 268
4. ヒストン修飾検出法 ······ 275
5. 高次構造解析 ······ 282
6. エピジェネティック修飾を標的とする阻害剤 ······ 290
7. インフォマティクス解析 ······ 302

イラストで徹底理解する エピジェネティクス キーワード事典

分子機構から疾患・解析技術まで

CONTENTS

はじめに
エピジェネティクス：深化し続けるゲノム活用術
....牛島俊和，眞貝洋一

第1部　エピジェネティクスの分子機構

1　DNAメチル化① DNAのメチル化　　　木村博信，田嶋正二　20
- 概論　DNAメチル化の制御機構とその転写抑制機能
- イラストマップ　DNAメチル化のしくみとその転写抑制機能
- Keyword
  1. DNAメチル基転移酵素 23
  2. メチル化DNA結合タンパク質 24

2　DNAメチル化② DNAの脱メチル化　　　伊藤伸介　26
- 概論　DNA脱メチル化とヒドロキシメチル化
- イラストマップ　TETタンパク質が関与するDNA脱メチル化機構
- Keyword
  1. TETタンパク質 29
  2. IDH 1/2 30

3　DNAメチル化③ メチル化機構の進化と多様性（植物を中心に）　　　角谷徹仁　32
- 概論　DNAメチル化機構の進化と多様性
- イラストマップ　生物群で保存されたDNAメチル化制御機構
- Keyword
  1. non-CpGメチル化 35
  2. RdDM 36
  3. DDM1/LSH 37
  4. トランスポゾンと遺伝子のDNAメチル化 38

4　ヒストン修飾とその制御　概説 ヒストン修飾の種類と機能　　　眞貝洋一　40
- イラストマップ　ヒストン化学修飾の機能と相互の関連性

5 ヒストン修飾とその制御① ヒストンのアセチル化　西淵剛平，中山潤一　43

- **概論** ヒストンアセチル化の機構と転写制御
- **イラストマップ** ヒストンアセチル化の機構と転写制御
- **Keyword**
  - 1 HAT ……… 47
  - 2 HDAC ……… 48
  - 3 コアクチベーター ……… 50
  - 4 コリプレッサー ……… 51

6 ヒストン修飾とその制御② ヒストンのメチル化　立花　誠　53

- **概論** ヒストンのリジン・アルギニンメチル化に関する酵素
- **イラストマップ** ヒストンH3とH4のメチル化マップ
- **Keyword**
  - 1 ヒストンKメチル化酵素 ……… 56
  - 2 ヒストンKメチル化認識分子 ……… 57
  - 3 ヒストンK脱メチル化酵素 ……… 58
  - 4 ヒストンRメチル化酵素 ……… 59

7 ヒストン修飾とその制御③ ヒストンのリン酸化　進藤軌久，広田　亨　61

- **概論** ヒストンリン酸化の機構と意義
- **イラストマップ**
  - ❶ヒストンH3とH2Aのリン酸化マップ
  - ❷ヒストンH2BとH4のリン酸化マップ
- **Keyword**
  - 1 リン酸化酵素 ……… 65
  - 2 脱リン酸化酵素 ……… 66

8 ヒストン修飾とその制御④ ヒストンのユビキチン化　西山敦哉，山口留奈，中西　真　67

- **概論** DNA損傷応答と複製におけるヒストンのユビキチン化
- **イラストマップ** ヒストンのユビキチン化マップ
- **Keyword**
  - 1 ユビキチン化酵素 ……… 71
  - 2 脱ユビキチン化酵素 ……… 72

9 ncRNAの種類と機能　佐藤　薫，塩見美喜子　73

- **概論** ncRNAによるエピゲノム制御
- **イラストマップ** ncRNAの種類と機能
- **Keyword**
  - 1 miRNA ……… 76
  - 2 piRNA ……… 77
  - 3 lncRNA ……… 80

10 ヌクレオソーム　有村泰宏，越阪部晃永，胡桃坂仁志　81

- **概論** ヌクレオソームの多様性とDNA機能制御
- **イラストマップ** ヒストンバリアントとDNAの機能発現制御
- **Keyword**
  - 1 ヒストンバリアント ……… 85
  - 2 ヒストンシャペロン ……… 86
  - 3 クロマチンリモデリング因子 ……… 88

11 核内高次構造　斉藤典子，松森はるか，Mohamed O. Abdalla，藤原沙織，安田洋子，中尾光善　91

- **概論** 核内コンパートメントの生物学的意義
- **イラストマップ** 高度にコンパートメント化されている核内構造
- **Keyword**
  - 1 核膜 ……… 95
  - 2 バウンダリーエレメント ……… 96
  - 3 CTCF ……… 97

CONTENTS

第2部　生命現象とエピジェネティクス

1　X染色体不活性化
佐渡　敬　100

- 概論　不活性化のしくみと不活性X染色体のエピジェネティクス
- イラストマップ　マウスのライフサイクルにおけるX染色体の活性制御
- Keyword
  1. X染色体不活性化センター ……… 104
  2. *Xist* ……… 105
  3. *Tsix* ……… 107

2　ゲノムインプリンティング
石野史敏　109

- 概論　ゲノムインプリンティングとは
- イラストマップ　哺乳類におけるゲノムインプリンティングのサイクル
- Keyword
  1. ゲノムインプリンティングの発見 ……… 112
  2. *Peg/Meg* ……… 113
  3. *Igf2/H19* ……… 114

3　その他の染色体制御
進藤軌久，広田　亨　116

- 概論　エピジェネティクスとその他の染色体制御機構
- イラストマップ　染色体分配とトランスポゾン抑制
- Keyword
  1. 染色体分配 ……… 120
  2. トランスポゾン抑制 ……… 121

4　生殖・発生
鵜木元香，佐々木裕之　123

- 概論　生殖・発生現象におけるエピジェネティクス
- イラストマップ　マウスの生殖・発生におけるエピゲノムの変遷
- Keyword
  1. 生殖細胞形成 ……… 126
  2. 胚発生 ……… 127
  3. 胎盤 ……… 128

5　体細胞リプログラミング
大貫茉里，高橋和利　130

- 概論　細胞のリプログラム現象とエピジェネティック修飾変化
- イラストマップ　体細胞リプログラミングにみられる細胞内イベント
- Keyword
  1. 体細胞核移植 ……… 133
  2. iPS細胞作製のための4因子 ……… 134
  3. リプログラミングの障壁 ……… 136

6　免疫応答
生田宏一　138

- 概論　リンパ球分化とエピジェネティクス
- イラストマップ　リンパ球の分化と免疫応答にかかわるエピジェネティクス機構
- Keyword
  1. アクセシビリティ制御 ……… 141
  2. 対立遺伝子排除 ……… 142
  3. 細胞記憶 ……… 143

7　植物の外界適応
佐瀬英俊　145

- 概論　植物の外界適応とエピジェネティクス
- イラストマップ　植物のエピジェネティクスを利用した外界適応
- Keyword
  1. 春化 ……… 148
  2. 環境ストレスとエピジェネティック変化 ……… 149
  3. 世代を超えたエピジェネティック変化の伝達 ……… 150

8 エピジェネティクスによる記憶形成制御　　木村文香，野口浩史，中島欽一　152

- 概論　記憶形成を制御するエピジェネティクス機構
- イラストマップ　記憶形成への関与が明らかになりつつあるエピジェネティクス機構
- Keyword
  1. 海馬 …… 155
  2. LTP …… 156
  3. 神経幹細胞 …… 158

9 老化　　定家真人，成田匡志　160

- 概論　老化とエピジェネティクス
- イラストマップ　老化におけるエピジェネティクスの作用点
- Keyword
  1. 細胞老化 …… 164
  2. 個体老化 …… 165
  3. テロメア …… 166

第3部　疾患とエピジェネティクス

1 がん　　近藤　豊，新城恵子　170

- 概論　がんにおけるエピジェネティクス異常と医療応用
- イラストマップ　がんにおけるエピジェネティクス異常と医療応用
- Keyword
  1. エピジェネティック異常誘発因子 …… 173
  2. エピジェネティック制御遺伝子の突然変異 …… 174
  3. エピゲノム異常 …… 176
  4. がん治療 …… 177
  5. がん予防 …… 178

2 糖尿病　　橋本貢士，小川佳宏　180

- 概論　糖尿病におけるエピジェネティクス修飾と治療への期待
- イラストマップ　主要代謝臓器におけるエピジェネティクスの関与
- Keyword
  1. メタボリックメモリー …… 183
  2. Barker説 …… 184

3 腎疾患　　丸茂丈史，藤田敏郎　186

- 概論　腎疾患とエピジェネティック異常
- イラストマップ　腎疾患にかかわるエピジェネティック異常
- Keyword
  1. 高血圧に伴う腎障害 …… 189
  2. 糖尿病性腎症 …… 190
  3. HDAC阻害薬 …… 191

4 心血管疾患　　堀優太郎，森下環，中村遼，小柴和子，竹内純　192

- 概論　エピジェネティック因子と心臓発生・心疾患
- イラストマップ　心臓発生・心疾患発症に関与するエピジェネティック因子群
- Keyword
  1. 先天性心疾患 …… 196
  2. 心筋症 …… 197
  3. 高血圧症 …… 198
  4. 心不全 …… 200

5 自己免疫・アレルギー疾患　　長谷耕二，古澤之裕，尾畑佑樹　201

- 概論　自己免疫・アレルギー疾患とエピジェネティクス
- イラストマップ　衛生仮説
- Keyword
  1. 花粉症 …… 204
  2. 潰瘍性大腸炎 …… 205
  3. 制御性T細胞 …… 206

CONTENTS

6 神経疾患　　　　　　　　　　　　　　　　　　　　　　　　　　岩田　淳 208

- 概論　神経変性疾患におけるエピジェネティクスの関与
- イラストマップ
  - ❶パーキンソン病発症の機序仮説
  - ❷Rett症候群の進行
- Keyword
  - 1 パーキンソン病 ……… 212
  - 2 Rett症候群 ……… 213
  - 3 HSAN1E ……… 213

7 精神疾患　　　　　　　　　　　　　　　　　村田　唯，文東美紀，岩本和也 215

- 概論　精神疾患におけるエピジェネティクスの関与
- イラストマップ　精神疾患におけるエピジェネティクスの関与
- Keyword
  - 1 うつ病・双極性障害 ……… 218
  - 2 統合失調症 ……… 219

8 産科婦人科疾患　子宮筋腫と子宮内膜症　　　　　　　　　　杉野法広 220

- 概論　子宮筋腫・子宮内膜症におけるエピジェネティクスの関与
- イラストマップ　子宮筋腫・子宮内膜症の発生・進展とエピジェネティクス
- Keyword
  - 1 子宮筋腫特異的DNAメチル化異常 … 223
  - 2 子宮内膜症特異的DNAメチル化異常 … 226

9 先天性疾患　　　　　　　　　　　　　　　　　　　　　　　　久保田健夫 228

- 概論　先天性疾患におけるエピジェネティクスの関与
- イラストマップ　エピジェネティクスの関与する先天性疾患
- Keyword
  - 1 ゲノムインプリンティング疾患 ……… 231
  - 2 ICF症候群 ……… 232
  - 3 Rett症候群 ……… 233

10 再生医療　　　　　　　　　　　　　　　　　　　　梅澤明弘，西野光一郎 235

- 概論　再生医療におけるエピジェネティクスの重要性
- イラストマップ　再生医療製剤（最終製品・原材料）の品質管理
- Keyword
  - 1 細胞品質評価 ……… 238
  - 2 細胞がん化能 ……… 239
  - 3 細胞位置情報 ……… 239

11 エピジェネティクス治療　　　　　　　　　　　　　　　　　　　小林幸夫 242

- 概論　エピジェネティクス薬開発の背景と現在の開発状況
- イラストマップ
  - ❶脱メチル化剤による抗腫瘍作用
  - ❷アザシチジンとデシタビンの代謝経路
- Keyword
  - 1 DNA脱メチル薬 ……… 245
  - 2 ヒストン脱アセチル化阻害薬 ……… 246
  - 3 Ezh2阻害剤 ……… 247

第4部　エピジェネティクス解析技術

1 DNAメチル化解析法① 個別領域のDNAメチル化解析　　竹島秀幸，牛島俊和 250

- 概論　個別領域のDNAメチル化解析手法の概略
- イラストマップ
  - ❶個別領域のDNAメチル化解析手法の特徴
  - ❷CpGアイランドのメチル化パターンの違い
- Keyword
  - 1 バイサルファイト処理 ……… 254
  - 2 メチル化特異的PCR法 ……… 255
  - 3 MethyLight法 ……… 256
  - 4 パイロシークエンス法 ……… 256
  - 5 MassARRAY® 法 ……… 258

2 DNAメチル化解析法② 網羅的なDNAメチル化解析　　　永江玄太，油谷浩幸　260

- 概論　網羅的解析のための各手法の長所と短所
- イラストマップ
  - ❶ DNAメチル化解析の基本原理
  - ❷ 網羅的DNAメチル化解析法の選択
- Keyword
  - 1 BeadChip　264
  - 2 WGBS　265
  - 3 MeDIP-seq法　266

3 ヒドロキシメチル化DNA解析法　　　三浦史仁，伊藤隆司　268

- 概論　5-hmC検出の各手法とその発展状況
- イラストマップ　シトシンの誘導体とその反応
- Keyword
  - 1 hMeDIP法　271
  - 2 GLIB法，hMe-Seal法
    ―グルコシル化を利用した手法　272
  - 3 1分子シークエンシング法　273

4 ヒストン修飾検出法　　　木村　宏　275

- 概論　各種ヒストン修飾解析法の使い分け
- イラストマップ　ヒストン修飾検出法
- Keyword
  - 1 クロマチン免疫沈降法　278
  - 2 ヒストン修飾特異的抗体　279
  - 3 エピジェネティックイメージング　280

5 高次構造解析　　　石原　宏，中元雅史，中尾光善　282

- 概論　クロマチン構造解析の手法
- イラストマップ　クロマチンの高次構造と解析手法
- Keyword
  - 1 クロマチンループ　285
  - 2 DNase I 高感受性　286
  - 3 3C，4C，5C，HiC解析　287
  - 4 in situ ハイブリダイゼーション　288

6 エピジェネティック修飾を標的とする阻害剤　　　伊藤昭博，小林大貴，吉田　稔　290

- 概論　阻害剤の種類と作用のしくみ
- イラストマップ　エピジェネティック修飾を標的とする阻害剤
- Keyword
  - 1 HDAC阻害剤　297
  - 2 HAT阻害剤　298
  - 3 KMT阻害剤　299
  - 4 KDM阻害剤　300

7 インフォマティクス解析　　　関　真秀，鈴木絢子，鈴木　穣　302

- 概論　エピジェネティクス研究のインフォマティクス解析の重要性
- イラストマップ　次世代シークエンサーを用いた解析のワークフロー
- Keyword
  - 1 DNAメチル化の次世代シークエンスデータ　305
  - 2 エピジェネティック修飾相互作用　306

索　引　309

カラーグラフィクス

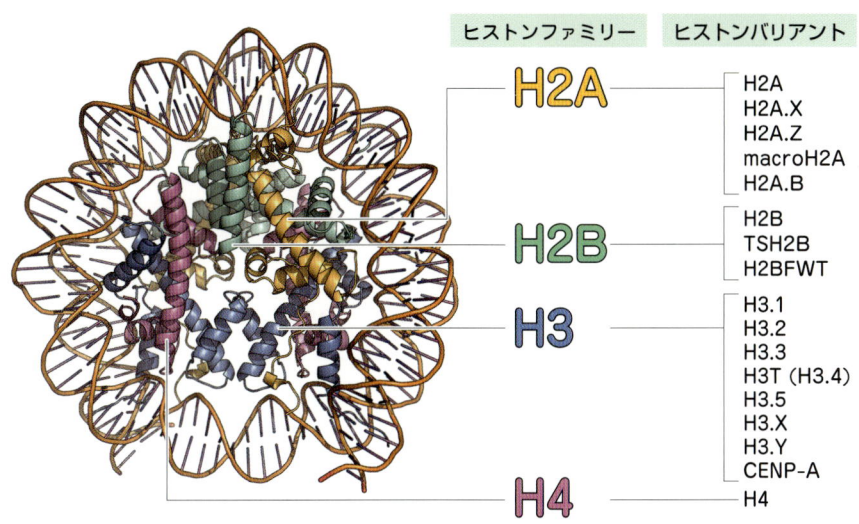

図1 ヌクレオソームの立体構造とヒストンバリアント（82ページイラストマップA参照）
立体構造はRCSB PROTEIN DATA BANK（http://www.rcsb.org/pdb/explore.do?structureId=3AFA）（PDB ID：3AFA）より転載．ヌクレオソームは145〜147塩基対のDNAがH2A，H2B，H3，H4の各2分子から形成されるヒストン八量体の周りに巻き付いた構造体である．H4以外のヒストンにはヒストンバリアントが存在する

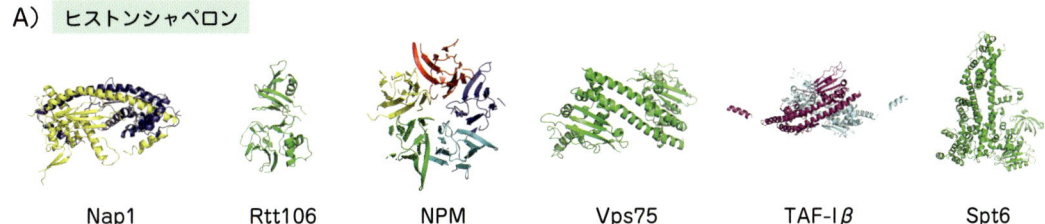

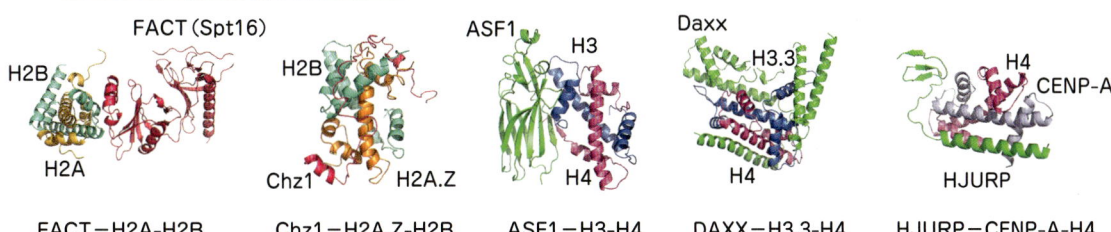

図2 ヒストンシャペロンおよびヒストンシャペロン-ヒストン複合体の立体構造（87ページ図参照）
各立体構造はRCSB PROTEIN DATA BANK（RCSB PDB）（http://www.rcsb.org/pdb/home/home.do）より転載．それぞれのPDB IDはNap1→2AYU，Rtt106→3TW1，NPM→2VTX，Vps75→3DM7，TAF-1β→2E50，Spt6→3PSI，FACT→4KHA，Chz1→2JSS，ASF-1→2IO5，DAXX→4HGA，HJURP→3R45

COLOR Graphics

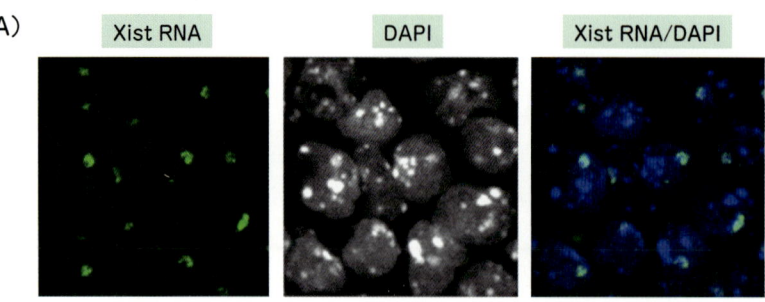

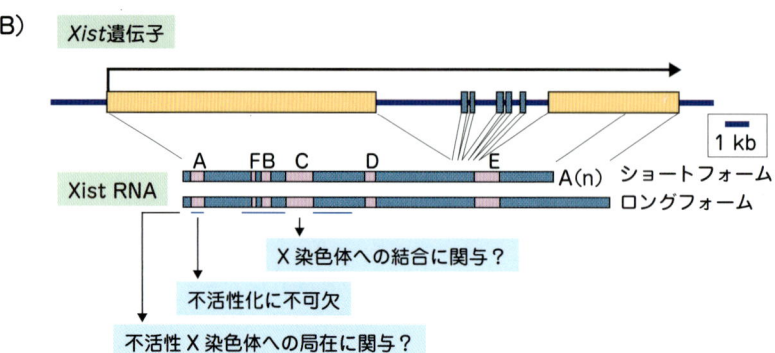

図3 Xist RNA の局在と構造 (106ページ図2参照)

A) 分化誘導した雌 ES 細胞で発現する Xist RNA の RNA-FISH による観察（左）．核は DAPI で染色（中）．両者を重ねたものを（右）に示す．Xist RNA が間期核で1つのドメインとして集積しているのがわかる．B) Xist 遺伝子領域のエキソン・イントロン構造と，転写された Xist RNA のなかの保存されたリピートの位置（A～F）．A リピートを除くリピートの具体的な重要性はよくわかっていない

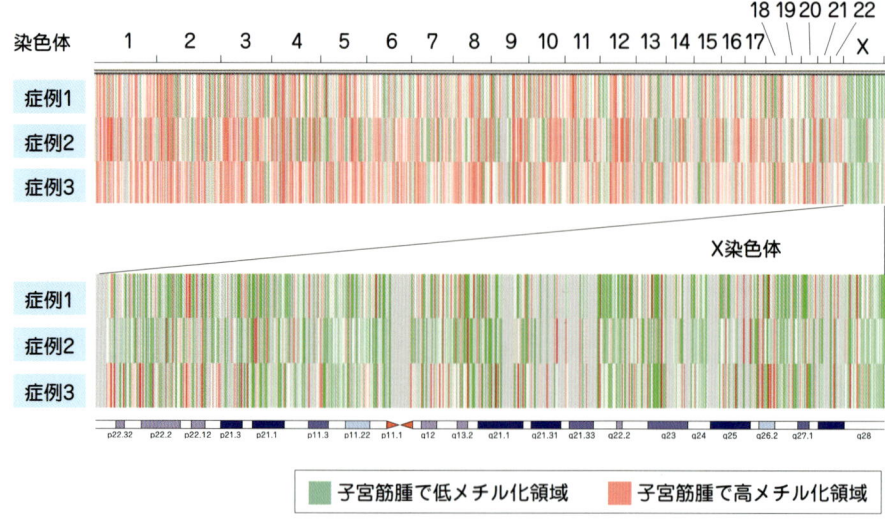

図4 子宮筋腫におけるメチル化変異領域の染色体分布 (225ページ図3参照)

メチロームデータを症例ごとに子宮筋腫と正常筋層で比較し，子宮筋腫で高メチル化（赤）・低メチル化（緑）の領域を染色体別にプロットした．3症例ともに X 染色体において子宮筋腫で低メチル化の領域が高頻度に検出される（226ページの文献2より改変して転載）

本書の使い方

本書は，事典としてキーワード（＝因子や生命現象・解析技術）の詳細を理解するだけではなく，キーワード同士の関係性や全体のなかでの位置づけも把握できるように工夫されています．

※索引も充実しており，各キーワードに索引から飛ぶこともできます．

1 概論とイラストマップで全体像をつかむ

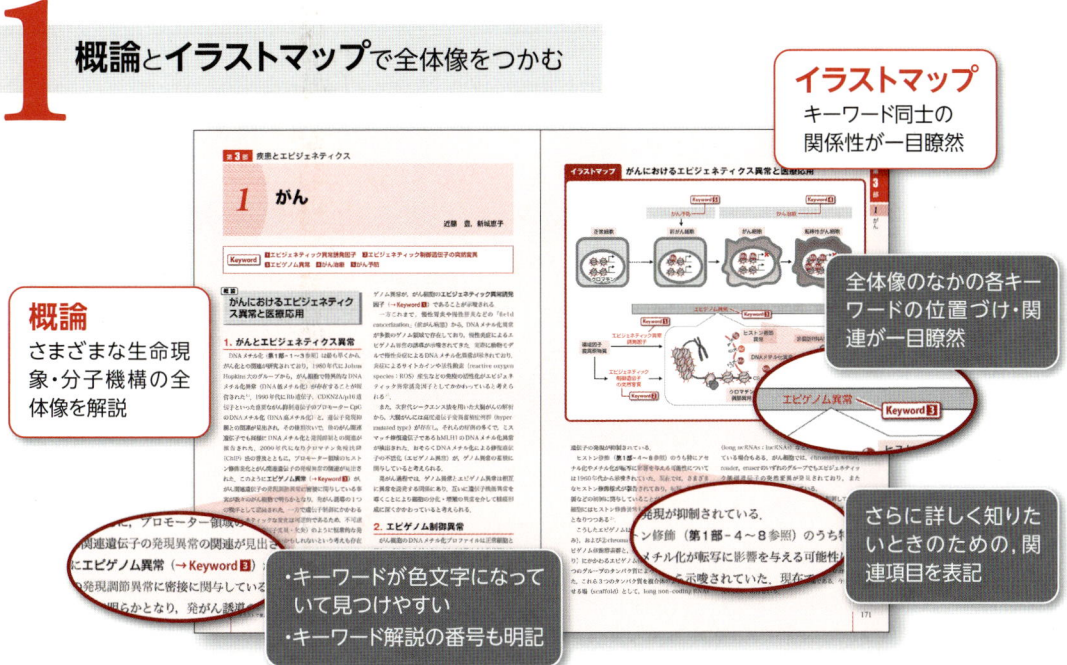

概論
さまざまな生命現象・分子機構の全体像を解説

イラストマップ
キーワード同士の関係性が一目瞭然

全体像のなかの各キーワードの位置づけ・関連が一目瞭然

さらに詳しく知りたいときのための，関連項目を表記

- キーワードが色文字になっていて見つけやすい
- キーワード解説の番号も明記

2 キーワードごとに詳細情報をチェック

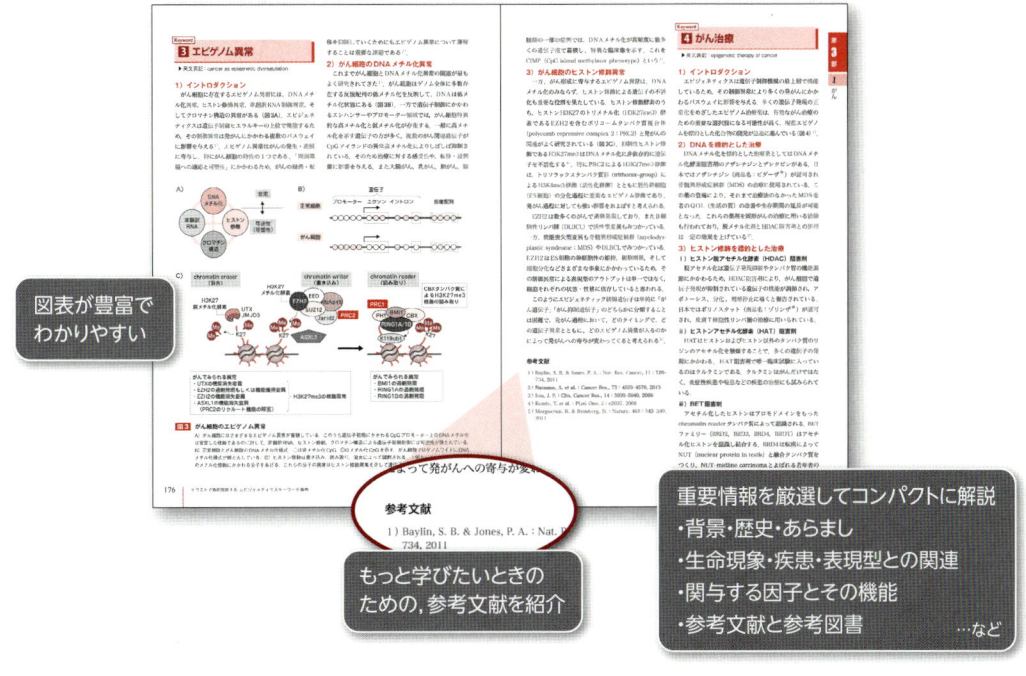

図表が豊富でわかりやすい

もっと学びたいときのための，参考文献を紹介

重要情報を厳選してコンパクトに解説
- 背景・歴史・あらまし
- 生命現象・疾患・表現型との関連
- 関与する因子とその機能
- 参考文献と参考図書　　　…など

第1部

エピジェネティクスの分子機構

1 DNAメチル化①
  DNAのメチル化

2 DNAメチル化②
  DNAの脱メチル化

3 DNAメチル化③
  メチル化機構の進化と多様性（植物を中心に）

4 ヒストン修飾とその制御 概説
  ヒストン修飾の種類と機能

5 ヒストン修飾とその制御①
  ヒストンのアセチル化

6 ヒストン修飾とその制御②
  ヒストンのメチル化

7 ヒストン修飾とその制御③
  ヒストンのリン酸化

8 ヒストン修飾とその制御④
  ヒストンのユビキチン化

9 **ncRNAの種類と機能**

10 **ヌクレオソーム**

11 **核内高次構造**

第1部 エピジェネティクスの分子機構

1 DNAメチル化①
DNAのメチル化
DNA methylation

木村博信, 田嶋正二

Keyword ❶DNAメチル基転移酵素 ❷メチル化DNA結合タンパク質

概論
DNAメチル化の制御機構とその転写抑制機能

1. はじめに

　DNAのメチル化はバクテリアから哺乳類まで多くの生物において広く存在している. 原核生物では, アデニンの4位窒素, シトシンの5位炭素や4位アミノ基がメチル化されており, DNA複製のタイミングの制御, DNA修復や外来DNAからの防護といった機能に寄与している[1]. 一方, 真核生物ではシトシンの5位炭素のみがメチル化される. しかし, すべての真核生物においてDNAのメチル化が存在しているわけではなく, 酵母や線虫などではDNAのメチル化は検出されていない. 真核生物のDNAのメチル化は, 遺伝子発現の調節, レトロトランスポゾンの不活性化, X染色体の不活性化（第2部-1参照）, ゲノムインプリンティング（第2部-2参照）, や染色体の安定化などさまざまな現象に寄与している[2].

　生体内には, 新たにDNAをメチル化するde novo型メチル化活性と, DNA複製時に生じる片側の鎖のみがメチル化された（ヘミメチル化）状態を解消する維持型メチル化活性が存在する（**イラストマップ**）. この2つのメチル化活性により, DNAのメチル化模様は厳密に制御されており, これが乱されると, がん化やさまざまな疾患の原因になることが明らかになっている.

　DNAのメチル化を触媒する酵素として**DNAメチル基転移酵素**（→**Keyword** ❶）が存在する. 哺乳類では, de novo型メチル化活性を担う酵素としてDnmt3aとDnmt3bが同定されている. Dnmt3aとDnmt3bは非メチル化DNAやヘミメチル化DNAに対し同等なメチル化活性を示し, 胚発生過程におけるDNAのメチル化模様の形成に必須である. 一方, 維持型メチル化活性を担う酵素としてDnmt1が同定されている. Dnmt1は非メチル化DNAに比べてヘミメチル化DNAに対するメチル化活性が高く, 生体内のDNAのメチル化模様の維持に必須である.

2. DNAメチル化模様の形成と維持

1) *de novo*型メチル化

　細胞が分化していく過程では, 分化方向に応じた新たなDNAのメチル化修飾が書き込まれる. このときには, *de novo*型DNAメチル基転移酵素Dnmt3aおよびDnmt3bが中心的役割を担っている.

　哺乳類では, 初期胚発生と生殖細胞形成の時期にDNAのメチル化模様が大きく変化する. 受精直後から着床するまでの間に急激なゲノム全体の脱メチル化（第1部-2, 第2部-4参照）が起こり, 着床後から新たなDNAのメチル化模様が書き込まれる. この時期には, Dnmt3aとDnmt3bがメチル化模様の形成に寄与している. 生殖細胞の形成過程においてもゲノム全体のメチル化がいったん消去され, 新たなメチル化模様が書き込まれる. この時期には, *de novo*型DNAメチル基転移酵素とよく似た構造であるがメチル化活性をもたないDnmt3lが, インプリンティング遺伝子のメチル化に必須であり, Dnmt3aと協調して生殖細胞におけるメチル化模様の形成に寄与している.

2) 維持型メチル化

　*de novo*型DNAメチル基転移酵素により書き込まれたDNAのメチル化模様は, DNAが複製する際に維持型

イラストマップ　DNAメチル化のしくみとその転写抑制機能

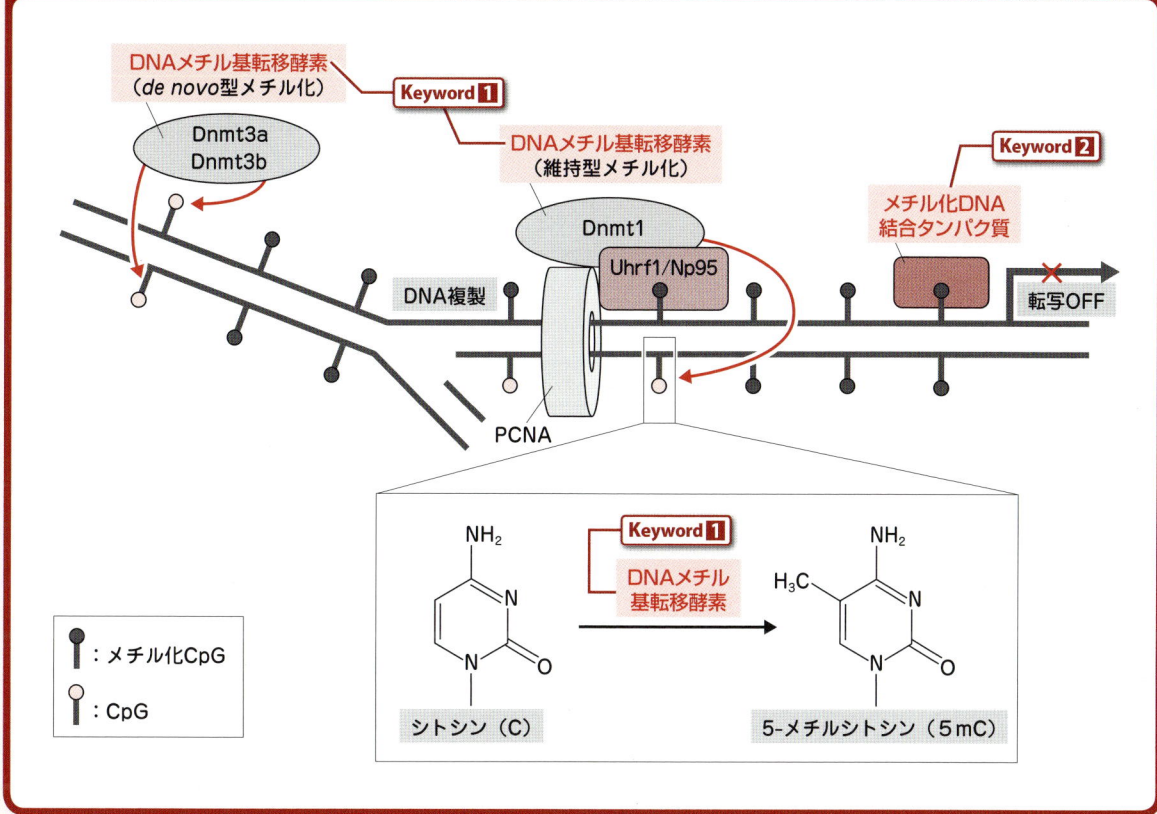

DNAメチル基転移酵素Dnmt1により忠実に継承されていく．生体内ではDNAのメチル化模様は99％の信頼度で次世代（娘細胞）に継承されていくのに対して，試験管内でのDnmt1のヘミメチル化DNAに対するメチル基導入効率は95％まで下がる．このことはDnmt1だけでは生体内のメチル化模様は維持できないことを意味している．生体内では，細胞周期のS期にDnmt1が複製フォーク標的化配列（replication foci targeting sequence：RFTS）によって複製フォークにリクルートされ，DNA複製の中心的役割を担うPCNAと結合することで，DNA複製により生じたヘミメチル化DNAを選択的に認識してメチル基を導入するとされる．このときには，ヘミメチル化DNAを認識するSRA（SET Ring finger associated）ドメインをもったUhrf1/Np95も複製フォークに局在し，Dnmt1と相互作用してDNAメチル化模様の維持に働いている[3]．また，Dnmt3aおよびDnmt3bの両方を欠いたマウスES細胞は継代を重ねるにつれてメチル化シトシン量が徐々に減少していくことから，de novo型DNAメチル基転移酵素も生体内におけるDNAのメチル化模様の維持に働いていることが明らかになっている．

3. DNAのメチル化制御機構

生体内では，DNAはヒストン八量体に巻き付いたヌクレオソームの状態で存在している．再構成ヌクレオソームを基質にした場合には，DNAのみを基質にした場合に比べて，Dnmt3aおよびDnmt3bのメチル化活性は著しく低下する．興味深いことに，クロマチンリモデリング因子であるLsh（植物ではDDM1）を欠くと，ゲノム全体の低メチル化を引き起こす．このことから，DNAのメチル化にはクロマチン構造が変化して緩むことが重要であると考えられている．

アカパンカビや植物ではヒストンH3のリジンの9番目（H3K9）をメチル化する酵素（DIM-5, KRYPTONITE/SUVH4）を欠くとゲノム全体が低メチル化になる．また，哺乳類ではH3K9メチル化酵素であるG9a，

Suv39hやメチル化されたH3K9を認識するHP1と，Dnmt3aやDnmt3bが結合することが明らかになっている．このようにH3K9のメチル化がDNAメチル化の制御に働いていることが示唆されている．

一方，H3のリジンの4番目（H3K4）は，DNAのメチル化と排他的な関係にある．Dnmt3aやDnmt3lのPHDドメインはメチル化されていないH3K4を特異的に認識し，H3K4がメチル化されると結合できなくなる．このように，ヒストン修飾（第1部-4～8参照）もDNAのメチル化制御機構において重要であることが明らかになっている．

4. DNAのメチル化と転写

遺伝子のプロモーター領域がメチル化されると，転写活性は抑制される．DNAのメチル化による転写抑制には，2つの機構が存在している．

1つは，転写因子の認識配列がメチル化されることで転写因子が結合できなくなり，結果として転写が抑制される．例えばE2F，CREBやc-Mycといった転写因子は，認識配列のDNAがメチル化を受けると結合できなくなる．

もう1つの機構として，メチル化修飾を受けたDNAを特異的に認識する**メチル化DNA結合タンパク質**（→ **Keyword 2**）による転写抑制機構が存在する（イラストマップ）．メチル化DNA結合タンパク質はヒストン脱アセチル化酵素複合体，クロマチンリモデリング複合体やヒストンメチル化酵素と結合することが報告されており，メチル化されたDNAにこれらの複合体をリクルートすることで転写抑制因子として働いていると考えられている．

ゲノム全体の網羅的なメチル化解析の結果から，転写が抑制された遺伝子のプロモーター領域だけでなく，転写が活性化された遺伝子の遺伝子内領域（gene body）にもメチル化が存在することが明らかになっている[4]．ゲノム全体で比較すると，プロモーター領域よりも遺伝子間や遺伝子内領域の方がメチル化を受けている．遺伝子間や遺伝子内領域におけるDNAメチル化は，哺乳類だけでなく，植物，ホヤや昆虫などさまざまな生物に存在する．興味深いことに遺伝子内領域がメチル化されている遺伝子は発現が高い傾向にあり，遺伝子内領域におけるメチル化と転写活性は正の相関関係があるものの，遺伝子内領域におけるメチル化の生理的意義についてはわかっていない．

参考文献

1) Laird, P. W.：Nat. Rev. Genet., 11：191-203, 2010
2) Li, E.：Nat. Rev. Genet., 3：662-673, 2002
3) Sharif, J. et al.：Nature, 450：908-912, 2007
4) Ball, M. P. et al.：Nat. Biotechnol., 27：361-368, 2009

参考図書

◆ 『エピジェネティクスと疾患』（牛島俊和，他/編），実験医学増刊，28 (15)，羊土社，2010
◆ Cedar, H. & Bergman, Y.：Annu. Rev. Biochem., 81：97-117, 2012

Keyword

1 DNAメチル基転移酵素

▶英文表記：DNA methyltransferase
▶略称：Dnmt

1）イントロダクション

DNAのメチル化はDNAメチル基転移酵素（Dnmt）によって触媒されている．DnmtがS-アデノシルメチオニン（SAM）をメチル基供与体として，シトシンの5位炭素をメチル化する．哺乳類では，新たにDNAをメチル化するde novo型メチル化活性を担う酵素としてDnmt3aおよびDnmt3b，DNA複製時に生じる片方の鎖にのみメチル基が存在するヘミメチル化状態を解消する維持型メチル化活性を担う酵素としてDnmt1の3つが同定されている．

2）構造と機能

脊椎動物のDNAメチル基転移酵素の特徴として，N末端側にはタンパク質相互作用などに関与する調節領域が存在しており，C末端側には触媒領域が存在する（図1）．すべてのDNAメチル基転移酵素のC末端側領域には，バクテリアのシトシン特異的DNAメチル基転移酵素から保存されている10個のモチーフ（I～X）が存在している．特にモチーフI，IV，VI，VIII，IX，Xはよく保存されており，基質の認識部位や活性中心を含んでいる．

i）Dnmt1

Dnmt1のN末端側から，PCNAと結合する配列，複製フォークに局在するために必須のモチーフである複製フォーク標的化配列（RFTS），Znフィンガー様モチーフであるCXXCドメインや機能が不明であるBAH（bromo-adjacent homology）が存在し，リジン-グリシンの繰り返し配列（KGリピート）を介して触媒領域とつながっている（図1）．また，結晶構造解析から，Dnmt1のそれぞれの領域は独立した構造を形成していることが明らかになっている[1]．PCNA結合領域を含むN末端側から243アミノ酸残基は，PCNA以外にも細胞周期関連因子，転写因子，リン酸化酵素などと結合することが報告されており，N末端の独立領域がDnmt1の機能を調節するプラットホームとして働いている可能性がある．

ii）Dnmt3aとDnmt3b

Dnmt3aやDnmt3bはCpG配列を認識してメチル基を導入するが，その周りの配列に目立った特徴はない．そのため，相互作用する因子がメチル基を導入する箇所

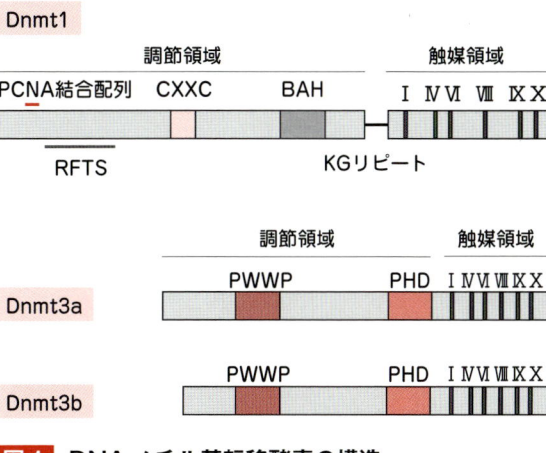

図1 DNAメチル基転移酵素の構造

を規定していると考えられている．Dnmt3aとDnmt3bには，N末端側からPWWPドメイン，PHD（plant homeodomain）ドメインが存在する（図1）．PWWPドメインは，Dnmt3aおよびDnm3bをヘテロクロマチン領域にリクルートすることや，ヒストンH3の36番目のリジンのトリメチル化を認識するモチーフであることが報告されている．PHDドメインはシステインに富む配列であり，タンパク質間相互作用に寄与していることや，ヒストンH3の4番目の非修飾のリジンを認識することが報告されている．

3）ノックアウトマウスの表現型

Dnmt1ノックアウトマウスは，ゲノム全体が低メチル化となり，胎生8.5日で発生が停止する[2]．Dnmt3aノックアウトマウスは，正常な胚発生をするが，生後4週齢で致死となる[3]．Dnmt3bノックアウトマウスは，胎生13.5～16.5日の間で致死となる[3]．さらに，Dnmt3a/Dnmt3bダブルノックアウトマウスは，着床後のde novoメチル化活性が消失し，胎生8.0日で致死となる[3]．このようにDNAメチル基転移酵素は，胚発生に必須であることが明らかになっている．

4）疾患とのかかわり

また，Dnmt1の変異が認知症や難聴を伴う遺伝性感覚神経ニューロパシーを引き起こすこと，急性骨髄性白血病患者でDnmt3aの変異が確認されることやDnmt3bの変異がICF（immunodeficiency, centromeric instability, facial anomalies）症候群の原因であることなど，DNAメチル基転移酵素の変異が疾患に関与していることが報告されている．

参考文献

1) Takeshita, K. et al.:Proc. Natl. Acad. Sci. USA, 108:9055-9059, 2011
2) Li, E. et al.:Cell, 69:915-926, 1992
3) Okano, M. et al.:Cell, 99:247-257, 1999

Keyword 2 メチル化DNA結合タンパク質

▶英文表記:methyl-CpG binding protein

1) イントロダクション

プロモーター領域がメチル化された遺伝子の発現は抑制される．DNAのメチル化修飾を認識して，転写抑制に寄与するタンパク質としてメチル化DNA結合タンパク質が同定されている．メチル化DNA結合タンパク質には，MBD（methyl-CpG binding domain）をもつMBDタンパク質，メチル化結合Znフィンガータンパク質とヘミメチル化DNAを認識するSRA（SET and ring finger associated）ドメインタンパク質が存在する．

2) MBDタンパク質

MBDタンパク質はメチル化DNAに結合するために必要な約60アミノ酸からなる特徴的なMBDドメインをもっている（図2A）[1]．MeCP2，Mbd1，Mbd2のC末端側には転写抑制領域（TRD）が存在する．MeCP2とMbd2はSin3A/HDAC複合体やNuRD複合体と相互作用し，遺伝子の転写を抑制する．また，MeCP2はX連鎖優性遺伝病であるRett症候群の原因遺伝子であることが報告されている．Mbd1はヒストンメチル化酵素であるSetdb1やSuv39h，ヘテロクロマチン結合タンパク質HP1と結合することで，転写抑制に働いている．哺乳類のMbd3はNuRD複合体の構成因子で転写抑制に働くが，メチル化を認識するアミノ酸が置換されているためにメチル化DNAに結合することができない．Mbd4は他のMBDタンパク質とは異なり，C末端側にグリコシラーゼ領域をもっており，メチル化シトシンの酸化的脱アミノ化反応によって生じるT:Gミスマッチの修復に働いている．

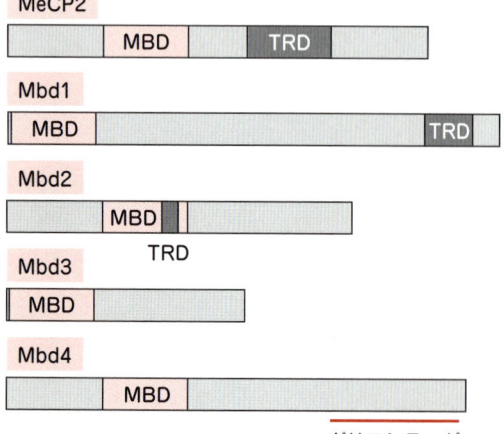

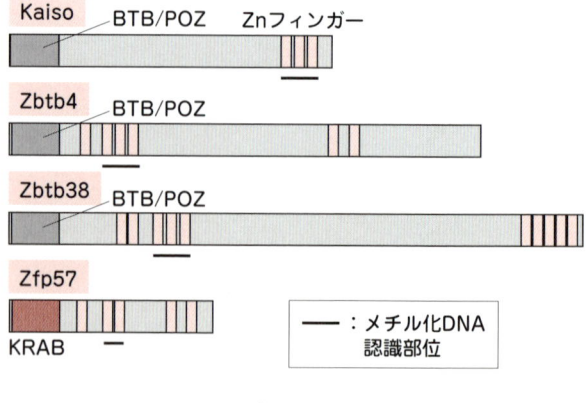

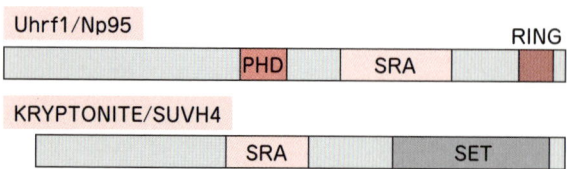

図2 メチル化DNA結合タンパク質

3）メチル化DNA結合Znフィンガータンパク質

メチル化DNAに結合するZnフィンガータンパク質として，BTB/POZドメインをもつKaiso[2]，Zbtb4[3]，Zbtb38[3]とKRAB（Krüppel-associated box）ドメインをもつZfp57[4]が存在する（**図2B**）．Kaisoファミリータンパク質は3～10個のZnフィンガーモチーフをもっており，そのうちの連続する3個のZnフィンガーモチーフがメチル化DNAの認識に寄与している．KaisoはHDAC3を含むNCoR複合体と相互作用し，転写抑制に働いている．Zbtb4はSin3a複合体をリクルートすることで転写抑制に働いていることが報告されている．Zbtb38はヒストン脱アセチル化酵素やコリプレッサータンパク質CtBPと相互作用し，転写抑制に働くことが報告されている．Zfp57は哺乳類で多く存在するZnフィンガータンパク質ファミリーの1つであるKRAB Znフィンガータンパク質に属しており，コリプレッサータンパク質Trim28/Kap-1を介してDNAメチル基転移酵素（Dnmt1, Dnmt3a, Dnmt3b）と相互作用し，インプリンティング遺伝子のメチル化模様の形成に寄与している．

4）SRAドメインタンパク質

DNAの片方の鎖にのみメチル化されたヘミメチル化DNAを認識するSRA（SET and ring finger associated）ドメインをもつタンパク質には，PHDドメインとRINGフィンガードメインをもつタンパク質（哺乳類ではUhrf1/Np95とUhrf2が同定されており，植物ではVim1が同定されている）と植物のみで同定されているヒストンメチル化活性を担うSETドメインをもつタンパク質（SUVHファミリー）が存在する（**図2C**）．Uhrf1/Np95は維持メチル化機構の中心的な役割を担っており，DNA複製時においてヘミメチル化された箇所を認識してDnmt1をリクルートするとともに，Dnmt1にヘミメチル化DNAを受け渡す役割を担っている．また，Uhrf1/Np95のSRAドメインとヘミメチル化DNAの結晶構造解析によると，SRAドメインはDNAから5mC（5-メチルシトシン）を外側に引き出していることが明らかになっている[5]．

参考文献

1) Clouaire, T. & Stancheva, I.：Cell. Mol. Life Sci., 65：1509-1522, 2008
2) Prokhortchouk, A. et al.：Mol. Cell. Biol., 26：199-208, 2006
3) Filion, G. J. et al.：Mol. Cell. Biol., 26：169-181, 2006
4) Quenneville, S. et al.：Mol. Cell, 44：361-372, 2011
5) Arita K. et al.：Nature 455：818-821, 2008（？再確認？）

第1部 エピジェネティクスの分子機構

2 DNAメチル化②
DNAの脱メチル化
DNA demethylation

伊藤伸介

Keyword ❶TETタンパク質 ❷IDH 1/2

概論
DNA脱メチル化とヒドロキシメチル化

1. はじめに

DNAメチル化は，遺伝子発現制御，トランスポゾン不活性化，細胞の運命決定をするうえで必要不可欠であり，可逆的なエピジェネティック修飾である．DNAのメチル化はDNAメチル基転移酵素（DNA methyltransferase：DNMT）がCpGジヌクレオチド内のシトシン（cytosine：C）の5位の炭素にメチル基を付加することによって起こり（5-methylcytosine：5mC），その機構は詳細に解析されている（イラストマップ（第1部-1参照）．一方で，DNAの脱メチル化に関してはさまざまな機構が提唱されているものの，完全に証明されていない[1]．

DNA脱メチル化には，受動的機構と能動的機構が存在する．受動的脱メチル化は，DNA複製時に鋳型鎖のメチル基を新生鎖にコピーする維持メチル化が起こらないために，新生鎖DNAにシトシンが取り込まれ，5mCが希釈される結果として起こる．他方，能動的脱メチル化はDNA複製には依存しない機構であり，マウスの受精直後の精子由来ゲノム，始原生殖細胞のゲノム全体や体細胞の一部の遺伝子プロモーターにて観察されている．このように現象としては捉えられてはいたが，生体内でどのような反応でDNA脱メチル化が起こっているのか明らかになっておらず，DNA脱メチル化酵素の存在も含めて，その実体は不明であった．なおこれまでに，植物では5mCを切除することのできるDNAグリコシラーゼが複数報告されているが，哺乳動物ではそれらのホモログは確認されていない．加えて，5mCのメチル基はC-C結合により付加しており，エネルギー的に非常に安定であるため，加水分解により直接メチル基を除去する機構は不可能であると考えられた．そこで，5mCのメチル基を変換して，DNA脱メチル化に寄与しうる候補酵素の探索がはじまった．

本項では，哺乳動物の潜在的なDNA脱メチル化酵素であるα-ケトグルタル酸（α-KG）依存型ジオキシゲナーゼTETタンパク質（→Keyword❶），およびTETによる5mCの酸化産物である5-ヒドロキシメチルシトシン（5-hydroxymethylcytosine：5hmC）が発見されたことを端緒として，急速に明らかになりつつあるDNA脱メチル化機構について概説する．また，TETが関与するリプログラミングや，TETが補因子とするα-KGの合成を担うIDH1/2（→Keyword❷）とこれらの遺伝子変異に起因する腫瘍化との関連について最新の知見を概説する．

2. TETファミリー依存的な5hmCの合成

1) TETタンパク質の発見

真菌においてチミン-7-ヒドロキシラーゼ（THase）が酸素分子と鉄イオン，およびα-KGを補因子として使用し，チミンの5位のメチル基を連続的酸化反応によって攻撃して5-ヒドロキシメチルウラシル（5-hydroxymethyluracil：5hmU），5-ホルミルウラシル，イソオロチン酸を産生する．イソオロチン酸は，イソオロチン酸デカルボキシラーゼの活性によってCO_2を放出しウラシルに変換される．このチミジンサルベージ経路におけるTHase

イラストマップ　TETタンパク質が関与するDNA脱メチル化機構

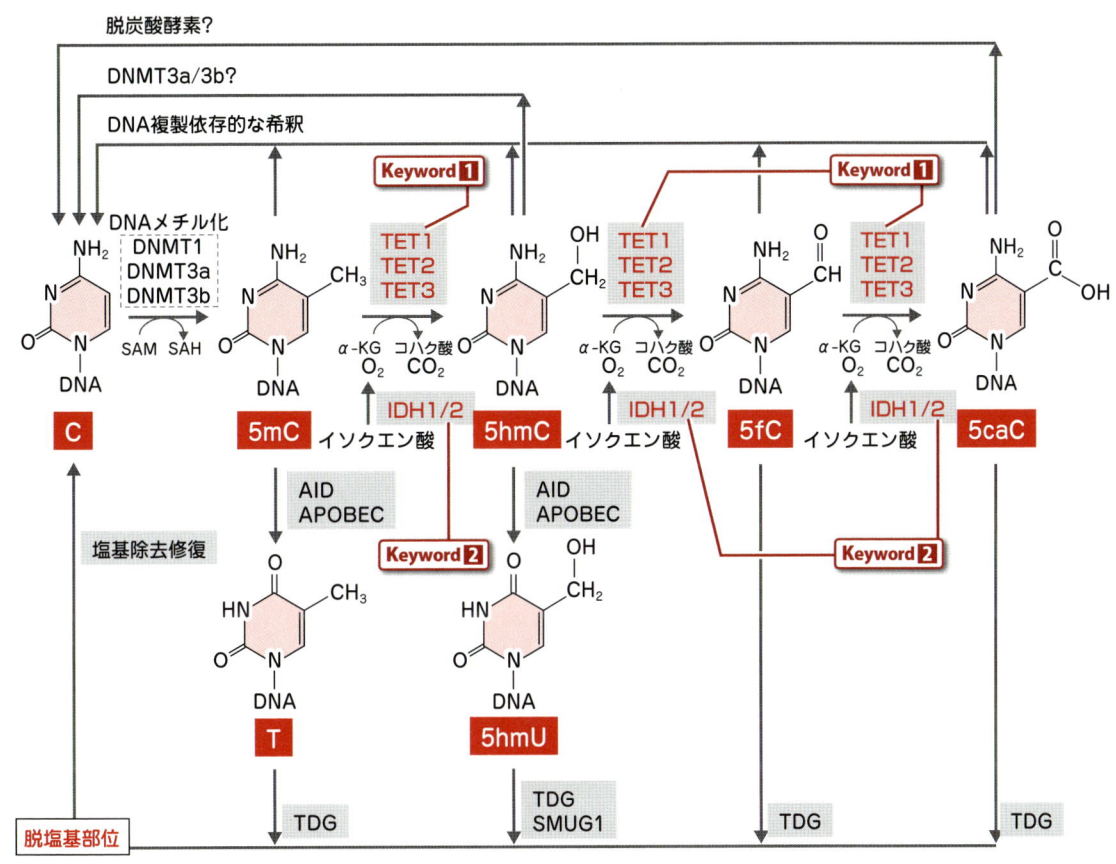

DNMT：DNAメチルトランスフェラーゼ，α-KG：α-ケトグルタル酸，TET：α-KG依存型ジオキシゲナーゼ，SAM：S-アデノシルメチオニン（メチル基供与体），SAH：S-アデノシルホモシステイン，IDH1/2：イソクエン酸デヒドロゲナーゼ1/2，C：シトシン，5mC：5-メチルシトシン，5hmC：5-ヒドロキシメチルシトシン，5fC：5-ホルミルシトシン，5caC：カルボキシシトシン，AID：シチジンデアミナーゼ，APOBEC：シチジンデアミナーゼ，T：チミン，5hmU：5-ヒドロキシメチルウラシル，TDG：DNAグリコシラーゼ，SMUG1：DNAグリコシラーゼ

による変換反応は，チミンと5mCの構造上の類似性からDNA脱メチル化反応のモデルの1つとして提起されていた[1]．

他方，寄生性原虫トリパノソーマは，チミンのメチル基を水酸化し，5hmUを合成するα-KG依存型ジオキシゲナーゼJBPタンパク質を発現する．2009年にRaoらは，JBPと類似した化学反応にもとづき，5mCのメチル基を水酸化する酵素を同定すべく，JBPのα-KG依存型ジオキシゲナーゼドメインに相同性をもつ哺乳動物ホモログをデータベースサーチした．その結果，TETファミリータンパク質（TET1, TET2, TET3）が発見された[2]．TETタンパク質は，JBPと同様に酸素分子，鉄イオン，およびα-KG依存的に5mCのメチル基を水酸化し，5-ヒドロキシメチルシトシン（5hmC）を合成する活性をもつことが明らかとなった（**イラストマップ**）．

2）5hmC

5hmCが哺乳動物のゲノムDNAに存在することは1972年に報告されていたが，その生理的意義に疑問がもたれたために注目されることはなく，2009年のTETタンパク質の発見まで日の目をみることはなかった．5mC

は，さまざまな組織，細胞で比較的一定して存在するのに対して，5hmCはプルキンエ細胞やES細胞のように強く認められる細胞がある一方で，ほとんど検出できない細胞もあり，その存在量は多様性を示す．また，5mCを含まないDNMT1/3a/3bのトリプルノックアウトES細胞では5hmCが検出できないこと，ES細胞にて強く発現するTET1とTET2をノックダウン，あるいはノックアウトすると5hmCのレベルが減少することから，5hmCは既存の5mCからTETタンパク質による酵素反応によってのみ産生されることが明らかになった．

3. 5hmCを介したDNA脱メチル化

次の疑問としては，5hmCは最終産物でありエピジェネティック修飾の1つとして振る舞うのか，あるいはDNA脱メチル化プロセスの中間産物なのかという点があげられる．

1) エピジェネティック修飾としての可能性

これまでに5hmCに結合するタンパク質が複数同定されているため，5hmCはエピジェネティック修飾として機能する可能性が示唆されている．また，5mCを認識するMBD（メチル化CpG結合ドメイン）をもつタンパク質は5hmCを認識できない．さらに維持メチル化酵素DNMT1は，鋳型鎖側に5hmCが存在する場合には新生鎖側にメチル基を効率よくコピーすることができない．すなわち，DNA複製の際には5hmCが鋳型鎖側に存在すると，必然的に5hmCのレベルは減少することになり，受動的DNA脱メチル化に至る．したがって，TETタンパク質は，5hmC合成によってメチル基を消去するだけで，その機能をある程度は発揮していると推測される．

2) 脱メチル化中間産物としての可能性

他方，前述のTHaseの連続的酸化反応を考慮すると，TETタンパク質は5hmCをさらに酸化できる能力をもっている可能性が示唆された．実際にTETタンパク質は5hmCの合成のみならず，さらに酸化して5-ホルミルシトシン（5-formylcytosine：5fC），5-カルボキシシトシン（5-carboxylcytosine：5caC）を合成できることが明らかになった[3]．また，これらの5mCの酸化産物の含量をLC-MS/MS解析により定量すると，マウスES細胞ではすべてのCのうち，5mCは約3％，5hmCは0.1％，5fCは0.005％，5caCは0.0005％程度存在することが示された．5fC，5caCはTDG（チミンDNAグリコシラーゼ）によって効率よく切り出されることが生化学的に証明されており，5fCや5caCが非常に低いレベルに制限されている要因と考えられる[4]．事実，TDGをES細胞でノックダウンすると，5fCと5caCがエンハンサー領域などに蓄積することが示された[5]．つまり，DNMTによる5mCの合成，TETによる5hmC，5fCと5caCへの変換およびTDGによる5fCと5caCの切除という一連のサイクルがES細胞において恒常的に行われていることが示唆され，5mCの代謝サイクルがこれまでに想定していた以上にダイナミックに行われていると考えられる．

TDGが5fCや5caCを切除後に形成される脱塩基部位を処理するために，塩基除去修復経路が利用される．塩基除去修復は，脱塩基部位を含むDNA鎖の修復，DNAポリメラーゼによるギャップの埋め戻し，DNAリガーゼによるDNA鎖の連結という複雑なプロセスを必要とする．そのため一見すると非効率的であると考えられるし，またDNA鎖の切断を伴うために遺伝情報に変異などの弊害をもたらさないか懐疑的である．今後のさらなる解析が必要である．

ES細胞においてDNA脱メチル化は，TET-TDGの反応によって主に行われていると考えられる．しかしながら，TET-TDG以外の経路もいくつか報告されている．前述のチミジンサルベージ経路と類似して，ES細胞抽出液にて5caCの脱炭酸活性が検出されており，5caCの脱炭酸酵素の精製，同定が期待される．他方で，AID/APOBECなどの脱アミノ化酵素の関与も示唆されている．ただし，AID/APOBECは基質として一本鎖DNAを好み，基質特異性はC＞5mC＞5hmCの順番で脱アミノ化活性が高いため，5mCや5hmCの脱アミノ化経路は否定的な見解が多い．加えて，DNMT3a/3bは還元条件下ではDNAメチル化活性を示すが，酸化条件化では脱ヒドロキシメチル化活性をもつことが生化学的に示されている．この活性が生体内でも存在するのか検証する必要がある．

参考文献

1) Wu, S. C. & Zhang, Y. : Nat. Rev. Mol. Cell Biol., 11 : 607-620, 2010
2) Tahiliani, M. et al. : Science, 324 : 930-935, 2009
3) Ito, S. et al. : Science, 333 : 1300-1303, 2011
4) He, Y. F. et al. : Science, 333 : 1303-1307, 2011
5) Shen, L. et al. : Cell, 153 : 692-706, 2013

1 TETタンパク質

▶英文表記：TET protein
▶略称：TET1, TET2, TET3

1）イントロダクション

10番染色体上に位置するTET1は，骨髄系腫瘍において高頻度で転座が確認されている11番染色体上に位置するMLLの融合遺伝子TET（ten-eleven translocation）として同定された．TET1は，TET2, TET3のパラログをもち，いずれもC末端側に典型的なα-ケトグルタル酸（α-KG）依存型ジオキシゲナーゼドメインを有する（図1 A）．また，TET1とTET3はN末端側にメチル化されていないCpGジヌクレオチドを認識するCXXCドメインをもち，標的部位の認識を担うことが報告されている．TET2自身はCXXCドメインを保持していないが，隣接する遺伝子CXXC4とタンパク質複合体を形成することによって獲得している．また，TET2遺伝子の変異は，さまざまな骨髄系腫瘍で高頻度に同定されている．これまでに同定された変異の多くがナンセンス変異による活性ドメインの欠失，あるいは活性ドメイン内のミスセンス変異であるため，5hmC合成活性が不活化され，エピジェネティクスに異常を起こし，骨髄性悪性疾患を引き起こしていると考えられる．

2）機能

Tet mRNAの発現パターンをみると，Tet1はES細胞や始原生殖細胞などにおいて限定的に強く発現しているのに対して，Tet2はES細胞に加えて幅広い組織で発現し，Tet3は卵細胞において高発現している．受精直後に観察される精子由来ゲノム特異的な5mCの消去は，TET3による5hmCへの変換であることが明らかになっ

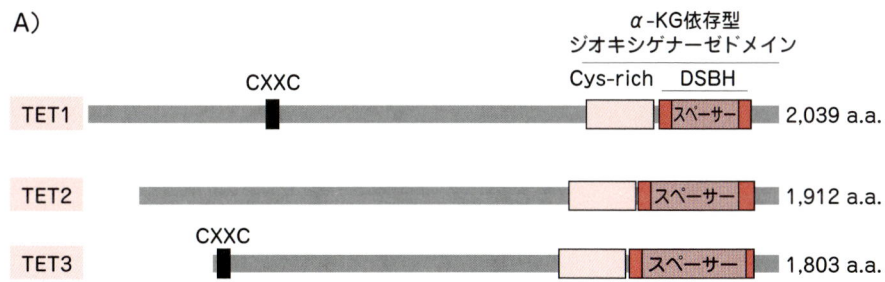

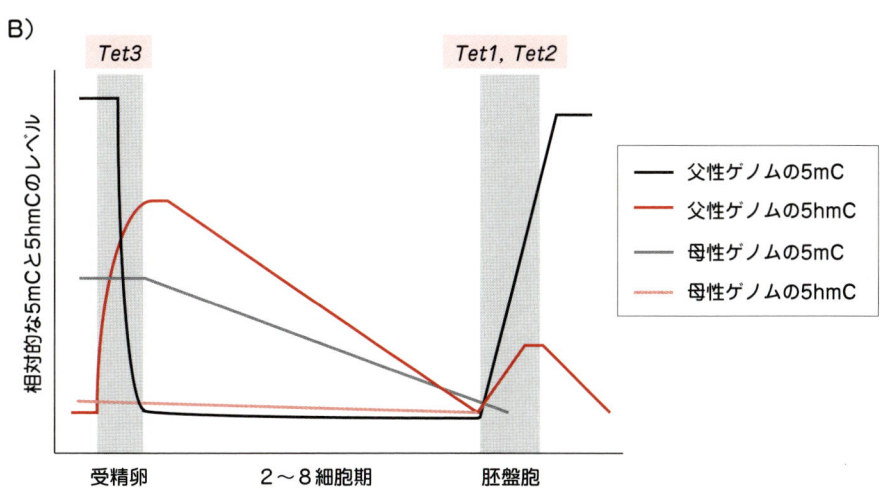

図1 TETタンパク質は5hmCを合成しDNA脱メチル化に寄与する

A）マウスTETタンパク質のドメイン構造．TET1〜3は共通してシステインに富む領域（Cys-rich），α-ケトグルタル酸（α-KG）と鉄イオンを結合する二本鎖ベータヘリックス（DSBH）から構成されるα-KG依存型ジオキシゲナーゼドメインをもつ．B）初期胚における5mCと5hmCレベルのダイナミクス

た（図1B）．また，受精卵から卵割期にかけて精子由来ゲノムに5hmCのみならず，5fCと5caCが合成され，分裂ごとに段階的に希釈されていくことが示された[1]．ES細胞においてはTET1とTET2が共存しており，ある程度の機能的な補完が行われていることが示唆されている．TET1，TET2はChIPシークエンスによってゲノムの結合領域が特定されており，ともにCpGリッチな遺伝子プロモーターに結合する．TET1は転写の活性化のみならず，転写抑制複合体Sin3Aと結合し，ポリコーム複合体PRC2をリクルートして転写の抑制に寄与する[2]．一方で，TET2は転写の活性化領域により結合している[3]．

重要な点は，TETの結合と5hmCの合成は必ずしも転写活性と相関はなく，むしろ結合領域の他のヒストン修飾やそのエフェクター因子や転写因子と協調して転写を制御していることにある．

3）TETタンパク質とリプログラミング

DNA脱メチル化は，分化した細胞が全能性を再獲得するうえで不可欠なステップである．マウスの初期胚発生において，受精直後の精子由来ゲノムと始原生殖細胞にてゲノム全体のDNA脱メチル化が観察されている（第2部-4参照）．

ⅰ）受精直後の精子由来ゲノム

受精卵では高発現するTET3が精子由来ゲノム特異的に5mCの5hmCへの変換を担う．例えば，TET3をノックアウトした卵子は，5hmCへの変換が観察されず，多能性遺伝子Oct4やNanogの活性化遅延のため，胚発生停止が高頻度で認められた[4]．また，TET3をノックアウトした卵子を使用した体細胞核移植は，体細胞核のリプログラミングに異常をもつことから，TET3による5mCの5hmCへの変換が核の初期化，全能性の獲得に重要であることが示された．さらに，産まれたTet3ノックアウトマウスは新生仔致死であり，受精卵における5hmCの合成の異常が一因と考えられる．

ⅱ）始原生殖細胞

他方，始原生殖細胞におけるゲノム全体のDNA脱メチル化は，胎生8.5日には維持メチル化に関与する因子UHRF1やTETが発現する前に観察されることから，受動的脱メチル化によって行われていることが示唆されている．その後，TET1とTET2は胎生10.5日前後に発現し，遺伝子特異的な5hmCへの変換に関与する．また，Tet1ノックアウトマウスは妊性を有するが，Tet1ホモノックアウトマウスはつねに少数の仔しか出産しない．妊性の低下は特に雌において顕著に認められ，Tet1欠損によって減数分裂に関連する遺伝子の転写活性化の異常による卵細胞の減少が原因であることが示された[5]．

ⅲ）iPS細胞

DNA脱メチル化は，iPS（induced pluripotent stem）細胞誘導におけるリプログラミングにおいても重要な役割を果たす（第2部-5参照）．とりわけ，TET1とTET2は多能性遺伝子のヒドロキシル化を介してiPS細胞誘導効率の改善の貢献することが示されている．TET1はOct4プロモーターのDNA脱メチル化を行い活性化するため，山中4ファクター（Oct4, Sox2, Klf4, c-Myc：OSKM）の1つであるOct4をTet1に置換した組合わせでもiPSの誘導が可能である[6]．またOSKMにTet1を加えることでもiPS誘導効率が上昇することから，Tet1の発現レベルが誘導効率の決定因子の1つであることが示唆されている．

Tet1/Tet2のダブルノックアウトES細胞は多能性を維持することを考慮すると，Tet1/Tet2は，多能性の維持には貢献度は低いが，むしろ多能性の確立には重要であるがことが考えられる[7]．しかしながら，Tet1ノックダウン/ノックアウトES細胞には表現型に複数の相違点があり，ターゲティング法を含めてさらなる解析が必要である．

参考文献

1) Inoue, A. et al.：Cell Res., 21：1670-1676, 2011
2) Williams, K. et al.：Nature, 473：343-348, 2011
3) Chen, Q. et al.：Nature, 493：561-564, 2013
4) Gu, T. P. et al.：Nature, 477：606-610, 2011
5) Yamaguchi, S. et al.：Nature, 492：443-447, 2012
6) Gao, Y. et al.：Cell stem cell, 12：453-469, 2013
7) Dawlaty, M. M. et al.：Dev. Cell, 24：310-323, 2013

Keyword

2 IDH 1/2

▶英文表記：isocitrate dehydrogenase 1/2
▶和文表記：イソクエン酸デヒドロゲナーゼ1/2

1）イントロダクション

イソクエン酸デヒドロゲナーゼは，イソクエン酸とα-ケトグルタル酸（α-KG）とを相互変換する酸化還元酵素であり，IDH1〜3の3種類が知られている．IDH1とIDH2はNADP$^+$を補因子として使用し，それぞれ細胞

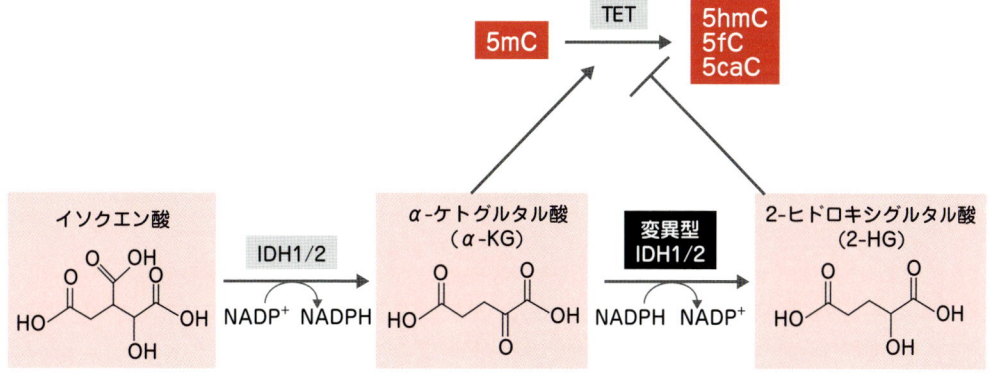

図2 変異型IDH1/2によるα-KGの2-HGへの変換とTETの活性阻害

質，ミトコンドリアに局在する．ミトコンドリアに局在するIDH3は，NAD^+を補因子として使うクエン酸回路の構成因子として知られている．

2) 機能と疾患

α-KGは，TETタンパク質やJmjCヒストン脱メチル化酵素をはじめとするα-KG依存的ジオキシゲーナゼドメインをもつタンパク質の活性に必須の補因子である．そのためα-KGの安定供給は，エピジェネティック修飾の制御のみならず，さまざまな生命現象の分子基盤といえる．したがって，その供給の破綻ががんや疾患の発症につながることは想像に難くない．

2008年にグリオーマの大規模シークエンス解析によってIDH1遺伝子のミスセンス変異（132番目のアルギニン）が同定され，その後IDH2遺伝子のミスセンス変異（172番目のアルギニン）も同定され，グリオーマにてIDH1/2の変異が高頻度に起こっていることが明らかになった[1]．また，骨髄系腫瘍においても高頻度でIDH1/2に変異が発見された．興味深いことにIDH1あるいはIDH2の変異はヘテロであり，共通して活性部位のアルギニンに変異をもつ．その結果として，変異型IDH1/2は基質特異性に変化を生じ，イソクエン酸からα-KGへの変換活性が著しく阻害され，新たにα-KGを2-ヒドロキシグルタル酸（2-HG）へ変換する活性を獲得する（図2）．なお，がん代謝物ともよばれる2-HGはα-KG依存的なTETタンパク質の5hmC合成を競合的に阻害することが示されている[2]．前述のようにTET2の変異も骨髄系腫瘍において確認されていることから，IDH1/2-TET軸による5mC→5hmCの変換の異常が腫瘍化に関与していると推測される．

参考文献

1) Parsons, D. W. et al.：Science, 321：1807-1812, 2008
2) Xu, W. et al.：Cancer Cell, 19：17-30, 2011

第1部 エピジェネティクスの分子機構

3 DNAメチル化③
メチル化機構の進化と多様性（植物を中心に）
diversity and evolution of DNA methylation machinery

角谷徹仁

Keyword　❶ non-CpG メチル化　❷ RdDM　❸ DDM1/LSH　❹ トランスポゾンと遺伝子のDNAメチル化

概論　DNAメチル化機構の進化と多様性

1. 3種のDNAメチル化酵素

DNAメチル化を行う酵素の構造は多くの真核生物で保存されている．真核生物のもつDNAメチル化酵素は大きく以下の3つに分けられる．①維持型DNAメチル化酵素，② *de novo* DNAメチル化酵素，③ H3K9メチル化（H3K9me）依存のDNAメチル化酵素．これらの酵素をもつかもたないかは，奇妙な分布をしている（表）．

脊椎動物は①と②をもつが③はもたない．また，アカパンカビは③をもつが，①と②はもたない．陸上植物（コケ，シダ，種子植物）は，①，②，③のすべてのメチル化酵素をもつ．無脊椎動物（昆虫）では，ショウジョウバエは，①，②，③をもたないが，ミツバチは①と②を，カイコは①をもつ．また，菌類でも，酵母はDNAメチル化酵素をもたないが，スイライカビは①をもつなど多様性がある．これらの説明として，おそらく動物，菌類，植物の共通祖先が，①と②をもち（③ももっていたかもしれない），これが系譜特異的に失われたと考えられる[1]．

表　真核生物における3種類のDNAメチル化酵素遺伝子の分布

		①維持型DNAメチル化酵素	② *de novo* DNAメチル化酵素	③ H3K9メチル化依存のDNAメチル化酵素
		DNMT1/MET1	DNMT3/DRM	CMT あるいは dim-2
脊椎動物	ヒト	○	○	×
昆虫	ミツバチ	○	○	×
	カイコ	○	×	×
	ショウジョウバエ	×	×	×
菌類	酵母	×	×	×
	スイライカビ	○	×	×
	アカパンカビ	×	×	○
陸上植物	シロイヌナズナ	○	○	○

H3K9：ヒストンH3のリジン9．DNMT：DNA methyltransferase．MET：methyltransferase．DRM：domains rearranged methyltransferase．CMT：chromomethylase．DIM：defective in methylation（文献1を元に作成）

イラストマップ　生物群で保存されたDNAメチル化制御機構

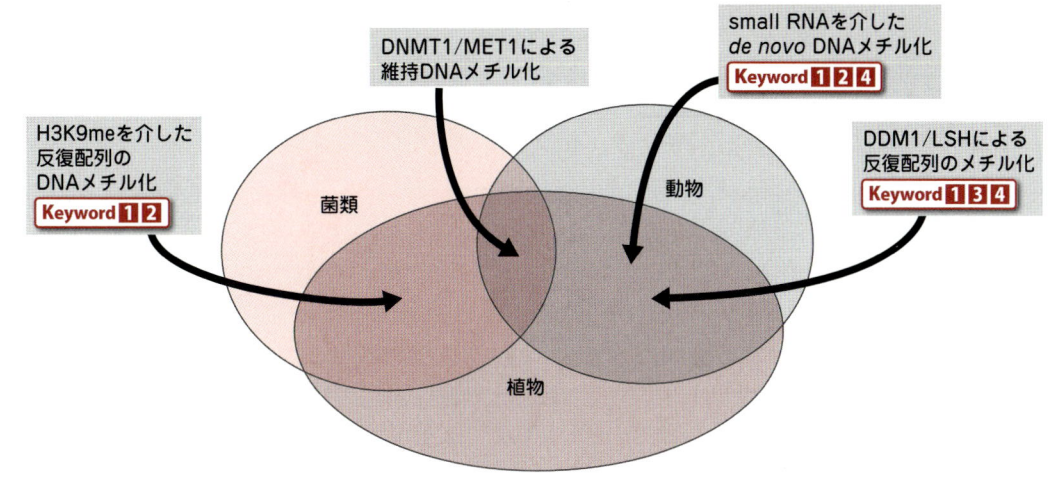

動物，菌類，植物で共通するDNAメチル化制御機構について模式的に示した．一般化して示したが，動物や菌類のなかには，ここで示した機構を失っている生物群もある（表参照）．

2. 3種のDNAメチル化制御機構

①維持型DNAメチル化酵素は，基本的には，ヘミメチル化されたCpGサイトをメチル化する．これによって，CpGサイトのメチル化様式がDNA複製後も維持される．一方，②de novo DNAメチル化酵素は，メチル化されていないCpGサイトをメチル化する．さらにCpG以外のメチル化サイトもメチル化する（**non-CpGメチル化**）（→Keyword**1**）．それでは，de novo DNAメチル化酵素はどのような配列をメチル化するのだろうか？ 植物では，形質転換で導入した遺伝子からヘアピン構造のRNAを転写させると，その配列をもつ別の遺伝子座でde novoのメチル化が起こることが知られている．この現象は，**RdDM (RNA-directed DNA methylation)**（→Keyword**2**）とよばれている．このRdDMに必要な因子を知るための順遺伝学的選抜で，RNAi因子のメンバーが多数同定されつつある[2]．同様に哺乳類でも，RNAi因子であるPIWIなどの変異体でde novo DNAメチル化酵素の変異体と類似の効果が知られている（イラストマップ）．

③H3K9メチル化依存の3番目のDNAメチル化酵素は脊椎動物にはみつからないが植物に保存されているクロモドメインをもつDNAメチル化酵素で，クロモメチル化酵素と総称される．クロモドメインはヒストンH3の9番目のリジンのメチル化（H3K9me）を認識すると考えられている．H3K9meは，分裂酵母から脊椎動物，植物にまで保存されているヘテロクロマチンの目印である．シロイヌナズナのクロモメチル化酵素CMT3（chromomethylase[3]）は，H3K9meに依存して，non-CpGサイトのうち，CpHpGサイトのシトシンをメチル化する．最近シロイヌナズナのもう1つのクロモメチル化酵素であるCMT2がCpHpHサイト（CpHpGサイト以外のnon-CpGサイト）を特異的にメチル化することが報告された[3]．おそらく，CMT3とCMT2とはどちらもH3K9meを認識して，2つのnon-CpGサイト（CpHpGとCpHpH）をそれぞれがメチル化すると推察される．アカパンカビのDNAメチル化酵素dim-2もH3K9meに依存してDNAメチル化を行う（イラストマップ，表）．

3. トランスポゾンのDNAメチル化とクロマチン再構成因子

植物のゲノムではトランスポゾンなどの反復配列と通常の遺伝子とでDNAメチル化の様式が異なる（**トランスポゾンと遺伝子のDNAメチル化**）（→Keyword**4**）．トランスポゾンはnon-CpGサイトとCpGサイトの両方が高いレベルでメチル化されているが，遺伝子のDNAメチル化レベルは低く，ほとんどの場合CpGサイトに限

られている．non-CpGサイトのメチル化は主にトランスポゾンに分布する．同様にH3K9meも主にトランスポゾンに分布する．これはnon-CpGサイトのメチル化酵素がH3K9meに依存することと一致する．

遺伝子とトランスポゾンでメチル化が異なっているのは，どのような機構によるのだろうか？ 分裂酵母はDNAメチル化を行わないが，抑制されたヘテロクロマチンの目印としてH3K9meをもち，H3K9meの上流因子として，RNAiが働きうることが知られている．植物でもRdDM/RNAiが，*de novo*のメチル化に関与しうる．しかし，RdDM/RNAi因子の変異体でも長いトランスポゾンの内部のDNAメチル化は残る．また，シロイヌナズナでは，これらの因子の変異体下でも，ほとんどのトランスポゾンは転写が抑制されたままである．一方，多くのトランスポゾンの脱抑制がクロマチン再構成因子 **DDM1 (decrease in DNA methylation 1)** (→**Keyword 3**) の変異下で起こる．DDM1は，RdDM/RNAiと異なり，長いトランスポゾンの内部のDNAメチル化に必要である．DDM1の哺乳類オルソログである **LSH (lymphocyte-specific helicase)** (→**Keyword 3**) のノックアウトマウスでも反復配列のDNAメチル化が低下する（イラストマップ）．

DNAメチル化制御機構の多くは異なった生物群の間で保存されている（イラストマップ）．それぞれの生物の生活環とのかかわりで，進化の局面に応じて，DNAメチル化はさまざまな役割を果たしてきたと考えられる．

参考文献
1) Zemach, A. et al. : Science, 328 : 916-919, 2010
2) Law, J. A. & Jacobsen, S. E. : Nat. Rev. Genet., 11 : 204-220, 2010
3) Zemach, A. et al. : Cell, 153 : 193-205, 2013

Keyword
1 non-CpGメチル化

▶英文表記：non-CpG methylation

1）イントロダクション

脊椎動物でも植物でも，一般にメチル化レベルが高いのはCpGというコンテクストのCである．しかしながらCpG以外のコンテクストのCでもメチル化がみつかることがある．これをnon-CpGメチル化と総称する．植物では一般に，non-CpGメチル化は遺伝子には少なく，主にトランスポゾンなどの反復配列にみられる．動物ではES細胞やiPS細胞で比較的高いレベルのnon-CpGメチル化がみられるが，これは細胞の分化とともに失われる[1]．また，non-CpGメチル化は，動物や植物に加えて，アカパンカビでも観察される．

2）CpHpGサイトとCpHpHサイト

non-CpGサイトは，しばしばCpHpGサイトとCpHpHサイトとに分類される（HはAかTかC，つまりG以外の塩基）（図1）．CpHpGサイトはどちらの鎖でもCから1塩基空けてGがあるので，CpGと同様に対称の配列とも考えられる．一般にCpHpGサイトは非対称のCpHpHサイトよりもメチル化レベルの高いことが多い．これは哺乳類でも植物でもそうである．また次に述べるように，CpHpGサイトとCpHpHサイトをそれぞれ特異的にメチル化する酵素がシロイヌナズナでみつかっている．

3）non-CpGメチル化を行う酵素

維持型DNAメチル化酵素はCpGコンテクストのみをメチル化するので，non-CpGメチル化は，それ以外のDNAメチル化酵素が行うと考えられる．哺乳類では *de novo* メチル化酵素DNMT3（DNA methyltransferase 3）がこれに相当する．シロイヌナズナでもDNMT3のオルソログである *de novo* メチル化酵素DRM2（domains rearranged methyltransferase 2）がnon-CpGサイトのメチル化を行う．シロイヌナズナでは，これに加えて，ヒストンH3のリジン9のメチル化（H3K9me）に依存して，クロモドメインをもつDNAメチル化酵素（クロモメチル化酵素）であるCMT3（chromomethylase）とCMT2がnon-CpGサイトのメチル化を行う．CMT3はCpHpGサイトのメチル化を行い，CMT2はCpHpHサイトのメチル化を行う[2]．クロモメチル化酵素によるDNAメチル化はH3K9meに依存する．また，アカパンカビのDNAメチル化酵素であるdim-2によるDNAメチル化もH3K9meに依存する．アカパンカビは維持型メチル化酵素をもたず，すべてのコンテクストのCのメチル化をdim-2という1種類の酵素で行うと考えられる．

4）non-CpGメチル化の役割

シロイヌナズナのトランスポゾンのいくつかは，CpGメチル化酵素遺伝子 *MET1* の変異体では転移しないが，この変異をnon-CpGメチル化酵素遺伝子である *CMT3* の変異と組合わせると転移する．つまりCpGサイトのメチル化とnon-CpGサイトのメチル化の両方がトランスポゾン抑制に働きうると解釈される[3]．またnon-CpGメチル化酵素であるCMT3とDRM2の多重変異体で発現が脱抑制されることで発生異常を引き起こす遺伝子も知られている[4]．遺伝子発現制御とゲノム構造安定化の両方に，CpGメチル化とnon-CpGメチル化の両方が働いていると考えられる．

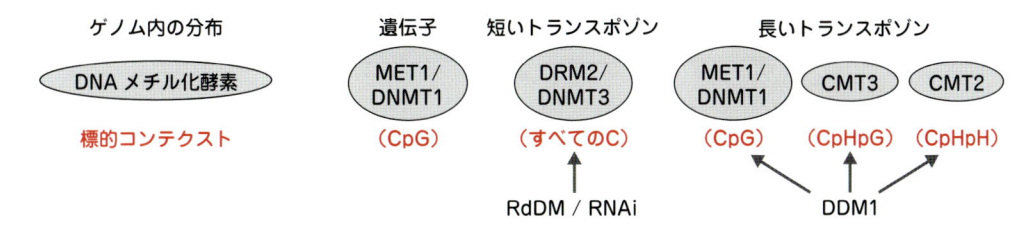

図1 シロイヌナズナのDNAメチル化酵素によるCpGとnon-CpGサイトのメチル化

DNAメチル化酵素を灰色の丸で，その標的となるコンテクストを赤文字で示した．植物では，non-CpGメチル化の大部分はトランスポゾンなどの反復配列上に分布する．短いトランスポゾンは，比較的クロマチン凝集の程度が低く，*de novo* メチル化酵素DRM2によってメチル化される．ここでは，RdDM（**2**参照）とよばれるsmall RNA依存の経路が働く．一方，長いトランスポゾンの内部は凝集したヘテロクロマチン構造をもち，ここではRdDMは働かない．長いトランスポゾンの内部のメチル化はクロマチン再構成因子DDM1（**3**参照）に依存する．ただし，長いトランスポゾンの端は比較的凝集の程度が低く，そこではRdDMが働く

参考文献

1) Lister, R. et al.：Nature, 462：315-322, 2009
2) Zemach, A. et al.：Cell, 153：193-205, 2013
3) Tsukahara, S. et al.：Nature, 461：423-426, 2009
4) Henderson, I. R. & Jacobsen, S. E.：Genes Dev., 22：1597-1606, 2008

Keyword 2 RdDM

▶フルスペル：RNA-directed DNA methylation

1）イントロダクション

 de novo DNAメチル化酵素はどのような配列をメチル化するのだろうか？ 植物では，形質転換で導入した遺伝子からヘアピン型のRNAを転写させると，その配列をもつ別の遺伝子座で *de novo* のDNAメチル化が起こることが知られている．この現象は，RdDM (RNA-directed DNA methylation) とよばれる（図2）．RdDMに必要な因子を知るための順遺伝学的選抜で，RNAi因子のメンバーが多数同定されつつある[1]．なお，これに類似の経路が動物にも存在し，哺乳類のRNAi因子であるPIWIメンバーの変異体では，レトロトランスポゾンの *de novo* メチル化が起こらなくなる[1,2]．

2）RdDMとRNAiとの関連

 RdDMの起こらないシロイヌナズナ変異体の選抜によって，いくつかのRNAi因子が同定されている．例えば，AGO4 (argonaute 4)，DCL3 (dicer-like 3)，RDR2 (RNA-dependent RNA polymerase 2) は，それぞれ，RNAiを仲介する因子のつくる遺伝子ファミリーのメンバーの1つである．その他の因子として，クロマチン再構成因子DRD1 (defective in RdDM1) やPol II類似のRNAポリメラーゼであるPol IVやPol Vが同定されている[1]．

3）RdDMの標的

 前述の変異体はレポーター遺伝子を用いた選抜で得られた．それでは，これらの変異体ではどのような内在配列が影響を受けるだろうか？ ゲノムワイドな解析の結果，主に短いトランスポゾンでDNAメチル化が低下することがわかった[3]．長いトランスポゾンでは両末端の領域だけでDNAメチル化低下が観察される．一方，長いトランスポゾンの内部のメチル化は，クロマチン再構成因子DDM1の変異で影響を受ける[3]．RdDMの標的は短く，クロマチン凝集の程度の低いトランスポゾンと考えられる．一方，長いトランスポゾンの内部は凝集したヘテロクロマチン状態をとり，この領域のDNAメチル化はRdDMではない機構によって行われる（3参照）．

4）RdDMの逆経路としてのDNA脱メチル化

 植物は能動的にDNAを脱メチル化する機構をもっている．これを行う酵素として，シロイヌナズナは構造の類似した因子を4つもち，それぞれ，DME (demeter)，DML1 (demeter-like)，DML2，ROS1 (repressor of silencing) とよばれる．DMEは生殖過程におけるDNA脱メチル化によってインプリンティングの確立に関与す

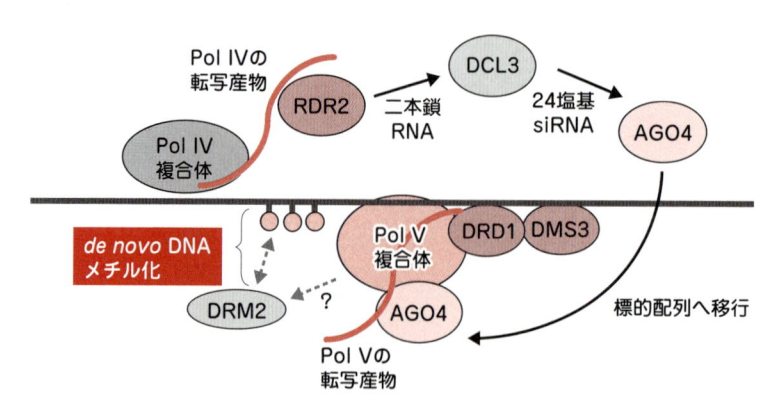

図2 シロイヌナズナにおけるRdDM機構のモデル

Pol IVの転写産物をもとに，RNAi因子であるRDR2 (RNA-dependent RNA plymerase 2) とDCL3 (dicer-like 3) に依存して作られたsiRNAがAGO4 (argonaute 4) とともに標的配列をもつ領域へ移行し，Pol V依存の経路によって *de novo* DNAメチル化酵素DRM2 (domains rearranged methyltransferase 2) によるDNAメチル化を引き起こす．後半の経路には，クロマチン再構成因子であるDRD1 (defective in RdDM 1) やSMC (structural maintenance of chromosome) ドメインをもつDMS3 (defective in meristem silencing) も関与する（文献1を元に作成）

る．興味深いことにこれらの遺伝子の変異体で影響を受ける配列は，前述のRdDMの標的とオーバーラップしている．実際，多くのRdDM経路の因子が*ros1*変異の表現型のサプレッサーとして同定されている[1]．

インプリンティングが確立される際には，哺乳類では *de novo* のメチル化が起こるのに対して，植物では脱メチル化が起こる．しかしながら植物でも，この脱メチル化の標的が *de novo* メチル化機構の標的と一致している．おそらくインプリンティング機構の成立は哺乳類と被子植物で独立に起こったと考えられるが，その際にはどちらもRNAiによるトランスポゾン制御機構の一部を用いたと推察される．

参考文献

1) Law, J. A. & Jacobsen, S. E. : Nat. Rev. Genet., 11 : 204-220, 2010
2) Kuramochi-Miyagawa, S. et al. : Genes Dev., 22 : 908-917, 2008
3) Zemach, A. et al. : Cell, 153 : 193-205, 2013

Keyword

3 DDM1/LSH

▶ DDM1 : decrease in DNA methylation
▶ LSH : lymphocyte-specific helicase

1) イントロダクション

反復配列のDNAメチル化が低下する変異体の選抜によって，シロイヌナズナの*DDM1*（decrease in DNA methylation）遺伝子が同定された．*DDM1*はクロマチン再構成因子の1つをコードする[1]．*DDM1*の哺乳類オルソログであるLSH（lymphocyte-specific helicase）のノックアウトマウスでも反復配列のDNAメチル化が低下することがわかり，このような反復配列のメチル化制御機構が哺乳類にまで保存されていることが示唆された[2]．

2) ヘテロクロマチン配列がDDM1の標的になる

シロイヌナズナの*ddm1*変異をホモにもつ個体では，ヘテロクロマチン配列のメチル化が低下する．特に長いトランスポゾン（あるいは反復配列）の内部が強く影響を受ける．これはRdDM/RNAiの標的が，長いトランスポゾンの末端や短いトランスポゾンであるのと対称的である（**2**参照）．DDM1によるヘテロクロマチンの制御と，RdDM/RNAiによる比較的凝集程度の低い配列の制御とは，相補的な関係にあると考えられる．実際RdDM/RNAi因子の変異と*ddm1*変異を組合わせると，反復配列やトランスポゾンのDNAメチル化は，それぞれ単独の変異よりも低下する[3]．

3) ヘテロクロマチン形成下でのDNAメチル化促進

ヒストンH1は一般にリンカーヒストンとしてヘテロクロマチンの形成に働く．しかしながら，シロイヌナズナのヒストンH1機能のなくなった系統では，長いトランスポゾンのDNAメチル化レベルがいくぶん上昇する．

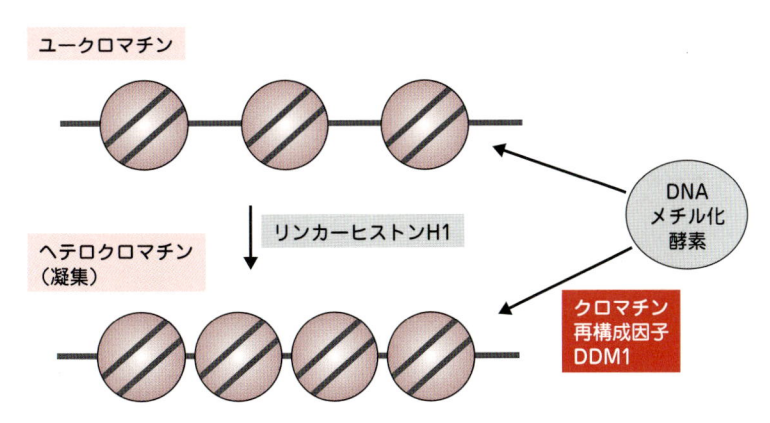

図3 クロマチン再構成因子DDM1に依存したヘテロクロマチンのDNAメチル化

DDM1はヘテロクロマチン内でDNAメチル化酵素が働くのを助けるクロマチン再構成因子である．ヒストンH1（リンカーヒストン）はヘテロクロマチン形成に関与する．*DDM1*遺伝子の変異体ではヘテロクロマチンでのDNAメチル化が低下するが，ユークロマチンは影響されない．*ddm1*変異の効果はリンカーヒストンH1の変異によって部分的にサプレスされる

さらに，H1の機能喪失下では*ddm1*変異体でもトランスポゾンのDNAメチル化レベルがいくらか回復する．これらの結果から，*DDM1*遺伝子はH1に依存したヘテロクロマチン形成下でもDNAメチル化に必要な因子がそこにアクセスするのを助ける機能をもつと考えられる（図3）[3]．哺乳類のオルソログであるLSHの機能も同様であるか今後の研究に興味がもたれる．

4) *ddm1* 変異による発生異常

シロイヌナズナの*ddm1*変異体では，トランスポゾンのDNAメチル化がCpGサイトとnon-CpGサイトの両方で低下する．これに伴う遺伝子発現の乱れや内在トランスポゾンの転移によって，さまざまな発生異常が誘発される[4)5]．

参考文献

1) Jeddeloh, J. A. et al.：Nat. Genet., 22：94-97, 1999
2) Bourc'his, D. & Bestor, T. H.：Bioessays, 24：297-299, 2002
3) Zemach, A. et al.：Cell, 153：193-205, 2013
4) Tsukahara, S. et al.：Nature, 461：423-426, 2009
5) Saze, H. & Kakutani, T.：EMBO J., 26：3641-3652, 2007

Keyword
4 トランスポゾンと遺伝子のDNAメチル化

▶英文表記：DNA methylation of genes & transposons

1) イントロダクション

植物のゲノムでは，DNAメチル化の大部分はトランスポゾンなどの反復配列に分布する．特にnon-CpGサイトのメチル化は，そのほとんどがトランスポゾンに分布する．一方，遺伝子のメチル化は主に転写領域内部のCpGサイトに分布する．CpGサイトのメチル化も，一般に遺伝子よりトランスポゾンのほうが高いレベルである．つまりトランスポゾンはCpGとnon-CpGのどちらのメチル化も一般に遺伝子よりも高い．これがトランスポゾンの抑制に働くと考えられている．

2) DNAメチル化によるトランスポゾンの抑制

トランスポゾンのDNAメチル化に関与するクロマチン再構成因子DDM1（3参照）の変異体やDNAメチル化酵素遺伝子の変異体では，多くのトランスポゾンの抑制が解除され，そのいくつかが増殖する[1]．哺乳類でも，DNAメチル化酵素遺伝子やその補助因子の変異体で脱抑制されるトランスポゾンが知られている[2]．これらの生物ではDNAメチル化がトランスポゾンの抑制に働いていると考えられる．

3) non-CpGメチル化とH3K9meによる正のフィードバック

シロイヌナズナのCpHpGサイトのメチル化酵素CMT3はヘテロクロマチンの目印であるヒストンH3リジン9のメチル化（H3K9me）を認識して，その領域のDNAをメチル化する．一方，H3K9メチル化酵素であるKYP（kryptonite）は，メチル化されたCpHpGサイトを認識して，その領域のH3K9をメチル化する（図4A）．このような正のフィードバックによって抑制クロマチン状態が増強され安定化されると考えられる．

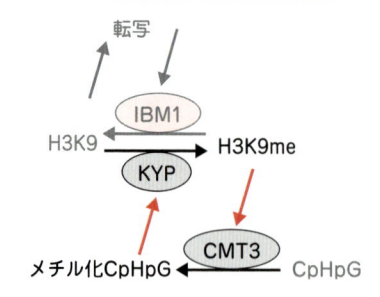

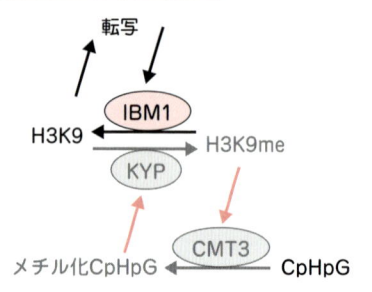

図4　遺伝子とトランスポゾンの修飾状態に関するモデル
2つの正のフィードバックによって，活性状態と不活性状態が安定化される（文献4を元に作成）．トランスポゾンと遺伝子のどのような違いがこの2つの状態の原因になるかについては文献5の議論を参考にされたい

4）DNAメチル化が遺伝子から排除されトランスポゾンに蓄積する機構

シロイヌナズナのDNA脱メチル化酵素IBM1 (increase in BONSAI methylation 1) の変異体では，H3K9meやnon-CpGメチル化が蓄積する[3)4)]．これらの修飾は野生型では遺伝子にはほとんどみつからない．多重変異体の解析の結果，IBM1は転写される配列からH3K9meを排除する（図4B）．このような正のフィーバックにより，活性クロマチンを安定化していると考えられる．一方，前述のように，抑制クロマチンの目印であるH3K9meとnon-CpGメチル化の間にも正のフィーバックが働き，抑制状態を安定化すると考えられる（図4A）．

5）トランスポゾンと遺伝子を宿主はどのように区別しているのか？

これまで述べたように，トランスポゾンと遺伝子とでDNAメチル化様式に違いがある．この違いはどのようにして生じたのだろうか？ 前述の2つの正のフィードバックは，クロマチンの活性/不活性状態の小さな違いを増幅したり，安定化したりするのには有効と考えられる．それでも，トランスポゾンと遺伝子の違いが最初にできるしくみは説明できない．これが残された大きな問題である[5)]．

参考文献

1）Tsukahara, S. et al.：Nature, 461：423-426, 2009
2）Bourc'his, D. & Bestor, T. H.：Nature, 431：96-99, 2004
3）Saze, H. et al.：Science, 319：462-465, 2008
4）Inagaki, S. et al.：EMBO J., 29：3496-3506, 2010
5）Inagaki, S. & Kakutani, T.：Cold Spring Harb. Symp. Quant. Biol., 77：155-160, 2012

第1部 エピジェネティクスの分子機構

4 ヒストン修飾とその制御 概説
ヒストン修飾の種類と機能
varieties & functions of histone modifications

眞貝洋一

1. はじめに

　ヒストンにアセチル化，リン酸化，メチル化などのさまざまな化学修飾が存在することがはじめて報告されたのは，今からおよそ半世紀も前だが，生命機能における重要性やその分子機構の実体の多くは過去10数年の間に明らかにされたものである．現在では，ヒストンの翻訳後修飾は，エピゲノム制御の中心的分子機構として欠かせない存在となっている．本項では，主な修飾の機能・関連性とその制御に関して簡単に紹介したい．

2. ヒストン化学修飾による
　エピゲノム制御機構

　ヒストン修飾がエピゲノム制御の中心的分子機構として働いている大きな理由は，ヒストンがヌクレオソームの構築単位として存在し，その周りに遺伝情報の本体であるDNAを巻き付け，クロマチン構造形成の根幹として機能していることによる．ゲノムはヌクレオソーム構造を取るだけで，その転写が強く抑制される．ヒストンの化学修飾がヌクレオソームの構造や機能に大きなインパクトをもつとすれば，エピゲノム制御の重要性は容易に想像できるだろう．それでは，ヒストンの化学修飾はいかにゲノムの制御と機能に影響するのであろうか？

　これには質的に異なる2つの機構が存在すると考えられている．第1の機構は，ヒストンの化学修飾が直接クロマチン構造に影響するというものである（**イラストマップA上段**）．例えば，分子間相互作用に影響することで，クロマチンのある立体配置あるいはより高次なクロマチン構造の形成を変化させる（シス型の機構）．第2の機構はトランス型による．それには，ヒストン化学修飾がクロマチンあるいはヒストンと相互作用している分子の結合を阻害することによるもの（**イラストマップA中段**）と，逆に修飾があるエフェクター分子をよび込むための結合部位として作用するもの（**イラストマップA下段**）

に分けられる．このヒストン化学修飾がエフェクター分子を阻害・誘導するマークとして使われている制御では，状況により異なるクロマチン機能の帰結を生み出すことも可能である．例えば，同じ部位の同じ化学修飾であっても別のエフェクター分子を阻害・リクルートすることで転写を正にも負にも調節できる．

　これまでに同定されてきたさまざまなヒストン化学修飾は，単独あるいはその組合わせにより，ゲノムの制御と機能に異なる役割を発揮することが示されてきた．また，それらの修飾は，他の部位の修飾あるいは修飾がもつ機能に影響する（**イラストマップB**）．さらに，これらの修飾は，それを付加する酵素と外す酵素により調節されうることも明らかとなっている．つまり，ヒストンの化学修飾により確立するエピゲノムは静的なものではなく，外界からの刺激に応じて動的に常に変わりうるものである．

3. ヒストン修飾の種類と
　その主な働き

　これまで，ヒストンにはリン酸化，アセチル化，メチル化，ユビキチン化，SUMO化，ADPリボシル化，プロピオニル化，ブチル化，ホルミル化，シトルリン化，プロリンイソメル化，クロトニル化，チロシン水酸化，O-GlcNAc化，サクシニル化，マロニル化修飾などの存在が報告されている（**イラストマップC**）[1]．これらの翻訳後修飾は，まだその役割が十分に理解されていないものもあるが，アセチル化（Ac化），メチル化（Me化），リン酸化（P化），ユビキチン化（Ub化）などは近年の研究により，その重要性や分子機能がより明らかになってきている．以下に，4つのヒストン修飾の機能に関して簡単に紹介した．詳細は，**第1部-5〜8**ならびにその他の総説[2]などを読んでいただきたい．

1）ヒストンアセチル化（→ 第1部-5）

　ヒストンのアセチル化修飾が転写を（正に）制御するという事実は，すでに1964年に報告されている．1990

イラストマップ ヒストン化学修飾の機能と相互の関連性

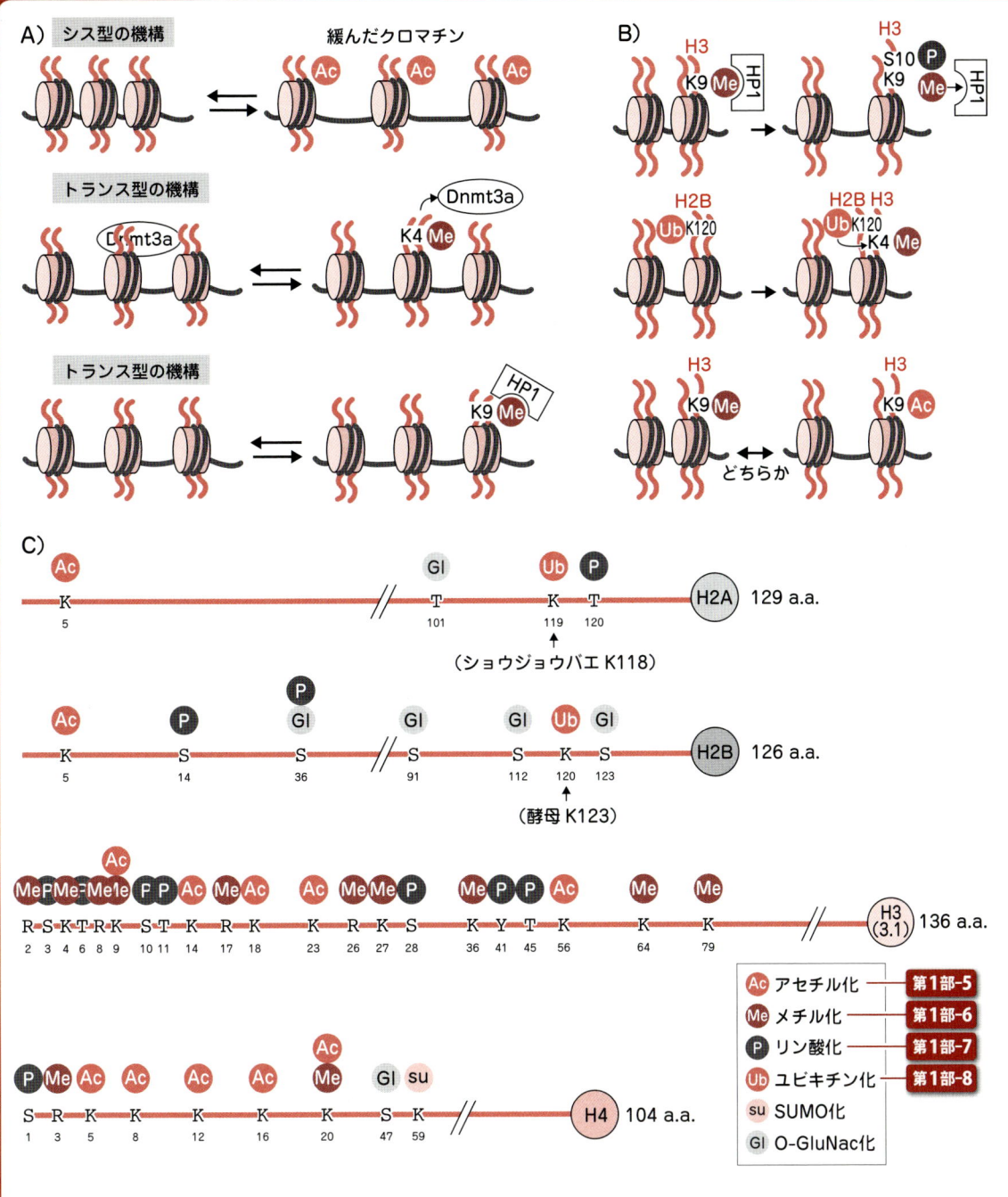

A) シス型の機構　緩んだクロマチン

トランス型の機構

トランス型の機構

B)

C)

H2A 129 a.a.
- K5: Ac
- T101: Gl
- K119: Ub
- K120: P
（ショウジョウバエ K118）

H2B 126 a.a.
- K5: Ac
- S14: P
- S36: Gl
- S91: Gl
- S112: Gl
- K120: Ub
- S123: Gl
（酵母 K123）

H3 (3.1) 136 a.a.
R2 Me, S3 P, K4 Me, T6 P, R8 Me, K9 Me/Ac, S10 P, T11 P, K14 Me/Ac, R17 Me, K18 Ac, K23 Ac, R26 Me, K27 Me, S28 P, K36 Me, K41 P, Y45 P, T45, K56 Ac, K64 Me, K79 Me

H4 104 a.a.
S1 P, R3 Me, K5 Ac, K8 Ac, K12 Ac, K16 Ac, K20 Ac/Me, S47 Gl, K59 su

凡例:
- Ac アセチル化 — 第1部-5
- Me メチル化 — 第1部-6
- P リン酸化 — 第1部-7
- Ub ユビキチン化 — 第1部-8
- su SUMO化
- Gl O-GluNac化

A) ヒストンの化学修飾によるクロマチン制御機構のメカニズム．上段：シス型の機構で，クロマチン構造変換への影響．中・下段：トランス型の機構で，中段はヒストン化学修飾がクロマチン因子の結合を抑制する場合．下段はヒストン化学修飾が特異的な機能分子をクロマチンにリクルートする場合．B) ヒストン化学修飾が他の部位の異なる化学修飾あるいは修飾がもつ機能に影響する例．上段：H3K9のメチル化はHP1をリクルートするが，同時にH3S10がリン酸化されると，その影響が抑制される．中段：哺乳類ではH2BK120がモノユビキチン化されると，H3K4のメチル化が誘導される．下段：H3K9はアセチル化とメチル化両方の修飾を受けるが，同時に両方の修飾は入らない．C) 哺乳類のヒストンH2A，H2B，H3，H4の現在わかっている化学修飾の種類とその標的アミノ酸残基

年代後半になり，ヒストンアセチル基転移酵素（histone acetyltransferase：HAT）とその脱アセチル化酵素（histone deacetylase：HDAC）の分離・同定がなされ，ヒストンアセチル化が転写活性化に寄与する分子基盤が紐解かれた．HATは分類すると，2つの大きなファミリー（GANTおよびMYST），それにp300/CBPや基本転写因子TAFⅡ250などと核内受容体コアクチベーターなどに分けられている．HDACは酵素活性的には主に4つのクラスにグループ分けされており，それらは酵母からヒトまで保存されている．

ヒストンリジン（K）残基のアセチル化は転写の活性化と強い相関がある．アセチル化修飾は陽性のリジン残基のもつNH_3^+の電荷を中和することで，陽性に強く荷電しているヒストンと陰性に荷電しているDNAとの相互作用を減弱することによって転写を正に制御するのだと考えられている．しかし，それだけがヒストンアセチル化による転写活性メカニズムではない．トランスの機構として，ヒストンのアセチル化修飾自体がタンパク質に対する結合部位となり，その結果エフェクター分子がクロマチンに会合し，転写を活性化する．転写の活性化にかかわるクロマチンに会合するタンパク質（例えばHATなど）には，ブロモドメインとよばれるドメインが存在することが多いが，ブロモドメインはアセチル化されたリジンに特異的に結合する．

2) ヒストンメチル化（→ 第1部-6）

ヒストンのメチル化は，リジンあるいはアルギニン（R）残基に誘導される．アセチル化やリン酸化と違い，メチル化は複数の修飾状態が存在しており，リジン残基にはモノ，ジ，トリメチル化状態が，アルギニン残基に対してはモノ，ジメチル化状態が存在（ジメチル化はさらに対称および非対称の2つの状態が存在）する．ヌクレオソーム上のメチル化状態（主にリジン残基のメチル化）のある組合わせは，転写の抑制や活性化などと強く相関しており，この制御にメチル化修飾がどのように重要であるかが近年明らかにされてきた．メチル基の付加は，アセチル化やリン酸化のようなヒストンの電荷には大きな影響はないが，トランス型の制御機構を介して転写を含むクロマチンに関連するさまざまな機能を制御している．これまでに，クロモドメイン，チューダー（Tudor）ドメインあるいはPHD繰り返しドメインなどを有するタンパク質が，これらのドメインを介してヒストンのメチル化リジンに選択性（親和性の亢進および低下）を示すことが報告されている．

ヒストンのメチル化・脱メチル化には，アルギニン残基のメチル化はPrmt分子群が，リジン残基のメチル化はほとんどがSETドメインを有するタンパク質群により触媒される．脱メチル化（リジン残基の脱メチル化）は，LSD1（lysine-specific demethylase 1）ファミリーとJmjDドメインを有するタンパク質ファミリーが触媒している．

3) ヒストンリン酸化（→ 第1部-7）

タンパク質のリン酸化は最もよく知られた翻訳後修飾であり，さまざまなシグナル伝達系の制御に寄与している．細胞が増殖シグナルを受けると，いわゆる"immediate-early" genesの転写が活性化し，細胞周期を進行させるカスケードが開始される．この遺伝子発現の上昇に，ヒストンH3のN末端から10番目のセリン（S）残基のリン酸化が重要で，この現象は酵母からヒトに至るまで保存されている．ヒストンのリン酸化が"immediate-early" genesの転写活性化に寄与する機構としては，リジンのアセチル化修飾と同様，陽性に強く荷電しているヒストンに陰性に荷電しているリン酸基が付加することで電荷が中和され，それによりDNAとの相互作用を減弱することで転写を正に制御するのではないかと考えられている．さらに，ヒストンのリン酸化は体細胞分裂および減数分裂時のクロマチン凝縮とも機能的に相関している．

4) ヒストンユビキチン化（→ 第1部-8）

ヒストンのユビキチン化はその標的部位に依存して転写の抑制あるいは活性化に働く．例えば，H2A（哺乳類はK119，ショウジョウバエはK118）とH2B（哺乳類はK120，酵母はK123）はモノユビキチン化されるが，それぞれの転写に対する効果は反対である．H2AK119のモノユビキチン化は転写に抑制的に働き，H2BK123のモノユビキチン化は，H3K4のメチル化を誘導することで，転写を活性化している．これらのユビキチン化による制御機構の詳細はまだ十分に明らかにされていない．

参考文献

1) Tan, M. et al.：Cell, 146：1016-1028, 2011
2) 眞貝洋一：ヒストン修飾，『エピジェネティクス（仮題）』（田嶋正二／監），化学同人社，2013発行予定

参考図書

◆ Kouzarides, T. & Berger, S. L.：『EPIGENETICS』（Allis, C. D. et al. ed.），Cold Spring Harbor Lab. Press, pp191-209, 2007（培風館から出ている日本語版もある）

第1部 エピジェネティクスの分子機構

5 ヒストン修飾とその制御①
ヒストンのアセチル化
histone acetylation

西淵剛平，中山潤一

Keyword 1 HAT　2 HDAC　3 コアクチベーター　4 コリプレッサー

概論　ヒストンアセチル化の機構と転写制御

1. はじめに

ヌクレオソームを構成する4種類のコアヒストン（H2A, H2B, H3, H4）は，アセチル化（Ac化），メチル化（Me化），リン酸化（P化），ユビキチン化（Ub化）などさまざまな翻訳後修飾を受ける．なかでもアセチル化修飾は，最初に確認された翻訳後修飾である．1963年にはPhillipによってその存在が報告され，1964年にはAllfreyらによってアセチル化と転写活性との関連が示されている．タンパク質のアセチル化修飾には，N末端残基のαアミノ基へのアセチル化と，タンパク質中のリジン（K）残基のεアミノ基へのアセチル化がある．実際に多くの細胞において，ヒストンH2AとH4はN末端のセリン（S）残基のαアミノ基がアセチル化されている．このアセチル化は，翻訳直後の早い段階に細胞質において付加され，N末端の保護に寄与している．一方，遺伝子の発現調節と相関してダイナミックに変化するのは，ヒストンのテール領域に存在するリジンのεアミノ基へのアセチル化である（イラストマップA）．

ヒストンのアセチル化は，**ヒストンアセチル基転移酵素**（histone acetyltransferases：HATs）（→Keyword 1）の働きによって，アセチル基の供与体であるアセチルコエンザイムA（acetyl CoA）を使って付加される（イラストマップB）．また付加されたアセチル基は，**ヒストン脱アセチル化酵素**（histone deacetylases：HDACs）（→Keyword 2）の触媒によって取り除かれる．実際に細胞内のアセチル化の半減期は数分であることが知られており，核内ではさまざまなHATとHDACの拮抗的な働きによってアセチル化が制御されていると考えられる．

また，これらの酵素はヒストンに対する活性をもつ酵素として同定されたため，それぞれHAT，HDACと命名されているが，実際には細胞内でヒストン以外の基質の修飾も行っている．

2. ヒストンアセチル化の役割

1）正電荷の効果と標識としての役割

ヒストンのアセチル化には大きく2つの役割があると考えられる．1つ目はアセチル基のもつ正電荷の効果である．ヒストンのテール領域には，正電荷をもつリジンとアルギニン（R）が多数存在し，それ自身コアヒストンに巻き付いた負の電荷をもつDNAと相互作用しやすい性質をもつ．ヒストンテールのリジン残基がアセチル化されると，この正電荷が中和され，テールとDNAとの相互作用を弱めるだけでなく，ヌクレオソーム間の相互作用も緩和し，RNAポリメラーゼを含む転写関連因子のヌクレオソームへのアクセス（リクルート）を容易にすると考えられる（イラストマップB）．アセチル化の2つ目の役割は，標識（マーク）としての役割である．ヒストンのアセチル化修飾は，進化的に保存されたブロモドメインによって認識される．ブロモドメインは，ヒストン修飾酵素やクロマチンリモデリング因子複合体の構成因子に見出され，アセチル化はこれらの酵素をクロマチンへリクルートするのに寄与している[1]．

2）正電荷の加算的な効果

個々のアセチル化の役割について，これまでにさまざ

イラストマップ　ヒストンアセチル化の機構と転写制御

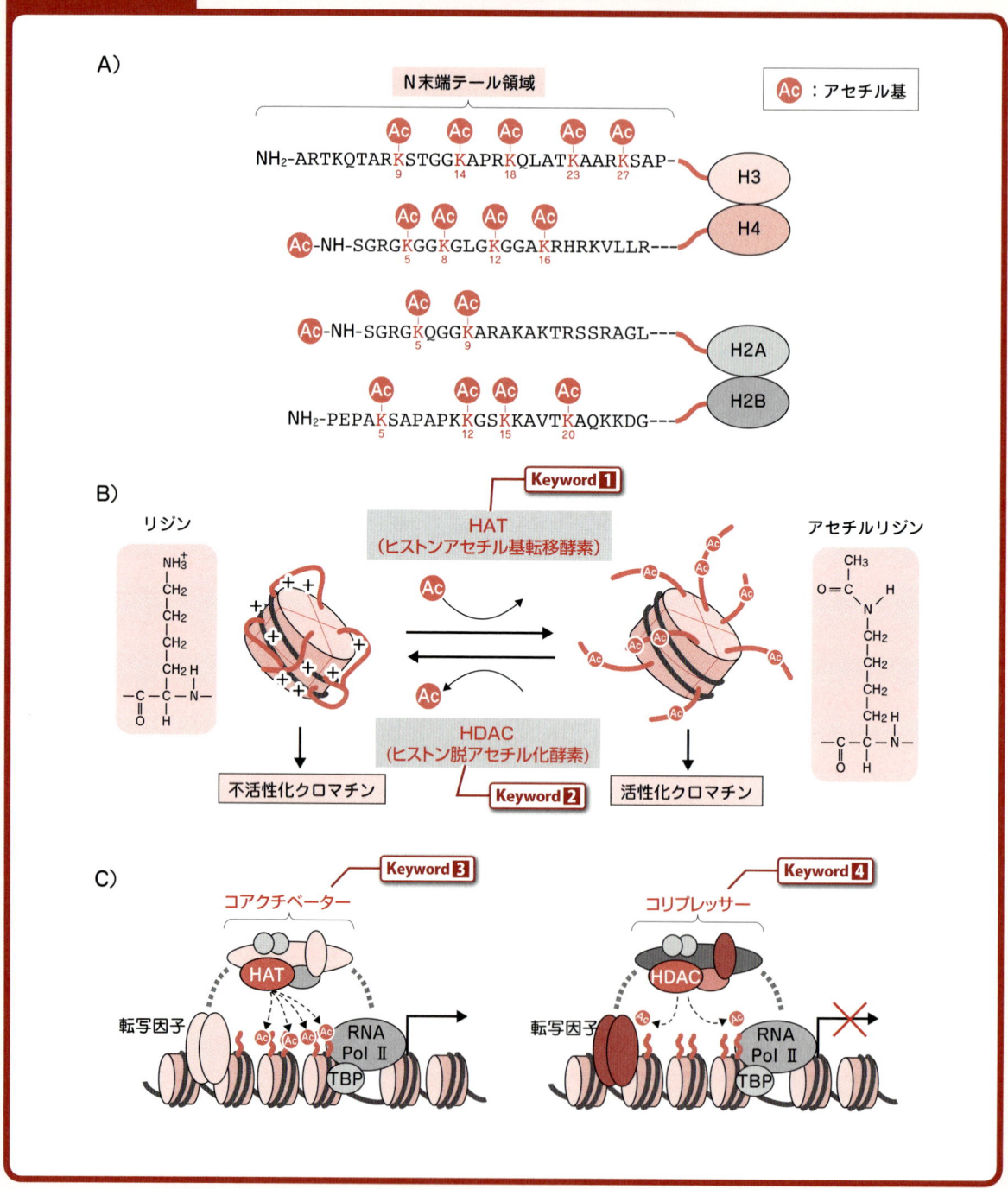

A)

N末端テール領域

H3: NH$_2$-ARTKQTARK(9)STGGK(14)APRK(18)QLATK(23)AARK(27)SAP- （K9, K14, K18, K23, K27にAc）

H4: Ac-NH-SGRGK(5)GGK(8)GLGK(12)GGAK(16)RHRKVLLR--- （K5, K8, K12, K16にAc）

H2A: Ac-NH-SGRGK(5)QGGK(9)ARAKAKTRSSRAGL--- （K5, K9にAc）

H2B: NH$_2$-PEPAK(5)SAPAPKK(12)GSK(15)KAVTK(20)AQKKDG--- （K5, K12, K15, K20にAc）

Ac：アセチル基

B)

リジン ／ アセチルリジン

Keyword 1: HAT（ヒストンアセチル基転移酵素） → 活性化クロマチン

Keyword 2: HDAC（ヒストン脱アセチル化酵素） → 不活性化クロマチン

C)

Keyword 3: コアクチベーター（HAT）— 転写因子・RNA Pol II・TBPによる転写活性化

Keyword 4: コリプレッサー（HDAC）— 転写抑制

まな実験によって検証されている．例えば，ヒストンH4のテールには端から5，8，12，16番目にリジンが存在しており，出芽酵母を用いてこれらのリジンを1つずつアルギニン（正電荷をもちアセチル化されないリジンを模倣）に置換して遺伝子発現の変化を調べた結果，5，8，12番目のリジン→アルギニン置換では，ほとんど同じセットの遺伝子の発現が影響を受け，変異の組合わせによる効果は加算的であることが明らかにされた[2]．これは，それぞれのアセチル化修飾が別個の役割をもっているというよりはむしろ，電荷の総体として寄与しているということを支持する結果と考えられる．転写制御における加算的な効果は，H3のリジンについても同様な結果が得られている．

3）アセチル化部位による役割

興味深いことに，H4の16番目のアルギニン置換では，他の3つの残基とは異なるセットの遺伝子が影響を受ける．これはH4の16番目のリジンのアセチル化（H4K16ac）が，電荷の総体として寄与するだけでなく，さらに別の役割を果たしていることを示す結果と考えられる．実際にH4K16acの存在によって，ヘテロクロマチンとよばれる高次クロマチン構造の形成を阻害することや，染色体レベルでの転写を促進することなどさまざまな役割が報告されている．H4K16はテール領域のなかでも最も基部に存在することから，リンカーDNAとの相互作用に直接かかわり，さらにクロマチンリモデリングなどの因子のアクセスを制御することで遺伝子発現を制御していると考えられる．

3. 転写調節以外のヒストンアセチル化の役割

前述のように，ヒストンのアセチル化は概して転写活性と深く関係しているが，DNAの複製や修復，細胞周期の進行の過程にも重要な役割を果たしている．

1）新生DNA鎖への取り込み

まず細胞質で新規に合成されたヒストンH4は，細胞質において5番目と12番目のリジンがアセチル化されており，核内に運ばれた後，新生DNA鎖に取り込まれる．この修飾は，原生動物であるテトラヒメナからヒトに至るまで真核生物で広く保存されており，ヒストンの取り込みに重要な修飾であることが示唆されている．ただし，変異の導入による解析から，5番目と12番目という位置のリジンのアセチル化が重要であるというよりはむしろ，アセチル化による電荷の変化によって，細胞質から核への輸送が促進されているということが推測されている．

2）DNA損傷の修復

HATやHDACなどヒストンのアセチル化を制御する因子の機能欠損によって，DNA損傷に対して高い感受性を示すことが古くから知られている[3]．DNAの二本鎖切断は，生物にとって最も重篤なDNA損傷であり，その損傷の修復に際しては，まず損傷部位にさまざまな修復因子をリクルートするためにヒストンH2AXのリン酸化がシグナルとして働く（**第1部－7参照**）．その後，クロマチン構造を弛緩させ損傷DNAを露出させるためにヌクレオソームをスライドさせ，必要に応じてヌクレオソームからヒストンを除去し，修復完了後にヒストンを戻すという反応が行われる．ヒストンのアセチル化は，このようなクロマチン構造の弛緩，ヌクレオソームのスライディングやヒストンの入れ戻しを促進させるために寄与していると考えられる．

3）コア領域の修飾

これまでテール領域のアセチル化の役割を述べたが，より内側のコア領域にあたるヒストンH3の56番目のアセチル化が，DNA修復や染色体の安定化にかかわることが明らかにされている．酵母を用いた解析から，このアセチル化はヌクレオソーム中のヒストンではなく，S期に新規に合成されたヒストンに取り込まれ，ヌクレオソームに取り込まれた後，G2期に速やかに消失することが示された[4]．この修飾は新規に取り込まれたヒストンH3のマークとして働き，DNA複製に限らずDNA修復や転写におけるヒストンの入れ戻しの際にも重要な役割を果たすと考えられている．興味深いことにH3K56acは，酵母に比べてヒトなど高等真核生物では微量にしか存在せず，その役割や制御についてはまだ不明な点が多く残されているが，ES細胞の未分化能維持にかかわる遺伝子の発現調節にかかわることが示唆されている．

4. ヒストンアセチル化の制御

前述のようにヒストンのアセチル化はHATとHDACの拮抗する働きによってダイナミックに制御されている．転写の活性化に際しては，プロモーターにHATが**コアクチベーター**（→**Keyword 3**）の構成要素としてリクルートされ転写を促進し，反対に転写の抑制に際しては，HDACが**コリプレッサー**（→**Keyword 4**）としてリク

第1部
5 ヒストン修飾とその制御①ヒストンのアセチル化

ルートされる（**イラストマップC**）．これまで，HATとHDACは相互排他的にクロマチンへリクルートされるというモデルが漠然と考えられていた．しかし，近年の局在解析から，転写の活発な遺伝子領域にはHATだけでなくHDACも存在しており，完全に転写が抑制された遺伝子領域にはHATもHDACもほとんど局在していないことが明らかにされた[5]．転写に際しては，Pol IIによってリクルートされたHATによってヒストンがアセチル化され，転写後そのアセチル化をHDACが取り除き，クロマチン上の情報をリセットするということが，転写サイクルごとに行われていると考えられる．細胞周期に伴う複製開始点のアセチル化の変化やDNA修復に伴うヒストンのアセチル化の変化も，共役したHATとHDACの働きによって効率よくアセチル化，脱アセチル化反応が行われ，DNAとヒストンの相互作用を制御していると考えられる．

参考文献

1) Yun, M. et al.：Cell Res., 21：564-578, 2011
2) Dion, M. F. et al.：Proc. Natl. Acad. Sci. USA, 102：5501-5506, 2005
3) Xu, Y. & Price, B. D.：Cell Cycle, 10：261-267, 2011
4) Masumoto, H. et al.：Nature, 436：294-298, 2005
5) Wang, Z. et al.：Cell, 138：1019-1031, 2009

Keyword
1 HAT

▶ フルスペル：histone acetyltransferase
▶ 和文表記：ヒストンアセチル基転移酵素

1）イントロダクション

　ヒストンのアセチル化酵素（HAT）の活性は，細胞や組織の抽出液を用いて1970年代にはすでに検出されていた．しかし，その酵素の実体が明らかになったのは1990年代になってからである．1995年Sternglanzらは酵母の変異体の解析からHat1を単離し[1]，翌年の1996年にAllisらはテトラヒメナの核抽出液からp55を単離した[2]．アミノ酸配列の解析から，p55が出芽酵母の転写コアクチベーターであるGcn5と高い相同性を示すことがわかり，その後数多くのタンパク質がHAT活性をもつことが示された．

2）HATの分類

　生化学的な実験にもとづいた初期の分類として，HATはA型とB型の大きく2種類に分類されている．A型は主に核内に存在し，ヌクレオソームを構成するヒストンをアセチル化するのに対して，B型のHATは主に細胞質中に存在し，新規に合成されたヒストンを基質としてアセチル化する．B型に属するHATとしては最初に単離されたHat1が知られ，進化的によく保存されている[3]．一方A型のHATとしては，最初に同定されたp55，Gcn5との配列比較から，数多くの転写調節因子が実際にHAT活性をもつことが示されている．

　A型のHATは酵素活性部位の相同性から，GNAT（Gcn5-related N-acetyltransferase），MYST（MOZ, Ybf2/Sas3, Sas2, Tip60）とよばれる2つの大きなファミリーに分けられる（図1）[4]．最近，概日リズムの調節

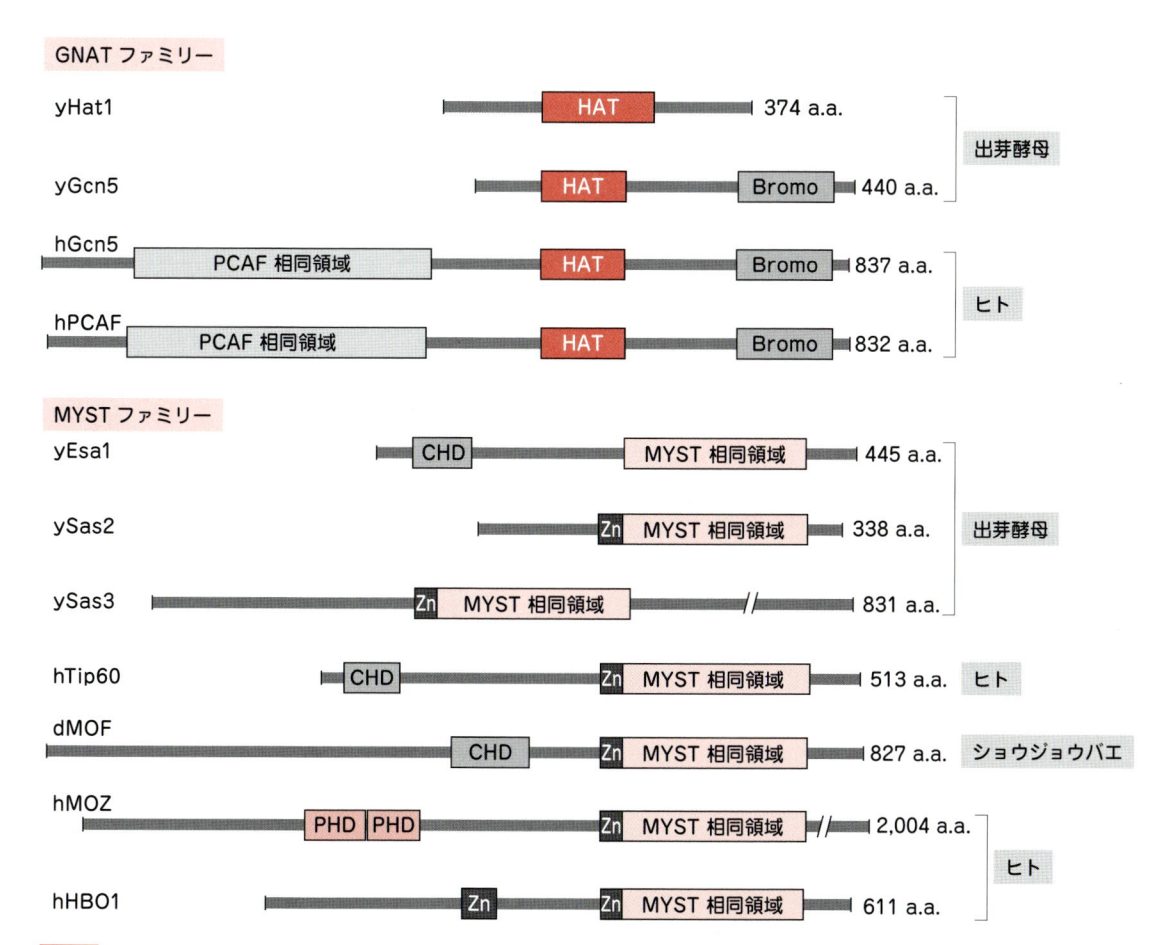

図1　GNATファミリーとMYSTファミリーの構造と各ドメイン

PCAF：PCAF相同領域，HAT：HATドメイン，MYST：MYST相同領域，PHD：植物ホメオドメイン，Bromo：ブロモドメイン，Zn：Zincフィンガー，CHD：クロモドメイン（文献4を元に作成）

にかかわるCLOCKがMYSTファミリーに属するHATであることが明らかにされている．またこれらのファミリーに属さないHATとしては，p300/CBP（CREB-binding protein）や，TAF1などの基本転写因子，核内受容体コアクチベーターなどが知られている．GNATファミリーとMYSTファミリーに属するHATはこれまでによく研究されており，どちらも大きな複合体を形成して機能している（**3**参照）[5]．

3) HATの基質特異性

ヒストンのメチル化酵素（第1部-6）やリン酸化酵素（第1部-7）とは異なり，それぞれのHATはヒストンのなかの特異的なリジン残基のみを標的としているのではない．むしろその基質特異性は低く，同じ酵素が複数のリジン残基をアセチル化することができる．**概論**で述べたように，アセチル化修飾は主として正電荷を打ち消す役割をもち，加算的な効果をもつという事実とも関連すると思われる．ただし，ヒストンH4K16のアセチル化に関してはさまざまな生物での重要な役割が知られ，H4K16をアセチル化するHATという特徴付けをすることはできる．

また多くのHATは，ヒストン以外のタンパク質を基質とする例が報告されている．例えば転写因子であるp53はp300/CBPによってアセチル化され，その機能を制御している．HAT自身の基質特異性は高くないが，HATがどのゲノムDNA領域のヒストンをアセチル化するかという領域特異性に関しては，さまざまな機能ドメインの働きによって決定されている．すなわちHATを含む複合体には，ヒストンのアセチル化を認識するブロモドメインだけでなく，メチル化を認識するクロモドメインやPHDフィンガー，Tudorドメインなどをもつサブユニットが含まれていることから，これらのドメインを介して特定のゲノム領域へリクルートされ，その部位のヒストンをアセチル化していると考えられる[5]．

参考文献

1) Kleff, S. et al. : J. Biol. Chem., 270 : 24674-24677, 1995
2) Brownell, J. E. et al. : Cell, 84 : 843-851, 1996
3) Parthun, M. R. : Oncogene, 26 : 5319-5328, 2007
4) Carrozza, M. J. et al. : Trends Genet., 19 : 321-329, 2003
5) Lee, K. K. & Workman, J. L. : Nat. Rev. Mol. Cell Biol., 8 : 284-295, 2007

Keyword 2 HDAC

▶ フルスペル：histone deacetylase
▶ 和文表記：ヒストン脱アセチル化酵素

1) イントロダクション

ヒストン脱アセチル化酵素（HDAC）については，酪酸やトリコスタチンA（TSA）などHDAC活性の阻害剤が発見されていたこともあり，酵素自体の存在は古くから知られていた．実際のHDACは，1996年にSchreiberらによってヒト培養細胞からのアフィニティー精製によって単離・同定された[1]．HATと同様にその一次配列の解析から，出芽酵母の転写のコリプレッサーとして単離されていたRpd3と高い相同性を示すことが明らかになり，ヒストンのアセチル化が転写の活性化にかかわることが再確認された．これまでにさまざまなHDACが単離され，ヒトでは18種類のHDACの存在が確認されている．

2) HDACの分類

一次配列にもとづく相同性から，HDACは大きく4つのクラスに分類されている（図2）[2]．クラスIのHDACは酵母のRpd3に相同性を示し，ヒトではHDAC1, 2, 3, 8が分類されている．クラスIIのHDACは酵母のHda1に相同性を示すものであり，ヒトのHDAC4, 5, 6, 7, 9, 10が分類される．クラスIIのHDACは酵素活性ドメインに加え複数の機能ドメインをもっており，そのドメインの構成からさらに2つのサブクラス，クラスIIa（HDAC4, 5, 7, 9）とクラスIIb（HDAC6, 10）に分けられている．HDAC11はクラスIVとして分類されている．

クラスIIIのHDACは酵母のSir2と相同性を示す酵素であり，ヒトではSirT1〜7が分類される[3]．クラスIIIのHDACは上記の3つのHDACとは全く相同性を示さず，酵素活性にNAD$^+$（ニコチンアミドアデニンジヌクレオチド）を必要とするなど，進化的起源の異なる酵素と考えられている．

3) HDACの機能

クラスIに属するHDACは，複数のタンパク質から成る複合体として機能していることが知られている（**4**参照）．特にHDAC1とHDAC2は同じ複合体に含まれており，協調的に機能していると考えられる．クラスIHDACを含む複合体は，そのサブユニット構成に至るまで進化的によく保存されている．クラスIHDACを欠損させたマウスは胎生致死を示すなど重篤な表現型がみられることか

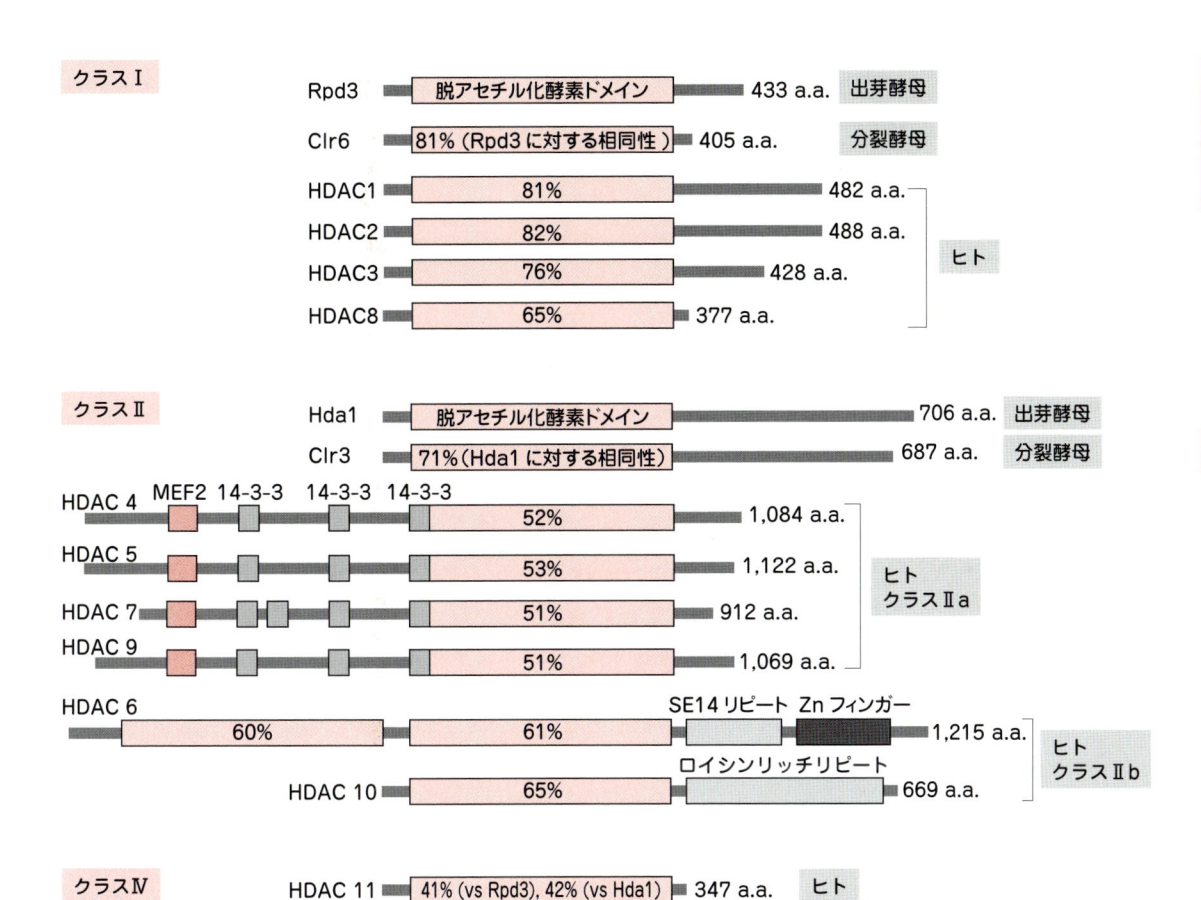

図2 酵母とヒトのHDACファミリー（クラスⅠ，Ⅱ，Ⅳ）のドメイン構成
出芽酵母のRpd3とHda1に対する酵素ドメインの相同性をそれぞれ示した．MEF2：MEF2結合ドメイン，14-3-3：14-3-3結合ドメイン（文献2を元に作成）

ら，クラスⅠのHDACはヒストンのアセチル化制御においてよりグローバルな役割を担っていると考えられる．

クラスⅡaに属するHDACについては，脱アセチル化活性を担うドメインのN末端側にMEF2や14-3-3に結合するドメインを有し，さまざまなクロマチン制御タンパク質に結合することが示されている．クラスⅡbに分類されるHDAC6は主に細胞質に局在し，その基質としてはαチューブリンやHSP90が知られており，その機能は細胞骨格の制御やシャペロンの機能にかかわっている．

クラスⅢのHDACが相同性を示すSir2は，もともと出芽酵母の接合型遺伝子座とテロメアのサイレンシングにかかわる因子として単離された．その大きな特徴はNAD$^+$に依存してHDAC活性をもつことであり[4]，NAD$^+$が細胞内の代謝レベルによって変動することから，細胞増殖にかかわるさまざまなシグナルに応答して活性が制御されている．SirTファミリーはサーチュインとよばれ，細胞の老化やカロリー制限，寿命との関係が示唆されている[5]．

クラスⅣに属するHDAC11は，進化的に非常によく保存されており，がん細胞で高発現していることから，抗がん剤の標的の候補として注目されているが，その機能はいまだよくわかっていない．

参考文献

1) Taunton, J. et al.：Science, 272：408-411, 1996
2) Yang, X. J. & Seto, E.：Nat. Rev. Mol. Cell Biol., 9：206-218, 2008
3) Vaquero, A. et al.：Oncogene, 26：5505-5520, 2007
4) Imai, S. et al.：Nature, 403：795-800, 2000
5) Imai, S. & Guarente, L.：Trends Pharmacol. Sci., 31：212-220, 2010

Keyword
3 コアクチベーター

▶英文表記：coactivator

1）イントロダクション

転写の活性化は，膨大な数のタンパク質が複合体として作用する多段階のプロセスである．その転写の最初のきっかけをつくるのは，エンハンサーやプロモーターなどのDNAに配列特異的に結合する転写因子である（図3）．コアクチベーターとは，それ自身はDNA結合能をもたないが，DNAに直接結合する転写因子と，基本転写因子の両方と相互作用して，転写の活性化に働くタンパク質をいう．コアクチベーターの機能はさまざまであり，しばしば転写の活性化に際してクロマチンの構造を変換させるのに必要な酵素活性を含んでいる．

2）コアクチベーターの働きと代表的な複合体

コアクチベーターは，少なくとも3つのメカニズムを通じて転写の活性化を促進していると考えられる．

i）ヒストン修飾の変化—HAT複合体

まず1つ目は，ヒストンの修飾を変化させることで，他のタンパク質がDNAに接近しやすくさせる機能である．代表的なコアクチベーターの働きはヒストンのアセチル化修飾を付加することであり，多くのコアクチベーターがヒストンアセチル化酵素（HAT）活性をもっていたり，あるいはHATを大きな複合体のサブユニットとして含んでいたりする[1]．代表的な例としては，さまざまな転写因子と相互作用するp300/CBP，また，hGCN5やPCAFを中心的なHATとして含み2 MDaもの大きさをもつSTAGAやPCAF複合体[2]，Tip60を含みヌクレオソームのH4をアセチル化するNuA4複合体[1]，ショウジョウバエの遺伝子量補正にかかわり，HATとしてMOFを含むMSL複合体などが知られている．

ii）転写因子のリクルート—メディエーター複合体

コアクチベーターの果たす機能の2つ目は，転写因子に結合し，RNAポリメラーゼⅡや基本転写因子をリクルートする働きである．このような機能を果たすコアクチベーターの代表例がメディエーター複合体である．メディエーターは，ほとんどのタンパク質をコードする遺伝子の転写に必要なことが知られている．出芽酵母のメ

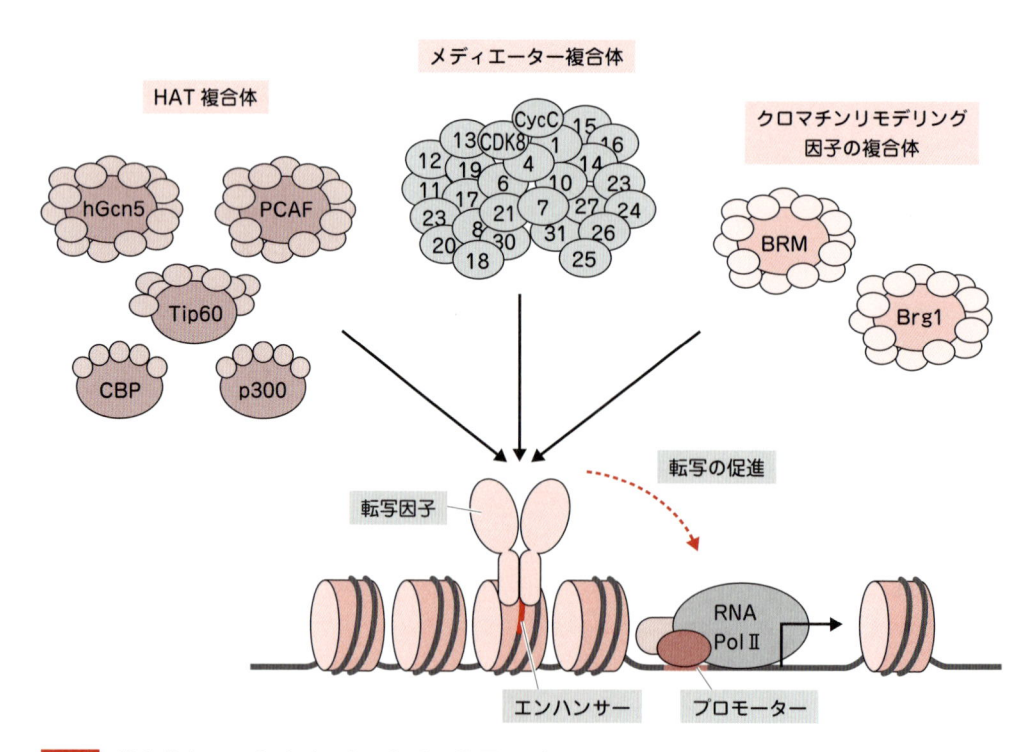

図3　代表的なコアクチベーターとその作用モデル

がコアクチベーター．DNA配列に直接結合する転写因子を介してHAT複合体やメディエーター，リモデリング因子といったコアクチベーターがリクルートされ，転写が促進される（文献5を元に作成）

ディエーターは25のサブユニットから構成される1 MDa以上の巨大複合体であり，構造学的な解析からヘッド，ミドル，テール，キナーゼという4つのモジュールに分けられることが明らかにされている[3]．ヒトのメディエーターでもサブユニット構成はよく保存されており，さまざまな疾患との関連が示唆されているが，その機能とのかかわりはまだ不明な点も多く残されている．

iii）クロマチンの再構成―クロマチンリモデリング因子複合体

コアクチベーターの3つ目の機能は，ATPのエネルギーを用いてヌクレオソーム中のDNAとコアヒストンの結合を緩め，その結果としてヌクレオソームをスライドさせたり，ヌクレオソーム中のヒストンの交換反応を促進したりする機能である．このような活性は総じてクロマチンリモデリング活性（第1部-10参照）とよばれている．実際にクロマチンリモデリング活性をもつ代表的なコアクチベーターとしては，SWI2/SNF2をATPaseとして含む酵母のSWI/SNF複合体がよく知られている[4]．SWI/SNF複合体は進化的によく保存されており，同じような構成の複合体がハエや植物，ヒトでも同定されている．ハエのSWI2/SNF2相同因子はBrahma（BRM）とよばれ，その遺伝子の変異体ではホメオティック遺伝子の転写が減少し，ホメオティック変異体になることが知られている．またヒトのBrahma相同因子であるBRGやBRMは，がん化などの疾患にかかわることが明らかにされている．

上記したこれら3つの種類のコアクチベーターは，それぞれ単独に個々の遺伝子発現にかかわっているのではなく，各コアクチベーターの活性や機能が協調的に寄与することで転写制御が行われている．

参考文献

1) Lee, K. K. & Workman, J. L. : Nat. Rev. Mol. Cell Biol., 8 : 284-295, 2007
2) Nagy, Z. & Tora, L. : Oncogene, 26 : 5341-5357, 2007
3) Larivière, L. et al. : Curr. Opi. Cell Biol., 24 : 305-313, 2012
4) Euskirchen, G. et al. : J. Biol. Chem., 287 : 30897-30905, 2012
5) Rosenfeld, M. G. et al. : Genes Dev., 20 : 1405-1428, 2006

Keyword
4 コリプレッサー

▶英文表記：corepressor

1）イントロダクション

コリプレッサーとは，真核細胞の転写調節系において，プロモーターやエンハンサーなどのDNA配列に直接結合する転写因子と，コアプロモーターに結合する基本転写因子の両方と相互作用し，転写の抑制に働くタンパク質をいう（図4）．転写の活性化にかかわるコアクチベーターと対に使われる．コアクチベーターと同様に大きな複合体を形成する場合が多く，クロマチン構造を変換するのに必要な酵素活性を含んでいる．

2）さまざまなコリプレッサー複合体

転写の活性化にかかわるコアクチベーターと同様に，転写抑制に重要な役割を果たすコリプレッサーも，ヒストンの修飾酵素やクロマチンリモデリング因子が中心的な役割を果たしている．特に重要な酵素は，転写の活性化に必須なアセチル化修飾を取り除く，ヒストン脱アセチル化酵素（HDAC）であり，実際にHDACはさまざまなコリプレッサーに含まれている．

i）HDAC1/2を含む複合体

まずクラスI HDACであるヒトのHDAC1/2を含むコリプレッサーとしてSin3複合体，NuRD複合体，CoREST複合体がある[1]．

Sin3はもともと出芽酵母において，転写抑制にかかわる因子として遺伝学的に単離されたものであり，Sin3を含む複合体は酵母からヒトに至るまでよく保存されている．Sin3自身は複合体のなかで他のサブユニットをつなぎ止める足場（scaffold）のような働きをしている[2]．またヒトのSin3複合体には，HDACだけでなくJARIDファミリーに属するヒストン脱メチル化酵素RBP2（JARIDIA）や，転写領域にみられるヒストンH3K36のメチル化を認識するサブユニットも含まれている[1]．

一方，NuRD複合体では，クロマチンリモデリング活性を有するCHD3/4（Mi-2ともよばれる）が複合体の中心的な役割を果たしている．また，Sin3複合体と同様にヒストンの脱メチル化酵素であるLSD1や，転写抑制に重要なDNAメチル化に対して結合するMBD2/3がNuRD複合体に含まれている[1]．NuRD複合体はES細胞の未分化能や，発生初期の遺伝子発現抑制を制御する因子として注目され[3]，精力的に研究されている．

3つ目のCoREST複合体の中心的な構成要素である

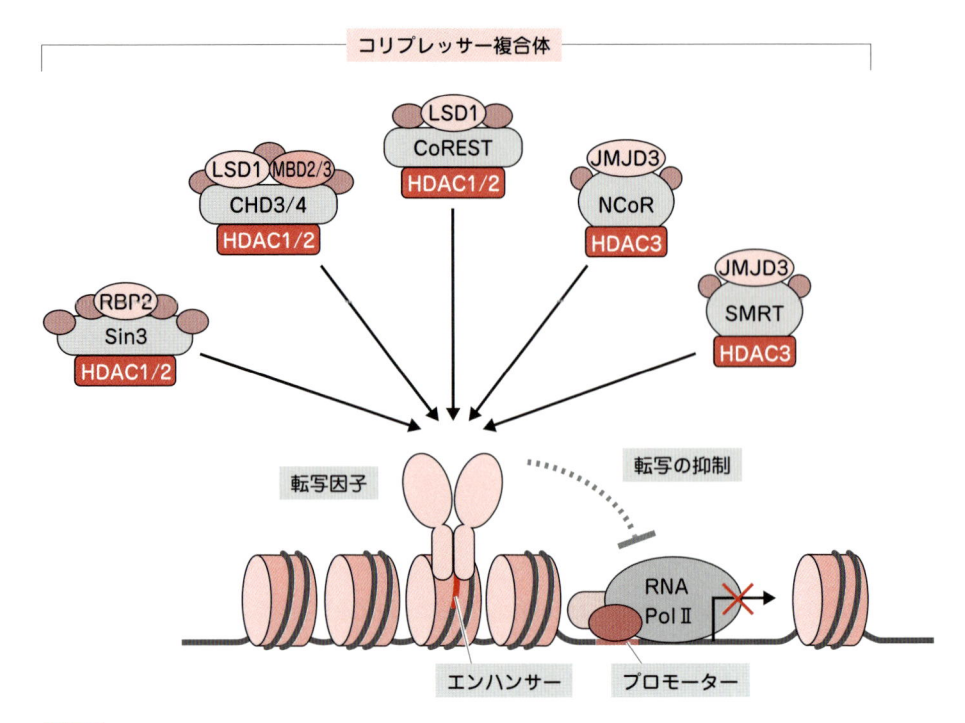

図4 代表的なコリプレッサーとその作用モデル
DNA 配列に直接結合する転写因子を介して HDAC やヒストン脱メチル化酵素を含む複合体がリクルートされ，転写が抑制される（文献6を元に作成）

　CoRESTは，もともと転写因子RESTのコリプレッサーとして単離され，後にHDAC1/2だけでなくヒストン脱メチル化酵素LSD1を含む複合体を形成していることが明らかにされた．これらのヒストン修飾酵素の活性を通じて，CoRESTも発生や分化にかかわる遺伝子の発現調節に寄与している[1]．

ii）HDAC3を含む複合体

　同じクラスⅠ HDACであるHDAC3は，SMRT，NCoRとよばれる複合体を形成している[1]．それぞれの複合体の中心的な役割を果たすSMRTとNCoRは，もともとリガンドに結合していない不活性型の核内ホルモン受容体と結合し転写抑制に寄与する因子として単離され，後にHDAC3と複合体を形成していることが明らかにされた．他のHDAC複合体と同様に，SMRT複合体，NCoR複合体にもヒストン脱メチル化酵素（JMJD3）が含まれている．SMRT，NCoRは核内受容体の制御に限らず，分化や増殖，アポトーシスなどさまざまな細胞内プロセスにかかわることが知られている[4]．

iii）CtBPを含む複合体

　ヒトアデノウイルスのE1AタンパクのC末端側の領域と結合する因子として単離されたCtBP（C-terminal binding protein）は，進化的によく保存され転写のコレプレッサーとして機能する[5]．特定のHDACと複合体を形成する上記の複合体とは異なり，CtBPはCoREST複合体や抑制的なヒストンメチル化酵素であるG9aを含むさまざまな因子をリクルートし，発生やがん化にかかわる遺伝子の転写制御を行っている[1]．

参考文献

1) Hayakawa, T. & Nakayama, J. : J. Biomed. Biotechnol., 2011 : 129383, 2010
2) Grzenda, A. et al. : Biochim. Biophys. Acta, 1789 : 443-450, 2009
3) McDonel, P. et al. : Int. J. Biochem. Cell Biol., 41 : 108-116, 2009
4) Stanya, K. J. & Kao, H. Y. : Cell Div., 4 : 1-8, 2009
5) Chinnadurai, G. : Mol. Cell, 9 : 213-224, 2002
6) Rosenfeld, M. G. et al. : Genes Dev., 20 : 1405-1428, 2006

第1部 エピジェネティクスの分子機構

6 ヒストン修飾とその制御②
ヒストンのメチル化
histone methylation

立花　誠

Keyword
1 ヒストンKメチル化酵素　2 ヒストンKメチル化認識分子　3 ヒストンK脱メチル化酵素
4 ヒストンRメチル化酵素

概論　ヒストンのリジン・アルギニンメチル化に関する酵素

1. はじめに

　ヒストンはリン酸化，アセチル化，ユビキチン化，メチル化などのさまざまな翻訳後修飾を受ける．それらは染色体分配や遺伝子発現制御をはじめとする，さまざまな染色体機能に密接にかかわっている．これらの修飾中で酵素の同定が最も新しいのがメチル化である．タンパク質のメチル化修飾に関する研究の歴史は古く，すでに1960年代に酵素学的なメチル化修飾活性の存在が明らかになっていたが，その生理機能は長らく不明であった．ヒストンメチル化の機能が明らかになってくるのは，西暦2000年以降である．
　酵素活性に必要なアミノ酸モチーフが明らかになったこと，またメチル化されたヒストンを認識する特異的抗体が利用可能になったことの2点により，研究が飛躍的に進んだ．酵素の発見から程なくしてメチル化ヒストンを特異的に認識する分子（reader）が次々に明らかとなった（イラストマップ）．writerであるヒストンメチル化酵素とreaderは同定されたが，脱メチル化酵素（eraser）の存在について，多くの研究者は半信半疑であった．しかし2004年にヒストンH3の4番目のリジン（H3K4）の脱メチル化酵素が発見された．さらにはヘテロクロマチンの代表的な修飾であり，半永久的に外れないであろうとも予測されていたH3K9の脱メチル化酵素も引き続き同定され，ヒストンのメチル化は生物学的には安定なものではなく，むしろ環境刺激に応じて大きく変化することが明らかとなった．
　ヒストンのメチル化は，発生・分化における遺伝子発現のみならず，DNA修復，ストレス応答などの多様な生命現象に重要であり，その破綻はさまざまな疾患に関係することがわかっている．本項ではヒストンメチル化の機能を理解するため，writer・reader・eraserの役割について概説する．

2. ヒストンメチル化酵素

　メチル化修飾は塩基性アミノ酸であるリジン，アルギニン，ヒスチジンを標的とすることがわかっている．リジン残基のメチル化（Kメチル化）は，メチル基が付加される残基の位置によって機能が全く異なるという特徴がある．また，それらのメチル基付加酵素（**ヒストンKメチル化酵素**）（→Keyword 1），あるいは脱メチル化酵素の基質特異性も厳密である．一方でアルギニン（R）のメチル化酵素（**ヒストンRメチル化酵素**）（→Keyword 4）の特性は広く，1つの酵素で複数のアルギニン残基のメチル化を触媒するものが多い．

1) Su (var) 3-9

　Su (var) 3-9は，ショウジョウバエの位置効果による斑入り（position effect variegation：PEV）を指標にした変異体解析によって同定された遺伝子産物で，ヒトから分裂酵母に至るまで保存されている．Su (var) 3-9ファミリー分子は転写の抑制（ヘテロクロマチン化を促進）に働くことが知られていたが，その詳細なメカニズムは長らく不明であった．2000年になって，そのヒトホモログであるSUV39H1がヒストンH3の9番目のリジン（H3K9）をメチル化することが明らかになった[1]．この発見は，Su (var) 3-9ファミリー分子によるヘテ

イラストマップ　ヒストンH3とH4のメチル化マップ

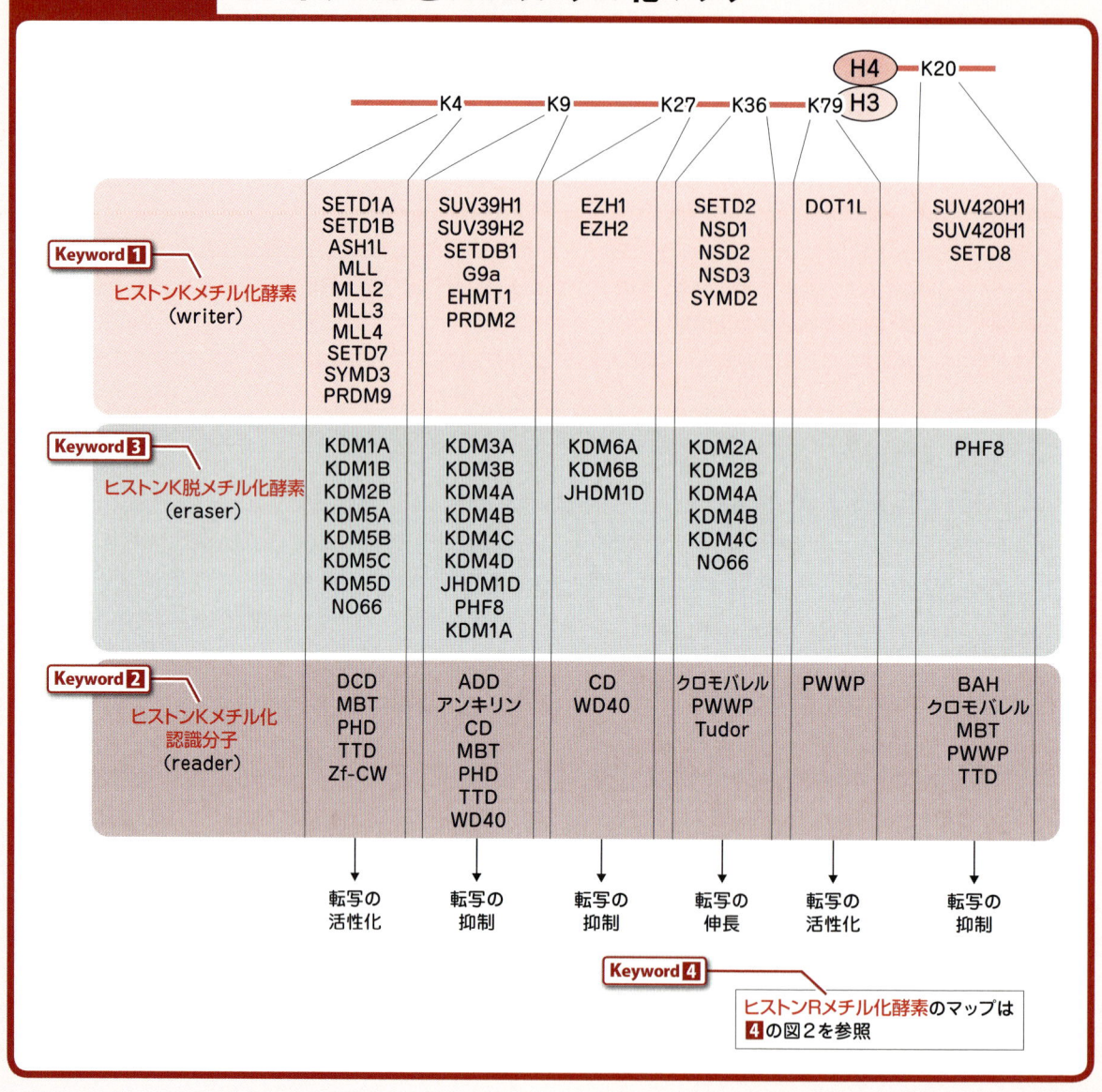

	K4	K9	K27	K36	K79	H4 K20 / H3
Keyword 1 ヒストンKメチル化酵素 (writer)	SETD1A SETD1B ASH1L MLL MLL2 MLL3 MLL4 SETD7 SYMD3 PRDM9	SUV39H1 SUV39H2 SETDB1 G9a EHMT1 PRDM2	EZH1 EZH2	SETD2 NSD1 NSD2 NSD3 SYMD2	DOT1L	SUV420H1 SUV420H1 SETD8
Keyword 3 ヒストンK脱メチル化酵素 (eraser)	KDM1A KDM1B KDM2B KDM5A KDM5B KDM5C KDM5D NO66	KDM3A KDM3B KDM4A KDM4B KDM4C KDM4D JHDM1D PHF8 KDM1A	KDM6A KDM6B JHDM1D	KDM2A KDM2B KDM4A KDM4B KDM4C NO66		PHF8
Keyword 2 ヒストンKメチル化認識分子 (reader)	DCD MBT PHD TTD Zf-CW	ADD アンキリン CD MBT PHD TTD WD40	CD WD40	クロモバレル PWWP Tudor	PWWP	BAH クロモバレル MBT PWWP TTD
	転写の活性化	転写の抑制	転写の抑制	転写の伸長	転写の活性化	転写の抑制

Keyword 4 ヒストンRメチル化酵素のマップは4の図2を参照

ロクロマチン化の機序を分子レベルで解き明かすことになった．

2) G9a

G9aはKメチル化酵素として2例目に発見され，ショウジョウバエからヒトに存在する．SUV39H1同様，G9aはH3K9のメチル化の触媒酵素であるが，SUV39H1は主にセントロメアヘテロクロマチンのH3K9をトリメチル化（H3K9me3）するのに対し，G9aはユークロマチンのH3K9me2を触媒する．

3) SETドメイン

SUV39H1の発見以降，次々に新たなKメチル化の酵素が同定されてきたが，H3K79以外のKメチル化酵素はSETドメインを活性のモチーフとして含有することが明らかとなっている．SETの名前はSu (var) 3–9, Enhancer of Zeste, trithoraxの3つの遺伝子産物に由来する．そのうちの1つである，Enhancer of Zeste [E (z)] はSu (var) 3–9と同様にショウジョウバエPEVの抑制変異株から同定された遺伝子である．その産物は，2種類あるポリコーム複合体のうちの1つである，PRC2

複合体の構成成分の1つである．後にE(z)もヒストンメチル化活性を有することが証明され，H3K27のメチル化を触媒する．SETのうちの3つ目，trithoraxに関しては，このグループの遺伝子産物はポリコームとは逆の機能，つまり転写の活性化に寄与することが遺伝学的に知られていた．こちらに関してもtrithoraxグループに属するSETドメインタンパク質MLLがH3K4のメチル化酵素活性を有することがあることが証明され，SETの名前の由来となる，Su(var)3-9，Enhancer of Zeste，trithoraxの3つすべてがヒストンメチル化酵素であることが明らかとなった．それ以外のSETドメインタンパク質についても，さまざまな残基に対するヒストンメチル化酵素活性がみつけ出されている．

3. ヒストンKメチル化認識分子

ヒストンKメチル化認識分子（→Keyword 2）の発見についても，ショウジョウバエの遺伝学的な研究背景が大きく貢献している．Su(var)2-5はショウジョウバエのPEVの抑制変異株から同定された遺伝子産物であり，そのヒトホモログであるHP1はSUV39H1と結合することでも知られていた．2001年にHP1がクロモドメイン依存的にH3K9me3に結合する「reader」として機能することが明らかになった[2]．SUV39H1-HP1によるヘテロクロマチン構築のメカニズムは分裂酵母からヒトまで高度に保存されている．現在ではクロモドメインのみならず，きわめて多様なタンパク質ドメインがメチル化ヒストン認識にかかわることが明らかになっている．

転写関連因子のみならず，分子内にreaderドメインを有するwriterも存在する．例えばヒストンKメチル化酵素G9aのアンキリンリピートはH3K9me2認識にかかわる．またDNAメチル化酵素Dnmt3aやヘミメチル化DNA認識分子Uhrf1もメチル化ヒストンreaderドメインを含有しており，ヒストンのメチル化からDNAのメチル化への橋渡しの機能が示唆されている．分子内に複数のreaderドメインをもつ分子も存在する．Trim24はPHDドメインとブロモドメインでそれぞれ同一ヒストン分子の非メチル化H3K4，アセチル化H3K23を認識する[3]．

4. ヒストンK脱メチル化酵素

ヒストンのメチル基の回転率は他の修飾に比べて遅いことから，ヒストンK脱メチル化酵素（→Keyword 3）は存在せず，ヒストンの入れ替えなどによって代償されていると考えられていた．一方で，Kメチル化の機能は残基によってさまざまである．特に環境変化に応答した転写調節などの繊細な機能発揮のためには，やはり積極的な脱メチル化機構が必要ではないかとも考えられていた．2004年にアミン酸化酵素である，KDM1A（LSD1）がH3K4me2脱メチル化酵素として機能することが明らかとなった[4]．程なく，JmjCドメイン含有ファミリー分子であるKDM2AでH3K36の脱メチル化活性が報告された．JmjCドメインタンパク質はその構造からいくつかのサブファミリーに分類され，それぞれのサブファミリーで標的Kの特異性が異なっている[5]．R脱メチル化酵素はまだ明らかになっておらず，Kメチル化ではH3K79の脱メチル化酵素が唯一まだみつかっていない．

すべてのJmjCドメインタンパク質がヒストン脱メチル化酵素活性を有する訳ではなく，例えばJumonjiの名前の由来となったタンパク質，Jarid2は酵素活性がないと考えられている．しかしJarid2はポリコーム複合体と協調して，個体発生やES細胞の機能に重要な機能を果たすことが明らかになっている．JmjCドメインタンパク質のなかには酵素活性に非依存的に機能を発揮する分子も報告されており，分子によっては必ずしもヒストンの脱メチル化が機能に必須ではないのかもしれない．

参考文献

1) Rea, S. et al.：Nature, 406：593-599, 2000
2) Lachner, M. et al.：Nature, 410：116-120, 2001
3) Musselman, C. A. et al.：Nat. Struct. Mol. Biol., 19：1218-1227, 2012
4) Shi, Y. et al.：Cell, 119：941-953, 2004
5) Greer, E. L. & Shi, Y.：Nat. Rev. Genet., 13：343-357, 2012

参考図書

◆『EPIGENETICS』（Allis, C. D. et al. ed.），Cold Spring Harbor Lab. Press, 2007（培風館から出ている日本語版もある）

Keyword

1 ヒストンKメチル化酵素

▶英文表記：histone K methyltransfease

1）イントロダクション

　SUV39H1の酵素活性の発見以来，数多くのヒストンKメチル化酵素が同定された．タンパク質のKはモノ，ジ，トリメチル化の3つの状態をとる．少なくともいくつかのKメチル化ではこれらの3つの状態で機能に差がある．例えばH3K9のモノメチル化は転写が比較的活発な領域に分布し，ジメチル化，トリメチル化は転写が抑制された部位に存在する[1]．ここでは研究が進んでいるH3K4，H3K9，H3K27のメチル化の機能について概説する．

2）H3K4メチル化酵素

　H3K4me2，me3は転写が活発な遺伝子の転写開始点の上流と下流の短い領域に集中して存在する，典型的な転写活性化のマークである．哺乳類ではMLLファミリー，SETD1ファミリー，ASH1Lなど複数のタンパク質がH3K4メチル化酵素として機能する．

3）H3K9メチル化酵素

　H3K9メチル化酵素も哺乳類では複数存在する．なかでも，SUV39H1とG9aはその標的部位と生成物が異なっていることがわかっている[2]．SUV39H1は主にペリセントロメアのヘテロクロマチン領域のH3K9me3に寄与し，G9aはその類似分子であるGLPとヘテロ二量体をつくり，ペリセントロメア以外の部分のH3K9me2を触媒する．SETDB1はH3K9me3を触媒し，マウスES細胞で内在性レトロウイルスの抑制に機能している．

4）PRC1/PRC2複合体

　ポリコーム複合体はPRC1とPRC2の2つの大きな複合体を形成する．Ezh2はPRC2を構成因子であり，SETドメイン依存的にH3K27のトリメチル化を触媒する．Ezh2によるH3K27me3の機能として，H3K27me3がPRC1複合体構成因子CBXによって認識されることでPRC1によるH2Bユビキチン化をよび込むことが考えられている（PRC1はその構成因子RING1によるH2AK119をユビキチン化する）．しかしH3K27me3とPRC1の局在は完全には一致していないため，PRC1のリクルーティングにはPRC2非依存的なメカニズムも存在すると考えられる[3]．

5）メチル化酵素の標的決定機構

　ヒストンメチル化酵素が標的部位にリクルートされるメカニズムの解明は重要な研究課題である（図1）．DNAの配列に依存した標的メカニズムはショウジョウバエのTREs（trithorax group response elements）やPREs（polycomb group response elements）で明らかになっている．いくつかのKメチル化酵素はlncRNA（long non-coding RNA）によって標的にリクルートされる．small non-coding RNAによるヒストンKメチル化は分裂酵母のRNAiマシーナリー破壊株を使った研究で明らかとなった．また植物ではメチル化DNAを標的とするヒストンKメチル化酵素も知られている．詳しくは参考文献4を参照されたい．

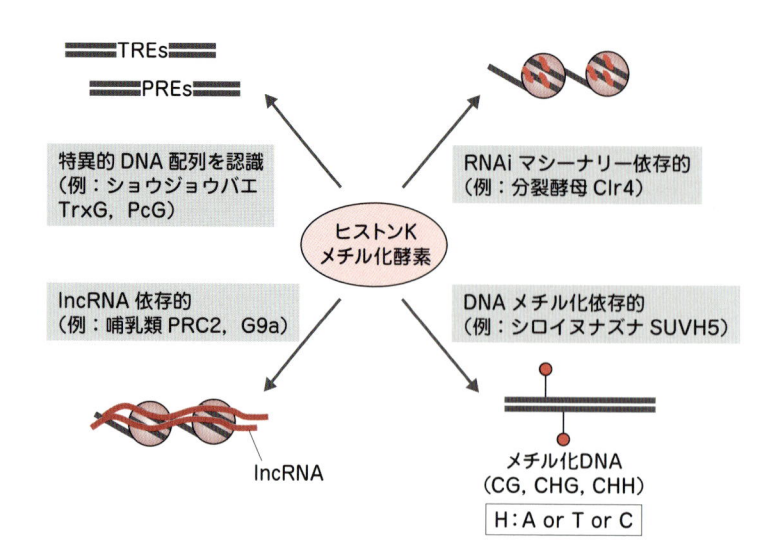

図1　**ヒストンメチル化酵素の標的決定のメカニズム**

参考文献

1) Kooistra, S. M. & Helin, K. : Nat. Rev. Mol. Cell Biol., 13 : 297-311, 2012
2) Peters, A. H. et al. : Mol. Cell, 12 : 1577-1589, 2003
3) Schwartz, Y. B. et al. : Nat. Genet., 38 : 700-705, 2006
4) Greer, E. L. & Shi, Y. : Nat. Rev. Genet., 13 : 343-357, 2012

Keyword
2 ヒストンKメチル化認識分子

▶英文表記：recognition molecules of histone K methylation

1) イントロダクション

代表的なクロモドメインタンパク質であるHP1のほか，PRC1複合体中のPcもクロモドメインタンパク質である．1990年代の実験で，HP1のクロモドメインをPcのそれに置換したキメラHP1をショウジョウバエに導入したところ，キメラ分子はPRC1の標的因子座へリクルートされた[1]．この結果から，クロモドメインはタンパク質が標的遺伝子座へリクルートされるために重要であり，さらにその機能はクロモドメイン間で異なっていることが示唆されていた．

2000年以降になり，HP1に結合するタンパク質であるSUV39H1がH3K9メチル化酵素（writer）であること，HP1はその認識分子（reader）であることが明らかになった[2]．また，PcはH3K27me3のreaderであることも明らかとなる．アセチル化やリン酸化と異なり，ヒストンのメチル化はクロマチンの電荷にほとんど影響を与えない．このことからさまざまなヒストンのメチル化修飾の機能は主にreaderによって発揮されると考えられた．実際に他のヒストン修飾に比較すると，メチル化認識readerの数ははるかに多い（**表1**）．詳細は参考文献3を参考にされたい．

表1 ヒストンKメチル化の認識分子（reader）

reader	含有タンパク質	認識メチル化残基
ADD	Dnmt3a, Dnmt3l	H3K9me3
アンキリン	G9a, GLP	H3K9me2, H3K9me1
BAHドメイン	ORC1	H4K20me2
クロモバレル	Eaf3 MSL3 Tip60	H3K36me3, H3K36me2 H4K20me2, H4K20me1 H3K4me1
クロモドメイン	HP1 pc	H3K9me3, H3K9me2 H3K27me3, H3K27me2
DCD	CHD1	H3K4me3, H3K4me2, H3K4me1
MBT	L3MBTL1	H3Kme1, H3Kme2, H4Kme1, H4Kme2
PHD	BPTF, ING2 SMCX	H3K4me3, H3K4me2 H3K9me3
PWWP	PSIP1 Pdp1 HDGF2	H3K36me3 H4K20me1, H4K20me2 H3K79me3
TTD	Sgf29 UHRF1 53BP1	H3K4me3 H3K9me3 H4K20me2
Tudor（チューダー）	PHF1	H3K36me3
WD40	EED	H3K27me3, H3K9me3
zf-CW	ZCWPW1	H3K4me3

2) 同じ修飾でもreaderによってアウトプットが異なる場合がある

例えば，H3K4me3は転写の活性化の指標となるマークであるが，それを認識する分子は転写の活性化の増強に寄与するとは限らない．基本転写複合体TFIIDのTAF3サブユニットはそのPHDフィンガー依存的にH3K4me3を認識し，転写の活性化に寄与する．一方で，mSin3aヒストン脱アセチル化酵素複合体のING2はやはりPHDフィンガー依存的にH3K4me3を認識するが，その結果脱アセチル化をよび込むことにより転写を抑制する．

3) クロマチン構造変換酵素（writer）によるreading機能

readerとしての機能を有する分子は転写関連因子だけではない．writerとreaderとしての機能を併せもつ分子も存在する．ヒストン脱メチル化酵素であるPHF8のPHDフィンガーと，CHD1 ATPaseのDCDはともにH3K4me3を認識する．この場合のH3K4me3は，前者ではH3K9/27の脱メチル化，後者ではクロマチンリモデリングへの足がかりを提供している．また，ヒストンアセチル化酵素Tip60は自身のクロモバレルドメインでH3K4me1を認識することがわかっている．

4) ヒストン修飾間のクロストーク

メチル化ヒストンreaderによる認識は近傍のアミノ酸修飾によって正にも負にも影響されうる．代表的な例はHP1のH3K9me3認識である．細胞分裂期にHP1は染色体から外れるが，それはH3S10のリン酸化によってHP1–H3K9me3結合がブロックされることによる．逆の例として，Rag2のPHDフィンガーによるH3K4me3結合はH3R2のメチル化が加わることにより，さらに強固になることがわかっている．

参考文献

1）Platero, J. S. et al. : EMBO J., 14 : 3977-3986, 1995
2）Lachner, M. et al. : Nature, 410 : 116-120, 2001
3）Musselman, C. A. et al. : Nat. Struct. Mol. Biol., 19 : 1218-1227, 2012

Keyword 3 ヒストンK脱メチル化酵素

▶英文表記：histone K demetylase

1) イントロダクション

2004年に，KDM1A/AOF2/LSD1がヒストンK脱メチル活性を有することが明らかとなり，それまでヒストン脱メチル化酵素の存在を疑っていた多くの研究者の注目を集めた[1]．酵素反応の化学性質上，KDM1Aはトリメチル化リジンを脱メチル化できない．このため，トリメチル化リジンだけは永久に外れないものとも考えられた．しかし程なくして，KDM2A/FBXL11によるJmjCドメインに依存したH3K36me2の脱メチル化が報告された[2]．それ以来多くのヒストン脱メチル化酵素が同定され，またさまざまなモデル動物を使ってそれらの酵素の機能解析が進んだ（表2）．

2) KDM1ファミリーによるヒストンK脱メチル化

KDM1はFAD依存的酸化反応によってH3K4me2/1の脱メチル化を触媒する．KDM1Aはいくつかのタンパク質と複合体を形成し，そのサブユニット構成によってはH3K9me2/1の脱メチル化にも働く．KDM1Aはヒストン以外の基質として，p53（脱メチル化によってDNA結合能が低下）やDMNT1（脱メチル化によってタンパク質が安定化）が知られている．KDM1Bホモ欠損母親に由来する卵と野生型精子から発生したマウスは，胎生致死となる．この胎仔ではいくつかの遺伝子のインプリントが破綻していた．KDM1Bを欠失した成長期卵子でH3K4脱メチル化が不完全となった結果，DNAメチル化酵素の足がかり（非メチル化H3K4）が失われたと推察されている[3]．

3) JmjCドメインファミリーによるヒストンK脱メチル化

2006年にJmjCドメインタンパク質による，Fe（II）とα-ケトグルタル酸依存的なリジン脱メチル化活性が報告された．JmjCファミリーによる脱メチル化はトリメチル化リジンを脱メチル化することが可能であり，実際に最も安定な修飾と考えられていたH3K9me3を外す酵素も明らかとなった．JmjCドメインタンパク質は，その構造的な特徴によっていくつかのサブファミリーに分類される．現在それぞれのサブファミリーが特異的なリジン残基の脱メチル化酵素ファミリーを構成していることが明らかとなっている．

表2 ヒストン脱メチル化酵素の遺伝子変異動物の表現型

遺伝子（ヒト）	マウス	ショウジョウバエ	線虫
KDM1	Kdm1a： 　E7.5以前に胎生致死 Kdm1b： 　母性効果による胎仔致死	Su（var）3-3： 　卵巣形成異常，精子形成不全， 　雄の生存率低下	SPR-5： 　世代を重ねるごとに繁殖能が低 　下，卵子・精子形成不全
KDM2		CG11033： 　胚性致死	
KDM3	Kdm3a： 　雄の不妊，肥満		
KDM4		Kdm4A： 　雄の寿命低下， 　雄特異的な羽の伸長阻害	JMJD-2： 　生殖細胞のアポトーシス亢進
KDM5	Kdm5a： 　血球分化阻害，行動異常	Lid： 　致死，視神経葉・成虫原器の矮小化	RBR-2： 　産卵口の異常
KDM6			UTX-1： 　産卵口の異常 XJ193： 　生殖腺形成異常
PHF			4F429： 　運動機能障害
JMJD6	Jmjd6： 　出生前後での致死，脳・ 　肺・心臓などさまざまな 　臓器の形成異常	PSR： 　眼の形成異常	PSR-1： 　死細胞の貪食能低下

4）ヒストンK脱メチル化酵素活性と機能

JmjCドメインタンパク質のなかでも，ヒストンメチル化酵素活性を有していないものも存在すると考えられている．例えば最初に同定されたJmjCドメインタンパク質であるJarid2には，ヒストン脱メチル化活性がないことが示唆されている．しかしJarid2はPRC2の標的制御に密接にかかわっていることが明らかになっている[4]．さらに，H3K27脱メチル化酵素であるKDM6Bには酵素活性に非依存的な機能があることもわかっており，JmjCドメインタンパク質ファミリーの機能の新たな側面が窺える[5]．

参考文献

1) Shi, Y. et al.：Cell, 119：941-953, 2004
2) Tsukada, Y. et al.：Nature, 439：811-816, 2006
3) Ciccone, D. N. et al.：Nature, 461：415-418, 2009
4) Peng, J. C. et al.：Cell, 139：1290-1302, 2009
5) Lee, Y. F. et al.：Breast Cancer Res., 14：R85, 2012

Keyword
4 ヒストンRメチル化酵素

▶英文表記：histone R methyltransferase

1）イントロダクション

ヒストンRメチル化は化学的にモノメチル，対称型ジメチル，非対称型ジメチルの3種が存在しうる（**図2**）．ヒストンRメチル化はPRMT（protein arginine *N*-methyltransferase）ファミリー分子によって触媒される．哺乳類ではPRMT1～9がファミリーを構成し，そのうちのいくつかでRメチル化活性が見出されている[1]．Kメチル化酵素（**1**参照）に比べると基質特異性はより広く，ヒストンに限らずさまざまなタンパク質のメチル化にかかわる．例えば，PRMT4/CARM1はさまざまな転写のコアクチベーターやスプライシング因子，HMG1，DNAポリメラーゼベータ，HIV Tatなどさまざまな基質をメチル化することで知られる．

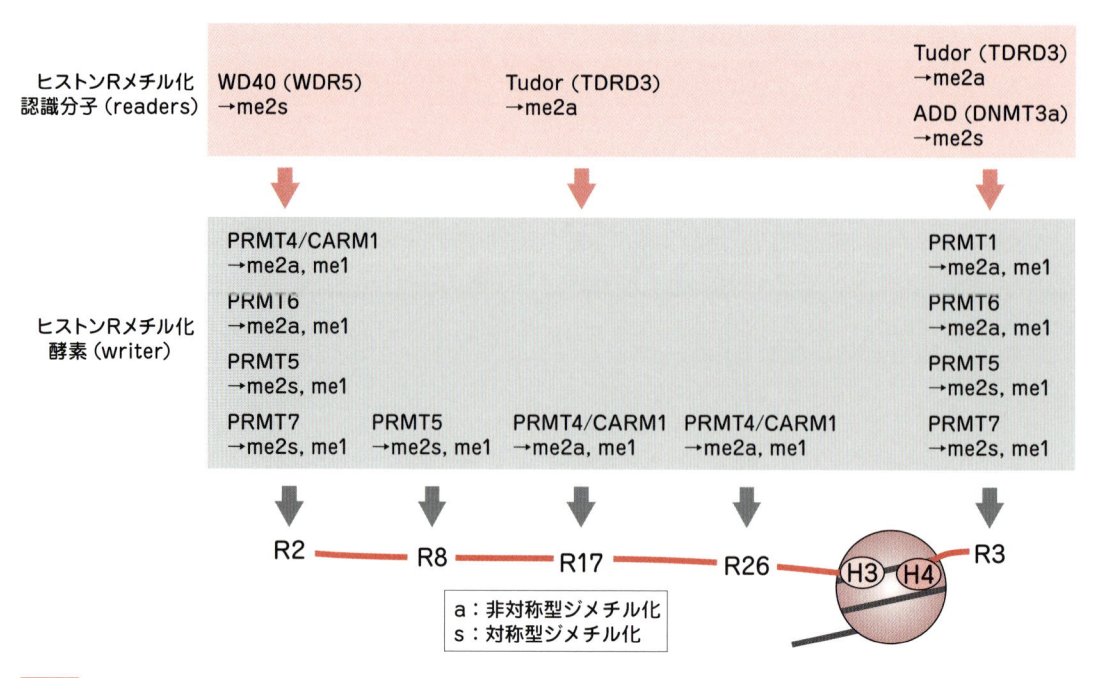

図2 ヒストンRメチル化認識分子（reader）とメチル化酵素（writer）

2）ヒストンRメチル化の生体機能

ヒストンRのメチル化の生物学的意義はKメチル化に比べまだ十分に理解されていない．ヒストンRの機能の1つとして，ヒストンKメチル化の制御がある．PRMT6によってH3R2がメチル化されたヒストンを基質にしたとき，MLL1複合体によるメチル化がリジン残基に付加されにくくなる[2]．また，H3R2メチル化は，PHDドメインのH3K4me3に結合を阻害することがわかっている[3]．これらのことから，ヒストンKメチル化を間接的に制御することがヒストンRのメチル化の重要な機能の1つかもしれない．

3）ヒストンRメチル化のreader

PRMT1やPRMT4/CARM1は転写のコアクチベーターとして働く一方で，PRMT5は転写のコリプレッサーとして機能することがわかっている．RRMT1は非対称型ジメチル化（H4R3me2a），PRMT5は対称型ジメチル化を触媒する（H4R3me2s）ことから，ヒストンRのメチル化は対称型と非対称型で機能が異なる可能性が示唆されている．これまでにわかっているヒストンRメチル化特異的な認識分子（reader）としては，TDRD3（Tudorドメイン）によるH3R17me2a, H4R3me2a認識，WDR5（WD40ドメイン）によるH3R2me2sなどが知られている．DNMT3aのADD（ATRX, DNMT3, DNMT3L）ドメインはH4Rme2sを認識する[4]．

4）ヒストンR脱メチル化酵素は存在するか

ヒストンR脱メチル化酵素活性は，JmjCドメインタンパク質であるJMJD6で報告された．しかし複数の研究者によってその再現性が疑問視されており，現在までに確実なヒストンR脱メチル化酵素はみつかっていない．PADI4（protein arginine deiminase type 4）はモノメチルアルギニンをシトルリンに変換する酵素であることから，PADI4によってメチル化アルギニン残基をなくす（脱メチル化ではない）ことが可能である．しかしPADI4は無修飾のアルギニンをも基質としうるため，選択的なメチル化アルギニン残基の除去には寄与しないと考えられている[5]．

参考文献

1) Bedford, M. T. & Clarke, S. G. : Mol. Cell, 33 : 1-13, 2009
2) Hyllus, D. et al. : Genes Dev., 21 : 3369-3380, 2007
3) Iberg, A. N. et al. : J. Biol. Chem., 283 : 3006-3010, 2008
4) Musselman, C. A. et al. : Nat. Struct. Mol. Biol., 19 : 1218-1227, 2012
5) Cuthbert, G. L. et al. : Cell, 118 : 545-553, 2004

第1部 エピジェネティクスの分子機構

7 ヒストン修飾とその制御③
ヒストンのリン酸化
histone phosphorylation

進藤軌久, 広田 亨

Keyword ❶リン酸化酵素 ❷脱リン酸化酵素

概論 ヒストンリン酸化の機構と意義

ヒストンリン酸化は古くから知られている翻訳後修飾だが,その意義についての理解が急速に進んだのはここ数年のことである.ほぼすべてのヒストンサブタイプがある特定の残基にリン酸化を受け,細胞分裂時の染色体構築,DNA損傷応答,転写制御,アポトーシスなどにおいて重要な役割を果たしている.本項では,細胞分裂期とDNA損傷応答時のヒストンリン酸化と脱リン酸化について,その機構と意義について述べる.なお重要なヒストンリン酸化修飾については**イラストマップ❶❷**にまとめたので参照して欲しい.

1. 細胞分裂期におけるヒストンリン酸化

ヒストンのリン酸化は細胞分裂期の特徴として古くから知られている.特にヒストンH3は分裂期において高度にリン酸化されており,分裂期のマーカーとなっている.ヒストンH3のリン酸化に関する最初の報告は,30年以上前にまでさかのぼることができ,リン酸化に関する報告はヒストンサブタイプのなかで最も豊富である.分裂期においては少なくともT3, S10, T11, S28の4つの残基がリン酸化され,いずれも染色体が凝縮する分裂期前期から後期にかけて強くリン酸化されている.それぞれの残基の分裂期におけるリン酸化は,S10およびS28はAurora B, T3はHaspin, T11はDlk/Zipと呼ばれるキナーゼ(**リン酸化酵素**)(→**Keyword❶**)がそれぞれ担当している.

1) 広く保存されたH3S10のリン酸化

H3S10のリン酸化は生物種間で広く保存されている.染色体腕部全体に分布して染色体凝縮との強い相関がみられることから,分裂期初期において染色体構築へ何らかの貢献をしているものと考えられてきたが,その機構はよくわかっていない.

一方で,このH3S10のリン酸化の意義はH3K9のメチル化と組合わせることで明瞭になる.H3K9のメチル化はヘテロクロマチン領域に多くみられるヒストン修飾であり,HP1 (heterochromatin protein 1) のその領域への局在に重要である.H3K9のメチル化は細胞周期を通じて変化しないが,間期にセントロメア近傍のヘテロクロマチン領域に局在していたHP1は分裂期になるとその領域から消失する.このとき重要な働きをするのがAurora BキナーゼによるH3S10のリン酸化である[1)2)].H3K9がメチル化されるとHP1は結合できるが,H3K9がメチル化されて,かつ,隣のS10がリン酸化されているとHP1は染色体から解離していく.Aurora BキナーゼによるHP1の結合と解離の切り替え機構があるといえる.

2) 分裂期染色体上で空間分布の違いを生むリン酸化

HaspinキナーゼによるH3T3のリン酸化は,分裂期染色体のインナーセントロメア領域(染色体上の姉妹動原体の間の領域)にみられるヒストン修飾である.リン酸化されたH3T3には,Aurora Bキナーゼを含む染色体パッセンジャー複合体(chromosomal passenger complex:CPC)が,そのサブユニットのSurvivinのBIRドメインを介して結合している.一方で,CPCのインナーセントロメアへの局在機構としては,動原体に局

イラストマップ❶ ヒストンH3とH2Aのリン酸化マップ

※ヒストンテールの赤字はリン酸化部位を示す

ヒストンテール

位置: 3　6　10 11　　　　　　28　　　　　41　45

配列: ART**K**Q**T**ARK**ST**GGKAPRKQLATKAARK**S**APATGGVKKPHR**Y**RPG**T**V (H3)

リン酸化酵素（Keyword 1）		Haspln	PKCβ1	Snf1 Aurora B MSK1/2 IKKα PKB/Akt Rsk2 PIM1	Chk1 PRK1 Dlk/Zip	Aurora B MSK1/2	JAK2	PKC
脱リン酸化酵素（Keyword 2）				DUSP1	PP1γ			
認識分子（リン酸化により解離する分子も含む）		Survivin		HP1 SRp20 ASF/SF2 14-3-3	GCN5	polycomb silencing complex	HP1	

→ 分裂期染色体構築　　　　　　　　　　　　　　　　→ 転写活性化

ヒストンテール

SGRGKQG......(H2AX) LPKKTSATVGPKAPSGGKKATQA**S**QE**Y**
　　　　　　　　　　　　　　　　　　　　　　　　139 142

位置: 1　　　　　　　　　120
SGRGKQG......(H2A) LPKK**T**ESHHKAKGK

リン酸化酵素（Keyword 1）	MSK1	Bub1	ATR　ATM DNA-PK RSK2 MSK1	WSTF
脱リン酸化酵素（Keyword 2）			Wip1　PP2C PP4C PP1γ	EYA1 EYA2 EYA3
認識分子（リン酸化により解離する分子も含む）		Shugoshin	MRN　MDC1 p53BP1 AP1	

→ 転写抑制　　→ 分裂期染色体構築　　　　　　　→ DNA損傷応答

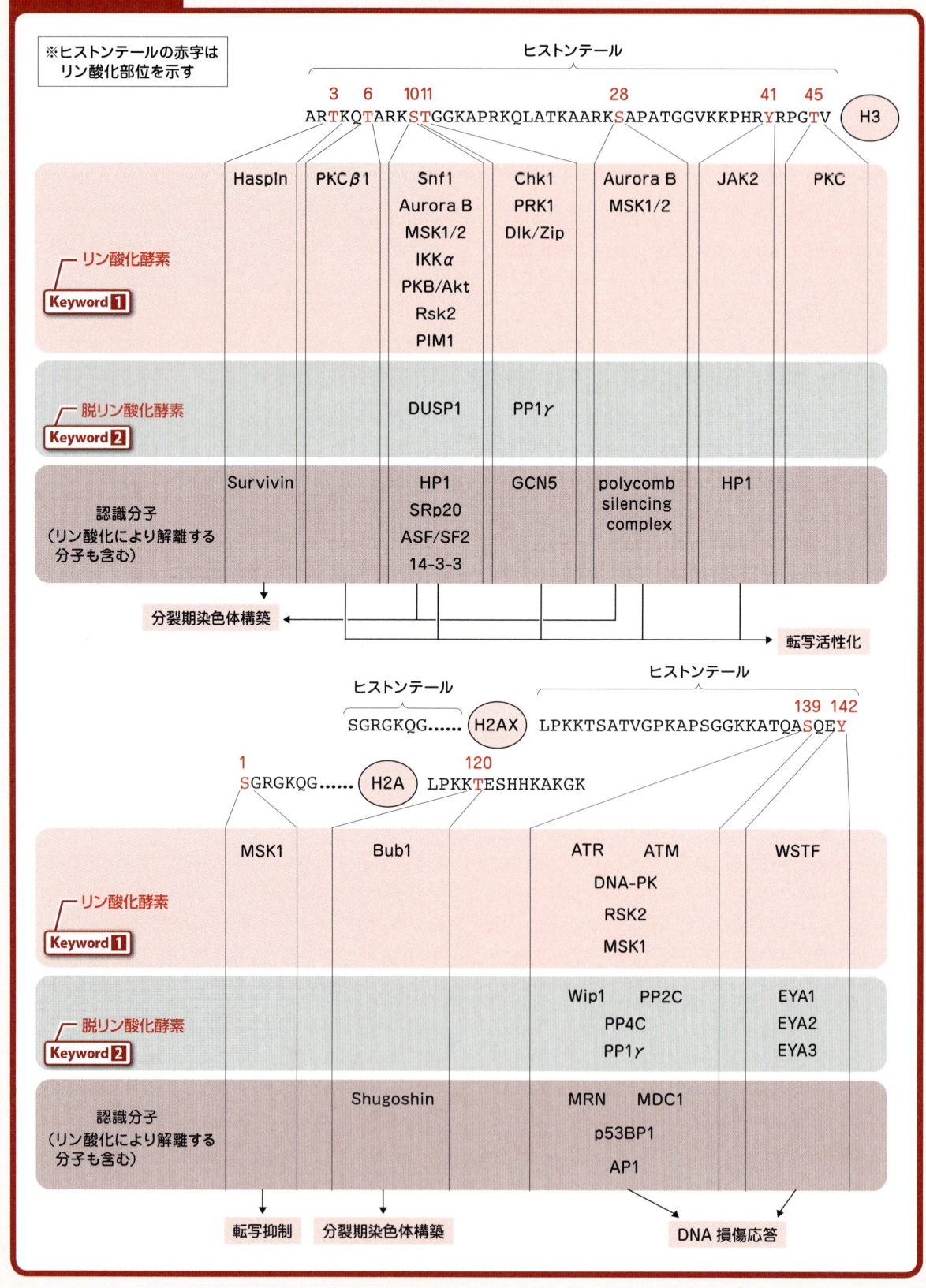

イラストマップ❷ ヒストンH2BとH4のリン酸化マップ

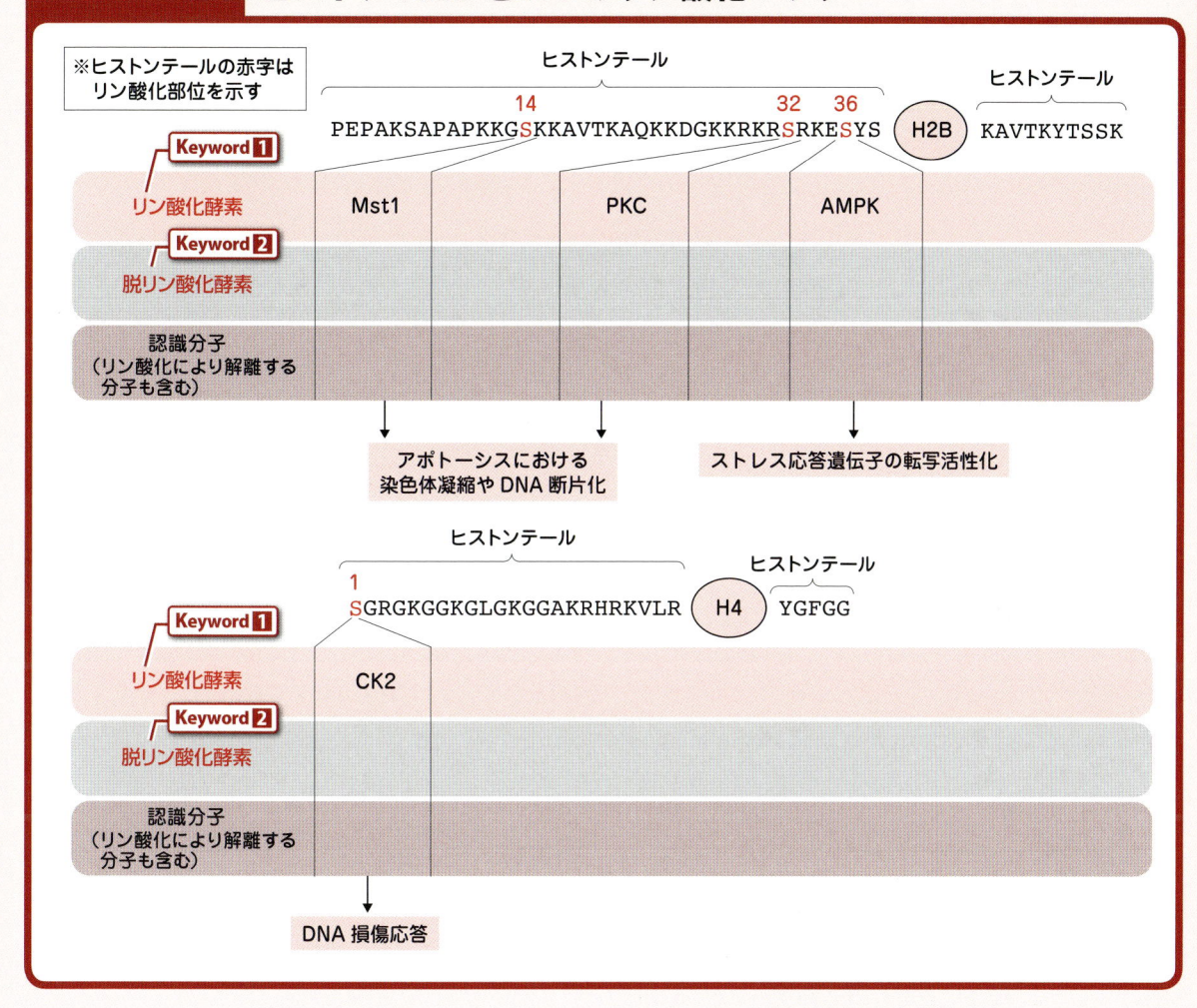

※ヒストンテールの赤字はリン酸化部位を示す

ヒストンテール
PEPAKSAPAPKKG**S**KKAVTKAQKKDGKKRKR**S**RKE**S**YS （H2B） ヒストンテール KAVTKYTSSK

位置：14、32、36

Keyword 1 リン酸化酵素：Mst1 / PKC / AMPK

Keyword 2 脱リン酸化酵素

認識分子（リン酸化により解離する分子も含む）

- Mst1 → アポトーシスにおける染色体凝縮やDNA断片化
- AMPK → ストレス応答遺伝子の転写活性化

ヒストンテール
SGRGKGGKGLGKGGAKRHRKVLR （H4） ヒストンテール YGFGG

位置：1

Keyword 1 リン酸化酵素：CK2

Keyword 2 脱リン酸化酵素

認識分子（リン酸化により解離する分子も含む）

- CK2 → DNA損傷応答

在するBub1キナーゼがヒストンH2AのT120（分裂酵母ではS121）をリン酸化することによりSgo（Shugoshin）がインナーセントロメアに集積し，そのSgoとCPCが結合することでCPCがインナーセントロメア領域に局在するという機構も存在する．

この2つの異なるヒストンリン酸化は分裂期染色体上で興味深い空間的分布の違いを示す．H2AT120のリン酸化は姉妹動原体間を結ぶように分布し，一方のH3T3のリン酸化はそれに直交するように姉妹染色分体間に分布している．そして，CPCはちょうどその2つのリン酸化の交差する領域に局在する．このように，H2AT120とH3T3の2つのリン酸化が協調することで，CPCの局在するインナーセントロメア領域が規定されているようだ[3]．

2. DNA損傷応答におけるヒストンリン酸化

1) ヒストンH2AXのセリンリン酸化

哺乳類細胞ではDNA損傷応答の初期に，ヒストンH2AのバリアントであるH2AXがDNA二本鎖切断力所でリン酸化される．リン酸化される残基はヒストンH2AXのS139であり，この残基をリン酸化する酵素としては，ATMキナーゼ（ataxia telangiectasia mutated）やPI3キナーゼファミリーのATRキナーゼ（ATM and Rad3-related），DNA-PKキナーゼ（DNA-dependent protein kinase）が知られている．リン酸化されたヒストンH2AXは特にγH2AXと呼ばれ，DNA損傷部位に集積することからDNA損傷のマーカーとなっている．γH2AXはさらにMRN，MDC1，53BP1などのDNA損傷

応答関連因子の集積に必要とされている．DNA損傷修復後は，Wip1ホスファターゼ（**脱リン酸化酵素**）（→Keyword **2**）がH2AXを脱リン酸化することで細胞周期が再び回りはじめる．

2）ヒストンH2AXのチロシンリン酸化

さらに，ヒストンH2AXにはチロシン残基のリン酸化も知られている．H2AXのY142はDNA損傷時にWSTFキナーゼ（William syndrome transcription factor）という一般的なキナーゼとはアミノ酸配列上の相同性をもたないキナーゼによってリン酸化される[4]．WSTFによってY142がリン酸化されていないとS139のリン酸化も影響を受け，DNA損傷応答関連因子の集積の維持ができなくなる．

3）ヒストンH3のスレオニンリン酸化

また，Chk1キナーゼによるヒストンH3のT11のリン酸化も，DNA損傷応答に関与している．DNA損傷によりChk1キナーゼがクロマチンから解離すると，ヒストンH3のT11のリン酸化が消失する．これによりアセチル化酵素のGCN5がcyclin B1やcdk1といった細胞周期関連遺伝子のプロモーター領域から解離し，転写を抑制する．DNA損傷応答におけるG2停止としては，cdk1の抑制的リン酸化とcyclin B1の核外排出，さらにp53-p21によるcdk1活性抑制の2つの機構が知られていたが，H3T11のリン酸化制御によるcyclin B1およびcdk1の転写抑制というエピジェネティックな制御機構も存在することが明らかになった[5]．

3. おわりに

他のヒストン修飾と同様に，ヒストンのリン酸化もいくつかのリン酸化部位結合タンパク質が知られてきてはいるが，リン酸化によってその近傍に結合していたタンパク質を解離させたり，あるいは他の修飾がその近傍に入ることを阻害していることもある．つまり，ヒストンリン酸化は，間接的に他のヒストンコードの「読まれ方」に影響を与えているといえる．このことが，同じ残基のリン酸化であってもさまざまな意味をもちうる原因と考えられる．

興味深いことに，リン酸化されたH3T3に結合するSurvivinのBIRドメインの解析により，BIRドメインとリン酸化ペプチドの結合強度がpHの変化に非常に鋭敏な影響を受けることが明らかになっている[6]．クロマチン環境の微細な変化によって，ヒストンリン酸化の「読まれ方」そのものも影響を受ける可能性を示唆している．すべてのヒストンリン酸化結合ドメインが同様の特徴をもつかは不明であるが，このようにヒストンリン酸化を「読む」タンパク質にも多様な反応の可能性があるところが，ヒストンリン酸化の意義をより複雑なものにしている．

参考文献

1）Hirota, T. et al. : Nature, 438 : 1176-1180, 2005
2）Fischle, W. et al. : Nature, 438 : 1116-1122, 2005
3）Yamagishi, Y. et al. : Science, 330 : 239-243, 2010
4）Xiao, A. et al. : Nature, 457 : 57-62, 2009
5）Shimada, M. et al. : Cell, 132 : 221-232, 2008
6）Niedzialkowska, E. et al. : Mol. Biol. Cell, 23 : 1457-1466, 2012

Keyword

1 リン酸化酵素

- 英文表記：kinase
- 別名：phosphotrans ferase

1）イントロダクション

　リン酸化酵素（キナーゼ）は特徴的なキナーゼドメインを有している．このドメインの配列から類推されるキナーゼはヒトゲノム上に約500種類ほど存在する（活性が確認されていないものも含む）．これらのキナーゼはATPまたはGTPをリン酸基のドナーとし，セリン（S），スレオニン（T），チロシン（Y）残基にリン酸基を特異的に付加する．大半がセリン/スレオニンキナーゼであり，これらの残基のリン酸化がリン酸化修飾全体の98％以上を占める．

2）キナーゼのタイプ

　キナーゼは大まかに以下の3つのタイプに分類できる．
　①セリン/スレオニンを基質とするタイプ
　②チロシンを基質とするタイプ
　③セリン/スレオニンだけでなくチロシンも基質とするタイプ

①はさらに，アルギニン（R）またはリジン（K）の近傍に存在するセリン/スレオニンを基質するキナーゼと，プロリンを多く含む領域にあるセリン/スレオニンを基質とするCDK（サイクリン依存性キナーゼ）と総称されるタイプに分けることができる．CDKの特徴として，挿入配列があるために大きなキナーゼドメインをもつ．②はチロシンのみを基質とするキナーゼであり，キナーゼとしては少数派に属しているが（全体の2％未満）シグナル伝達経路で非常に重要な役割を担っており，膜受容体であることが多い．

3）ヒストンキナーゼ

　ヒストンのリン酸化にかかわるキナーゼは全部で約30種類ほど知られている．多くのキナーゼがシグナル伝達をはじめとするさまざまな生命現象において重要な役割を担っているように，ヒストンキナーゼもさまざまな生命現象に関与しており，細胞分裂時の染色体構築，DNA損傷応答などにおいて重要な役割を果たしている．Aurora B，Haspin，Dlk/Zip，Bub1などが分裂期における染色体構築に重要な働きをしており，ATM，ATR，DNA-PK，WSTF，Chk1などがDNA損傷応答に関与している（図1）．さらに，転写制御，細胞周期制御，アポトーシス，クロマチンリモデリングなど多岐にわたる生命現象にも関与している．

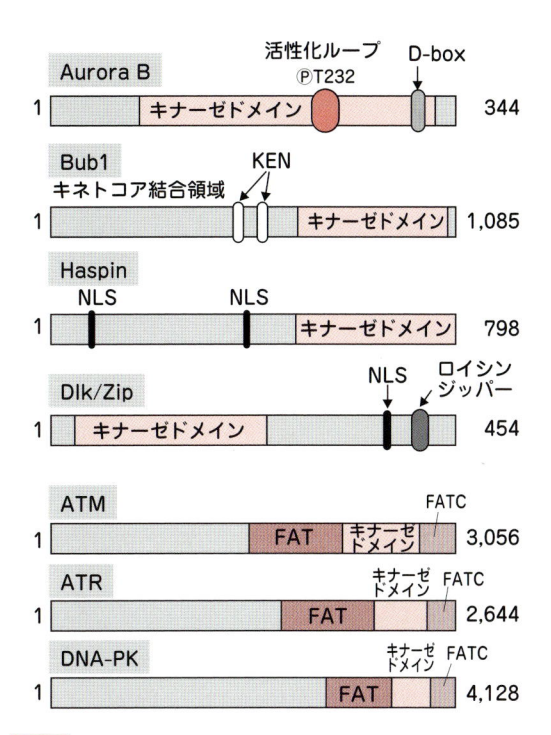

図1　代表的なヒストンリン酸化酵素

D-boxとKEN：いずれもAPC/C（後期促進因子）によって認識されるモチーフである．これらのモチーフをもつタンパク質はAPC/Cによるユビキチンを介した分解を受けるものが多い．NLS：nuclear localization signalの略であり，核移行シグナルと訳されタンパク質を核膜孔を通して核内へ移動させる働きをもつ．FAT：FRAP-ATM-TRRAPの3つのタンパク質に保存されている配列である．ATMではそのC末端側にあるキナーゼドメインと相互作用する．FATC：C-terminal FAT domain．ⓟT232：活性化ループに存在する232番目のTは自己リン酸化される

4）リン酸化ヒストン結合タンパク質

　ヒストン以外のタンパク質のリン酸化された残基に結合するタンパク質は数多く知られているが，リン酸化ヒストンに結合するタンパク質に関する知見は限られている．BRCTドメインをもつMDC1は，DNA損傷時にγH2AX（S139がリン酸化されたH2AX）に結合する．また，14-3-3タンパク質はリン酸化されたH3のS10に結合し転写活性化に関与している．さらに，BIRドメインをもつSirvivinはH3T3のリン酸化を，また，Sgo（Shugoshin）はH2AのT120のリン酸化を認識する．

参考図書

- Baek, S. H.：Mol. Cell, 42：274-284, 2011
- Yun, M. et al.：Cell Res., 21：564-578, 2011

Keyword

2 脱リン酸化酵素

▶英文表記：phosphatase

1）イントロダクション

脱リン酸化酵素（ホスファターゼ）はリン酸基を加水分解により除去する酵素である．セリン/スレオニンホスファターゼとチロシンホスファターゼの2種類に分類できる．セリン/スレオニンホスファターゼは，リン酸化されたセリンまたはスレオニンを基質とする．このグループはさらに，リン酸化タンパク質ホスファターゼ（phosphoprotein phosphatase：PPP）ファミリーと，マグネシウム/マンガン依存性ホスファターゼ（protein phosphatase Mg^{2+} or Mn^{2+} dependent：PPM）ファミリーに分けることができる．一方のチロシンホスファターゼは，リン酸化されたチロシンを基質とするが，基質特異性が緩くセリン/スレオニンも基質とするものもある．チロシンホスファターゼは活性中心にシステイン（C）を含むCX5Rモチーフをもつという特徴がある．

2）種々のヒストン脱リン酸化酵素

以下にヒストン脱リン酸化にかかわるホスファターゼを列挙する（図2）．

DUSP1（Dual specificity protein phosphatase1）：CX5Rモチーフをもつチロシンホスファターゼだが，セリン/スレオニンの脱リン酸化活性も有しており，H3S10を脱リン酸化する．精神疾患との関連が報告されている．

EYA1/2/3（eyes absent homologs）：いずれもH2AXのY142を脱リン酸化するチロシンホスファターゼ．DNA損傷応答に関与．

Wip1（PPM1D）：PPMホスファターゼの一種．γH2AXを脱リン酸化する（＝H2AXのS139を脱リン酸化する）．DNA損傷修復後のγH2AXの除去に重要な役割を担う．

PP2C：同様にPPMホスファターゼの一種．γH2AXを脱リン酸化する．DNA損傷修復後のγH2AXの除去に重要な役割を担う．

PP4C：PPPホスファターゼの一種．γH2AXを脱リン酸化する．特にDNA複製時に生じるDNA損傷修復後のγH2AXを除去に重要な役割を担う．また中心体における微小管重合にも関与している．

PP1γ：PPP1Cとしても知られており，PPPホスファターゼの一種．DNA損傷応答において，H3T11を脱リン酸化する．また，Repo-ManがPP1γに結合することでヒストンに直接結合するようになり，PP1γ/Repo-ManとしてヒストンH3T3とH3T11を脱リン酸化する．CPC複合体のセントロメア局在を制御している．

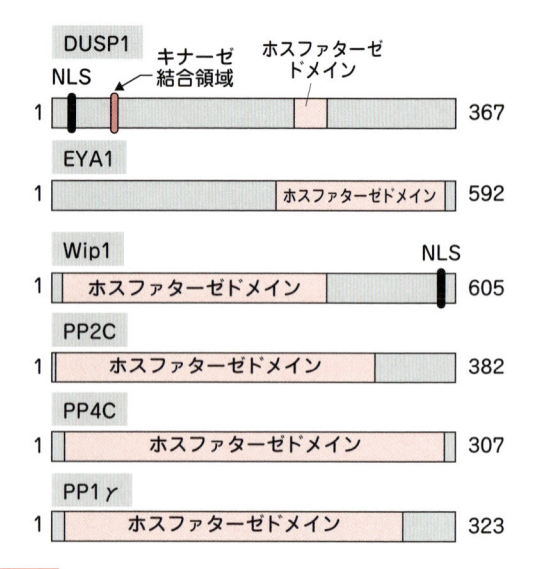

図2 代表的なヒストン脱リン酸化酵素
NLS：nuclear localization signalの略であり，核移行シグナルと訳されタンパク質を核膜孔を通して核内へ移動させる働きをもつ

参考図書

◆ Baek, S. H.：Mol. Cell, 42：274-284, 2011

第1部 エピジェネティクスの分子機構

8 ヒストン修飾とその制御④
ヒストンのユビキチン化
histone ubiquitination

西山敦哉, 山口留奈, 中西 真

Keyword ❶ユビキチン化酵素 ❷脱ユビキチン化酵素

概論
DNA損傷応答と複製におけるヒストンのユビキチン化

1. はじめに

　ヒストンタンパク質のユビキチン化は，1975年にH2Aのユビキチン化がその他のヒストンに先駆けて発見された．今では，H1，H2B，H3，H4がいずれもユビキチン化による修飾を受けることが知られている．さらに，この10年ほどで，ヒストンH2AおよびH2Bをユビキチン化するE2やE3が複数同定され，これらのユビキチン化が細胞内でどのように制御され，どのような意義をもつのかが明らかにされつつある．興味深いことに，ヒストンのユビキチン化はメチル化やアセチル化，リン酸化といった他の種類の翻訳後修飾と密接に関連しており，これらの修飾のクロストークにより遺伝子発現制御，DNA複製，DNA損傷応答，細胞分化，テロメア機能などさまざまな生命現象が制御されていることが報告されている．本項では，特にDNA損傷応答にかかわるヒストンユビキチン化に焦点を当て，またわれわれの発見したDNA維持メチル化制御におけるヒストンH3の新規ユビキチン化についても紹介したい．なお，E1はユビキチン活性化酵素，E2はユビキチン結合酵素，E3はユビキチンリガーゼを表すが，本項では便宜上，E1〜3をまとめて**ユビキチン化酵素**（→Keyword ❶）とする．

2. DNA損傷応答にかかわるヒストンのユビキチン化

1) H2Aのポリユビキチン化
ⅰ) RNF8およびRNF168によるユビキチン化

　H2AおよびH2AXのポリユビキチン化はDNA損傷応答において，中心的な働きをする翻訳後修飾の1つである（イラストマップ）．これらは損傷修復，DNA損傷チェックポイントの両経路にかかわる因子を損傷部位にリクルートするためのプラットホームとして働く[1]．

　DNA損傷が起こると，ATMやATR依存的にリン酸化されたH2AXによりMDC1が損傷部位にリクルートされ，E3ユビキチンリガーゼであるRNF8が自身のN末端に存在するFHAドメインを介してMDC1と結合する．損傷部位ではRNF8はE2であるUBC13-MMS2，HECT型ユビキチンリガーゼHERC2と協調的にK63結合型の「初期ユビキチン化」を行い，この初期ユビキチン化依存的に2つ目のユビキチンリガーゼであるRNF168の損傷部位へのリクルートが促進される．従来，RNF8による初期ユビキチン化の基質はH2AXであると考えられていたが，2012年ヌクレオソーム中のH2AXはRNF8の基質とはならず，RNF168によりそのK13およびK15がK63結合型のポリユビキチン化を受けることが明らかにされた[2]．RNF8による初期ユビキチン化の標的分子の同定は今後の重要な課題であろう．

ⅱ) 認識分子

　K63結合型ポリユビキチン化を受けたH2Aは，RAP80のユビキチン結合モチーフを介して，相同組換え修復に重要なRAP80複合体（RAP80-BRCA1-BIRD1-Abraxas-BRCC36-BRCC45-NBA1）を損傷部位に集積する．また，NHEJ（非相同末端結合）による修復を

イラストマップ　ヒストンのユビキチン化マップ

ヒストン ユビキチン化部位 ユビキチン化様式		H2A K13, K15 K63結合型 ポリユビキチン化	H2A K119 モノユビキチン化	H2B K120 モノユビキチン化	H3 不明 ポリユビキチン化	H3 K23 ポリユビキチン化	H4 K91 モノユビキチン化
ユビキチン化酵素 (Keyword 1)	E2	UBC13-MMS2　UBC13	UBCH6　不明	RAD6	不明	不明	不明
	E3	RNF8　RNF168	RING1B/BMI-1　CUL4-DDB1-DDB2	RNF20-RNF40 BRE1	CUL4-DDB1-Roc1	UHRF1/NP95	BBAP
その他の制御因子		MDC1 HERC2　RNF8 BMI-1	PRC1/2複合体　RAD23/XPC/XPE複合体	ATM	不明	不明	不明
脱ユビキチン化酵素またはユビキチン化に拮抗する因子 (Keyword 2)		BRCC36/MERIT40 （BRCA複合体） POH1 （プロテアソーム） OTUB1 USP3, USP16 RNF169 TRIP12, UBR5	USP21 USP3 USP16 PR-DUB USP22 2A-DUB	USP3 USP22 （酵母UBP8ホモログ） USP7/GMPS （酵母UBP10ホモログ？）	不明	USP7?	不明
認識分子		RAP80 （BRCA1-A複合体） 53BP1 BRCA1/BIRD1 RAD18 NPM1 FAAP20	?	?	不明	不明	DNMT1	不明
		・DNA損傷応答因子のリクルート ・損傷部位における転写抑制	・ATMリクルート？ ・損傷部位における転写抑制	塩基除去修復	・損傷部位におけるクロマチン構造の変換（修復反応の促進） ・DNA複製フォークの安定化	DNA損傷応答	維持メチル化	H4K20メチル化を介した53BP1リクルートの制御？

促進する53BP1もH4K20me2とともに，H2AK15におけるユビキチン鎖を認識し，損傷部位にリクルートされることが明らかになっている．さらに，ポリユビキチン化H2A/H2AXはRAD18, HERC2, BMI-1, RIF1, RNF169, NPM1, FAAP20などさまざまなタンパク質（複合体）を損傷部位にリクルートすることにより損傷修復を促進し，同時に損傷部位近傍における遺伝子発現の抑制も行う[1]．また，RNF8/RNF168を介したH2Aユビキチン化はテロメア末端の機能制御にもかかわっていることが報告されている．

2）H2Aのモノユビキチン化

H2Aは真核細胞において最も高頻度でモノユビキチン化を受けているヒストンとして知られている．ポリコーム複合体I（PRC1複合体）中のRING1B（RING2/RNF2）はBMI-1とともにE3ユビキチンリガーゼとして働き，H2AのK119およびK120においてモノユビキチン化を行う．H2Aのモノユビキチン化はRNAポリメラーゼIIによる転写の抑制に重要である．

近年，RING1b/BMI-1複合体はDNA損傷部位に特異的に結合し，H2Aのユビキチン化を行うことが明らか

になってきた[3]．RING1b-BMI-1の発現抑制細胞では，H2Aのユビキチン化レベルが大きく低下するとともに，放射線への感受性の上昇などが観察されることから，複合体のDNA損傷応答への重要性が示されている．一方で，BMI-1のノックアウト細胞においても，RAP80や53BP1のUVによる損傷部位への集積は正常に起こることも報告されており，DNA損傷時におけるその具体的な役割・制御機構については今後さらなる検討が必要と思われる．またH2Aは塩基除去修復の際にも，CUL4-DDB1-DDB2によってもモノユビキチン化を受け，これにはXPEが協調的に働くことが重要であることがわかってきている．

3) H2Aユビキチン化に拮抗する分子機構

i) 脱ユビキチン化

K63結合型ポリユビキチン化H2Aに結合するRAP80複合体には，BRCA1など損傷修復を促進する因子に加えてK63鎖を特異的に切断する**脱ユビキチン化酵素**（→Keyword❷）であるBRCC36が含まれている．BRCC36は同じ複合体に含まれるNBA1 (MERIT40)とともに働くことで損傷修復とカップルしたH2A分子の脱ユビキチン化を行い，修復後の損傷シグナルの停止にかかわるとともに過剰なユビキチン化を抑制すると考えられている．

USP3 (ubiquitin specific protease 3) およびOTUB1 (OTUB domain-containing ubiquitin aldehyde-binding protein 1) もH2Aユビキチン化に拮抗する因子として知られている．USP3はクロマチンに結合し，H2AおよびH2Bを脱ユビキチン化する．さらに，USP3を過剰発現させた細胞では，RNF168のリクルートおよび下流のイベントが阻害されることから，RNF8による「初期ユビキチン化」を脱ユビキチン化する活性があると考えられる．

ii) ユビキチン化の抑制

一方，OTUB1はその触媒活性ではなく，N末端に存在するユビキチン結合ドメインを介してE2ユビキチン結合酵素であるUBC13に結合することでRNF168依存的なユビキチン化を抑制する．OTUB1の過剰発現はRNF8の局在そのものには影響を与えないことから，その標的はRNF168によるK63ユビキチン鎖の伸長であると考えられる．

H2AのK63型ユビキチン化は，RNF168のパラログであるRNF169によっても抑制的な制御を受ける．RNF169は損傷時に，そのユビキチン結合ドメインを介してRNF168依存的に修復部位に蓄積する．RNF169はE3ユビキチンリガーゼとしての活性を有するものの，細胞内ではH2Aのユビキチン化酵素としては機能せず，RNF8/168依存的な修復タンパク質の集積を阻害する働きをする．また，HECT型E3ユビキチンリガーゼであるTRIP12とUBR5はRNF168をユビキチン化し，そのプロテアソーム依存的分解を促進することにより，H2Aユビキチン化領域の過剰な拡大を防いでいる．

4) RNF20-RNF40によるヒストンH2Bのユビキチン化

ヒストンH2BのK120におけるモノユビキチン化は転写制御に重要な役割を果たしているが，DNA修復にも深くかかわっている．K120でユビキチン化を受けたH2Bはオープンなクロマチン構造を取ることが知られており，転写領域におけるH3のK4およびK79のメチル化に必要である．H2Bのユビキチン化を行うユビキチンリガーゼとしてはRNF20-RNF40ヘテロ二量体が同定されており，E2であるRAD6とともに機能する．

近年の研究により，①RNF20-RNF40のノックダウン，②ユビキチン化を受けないH2Bの過剰発現，いずれもがDNA損傷への感受性を上昇させ，その後のDNA修復効率を低下させることがわかってきた[4]．また一部のRNF20-RNF40複合体はDNA損傷部位ヘリクルートされ，ATMやNBS1と結合する．リクルートされたRNF20-RNF40複合体はATMによるリン酸化を受け，損傷部位におけるH2Bのユビキチン化を行うと考えられる．しかしながら，RNF20はDNA損傷依存的なH2AXのリン酸化やユビキチン化には必要でなく，53BP1やATM，MDC1のリクルートもRNF20発現抑制による影響を受けない．このことから，H2Bのユビキチン化はDNA損傷応答の初期に機能するのではなく，NHEJ，HR（相同組換え）両方の経路における修復タンパク質のリクルートにかかわるものと考えられる．また，2012年DNA複製開始点近傍においても，H2BのK120がユビキチン化を受けることが報告された．転写領域におけるその役割から，これはおそらくクロマチン構造の変換を伴うものであると考えられるが，H3K4およびK79のメチル化が損傷部位で起こっているかどうかも含めて，今後の解析が待たれる．

5) ヒストンH2Bの脱ユビキチン化酵素

これまでにH2Bを脱ユビキチン化する酵素として，酵

母においてUBP8とUBP10, 高等生物におけるその機能的ホモログとして, USP22およびUSP7がそれぞれ同定されている. しかしながら, これらの因子がヒストン脱ユビキチン化酵素としてDNA損傷応答のなかでどのように制御, 機能しているかはいまだ不明である.

6) その他のユビキチン化

H3およびH4はDNA損傷時にCUL4-DDB1-ROC1によって, それぞれユビキチン化を受ける. また, ヒストンH4はBBAPによって, K91残基がモノユビキチン化を受けることが報告されている. しかし, これらのユビキチン化ヒストンへの結合因子やDNA損傷応答における役割などは明らかにされておらず, 今後の課題である.

3. DNA複製におけるヒストンH3のユビキチン化

DNA複製時に生じる片鎖のみがメチル化を受けたヘミメチル化DNAはDNAメチル化酵素1 (DNMT1) (第1部-1参照) によってフルメチル化へと変換される. ヘミメチル化DNAに特異的に結合するユビキチンリガーゼUHRF1/NP95はDNMT1のメチル化部位へのリクルートに必須の役割を果たしているが, その分子機構は不明であった.

最近, われわれは維持メチル化を試験管内で再現可能な無細胞系を用いて, UHRF1がDNA複製依存的にH3のK23をユビキチン化すること, DNMT1がユビキチン化H3に特異的に結合すること, またUHRF1のユビキチンリガーゼ活性がDNMT1のヘミメチル化部位への集積に必須であることを見出した. 以上の結果は, UHRF1はヒストンH3のユビキチン化を介してDNMT1をリクルートするという新たな分子機構の存在を強く示唆している[5]. 今後の研究により, その他のヒストン修飾とのクロストークの有無やその脱ユビキチン化酵素は何か, などの疑問を引き続き明らかにしていきたい.

参考文献

1) Jackson, S. P. & Durocher, D.: Mol. Cell, 49: 795-807, 2013
2) Mattiroli, F. et al.: Cell, 150: 1182-1195, 2012
3) Vissers, J. H. et al.: J. Cell Sci., 125: 3939-3948, 2012
4) Shiloh, Y. et al.: FEBS Lett., 585: 2795-2802, 2011
5) Nishiyama, A., et al.: Nature, 2013, in press

Keyword

1 ユビキチン化酵素

▶ E1：ユビキチン活性化酵素
▶ E2：ユビキチン結合酵素
▶ E3：ユビキチンリガーゼ

1）イントロダクション

　ユビキチンは76アミノ酸からなる小さなタンパク質である．タンパク質のユビキチン化は，ユビキチンタンパク質のC末端にあるG残基と標的タンパク質の側鎖におけるK残基の間をイソペプチド結合することによって起こる．ユビキチン化にはユビキチンが1つだけ結合するモノユビキチン化，および複数のユビキチンが結合したユビキチン鎖によるポリユビキチン化の二種類の様式がある．どちらの場合にも，E1による活性化，E2によるユビキチンの結合，そしてE3ユビキチンリガーゼが連続的に働くことによって行われる．
　また，ポリユビキチン鎖を形成する際には少なくともK11，K29，K48およびK63と4つのK残基を介して行われることがわかっている．ポリユビキチン化タンパク質がどのように制御されるかは，このユビキチン鎖の形成様式によって大きく異なる．例えば，K48を介したポリユビキチン化は26Sプロテアソームによるタンパク質分解を引き起こすのに対し，K63を介したユビキチン化はその他のタンパク質との結合を介して，さまざまな現象を制御するプラットホームとして機能する[1)2)]．

2）DNA損傷とユビキチン化

　ヒストンのユビキチン化は，DNA損傷応答においては，❶損傷応答タンパク質をリクルートするためのプラットホーム，❷クロマチン構造を緩めることにより損傷部位への修復タンパク質のアクセスを促進，❸損傷部位近傍における転写の抑制といった役割があると考えられている（図1）[3)]．ユビキチン化における基質特異性は主にE3によって規定されており，ヒストンH2Aにおいてはモノユビキチン化はRING1B/BMI-1複合体，ポリユビキチン化にはCUL4-DDB1-DDB2，RNF8，RNF168などがE3として働いている．一方，RAD6をE2として働くBRE1あるいはRNF20-RNF40複合体はH2BK120のモノユビキチン化を行うE3リガーゼである．その他にもH3のユビキチンリガーゼとしてUHRF1/NP95が，維持DNAメチル化時に重要な役割を果たしているのに加えて，CUL4-DDB1-ROC1複合体がヌクレオチド除去修復において，H4に対してはBBAPが

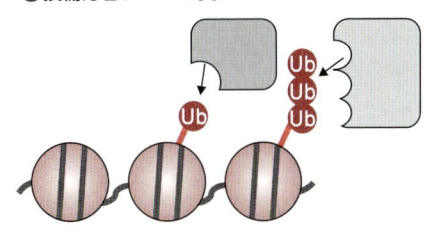

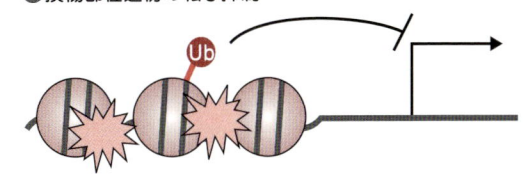

図1 DNA損傷応答におけるユビキチン化の役割

DNA損傷時にそれぞれユビキチンリガーゼとして機能する[4)]．

3）DNA複製とユビキチン化

　DNA複製におけるヒストンのユビキチン化の意義はいまだ明らかでない部分が多い．昨年，出芽酵母において，H2Bのモノユビキチン化が複製起点近傍にみられることが報告された[5)]．このユビキチン化はBRE1によって行われ，BRE1自身もユビキチン化H2B同様に複製部位に局在を示す．出芽酵母においてH2Bユビキチン化部位であるK123の変異体を解析すると，複製前複合体形成や，活性化は正常に起こる一方，複製フォークの進行および安定性が損なわれるとともに，新生鎖におけるヌクレオソーム形成が正常に起こらない．これは，損傷部位におけるH2Bユビキチン化同様にクロマチン構造の変換に伴うものであると考えられる．

参考文献

1) Komander, D. & Rape, M.：Annu. Rev. Biochem., 81：203-229, 2012
2) Braun, S. & Madhani, H. D.：EMBO Rep., 13：619-630, 2012
3) Bergink, S. & Jentsch, S.：Nature, 458：461-467, 2009
4) Du, H. N.：Curr. Protein Pept. Sci., 13：447-466, 2012
5) Trujillo, K. M. & Osley, M. A.：Mol. Cell, 48：734-746, 2012

Keyword

2 脱ユビキチン化酵素

▶英文表記：de-ubiquitinating enzyme
▶略称：DUB

1) イントロダクション

ヒストンにおけるその他の修飾と同様に，ユビキチン化は非常に動的かつ可逆的である．ユビキチン分子の除去は脱ユビキチン化酵素がユビキチンのG76におけるイソペプチド結合を切断することによって行われる．モノユビキチン化の場合は標的タンパク質とユビキチン鎖の間の結合，またポリユビキチン鎖のユビキチン分子間の切断はいずれもこれらの因子の働きによってなされる．真核細胞では約100種の脱ユビキチン化酵素が同定されており，システインプロテアーゼである①UCHs (ubiquitin carboxy-terminal hydrolases)，②USPs (ubiquitin specific proteases)，③MJDs (Machado-Joseph disease protein domain proteases)，④OTUs (the ovarian tumor proteases)，そして特徴的な⑤JAMN/MPN＋ドメインをもつZnメタロプロテアーゼの5つのサブグループにに分けることができる[1)2)]．

2) DNA損傷と脱ユビキチン化

近年，多くの脱ユビキチン化酵素がヒストンタンパク質を基質とすることが報告されている．ヒストンのユビキチン化がさまざまな生命現象にかかわるのと同様に，ヒストン脱ユビキチン化もまた多様な役割をもつが，DNA損傷時においては，❶プラットホームの解除による損傷修復後のシグナルの解消，または❷ユビキチン化ヒストンの蓄積を防ぐことにより過剰な損傷応答を抑制するのが主な機能と考えられている（図2）．

3) 脱ユビキチン化関連因子

これまでにヒストンH2Aを脱ユビキチン化する因子として，USP16，USP21，2A-DUB，BRCC36，USP3，USP22，PR-DUB（BAP1/ASX複合体），H2B脱ユビキチン化酵素としては，出芽酵母のUBP8（ヒトホモログはUSP22），UBP10に加えて，USP7が報告されている[3)]．USP7はGMP合成酵素（GMPS）と安定な複合体を形成し，これはUSP7のH2B脱ユビキチン化活性を大きく亢進することが知られている．またシロイヌナズナにおけるUBP26は酵母のUBP8，UBP10を相補する活性をもち，H2BK143の脱ユビキチン化を行う．残念ながら，H3およびH4に関しては特異的な脱ユビキチン化酵素は現時点では報告されておらず，今後の解析が待たれる．

❶DNA損傷応答タンパク質のプラットホーム解除によるシグナルの停止

❷過剰なユビキチン化の抑制

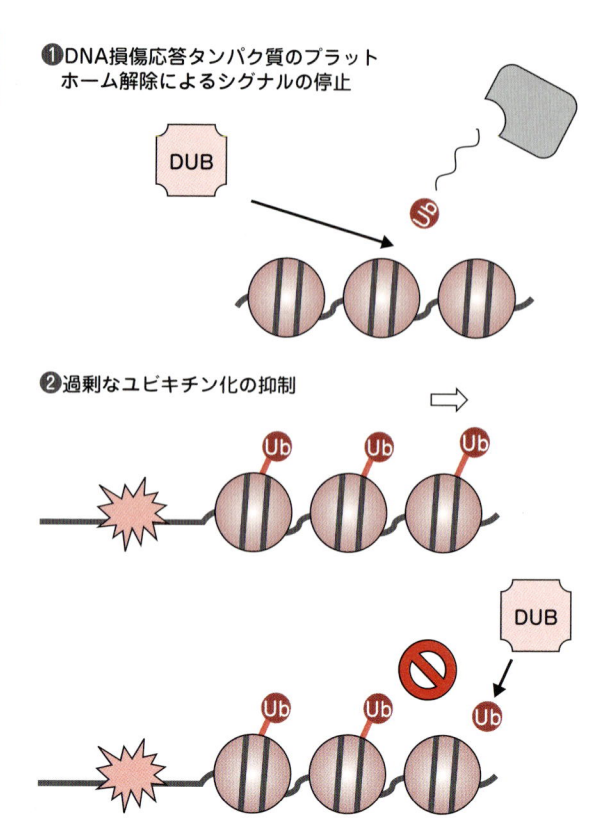

図2 DNA損傷応答における脱ユビキチン化の役割
DUB：脱ユビキチン化酵素

OTUsの1つであるOTUB1はRNF8/168経路によるH2AのK63結合型ポリユビキチン化を阻害する因子として同定されたが[4)]，その作用にプロテアーゼ活性を必要としなかったことから，H2Aを直接脱ユビキチン化することによるものではないと考えられた．その後の解析から，OTUB1はE2酵素であるUBC13と特異的に結合することにより，RNF8やRNF168がE3ユビキチンリガーゼとして働くことを阻害していることが明らかにされている．

参考文献

1) Amerik, A. Y. & Hochstrasser, M. : Biochim. Biophys. Acta, 1695 : 189-207, 2004
2) Reyes-Turcu, F. E. et al. : Annu. Rev. Biochem., 78 : 363-397, 2009
3) Du, H. N. : Curr. Protein Pept. Sci., 13 : 447-466, 2012
4) Nakada, S. et al. : Nature, 466 : 941-946, 2010

第1部 エピジェネティクスの分子機構

9 ncRNAの種類と機能
a variety of non-coding RNAs（ncRNAs）and their functions

佐藤 薫，塩見美喜子

Keyword ① miRNA ② piRNA ③ lncRNA

概論 ncRNAによるエピゲノム制御

1. ncRNAとは

ノンコーディングRNA（non-coding RNA：ncRNA）とは，タンパク質をコードするmRNA（メッセンジャーRNA）とは対照的に，タンパク質をコードしないRNAに対する総称である．近年行われた大規模なトランスクリプトーム解析（転写産物の網羅的解析）によって，タンパク質をコードしないゲノム領域（非コードDNA領域）でも，その大半が実は転写されており，さまざまなncRNAが産生されていることが明らかとなった[1)2)]．現在までに多種多様なncRNAが発見されており，その長さも20塩基ほどから数10キロ塩基のものまでさまざまである．

2. 短鎖ncRNA

20〜30塩基からなる機能的な低分子ncRNAを短鎖ncRNA（small non-coding RNA）と呼ぶ．1998年に，RNA干渉（RNA interference：RNAi）が発見されたのを契機に，RNAiに類似したしくみで働く内在性の短鎖ncRNAが相次いで発見された．この十数年で，これらの短鎖ncRNAが鍵となる遺伝子発現制御機構がさまざまな動植物で次々と明らかになり，このような機構は包括的に「RNAサイレンシング」と呼ばれる（イラストマップA）．RNAサイレンシングにみられる共通項としては，短鎖ncRNAがArgonaute（アルゴノート）と呼ばれるRNA結合タンパク質と結合し，作動RNP複合体（RNA induced silencing complex：RISC）を形成し，RISCを標的RNAへとガイドするための配列特異性決定因子として働くこと，があげられる[3)]．RNAサイレンシングで機能する短鎖ncRNAは，その産生経路の相違や相互作用するArgonauteの種類から，siRNA（small interfering RNA），miRNA（microRNA）（→Keyword ①），piRNA（PIWI-interacting RNA）（→Keyword ②）の3つに大きく分類される（イラストマップA）．

3. 短鎖ncRNAによるエピゲノム制御

Argonauteは，恒常的に発現するAGOサブファミリーと，生殖組織でのみ発現するPIWIサブファミリーとに大きく分類されており，siRNAやmiRNAはAGOへ，piRNAはPIWIへ選択的に取り込まれる．

1）AGOサブファミリーによる制御

分裂酵母では，siRNAを介した転写抑制機構RITS（RNA-induced transcriptional silencing）によって，セントロメアやテロメア，接合型ゲノム領域（mating-type region）のヘテロクロマチン化が起こる．RITSでは，Ago1-siRNAからなるRITS複合体が標的ゲノム領域へ転写抑制型ヒストン修飾H3K9me3（ヒストンH3の9番目のリジンのトリメチル化を誘導する[3)]．

2）PIWIサブファミリーによる制御

また，マウスやショウジョウバエにおいても，短鎖ncRNAを介した転写抑制が報告されている．動物の場合，短鎖ncRNAの多くは細胞質へ輸送された後のmRNAに作用することで分解や翻訳抑制を誘導する，つまり，転写後遺伝子サイレンシングによって標的遺伝子の発現抑制を行うが，piRNA-PIWI複合体のなかには，

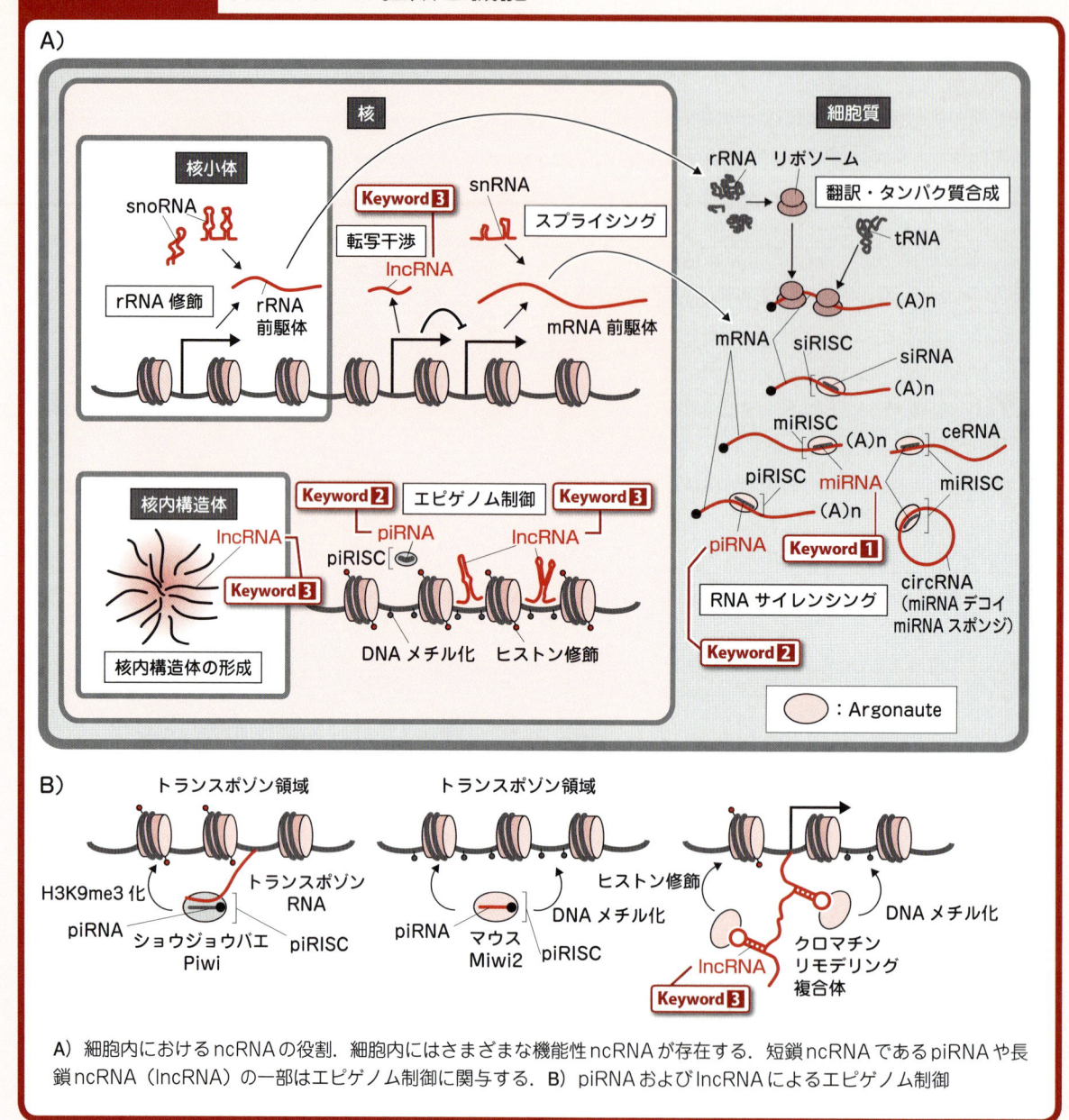

イラストマップ　ncRNAの種類と機能

A) 細胞内におけるncRNAの役割．細胞内にはさまざまな機能性ncRNAが存在する．短鎖ncRNAであるpiRNAや長鎖ncRNA（lncRNA）の一部はエピゲノム制御に関与する．**B)** piRNAおよびlncRNAによるエピゲノム制御

核内において，ゲノムDNAのメチル化や転写抑制型ヒストン修飾を誘導することで標的遺伝子の転写自体を制御する，つまり，転写型遺伝子サイレンシングを行うものもある．

マウスの発生初期の雄性生殖細胞では，トランスポゾンなどの転移因子を含むゲノム部位などにDNAメチル化が生じ，発現抑制が起こる．この時期に産生されるマウスPIWIの1つMiwi2は，核内において，転移因子の発現制御領域へDNAメチル化を誘導し，転写を抑制する（**イラストマップB**）[3]．また，ショウジョウバエの精巣や卵巣においても，核内に局在するPIWIの1つPiwiでは，転移因子の発現制御領域に転写抑制型ヒストン修飾H3K9me3を誘導し，転写を抑制する（**イラストマップB**）[3]．これら核内PIWIによる転写型遺伝子サイレンシングの分子機構については，今後の解析が待たれる．

4. 長鎖ncRNA

これまで発見されてきたncRNAの多くは、20塩基から100～200塩基程度であるが、最近の大規模な転写産物の解析により、数百塩基長以上からなる**長鎖ncRNA**（long non-coding RNA：lncRNA）（→Keyword③）も多数存在することが明らかとなった（イラストマップA）[1,2]。これらの多くは複数のエキソンから構成され、5′末端にはキャップ構造、3′末端にはpoly（A）鎖をもち、mRNAと同じような遺伝子構造を備えていることから、mRNA型ncRNAとも呼ばれる。

lncRNAには、エピゲノム制御や核内構造体の形成、短鎖ncRNAであるmiRNAを競合的に阻害する囮（miRNAデコイ/miRNAスポンジ）として機能するものなどが知られている。

5. 長鎖ncRNAによるエピゲノム制御

lncRNAのなかには、poly（A）鎖付加などのmRNAと同じ修飾を受けるにもかかわらず、核外輸送されずに核内に留まるものが多数存在し、それらのいくつかはDNAメチル基転移酵素（第1部-1参照）やクロマチンリモデリング複合体（第1部-10参照）と相互作用することでエピゲノム制御を行う（イラストマップB）。

1）XistによるX染色体不活性化

そのようなlncRNAとして、X染色体の不活性化に関与するXist（X-inactive specific transcript）があげられる（第2部-1参照）。哺乳類のX染色体は雄（1本）と雌（2本）で異なるが、雌の体細胞では、発生初期にどちらか1本がランダムに不活性化され、その後の細胞分裂を経ても不活性状態が維持されることで、雄と同レベルの遺伝子発現量が保たれる。X染色体の不活性化は、X染色体上のX染色体不活性化センター（X inactivation center：XIC）と呼ばれるゲノム領域から産生されるXistと、その相補（アンチセンス）鎖として転写されるTsixの2つのlncRNAが関与する[4]。X染色体の不活性化過程で、XistはまずXIC領域に蓄積し、その後XIC領域から他の部分に広がり、最終的に不活性化X染色体の全体を覆ってしまう。Xistは、転写抑制型ヒストン修飾H3K27me3を誘導するポリコームグループ複合体と相互作用し、X染色体全体のエピゲノム状態を変化させる。また、不活性化されないX染色体では、TsixがDNAメチル基転移酵素DNMT3aをXistの発現制御領域へ誘導し、DNAメチル化を生じさせることで、Xistの転写を抑制する。

2）HOTAIRによるHOXD遺伝子群の制御

エピゲノム制御に関与するlncRNAの多くは、自身のゲノム領域にシスに作用するが、自身とは別のゲノム領域へトランスに作用するlncRNAも報告されている。HOTAIRは、ヒトのHOXC遺伝子座から産生される2.1 kbのlncRNAであり、近傍のHOXD遺伝子群の発現抑制に関与する[5]。HOTAIRは、ポリコームグループ複合体と相互作用することでHOXDクラスターへ転写抑制型ヒストン修飾H3K27me3を誘導し、同時に、ヒストンH3K4脱メチル化酵素を含むCoRESTタンパク質複合体とも相互作用することで転写活性型ヒストン修飾H3K4me3を抑制する。

3）HOXAクラスターによる転写活性化の制御

lncRNAの多くは、転写抑制型ヒストン修飾に関与するクロマチンリモデリングタンパク質複合体と相互作用するが、転写活性型ヒストン修飾を誘導するものも報告されている。ヒト骨髄細胞において、HOXAクラスターから産生される3つのlncRNA、HOTTIP、Mistral、HOTAIRM1はHOXAクラスター内の遺伝子発現を促進する。HOTTIPはHOXAクラスターの5′末端、MistralはHOXA6とHOXA7の間、HOTAIRM1はHOXAクラスターの3′末端で産生され、特にHOTTIPとMistralは、ヒストンH3K4メチル基転移酵素MLL1タンパク質複合体と相互作用し、HOXAクラスター内に転写活性型ヒストン修飾H3K4me3を誘導する[5]。

参考文献

1) Carninci, P. et al.：Science, 309：1559-1563, 2005
2) ENCODE Project Consortium：Nature, 447：799-816, 2007
3) Meister, G.：Nat. Rev. Genet., 14：447-459, 2013
4) Lee, J. T. & Bartolomei, M. S.：Cell, 152：1308-1323, 2013
5) Sabin, L. R. et al.：Mol. Cell, 49：783-794, 2013

参考図書

◆『The role of non-coding RNAs in biology』（Lindsay, M. A. & Griffiths-Jones, S. ed.）：Essays Biochem., 54, 2013

Keyword

1 miRNA

▶和文表記：マイクロRNA
▶別表記：microRNA

マイクロRNA（microRNA：miRNA）は，さまざまな組織において発現する短鎖ncRNAの1つであり，細胞増殖・細胞死・細胞運命の決定などの多くの生命プロセスを制御する[1)2)]．

1）発現と切断

miRNAは，個々のmiRNAに対応する前駆体ユニットがmiRNA遺伝子として特定のゲノム領域にコードされている（図1）[1)2)]．miRNA遺伝子からは，ステムループ構造を複数もつ数百から数千塩基ほどのプライマリーmiRNA（primary miRNA：pri-miRNA）として，主に

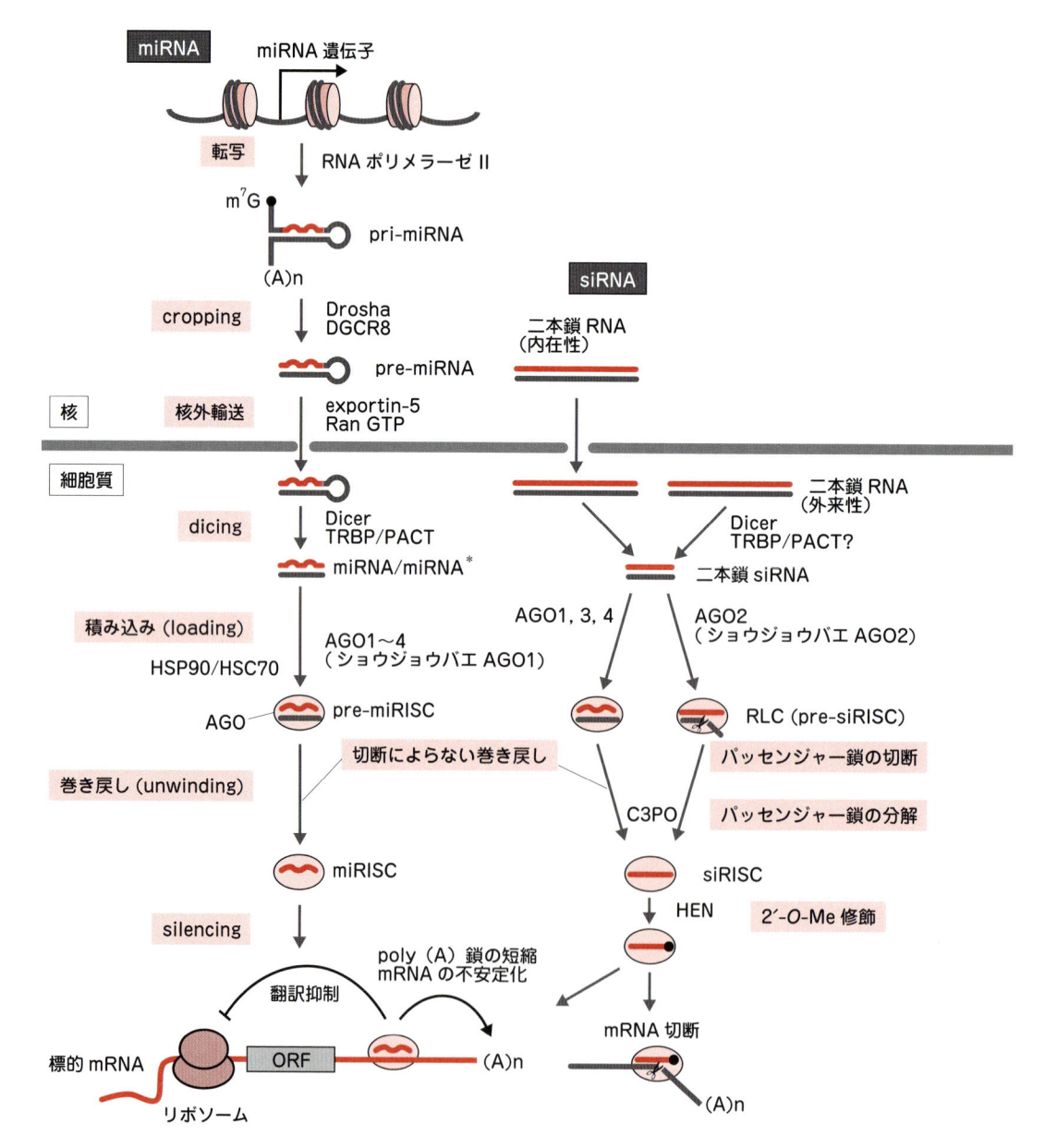

図1　miRNAとsiRNAの生合成機構

miRNAとsiRNAはよく似た経路で産生される．ヒトと異なり，ショウジョウバエではmiRNAはAGO1へ，siRNAはAGO2へ振り分けられる．なお，図中の因子は基本的にはヒトのものを紹介した

RNAポリメラーゼⅡによって転写される．pri-miRNAは，核内でDroshaとその補助因子（ヒトではDGCR8，ショウジョウバエではPasha）からなるマイクロプロセッサー（microprocessor）タンパク質複合体によって切断（cropping）され，ヘアピン構造をもつ60〜70塩基ほどの前駆体miRNA（miRNA precursor：pre-miRNA）となる．pre-miRNAは，exportin-5とRan GTPによって核から細胞質へ輸送され，Dicer（ショウジョウバエではDicer-1）によって21〜22塩基のmiRNA/miRNA*（マイクロRNA/マイクロRNAスター）（二本鎖短鎖ncRNA）となる（dicing）．このpre-miRNAの切断過程は，ヒトではTRBPによって，ショウジョウバエではLoqs-PBによって促進される．

2）AGOへの積み込みと一本鎖化

その後，miRNA/miRNA*は，二本鎖siRNAと同じように，AGOサブファミリータンパク質へ積み込まれる（loading）．これらの二本鎖短鎖ncRNAはAGOの構造に対して大きすぎるため，HSP90/Hsc70によるシャペロンマシナリーがATPを消費してAGOの構造変化を誘導することでAGOへの積み込みが行われる．AGOへ積み込まれた二本鎖のうち，片方のみが最終的にAGOに保持される（一本鎖化）．二本鎖ではAGOに保持される側のRNA鎖をガイド鎖，取り除かれる側のRNA鎖をパッセンジャー鎖と呼ぶ．この一本鎖化の過程を巻き戻しとよび，AGOによって異なる巻き戻し経路を経る．二本鎖siRNAを主に取り込むAGO2は強い切断活性をもち，パッセンジャー鎖をまるで標的RNAのように切断し，切断されたパッセンジャー鎖はエンドヌクレアーゼ活性をもつC3POによって分解されることで巻き戻しが完遂される．一方，他のAGOでは切断を介さない受動的な巻き戻しを行う．また，いずれの巻き戻しの過程にもATPやシャペロンマシナリーは必要ない．一般的に，両方の末端のうち5'末端が熱力学的に不安定なほうのRNA鎖がガイド鎖として選ばれる．

3）AGOを介したsilencing

ヒトはAGOを4種類（Ago1〜Ago4），ショウジョウバエは2種類（Ago1とAgo2）もっている[1]．ショウジョウバエの場合，miRNA/miRNA*はAgo1に取り込まれ，二本鎖siRNAはAgo2へ取り込まれる．ヒトの場合は，4種類いずれのAGOにもmiRNA/miRNA*が取り込まれるが，二本鎖siRNAも同様に取り込まれるため，実験でRNAiを効かせるために二本鎖siRNAを外部から加えた場合，生体内におけるmiRNA/miRNA*の取り込みと競合してしまい，結果として，miRNAの機能を阻害してしまうことがある．ヒトAgo2やショウジョウバエAgo1，Ago2はRNaseHに似たRNA切断活性（スライサー活性）をもっており，相補性の高い標的RNAを切断する（silencing）[2]．スライサー活性をもたないヒトAgo2以外のAGOや，ガイド鎖と相補性の低いRNAを標的とする場合は，AGOは標的mRNAの翻訳抑制やポリA鎖短縮を誘導する因子をリクルートすることにより，標的遺伝子の発現を抑制する[2]．

参考文献

1) Kim, V. N. et al.：Nat. Rev. Mol. Cell Biol., 10：126-139, 2009
2) Czech, B. & Hannon, G. J.：Nat. Rev. Genet., 12：19-31, 2011

Keyword

2 piRNA

▶ フルスペル：Piwi-interacting RNA
▶ 古い表記：repeat associated small interfering RNA：rasiRNA

生殖組織特異的に産生されるpiRNAの多くは転移因子に由来する[1]．piRNAは，PIWIとpiRNA-PIWI複合体（piRISC）を形成し，主に，転移因子の転写産物を切断することで，転移を抑制する．そして転移因子による生殖系の損傷を阻止し，正常なゲノム情報が次世代に受け継がれるよう管理している．

1）piRNAの2つの生合成経路

piRNAは，siRNAやmiRNAより長く（23〜30塩基長），転移因子のmRNAやその残骸が集積したゲノム領域であるpiRNAクラスターから転写された一本鎖のlncRNA（piRNA前駆体）を前駆体とし，Dicer非依存的に生成される[2]．これをプライマリー経路という（図2）．その後，ピンポン経路とよばれる機構によって増幅される．プライマリー経路は自然免疫，ピンポン経路は獲得免疫に似ていることから，piRNA生合成経路は，しばしば免疫に例えられる[1]．

プライマリー経路によって産生されるpiRNAが標的とする有害な転移因子は，すでにpiRNAクラスターとしてゲノム上に刻まれている．ピンポン経路は，piRISCが転移因子のmRNAを切断した後，その切断された

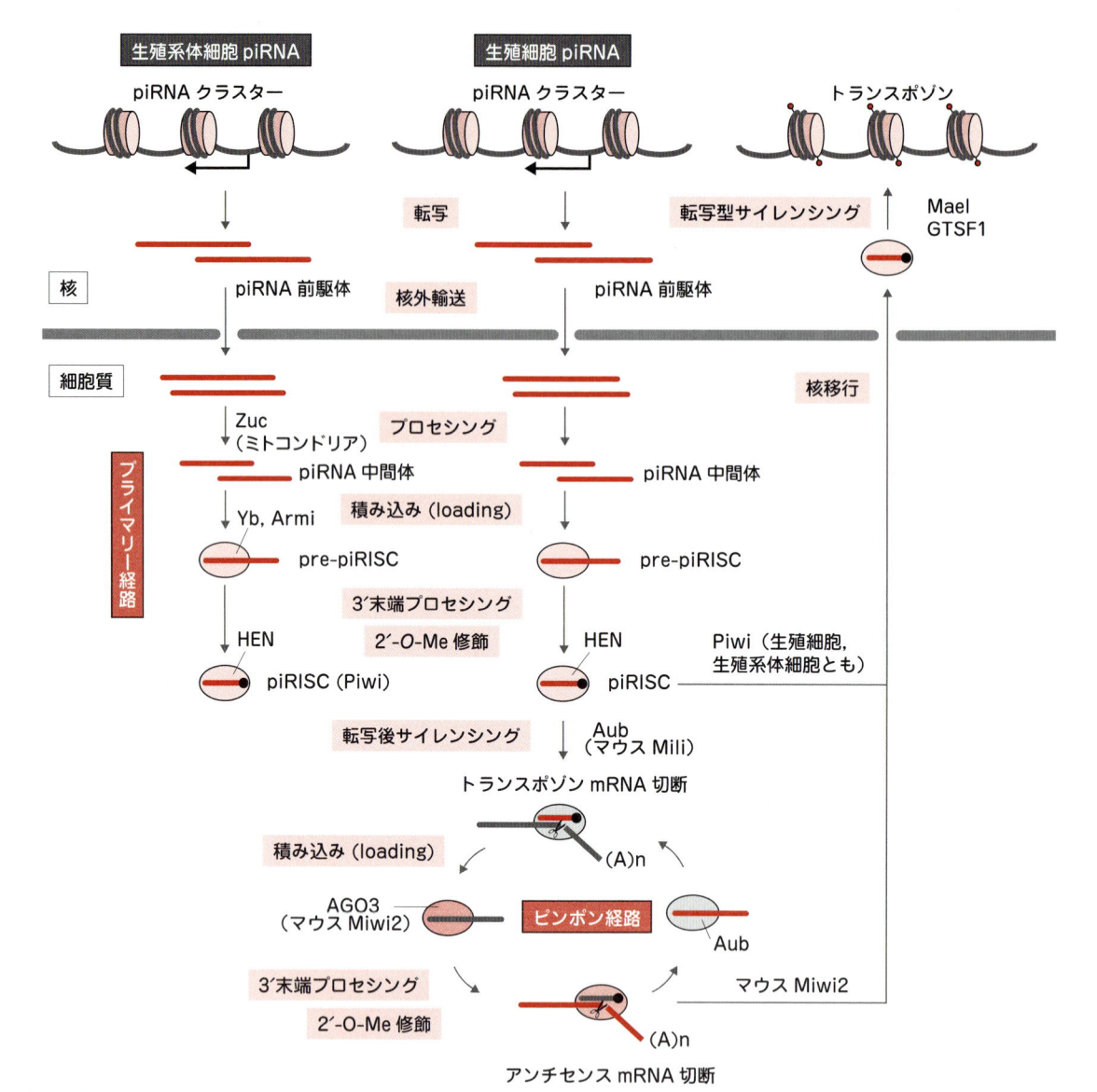

図2 ショウジョウバエpiRNAの生合成機構
生殖系体細胞ではプライマリー経路，生殖細胞ではプライマリー経路とピンポン経路によってpiRNAが産生される．ショウジョウバエPiwiやマウスMiwi2などのPIWIは転写型サイレンシングを行う．なお，図中の因子は基本的にはショウジョウバエのものを紹介した

RNAから新たなpiRNAを作り出す機構で，ここで作られた新規piRNAは別のPIWIへ取り込まれる．このpiRNAは，転移因子mRNAを由来とする，つまり転移因子mRNAと同じ向きであるため，相補的な配列をもつ転移因子のアンチセンス転写産物の切断を導く．この反応によってプライマリーpiRNAと同じ方向のpiRNAが新たに産生される[2]．つまり，ピンポン経路は，転移因子の転写産物の分解とpiRNA産生とを共役させたものであるが，これによってpiRNAが大量に増幅されるため，害となりうる転移因子の発現を効率よく抑制でき

ると考えられる．

2）生物種間で保存されているPIWI

ショウジョウバエはPiwi, Aub (Aubergine), AGO3の3つのPIWIを，マウスも同じく3つ (Miwi, Miwi2, Mili)，霊長類は4つ (Piwil1〜Piwil4) のPIWIをもっている[1]．ショウジョウバエの場合，AubとAGO3は生殖細胞でのみ発現し細胞質に局在するのに対し，Piwiは生殖細胞と生殖系体細胞の両方で発現し核内に局在する．プライマリー経路によって産生されたpiRNAはPiwiとAubへ取り込まれ，ピンポン経路によるpiRNAの増

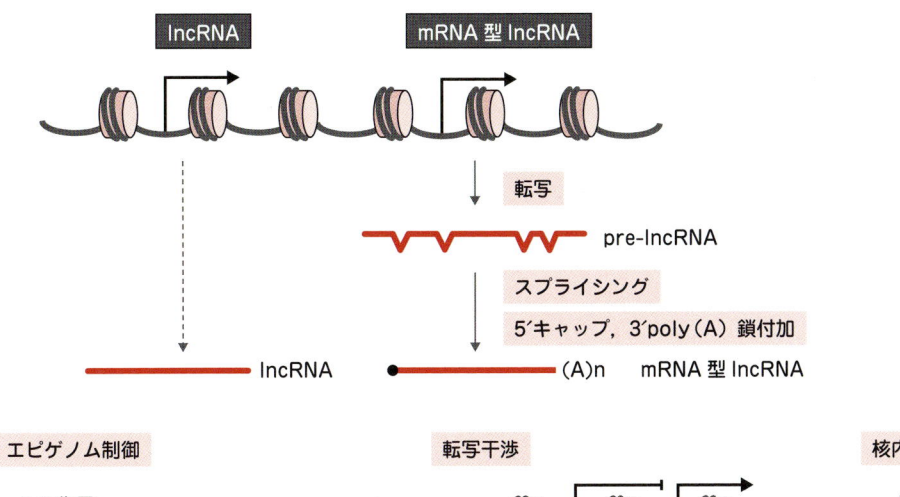

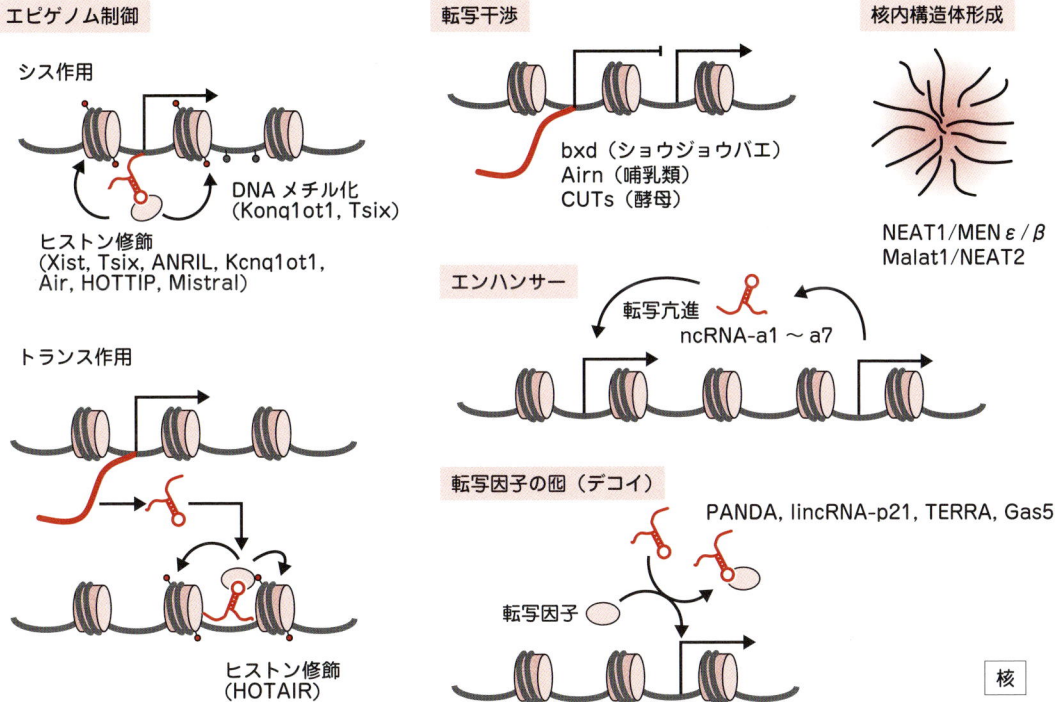

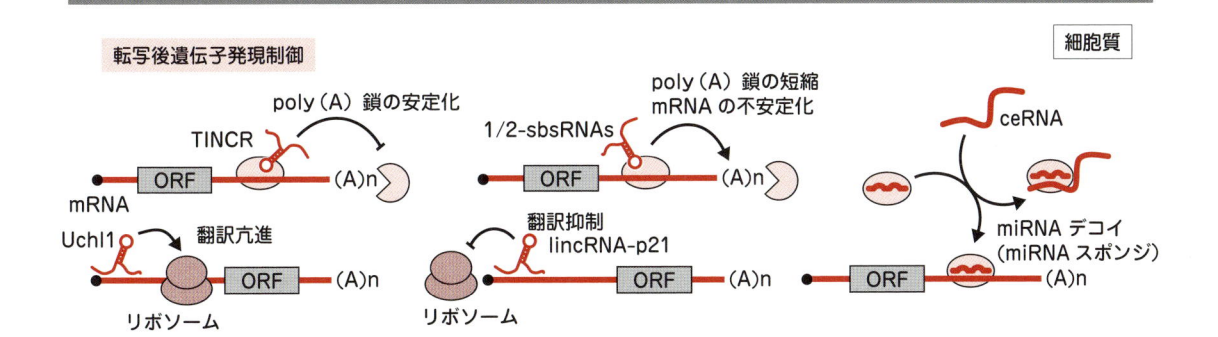

図3 長鎖ノンコーディングRNAの種類と機能的分類
エピゲノム制御に関与するlncRNAには自身が転写されたゲノム部位へ作用するもの（シス作用）と別の部位へ作用する（トランス作用）ものがある．また，lncRNAは核内外で機能する

幅はAubとAGO3間で起こる．また，piRNA因子と呼ばれる多数の因子がそれぞれの経路もしくは両方で機能し，その多くは生物種間でよく保存されている[2)3)]．

3) piRNA因子の局在

piRNA因子の多くは，ショウジョウバエ生殖細胞内ではNuage（ヌアージュ），生殖系体細胞内ではYb顆粒（Yb body）と呼ばれる細胞質顆粒体に局在しており，これらの顆粒体がそれぞれのpiRNA生合成の場であると考えられている[2)3)]．また，これらの顆粒体はミトコンドリアと隣接していることが多く，ミトコンドリア外膜上に局在するタンパク質のなかにもpiRNA生合成に関与するものがある[3)]．

参考文献

1) Siomi, M. C. et al.：Nat. Rev. Mol. Cell Biol., 12：246-258, 2011
2) Ishizu, H. et al.：Genes Dev., 26：2361-2373, 2012
3) Luteijn, M. J. & Ketting, R. F.：Nat. Rev. Genet., 14：523-534, 2013

Keyword

3 lncRNA

▶ 和文表記：長鎖ノンコーディングRNA，長鎖非コードRNA
▶ フルスペル：long non-coding RNA

1) イントロダクション

lncRNAは，siRNA，miRNA，piRNAなどの短鎖ncRNAに対し，200塩基以上のncRNAのことをいう．lncRNAの多くはRNAポリメラーゼIIによって転写され，遺伝子間領域をはじめ，プロモーター領域，イントロン領域などのさまざまなゲノム領域のセンス鎖，アンチセンス鎖から産生される[1)2)]．lncRNAのなかには，Xistのように種間でよく保存されているものもあるが，そのような保存性の高いものは少なく，種特有のものが多い．

上記のように，lncRNAの多くはmRNAと同じような構造を備えているが，タンパク質をコードしておらず，よって塩基置換やフレームシフト変異を許容できるため，lncRNA全体として保存性が低いと考えられる．しかし，lncRNAの多くは二次構造や特定の塩基配列を介してさまざまなタンパク質と相互作用するため，局所的にみると保存性が高い部位もある．現在までに，およそ200種のlncRNAが機能性lncRNAとしてデータベースに登録されている[2)]．

2) lncRNAの機能カテゴリー

lncRNAの機能カテゴリーとしては，これまで述べたXistなどのように，DNAのメチル化やヒストン修飾にかかわるlncRNAが多数みつかっていることからも，「エピゲノム制御」が確立しつつある（図3）[2)]．また，lncRNAの機能カテゴリーの1つとして「細胞内の非膜状構造体の形成」もあげられる[2)]．

MEN εやMEN βと呼ばれるlncRNAは，哺乳類細胞の核内に局在し，核内構造体（第1部-11参照）であるパラスペックルを構成するさまざまなタンパク質複合体を集約し，パラスペックル形成の足場となる．真核細胞の核内には，パラスペックルのような非膜状の核内構造体が数多く存在し，リボソームやスプライソソームなどの遺伝子発現制御にかかわる分子装置の生合成の場，あるいは特定の遺伝子発現制御の場として機能すると考えられている．このような非膜状核内構造体はタンパク質と核酸の集合体であり，それらの多くにlncRNAの局在が観察されている．

さらに，lncRNAの機能カテゴリーの1つに「転写干渉」がある[3)4)]．転写干渉とは，ある遺伝子の上流プロモーターからlncRNAが転写されることで，RNAポリメラーゼIIが下流遺伝子のプロモーターを素通りしてしまい，転写因子の結合が阻害される機構として知られており，これまでに，ヒトやマウス，ショウジョウバエ，酵母など多数の真核生物でみつかっている[4)]．転写干渉におけるlncRNAは，転写されることが重要で，転写されたlncRNA自体に機能的な重要性はないとされる．

この他にも，まだ報告例は少ないが，エンハンサーや転写因子の囮（デコイ）として機能する核内lncRNAが報告されている．また，細胞質で機能するlncRNAも報告されており，転写後遺伝子の発現制御として翻訳やmRNAの安定性を制御するもの，miRNAのデコイとして作用するものがある（miRNAスポンジ）．

参考文献

1) Wang, K. C. & Chang, H. Y.：Mol. Cell, 43：904-914, 2011
2) lncrna db（http://www.lncrnadb.org/Default.aspx）
3) Batista, P. J. & Chang, H. Y.：Cell, 152：1298-1307, 2013
4) Kornienko, A. E. et al.：BMC Biol., 11：59, 2013

第1部 エピジェネティクスの分子機構

10 ヌクレオソーム
nucleosome

有村泰宏，越阪部晃永，胡桃坂仁志

Keyword ❶ヒストンバリアント ❷ヒストンシャペロン ❸クロマチンリモデリング因子

概論 ヌクレオソームの多様性とDNA機能制御

1. はじめに

1) ヒストン

真核生物において，遺伝情報の担体であるDNAは，ヒストンタンパク質やその他のさまざまな核内タンパク質と結合することで，高次に折り畳まれたクロマチンとよばれる構造を形成している．クロマチンの最小構造単位はヌクレオソームである．ヒストンはヌクレオソームのタンパク質成分であり，4種類のヒストンH2A, H2B, H3, H4が各2分子会合したヒストン八量体に，DNAが約1.6回転左巻きに巻き付くことでヌクレオソームが形成される（イラストマップA）[1]．H4を除く各ヒストンには，主要型のヒストンとアミノ酸配列が数%から50%程度まで異なる**ヒストンバリアント**（→Keyword❶）が存在している．

2) ヌクレオソーム

ヒストンバリアントは主要型のヒストンと置き換わってヌクレオソームに取り込まれ，核内ではヒストンバリアントの組合わせによって，多種多様なヌクレオソームが形成されていると考えられる．さらにコアヒストンはアセチル化やメチル化をはじめとした多彩な翻訳後修飾を受けることが報告されており，これらのヒストンバリアントやヒストン修飾，さらにはDNAのメチル化やDNA塩基配列の違いなどによって，ヌクレオソームは驚くほどの多様性を獲得している．これらのヌクレオソームが数珠状に連なり，さらにリンカーヒストンH1や，さまざまな非ヒストンタンパク質が結合することで，クロマチンが形成されている．また，ヒストンバリアントやヒストン修飾（第1部-4〜8参照），DNAのメチル化（第1部-1〜3参照）によって特殊化されたヌクレオソームが特定のクロマチン領域に形成されることで，エピジェネティックな情報がゲノムに付加されると考えられている（イラストマップB）．

3) クロマチン

これらの特殊化されたヌクレオソームのうち数種は，*in vitro*および*in vivo*でクロマチンの高次構造を変化させることが報告されており，クロマチン高次構造の変換がエピジェネティクスの根幹にあるという考えが広く受け入れられている．しかし，クロマチンの高次構造の実体についてはいまだ明らかにはされていない．

これまでクロマチンの高次構造として，30 nmの太さの線維（30 nm線維）が考えられ，その折りたたみ方について議論がなされてきた．しかし，近年，X線小角散乱などを用いた解析により，一部の細胞を除いて，30 nmに周期的に折りたたまれたクロマチン構造は核内に存在しないという報告もなされており[2]，クロマチン構造変換とエピジェネティクスの作用機構を直接結びつけて理解するためには，クロマチン高次構造についてのさらなる解析が必要不可欠である．

2. ヒストンとエピジェネティクス

1) ヒストンバリアントによるエピジェネティックな制御

ヒストンバリアントによってエピジェネティックに情報が伝播される顕著な例として，H3バリアントであるCENP-A（第2部-3参照）によるセントロメア形成が

イラストマップ ヒストンバリアントとDNAの機能発現制御

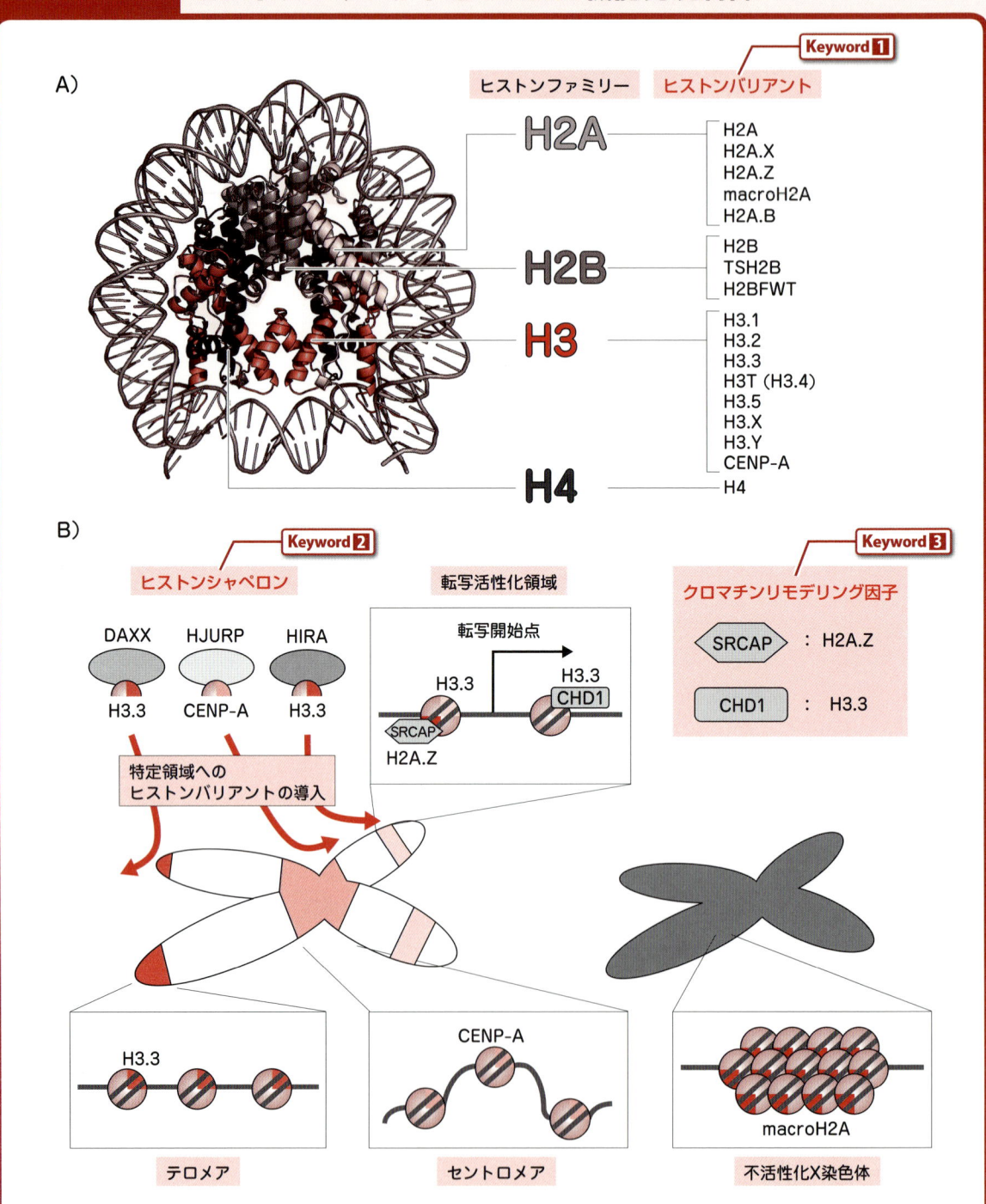

A)

Keyword 1: ヒストンバリアント

ヒストンファミリー

- H2A — H2A, H2A.X, H2A.Z, macroH2A, H2A.B
- H2B — H2B, TSH2B, H2BFWT
- H3 — H3.1, H3.2, H3.3, H3T (H3.4), H3.5, H3.X, H3.Y, CENP-A
- H4 — H4

B)

Keyword 2: ヒストンシャペロン

- DAXX — H3.3
- HJURP — CENP-A
- HIRA — H3.3

特定領域への ヒストンバリアントの導入

転写活性化領域

転写開始点

H3.3 — SRCAP — H2A.Z — H3.3 — CHD1

Keyword 3: クロマチンリモデリング因子

- SRCAP : H2A.Z
- CHD1 : H3.3

テロメア: H3.3
セントロメア: CENP-A
不活性化X染色体: macroH2A

A) ヌクレオソームの立体構造とヒストンバリアント〔立体構造はRCSB PROTEIN DATA BANK (http://www.rcsb.org/pdb/explore.do?structureId=3AFA) (PDB ID：3AFA) より転載〕. ヌクレオソームは145〜147塩基対のDNAがH2A, H2B, H3, H4の各2分子から形成されるヒストン八量体の周りに巻き付いた構造体である. H4以外のヒストンにはヒストンバリアントが存在する. 巻頭のカラーグラフィクス図1参照. B) ヒストンバリアントの使い分けによる多様なクロマチン領域形成. 特定のゲノム領域にヒストンバリアントが集積することで多様なクロマチン領域が形成される (**1**の表1を参照). 特定の領域におけるヒストンバリアントの取り込みは, それぞれのヒストンバリアントに対応するヒストンシャペロンおよび, クロマチンリモデリング因子によって制御されている (**2**の表2, **3**の表3を参照)

詳細に研究されている．セントロメアは，細胞分裂の際に動原体タンパク質が集積するための基盤となるクロマチン領域であり，ヒトでは，分裂期染色体中央部のくびれた領域に位置している．出芽酵母においては，セントロメアに存在する特異的なDNA配列がセントロメア形成を決定するが，その他の生物ではDNA配列に依存しないエピジェネティックなマークによって，セントロメア形成がなされている．

このことは，ネオセントロメアとよばれる，本来のセントロメア形成位置とは異なる染色体領域に異所的に形成されるセントロメアの存在によって示された．ネオセントロメアのDNA配列はセントロメアDNAとは異なり，ネオセントロメアを獲得した染色体は細胞分裂を経ても同じ領域にネオセントロメアを維持する．このようにセントロメア形成をエピジェネティックに決定しているマークとして，CENP-Aが有力視されている．CENP-Aを含むヌクレオソームは，動原体構成タンパク質集合の目印として働くほか，新規に合成されたCENP-Aのクロマチンへの取り込み位置を決定する目印としても働く．

この他のヒストンバリアントについても，ゲノム上で特徴的な分布を示すものが発見されており，これらもCENP-Aと同様に，エピジェネティックマークとして染色体機能ドメインの形成に重要な機能をもつと考えられる．

2）ヒストンを介した機能的クロマチンの形成

近年，ヒストン翻訳後修飾やヒストンバリアントのゲノム全体における局在位置のマッピングが，クロマチン免疫沈降法（第4部-4参照）と次世代シークエンサー（第4部-7参照）との併用によるChIP-seq解析などによって可能になった．これらの手法を用いた解析結果によって，多くの遺伝子のプロモーターやエンハンサーなどの制御領域付近では，ヌクレオソーム形成位置や，ヒストン修飾およびヒストンバリアントの種類が規定されていることがわかってきた[3]．

ヒストン修飾については，アセチル化が全般的に転写の活性化に働くことや，H3K9（ヒストンH3の9番目のリジン）やH3K27（ヒストンH3の27番目のリジン）のトリメチル化が転写不活性なヘテロクロマチンに局在していることなどが解明されている．ヒストンバリアントについては，プロモーターやエンハンサー付近にはH2A.Zを含むヌクレオソームが局在しており，転写が頻繁に行われる遺伝子上にはH3.3を含むヌクレオソームが局在していることなどが示された．高等真核生物において

H2A.Zをノックアウトすると致死となり，マウスにおいてH3.3をノックアウトすると細胞分裂の遅滞と染色体分配異常を伴う異常を呈する．これらの事実から，ヒストンバリアントによる機能的クロマチンの形成が，生命活動を担う転写制御などに必要不可欠な機能をもつことが指摘されている．

3. ヒストンシャペロンを介した多様なクロマチンの形成

特定のクロマチン領域へのヒストンバリアントの取り込みには，ヒストン結合タンパク質である**ヒストンシャペロン**（→Keyword **2**）が働くことが示されている[4]．ヒストンシャペロンとは，ヒストンと結合し，ATPなどのエネルギーを消費せずに細胞質からDNA上にヒストンを運び，ヌクレオソームの形成を促進する活性をもつ一群のタンパク質である．ヒストンシャペロンのなかには特異的なヒストンバリアントを認識するものがある．

例えば，ヒストンシャペロンCAF-1（chromatin assembly factor 1）はDNA複製に伴ってH3.1-H4を娘DNA鎖に導入する．一方で，HIRA（histone regulatory homolog A）はDNA複製に依存せず，転写や修復に伴うヌクレオソームの再形成の際にH3.3-H4をクロマチンに取り込ませる．さらに，ヒストンシャペロンHJURP（holliday junction recognition protein）は，CENP-A-H4をセントロメア領域まで運び，セントロメア特異的なクロマチンを形成する．このように，各ヒストンシャペロンが，特異的なヒストンバリアントを特定のクロマチンへ取り込ませることで，クロマチンの構造多様性を生み出していると考えられている．

4. クロマチンリモデリング因子によるDNAの機能発現制御

クロマチンでは，DNAがヌクレオソームによってヒストンに巻き付けられているため，転写，複製，修復，組換えなどのDNA機能発現が阻害されている．**クロマチンリモデリング因子**（→Keyword **3**）は，ATP依存的にDNA上のヌクレオソームの形成位置（ポジショニング）を変換する機能をもち，それによってクロマチン構造中でのDNAの機能発現を助ける．ヌクレオソームが，転写因子などのDNA結合タンパク質の結合配列DNA上に形成されると，多くの場合，DNA結合タンパク質のDNAへの結合は阻害される．クロマチンリモデリング

因子は，自身の有するATP加水分解活性を利用してDNAをヌクレオソームから露出させ，転写因子などのDNA結合を活性化する．

同様なメカニズムは，複製，修復，組換え，といった核内で行われるすべてのDNA代謝においても行われていると考えられる[5]．クロマチンリモデリング因子のクロマチン領域の局在は，ヒストン修飾などのエピジェネティック情報によって調節されていることが明らかになってきた．このようにクロマチンリモデリング因子は，エピジェネティックな局在調節によって，特定のクロマチン上でのDNA機能発現を制御している．

5. おわりに

以上のように，ヒストンバリアントなどの使い分けによって形成される多様性に富んだヌクレオソームが，それぞれ特定のクロマチン領域に取り込まれることで，さまざまなクロマチンドメインの機能をエピジェネティックに制御している．特定のクロマチン領域へのヒストンバリアントの局在は，ヒストンバリアント特異的なヒストンシャペロンを介して行われる．さらにクロマチンリモデリング因子によって，各クロマチン領域におけるヌクレオソーム形成位置が整備され，染色体機能発現制御に適したクロマチン状態が形成される．そしてヒストンバリアントや修飾の局在は，DNA複製後の娘染色体にも継承される．

参考文献

1) Luger, K. et al.：Nature, 389：251-260, 1997
2) Nishino, Y. et al.：EMBO J., 31：1644-1653, 2012
3) Barski, A. et al.：Cell, 129：823-837, 2007
4) Park, Y. J. & Luger, K.：Curr. Opin. Struct. Biol., 18：282-289, 2008
5) Clapier, C. R. & Cairns, B. R.：Annu. Rev. Biochem., 78：273-304, 2009

参考図書

◆『エピジェネティクス』（アリス, C. D. 他／編, 堀越正美／監訳），培風館，2010

Keyword

1 ヒストンバリアント

▶英文表記：histone variant

1）イントロダクション

　概論で述べたように，コアヒストンには，ノンアレリックなヒストンバリアントが存在する．興味あることに，これまでにH4のバリアントはみつかっていない．哺乳類では，H2Aバリアント，H2Bバリアント，H3バリアントが多数報告されているが，いまだ未同定のヒストンバリアントがさらに存在することが指摘されている（**表1**）[1]．

　ヒストンバリアントの種類は生物種間で大きく異なるが，H2A.ZとCENP-A（出芽酵母ではHtz1およびCse4とよばれる）は酵母からヒトまで保存されており，Cse4がヒトのCENP-Aと機能的に交換可能であること，H2A.Zのプロモーターへの局在が酵母からヒトまで保存されていることなどから，これらのヒストンバリアントの機能は進化上保存されていると考えられる．**概論**で述べたように，CENP-Aはセントロメア形成の根幹としての重要な機能をもつため，すべての真核生物で高度に保存されているのだろう．CENP-Aヌクレオソームでは，両端のDNAがほどけた特殊な構造を形成していることが示されている[2]．

　一方で，哺乳類や脊椎動物に特異的なヒストンバリアントはもとより，霊長類やヒト科に特異的なヒストンバリアントも報告されており，生物種の進化におけるヒストンバリアントの重要性は興味深い．これらのヒストンバリアントについても特異的な組織における発現や特定のクロマチン領域への局在が報告されている[3]．

2）代表的なヒストンバリアント

　主要型のヒストンバリアントであるH2A，H2B，H3.1

表1　これまでに報告されているヒストンバリアント

ヒストンファミリー	ヒストンバリアント	生物種間での保存	出芽酵母におけるホモログ	局在
H2A	H2A	全真核生物共通	H2A	ゲノム全域
	H2A.X	後生動物特異的	−	ゲノム全域
	H2A.Z	全真核生物共通	Htz1	プロモーター，遺伝子領域，制御配列，セントロメア
	macroH2A	有羊膜類特異的	−	不活性化X染色体，セントロメア，テロメア，インプリント遺伝子のプロモーター
	H2A.B	哺乳類特異的	−	転写活性化領域
H2B	H2B	全真核生物共通	H2B	ゲノム全域
	TSH2B	哺乳類特異的	−	ゲノム全域（精巣），テロメア（体細胞）
	H2BFWT	哺乳類特異的	−	テロメア（精巣）
H3	H3.1	哺乳類特異的	−	ゲノム全域
	H3.2	動物特異的	−	ゲノム全域
	H3.3	全真核生物共通	H3	プロモーター，転写活性化領域，セントロメア，テロメア
	H3T（H3.4）	哺乳類特異的	−	不明（精巣）
	H3.5	ヒト科特異的	−	ユークロマチン（精巣）
	H3.X	霊長類特異的	−	ユークロマチン(脳)
	H3.Y	霊長類特異的	−	ユークロマチン(脳)
	CENP-A	全真核生物共通	Cse4	セントロメア
H4	H4	全真核生物共通	H4	ゲノム全域

（文献6を元に作成）

（鳥類や昆虫ではH3.2），H4は，DNA複製依存的にクロマチン全域に取り込まれる．一方，その他のヒストンバリアントはDNA複製非依存的に特定のクロマチン領域に取り込まれることで，エピジェネティックなクロマチン機能ドメインの情報をゲノムに付与する．例えば，H2A.ZやH3.3は，転写が活性化されているクロマチン領域に取り込まれる．H2A.Zは全H2Aバリアントの存在量のうち10％を占め，特に遺伝子のプロモーター配列近傍に局在することが報告されている．さらに転写が活性化された遺伝子においては，プロモーター配列近傍のH2A.Zがアセチル化されることが知られている．H2A.ZとH3.3の組合わせをもつヌクレオソームは，通常のH2AとH3.1を含むヌクレオソームと比較して不安定であるという報告もある[4]．このことは，ヒストンバリアントによるヌクレオソーム安定性の違いが，プロモーター近傍での転写活性化の調節に重要な役割を果たす可能性を示している．このような不安定なヌクレオソームは，精巣特異的なH3バリアントであるH3Tを含むヌクレオソームで顕著であり，精子形成過程でのH3Tヌクレオソームの機能を考えるうえで興味深い[5]．

H2A.Xは，DNAが二重鎖切断損傷を受けた際に，損傷を受けたクロマチン領域に集積する．その際，C末端のセリン残基がリン酸化されたγ-H2A.X型として損傷部位に集積し，DNA損傷修復因子群を損傷クロマチンによび込む働きをする．macroH2Aは，通常のヒストンとアミノ酸類似性の高いヒストンフォールドドメインに加えて，マクロドメインとよばれる特徴的な非ヒストンドメインをもつ．macroH2Aは不活性X染色体上に局在することが報告されており，マクロドメインの働きを介してヘテロクロマチンの形成に寄与すると考えられている[3]．一方，H2A.Bは精巣および脳で発現し，異所的に発現させたH2A.Bは転写活性化された遺伝子領域上にヌクレオソームを形成する[3]．

このようにヒストンバリアントは，セントロメアの基盤形成や，転写活性化，X染色体不活性化などのさまざまなエピジェネティックな現象に関与することが報告されてきた．しかし，ヒストンバリアントが，どのようにクロマチン機能領域の制御を行っているのかはいまだ明らかになっておらず，今後の研究の発展が期待される．

参考文献

1) Talbert, P. B. et al. : Epigenetics Chromatin, 5 : 7, 2012
2) Tachiwana, H. et al. : Nature, 476 : 232-235, 2011
3) Bönisch, C. & Hake, S. B. : Nucleic Acids Res., 40 : 10719-10741, 2012
4) Jin, C. & Felsenfeld, G. : Genes Dev., 21 : 1519-1529, 2007
5) Tachiwana, H. et al. : Proc. Natl. Acad. Sci. USA, 107 : 10454-10459, 2010
6) Boyarchuk, E. et al. : Curr. Opin. Cell Biol., 23 : 266-276, 2011

Keyword 2 ヒストンシャペロン

▶英文表記：histone chaperone

1）イントロダクション

ヒストンシャペロンは，ヒストンと結合してヌクレオソームの形成を促進する一群のタンパク質を指し，ATP加水分解に非依存的にヌクレオソーム形成や解離を触媒する．アフリカツメガエルの卵抽出液を用いた実験から，最初のヒストンシャペロンとしてヌクレオプラスミンが同定され[1]，以後これまでに数々のヒストンシャペロンが報告されている[2,3]．ヒストンシャペロンには，ヒストンバリアントに対する特異性の低いものと，特定のヒストンバリアントに対して特異的に作用するものが存在する．特定のヒストンバリアントに特異的なシャペロンは，ヒストンバリアントの染色体上での局在位置の決定に関与すると考えられており，クロマチンでのエピジェネティックなDNA機能発現に重要である．表2にこれまでに報告されているヒストンシャペロンを，図にこれまでに報告されているヒストンシャペロンの立体構造を示す．

2）代表的なヒストンシャペロン

i）CAF-1

CAF-1は，複製中のクロマチン上に優先的にヌクレオソームを形成させる因子として同定されたヒストンシャペロンである[4]．哺乳類の体細胞では，ヒストンH3バリアント，H3.1，H3.2，およびH3.3が発現している．このうち，H3.1，H3.2は複製依存的に，H3.3は複製非依存的にクロマチンに取り込まれる．生化学的解析よりCAF-1はH3.1-H4と相互作用することが示されており，H3.1に特異的に機能するヒストンシャペロンであると考えられている．ヒトのCAF-1はp150，p60，およびp48の3つのサブユニットからなる複合体である．このうち，p150のN末端が複製中のDNAポリメラーゼに結合する

表2 これまでに報告されているヒストンシャペロン

特異的に制御される ヒストンバリアント	ヒトのヒストン シャペロン	出芽酵母のヒストン シャペロン
H2A-H2B	NPM	-
H2A-H2B, H3-H4	Nap1	Nap1
H3-H4	NASP	Hif1
H3.1-H4	CAF-1	Caf-1
H2A-H2B, H2A.X-H2B, H3-H4	FACT	FACT
H3-H4	ASF1/CIA	Asf1
H3.3-H4	HIRA	Hir1/2
H3.3-H4	DAXX	-
CENP-A-H4	HJURP	Scm3
H3-H4	-	Rtt106
H2A.Z-H2B	-	Chz1
H3-H4	SPT6	Spt6
H2A-H2B, macroH2A-H2B, H3-H4	APLF	-
H3-H4	FANCD2	-
H2A-H2B, H3-H4	hsSpt2	Spt2?
H3-H4	TAF-Iβ/SET	Vps75
H3-H4	FKBP	Fpr3

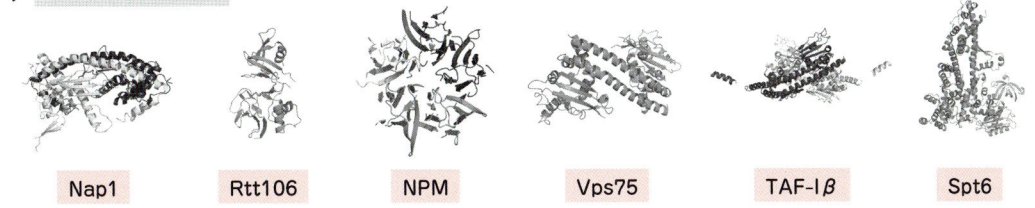

A) ヒストンシャペロン

Nap1　Rtt106　NPM　Vps75　TAF-Iβ　Spt6

B) ヒストンシャペロン-ヒストン複合体

FACT (Spt16) / H2B / H2A
Chz1 / H2B / H2A.Z
ASF1 / H3 / H4
Daxx / H3.3 / H4
H4 / CENP-A / HJURP

FACT-H2A-H2B　Chz1-H2A.Z-H2B　ASF1-H3-H4　DAXX-H3.3-H4　HJURP-CENP-A-H4

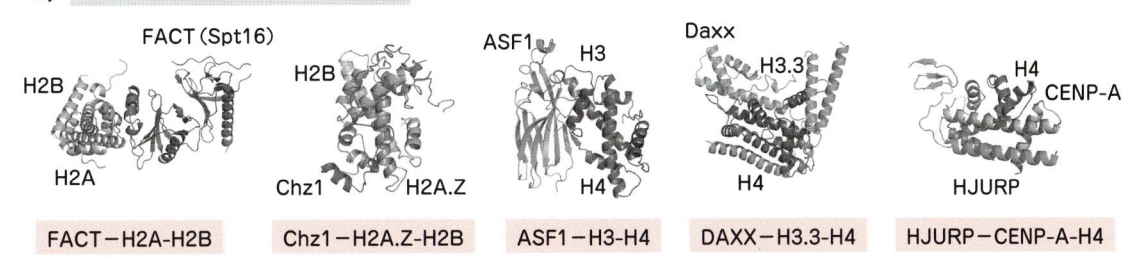

図 ヒストンシャペロンおよびヒストンシャペロン-ヒストン複合体の立体構造（巻頭のカラーグラフィクス図2参照）

各立体構造はRCSB PROTEIN DATA BANK（RCSB PDB）（http://www.rcsb.org/pdb/home/home.do）より転載．それぞれのPDB IDはNap1→2AYU，Rtt106→3TW1，NPM→2VTX，Vps75→3DM7，TAF-1β→2E50，Spt6→3PSI，FACT→4KHA，Chz1→2JSS，ASF-1→2IO5，DAXX→4HGA，HJURP→3R45

PCNAと相互作用することが報告されており，CAF-1がPCNAとの相互作用によってDNA複製部位に局在し，複製中のクロマチンにH3.1を取り込ませる．

ⅱ）HIRA

一方，HIRAは，H3.3-H4と特異的に相互作用し，DNA複製に依存しない経路でのヌクレオソーム形成を促進する[5]．

ⅲ）DAXX

H3.3は，主に転写活性化領域に存在するが，テロメアやセントロメア周辺領域（pericentric chromatin）における顕著な局在が報告されている．これらのH3.3の局在には，HIRAではなくDAXXが関与する．

ⅳ）HJURP

セントロメア特異的なヒストンH3バリアントであるCENP-Aは，セントロメアクロマチンの形成のためのエピジェネティックマーカーと考えられている．CENP-Aに特異的なヒストンシャペロンとして，酵母Scm3およびヒトHJURPが見出された．これらは機能的なホモログと考えられている．

このように，ヒストンH3バリアントに関しては，特異的なシャペロンが複数報告されているが，ヒストンH2AやH2Bのバリアントに関しての特異的シャペロンの報告は少ない．代表例としては，H2A.Z-H2B特異的なヒストンシャペロンとして，出芽酵母のChz1が報告されている．

3）クロマチンリモデリング因子との相互作用

以上のように，ヒストンバリアントのクロマチンでの局在には，特異的なヒストンシャペロンが重要な役割を果たしている．ヒストンシャペロンは，クロマチンリモデリング因子と共同して機能する例が多く報告されており，それら両方の機能が，クロマチンでのDNA機能発現やクロマチン機能ドメインの形成に重要と考えられる．しかし，その詳細な分子機構は不明な点が多い．今後の研究によって，ヒストンシャペロン-クロマチンリモデリング因子間のネットワークの詳細が明らかになれば，DNAの機能発現におけるクロマチン構造変換メカニズムの理解につながるだけでなく，各因子の変異に起因する疾病の分子メカニズムの解明に重要な知見を与えることが期待される．

参考文献

1) Laskey, R. A. et al. : Cell, 10 : 237-243, 1977
2) Burgess, R. J. & Zhang, Z. : Nat. Struct. Mol. Biol., 20 : 14-22, 2013
3) Eitoku, M. et al. : Cell. Mol. Life Sci., 65 : 414-444, 2008
4) Stillman, B. : Cell, 45 : 555-565, 1986
5) Ray-Gallet, D. et al. : Mol. Cell, 9 : 1091-1100, 2002

Keyword 3 クロマチンリモデリング因子

▶英文表記：chromatin remodeling factor

1）イントロダクション

クロマチンリモデリング因子は，ヒストンバリアントやヒストン修飾，もしくは転写因子との相互作用によって特定のクロマチン領域に運ばれ，ヌクレオソームの除去やポジショニングの変換，ヌクレオソーム中のヒストンバリアントの交換やヒストン修飾状態の変更などを行う．このようなヌクレオソームレベルでのクロマチン構造変換によって，クロマチンリモデリング因子は，転写，複製，修復，組換えなどのDNA反応を正にも負にも制御する．

クロマチンリモデリング因子は，複合体中に含まれるSnf2ファミリータンパク質のドメイン構成タイプによってSWI/SNFファミリー，ISWIファミリー，CHDファミリー，INO80ファミリーの4種のファミリーに大別される．表3に酵母とヒトにおける代表的なクロマチンリモデリング複合体とその機能を示す．これらのクロマチンリモデリング複合体のなかには，特異的なヒストンバリアントや修飾ヒストンの交換反応を触媒するものも含まれており，ヒストンシャペロンとの関連も含めて注目されている．

2）SWI/SNFファミリー

クロマチンリモデリング因子として最初に同定されたSWI/SNF複合体は，出芽酵母において特定遺伝子の転写が不活性となる変異株について解析した2つの独立した研究によって発見された．出芽酵母の性決定にかかわる*HO*遺伝子の転写が不活性になる遺伝子変異として*Swi1*, *Swi2*, *Swi3*が，*SUC2*遺伝子の転写が不活性になる遺伝子変異として*Snf2*（*Swi2*と同一遺伝子），*Snf5*, *Snf6*が発見され，その後の知見によってこれらは1つの複合体（SWI/SNF複合体）を形成することが明らかになった[1,2]．SWI/SNF複合体はATP依存的にクロマチンリモデリングを行い，ATPase活性をもつSwi2/Snf2サブユニットが活性中心である．その後の解析によ

表3 これまでに報告されている代表的なクロマチンリモデリング因子

クロマチンリモデリング因子ファミリー		ヒト			出芽酵母		
SWI/SNF	複合体名	BAF	PBAF		SWI/SNF	RSC	
	ATPase	hBRM or BRG1	BRG1		Swi2/Snf2	Sth1	
	ヒストンバリアントとの関連性	リンカーヒストンH1.1選択的に結合	—		Snf2Δ株はCse4が染色体以外にも局在する	プロモーター領域にヌクレオソームの存在しないDNA領域を作ることで，H2A.Zの局在を助ける	
ISWI	複合体名	NURF	CHRAC	ACF	ISWIa	ISWIb	ISW2
	ATPase	SNF2L	SNF2H	SNF2H	Isw1	Isw1	Isw2
	ヒストンバリアントとの関連性	—	—	in vitroでH2A.Zヌクレオソームを効率的にリモデリング	—	—	—
CHD	複合体名	CHD1	NuRD		CHD1		
	ATPase	CHD1	Mi-2a/CHD3 Mi-2b/CHD4		Chd1		
	ヒストンバリアントとの関連性	・H3.3の取り込み（ショウジョウバエ）・FACTと共にCENP-Aのセントロメアへの取り込み（ニワトリ）	—		—		
INO80	複合体名	INO80	SRCAP	TRRAP/Tip60	INO80	SWR1	
	ATPase	hIno80	SRCAP	p400	Ino80	Swr1	
	ヒストンバリアントとの関連性	・H2A.Zの取り込み，取り外し・γ-H2A.Xの交換	・H2A.Zの取り込み，取り外し・γ-H2A.Xの交換	・H2A.Zの取り込み，取り外し・γ-H2A.Xの交換	H2A.Zの取り込み，取り外し	H2A.Zの取り込み，取り外し	

（文献6を元に作成）

り，Swi2/Snf2と相同性をもつタンパク質が多数同定された．これらのタンパク質はSnf2ファミリーに分類され，その多くがクロマチンリモデリングにかかわる複合体を形成していた．

3) INO80ファミリー

最も研究が進んでいるものとしては，出芽酵母のSWR1複合体とINO80複合体が共同して，プロモーター領域付近のヌクレオソームでのH2AとH2A.Zの交換反応を行うことが示されている．その過程で，H2AとH2A.Zを1分子ずつ含むハイブリッド・ヌクレオソームの形成も指摘されており，実際に，マウスのプロモーター領域付近では，H2A/H2A.Zハイブリッド・ヌクレオソームが遺伝子の発現制御に重要な機能をもつことを示唆する報告もなされている[3]．哺乳類では，酵母SWR1複合体のホモログとしてSRCAP複合体が見出されており，H2A.Zの交換反応を担っていると考えられている．

4) ISWIファミリー

ISWIファミリーとしては，ショウジョウバエのNURF複合体が最初に発見された．活性サブユニットIswiの出芽酵母ホモログIsw1のX線結晶構造が報告され，そのヌクレオソーム整列機構が明らかになりつつある[4]．

5) CHDファミリー

またCHDファミリーに関しては，ショウジョウバエを用いた研究から，CHD1複合体がH3.3のクロマチンへのローディングに機能していることがわかった．また近年，Chd2が筋特異的転写因子であるMyoDと結合し，骨格筋形成にかかわる遺伝子群のプロモーター領域へH3.3を導入することが明らかになり，クロマチンリモデリングとヒストンバリアントの組合わせによる転写制御機構の重要な例として注目されている[5]．

参考文献

1) Stern, M. et al.：J. Mol. Biol., 178：853-868, 1984
2) Neigeborn, L. & Carlson, M.：Genetics, 108：845-858, 1984
3) Nekrasov, M. et al.：Nat. Struct. Mol. Biol., 19：1076-1083, 2012
4) Yamada, K. et al.：Nature, 472：448-453, 2011
5) Harada, A. et al.：EMBO J., 31：2994-3007, 2012
6) Clapier, C. R. & Cairns, B. R.：Annu. Rev. Biochem., 78：273-304, 2009

第1部 エピジェネティクスの分子機構

11 核内高次構造
higher order structure in the nucleus

斉藤典子，松森はるか，Mohamed O. Abdalla，藤原沙織，安田洋子，中尾光善

Keyword ❶核膜　❷バウンダリーエレメント　❸CTCF

概論
核内コンパートメントの生物学的意義

1. はじめに

真核生物のゲノムDNAは，直径およそ10μm程度の細胞核内に包括されており，転写，複製，損傷修復などは，この限られた空間内で複雑な制御を受けながら行われている．顕微鏡写真で明らかなように，核内は不均一で，高度に区画化（コンパートメント化）されている（イラストマップ）．例えば，高度に凝縮して転写が不活性なヘテロクロマチンが蓄積している場と，緩やかな構造で転写が活性なユークロマチンが局在している場が区別できる．また，核内には種々の形や大きさの構造体が形成されている．遺伝子の制御メカニズムを理解するうえで，クロマチンが核内構造体とどのように相互作用しているかを考慮することは大変重要である[1,2]．

2. 核内構造体

1）核膜

核と細胞質は，**核膜**（→Keyword❶）によって隔てられている．核膜の内側には，核ラミナとよばれるメッシュ構造が形成され，核膜を支えている．核ラミナは，さらにクロマチンとも結合し，周辺に転写抑制環境を形成している．電子顕微鏡観察などにより，高度に凝縮していて，DNA複製期（S期）中で遅い時期に複製される，いわゆるヘテロクロマチンが核膜周辺に蓄積していることが示されている．近年，ゲノムワイドな解析により，核ラミナに結合しているラミナ相互作用ドメイン（lamina-associated domains：LADs）が同定された．

2）核小体

核小体は，核内最大の構造体で，rRNA（リボソームRNA）の転写・プロセシングと，リボソームのアセンブリー（構築）の場である．核小体は，rRNAをコードする遺伝子（rDNA）クラスターを含む核小体形成領域（nucleolus organizer region：NOR）を中心に，RNAポリメラーゼI（Pol I）によるrRNAの転写に依存して形成される．タンパク質の翻訳は細胞質で行われるが，それを担うリボソームの生成は，核内のこの大きな構造体で行われている．

核小体の周辺領域は転写抑制に関連する．生化学的に分離精製された核小体に結合しているDNAの解析により，核小体結合クロマチンドメイン（nucleolus-associated chromatin domains：NADs）がゲノムワイドに同定された．そこには，ヘテロクロマチンやセントロメア，リピート配列など，抑制性のゲノム領域が多く含まれている．また，H4K20meやH3K9me，H3K27me3などのヒストン修飾が蓄積しており，これらを標的として，ヘテロクロマチン形成にかかわるタンパク質であるHP1やポリコームが結合し，そのうえにさらに染色体の凝縮や転写抑制にかかわる因子がよび込まれる．こうして，核小体を足場としてNADsにヘテロクロマチンが形成されていくと考えられる．

3）転写ファクトリー

生化学や分子生物学的実験結果によって描かれた一般的な「転写」のイメージでは，RNAポリメラーゼは核内を遊離しており，プロモーターDNA上にリクルートされ，その後DNA鎖上に沿って走り，RNAを産生してゆく，というものである．しかし，細胞生物学的実験結果

イラストマップ　高度にコンパートメント化されている核内構造

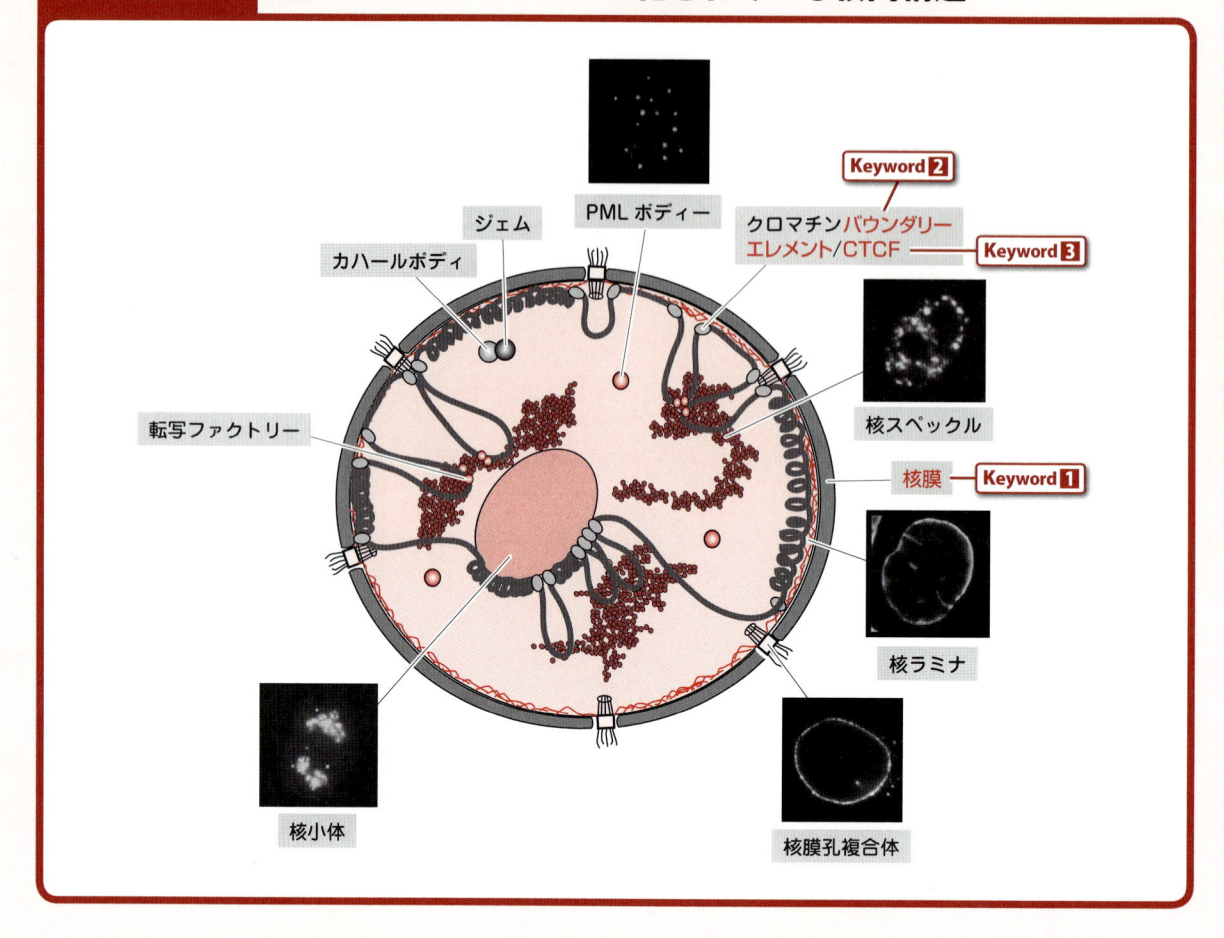

図中ラベル：ジェム、カハールボディ、PMLボディー、クロマチンバウンダリーエレメント/CTCF（Keyword 2, Keyword 3）、核スペックル、核膜（Keyword 1）、核ラミナ、核膜孔複合体、核小体、転写ファクトリー

からは，活性なRNAポリメラーゼⅡ（Pol Ⅱ）は核内に不均一に分布し，転写ファクトリーとよばれる特殊な場に固定されていることが示された[3]．このことより，遺伝子の方が核内を移動し，転写ファクトリーを通過することによって，転写が起きる可能性が考えられる．転写ファクトリーは，1つの核内に数百から千以上の点状に分布している．染色体上では離れた部位にコードされた遺伝子群が，同じ転写ファクトリーで転写されることにより，協調的な制御を受けている可能性がある．

4）核スペックル

核スペックルは，20〜50個の不均一な斑状の核内構造体で，pre-mRNAスプライシング因子を筆頭に，RNAプロセシング因子，RNAの核外輸送因子，Pol Ⅱのサブユニットや転写因子，さらには機能未知のnon-coding RNAを含む．核スペックルは，転写やRNAスプライシングの場そのものではなく，Pol Ⅱによる転写とその後の一連の過程を担うタンパク質群を貯蔵，修飾，複合体をアセンブリーする場として働くと考えられる．近くにある転写の場へとそれら複合体を供給することで，転写とその後のRNAスプライシングなどを共役させて，遺伝子発現を効率化している[4]．核スペックルは，しばしば転写ファクトリーと共局在している．

5）PMLボディー

PMLボディーは，PML（promyelocytic leukemia）タンパク質を主体とした核内構造体で，通常の細胞では，直径0.2〜1μmの粒状の構造体が10〜30個観察されるが，細胞種や環境刺激によって，その形態が大きく変化する．PMLボディーの形成にはPMLタンパク質のSUMO化修飾が深くかかわる．PMLボディーは，Sp100，CBP（CREB-binding protein）などの複数の転写因子およびコファクターを含んでいる．PMLボディーの周辺に新生RNAが存在することや，特定の遺伝子座がPML

ボディーに共局在していること，PMLボディーが形成できない白血病細胞では特定の遺伝子の活性化様式が変化することなど多数の事例より，PMLボディーは転写制御にかかわると考えられている．また，細胞分化・増殖，老化，発がん，ウイルス感染，アポトーシスなどのさまざまな現象に関与している．

6）その他

核内には上記以外にも種々の構造体が存在する．**イラストマップ**に示したカハールボディーは，コイリン（coilin）というタンパク質をもとにして形成される．RNAスプライシングにかかわるsnRNPs（small nuclear ribonucleoproteins）や，核小体でrRNAの修飾を行うsnoRNPs（small nucleolar ribonucleoproteins）の修飾・構築の場である．ここでつくられたsnRNP前駆体は，カハールボディーから核スペックル，核質へと放出されていく．snoRNPsもまた，カハールボディーを経てその後核小体に移送される．カハールボディーは，それ自身がスプライシングなどの場ではなく，核内小分子RNAを含む複合体形成のための，中継地点のようなものである．

ジェム（gems, gemini of cajal bodies）は，カハールボディーに隣接した構造体で，神経疾患の脊髄筋萎縮症の原因遺伝子産物であるSMN（survival of motor neuron）が存在する．SMNは，snRNPsが細胞内を移動するのに必要なタンパク質で，神経疾患にはスプライシングの異常がかかわることが示唆されている．

核膜には，核膜孔複合体とよばれる孔が多数形成されていて，分子が細胞質と核の間を往来するときにここを通過する．一般的に，分子量の小さなタンパク質は核膜孔を自由に通るが，それ以外の場合は，核移行シグナルをもつタンパク質，あるいはそれに結合しているタンパク質が，核-細胞質間輸送システムによって核膜孔を通る．核内で，核膜に相互作用している遺伝子は転写抑制されている傾向があるが，核膜孔に結合している遺伝子は，転写活性であるとされている．核膜孔複合体は，後述するクロマチンインスレーターとの相互作用も報告されており，核内の染色体配置にも役割をもつと考えられる．

3. クロマチンドメイン

真核生物のゲノムは数10 kb～数Mbの機能ドメイン（クロマチンドメイン）を形成している．例えば，ショウジョウバエのポリテンクロモソームを顕微鏡下で観察すると，高度に凝縮したヘテロクロマチンと緩やかに伸びて転写が活性なユークロマチンが交互に隣接している様子がわかる．

クロマチンドメインは，実験ごとに種々のクロマチンの特性を指標にしてさまざまに定義がされている．例えば，DNase Iへの感受性が高いひと続きの領域（オープンクロマチン），ポリコームタンパク質が連続して結合している領域，特定のヒストン修飾やDNAのメチル化修飾が連続して存在する領域，S期において同じタイミングで複製されるひとかたまりの領域，核膜や核小体に結合している領域，さらには核内でお互いに相互作用しあっている染色体の領域，などである．それぞれは数10 kb程度の比較的小さなものから，数100 kb～Mb単位の大きなものがある[5]．

4. バウンダリーエレメント

1つのドメインのなかには，共通した特徴をもった遺伝子やクロマチンが含まれており，そのような関連した働きをもつ遺伝子群をひとまとめに制御する機構が存在するようである．さらに重要なことは，各ドメイン間は**バウンダリーエレメント（境界因子）**（→Keyword 2）とよばれるクロマチンの境界となるDNA配列で区切られていることであり，これは，ドメイン構造の形成や，遺伝子の制御をドメイン内に限定するために役立っている．

代表的なバウンダリーエレメントには，ショウジョウバエの*Hsp70*遺伝子座由来の*scs*，ニワトリβグロビン遺伝子座の上流と下流にあるHS4（マウスの場合はHS5）や3′HS（マウスの場合は3′HS1）などがある．また，バウンダリーに結合するタンパク質としては，ショウジョウバエのSU（マウスの場合はHW），BEAF，ZW5，dCTCFなどが，また哺乳類の**CTCF**（→Keyword 3）が代表的である．

5. 核内構造体とクロマチンによる遺伝子調節のインタープレイ

核内に多数存在する核内構造体は，特定のタンパク質やRNA分子から形成されたものである．協働する分子の密度が局所的に増加していることで，分子複合体の形成が促進され，核内での生体反応が効率よく遂行される．前述したように，核膜や核小体近傍にはヘテロクロマチンと，LADs，NADsとよばれるクロマチンドメインが相互作用している．そして，両者のドメイン構築には，ク

ロマチンバウンダリーエレメントのインスレーターに結合するCTCF（→Keyword❸）が関与しているようである．核スペックルの近傍には，高い頻度で活性な転写の場が配置されている．また，転写ファクトリーを中心に複数の転写が活性な遺伝子が相互作用することで，核の三次元空間における遺伝子クラスターを形成している．巨視的な観察においては，核膜の周辺では転写が抑制され，核の中央では転写が活性になる傾向がある（ラジアルポジショニング）ことが示されている．

　核内のどこに遺伝子が配置されているかは，その細胞内における遺伝子の転写調節を決定しているのかもしれない．クロマチンは，核内で構造体群に囲まれ，それらと相互作用し，ときに足場にして特殊な三次元構造を形成している．高度にコンパートメント化された核内の構造は，DNA配列やクロマチン構造よりもさらに高次な階層で，遺伝子の機能発現を調節していると考えられる．

参考文献

1) Misteli, T. : Cell, 152 : 1209-1212, 2013
2) Zhao, R. et al. : Curr. Opin. Genet. Dev., 19 : 172-179, 2009
3) Sutherland, H. & Bickmore, W. A. : Nat. Rev. Genet., 10 : 457-466, 2009
4) Saitoh, N. et al. : Mol. Biol. Cell, 15 : 3876-3890, 2004
5) Nora, E. P. et al. : Bioessays, 35 : 818-828, 2013

参考図書

◆ 『The Nucleus（Cold Spring Harbor Perspectives In Biology）』（Misteli, T. & Spector, D. L. ed.），Cold Spring Harbor Lab. Press, 2010
◆ 『細胞核-遺伝情報制御と疾患』（平岡 泰，他／編），実験医学増刊，27 (17)，羊土社，2009
◆ 『細胞核の分子生物学』（水野重樹／編），朝倉書店，2005

Keyword

1 核膜

▶英文表記：nuclear membrane

1）イントロダクション

核と細胞質は，核膜によって隔てられている．核膜は外膜と内膜からなり，内膜の核質側には中間径フィラメントタンパク質ラミンが，核ラミナとよばれるメッシュ構造を形成し，核膜とクロマチンをつなぎ，支えている（**図1 A**）[1]．

2）核膜と転写抑制

一般的に核膜は転写抑制環境である．核膜内膜タンパク質には，LAP2β（lamina-associated polypeptide），Emerin，Man1があり，これらは共通してLEMとよばれるドメインをもち，DNA結合タンパク質BAF（barrier to autointegration factor）に結合する．BAFは，核膜と近傍のクロマチンをつなぐ因子になるが，他にHP1や，抑制クロマチンに多いH3K9meやそのヒストンメチル化酵素（G9a），あるいはヒストン脱アセチル化酵素（HDAC3）とも結合する．ラミンB受容体（LBR）もまた内膜タンパク質で，HP1に結合する（**図1 A**）[1]．

3）核膜に結合するクロマチン

核膜に結合するDNA配列をゲノムワイドに同定するために，ショウジョウバエとヒト培養細胞に対してDamID（DNA adenine methyltransferase identification）という手法が施された（**図1 B**）[2,3]．その結果，

A）核膜とクロマチンの相互作用

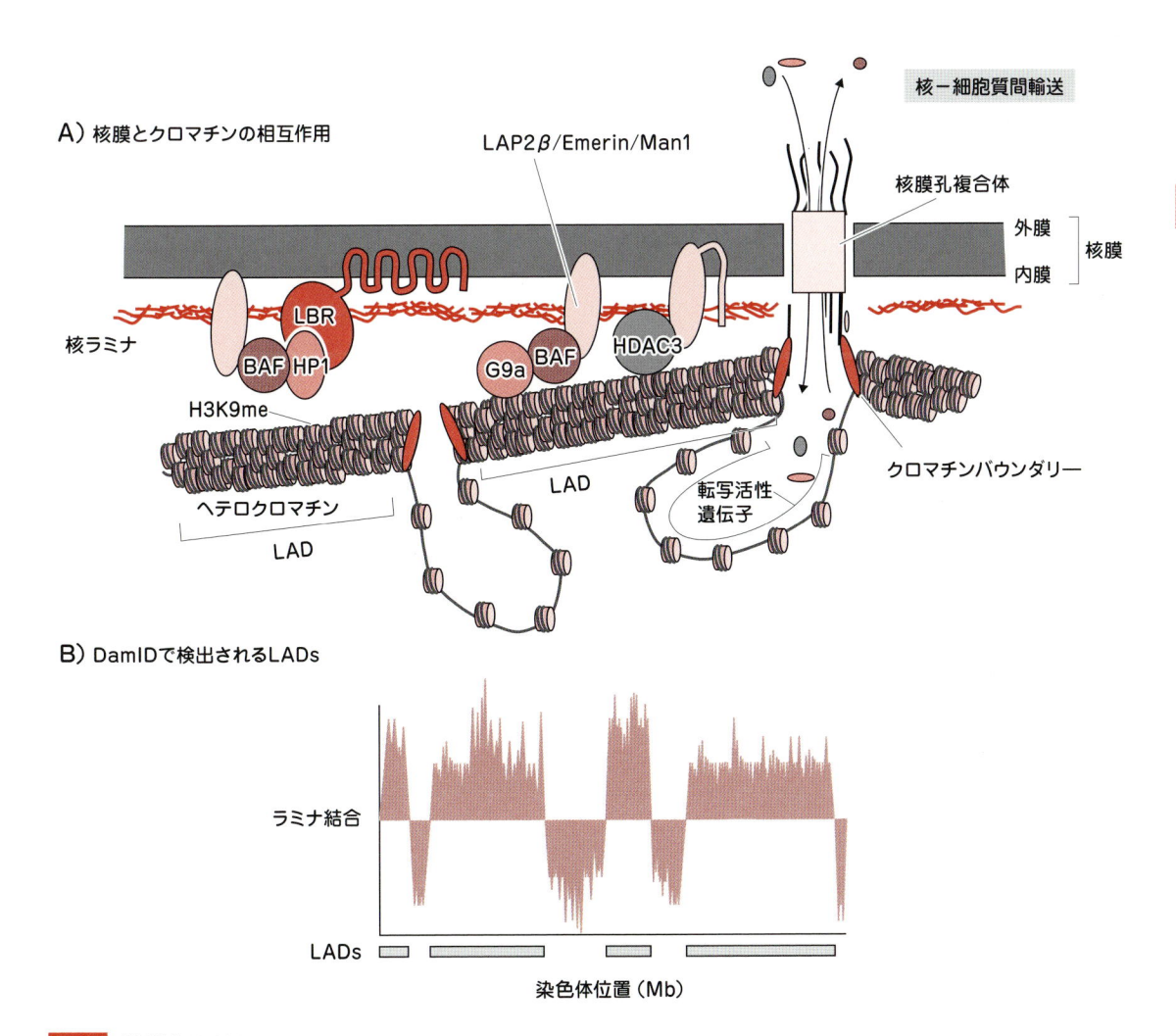

核-細胞質間輸送
LAP2β/Emerin/Man1
核膜孔複合体
外膜
内膜 　核膜
核ラミナ
LBR
BAF HP1
G9a BAF HDAC3
H3K9me
ヘテロクロマチン
LAD
LAD
転写活性遺伝子
クロマチンバウンダリー

B）DamIDで検出されるLADs

ラミナ結合
LADs
染色体位置（Mb）

図1　核膜とLADs
BはDamID-マイクロアレイ解析結果の模式図．横軸は染色体上の位置を示す．縦軸は，細胞内で発現した，ラミンとアデニンメチル基転移酵素の融合タンパク質がDNAメチル化する頻度，すなわちラミンとの相互作用の度合いを示す．ラミンと連続的に結合している部位（横軸下の灰色バーに相当）が検出され，LADsと名付けられた．その長さはさまざまだが，1Mb以上にわたることがしばしばある

1,000種類以上の0.1〜1.0 Mbにおよぶ非常に長い染色体領域が核膜に結合している様子が明らかになり，これらはラミナ相互作用ドメイン（lamina-associated domains：LADs）と名付けられた．LADsの特徴は，遺伝子密度が低いこと，転写不活化された遺伝子が多いこと，また活性クロマチンのマークであるヒストンH3やH4のアセチル化やH3K4のメチル化に乏しいこと，H3K9やH3K27メチル化が蓄積している場合があることなどであり，ヘテロクロマチンが多いことが窺える[2]〜[4]．

4) 核膜とクロマチンバウンダリー

DamID実験では，LADsと非LADsの境界が明確に示され，興味深いことに，その境界配列には，クロマチンインスレータータンパク質のCTCF結合部位が蓄積していた（**3**参照）[2]〜[4]．核内空間において，ヘテロクロマチンの多くが核膜に結合して足場を形成し，ユークロマチンはクロマチンバウンダリーエレメント（**2**参照）を隔てて，核内部に向かって配置される，といった核内コンパートメントの様子が窺える．

核膜には無数の核膜孔が存在し，ここでタンパク質やRNAの核−細胞質間の輸送が行われている．核膜とは対照的に，核膜孔近傍は一般的に転写活性化環境となっている．酵母やショウジョウバエの研究では，核膜孔構成タンパク質にクロマチンインスレーター因子（ジプシー，gypsy）が結合したり，クロマチン境界活性があることが示されており，ここにもクロマチンバウンダリーエレメントを介した核内の区画化のメカニズムがある[5]．

参考文献
1) Gruenbaum, Y. et al. : Nat. Rev. Mol. Cell Biol., 6 : 21-31, 2005
2) Pickersgill, H. et al. : Nat. Genet., 38 : 1005-1014, 2006
3) Guelen, L. et al. : Nature, 453 : 948-951, 2008
4) Van Bortle, K. & Corces, V. G. : Cell, 152 : 1213-1217, 2013
5) Ishii, K. et al. : Cell, 109 : 551-562, 2002

Keyword
2 バウンダリーエレメント

▶英文表記：boundary element
▶別名：chromatin boundary, chromatin insulator

1) イントロダクション

真核生物のゲノム内では，転写が活性な遺伝子がヘテロクロマチンの間に挟まれていたり，転写様式が全く異なる遺伝子同士が隣接してコードされていることがある．高度に凝縮したヘテロクロマチンは，本来，近隣に進展する特性をもっている．また，エンハンサーは遠く離れたDNA領域に，上流，下流の別なく働きかける性質をもっている．しかし，実際の細胞核内では，クロマチンはドメイン構造を形成しており，転写の制御はドメイン内に限定されている[1][2]．ドメインを区切ってクロマチン境界を形成しているDNA領域はクロマチンバウンダリーエレメント（境界因子）とよばれる．クロマチン境界中のDNA因子には，クロマチンインスレーターがある．「インスレーター」は，もともと絶縁体や断熱材といった意味であり，クロマチンインスレーターは，隣接するクロマチン環境を遮断するもの，という概念のもとに名付けられたものである．

クロマチンインスレーターの研究はもともと，ショウジョウバエの*Hsp70*遺伝子座の末端配列の解析によってはじまり，その際に後述の2つの活性が定義された[3][4]．

2) エンハンサーブロッキング活性

クロマチンインスレーター配列には，エンハンサーがプロモーターを活性化するのを「遮断」する，という機能をもつものがある．これは，エンハンサーブロッキング活性とよばれる（図2A）．この活性は，インスレーター配列が，エンハンサーとプロモーターの間に位置するときに限定して発揮されるもので（図2Aの遺伝子②），リプレッサーなどの抑制因子とは異なり，エンハンサーやプロモーター自身の活性を阻害するわけではない．よって，エンハンサーはインスレーターとは反対側に位置するプロモーター（図2Aの遺伝子①）を活性化することはできる．また，インスレーターがプロモーターを個別に活性化・不活性化することもなく，エンハンサーとプロモーターが並んでいる領域の外側に位置する場合は，転写に関してあくまでも中立である[3][5]．

3) バリア活性

インスレーターのなかには，遺伝子を近隣のクロマチン環境から守るという，バリア活性をもつものがある

A) エンハンサーブロッキング

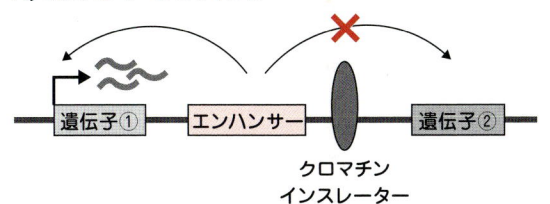

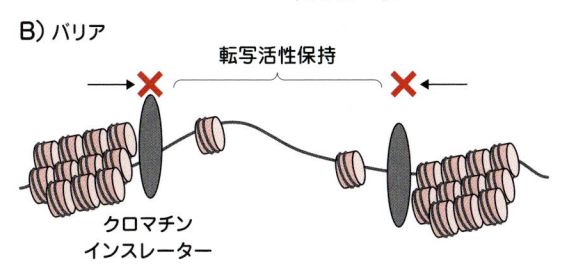

B) バリア

図2 クロマチンバウンダリー（インスレーターの機能）

（図2B）．高度に凝縮したヘテロクロマチンが近傍にある場合，インスレーターは，進展してくる抑制クロマチンがそれ以上侵入しないようにして，近隣遺伝子の活性状態を保つ．

外来遺伝子を細胞内のゲノムにランダムに組み込ませる場合，一般的にその転写は組み込まれた先のクロマチン状態に影響される．例えば，ユークロマチン中に遺伝子が導入されると，その遺伝子も活性化され，逆にヘテロクロマチン内に組み込まれると抑制される傾向がある．これを「ポジション効果」という．バリア活性はこの効果を抑制するものである[4)5)]．

参考文献

1) Bickmore, W. A. & van Steensel, B. : Cell, 152 : 1270-1284, 2013
2) Burgess-Beusse, B. et al. : Proc. Natl. Acad. Sci. USA, 99 Suppl 4 : 16433-16437, 2002
3) Kellum, R. & Schedl, P. : Mol. Cell. Biol., 12 : 2424-2431, 1992
4) Kellum, R. & Schedl, P. : Cell, 64 : 941-950, 1991
5) Chung, J. H. et al. : Cell, 74 : 505-514, 1993

Keyword
3 CTCF

▶フルスペル：CCCTC-binding factor

1) イントロダクション

CTCF（CCCTC-binding factor）は，クロマチンインスレーターに結合する代表的な因子である．ニワトリβグロビン遺伝子座のクロマチンバウンダリーエレメント（インスレーター）に機能的に結合していることをきっかけに見出された[1)2)]．CTCFは11個のZnフィンガードメインをもち，種々のDNAやタンパク質と相互作用する（図3A）．

2) 染色体間の相互作用

CTCFは，全ゲノム中10,000以上の部位に結合しており，そのクロマチン結合様式は，染色体の接着にかかわるコヒーシン複合体タンパク質とよく相関している[3)]．両者の複合体が，長い距離を隔てた染色体上の複数の部位をつなぎとめ，いわゆる長距離染色体間相互作用（long-range chromatin interaction）を促進し，その結果，クロマチンループを形成していると考えられる．

ただし，CTCFが結合するのはクロマチンバウンダリーに限定しておらず，結合した場所によっては，転写のアクチベーターやリプレッサーとしても機能する．おそらく異なるZnフィンガーやその組合わせを使い分けることでインスレーター以外の働きをすると考えられる．

3) クロマチンインスレータータンパク質CTCF

i) マウスβグロビン遺伝子座での機能

マウスβグロビン遺伝子座（図3B）は，4つのグロビン遺伝子クラスターで構成されており，赤血球細胞において転写活性なクロマチンドメインを形成している．周辺は，転写様式の異なる嗅受容体遺伝子クラスターに囲まれており，その境界部位にCTCFタンパク質が結合するクロマチンインスレーターがある（HS5と3′HS1）．CTCFは，この遺伝子座の上流と下流部位を相互作用させ，クロマチンループを形成し，異なる転写様式がドメイン内に留まるように，機能している[1)2)4)]．

ii) マウス*H19/Igf2*遺伝子座での機能

マウス*H19/Igf2*遺伝子座（図3C）は，インプリンティング遺伝子で，*H19*は母親由来の染色体からのみ，逆に*Igf2*は父親由来の染色体からのみ転写が起きている（第2部-2参照）．2つの遺伝子の真ん中は，アレル特異的な転写制御に重要なICR（imprinting control region）で，CTCF結合部位がある．しかし，父親由来

A) CTCFの構造

N末端ドメイン　Znフィンガードメイン　C末端ドメイン

B) β-グロビン遺伝子座

C) *H19/Igf2*遺伝子座

D) X染色体不活性化

図3 クロマチンインスレータータンパク質CTCF

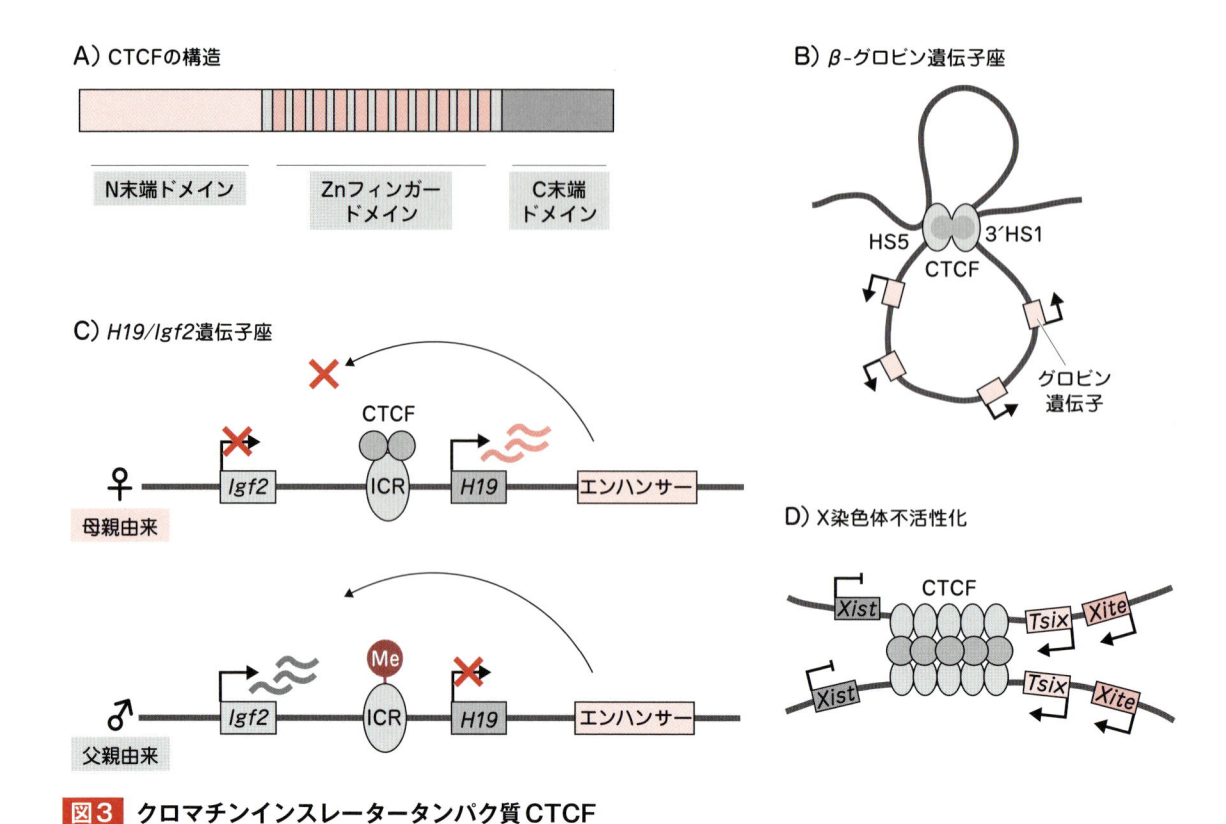

の染色体ではICRはDNAメチル化されており，CTCFは結合できない．*H19*と*Igf2*は，同じエンハンサーによって転写活性化されるが，ICRにCTCFが結合している母親由来の染色体上ではエンハンサーブロッキング活性が働いて，*H19*のみが転写される．逆に父親由来の染色体ではブロッキング活性は解除され，*Igf2*の転写が促進される．さらにICRのDNAメチル化によって*H19*は抑制される．このように，CTCFはインプリンティングを制御している[4)5)]．

iii）X染色体における機能

ヒトやマウスを含む哺乳動物では，雄と雌の遺伝子の発現を同等にするために，雌において2本のX染色体のうち，一方が不活性化される（X染色体不活化）（第2部-1参照）．この遺伝子量補償（dosage compensation）は，一方の染色体から*Xist*とよばれるnon-coding RNAが転写され，自身の染色体を覆うことで確立される．どちらの染色体が不活化されるかが選択される前に，2本の染色体は相互作用する．*Xist*とその付近の*Tsix*，*Xite*といったnon-coding RNA遺伝子領域には多くのCTCF結合部位があり，このX染色体同士の相互作用にCTCFが機能している（図3D）[4)]．

参考文献

1) Bell, A. C. et al.：Cell, 98：387-396, 1999
2) Saitoh, N. et al.：EMBO J., 19：2315-2322, 2000
3) Wendt, K. S. et al.：Nature, 451：796-801, 2008
4) Phillips, J. E. & Corces, V. G.：Cell, 137：1194-1211, 2009
5) Bell, A. C. & Felsenfeld, G.：Nature, 405：482-485, 2000

第2部

生命現象とエピジェネティクス

1 X染色体不活性化
2 ゲノムインプリンティング
3 その他の染色体制御
4 生殖・発生
5 体細胞リプログラミング
6 免疫応答
7 植物の外界適応
8 エピジェネティクスによる記憶形成制御
9 老化

第2部 生命現象とエピジェネティクス

1 X染色体不活性化

佐渡 敬

Keyword ① X染色体不活性化センター ② *Xist* ③ *Tsix*

概論
不活性化のしくみと不活性X染色体のエピジェネティクス

1. 哺乳類の性染色体

哺乳類の性染色体構成は一部の例外を除き雄ヘテロ型で，雄がX染色体とY染色体を1本ずつ（XY型），雌がX染色体を2本（XX型）もつ．X染色体とY染色体はもともと一対の相同染色体であったが，哺乳類の進化の過程でその一方だけが欠失や逆位をくり返したことで，形態的に大きく異なる現在のY染色体ができあがったと考えられる．これは，性決定機構や生殖機構に何らかの利点をもたらしたと推察されるが，その一方でX染色体連鎖遺伝子量に関しては，雌雄の間に2倍の差をもたらす結果となった．

X染色体上の遺伝子には代謝関連の酵素や転写因子など細胞機能に不可欠なタンパク質が多数コードされるが，それらは常染色体上のさまざまな遺伝子やその産物であるタンパク質とも相互に作用しあって，細胞活動を営んでいる．常染色体の数は雌雄で同じため，X染色体に由来するタンパク質量だけが雌で雄の2倍になると，細胞機能にさまざまな影響をおよぼすことになると予想される．そのような事態を回避するために性染色体の分化とともに進化を遂げたと考えられるのが，X染色体連鎖遺伝子量の雌雄差を補償するための機構であるX染色体不活性化（X chromosome inactivation：XCI）である．

2. X染色体不活性化

XCIは雌の胚発生のごく初期に起こる（**イラストマッ**

プ）．マウスの場合，受精後2細胞期に接合子ゲノムからの転写（zygotic gene activation：ZGA）がはじまる．このとき，卵と精子に由来するX染色体上の遺伝子も発現されるようになるが，4〜8細胞期になると各々の割球で父由来X染色体（Xp）が選択的に不活性化される（インプリント型XCI）．その後，胚盤胞に達した胚では，将来の胎盤や胚体外膜など胚体外組織系列（extraembryonic lineage）の起源である栄養外胚葉（trophectoderm）と原始内胚葉（primitive endoderm）が分化するが，これらの組織ではXpの不活性状態は安定に維持される．一方，胎仔のすべての組織の起源で，この時期依然未分化な内部細胞塊（inner cell mass：ICM）の細胞では，それまで不活性であったXpが再活性化される[1]．その後，ICMの細胞が胚体組織系列（embryonic lineage）として三胚葉性の組織へと分化するのに伴い改めてXCIが起こるが，このときは由来にかかわらず，2本のX染色体のうち一方がランダムに不活性化される（ランダム型XCI）．

雌のマウス胚性幹（ES）細胞は不活性X染色体の再活性化が起こったICMの細胞に由来すると考えられ，未分化状態では活性X染色体を2本もつが，分化を誘導するとランダムに一方のX染色体が不活性化される．そのため，ES細胞はランダム型XCIを解析するための*ex vivo*の系として頻繁に利用されている．マウスやラットなどこれまで調べられたげっ歯類ではこのように胚体外組織と胚体組織でXCIの様式が異なるが，ヒトをはじめ多くの哺乳類では胚体外組織でもXCIはランダム型であるとする見解が支配的である．一方，胎盤を形成せず，非常に未熟な状態で生まれる有袋類では，すべての組織でXpのインプリント型XCIが起こることが知られている．

イラストマップ マウスのライフサイクルにおけるX染色体の活性制御

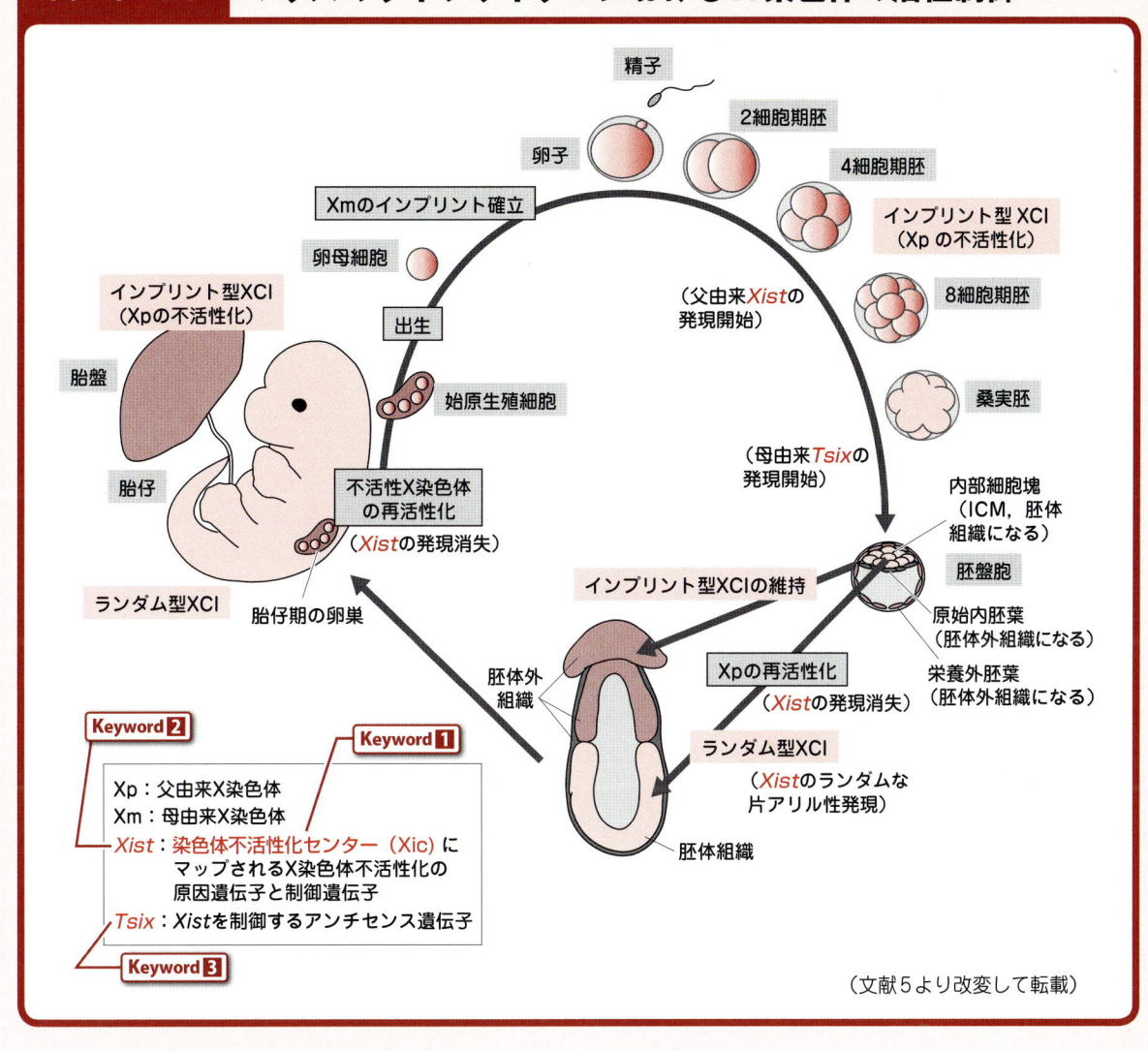

(文献5より改変して転載)

Keyword 1
Xist：染色体不活性化センター（Xic）にマップされるX染色体不活性化の原因遺伝子と制御遺伝子

Keyword 2
Xp：父由来X染色体
Xm：母由来X染色体

Keyword 3
Tsix：Xistを制御するアンチセンス遺伝子

3. 不活性X染色体の再活性化

　マウスの胚体組織系列でいったん不活性化されたX染色体は細胞分裂を経てもきわめて安定に維持されるが，唯一，始原生殖細胞（primordial germ cell：PGC）において再活性化される[2]．再活性化されたX染色体は，減数分裂を経て母由来X染色体（Xm）として次世代へ伝えられ，胚体組織系列でランダムに不活性化されるまで，活性を維持する．

　マウスのライフサイクルでは，着床前胚のICMと着床後の胚で出現するPGCにおいて不活性X染色体の再活性化が起こるわけであるが，両者がどの程度共通の機構によって制御されているかは不明である．しかし，いずれの場合もゲノムワイドのリプログラミングが起こり多能性遺伝子群の発現が認められる細胞であることから，X染色体再活性化の機構はリプログラミング機構あるいは多能性獲得機構と密接に関与していると考えられる．体細胞クローンマウス胚においてもドナー核に由来する不活性X染色体がいったん再活性化されることや，雌のマウスの体細胞から人工多能性幹細胞（induced pluripotent stem cell：iPSC）（第2部-5参照）を樹立すると体細胞核で不活性化されていたX染色体が再活性化されることからも，ゲノムワイドのリプログラミングがX染色体の活性制御に大きなインパクトをもつことがわかる．細胞分化とリプログラミングに応じて不活性化と再

活性化のサイクルを繰り返すこのようなX染色体の活性制御機構は典型的なエピジェネティック制御の1つといえる．

4. X染色体不活性化のしくみ

マウスの場合，インプリント型XCIが起こる胚体外組織では，Xmは不活性化されないようインプリントされている．このインプリントは多くの常染色体連鎖インプリント遺伝子と同様に，第一減数分裂前期の卵成長期に確立される．一方，Xpが積極的に不活性化するようインプリントされていることを支持する証拠は得られておらず，Xmが不活性化されない結果としてXpが選択的に不活性化されているという見解もある．

胚体組織におけるランダム型XCIの過程は，計数（counting），選択（choice），開始（initiation），伝播（spreading），維持（maintenance）の5つのステップに分けることができる．細胞は計数機構によりX染色体が2本あることを検知すると，どちらか一方のX染色体が選択され，不活性化が開始される．この過程で重要な役割を果たすのが，XCIを制御する染色体領域として細胞遺伝学的に同定された**X染色体不活性化センター（X chromosome inactivation center：Xic）（→Keyword❶**）[3]である．Xicは「計数」，「選択」，「開始」のそれぞれの機構に直接関与し，ここから不活性状態が染色体の両方向へと伝播すると考えられる．Xicは不活性化の開始には不可欠であるものの，いったん不活性状態が確立するとその状態はXic非依存的に維持されると考えられている．

5. Xist RNAによるX染色体の不活性化

インプリント型XCIとランダム型XCIのいずれにおいても重要な役割を果たすのがXic領域内にマップされるタンパク質をコードしない*Xist*（**→Keyword❷**）遺伝子である．その転写産物であるXist RNAは，2本のX染色体のうち一方からのみ不活性化に先立って発現し，そのX染色体を覆うように全体にわたって結合することで染色体ワイドのヘテロクロマチン化を引き起こす（**❷**の図2A）．4～8細胞期のマウス胚では，XpからのみXist RNAが発現し，Xpの不活性化を引き起こすのに対し，胚体組織ではランダムに一方のX染色体からXist RNAが発現し，そのX染色体を不活性化する．ジーンターゲティングによって*Xist*遺伝子を破壊し，Xist RNAの産生を阻害すると，そのX染色体は決して不活性化されなくなることから，Xist RNAがXCIに必須な役割を果たすことがわかる[4]．

*Xist*の発現制御については，*Xist*の転写単位を完全に含むアンチセンスRNAをコードする***Tsix*（→Keyword❸**）が重要な役割を果たすことが明らかにされている．Xist RNAの作用機序の詳細については不明な点が多いが，ヘテロクロマチンの確立や維持にかかわるさまざまなエピジェネティック制御因子，およびそれらの複合体をX染色体により寄せるのに重要な役割を果たしていると考えられる．遺伝子発現の抑制状態を維持するのに重要と考えられるポリコーム群（polycomb group：PcG）タンパク質複合体やヒストンH2Aのバリアントであるmacー口H2AはXist RNAに依存して不活性X染色体に局在することが示されている．

6. 不活性X染色体のエピジェネティクス

不活性X染色体は細胞周期を通して高度に凝縮したヘテロクロマチンの状態を維持しているが，セントロメア近傍（pericentromeric region）やテロメア（telomere）の構成的ヘテロクロマチン（constitutive heterochromatin）と区別して条件的ヘテロクロマチン（facultative heterochromatin）とよばれる．また，その複製時期はS期の後半に限定され，これが不活性X染色体を活性X染色体と区別する細胞学的特徴の1つとなっている．エピジェネティック修飾についても不活性X染色体はさまざまな特徴を有する．

1）DNAメチル化

遺伝子の転写制御領域にしばしば見出されるCpGアイランドは，一般にDNAメチル化を受けず低メチル化状態にある（第1部-1参照）．しかし，不活性X染色体上のCpGアイランドについては活性X染色体上にある場合に比べ，高度にメチル化されていることが知られ，不活性状態の維持に寄与していると考えられる．

2）ヒストン修飾

また，ヌクレオソームを構成するヒストンのN末端領域（ヒストンテール）はさまざまな翻訳後修飾を受け，それらが遺伝子の発現制御に重要な役割を果たすことがよく知られている（第1部-4～8参照）．

転写活性の高い遺伝子領域にはヒストンテールに含ま

れる特定のリジン残基（K）がアセチル化されたヒストンH3，およびH4が濃縮しているが，これらは不活性X染色体にはほとんど分布しない．また，これらのリジン残基はメチル化の修飾も受け，付加されるメチル基の数が1個（モノメチル，me1），2個（ジメチル，me2），3個（トリメチル，me3）のものまで存在するが，どのリジン残基にいくつメチル基が付加されているかによって，効果も異なると考えられる．不活性X染色体には，これまで調べられたいずれの動物種においても，ヒストンH3のN末端から9番目のリジンがジメチル化されたH3K9me2や27番目のリジンがトリメチル化されたH3K27me3が局在する．このH3K27me3はPcGタンパク質複合体であるPRC2（polycomb repressive complex 2）に含まれるヒストンメチル化酵素の1つEzh2によって触媒され，これを標的にさらにクラスの異なるPcGタンパク質で構成される複合体（PRC1）がX染色体へよび寄せられる．

このPRC1に含まれるユビキチンE3リガーゼであるRing1AもしくはRing1Bは，ヒストンH2Aの119番目のリジンをモノユビキチン（ub）化する（H2AK119ub）．また，種によって不活性X染色体への局在の有無が異なる修飾もいくつか知られ，ヒトの不活性X染色体にはヒストンH3の9番目のリジンがトリメチル化されたH3K9me3やヒストンH4の20番目のリジンがトリメチル化されたH4K20me3が局在するものの，これらの修飾は免疫染色法でみる限りマウスの不活性X染色体には認められない．これらヒストンのメチル化はいずれも転写の抑制にかかわると思われるものである．

一方，転写の活性化にかかわるアセチル化以外の修飾として，ヒストンH3の4番目のリジンのメチル化（H3K4me2, H3K4me3）があるが，これらもアセチル化ヒストンH3, H4同様不活性X染色体からは排除されている．

不活性化されるX染色体はXist RNAを発現することによってこのようなエピジェネティック修飾を段階的に獲得，あるいは排除し，最終的に安定なヘテロクロマチン状態を確立すると考えられるが，いずれも不活性化に必須なものとはいえない．おそらく，各々の修飾が協調的に不活性状態の維持に寄与していると思われるが，それぞれの重要性についてはいまだ不明な点が多い．

参考文献

1) Okamoto, I. et al.：Science, 303：644-649, 2004
2) Monk, M. & McLaren, A.：J. Embryol. Exp. Morphol., 63：75-84, 1981
3) Russell, L. B. & Cacheiro, N. L.：Basic Life Sci., 12：393-416, 1978
4) Marahrens, Y. et al.：Genes Dev., 11：156-166, 1997
5) 佐渡 敬：『卵子学』（森 崇英/総編集），147-154, 京都大学学術出版会, 2011

Keyword

1 X染色体不活性化センター

▶英文表記：X chromosome inactivation center
▶略称：Xic

1）X染色体と常染色体の相互転座

X染色体が遠位部を失ったさまざまな欠失や，X染色体と常染色体が遠位部を交換した相互転座などの染色体異常をもつマウス細胞を利用して，X染色体が不活性化するのに必要不可欠な染色体領域としてX染色体不活性センター（Xic）が細胞遺伝学的に同定されている．

X染色体と16番染色体の相互転座［T（X; 16）16H，あるいはT16H］の場合，X染色体の動原体を有する転座染色体をX^{16}，16番染色体の動原体を有する転座染色体を16^Xとすると，これらの転座染色体とともに正常なX染色体と16番染色体を1本ずつもつ雌（X^{16}/X; $16^X/16$）（図1B）では，X染色体についても16番染色体についても正常なもの（図1A）と比べ遺伝子量に過不足はなく（バランス型），外見上異常も認められない．しかし，このような雌を野生型の雄と交配すると，雌の卵形成過程における減数分裂時の染色体分配の仕方に応じて，バランス型の胚の他に転座染色体を1本しかもたない（X/X; $16^X/16$）（図1C）や（X^{16}/X; 16/16）（図1D）といった染色体の組合わせをもつ胚も生じる．これらアンバランス型の胚はX染色体と16番染色体が部分的に1コピーもしくは3コピー存在するので，野生型と比べて遺伝子量に過不足を生じ，胚は致死となる．

2）不活性化を制御するXic

X^{16}や16^Xをもつ成獣や胚の細胞でX染色体不活性化（XCI）を調べた結果，バランス型の雌の体細胞では例外なく野生型のX染色体が不活性化されていたのに対し，アンバランス型の胚では16番染色体に転座したX染色体（16^X）が不活性化されているものが観察された[1]．こ

図1 X染色体不活性化センター（Xic）

X染色体の欠失や転座を利用して同定されたXicは，X染色体不活性化（XCI）の「計数」，「選択」，「開始」に直接かかわる．Xicが1個の場合はXCIは起こらず，複数（n）ある場合はXicをもつ染色体のうち（n-1）本が不活性化される

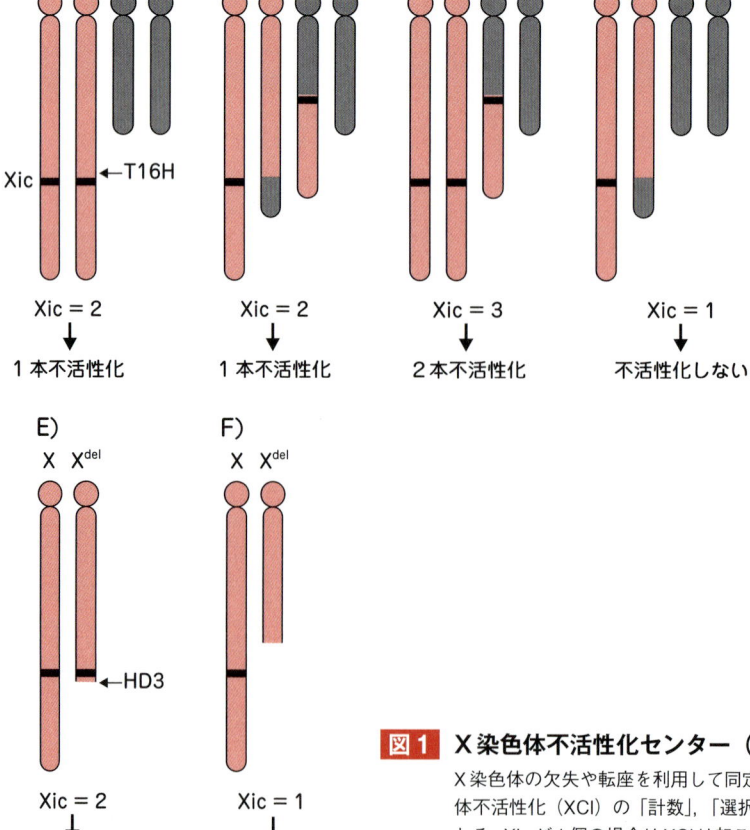

うした観察から，X染色体上にはXCIを制御するXicが1つ存在し，X^{16}はそのXicを失ったため決して不活性化されず，Xicが転座した16^Xは不活性化されうると考えられた．バランス型の雌（$X^{16}/X; 16^X/16$）の胚発生過程では，野生型X染色体が不活性化される細胞と，16^X染色体が不活性化される細胞が生じると予想されるが，野生型XとX^{16}が活性を維持することになる後者の細胞は，遺伝子量補償が不十分なため淘汰され，最終的に野生型X染色体が不活性化された前者の細胞だけが残ると考えられる．

一方，（$X/X; 16^X/16$）胚では野生型Xに加え16^Xが不活性化している細胞が認められ，（$X^{16}/X; 16/16$）の胚では不活性化している染色体が認められなかった[1]．このことから，Xicは計数機構にもかかわり，前者のようにこれをもつ染色体が3本存在するとそのうちの2本が不活性化され，後者のように1個しか存在しないと，X染色体のかなりの領域が2本存在してもXCIは開始されないと考えられた．また，XicはX^{16}の切断点（T16H）より遠位部に存在することも示唆された．

一方，X染色体の遠位部を欠失したさまざまなX^{del}染色体（図1 E, F）と野生型X染色体をもつ細胞の解析によって，HD3という切断点をもつ細胞株のX^{del}が不活性化できるもののなかで最も短くなっているものであったことから，XicはこのX^{del}の切断点HD3より近位側にあると考えられた[2]．このようにしてXicはT16H-HD3の間にあると考えられるようになった．

参考文献

1) Rastan, S. : J. Embryol. Exp. Morphol., 78 : 1-22, 1983
2) Rastan, S. & Robertson, E. J. : J. Embryol. Exp. Morphol., 90 : 379-388, 1985

Keyword

2 *Xist*

▶ フルスペル：X-inactive-specific transcript

1）イントロダクション

不活性X染色体特異的に発現される遺伝子としてクローニングされた，全長17〜18 kbのタンパク質をコードしない長鎖ノンコーディングRNA（long noncoding RNA : lncRNA）で，遺伝子はXic（1参照）領域内にマップされる．Xist RNAにはショートフォームとロングフォームがあり，ともにRNAポリメラーゼIIで転写されスプライシングを受けるが，poly（A）鎖が付加されるのはショートフォームだけである（図2 B）．Xistは細胞分化に伴って起こるXCIに先立って，一方のX染色体から発現され，転写産物であるlncRNAがそのX染色体全体に伝播し，不活性化を引き起こす[1]．

2）Xistの機能阻害

マウスの場合，XCIがインプリントされた胚体外組織では父由来アレルからのみ発現されるが，ランダム型XCIが起こる胚体組織では由来にかかわらず一方のアレルからランダムに発現される．ジーンターゲティングによってXist遺伝子の機能を阻害すると，その改変X染色体は決して不活性化されなくなることが示され，XistがXCIの開始に必須であることがわかった．しかし，Xistの機能欠損アレルに関してヘテロ接合体の雌の細胞でもXCI自体は起こり，そこでは野生型のX染色体が例外なく不活性化されている．すなわち，XicのうちXist遺伝子のノックアウトによって影響を受けるのは「開始」機構で，「計数」機構は影響を受けていないと考えられる．

ヘテロ接合体の細胞で野生型X染色体がもっぱら不活性化されるのが，野生型Xist遺伝子だけが選択的に発現されるようになったという可能性と，1で説明したT16Hの場合と同様，野生型アレルも改変Xistアレルも発現されるアレルとしてランダムに選択されるものの，改変Xistアレルを選択した細胞はXCIを引き起こせず最終的に淘汰されるため，結果的に野生型X染色体を不活性化させた細胞だけが残るという可能性も考えられる．「選択」機構におけるXistの機能阻害の影響は必ずしも明瞭ではなく，改変の仕方によって異なると予想される．

3）Xistのリピート配列と局在

Xist RNAはタンパク質をコードしないため，配列全体をみると種間の保存性は高くないが，部分的にはマウスとヒトの配列の間で保存性の高い反復配列からなる領域が5つ見出され，A〜Eリピートとよばれている（図2 B）[2]．さらにAリピートとBリピートの間にマウスの亜種間で保存されたFリピートというのも見出されている．これらのリピートのうち，AリピートはXist RNAによる染色体サイレンシングに不可欠であることが，ES細胞を用いた解析から示されている[3]．

一方，Xist RNAのX染色体への局在については，特定の領域がそれを担うというわけではなく，いくつかの領域が協調的に作用していると考えられる．また，Xist

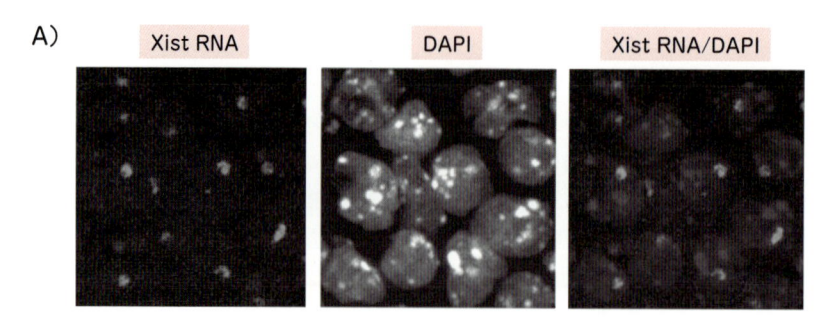

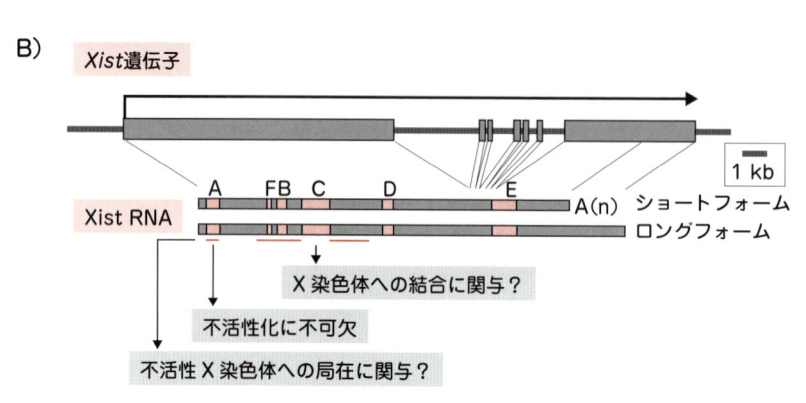

図2 Xist RNA の局在と構造（巻頭のカラーグラフィクス図3参照）

A) 分化誘導した雌ES細胞で発現するXist RNAのRNA-FISHによる観察（左）．核はDAPIで染色（中）．両者を重ねたものを（右）に示す．Xist RNAが間期核で1つのドメインとして集積しているのがわかる．B) *Xist*遺伝子領域のエキソン・イントロン構造と，転写されたXist RNAのなかの保存されたリピートの位置（A～F）．Aリピートを除くリピートの具体的な重要性はよくわかっていない

RNAのX染色体への局在にかかわるタンパク質としては核マトリックスの主要構成成分の1つであるhnRNP U（SAF-A）が唯一報告されていて，これをノックダウンするとXist RNAはX染色体に局在できず核質に拡散してしまう[4]．

4) Xistの起源

*Xist*はlncRNAをコードする遺伝子として広く真獣類（有胎盤類）に保存されていると考えられるが，有袋類には長らくそのホモログがみつからなかった．しかし，有袋類でシンテニーのある領域を注意深く調べた結果，*Lnx3*というタンパク質をコードする遺伝子のエキソン内のごく一部の配列に*Xist*のエキソン内の配列と限定的ながらも高い相同性を示す領域がみつかり[5]，*Xist*はタンパク質をコードする遺伝子から進化したと考えられるようになった．では，有袋類におけるXCIは，*Xist*によって制御される真獣類のXCIと根本的に異なるということになるのだろうか？

最近，有袋類であるオポッサムの細胞で雌特異的に発現され，一方のX染色体にだけ局在する，タンパク質をコードしないとみられるlncRNAが同定された．配列上の相同性は全くないものの，*Xist*とよく似た特徴を示す．*Rsx*（RNA-on-the-silent-X）[6]と名付けられたこのlncRNAを，マウスES細胞で強制発現させると，挿入されたゲノム領域周辺の遺伝子のサイレンシングを引き起こすことから，*Xist*とは独立に有袋類で進化した*Xist*の機能的ホモログである可能性が示唆されている．

参考文献

1) Panning, B. & Jaenisch, R. : Genes Dev., 10 : 1991-2002, 1996
2) Brockdorff, N. et al. : Cell, 71 : 515-526, 1992
3) Wutz, A. et al. : Nat. Genet., 30 : 167-174, 2002
4) Hasegawa, Y. et al. : Dev. Cell, 19 : 469-476, 2010
5) Duret, L. et al. : Science, 312 : 1653-1655, 2006
6) Grant, J. et al. : Nature, 487 : 254-258, 2012

Keyword
3 *Tsix*

1) イントロダクション

Xist（**2**参照）遺伝子座にはその転写単位を完全に含むアンチセンスRNAが存在し，*Tsix*とよばれる[1]．*Tsix*の転写産物もまた，*Xist*同様タンパク質をコードしない長鎖ノンコーディングRNA（long non-coding RNA：lncRNA）と考えられる．*Tsix*の転写産物はスプライシングを受けるものと受けないものが存在する[2]．ジーンターゲティングによって*Tsix*の機能を損ねるとそのX染色体上の*Xist*の発現を抑制できなくなることから，*Tsix*が負の制御因子として*Xist*の発現抑制に働くことが示されている[2,3]．*Tsix*の機能を担うのがそのRNA産物なのか，*Xist*の転写に対しアンチセンス方向に走る転写自体なのかは明らかになっていないが，*Tsix*を欠損したX染色体上の*Xist*プロモーター領域には転写抑制型のクロマチン環境が構築されなくなることから，*Tsix*は*Xist*のプロモーター領域のクロマチン構造制御を介して*Xist*の発現を制御していると考えられる[4]．

2) *Tsix*の発現制御

*Tsix*の転写開始点の上流にはいくつものDNase I 高感受性部位が存在し*Tsix*のエンハンサーとして機能していることが示唆されている（図3）．*Xite*と名付けられたこの領域には，未分化なES細胞において弱い転写活性が認められ，その転写が*Tsix*の発現を維持し，*Xist*の発現亢進を抑えるのに重要であるとされている．また，*Tsix*の主要転写開始点の下流に存在する*DxPas34*というマイクロサテライト配列内にはRex1，Klf4，c-Mycなどの多能性因子の結合部位があり，それらの結合が*Tsix*の発現を正に制御することが示唆されている．一方，*Xist*の第1イントロンにはOct3/4，Nanog，Sox2が結合し，これらは*Xist*の発現を負に制御することが示唆されている．このような多能性因子が*Xist/Tsix*遺伝子座に結合し，それぞれの発現を制御するというモデルは，細胞分化やリプログラミング（第2部-5参照）と密接にかかわるXCIを制御する機構としては理にかなったものといえる．

3) *Tsix*の機能阻害

胚体外組織では*Xist*がXpからのみ発現されるようインプリントされているのに対し，*Tsix*はXmからのみ発現されるようインプリントされている．その*Tsix*を欠損したX染色体（X$^{\Delta Tsix}$）についてヘテロ接合体の雌を野生型の雄と交配すると生まれてくるのは雌雄とも野生型ばかりで，X$^{\Delta Tsix}$を受け継いだ胚は胎生致死となる[2,3]．雄胚が致死となるのは唯一のX染色体である母由来X$^{\Delta Tsix}$が*Tsix*を発現できないために*Xist*を異所的に発現し不活性化してしまうことが原因で，雌胚の場合は胚体外組織でXpに加えて*Tsix*が機能しないXmも*Xist*を発現し，2本のX染色体がともに不活性化してしまうことが原因と考えられる．卵成長期にXmは胚体外組織で不活性化されないようインプリントされることが示されているが，*Tsix*の機能を損ねると胚体外組織でも不活

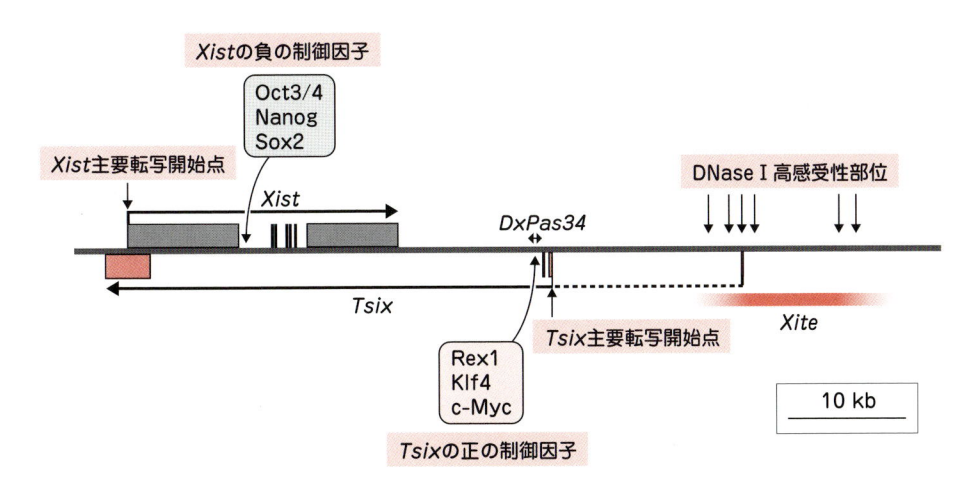

図3 ***Xist/Tsix*遺伝子座の構造**
スプライシングを受ける Tsix RNAのエキソンを ■ で示す．*Tsix*の主要転写開始点は第2エキソンの上流と考えられる．*Xite*の転写開始点，終結点は決められていない（文献6を元に作成）

性化されるようになることから，Xmの不活性化に対する抵抗性を担うのはXm特異的な*Tsix*の発現であることが示唆される．

これまで述べてきたように*Tsix*の発現は*Xist*の発現に対し拮抗的に働くと考えられるが，始原生殖細胞(PGC)で*Xist*の発現が消失し不活性X染色体が再活性化される際には，*Tsix*の発現は検出されないことから，このときの*Xist*の発現抑制は*Tsix*非依存的なものであると考えられる．*Tsix*は，XCIが開始されるときに活性を維持し続けるX染色体で*Xist*の発現亢進を防ぐのに重要な役割を果たすが，いったん*Xist*の発現が亢進しその状態が維持されるようになると，たとえ強制的に*Tsix*を発現させても*Xist*の発現を抑えられないことも報告されている[5]．

参考文献

1) Lee, J. T. et al.：Nat. Genet., 21：400-404, 1999
2) Sado, T. et al.：Development, 128：1275-1286, 2001
3) Lee, J. T.：Cell, 103：17-27, 2000
4) Sado, T. et al.：Dev. Cell, 9：159-165, 2005
5) Ohhata, T. et al.：Genes Dev., 25：1702-1715, 2011
6) Sado, T. & Brockdorff, N.：Philos. Trans. R. Soc. Lond. B. Biol. Sci., 368：20110325, 2013

第2部　生命現象とエピジェネティクス

2 ゲノムインプリンティング
genomic imprinting

石野史敏

Keyword　❶ゲノムインプリンティングの発見　❷*Peg/Meg*　❸*Igf2/H19*

概論　ゲノムインプリンティングとは

1. はじめに

　由来した親の性別によって対立遺伝子のどちらが発現するかが決定される機構のことで，ゲノムインプリンティングまたはゲノム刷込みともよばれるエピジェネティック機構である．父親・母親由来のゲノムの機能的差異を表すさまざまな現象を指す用語としても使われる．哺乳類および被子植物でみられ，個体発生，成長，行動などの過程で必須の役割を果たす．この機構により制御される父親性または母親性発現インプリント遺伝子の発現欠失・過剰発現は，ヒトではさまざまなゲノムインプリンティング型疾患の原因となる（第3部-9参照）．これらの疾患は非メンデル遺伝様式で伝わる．それは，メンデルの遺伝法則は父親・母親由来のゲノムに由来する対立遺伝子が同等に発現することを前提条件とするからである．

2. ゲノムインプリンティング現象とインプリント遺伝子の発見

　前核移植実験は，受精直後に卵子由来の雌性前核と精子由来の雄性前核の入れ換えを行う発生工学的手法である．この方法で作製したマウスの雌性単為発生胚および雄性発生胚は，異なった形態的異常を示し，どちらも初期胚致死となる．染色体の均衡転座を起こしたマウス同士を交配させる遺伝学的実験では，特定の染色体部分を片親性重複したマウスを作製することができる．このようなマウスでは片親性重複した染色体部位により，さまざまな異なる異常表現型がみられる．これら2つの実験は，哺乳類では父親・母親由来のゲノムが個体発生において異なる機能を果たしていることを示している．精子，卵子のゲノムには，父親・母親由来のエピジェネティックな記憶が存在するという意味で，これらはゲノムインプリンティング（ゲノム刷込み）現象と命名された（**ゲノムインプリンティングの発見**）（→Keyword❶）．

　父親・母親由来のゲノムの機能的差異は，**父親性発現を示す遺伝子群**（paternally expressed genes：*Peg*）（→Keyword❷）と**母親性発現を示す遺伝子群**（maternally expressed genes：*Meg*）（→Keyword❷）という2種類のインプリント遺伝子の存在で理解される．ヒトおよびマウスでインプリント遺伝子は*Peg*，*Meg*合わせて100以上発見されている．インプリント遺伝子の発見以降，ゲノムインプリンティングはこれら遺伝子群の片親性発現制御機構の意味でも使われる．

3. インプリント領域のDNAメチル化による発現制御

1) インプリント制御配列DMR

　染色体には複数のインプリント遺伝子がクラスターをなしているインプリント領域がある．それぞれの領域は必ず1つ以上のDMR（differentially methylated region）とよばれるインプリンティング制御配列が存在する．DMRは父親・母親由来のゲノムでDNAメチル化状態が異なり，父親（精子）由来がDNAメチル化されている領域を父親性インプリント領域（paternally imprinted regions），母親（卵子）由来がDNAメチル化されている領域を母親性インプリント領域（maternally imprinted regions）という（**イラストマップ**）．前

イラストマップ　哺乳類におけるゲノムインプリンティングのサイクル

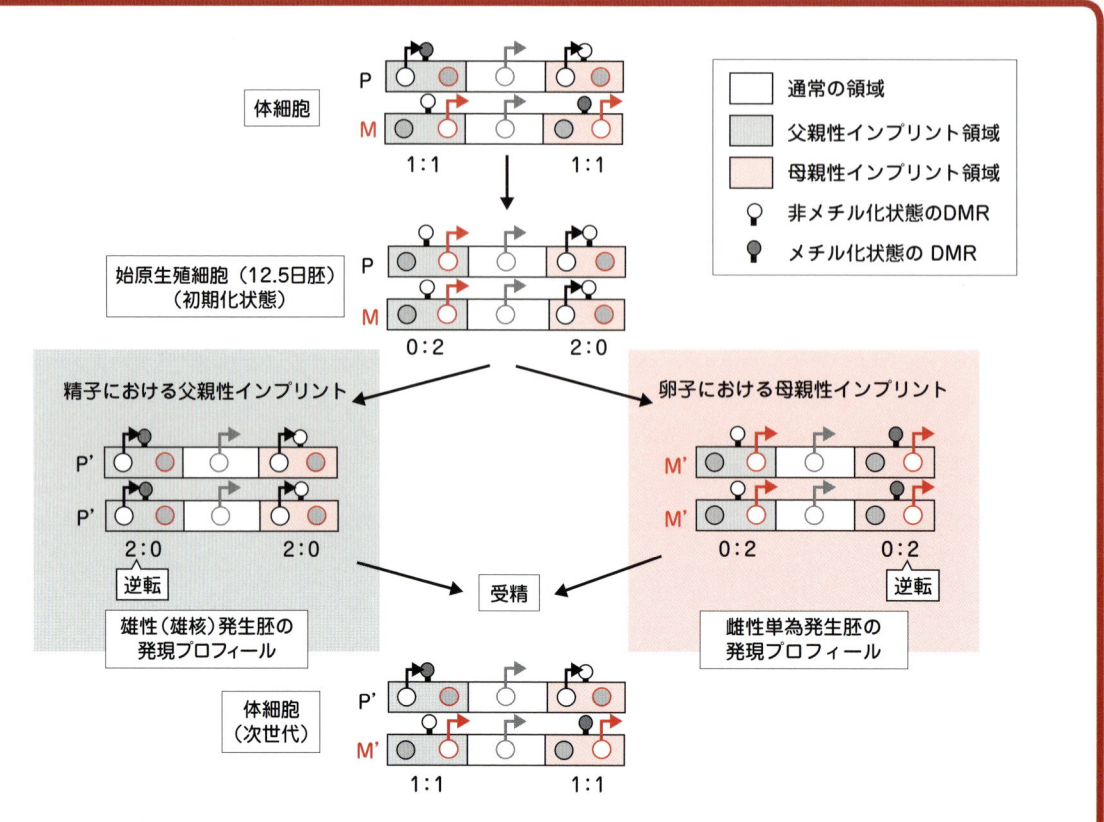

体細胞ではインプリント領域のDMRは，両親由来のゲノムのうち片方のみがメチル化されている．そのため，*Peg*も*Meg*も片親性発現を示す（1：1と表す）．始原生殖細胞でメチル化が完全に消去されると，*Peg*と*Meg*の発現は父親性インプリント領域で0：2，母親性インプリント領域で2：0となる．父親性インプリントは父親性インプリント領域だけに刷込まれ発現は2：0に逆転する．母親性インプリントは母親性インプリント領域だけに刷込まれ発現は0：2に逆転する．この結果，精子と卵子の受精により次世代の体細胞において*Peg*と*Meg*の1：1の発現が再現される．PMはその個体における父親・母親由来の染色体を表す．P'M'は次世代用の染色体に対応する．「ゲノムインプリンティング発見（Keyword 1）」のきっかけとなった雌性単為発生胚，雄性（雄核）発生胚では，それぞれ，P'P'，M'M'の発現パターンをとるために致死となっていた．○/○が「*Peg/Meg*（Keyword 2）」を示している．「*Igf2/H19*（Keyword 3）」は父親性インプリント領域の1つである

者はヒトでは2カ所，マウスで3カ所のみであり，後者は約10カ所が知られる．DMRのメチル化状態により，インプリント領域内の*Peg*と*Meg*は発現と抑制が逆向きにかつ同時に制御される．

2）DNAメチル化による制御

*Igf2*と*H19*（→Keyword 3）は隣接する*Peg*と*Meg*の代表例であり，その発現制御機構はインスレーターモデルで説明される．*Igf2/H19*領域は父親性インプリント領域であり，*H19*のプロモーター上流域に存在する*H19* DMRは父親由来のゲノムがDNAメチル化されている．この状態で*Igf2*は発現し，*H19*は抑制される．逆に母親由来のゲノムは非メチル化状態であり，*Igf2*は抑制され，*H19*が発現する．これは*H19* DMRにはインスレーター配列が存在し，それに結合するCTCFタンパク質（インスレーター結合タンパク質）（第1部-11参照）が，プロモーターを活性化する下流のエンハンサーの作用を止めるためである．DMRがメチル化されるとCTCFタンパク質は結合せず，エンハンサーが*Igf2*およびその上流の*Ins*のプロモーターまで作用する．このようにして*Ins*および*Igf2*は*Peg*，*H19*は*Meg*として振る

舞う．
　DNAメチル化の維持酵素をコードする*Dnmt1*（第1部-1参照）のノックアウト（KO）マウスでは，*H19*が両親性で発現し，*Igf2*は発現抑制される．一般的な遺伝子発現調節機構ではプロモーター領域のDNAメチル化は抑制を意味する．しかし，インプリント領域では，DNAメチル化は遺伝子の発現抑制だけではなく，同時に発現誘導にも関係する．インプリント領域の重要な特徴は，インプリント遺伝子の半分がDNAメチル化により抑制され，残り半分は発現誘導されることである[1]．

4. インプリント記憶のリプログラミング

　受精後，個体発生・成長の過程において，体細胞系列の細胞ではDMRのDNAメチル化パターンは一生維持される．しかし，次世代へのゲノム情報を伝達する生殖細胞ではインプリント記憶は完全に消去され，再度，その個体の性別に応じて刷込まれる（**イラストマップ**）．マウスでは胎仔期ほぼ7日目に将来の生殖細胞である始原生殖細胞（primordial germ cells：PGC）が出現する．この時点のPGCのDMRのメチル化状態は体細胞と同一であるが，将来の生殖巣である生殖隆起内に移動を完了する11.5日目前後でDMRは脱メチル化され，12.5日目までに完全に非メチル化状態となる[2]．

　その後，父親性インプリント領域は出生前後の精原細胞の段階でDMRがDNAメチル化される．一方，母親性インプリント領域では出生後，卵巣での卵成熟の過程でそれは起こる．このDNAメチル化には父親性インプリント領域，母親性インプリント領域ともに*de novo*のDNAメチル化酵素であるDnmt3aまたは3b（第1部-1参照），およびDNAメチル化酵素活性はもたないがこれらに相同性の高いDnmt3lが機能する[3][4]．いったん成立したDNAメチル化パターンは，維持メチル化酵素であるDnmt1により体細胞分裂を経ても保存される．

　精子，卵子ゲノム全体のDNAメチル化レベルはDMR以外でも非常に異なる．その大部分は受精後の初期発生過程で消失するが，DMRは受精後のゲノムワイドの脱メチル化過程から逃れることが知られ（**第2部-4参照**），それにはPGC7/Stella, Np95, Zfp57タンパク質などが関係している．

5. DMRおよびインプリント領域の起源

　ゲノムインプリンティングは哺乳類でも胎生様式を採用した有袋類と真獣類にのみにみられる．真獣類では，ほとんどのインプリント領域は共通するが，げっ歯類にのみ存在するインプリント領域も存在する．有袋類では*IGF2/H19*, *PEG10*, *PEG1/MEST*, *IGF2R*の4領域のみが確認されている．

　単孔類，有袋類および真獣類間の比較ゲノム解析から，多くの場合，特定の領域にインプリント制御がはじまった時期に，DMRとなるDNA配列自体の挿入が起きたことがわかる[5]．すなわち，これら挿入DNA配列が精子と卵子で異なるDNAメチル化を受けDMRとなったときに，インプリント領域は生じたと考えられる．DMRはそれまで両親性発現をしていた周辺遺伝子を*Peg*と*Meg*に変化させたのだろう．ゲノムインプリンティング機構は，哺乳類の個体発生に有利（または必須）であるため，現在でも保存されていると考えられる．以上より，インプリント領域はDMRとなるDNA配列の挿入という偶然ではじまり，片親性発現をする遺伝子が胎仔や胎盤の成長の制御に有利だったので，長い進化の過程で選択，維持されたと推察される．

参考文献

1) Kaneko-Ishino, T. et al.：Cytogenet. Genome Res., 113：24-30, 2006
2) Lee, J. et al.：Development, 129：1807-1817, 2002
3) Okano, M. et al.：Cell, 99：247-257, 1999
4) Kaneda, M. et al.：Nature, 429：900-903, 2004
5) Renfree, M. B. et al.：『Mammalian Epigenetics in Biology and Medicine』(Ishino, F. et al. ed.), Philos. Trans. R. Soc. Lond. B. Biol. Sci., 368：20120151, Royal Society Publishing, 2013

参考図書

◆ Barlow, D. P. & Bartolomei, M. S.：『EPIGENETICS』(Allis, C. D. et al. ed.), pp357-375, Cold Spring Harbor Lab. Press, 2007
◆ Barlow, D. P. & Bartolomei, M. S.：『エピジェネティクス』(アリス, C. D., 他/編, 堀越正美/監訳), pp.417-439, 培風館, 2010
◆ MouseBook™, Imprinting Catalog (http://www.mousebook.org/catalog.php?catalog=imprinting)

Keyword
1 ゲノムインプリンティングの発見

▶英文表記：discovery of genomic imprinting

1）イントロダクション

　ゲノムインプリンティング現象は，そもそも哺乳類は雌性単為発生が可能かどうかという問題の検証過程で発見された．マウスでは，受精卵の精子由来の雄性前核と卵子由来の雌性前核を交換移植して，雌性前核2つからなる雌性単為発生胚（parthenogenetic/gynogenic embryo），雄性前核2つからなる雄性（雄核）発生胚（androgenetic embryos）はどちらも正常に生まれるという実験結果が報告されていた．しかし，1984年に，3つの異なるグループがこの実験は再現しないこと，詳細に胎仔期の発生を調べると，実際には，前者では胎仔はやや小さいだけで正常にみえるものの胎盤形成不全が，後者では逆に胎盤形成過剰と胎仔発生の不全がみられ，どちらも初期胚致死となることを明らかにした（図1）[1)～3)]．この実験は，哺乳類は単為発生できないという結論だけでなく，父親・母親由来のゲノムが個体発生においては異なる機能を果たすこと，ゲノムには塩基配列以外にもエピジェネティックな情報が含まれることを明らかにした．

2）突然異変マウス t-complex

　一方，t-complexとよばれる突然変異をもつマウスが，母親由来のときには致死となるが父親由来では正常に産まれるという不思議な遺伝現象が観察されていた．1985年以降，実験的に一部の染色体領域を片親性2倍体にしたマウスが作製され，これらがさまざまな表現型の異常を示すことが示された[4)5)]．このような領域は染色体上のインプリント領域とよばれるようになった（図2）．大部分のインプリント領域には **2** で述べる *Peg* と *Meg* の両者が含まれる．

3）原因遺伝子

　以上の発生工学的実験と遺伝学的実験の結果は，*Peg* と *Meg* の発見とそれに続く遺伝子機能の解明により，同一の機構で生じることが明らかになった．雌性単為発生胚の胎盤形成不全は父親性発現遺伝子 *Peg10* の発現欠失で起きるが，この *Peg10* はマウス6番染色体近位部の母親性2倍体で初期胚致死を引き起こすインプリント領域に存在している．雄性発生胚の初期胚致死の原因は，マウス7番染色体遠位部の母親性発現遺伝子 *Mash2/Ascl2* の発現欠失により引き起こされる．*Peg10* も *Mash2/Ascl2* のどちらも胎盤の初期発生に必須の遺伝子であり，胎盤の異常から胎仔の成長が著しく遅れるものと考えられる．なお，t-complexはマウス17番染色

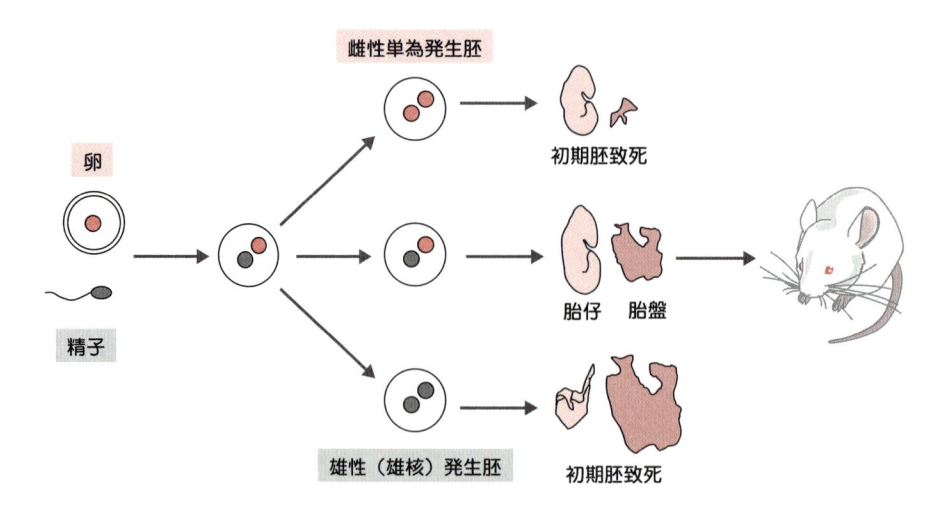

図1　マウスでの前核移植実験
受精直後に前核移植で作製した雌性単為発生胚は，胎仔成長は小さいながらも正常にみえるが，胎盤形成不全により初期胚致死となる．一方，雄性（雄核）発生胚は，胎盤の過剰形成と胎仔の成長阻害がみられ初期胚致死となる．この胎盤は一部の組織のみからなる異常なものである．この実験からは母親由来のゲノムは胎仔の，父親由来のゲノムは胎盤の成長に関与するようにみえるが，実際には，どちらも胎仔・胎盤の形成に必須である

体遠位部にマップされ，この領域の解析から1991年に最初のインプリント遺伝子である*Igf2r*が発見された．

参考文献

1) Surani, M. A. et al. : Nature, 308 : 548-550, 1984
2) McGrath, J. & Solter, D. : Cell, 37 : 179-183, 1984
3) Mann, J. R. & Lovell-Badge, R. H. : Nature, 310 : 66-67, 1984
4) Cattanach, B. M. & Kirk, M. : Nature, 315 : 496-498, 1985
5) MouseBook™, Imprinting Catalog (http://www.mousebook.org/catalog.php?catalog=imprinting)

Keyword
2 Peg/Meg

▶フルスペル：paternally expressed genes/maternally expressed genes

1）イントロダクション

インプリント遺伝子には父親性・母親性発現遺伝子（*Peg*と*Meg*）の2種類が存在する．1991年に*Igf2r*, *Igf2*, *H19*の3つのインプリント遺伝子が発見されて以来[1)～3)]，現在までに100を超すインプリント遺伝子がマウスおよびヒトで発見されている[4)5)]．その大部分は，片親性2倍体の実験で明らかにされたインプリント領域にマップされた．すなわち1つのインプリント領域には複数のインプリント遺伝子がクラスターをなして存在しており，通常*Peg*と*Meg*の両方を含む．

2）ノックアウトマウスによる解析

マウスとヒトでは多くのインプリント領域は保存されており，同じインプリント領域の異常によりヒト，マウスがほぼ同じ表現型異常を示す．そのためヒト疾患の原因遺伝子の探索にインプリント遺伝子のノックアウトマウスなどが有効に利用される．例えば図2のマウス7番染色体遠位部にある*Igf2*（❸参照），*Cdkn1c/p57/Kip2*などはBeckwith-Wiedmann症候群，中央部にある*Snord64*, *Upe3a*などはそれぞれPrader-WilliおよびAngelman症候群の主要原因遺伝子と考えられている（図2中の＊印の遺伝子）．他にもSilver-Russell症候群では6番染色体の*Peg1/Mest*, *Peg10*, *Meg1/Grb10*など，父親性/母親性染色体2倍体症候群では*AntiPeg11/*

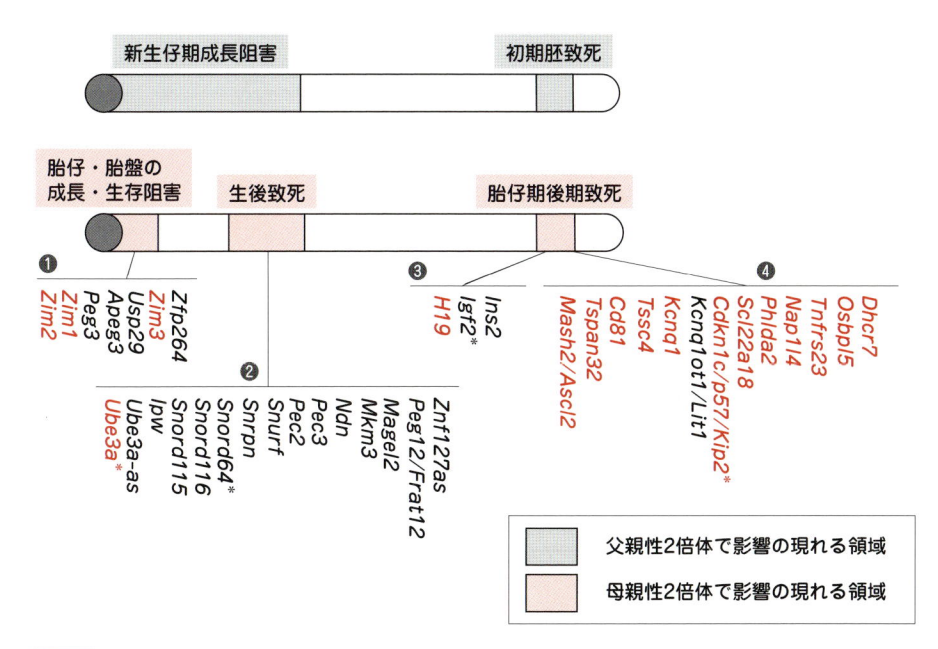

図2　マウス7番染色体におけるインプリント領域とインプリント遺伝子
染色体は左が近位部，右が遠位部として配置している．4つのインプリント領域（❶～❹）が示してある．このうち*Igf2/H19*領域（❸）は父親性インプリント領域で，残りは母親性インプリント領域である．黒字は*Peg*，赤字は*Meg*を表す．＊は本文中で紹介している遺伝子

antiRtl1, Peg11/Rtl1, Dlk1 などのインプリント遺伝子が主要原因遺伝子と考えられる．

3）名称に関する注意

概論で説明したように，ゲノムインプリンティングは遺伝子の発現抑制と発現誘導を同時に切替える機構である．以前は，誤って父親性発現遺伝子 Peg のことを paternally imprinted gene，母親性発現遺伝子 Meg を maternally imprinted gene と同義に使用されたが，今では用いられないので注意が必要である．paternally imprinted gene（父親性インプリント遺伝子）は，Peg と Meg を問わず父親性インプリント領域に含まれるインプリント遺伝子を意味する．母親性インプリント遺伝子（maternally imprinted gene）も同様に，母親性インプリント領域に含まれるインプリント遺伝子を意味する．Igf2/H19 領域は父親性インプリント領域に属し，Peg である Igf2，Meg である H19 ともに paternally imprinted genes ということになる．Igf2r 領域は母親性インプリント領域であり，Igf2r が Meg，Airn は Peg でありどちらも maternally imprinted genes である．マウスでは父親性インプリント領域は3カ所（ヒトでは2カ所）であり，残りはすべて母親性インプリント領域である．

参考文献

1) DeChiara, T. M. et al.: Cell, 64: 849-859, 1991
2) Barlow, D. P. et al.: Nature, 349: 84-87, 1991
3) Bartolomei, M. S. et al.: Nature, 351: 153-155, 1991
4) Hayashizaki, Y. et al.: Nat. Genet., 6: 33-40, 1994
5) Kaneko-Ishino, T. et al.: Nat. Genet., 11: 52-59, 1995

Keyword
3 Igf2/H19

▶ Igf2: insulin like growth factor 2
▶ H19: hepatic library number. 19

1）イントロダクション

Igf2 と H19 は，Igf2r と同じ1991年に発見されたインプリント遺伝子である．また，Peg（Igf2）と Meg（H19）が隣同士に並んでクラスターをつくっているはじめての例であった．その後，ほとんどのインプリント領域が Peg と Meg（**2**参照）が集まったクラスターであることが明らかとなり，インプリント制御は個々の遺伝子ではなく領域全体にかかっていることが明らかとなる（図2）．インスレータモデルは Igf2/H19 領域を例とした，はじめてのインプリント領域全体の発現制御モデルでもある[1)2)]．この領域の発現制御は**概論**と図3を参照して欲しい．

2）DMRのメチル化による制御

Igf2r 領域や Kcnq1 領域（図2の❶）では，Airn，Kcnq1ot1/Lit1 のように100 kb を超える長いアンチセンス RNA がインプリント制御に必須の機能を果たしているが，その詳細は不明である[3)4)]．また Prader-Willi および Angelman 症候群に関係する領域（図2の❷）では，離れた2つの領域がインプリント制御に関係している．しかし，これらすべての場合において，DMR（differentially methylatede region）のDNAメチル化状態で Peg と Meg の発現が逆向きに制御されるという規則は成り立っている．

重要な点は，どのインプリント領域でも，そこに含ま

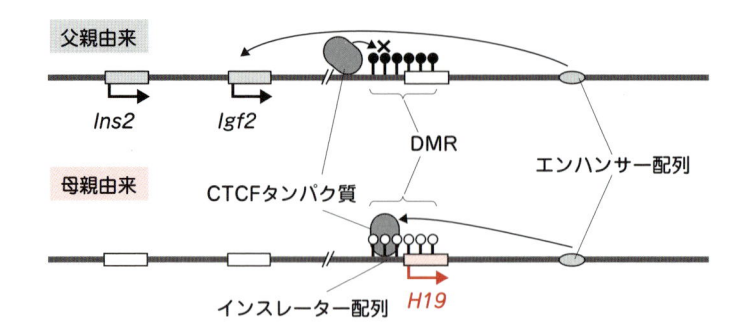

図3 ***Igf2/H19* 領域におけるインプリント制御（インスレーターモデル）**

H19 プロモーター上流にある H19 DMR とそこに含まれるインスレーター配列，H19 の下流にあるエンハンサー配列の3つのDNA配列がそろうことによって，インプリント領域制御が行われる．インスレーター配列，インスレーター結合タンパク質，エンハンサー配列は真核細胞に普遍的に存在するが，DMR は哺乳類ゲノムのみに存在する．DMR の存在により，父親由来のゲノムは Peg，母親由来のゲノムは Meg しか発現できない状態になっている

れる*Peg*と*Meg*の両方を発現するためには，DMRがメチル化・非メチル化の2つの異なる状態をとる父親・母親由来のゲノムが同一細胞に共存することが必須の要件となることである（**イラストマップ**）．なぜならDNAメチル化が消去されたDMRの状態では，父親性インプリント領域の*Meg*および母親性インプリント領域の*Peg*だけが発現状態にあり，残りの半分（父親性インプリント領域の*Peg*と母親性インプリント領域の*Meg*）は抑制状態にある．

父親性と母親性の2種類のインプリント領域では，DNAメチル化による*Peg*と*Meg*の発現抑制・誘導が逆向きではあるが，半分のインプリント遺伝子群の発現のためにDMRのDNAメチル化が必要であることは変わらない．すなわち，インプリント領域はDNAメチル化が異なり，遺伝子発現状態が異なる2つのエピゲノム状態が必要な領域であり，哺乳類ゲノムのなかでも特殊な領域であるといえる．

参考文献

1) Hark, A. T. et al.：Nature, 405：486-489, 2000
2) Bell, A. C. & Felsenfeld, G.：Nature, 405：482-485, 2000
3) Sleutels, F. et al.：Nature, 415：810-813, 2002
4) Mancini-Dinardo, D. et al.：Genes Dev., 20：1268-1282, 2006

第2部 生命現象とエピジェネティクス

3 その他の染色体制御
other regulations of chromosomes

進藤軌久, 広田 亨

Keyword ❶染色体分配　❷トランスポゾン抑制

概論
エピジェネティクスとその他の染色体制御機構

1. 染色体分配

1) 染色体分配の条件

染色体分配（→Keyword❶）が正常に行われるには，以下の2つのエピジェネティックな条件が満たされなくてはならない．第一に，セントロメアが各姉妹染色分体上に1カ所ずつ形成されなくてはならない．セントロメアが1つも形成できなければ染色体分離そのものができなくなり，複数のセントロメアができてしまうと染色体の断片化を招いてしまう．第二に，セントロメア領域にキネトコアとよばれるタンパク質複合体が形成されなくてはならない．キネトコアは約100個のタンパク質からなる巨大なタンパク質複合体であり，姉妹染色分体が微小管と結合する際のインターフェースとなる．

2) セントロメア形成の機構

セントロメア形成のためには，ヒストンH3のバリアントの1つであるCENP-Aが必須のタンパク質である．しかし，生物種によっては必ずしも十分ではなく，ヒト細胞においてはCENP-Aをセントロメア以外の場所に局在させてもキネトコアは形成されない．CENP-Aと複合体を形成する一群のタンパク質として，CCAN（constitutive centromeric-associated network）とよばれる16個のタンパク質が同定されており，CENP-Aに加えてセントロメア形成に必須の役割を担うことが明らかになっている．

それらのうち，DNAに直接結合するCENP-CとCENP-Tを人為的にセントロメア以外の領域に局在させると，機能をもつキネトコアが形成されることが報告されている（イラストマップA）[1]．さらにCENP-Tの分裂期特異的なリン酸化によって，キネトコアタンパク質の集積が調節されていることも明らかになった．CENP-Aのみの異所的な局在では，部分的なキネトコアタンパク質の集積はできても，CENP-Tは集積しないことから，CENP-T局在にかかわる何らかの因子がCENP-A以外にも必要と考えられる．さらに，CENP-Tは他の3つのCCANタンパク質とCENP-T-W-S-X複合体を形成するが，X線結晶構造解析によりこの複合体がヒストンによく似た構造をとり，DNAが巻きついたヌクレオソームのような構造体を形成していることが明らかになった[2]．非ヒストンタンパク質がヒストン様の構造をとり，特殊なクロマチン領域を規定するということは，ヒストン修飾とヒストンバリアントのみで考えられてきたいわゆるヒストンコードを拡張するモデルとして興味深い．

3) キネトコア形成の機構

CENP-Aはごく少量であってもその機能を果たしうるため，RNAiを用いた機能解析が難しいという問題があった．Clevelandらは，条件的ノックアウト細胞を用いてヒトのセントロメアにおけるCENP-Aの役割を明らかにしている[3]．これによると，CENP-Aの量が元の量の1％以下になるとCENP-CやCENP-Tを含む多くのCCANのセントロメア局在が低下し，機能的なキネトコア形成ができなくなっていた．さらに彼らは，ヒストンH3を改変して部分的にCENP-A配列をもつ変異体を作製することでCENP-Aの機能ドメインを明らかにしているが，以下のような2段階のモデルを提唱している（イラストマップB）．まずCENP-AのCATD（centromere

イラストマップ 染色体分配とトランスポゾン抑制

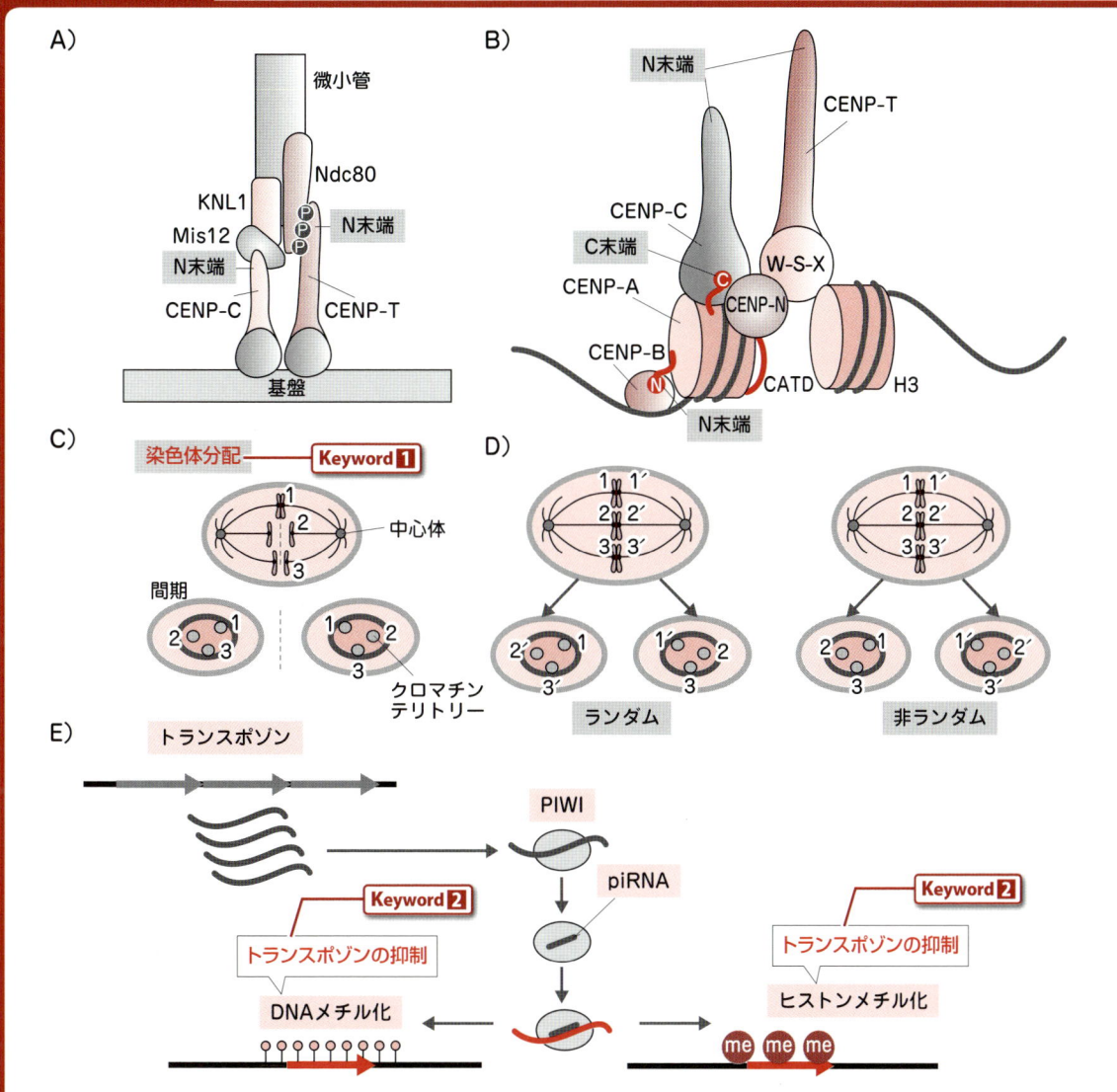

A) CENP-CとCENP-Tを用いた人為的キネトコア形成．CENP-CとCENP-Tを染色体上のセントロメア以外の場所に，強制的に局在させると，微小管と結合し染色体分配を行うことができるキネトコアが形成される（文献1を元に作成）．B) キネトコア形成の2段階モデル．セントロメアにおいてはCENP-AがCENP-CとCENP-Tの安定した局在を支えている．CENP-AのN末端はCENP-Bの局在を，C末端はCENP-Cの局在をそれぞれ安定させ，ループ状のCATDドメインはCENP-Aのセントロメア局在と，そのポジティブチャージによりCENP-T-W-S-Xの局在を促進するものと考えられている（文献3を元に作成）．C) 間期核内の相対的位置関係は染色体分配時に決定される．Gerlichらによれば，間期の核内におけるクロマチンテリトリーの相対的位置関係は，染色体分配時に赤道面に並んだ染色体の位置関係と分離のタイミングによって規定されている．点線は赤道面があった場所を示す．染色体分配時に分離のタイミングが一番早かった2の染色体は，間期において赤道面から最も遠い位置にある（文献4を元に作成）．D) ランダムな染色体分配と非ランダムな染色体分配．通常，姉妹染色分体はランダムに娘細胞に分配され（左），二本ある姉妹染色分体のどちらか一方が同じ娘細胞に分配される右図のような非ランダムな分配（右）が起きるケースはまれである．Yadlapalliらはショウジョウバエの生殖系列幹細胞において，性染色体は非ランダムに分配されることを見出した（文献7を元に作成）．E) トランスポゾン抑制の一例．piRNAを介した動物の生殖系列におけるトランスポゾン抑制．トランスポゾン様の配列を多く含むpiRNA locusからの転写産物（濃い灰色の線）がPIWIと結合し，短いpiRNAができる．相補的な転写産物（赤線）と結合し，トランスポゾン（赤い矢印）の挿入部位にDNAメチル化酵素やヒストンメチル化酵素を誘導する

targeting）ドメイン依存的に分裂期直後にセントロメア領域に局在し，その領域のクロマチン環境を変化させることでCENP-NやCENP-T-W-S-Xを集積させる．次にCENP-AのN末端側領域によりCENP-Bが，C末端側領域によりCENP-Cがそれぞれ安定的にセントロメア局在することでキネトコア形成が可能になる．

4) 染色体分配の機構

　間期において，それぞれの染色体は核内でクロマチンテリトリーとよばれる領域を形成しており，それぞれが混在しないようになっていることが知られている．核内における位置は，転写状態や組換えの頻度に関係しており，細胞の特性を規定する重要な要素と考えられる．間期におけるクロマチンの移動はきわめて小さく（1μm未満），それぞれの染色体の間期の核内における相対的な位置関係は，分裂期の染色体分配時に決定されているようだ（**イラストマップC**）[4]．

　これによると，分裂期中期において赤道面に整列した際の相対的な位置関係が，その後の核内配置における赤道面に平行な成分の大枠を決めており，さらに，それぞれの姉妹染色分体の分離するタイミングの違いが，それぞれの核内配置における赤道面に直行する成分を規定している．姉妹染色分体の分離するタイミングは姉妹染色分体をつなぎ止めているコヒーシンがセパレースに完全に除去されるまでに要する時間に依存しているものと考えられるが，われわれのセパレースバイオセンサーを用いた検証の結果，セパレース活性化のタイミングに染色体間の差異はみられていない[5]．おそらくセントロメア近傍に存在するヘテロクロマチン領域の大きさに相関するコヒーシン量の違いが，染色体分離のタイミングを規定していると考えられる．親細胞の核内におけるクロマチンテリトリーの配置が分裂期を乗り越えて娘細胞にも継承されるかどうかについては異論があるが[6]，染色体分配がエピジェネティックな情報伝達に貢献しうるという知見は今後の検証が待たれる．

　最近，非対称分裂を行う幹細胞において姉妹染色分体が区別され選択的に娘細胞に分配されているという知見が報告されている．ショウジョウバエの生殖系列幹細胞において，常染色体の姉妹染色分体はランダムに分配されていたが，性染色体の姉妹染色分体はある特定のDNA鎖が，常に幹細胞側に分配されるようになっていた（**イラストマップD**）[7]．どのような機構で姉妹染色分体が区別されているかの解明が待たれる．

2. トランスポゾンの抑制

　トランスポゾンの転移はゲノムを撹乱するため，転移を制御するしくみが存在する（**トランスポゾン抑制**）（→**Keyword 2**）（**イラストマップE**）．

1) DNAメチル化による抑制

　マウスのゲノムにはIAP（intracisternal A particle）とよばれるレトロトランスポゾンが1,000コピー以上も存在しており，自身のRNA産物を自らのコードする逆転写酵素を用いてcDNAにし，ゲノム中のさまざまな場所に転移することができる．IAPの両端にはLTR（long terminal repeat）とよばれる長い反復配列があり，強力なプロモーターおよびエンハンサー活性を有している．通常，このLTR領域のDNAはメチル化されておりIAPの転写は抑制されているが，DNAメチル化酵素Dnmt1（第1部-1参照）のノックアウトマウスにおいては，IAP配列の転写量が通常の100倍近くに上昇する[8]．

2) ヒストンメチル化による抑制

　一方，マウスのES細胞（胚性幹細胞）においては，ヒストンメチル化によるトランスポゾン抑制機構が報告されている[9]．ESETはヒストンH3の9番目のリジンをメチル化する酵素であるが，その条件的ノックアウトES細胞ではIAPや同じLTR型のレトロトランスポゾンに分類されるERV（内因性レトロウイルス）の転写量が上昇していた．

3) 分裂酵母におけるCENP-B様タンパク質による抑制

　トランスポゾンはゲノムを撹乱するだけでなく，進化の過程で重要な役割を果たすことも知られている．イグザプテーションとよばれるこの現象は哺乳類の胎生の獲得などに貢献したと考えられている．前述したセントロメア局在を示すCENP-Bは，DNA型トランスポゾン由来のタンパク質であり，脊椎動物では哺乳類にしか保存されていない．分裂酵母もCENP-B様のタンパク質を3種類もっており，それぞれセントロメア局在を示す．興味深いことに，それらのCENP-B様タンパク質は分裂酵母のゲノム上でセントロメア以外にもTf2とよばれるLTR型レトロポゾンの挿入部位に結合しその転移を抑制していた[10]．このような機構が普遍的に存在するかは不明だが，トランスポゾン抑制機構の1つとして今後の展開が興味深い．

参考文献

1) Gascoigne, K. E. et al.：Cell, 145：410-422, 2011
2) Nishino, T. et al.：Cell, 148：487-501, 2012
3) Fachinetti, D. et al.：Nat. Cell Biol., 15：1056-1066, 2013
4) Gerlich, D. et al.：Cell, 112：751-764, 2003
5) Shindo, N. et al.：Dev. Cell, 23：112-123, 2012
6) Walter, J. et al.：J. Cell Biol., 160：685-697, 2003
7) Yadlapalli, S. & Yamashita, Y. M.：Nature, 498：251-254, 2013
8) Walsh, C. P. et al.：Nat. Genet., 20：116-117, 1998
9) Matsui, T. et al.：Nature, 464：927-931, 2010
10) Cam, H. P. et al.：Nature, 451：431-436, 2008

Keyword

1 染色体分配

▶英文表記：chromosome segregation

1）イントロダクション

すべての真核生物のクロマチンにはセントロメアとよばれる領域がある（図1）．分裂期になるとクロマチンは染色体とよばれる高度に凝縮した構造体となり，セントロメアには特殊なタンパク質装置であるキネトコアが形成される．そして，染色体はこのキネトコアを介して中心体から伸びてくる微小管と結合し娘細胞へと分配される．したがって，セントロメアは複製された染色体を娘細胞に正確に分配するための重要な基盤となる．

2）セントロメア/キネトコア

セントロメアの役割は生物種間で不変だが，そのDNA配列は生物種ごとに大きく異なる．出芽酵母は約125 bpのセントロメア配列をもっていて，この配列は分裂期に染色体を分配するために必要十分な情報を保持している．一方，それ以外の生物種のセントロメア配列は，セントロメア機能を決定するために絶対必要というわけでもない．例えば，ヒトにはアルフォイドDNAとよばれる配列がセントロメア領域に存在するが，このような配列をもたない染色体断片も，通常のセントロメア領域とは異なる領域にネオセントロメアとよばれる新たなセントロメアを形成して，分裂期において正確に分配されることがある．そして，ひとたび形成されたネオセントロメアは，次の細胞分裂においても安定して分配される．

このようなネオセントロメアの存在は，セントロメア形成がDNA配列ではなくエピジェネティックな要因によって決定されていることを強く示唆している．したがって，セントロメアを構成するタンパク質が鍵を握ると考えられ，多くのセントロメアタンパク質が同定されてきた．なかでもヒストンH3バリアントのCENP-Aは酵母からヒトまで広く保存されており，セントロメアの形成および維持，そして，分裂期におけるキネトコアを形成するために必須の因子であることが明らかになっている．

3）コヒーシン/セパレース

S期で複製されたクロマチンは，コヒーシンとよばれるタンパク質複合体によりつなぎ止められている．コ

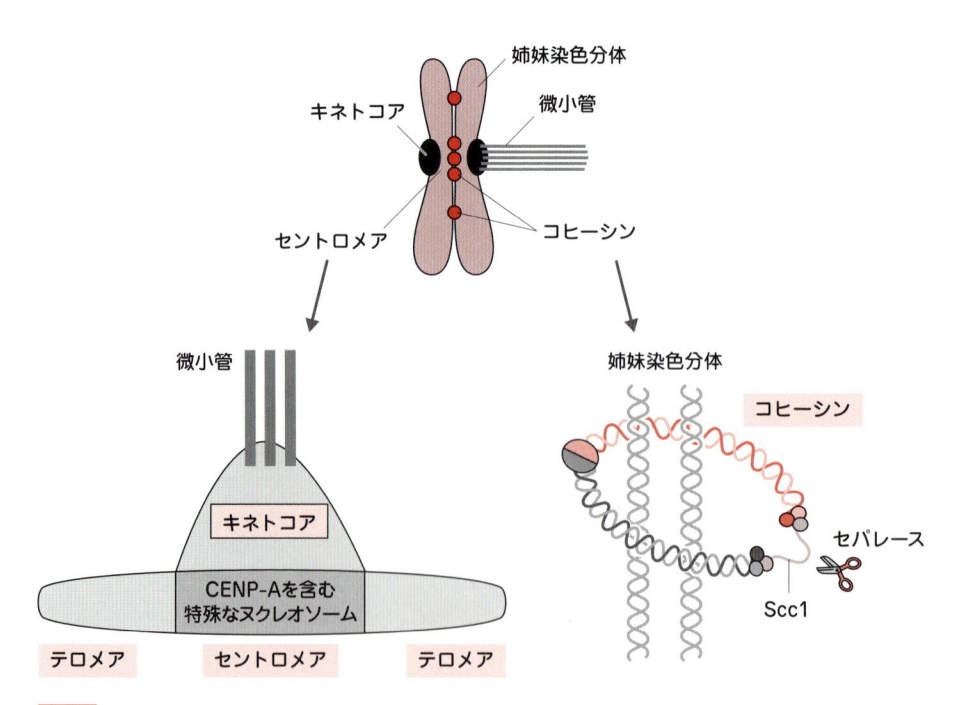

図1 染色体分配

分裂期になるとCENP-Aが局在するセントロメアにキネトコアが形成され，両極から伸びてくる微小管が結合する．染色体は両極から反対方向に引っ張られる状態になるが，このときコヒーシンがそれぞれの姉妹染色分体をつなぎとめる役割を担う（●）．すべてのキネトコアが微小管と結合すると，コヒーシンはセパレースよって切断され，それぞれの姉妹染色分体は微小管に引かれて娘細胞へと分配される

ヒーシン複合体は，SMC（structural maintenance of chromosomes）タンパク質と総称される2つのATPase（SMC1とSMC3）とKleisinファミリータンパク質のScc1，さらに，SA1（あるいはSA2）とよばれる4つのサブユニットにより構成されている．コヒーシン複合体はG1期にクロマチン上に結合し，その後のDNA複製によって生じたクロマチン（姉妹染色分体）を強固に接着する．分裂期に入ると，染色体の凝縮の進行とともに腕部の大部分のコヒーシンが解離し，残ったコヒーシンが染色体分離時にプロテアーゼのセパレース依存的に不可逆的に切断される．

参考図書
- 『ヒトと医学のステージへ拡大する細胞周期2013』（中山敬一/編），実験医学増刊，31（2），羊土社，2013
- 『カラー図説 細胞周期』（Morgan, D./著，中山敬一，中山啓子/監訳），5〜7章，メディカルサイエンスインターナショナル，2008

Keyword
2 トランスポゾン抑制

▶英文表記：transposon silencing

1）イントロダクション

トランスポゾンは，1940年代にトウモロコシの穀粒のまだら模様に注目していたBarbara McClintockによって，「動く遺伝子（jumping genes）」として発見された．近年のゲノムプロジェクトの進行により，トランスポゾンなどの反復配列がゲノム中の大部分を占めていることが明らかになっており，ヒトやマウスのゲノムでは40％以上，トウモロコシでは80％以上がトランスポゾンとその派生物となっている．トランスポゾンの挿入は近傍の遺伝子の機能に影響を与える可能性があり，現存するトランスポゾンやその類似配列の多くは突然変異により転移する能力を失っている．また，転移能を保持しているトランスポゾンも，その多くがエピジェネティックな制御を受けて転移できなくなっている．

2）構造と転移のしくみ

トランスポゾンは，逆転写酵素を必要とするものとそうでないものに分けることができ，前者をレトロトランスポゾン，後者をDNA型トランスポゾンとよぶ．レトロトランスポゾンは転写された後，逆転写酵素によってcDNAになったものがゲノムに挿入され，DNA型トランスポゾンはトランスポザーゼによりDNAをそのまま切り出して移動する．レトロトランスポゾンは両端にLTR（long terminal repeat）をもつLTR型と，LTRをもたない非LTR型に分類でき，さらに非LTR型は逆転写酵素をコードするLINE（long interspersed element）とコードしていないSINE（short interspersed element）に分類される（図2）．例えばマウスのゲノムにはIAP（intracisternal A particle）とよばれるLTR型レトロトランスポゾンが存在しており，1,000コピー以上もゲノム上に散在していることが知られている．

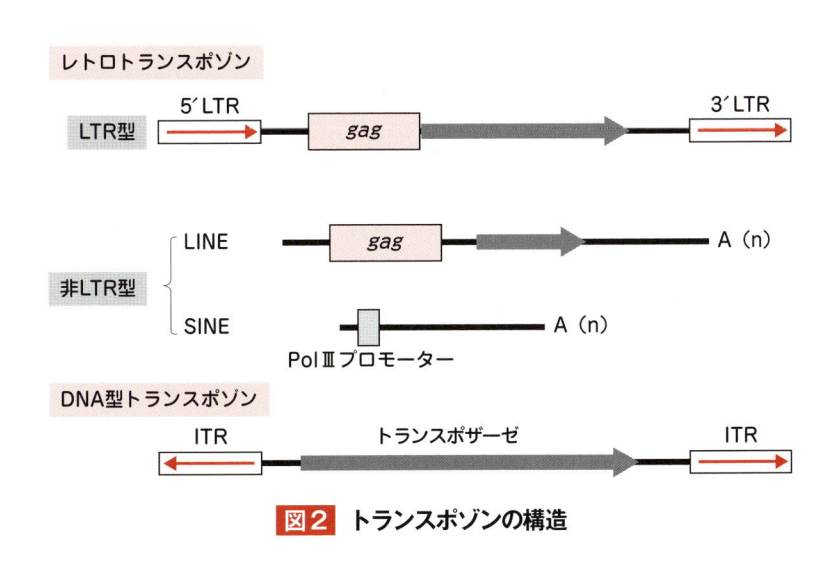

図2 トランスポゾンの構造

3）DNAメチル化による制御

　メチル化されたDNA配列はゲノム上のトランスポゾンを含む反復配列に偏在しており，ウイルスやトランスポゾンの活性化を抑制していると考えられている．マウスにおけるDnmt1によるIAPの抑制，シロイヌナズナのDNAメチル化に必要なDDM1遺伝子の変異体では，DNA型トランスポゾンのCACTAの転移が高頻度で起きていた．

4）ヒストンメチル化による制御

　DNAのメチル化と同様，転写抑制的なヒストンのメチル化もトランスポゾンを含む反復配列に多く存在している．特にES細胞ではヒストンメチル化によるトランスポゾン制御が重要であり，ヒストンメチル化酵素のESETやSuv39の関与が報告されている．

5）RNAiによる制御

　RNAiにおいて中心的な役割を担うArgonauteファミリータンパク質には，トランスポゾン制御にかかわる因子が多数報告されている．例えば，生殖細胞で特異的に発現するPIWIサブファミリーに属するArgonauteタンパク質は，piRNA（Piwi-interacting RNA）とよばれる小分子RNAと結合することでトランスポゾンを制御する．

参考図書

◆ 『トランスポゾン』（大坪久子／企画），実験医学，25（16），羊土社，2007
◆ 加藤政臣，角谷徹仁：蛋白質核酸酵素，49：2097-2102，2004
◆ 堀江恭二，他：蛋白質核酸酵素，49：2117-2122，2004
◆ 松井稔幸，眞貝洋一：生化学，82：237-246，2010

第2部 生命現象とエピジェネティクス

4 生殖・発生
reproduction・development

鵜木元香, 佐々木裕之

Keyword ❶生殖細胞形成 ❷胚発生 ❸胎盤

概論 生殖・発生現象におけるエピジェネティクス

1. はじめに

エピジェネティクスは，その語源が発生学のエピジェネシス（後成）にあることからわかるように，動植物の生殖・発生において非常に重要である．本項では哺乳類のモデル動物であるマウスを主な対象として，生殖・発生におけるエピジェネティクスとそのリプログラミングについて概説する．

まず，哺乳動物の生殖・発生におけるエピゲノムの変化を概観する．生命のはじまりに寄与する配偶子をつくり出す過程，すなわち生殖細胞の形成からみていく．始原生殖細胞（primordial germ cell：PGC）は初期胚のエピブラストとよばれる細胞から分化する．PGCが誕生するといったんエピジェネティックな情報がゲノム全域にわたって消去され，その後雌雄配偶子への分化に伴って性特異的な情報が書き込まれる（**イラストマップA**）[1〜5]．一方，生命のはじまりである受精卵から胚盤胞にかけて，配偶子からもち込まれたエピジェネティック修飾はゲノム全域にわたって初期化される．その後，着床を境にして，細胞分化に伴う細胞系譜に特異的なエピジェネティック情報の書き込みが行われる（**イラストマップB**）[1〜4]．この際，体細胞系譜と同様に胎盤を構成する細胞も分化するが，その細胞ではエピジェネティックな調節にいくつか特徴的な点がある．この2回のリプログラミング（生殖細胞形成と胚発生）は，哺乳類のエピジェネティックな変化のなかで最もダイナミックである．

2. 生殖細胞形成におけるリプログラミング

1）始原生殖細胞におけるエピジェネティックな変化

生殖細胞形成（→**Keyword❶**）におけるリプログラミングについて述べる[1〜5]．マウスのPGCは胎生7.5日（**イラストマップ中のE7.5**）から移動を開始し，胎生11.5日目までに生殖隆起への移動を完了する．この間，胎生8.0日から9.5日のPGCはG2期で細胞周期を停止しているが，この前後に最初のリプログラミングが起きる．すなわち，インプリント制御領域（imprint control region：ICR）などを除いて，ほぼゲノム全域でDNAメチル化（以下メチル化）の低下が起き，同じく転写抑制に関与するヒストンH3K9me2も低下する．一方，これを補完するように同じく転写抑制に関与するヒストンH3K27me3が上昇する．多能性遺伝子の一部も活性化することから，あたかも胚性幹（embryonic stem：ES）細胞のクロマチンに近い状態をつくり出す．実際この時期のPGCからES細胞と同様の特徴をもつ胚性生殖（embryonic germ：EG）細胞をつくることができる．多能性細胞を模したエピジェネティクス状態が次世代へつながる細胞を生み出すのだろう．

その後，胎生10.5日〜12.5日のPGCにおいて，ICRなどの一部のゲノム領域の2段階目の脱メチル化が起こる．この脱メチル化は複製に依存した受動的なものだと考えられるが，Tetタンパク質（**第1部-2参照**）がかかわる可能性もある．この脱メチル化はゲノムインプリントの消去に必須である．インプリンティング（**第2部-2参照**）は，哺乳類の遺伝子の両親由来アレルが異なる発現パターンを示す現象で，その制御はICRのメチル

イラストマップ　マウスの生殖・発生におけるエピゲノムの変遷

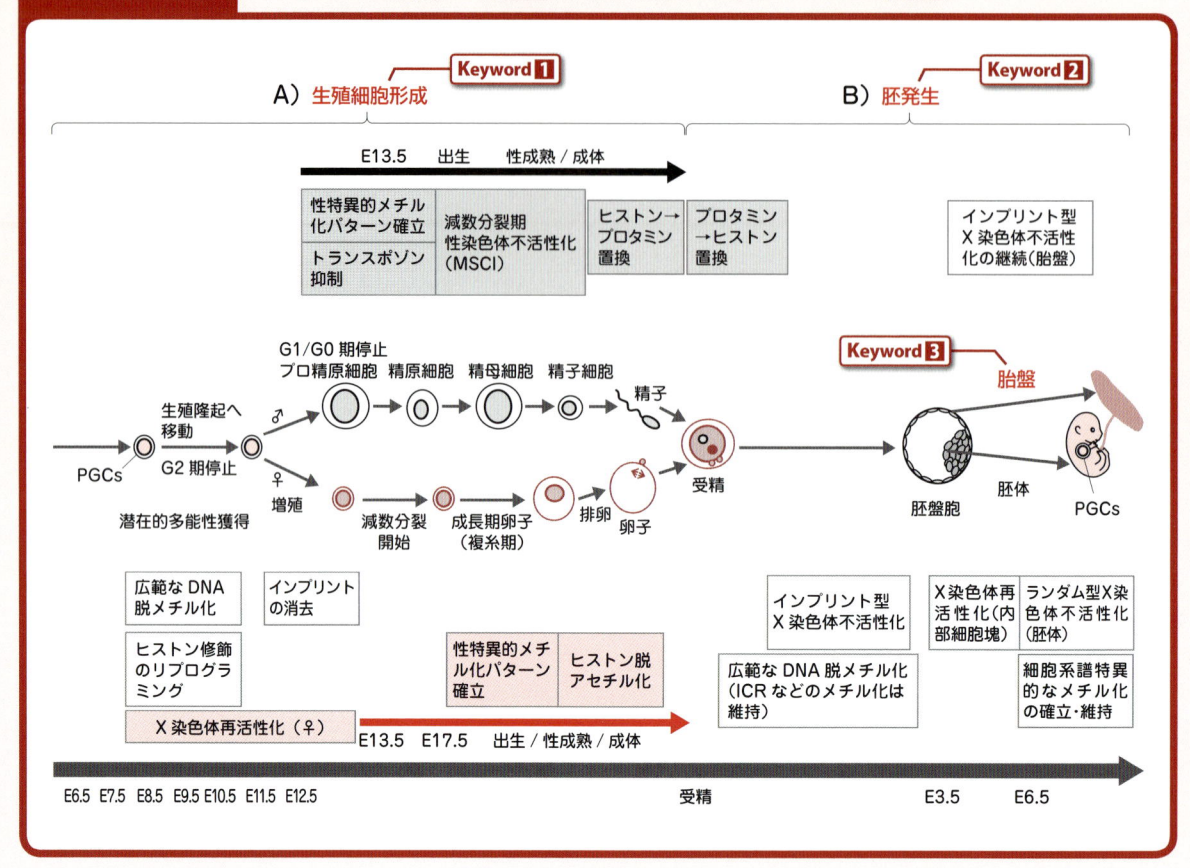

A) 生殖細胞形成 〔Keyword 1〕
B) 胚発生 〔Keyword 2〕

E13.5　出生　性成熟／成体

性特異的メチル化パターン確立	減数分裂期性染色体不活性化（MSCI）	ヒストン→プロタミン置換	プロタミン→ヒストン置換	インプリント型X染色体不活性化の継続（胎盤）
トランスポゾン抑制				

〔Keyword 3〕胎盤

G1/G0期停止
プロ精原細胞　精原細胞　精母細胞　精子細胞　精子

PGCs　生殖隆起へ移動　G2期停止　♂／♀
潜在的多能性獲得　増殖　減数分裂開始　成長期卵子（複糸期）　排卵　卵子　受精　胚盤胞　胚体／PGCs

広範なDNA脱メチル化	インプリントの消去	性特異的メチル化パターン確立	ヒストン脱アセチル化	インプリント型X染色体不活性化	X染色体再活性化（内部細胞塊）	ランダム型X染色体不活性化（胚体）
ヒストン修飾のリプログラミング				広範なDNA脱メチル化（ICRなどのメチル化は維持）		細胞系譜特異的なメチル化の確立・維持
X染色体再活性化（♀）						

E13.5　E17.5　出生／性成熟／成体

E6.5　E7.5　E8.5　E9.5　E10.5　E11.5　E12.5　受精　E3.5　E6.5

化状態に依存しており，ICRのメチル化は毎世代書き換える必要がある．

2）性決定後の生殖細胞形成過程におけるエピジェネティックな変化

　胎生11日頃性決定が起きると生殖巣は精巣，卵巣へと分化をはじめる．雄のPGCはG1/G0期で分裂を停止してプロ精原細胞となり，雌のPGCはすぐに第一減数分裂の前期へと突入する．

　プロ精原細胞ではICRとレトロトランスポゾンのメチル化が起きるが，これはインプリンティング，レトロトランスポゾンの転移の抑制，減数分裂期の染色体の対合や分離に必要である．減数分裂期の精母細胞では性染色体が不活性化（meiotic sex chromosome inactivation：MSCI）する現象が起き，その後の精子形成過程でヒストンは分子量の小さいプロタミンに置換される．

　一方，生後の卵巣の成長期卵母細胞（複糸期）において，ICRや一部のCpGアイランドの性特異的なメチル化パターンが確立される．その後，卵子ゲノムは成熟とともにヒストンの脱アセチル化を受け，やがて排卵される．さらに精子，卵子にはヒストンバリアントが存在する．性分化後の生殖細胞におけるエピジェネティクスの変化は，ゲノムの突然変異抑制（トランスポゾン抑制），減数分裂の正常な進行，配偶子形成のための遺伝子発現調節，発生関連遺伝子のプログラミングに集約される．

3. 胚発生におけるリプログラミング

1）大規模なDNA脱メチル化による全能性の獲得

　次に胚発生（→Keyword 2）におけるリプログラミングについて述べる[1)〜4)]．着床前胚においてメチル化はゲノム全域にわたり初期化される．特に精子由来の雄性ゲノムは受精後すぐにプロタミンからヒストンへの置換が生じ，5-メチルシトシン（5mC）が水酸化されるなど著しい変化を受ける．しかしながら着床前胚で起き

る大規模なDNA脱メチル化は主に複製に依存する受動的なものである．受精卵〜胚盤胞で大規模な変化が起きるのは，すべての細胞に分化するための全能性（totipotency）を獲得するためと考えられる．なおiPS細胞やES細胞は多能性（pluripotency）を有するが，これらの細胞から直接個体発生はできない（第2部-5参照）．一方，卵子の核を体細胞の核で置換するとクローン動物が作製できる事実は，すべての初期化因子が卵子の細胞質に存在することを示す．初期化因子の正体は不明だが，クローン作出効率はいまだに低く，ヒストン脱アセチル化酵素阻害剤がその効率を上げることなどから，エピジェネティクス因子を含めた検討が待たれる．

2）着床後の細胞系譜特異的メチル化パターンの確率

ICRの片親性DNAメチル化（卵子と精子でメチル化される領域が異なることに起因する）と特定のレトロトランスポゾンのメチル化は，着床前胚における脱メチル化に抗して維持される．この後，着床後の胚で細胞系譜に特異的なメチル化パターンが確立される．この脱メチル化とメチル化の連続した波により，ICRを除くゲノムの大部分において精子，卵子由来のメチル化の違いは消失する．最近のゼブラフィッシュ胚の研究によると，魚類には哺乳類のような受精後の大規模な脱メチル化は起きず，胚のメチル化パターンは卵子よりも精子のそれに近いらしい．卵生と胎生の生物ではリプログラミング機構も大きく異なる．

4. 胎盤におけるエピゲノム制御

胎盤（→ Keyword 3）の細胞は主に胚盤胞の栄養外胚葉に由来するが，胚体とは異なったユニークなエピゲノム制御を受ける．例えば，雌のマウス胚体では2本あるX染色体の一方がランダムに不活性化されるが，胎盤では父由来X染色体が選択的に不活性化される（インプリント型X染色体不活性化）（第2部-1参照）．また常染色体上のインプリント遺伝子のなかには，胎盤においてDNAメチル化非依存的に片親性発現を示す遺伝子が存在し，ヒストン修飾など別機構による制御が考えられる．

5. おわりに

エピジェネティクスという語をつくった英国の発生学者C. H. Waddingtonは，発生過程を多数の谷筋のある斜面の風景に例えた（エピジェネティックランドスケープ）．頂上にあるボールはどの谷に転がる可能性もあるが，いったん運命決定されるとその谷筋から外れることはない．これを保証しているのがエピジェネティクスである．しかし，生殖を含めて発生を考えるとエピジェネティクスは一方向性の斜面ではなく，何度でも元に戻ることができるループである．ただし元に戻すにはリプログラミングが必要である．

参考文献

1) Sasaki, H. & Matsui, Y. : Nat. Rev. Genet., 9 : 129-140, 2008
2) Smallwood, S. A. & Kelsey, G. : Trends Genet., 28 : 33-42, 2012
3) Seisenberger, S. et al. : Curr. Opin. Cell Biol., 25 : 281-288, 2013
4) Hackett, J. A. & Surani, M. A. : Philos. Trans. R. Soc. Lond. B. Biol. Sci., 368 : 20110328, 2013
5) Saitou, M. et al. : Development, 139 : 15-31, 2012

参考図書

◆ 『EPIGENETICS』（Allis, C. D. et al. ed.），Cold Spring Harbor Lab. Press, 2007
◆ 『卵子学』（森 崇英/総編集），京都大学学術出版会，2011
◆ 『生殖細胞の発生・エピジェネティクスと再プログラム化』（小倉淳郎，他/編），共立出版，2008

Keyword

1 生殖細胞形成

▶英文表記：germ cell differentiation

1) イントロダクション

哺乳類の始原生殖細胞（PGC）はエピブラストから派生し，減数分裂を経て精子および卵子を形成するが，その過程でエピゲノムはさまざまなリプログラミングを受ける．DNAメチル化はPGCでいったん消去され，その後，性に特異的な配偶子のメチル化が確立される（図1）．ヒストン修飾の変化もダイナミックである．ここでは主にDNAメチル化に焦点を当て，生殖細胞形成におけるリプログラミングの分子機構について述べる．

2) PGCにおけるエピゲノム初期化の分子機構

マウスのPGCでは，潜在的多能性の獲得やインプリントの消去とリンクして2段階の広範な脱メチル化が起きる．1段階目は胎生7.5日～9.5日（E7.5～E9.5）のPGCで生じるが，インプリント制御領域（ICR）と一部のゲノム領域は例外的に脱メチル化されない．胎生8.0日～9.5日のPGCはG2期で静止している（DNA複製しない）ため，この脱メチル化は能動的な要素を含む可能性もある．同時期にヒストンH3K9me2も低下するが，これは責任酵素のサブユニットのうちGLPの低下と相関している．2段階目は胎生10.5日～12.5日のPGCで起こり，ICRも含めて脱メチル化される．これらの時期のPGCでは維持メチル化酵素Dnmt1（第1部-1）が発現しているが，ヘミメチル化部位の認識に必要なUhrf1の発現が低いことから，受動的に脱メチル化するのだろう．ICRの5-メチルシトシン（5mC）は5-ヒドロキシメチルシトシン（5hmC）へ変換されてから消失するとの報告もあり，PGCで発現の高いTet1とTet2（第1部-2参照）による変換がこの脱メチル化を補助している可能性がある（図1）[1)2)]．

3) 性特異的DNAメチル化確立の分子機構

性分化後，雄ではプロ精原細胞，雌では成長期卵子において性特異的なメチル化が確立される（図1）[3)4)]．このとき働くメチル化酵素複合体はDnmt3a/Dnmt3Lである．この際，ヘミメチル化状態のまま残ったCpG部位は，維持メチル化酵素Dnmt1により補完的にメチル化

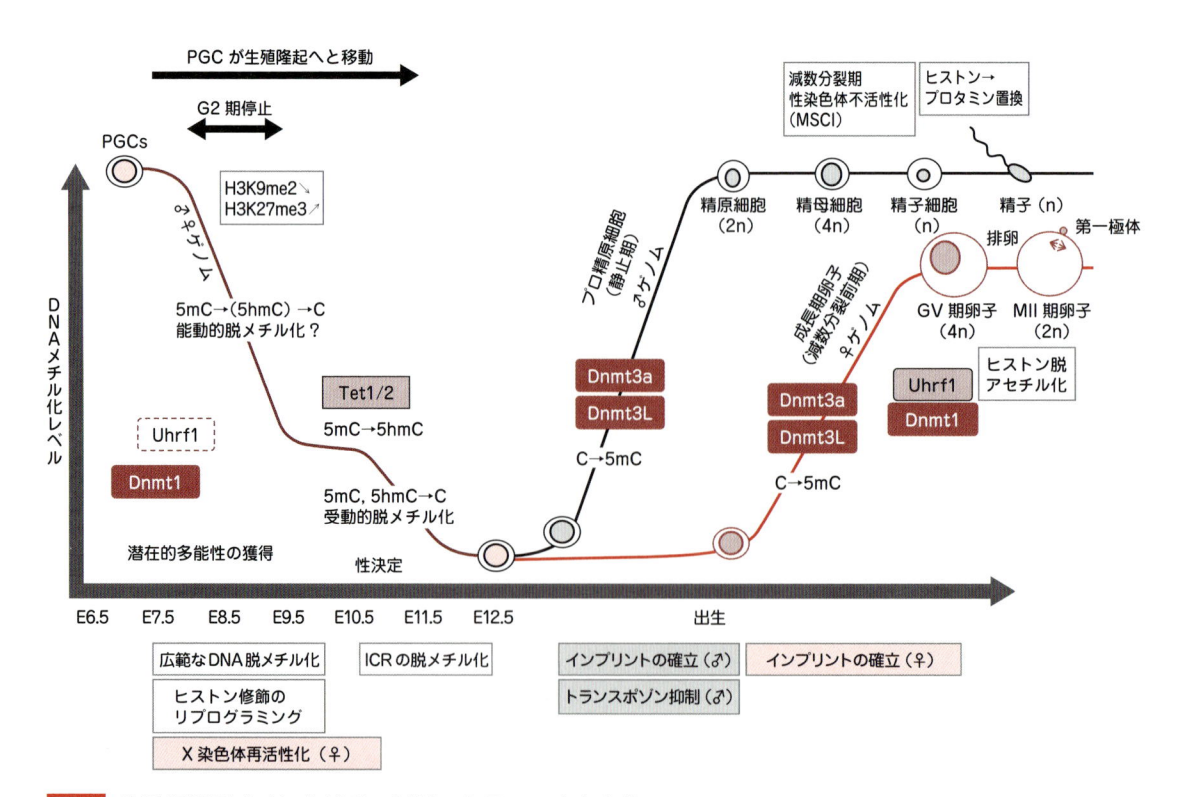

図1 生殖細胞形成時におけるエピジェネティックな変化

PGCで大部分の5mCが失われるが，その後，雄ではプロ精原細胞，雌では成長期卵子で性に特異的なメチル化パターンが確立される．C：シトシン，5mC：5-メチルシトシン，5hmC：5-ヒドロキシメチルシトシン

される[5]．またプロ精原細胞や成熟卵子では非CpGのシトシンメチル化が蓄積している[5]．プロ精原細胞の非CpGメチル化は分裂を再開すると減少し，卵子の非CpGメチル化も受精後の卵割により減少することから，メチル化活性が高い状態で細胞分裂が停止すると非CpGメチル化が蓄積すると考えられる．

4）配偶子形成における変化

雄では精子形成過程において大部分のヒストンがプロタミンに置き換えられ，精子頭部に収まるようゲノムが凝集する．H3K4me2やH3K27me3などの修飾が施されたヒストンH3が発生に重要な遺伝子座に残存しているという報告もあるが，これらのマークが次世代で機能するかどうか不明である．成長期卵子ではH3K9me2をはじめさまざまなヒストン修飾が加わり，この修飾は受精卵における雌性ゲノムのTet抵抗性に重要な役割を担う．卵成熟に当たってヒストンアセチル化は低下し，配偶子に特異的なヒストンバリアントの取り込みも生じる．

参考文献

1) Kagiwada, S. et al.：EMBO J., 32：340-353, 2013
2) Vincent, J. J. et al.：Cell Stem Cell, 12：470-478, 2013
3) Kaneda, M. et al.：Nature, 429：900-903, 2004
4) Hata, K. et al.：Development, 129：1983-1993, 2002
5) Shirane, K. et al.：PLoS Genet., 9：e1003439, 2013

Keyword 2 胚発生

▶英文表記：embryogenesis

1）イントロダクション

胚発生は受精からはじまるが，その直後から雄性・雌性ゲノムは大規模なリプログラミングを受ける（図2）．これは全能性獲得にかかわると考えられる．受精卵〜2細胞前期の初期胚では卵子由来の母性mRNAが機能しており，転写はマウスでは2細胞後期にはじまる．雄性・雌性ゲノムのメチル化は異なる過程を経て消去され，

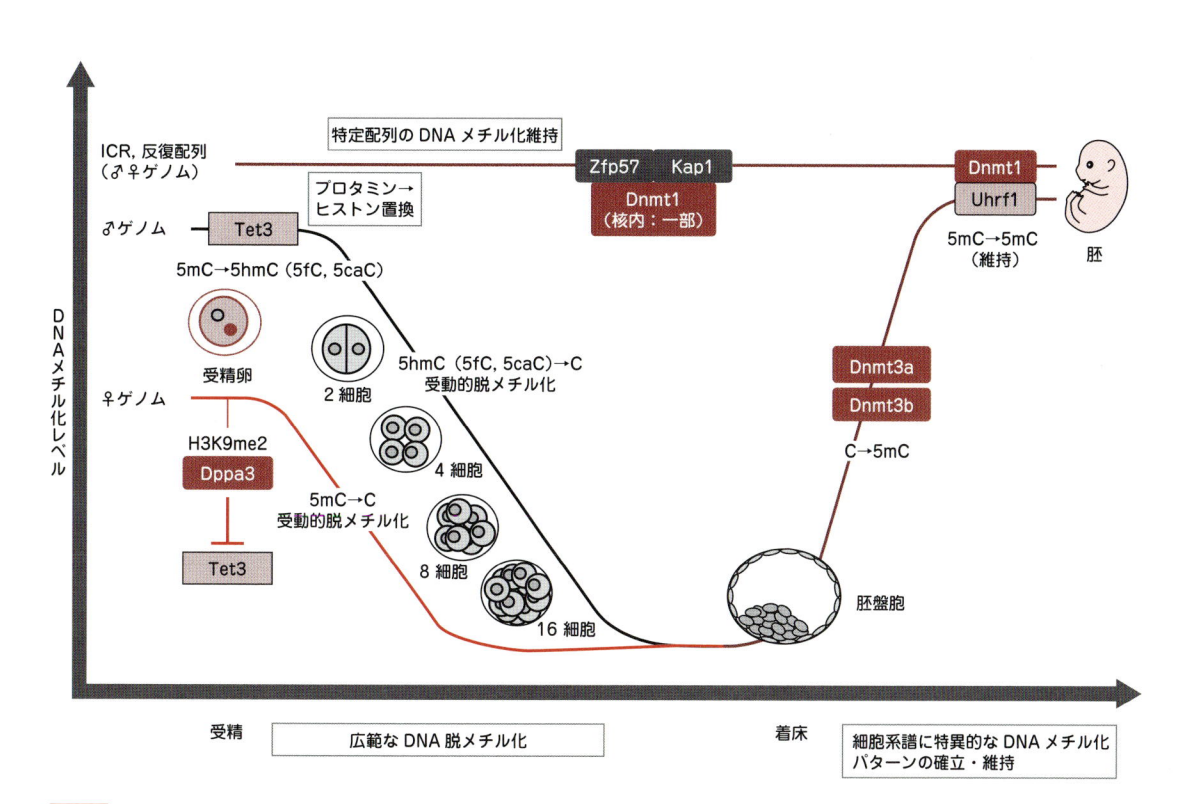

図2 胚発生におけるエピジェネティックな変化

雄性・雌性ゲノムは異なる過程を経て着床前に脱メチル化されるが，ICRのメチル化は維持される．着床後，Dnmt3aとDnmt3bが細胞系譜に特異的なメチル化パターンを確立し，Dnmt1/Uhrf1複合体が維持する．ICR：インプリンティング制御領域，5mC：5-メチルシトシン，5hmC：5-ヒドロキシメチルシトシン，5fC：5-ホルミルシトシン，5caC：5-カルボキシシトシン

着床後に細胞系譜に特異的なメチル化パターンが確立される．これらのリプログラミングの機構について述べる．

2）着床前胚におけるエピゲノム初期化の分子機構

受精直後には，まず精子核の脱凝集とプロタミンからヒストンへの置換が起きる（H3はH3.3が取り込まれる）．また，雄性ゲノムの5-メチルシトシン（5mC）がDNA複製を伴わずに急激に減少する．以前はこの減少が脱メチル化を表すと考えられていたが，現在では水酸化酵素Tet3による5-ヒドロキシメチルシトシン（5hmC）への変換に過ぎないことがわかっている（図2）[1)2)]．なお，5hmCの一部はさらに酸化され5-ホルミルシトシン（5fC）や5-カルボキシシトシン（5caC）となる（第1部-2参照）．この際，雌性ゲノムは特異的なヒストン修飾H3K9me2を有し，Dppa3（PGC7/Stella）がこの修飾に結合することによって5mCをTet3による水酸化から保護するらしい（図2）[2)]．5hmC，5fC，5caCには維持機構がないためその後複製依存的に消去されるが[3)]，着床前胚では大部分のDnmt1が核外に局在することからメチル化が維持されず，雌性ゲノムも受動的に脱メチル化される．

インプリンティング制御領域（ICR）や特定のレトロトランスポゾンのメチル化は，Zfp57/Kap1複合体によって脱メチル化から保護され，核内にわずかに存在するDnmt1によって維持される[4)]．Zfp57はKRAB-Znフィンガータンパク質で，コンセンサス配列（TGCmCGC，すべてのICRに存在）を認識する．また，Kap1はKRAB-Znフィンガータンパク質やDnmt1，Uhrf1と結合する．よってZfp57/Kap1複合体はメチル化されたICRにDnmt1/Uhrf1複合体をリクルートし，着床前胚における大規模な脱メチル化からICRを保護するのだろう．しかしながら，Zfp57が保護しないICRもあるため，Zfp57以外のタンパク質もこの機構に関与する可能性がある．

3）細胞系譜特異的DNAメチル化の確立機構

雄性・雌性ゲノムのメチル化レベルは胚盤胞期までに最低になり，着床後，細胞の分化に伴い細胞系譜特異的なメチル化パターンが確立される（図2）．このメチル化パターンの確立は，Dnmt3aとDnmt3bの働きによる．これらのメチル化酵素の胚における発現パターンが異なることから，両者は分担して細胞系譜特異的メチル化パターンを確立すると考えられる[5)]．確立されたメチル化は分化した細胞においてDnmt1/Uhrf1複合体により安定に維持・伝達される．

参考文献

1) Gu, T. P. et al.：Nature, 477：606-610, 2011
2) Nakamura, T. et al.：Nature, 486：415-419, 2012
3) Inoue, A. & Zhang, Y.：Science, 334：194, 2011
4) Li, X. et al.：Dev. Cell, 15：547-557, 2008
5) Okano, M. et al.：Cell, 99：247-257, 1999

Keyword

3 胎盤

▶英文表記：placenta

1）イントロダクション

胎盤は胎仔（胚体）と母体を連絡する発生に必須の器官である．胚体の全体的なメチル化レベルがおよそ70％であるのに対し，胎盤のメチル化レベルはおよそ40％と低い．また，インプリント型X染色体不活性化やDNAメチル化非依存的インプリンティングなどユニークな制御もみられる．

2）インプリント型X染色体不活性化

着床前の4～8細胞期の雌マウス胚では2本のX染色体のうち，父由来X染色体から長鎖非コードRNA（long noncoding RNA：lncRNA）である*Xist*が発現し，このlncRNAが当該X染色体を覆って選択的に不活性化する（インプリント型X染色体不活性化）[1)]（図3）（第2部-1参照）．胚盤胞期になると，将来胚体になる内部細胞塊では父由来X染色体が再活性化し，分化に伴ってランダムに一方のX染色体が不活性化される（ランダム型X染色体不活性化）（図3）．一方，将来胎盤になる栄養外胚葉では父由来X染色体の不活性化が継続する．父マウスから変異のある*Xist*遺伝子を受け継いだ胎仔は，胎盤において父由来X染色体が不活性化されず，発生異常をきたす[2)]．なお胎盤におけるインプリント型X染色体不活性化はヒトでは認められない[3)]．

3）DNAメチル化非依存的インプリンティング

胚体では常染色体上のインプリント遺伝子の発現は，インプリント制御領域（ICR）の片アレルがメチル化されることによって片親性に制御されている．マウス7番染色体上のインプリント遺伝子クラスターでは母由来ICRがメチル化されており，メチル化されていない父由

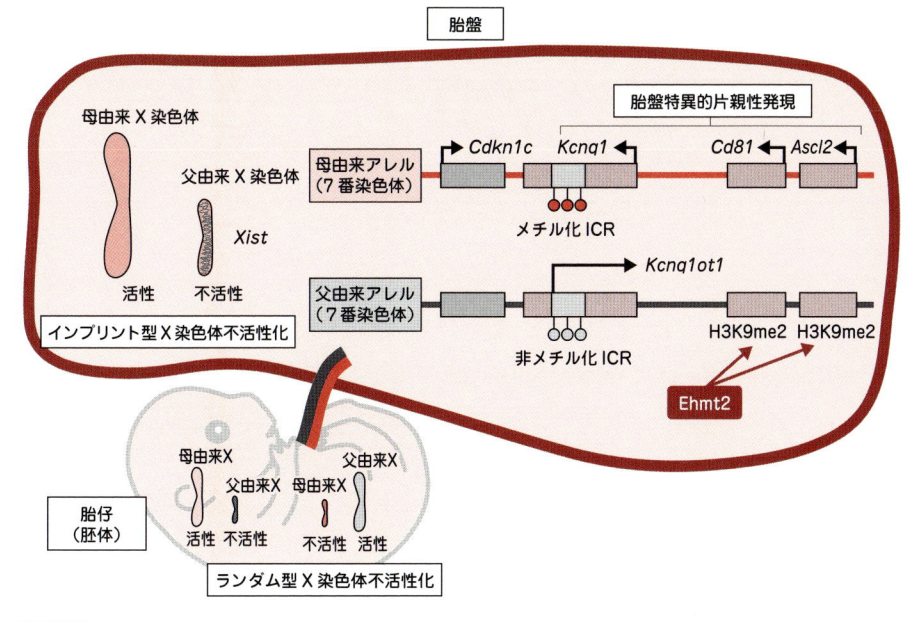

図3 胎盤におけるエピゲノム制御
雌のマウス胎仔の胎盤ではインプリント型X染色体不活性化が起きる．また胎盤でのみメチル化非依存的に片親性発現を示すインプリント遺伝子が存在する

来アレルからのみlncRNAである*Kcnq1ot1*が発現し，*Cdkn1c*と*Kcnq1*の発現を抑制している（図3）．このインプリント遺伝子クラスターには胎盤特異的にインプリントされる*Ascl2*, *Kcnq1*, *Cd81*遺伝子が存在し，これらの遺伝子は胎盤で母由来アレルからのみ発現している[4]．興味深いことにDnmt1を欠損した胎盤でも，これら3遺伝子の片親性発現は影響を受けず，DNAメチル化非依存的にインプリントが維持されている．ヒストンリジンメチル化酵素EHMT2ノックアウトマウスの胎盤では*Ascl2*と*Cd81*遺伝子の片親性発現が維持されないことから（*Kcnq1*は検討されていない），*Ascl2*と*Cd81*遺伝子の片親性発現はヒストンH3K9のメチル化によってインプリントされている可能性がある[5]．

4）胎盤におけるエピゲノム制御

胎盤は妊娠期間が過ぎると捨て去られる運命にある器官であり，エピジェネティクスの制御もおのずと胚体のそれと異なるのだろう．また，インプリンティングは有胎盤哺乳類にのみ存在するので，その進化は胎盤のそれと密接に関連すると考えられている．一方，胎盤は母体と胎仔のインターフェイスであることから，母体の栄養状態などを受けて胎仔のエピジェネティクスに影響する可能性があり，今後の研究が待たれる．

参考文献

1) Takagi, N. & Sasaki, M.：Nature, 256：640-642, 1975
2) Hoki, Y. et al.：Development, 138：2649-2659, 2011
3) Moreira, de Mello, J. C. et al.：PLoS One, 5：e10947, 2010
4) Lewis, A. et al.：Nat. Genet., 36：1291-1295, 2004
5) Wagschal, A. et al.：Mol. Cell. Biol., 28：1104-1113, 2008

第 2 部 生命現象とエピジェネティクス

5 体細胞リプログラミング
somatic cell reprogramming

大貫茉里，高橋和利

Keyword ①体細胞核移植 ②iPS 細胞作製のための 4 因子 ③リプログラミングの障壁

概論 細胞のリプログラム現象とエピジェネティック修飾変化

1. はじめに

1) 生殖質説

われわれの身体は，さまざまな種類の細胞から成り立っている．発生の初期には受精卵というたった1つの細胞であったものが，細胞分裂と分化を経て複雑な生物の形をつくってゆく過程は，多くの生物学者を魅了し，またその謎の解明に駆り立ててきた．19世紀の終わり，まだ遺伝情報の担い手がDNAであることすら解明されていなかった時代にAugustus Weismannによって1つの学説が提唱された．「受精卵には全能性を決定づける因子が存在しているが，それらは発生過程で細胞分裂と同時に分割され，分化にしたがって減少してゆく」[1]．生殖質説として知られるこの学説は，のちに誤りであることが明らかとなるものの，長く議論され続けた．また，実験的手法により仮説の正否を証明するという今日の実験発生学を発展させる礎の1つとなった．

2) 体細胞核移植の成功

長らく決着のつかなかったこの論争に1958年に終止符を打ったのが，John B. Gurdonであった．彼はオタマジャクシの小腸上皮細胞の核を未受精卵に移植すると，個体発生が進行し再度成体のカエルとなることを示した[2]．細胞は分化を経て性質が変化しても，細胞の維持に一見不必要と思われる全遺伝情報のひとそろいを保持しているということが証明されたのである．2012年にノーベル医学生理学賞を受賞することになるこの研究は，リプログラミング研究の先駆けであったと同時に，「DNA塩基配列の変化を伴わない遺伝子発現変化」を端的に示した，まさにエピジェネティクス研究の幕開けであったともいえるだろう．

2. リプログラミング

1) ダイレクトリプログラミング

一方，Gurdonとノーベル賞を同時受賞した山中らは，Gurdonの行った核移植の手法とは全く異なる方法でリプログラミングを成功させた．ES細胞との細胞融合によって体細胞核がリプログラミングされる[3]ことにヒントを得て，ES細胞で発現している4つの転写因子Oct3/4, Sox2, Klf4, c-Mycを線維芽細胞に強制発現させると，ES細胞によく似た性質をもつ人工多能性幹(iPS)細胞を得られることを示したのである[4]．

しばしば「ダイレクトリプログラミング」ともよばれるこの方法は，細胞特異的な運命制御転写因子「マスター制御因子（群）」の強制発現により，ある細胞の性質を別の性質に変える方法である．これまでの報告では，iPS細胞の作製にとどまらず，例えば線維芽細胞から心筋細胞へ，線維芽細胞から肝細胞へ，肝細胞から神経細胞へといったiPS細胞を経由しない運命転換が報告されている（狭義においては，この「iPS細胞への初期化を経由しない運命変換」のみがダイレクトリプログラミングとよばれることもある）．

2) 全能性と多能性

体細胞核移植法にみられる「リプログラミング」は，受精卵にみられるような全能性の獲得である．一方iPS細胞の作製は，ES細胞のような多能性幹細胞をゴールとする「リプログラミング」である．めざす「初期」ス

イラストマップ：体細胞リプログラミングにみられる細胞内イベント

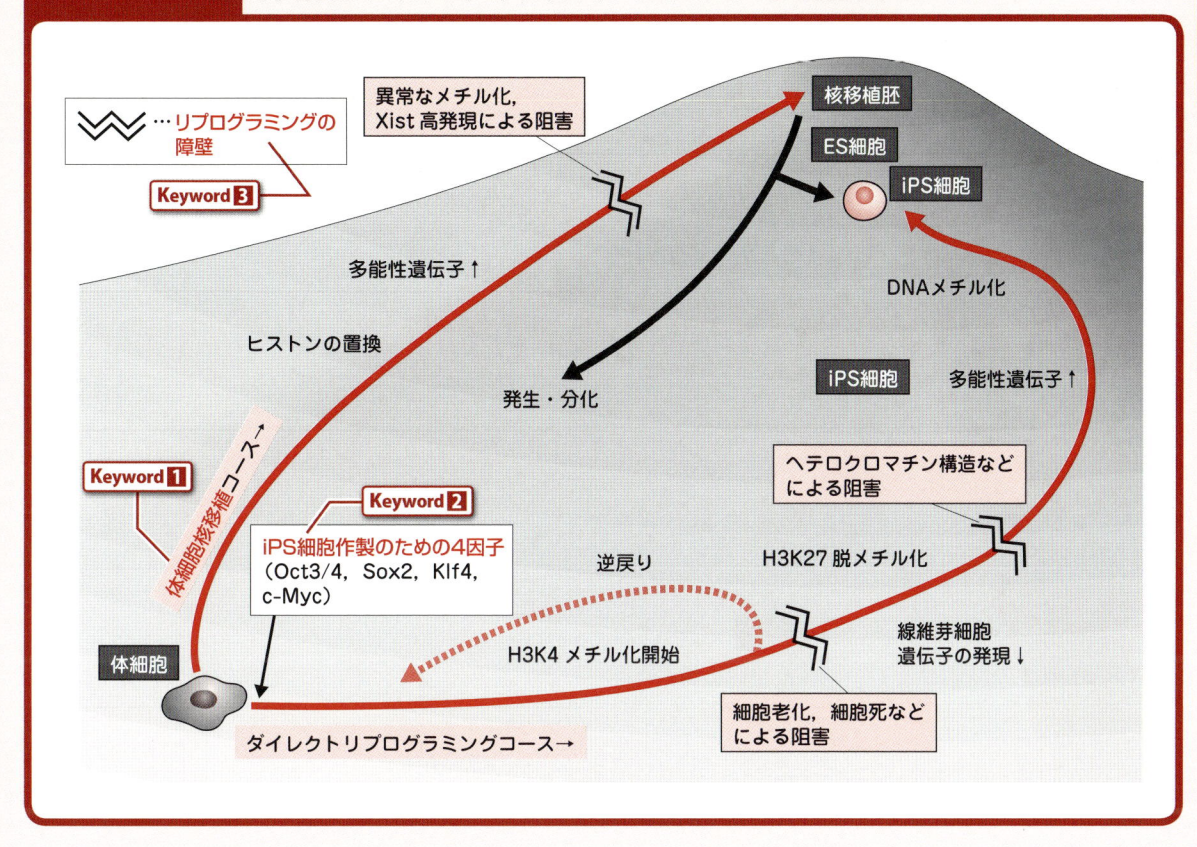

図中ラベル：
- リプログラミングの障壁（Keyword 3）
- 異常なメチル化，Xist 高発現による阻害
- 核移植胚
- ES細胞
- iPS細胞
- 多能性遺伝子↑
- ヒストンの置換
- DNAメチル化
- 発生・分化
- iPS細胞
- 多能性遺伝子↑
- 体細胞核移植コース（Keyword 1）
- ヘテロクロマチン構造などによる阻害
- iPS細胞作製のための4因子（Oct3/4, Sox2, Klf4, c-Myc）（Keyword 2）
- H3K27 脱メチル化
- 逆戻り
- 線維芽細胞遺伝子の発現↓
- 体細胞
- H3K4 メチル化開始
- 細胞老化，細胞死などによる阻害
- ダイレクトリプログラミングコース→

テージが全能性か多能性かという違いをはじめ，一言で「リプログラミング」といっても2つの方法は異なる点も多い．しかしながら，エピジェネティックに制御され安定な状態を保っていた体細胞が，その記憶を書き換えられ，全く別のステージの安定的状態にたどりつくという点において，2つの「リプログラミング」は同様の壁を乗り越えているといえるだろう．

体細胞から未分化細胞に移行しつつある核のなかではいったい何が起きているのだろうか．**体細胞核移植**（→Keyword 1）において，エピジェネティクスの変化を引き起こす母体となるのはレシピエント卵ないし卵母細胞中に存在する因子である．1ではカエルおよびマウスの体細胞核移植研究によってこれまでに得られてきた知見を紹介する．

3. iPS細胞作製過程の細胞内イベント

核移植と異なり，iPS細胞の作製過程では，転写因子によって引き起こされる下流遺伝子発現の変化により細胞内環境が徐々に変えられることでリプログラミングが進んでゆく．核移植法に比べて初期化の完了までにかかる時間もずっと長期間におよぶ．近年のリプログラミング途中の細胞に関する詳細な研究により，Oct3/4, Sox2, Klf4, c-Mycの4因子導入後，多能性獲得へと向かう細胞のなかで起きるいくつかのイベントが明らかとなっている．

遺伝子発現に関する変化を大きくまとめると，体細胞由来遺伝子発現の低下，間葉‒上皮移行（MET），多能性遺伝子の発現などがあげられる．この発現変化を裏で支える核内の動きとして，ヒストン修飾の変化，DNAの脱メチル化と新規メチル化，クロマチンの高次構造変化，X染色体の再活性化などの変化があげられるだろう．細胞はこれらの変化をこなすと同時に，細胞老化やアポトーシス，不完全なリプログラミング，最近明らかとなった逆戻り現象[5]など，リプログラミングの進行を阻むようなイベントを乗り越えていく必要がある（**イラストマッ**

プ).導入された転写因子がリプログラミングを完成させるためには,体細胞を安定に維持しているエピジェネティクス機構をこのように乗り越え,多能性幹細胞型の安定な維持機構へと再構成する必要がある.それではいったい,転写因子の強制発現は細胞内にどのようなエピジェネティック変化を引き起きすのだろうか.

2 **3**では,主にクロマチン修飾とリプログラミングの関連についてスポットを当て,**iPS細胞へのダイレクトリプログラミングにおける4因子**（→Keyword **2**）の役割とエピジェネティック修飾変化について述べる.また近年明らかとなってきた**リプログラミングの障壁**（→Keyword **3**）となるエピジェネティック修飾に関して,リプログラミング効率を上昇させる因子との関連とともに紹介する.

参考文献

1) 『The Germ-Plasm The Theory of Heredity』(August Weismann), Charles Scribner's Sons, 1893
2) Gurdon, J. B. et al.：Nature, 182：64-65, 1958
3) Tada, M. et al.：Curr. Biol., 11：1553-1558, 2001
4) Takahashi, K. & Yamanaka, S.：Cell, 126：663-676, 2006
5) Tanabe, K. et al.：Proc. Natl. Acad. Sci. USA, 110：12172-12179, 2013

Keyword

1 体細胞核移植

▶英文表記：somatic nuclear transfer

1) イントロダクション

卵の細胞質に移植された体細胞の核は，体細胞としてのエピジェネティックメモリーを保持していることがある．Gurdonらはカエルの筋細胞の核を卵に移植させ，約半数の核移植胚で筋細胞関連遺伝子が異常に発現上昇することを示した[1]．これは卵や卵母細胞に存在し遺伝子発現を正に制御するヒストンH3.3が筋細胞核に取り込まれたことにより，もともと活性化されていた筋関連遺伝子の発現がより転写されることになったものと考えられる（図1A）．このように，核移植胚では移植直後に体細胞タイプのヒストンから卵タイプのヒストンに置き換わるという現象がみられる．

カエルのリンカーヒストンB4（哺乳類ではH1foo）は卵母細胞に特異的に存在し，移植後3時間以内に移植核に取り込まれる．このヒストンB4の置換は続く染色体の脱凝集と多能性関連遺伝子の活性化に必須であることが報告されている[2]．また，移植核でみられる核アクチンの重合が，クロマチンリモデリングおよびOCT3/4をはじめとする未分化マーカー遺伝子の転写活性化に重要であることが報告されている[3]．

1997年のWilmutらによる体細胞クローンヒツジ誕生の報告により，カエルと同様，哺乳類の卵子も体細胞をリプログラミングさせる能力があることが明らかとなった[4]．1998年にはマウスで体細胞核移植によるリプログラミングが報告された（図1B）[5]．当初核移植によるマウスの出生効率は2〜3％程度であったが，エピジェネティクス制御面からのアプローチにより，これまでにいくつかの改善がみられている．

2) エピジェネティクスからのアプローチ

i) TSA処理によるメチル化抑制

核移植後にみられるDNAの異常な再メチル化は体細

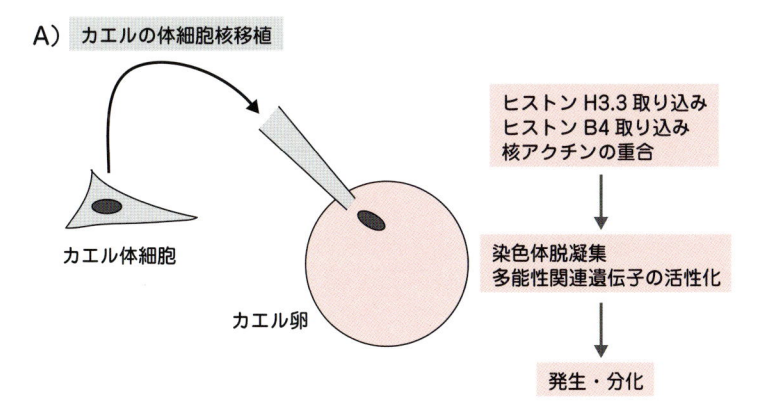

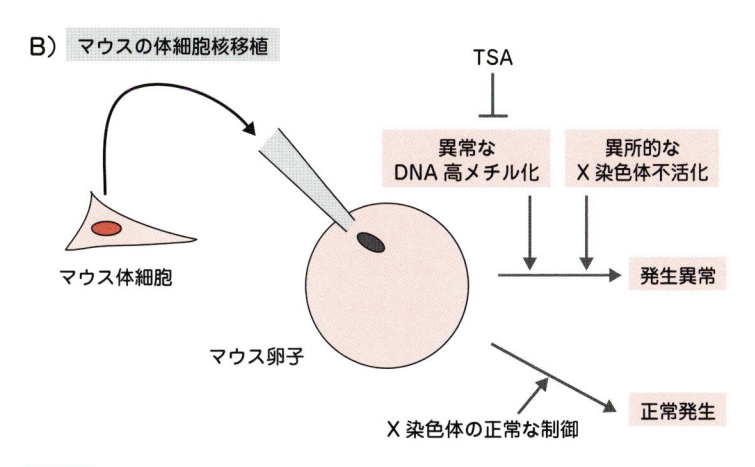

図1 体細胞核移植

胞クローン発生異常の原因の1つであると考えられてきた．一方，若山のグループの研究により，円形精子を人工受精直後，核で起きる過剰メチル化は，ヒストン脱アセチル化酵素（HDAC）阻害剤，トリコスタチンA（TSA）の処理により改善されることがわかっていた[6]．そこで核移植後の胚にTSAを処理したところ，異常な再メチル化が抑えられ，さらに産仔の作出効率にも2～5倍程度の改善がみられることが明らかとなった[7]．通常の体外受精胚をTSA処理しても発生効率は上がらず，むしろ発生異常が起きることから，ヒストンアセチル化状態の維持は卵子によるリプログラミングそのものに重要な意味をもつことが窺える．

ii ）X染色体遺伝子の正常な発現制御

また2010年には，体外受精胚と核移植胚との比較により，核移植胚の胚盤胞で顕著なX染色体遺伝子の発現低下とXist遺伝子の異常な発現上昇がみられることが明らかとなった[8]．Xist遺伝子は本来なら雌のもつ2本のX染色体のうち片方でのみ発現し，そのX染色体遺伝子の発現を抑制する働きをもっている．しかし核移植胚においては雌雄にかかわらずXist遺伝子のRNAが異所的に活性X染色体からも発現していたのである．そこでXistが活性染色体でのみノックアウトされているマウスの体細胞の核をドナーとして核移植に用いると，X染色体遺伝子の発現が回復し，野生型マウスの8～9倍に相当する13～14％が産仔へと発生した．これらの事実は，X染色体遺伝子の正常な発現制御は，卵子細胞質による全能性の獲得に多大な影響をおよぼすことを示しているといえる．

参考文献

1 ）Ng, R. K. & Gurdon, J. B. : Proc. Natl. Acad. Sci. USA, 102 : 1957-1962, 2005
2 ）Jullien, J. et al. : Proc. Natl. Acad. Sci. USA, 107 : 5483-5488, 2010
3 ）Miyamoto, K. et al. : Genes Dev., 25 : 946-958, 2011
4 ）Wilmut, I. et al. : Nature, 385 : 810-813, 1997
5 ）Wakayama, T. et al. : Nature, 394 : 369-374, 1998
6 ）Kishigami, S. et al. : Dev. Biol., 289 : 195-205, 2006
7 ）Kishigami, S. et al. : Biochem. Biophys. Res. Commun., 340 : 183-189, 2006
8 ）Inoue, K. et al. : Science, 330 : 496-499, 2010

Keyword 2 iPS細胞作製のための4因子

▶英文表記：the roles of 4 factors during reprogramming

1 ）H3K4トリメチル化，H3K27トリメチル化と遺伝子発現制御

iPS細胞作製のための4因子aはいずれも転写因子であり，DNAに結合する．Meissnerのグループは，マウスの胎仔線維芽細胞に4因子強制発現後，転写変化はまずクロマチンのヒストンH3K4me3領域で起きることを示唆した[1]．ヒストンH3K4me3はアクティブなプロモーター領域にみられるヒストン修飾であり，これはクロマチンがオープンで転写因子のアクセスが可能な状態においてはいち早く4因子による転写調整に反応することができると考えられる（図2A）．このことは，リプログラミング初期のイベントが体細胞特異的遺伝子の抑制であることからも妥当だと考えられる．

さらに，Hochedlingerのグループにより，リプログラミング初期または初期から徐々に発現上昇する遺伝子群の90％が，線維芽細胞においてすでにヒストンH3K4me3修飾を受けていることが示された．一方，後期に発現上昇する遺伝子の40％は線維芽細胞でH3K4me3修飾を受けていないか，あるいはH3K4me3修飾と同時にH3K27me3の修飾を受けており，4因子のアクセシビリティが転写調節に密接なかかわりをもつことが示唆される[2]．

ES細胞で特異的に活性化されるエンハンサー領域でのH3K4のメチル化はリプログラミングの初期にみられ，早いものでは最初の分裂前に起こることが報告されている．またヒストン脱メチル化酵素複合体のヒストンH3K4結合サブユニットであるWdr5のノックダウンは，リプログラミング効率を下げることが報告されており，初期のH3K4のメチル化がリプログラミングに必要であることが示唆されている[3]．しかしこのような領域であっても，発現に変化がみられるのはもっと後の時期であることが多く，H3K27me3などの抑制性の修飾が遺伝子発現を完全にONにするのを妨げていると考えられる．実際，Hochedlingerらは，さまざまな遺伝子領域でH3K4me3とH3K27me3によるリプログラミング中の修飾変化が転写変化のタイミングと相関することを示している[2]．

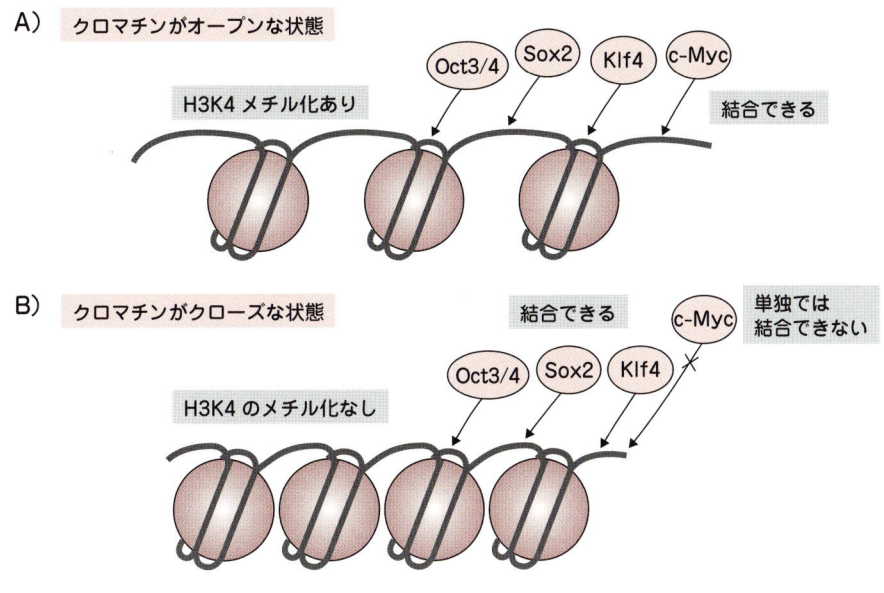

図2 iPS細胞作製のための4因子のアクセシビリティ制御

2) 4因子の役割―pioneerとamplifier

ヒト線維芽細胞ではどうだろうか．Zaretのグループによると，4因子のうちc-Mycは線維芽細胞ですでにH3K4me3の修飾を受けオープンとなっている遺伝子のプロモーター領域に結合する傾向にある[4]．一方Oct3/4，Sox2，Klf4は，線維芽細胞でH3K4がメチル化されていないエンハンサー領域にも結合し，のちにその領域のH3K4をメチル化してクロマチンをオープンな状態に「開拓」することができる（図2A）．c-Myc単独の結合能はクローズな構造をもつクロマチンでは弱いが，他の3因子が存在することでクローズな領域でも結合が可能になる（図2B）．これらの知見から，ZaretらはOCT3/4，Sox2，Klf4をpioneer factorと位置づけている．

リプログラミングにおけるc-Mycの役割は，Oct3/4，Sox2，Klf4のそれとは趣が異なるようである．まずc-Mycはリプログラミングの効率を非常に上げるが不可欠というわけではない[5]．リンパ球，ES細胞あるいは腫瘍細胞での研究から，c-Mycは他の多くの転写因子と異なり，結合したすべての遺伝子の転写を増幅させる「amplifier」であることが明らかになってきた[6,7]．これには，c-MycによるRNAポリメラーゼⅡのRNA伸長抑制の解除機構が効いていると考えられる．RNAポリメラーゼⅡは，いったん転写を開始したにもかかわらず転写開始点の近傍でmRNA合成を止め「一時停止（poised）」な状態をとることが知られており，c-MycはPTEF-bをリクルートすることで転写の伸長を再開させていると考えられる．

3) まとめ

以上のことから，4因子が細胞のエピジェネティクスを大きく変化させる様子の一端が，おぼろげながらも垣間みえてきたようである．Oct3/4，Sox2，Klf4はクロマチンのリモデリングを進め，基本転写因子とRNAポリメラーゼⅡが線維芽細胞型からiPS細胞型へと新たな結合パターンをとることを可能にする．一方で，そうして形成された基本転写装置による転写をより促進することには，おそらくMYCが一役買っているのだろう．

参考文献

1) Koche, R. P. et al.：Cell Stem Cell, 8：96-105, 2011
2) Polo, J. M. et al.：Cell, 151：1617-1632, 2012
3) Ang, Y. S. et al.：Cell, 145：183-197, 2011
4) Soufi, A. et al.：Cell, 151：994-1004, 2012
5) Nakagawa, M. et al.：Nat. Biotechnol., 26：101-106, 2008
6) Lin, C. Y. et al.：Cell, 151：56-67, 2012
7) Nie, Z. et al.：Cell, 151：68-79, 2012

Keyword

3 リプログラミングの障壁

▶英文表記：barriers against reprogramming

1) ヒストンH3K9のトリメチル化

pioneer factor（**2**参照）のOct3/4, Sox2, Klf4であっても，遺伝子導入後の48時間でES細胞と全く同じ結合パターンがとれるわけではない．Zaretらは4因子発現48時間後の各因子の結合パターンと，ES細胞における結合パターンを比較した．ES細胞で4因子が結合している箇所，すなわち最終的に4因子が落ち着くべき箇所のうち，リプログラミング初期ではまだ結合に至っていない領域を同定しOSKM-differentially binding regions（OSKM-DBRs）とした[1]．

線維芽細胞でのヒストン修飾パターンを検討したところ，OSKM-DBRsではヒストンH3K9me3の修飾が特に多くみられることがわかった．ヒストンH3K9me3は，ヘテロクロマチンの構成を担っているといわれている．クロマチンが厳重にクローズされている状態では，4因子も簡単にはDNAに結合できないことが推察される（図3A）．そこで4因子導入と同時にヒストンH3K9特異的メチル化酵素であるSUV39H1/2をsiRNAでノックダウンしたところ，H3K9me3の低下とOSKM-DBRsへのOct3/4とSox2の結合増加がみられ，形成されたiPS細胞のコロニー数も増加した[1]．

2) ゲノムワイドなDNAメチル化

一般に，プロモーターCpG配列のメチル化は安定した遺伝子発現のOFF状態を示すといわれている．リプログラミング途中のマウスの細胞では，ゲノムワイドなメチル化・脱メチル化は比較的後期に起きるイベントであると報告されている（図3B）[2]．また，リプログラミング初期にES細胞様へとヒストンH3K4me2修飾が変化する遺伝子エンハンサー領域と比較して，後期で変化を受けるエンハンサー領域は，線維芽細胞で有意に高メチル化DNAとなっており[3]，DNAが低メチル化となっているクロマチンにおいて先にヒストン修飾の変化が起こることを示している．また，DNA維持メチル化酵素であるDnmt1の阻害でiPS細胞の樹立効率が上昇することが報告されている[4]．

以上のことから，DNAのメチル化もまたOSKMによるクロマチンリモデリングの障壁となっていることが示唆される．一方で，DNAの新規メチル化酵素であるDnmt3a, Dnmt3bをダブルノックアウトしたマウスの細胞からは，3胚葉系に分化可能なiPS細胞が得られることから，新たなメチル化の獲得は必ずしもリプログラミングに必要ではないことが報告されている[5]．

3) ヒストンH3K36のジメチル化

ヒストンH3K36me2は遺伝子発現に抑制的に働く（図3C）．H3K36me2特異的脱メチル化酵素であるKdm2bを4因子とともに導入するとリプログラミングの効率が上昇するのと同時に，ES細胞で発現する遺伝子群の発現上昇がより初期でみられるようになること，細胞老化関連遺伝子の発現上昇が抑制されることなどが示されている[6]．ヒストン脱メチル化酵素としての働きのほか，Kdm2bはマウスES細胞の脱メチル化CpG領域に結合し，PRC1複合体のリクルートを介して初期分化遺伝子の発現を抑制することで未分化状態を維持していることもわかってきており[7]，リプログラミングにおいてもさらなる役割を担っている可能性が考えられる．

4) ヒストンH3K79のジメチル化

ヒストンH3K79me2は線維芽細胞で上皮-間葉移行（EMT）関連遺伝子（SNAIL, TWIST, ZEB1, ZEB2など）にみられ，遺伝子発現を正に制御するクロマチン修飾である（図3D）．このヒストンメチル化酵素であるDOT1Lをノックダウンすると4因子導入後のEMT関連遺伝子の発現低下が促進され，リプログラミング効率が上昇する[8]．特に，shRNAによるDOT1LのノックダウンはKlf4の代替としてiPS細胞を樹立可能であることから，リプログラミングにおいてKlf4が担う役割とH3K79me2の消去との関連性が示唆される．

5) ヒストンアセチル化

核移植のリプログラミング効率を上昇させるとの報告のあるヒストン脱アセチル化酵素（HDAC）阻害剤だが，iPS細胞の樹立に際してもバルプロ酸[9]やブチル酸[10][11]が効果的との報告がある．しかし，われわれの研究室では再現性が取れるときと取れないときがある．実験によっては効果が全くみられないこともあり，培養条件や体細胞の種類といった特定条件下のみにおいてHDAC阻害剤がリプログラミングに有効な働きをしていることが考察される．

6) MBD3/NuRD複合体

4因子を線維芽細胞に導入後，MBD3をノックダウンまたはノックアウトすることでiPS細胞コロニーの数が著しく増加するとの報告がなされた．MBD3はNuRD（nucleosome remodelling and deacetylation）複合体

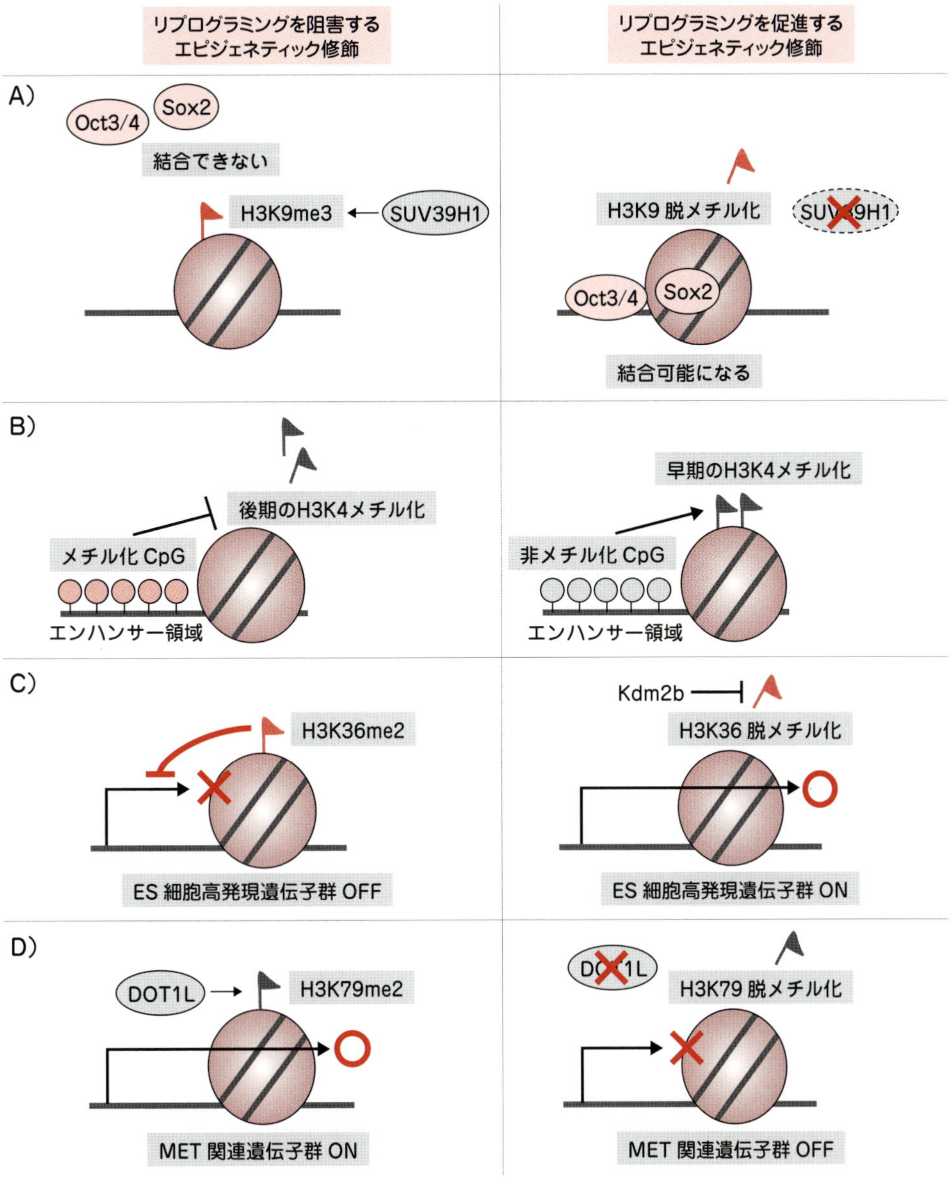

リプログラミングを阻害する エピジェネティック修飾	リプログラミングを促進する エピジェネティック修飾
A) Oct3/4 Sox2 結合できない / H3K9me3 ← SUV39H1	H3K9脱メチル化 / SUV39H1（×）/ Oct3/4 Sox2 結合可能になる
B) 後期のH3K4メチル化 / メチル化CpG / エンハンサー領域	早期のH3K4メチル化 / 非メチル化CpG / エンハンサー領域
C) H3K36me2 / ES細胞高発現遺伝子群 OFF	Kdm2b → H3K36脱メチル化 / ES細胞高発現遺伝子群 ON
D) DOT1L → H3K79me2 / MET関連遺伝子群 ON	DOT1L（×）H3K79脱メチル化 / MET関連遺伝子群 OFF

図3 エピジェネティック修飾によるリプログラミングの制御

の構成要素の1つで，メチル化CpG領域に結合することで抑制性クロマチンを形成する．MBD3のリプログラミングへの影響については，過去にはノックダウンやノックアウトの効果がみられないという報告もあり，現在追試が待たれている．

参考文献

1) Soufi, A. et al.：Cell, 151：994-1004, 2012
2) Polo, J. M. et al.：Cell, 151：1617-1632, 2012
3) Koche, R. P. et al.：Cell Stem Cell, 8：96-105, 2011
4) Mikkelsen, T. S. et al.：Nature, 454：49-55, 2008
5) Pawlak, M. & Jaenisch, R.：Genes Dev., 25：1035-1040, 2011
6) Liang, G. et al.：Nat. Cell Biol., 14：457-466, 2012
7) He, L. & Montell, D.：Nat. Cell Biol., 14：902-903, 2012
8) Onder, T. T. et al.：Nature, 483：598-602, 2012
9) Huangfu, D. et al.：Nat. Biotechnol., 26：1269-1275, 2008
10) Mali, P. et al.：Stem Cells, 28：713-720, 2010
11) Liang, G. et al.：J. Biol. Chem., 285：25516-25521, 2010

第2部 生命現象とエピジェネティクス

6 免疫応答
immune response

生田宏一

Keyword ❶アクセシビリティ制御 ❷対立遺伝子排除 ❸細胞記憶

概論 リンパ球分化とエピジェネティクス

1. リンパ球の初期分化

リンパ球は，骨髄において造血幹細胞からリンパ系前駆細胞を経てT細胞系列とB細胞系列に分岐する（イラストマップ）．B細胞系列は引き続き骨髄においてプロB細胞，プレB細胞を経てB細胞・ナイーブB細胞と分化し，末梢に移行して抗原と出会うと抗体を産生する形質細胞に終末分化する．また，一部のB細胞は記憶B細胞として長く体内にとどまり，次に同じ抗原と出会うとすばやく反応して形質細胞に分化する．

一方，T細胞系列は胸腺において分化する．胸腺に入った前駆細胞は，CD4⁻CD8⁻ DN（double negative）のプロT細胞の段階でαβT細胞系列とγδT細胞系列に分かれる．αβT細胞系列はその後，CD4⁺CD8⁺ DP（double positive）のプレT細胞の段階で正の選択を受け，CD4⁺CD8⁻あるいはCD4⁻CD8⁺ SP（single positive）のヘルパー型とキラー型のαβT細胞に分化し，自己反応性のクローンを除去する負の選択を受ける．αβT細胞はさらにナイーブT細胞に分化して末梢に移行して抗原と出会うと，エフェクターT細胞に終末分化する．一部の細胞は記憶T細胞となり長く体内にとどまり，次に同じ抗原と出会うとすばやく反応してエフェクターT細胞に分化する．

2. リンパ球抗原受容体遺伝子のV（D）J組換え

1）組換え酵素のアクセシビリティ制御

リンパ球は初期分化の過程で抗原受容体遺伝子のV（D）J組換えを行い，多様な抗原受容体を発現する．V（D）J組換えは多数のV, D, J遺伝子断片のなかから1つずつ選んでつなげていくもので，組合せの種類が膨大となることで多様性を生み出している．V（D）J組換えにはRAG1，RAG2という組換え酵素が必要で，RAGタンパク質が認識する組換えシグナル配列がV, D, J遺伝子断片の組換え部位に存在する．組合せそのものはランダムであるが，いつどの遺伝子座が組換えを受けるのかは分化段階特異的，細胞系列特異的に厳密に制御されている．一方，組換えに必要な酵素はRAG1，RAG2をはじめとして共通のものが用いられる．したがって，組換えを受けるかどうかは組換え酵素の有無ではなく，DNAが組換え酵素にとって接近可能かどうかというアクセシビリティによって制御されていると考えられる．このアクセシビリティ制御（→Keyword❶）にはさまざまな機構が関係しているが，ヒストンの修飾，クロマチンのループ形成，遺伝子座の核内局在の変化などのエピジェネティックな機構が報告されている[1]．

2）抗原受容体における対立遺伝子の排除
ⅰ）B細胞の場合

具体的には，まずプロB細胞において免疫グロブリン（immunoglobulin：Ig）重鎖（IgH）遺伝子のD–J組換えとV–DJ組換えが起こる．発現したIgμ鎖はVpreB，λ5タンパク質と会合し，プレB細胞受容体（preBCR）として細胞表面に発現される．プレBCRは発現すると自動的に細胞内にシグナルが入り，IgH遺伝子の組換

イラストマップ　リンパ球の分化と免疫応答にかかわるエピジェネティクス機構

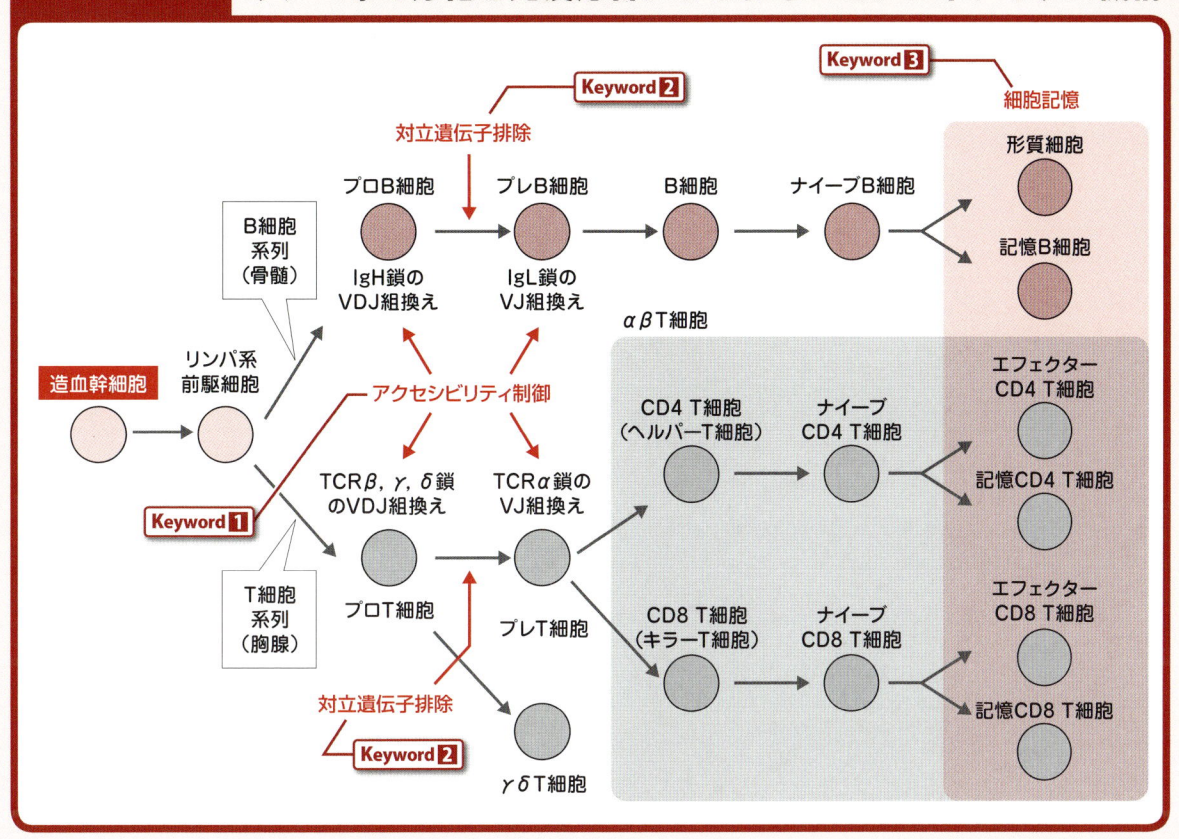

第2部　6　免疫応答

の抑制（**対立遺伝子排除**）（→**Keyword 2**），細胞増殖とプレB細胞への分化，免疫グロブリン軽鎖（IgL）遺伝子の組換えを誘導する．IgL鎖についてはまずκ鎖遺伝子のV–J組換えが起こり，これがうまくいかないと続いてλ鎖遺伝子の組換えが起こる．IgL鎖がIgμ鎖と会合し，細胞表面にIgMとして発現しB細胞となる．このように，免疫グロブリン遺伝子の分化段階特異的な組換えにより，B細胞の秩序だった分化が進行している．

ii）T細胞の場合

一方，胸腺に入った前駆細胞は，まずDN段階のプロT細胞でTCR（T細胞受容体）β，γ，δ遺伝子のV（D）J組換えをほぼ同時に起こす．このうちTCRγ，δ鎖を発現したものはγδT細胞に分化する．TCRβ鎖については，まずD–J，続いてV–DJ組換えを起こす．TCRβ鎖を発現した細胞ではβ鎖がpTα鎖と会合し，プレTCRとして細胞表面に発現される．プレTCRシグナルは，TCRβ遺伝子の組換えの抑制（**対立遺伝子排除**）（→**Keyword 2**），細胞増殖とDP段階への分化，

TCRα遺伝子の組換えを誘導する．TCRα鎖がTCRβ鎖と会合し，細胞表面にTCRαβとして発現しαβT細胞となる．このように，TCR遺伝子の分化段階特異的な組換えにより，T細胞の秩序だった分化が進行している．

iii）エピジェネティクスの関与

対立遺伝子の片方でV（D）J組換えが起こり発現型のV領域遺伝子が完成すると，Igμ鎖，TCRβ鎖タンパク質として発現する．前述したようにこれらが，プレBCRやプレTCRとして細胞表面に発現すると，細胞内に強いシグナルが入ることで，もう片方の対立遺伝子でのさらなるV（D）J組換えを抑制する．このことによりIgμ鎖とTCRβ鎖の品質管理を行うとともに，それぞれのリンパ球が一種類の抗原受容体を発現することが促され，リンパ球の特異性が保証される．この**対立遺伝子排除**（→**Keyword 2**）には，ヒストンのアセチル化，DNAのメチル化，遺伝子座の核内局在の変化などのさまざまなエピジェネティックな機構が関係している．

3. リンパ球の機能分化

T細胞は抗原刺激を受けると活性化し，盛んに細胞分裂を行う．大部分の細胞はエフェクターT細胞に分化し，一部の細胞が記憶T細胞として長く体内に維持される．記憶T細胞は再び抗原刺激を受けると急速に活性化し，エフェクターT細胞へと分化する．長い年月を経ても同じ抗原と出合うと急激に反応して，以前の遺伝子発現パターンを維持しているという点において，細胞レベルでの記憶があると考えられ（**細胞記憶**）（→**Keyword 3**），何らかのエピジェネティックな制御がある．

ナイーブ$CD4^+$T細胞（ヘルパーT細胞，Th細胞）は抗原刺激を受けると，樹状細胞，NK細胞，NKT細胞などが産生するサイトカインの環境によって，IFN-γを発現するTh1細胞，IL-4，IL-5，IL-13を産生するTh2細胞，IL-17やIL-22を産生するTh17細胞，IL-21を産生する濾胞ヘルパー（Tfh）細胞，TGF-βやIL-10を産生する制御性T（Treg）細胞に分化する．Th1細胞は細胞性免疫を誘導し，ウイルスや細胞内寄生細菌の排除を担う．Th2細胞は液性免疫を誘導し，主に寄生虫を排除し毒素を中和する．Th17細胞は細胞外細菌や寄生虫を排除する．Tfh細胞はリンパ濾胞でB細胞を補助する．また，Treg細胞は逆に免疫応答を負に制御する．

各サブタイプへの分化に必要な転写因子が知られており，Th1細胞はT-bet，Th2細胞はGATA3，Th17細胞はRORγt，Tfh細胞はBcl-6，Treg細胞はFoxP3である．これらはマスター遺伝子として，各サブタイプの機能，特に特異的サイトカインの発現に重要な働きをしている．ヘルパーT細胞のサブタイプは一度決定するとその性質を維持し続けることから，細胞レベルでの記憶があると考えられ（**細胞記憶**）（→**Keyword 3**），エピジェネティックな機構が関係している．

特に研究が進んでいるのがTh2細胞で，IL-4，IL-5，IL-13のサイトカイン遺伝子座について，転写因子の結合とヒストン修飾，クロマチンのループ形成などの機構が関係している[2]．一方，Treg細胞については，FoxP3非依存的に起こるDNAの低メチル化による制御が示されている．

参考文献

1) Krangel, M. S.：Nat. Immunol., 4：624-630, 2003
2) Lee, G. R. et al.：Immunity, 24：369-379, 2006

参考図書

◆ 『免疫生物学 7th ed.』（Murphy, K. 他/著，笹月健彦/監訳），南江堂，2010
◆ 『イラストレイテッド免疫学』（Doan, T. 他/著，矢田純一，高橋秀実/監訳），丸善，2009

Keyword
1 アクセシビリティ制御

▶英文表記：accessibility control

1) イントロダクション

リンパ球抗原受容体遺伝子は，リンパ球の初期分化過程において分化段階特異的・細胞系列特異的にV(D)J組換えを起こす．一方，組換え酵素RAG1とRAG2はすべての組換えに共通に用いられる．したがって，ある遺伝子座が組換えを受けるかどうかは，そのクロマチンが組換え酵素にとって接近可能かどうかというアクセシビリティの違いによって制御されていると考えられる（アクセシビリティ・モデル）（図1）．

2) germline転写とヒストン修飾

V(D)J組換えを受ける遺伝子座では，組換えを受ける前のgermline型DNAからしばしば転写される（germline転写）．V遺伝子断片，D遺伝子領域，J遺伝子領域の上流にプロモーターが存在する．TCR（T細胞受容体）γ遺伝子座ではJ遺伝子断片のプロモーターにSTAT5の結合配列が存在し，IL-7受容体によって活性化されたSTAT5がgermline転写を誘導する[1]．

ヒストン修飾については，ヒストンH3とH4のリジン（K）残基のアセチル化とアクセシビリティがよく相関する[2]．まずTCRα/δ遺伝子座では，胸腺内でのプロT細胞の分化段階でTCRδ領域がヒストンアセチル化され，プレT細胞の分化段階になるとEαの働きによってJ-C領域がアセチル化される．これらのアセチル化は組換えの受けやすさとよく相関している．またIgH遺伝子座では，まずD-J-Cの120 kbの領域がアセチル化され，D-J組換えが起こると，続いて近位のV遺伝子断片のヒストンのアセチル化と組換えが誘導される．最後に遠位のV遺伝子断片がIL-7シグナルでアセチル化される．

ヒストンのメチル化については，ヒストンH3K27のトリメチル化酵素Ezh2を欠損するプロB細胞で，ヒストンのアセチル化に変化がなくても，IgH遺伝子座で遠位のV-DJ組換えが低下する．また，IgH遺伝子座とTCRβ遺伝子座においては，アクセシビリティとH3K4ジメチル化（me2），BGR1の結合が相関し，H3K9me2が逆相関する[3]．

また，プロB細胞のIgH遺伝子座では組換えの前に広汎なV遺伝子領域でアンチセンス転写産物がみられ，アクセシビリティ制御に関係するかもしれない．

ノックアウトマウスを用いた研究から，germline転写のエンハンサーとプロモーターが，ヒストンのアセチル化や転写の誘導などアクセシビリティの主要な調節領域であることがわかっている．

3) 核内再配置と遺伝子座短縮

核周辺部とセントロメア周縁ヘテロクロマチンは，不活性な遺伝子が多く局在する．一般の細胞ではIgH，Igκ遺伝子座は核周辺部に存在するが，プロB細胞になると核中心部へと再配置される[4]．また，クロマチンのループ形成によってIgH遺伝子座のV遺伝子領域がD-J-C領域に近づき，結果として遺伝子座が短縮してみえる．転写因子Pax5がこれらの機構に必要である．

参考文献
1) Ye, S. K. et al.：Immunity, 15：813-823, 2001

図1 アクセシビリティ制御の機構

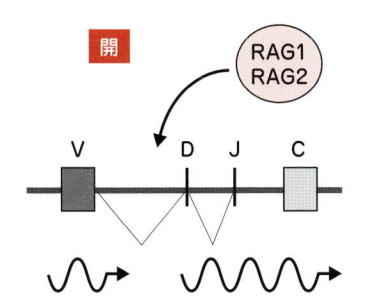

A) 接近可能なクロマチン
- 開
- germline転写
- ヒストンのアセチル化
- ヒストンH3K4me2
- アンチセンス転写
- 遺伝子座の短縮

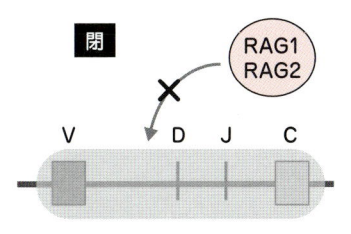

B) 接近不可能なクロマチン
- 閉
- DNAのメチル化
- 遺伝子座の脱短縮
- ヘテロクロマチンへの近接

A) 接近可能な（accessible）クロマチンでみられる現象．B) 接近不可能な（inaccessible）クロマチンでみられる現象

2）McMurry, M. T. & Krangel, M. S.：Science, 287：495-498, 2000
3）Morshead, K. B. et al.：Proc. Natl. Acad. Sci. USA, 100：11577-11582, 2003
4）Kosak, S. T. et al.：Science, 296：158-162, 2002

Keyword
2 対立遺伝子排除

▶英文表記：allelic exclusion

1）イントロダクション

対立遺伝子排除とは2つの対立遺伝子のうち片方のみが発現される現象で，B細胞表面に発現される免疫グロブリンの重鎖（IgH）と軽鎖（IgL）ならびにT細胞表面に発現されるTCRβ鎖でみられる．対立遺伝子排除によって1個のリンパ球が1種類の抗原受容体を発現することになり，リンパ球の特異性を1つに限定することになる．

2）対立遺伝子排除のメカニズム

プロB細胞において，免疫グロブリンの重鎖の片方の対立遺伝子で発現型のV（D）J組換えが起こると，発現したIgμタンパク質がこの時期に発現している代替軽鎖のVpreB，λ5タンパク質と会合しプレB細胞受容体（プレBCR）となり，細胞表面に発現する（図2A）．プレBCRは発現すると自動的に細胞内にシグナルが入り，RAG2タンパク質のリン酸化を誘導することで分解を促進し，RAG1/RAG2遺伝子の転写を抑制することで組換え酵素の活性を急速に低下させる．同様に，プロT細胞においてTCRβ鎖の発現型の組換えが起こると，発現したTCRβタンパク質がpTα鎖と会合し，プレT細胞受容体（プレTCR）となり，細胞表面に発現する．プレTCRもB細胞と同様のシグナルを細胞内に入れて，対立遺伝子排除を行う．さらに，プレBCR/プレTCRシグナルは，次に述べるさまざまなエピジェネティックな機構も誘導する．

3）ヒストン修飾と遺伝子座短縮

プレBCRシグナルは，V遺伝子領域のヒストンのアセチル化を低下させ，アクセシビリティを低下させる[1]．さらに，IgH遺伝子座の短縮を解除し伸展させることで，V遺伝子領域をD-J領域から引き離し組換えを抑制する[2]．

また，IgH，Igκ，Igλ，TCRβ遺伝子座において，2つの対立遺伝子が発生の初期の段階から非同期的にDNA複製し，先に複製する対立遺伝子がV（D）J組換えを起こすことが知られている．しかし，複製の順番が組換えの順番を制御する機構はよくわかっていない．

4）DNAメチル化

プロB細胞でIgκ遺伝子座は両方の対立遺伝子がDNAメチル化されているが，プレB細胞では片方の遺伝子だけが脱メチル化される（図2B）[3]．この脱メチ

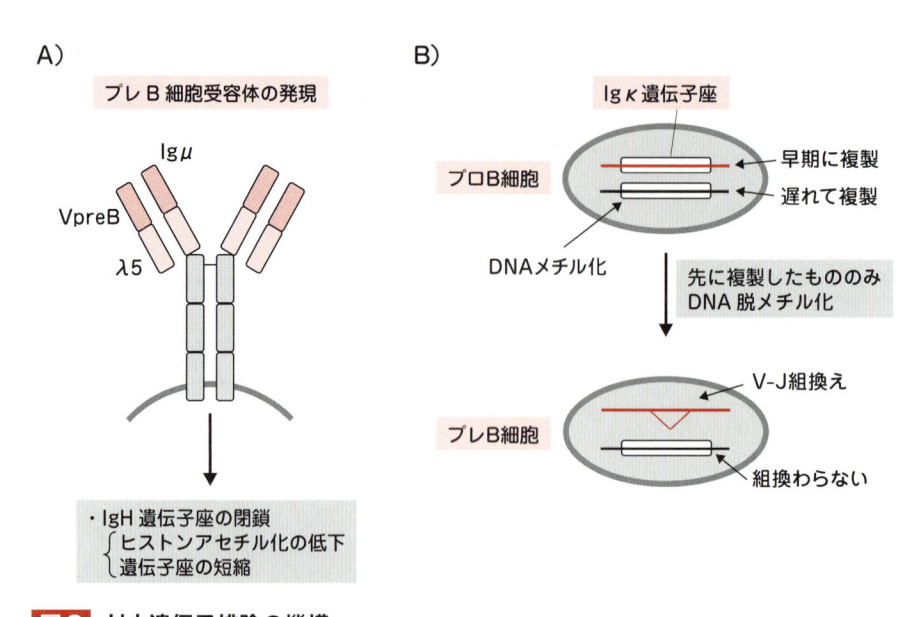

図2 対立遺伝子排除の機構
A）プレBCRシグナル．B）Igκ遺伝子座の複製とDNAメチル化

化にはイントロンエンハンサーと3′κエンハンサーが必要である．脱メチル化された対立遺伝子は接近可能で，ヒストンがアセチル化されており，セントロメア周縁ヘテロクロマチンから離れている．プレB細胞では両方の遺伝子座で短縮が起こるが，DNA脱メチル化された対立遺伝子でのみgermline転写とV-J組換えが起こる．DNAがメチル化されたままのIgκ遺伝子座は，セントロメア周縁ヘテロクロマチンに配置される．この遺伝子は遅れてDNA複製する対立遺伝子に相当する[4]．

参考文献

1) Chowdhury, D. & Sen, R.：EMBO J., 20：6394-6403, 2001
2) Roldán, E. et al.：Nat. Immunol., 6：31-41, 2005
3) Mostoslavsky, R. et al.：Genes Dev., 12：1801-1811, 1998
4) Mostoslavsky, R. et al.：Nature, 414：221-225, 2001

Keyword
3 細胞記憶

▶英文表記：cellular memory

1) イントロダクション

ナイーブCD4 T細胞は抗原刺激を受けると，サイトカインの環境の違いによってTh1細胞，Th2細胞，Th17細胞，Tfh細胞，Treg細胞などのサブタイプに分化する（**概論**参照）．ヘルパーT細胞のサブタイプは一度決定するとその性質を維持し，記憶T細胞は長い年月を経ても以前の遺伝子発現パターンを維持していることから，細胞記憶があると考えられ，これにはエピジェネティックな機構が関係している．

2) Th2細胞

Th2サイトカイン遺伝子座は120 kbにわたり広がっており，IL-4，IL-5，IL-13の遺伝子がクラスターを形成している（**図3 A**）．Th2細胞のマスター遺伝子であるGATA3によって，これらのTh2サイトカイン遺伝子は協調的に誘導され，Th2細胞の機能を獲得する．Th2細胞への分化過程においてTh2サイトカイン遺伝子座のヒストンがアセチル化される．Th1に分化させる培養条件でもGATA3を発現させるとアセチル化が起こることから，GATA3がエピジェネティックな変化を誘導している．IL-13遺伝子の5′側に種間で保存されたGATA3応答エレメントが存在し，GATA3がこのエレメントに結合することが引き金になり，Th2サイトカイン遺伝子座のヒストンのアセチル化や転写が誘導される．

さらに，Th2細胞ではクロマチンが高次構造を形成し，IL-4，IL-5，IL-13遺伝子のプロモーター領域が集まっているのに対し，RAD50遺伝子などの無関係な領域はDNAループを形成して飛び出している（**図3 B**）[1]．

3) Treg細胞

マウスにHDAC阻害剤のトリコスタチンA（TSA）を投与するとTreg細胞が増加し，抑制活性も増大する[2]．Treg細胞ではHDAC9が高レベルに発現しており，HDAC9ノックアウトマウスではTreg細胞の割合が増加している．TSA処理でFoxP3タンパク質の量が増加し，

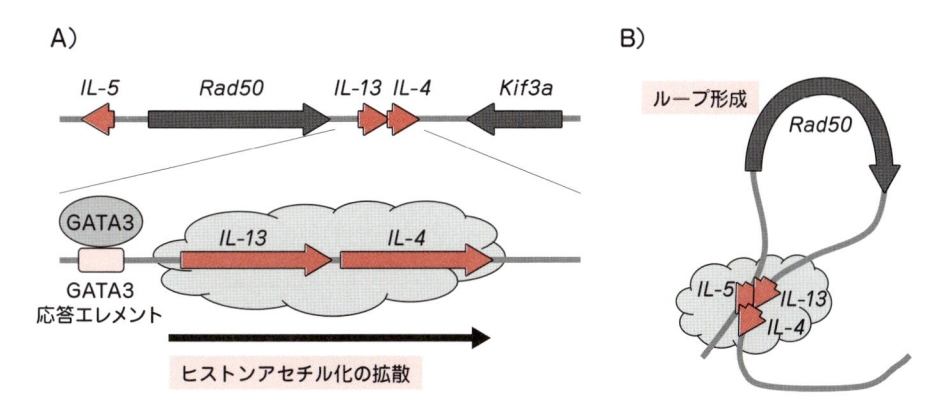

図3 Th2細胞の分化とその維持機構
A）GATA3によるTh2サイトカイン遺伝子座の制御．B）Th2サイトカイン遺伝子座におけるループ形成

FoxP3自体のアセチル化のレベルも増加し，標的遺伝子であるIL-2プロモーターへの結合が増加した．

Treg細胞のマスター遺伝子であるFoxP3をナイーブT細胞に導入すると一定の抑制性活性を賦与するが，Treg細胞に特徴的なすべての遺伝子を誘導するわけではない．FoxP3に依存しないDNAの低メチル化などの機序もTreg細胞の発生に関係していると考えられる．

4）記憶T細胞

Trithoraxグループ複合体のMLLはH3K4のメチル化を誘導し，遺伝子発現の維持に関係している．MLLヘテロノックアウトマウスでは記憶Th2細胞のTh2サイトカイン産生能が著しく低下しており，Th2サイトカイン遺伝子座のH3K4メチル化やH3K9アセチル化が低下している[3]．したがって，MLLは記憶Th2細胞におけるGATA3遺伝子やTh2サイトカイン遺伝子の発現維持にかかわっていると考えられる．

参考文献

1) Ansel, K. M. et al.：Nat. Immunol., 4：616-623, 2003
2) Tao, R. et al.：Nat. Med., 13：1299-1307, 2007
3) Yamashita, M. et al.：Immunity, 24：611-622, 2006

第2部 生命現象とエピジェネティクス

7 植物の外界適応
response to environmental cues in plants

佐瀬英俊

Keyword ①春化 ②環境ストレスとエピジェネティック変化 ③世代を超えたエピジェネティック変化の伝達

概論 植物の外界適応とエピジェネティクス

1. はじめに

　植物は動物とは大きく異なった生活様式を取る生物だが、遺伝子発現の制御を行うエピジェネティックな機構や化学修飾に関しては他の生物と驚くほど共通性があり、これをさまざまな生命現象に利用している。植物は固着性の生活様式を取るため常に外界の環境の変化に曝される。植物の生育に影響を与える環境要因としては高温・低温などの気温変化、病原菌やウイルス感染、物理傷害、土壌の塩濃度や栄養、光強度や光周期などがあげられるが、植物はこうした環境の変化に巧みに適応した生存戦略を採っている。しかしながら急激な環境変化はときに植物の生存を脅かすストレスともなりうる。

　近年のBS-seqやChIP-seqなどの解析技術の進歩により、こうした環境への応答の一環として、クロマチンのエピジェネティック情報のダイナミックな変化が引き起こされていることが、明らかになりつつある。植物のエピジェネティック制御の分子機構とその多様性については第1部-3を参照いただき、本項では植物を取り巻く環境の変化によって引き起こされるエピジェネティック情報の変化とそれが植物の発生・生理に引き起こす影響、そして世代を超えたエピジェネティック情報の伝達について概説する。

2. 植物の環境応答とエピジェネティック変化

1) 生育環境とエピジェネティック変化

　生育環境がエピジェネティックな機構を介して植物の生活環に大きな影響をおよぼす現象の代表例として**春化**（→Keyword①）が知られている（イラストマップ）。植物のなかには、栄養成長から生殖成長（花成）への移行に、ある一定期間の低温期を必要とする種が存在する。春化の過程ではポリコーム（polycomb）グループ複合体とnon-coding RNAの働きによって*FLC*とよばれる花成抑制遺伝子領域にH3K27トリメチル化が引き起こされ発現が抑制される。この抑制が維持されることにより植物は低温期間を「記憶」し、開花を促進させる。これ以外にも生育環境によって大きく形態を変化させる植物が存在するが、エピジェネティック制御の関与について詳細に調べられている例はいまだ少ない。

　さまざまな環境要因が植物にどのようなエピジェネティック変化を引き起こすのかについては、モデル植物であるシロイヌナズナを用いた研究により数多くの報告がなされている。例えばシロイヌナズナを30℃程度の比較的穏やかな高温条件下で生育させることで胚軸や葉柄の伸長、開花の促進などが観察される。この形態的変化は、温度変化に応答して特定の遺伝子のプロモーター領域に局在するヒストンバリアントH2A.Zが外れて遺伝子発現が変化することで引き起こされると考えられている[1]。

2) ストレス環境下でのエピジェネティック変化

　極端な環境変化によって植物の生存が脅かされるような**環境ストレスとエピジェネティック変化**（→Keyword②）についても近年数多く報告されている。例えば長期間の

イラストマップ　植物のエピジェネティクスを利用した外界適応

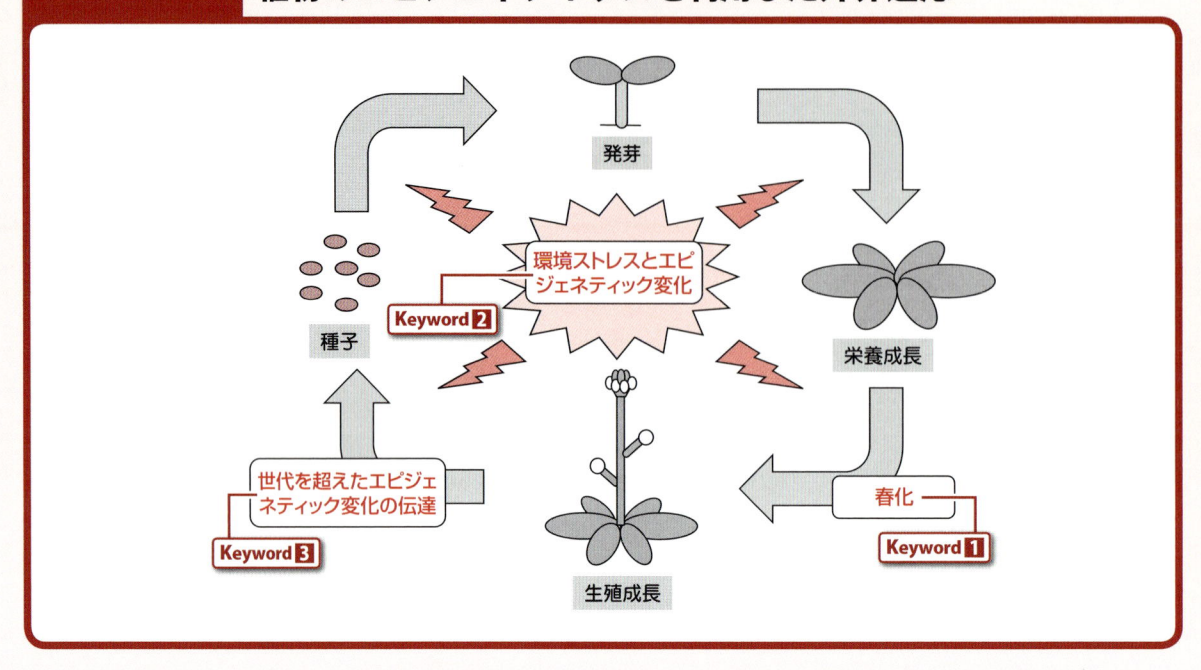

高温やUV照射にさらされることにより，通常は抑制的なエピジェネティック修飾によって不活化されているトランスポゾンや外来遺伝子の転写活性化が引き起こされる[2]．しかしながら，高温ストレスによって影響を受けるのは主に染色体のヘテロクロマチン構造であり，抑制的なエピジェネティック修飾であるDNAメチル化やH3K9メチル化の変化は活性化による二次的な影響とされている．また，ストレス条件下から通常の生育条件下に戻すことで当初の転写抑制状態へ比較的短期間に回復する．環境応答とトランスポゾンの関係では，シロイヌナズナRNAi（RNA干渉）変異体が高温ストレスに曝されることで転移するトランスポゾンや，15℃程度の低温で転移するキンギョソウのトランスポゾンが知られているが，いずれも活性化とDNAメチル化の変化は関連していない．

一方，病原菌の感染により積極的にゲノムワイドなDNAメチル化の変化が引き起こされ，特にトランスポゾンのDNAメチル化変化が近傍の遺伝子発現に影響を与えるという報告もある（**2**参照）．このようにストレス条件下でトランスポゾンがもつ潜在的な活性が標的となることについて，能動的/受動的脱抑制による近傍遺伝子の発現制御や，トランスポゾンの活性化と組換え頻度の上昇により，ゲノムの再編成を促し環境変化へ対応するといった理由が考えられる．

3. 世代を超えたエピジェネティック情報伝達

環境変化によって引き起こされたエピジェネティック変化が世代を超えて伝達されるのかについては近年多くの研究報告とそれに対する懐疑的議論がある（**2 3**参照）[2) 3)]．シロイヌナズナにおいては，少なくとも精細胞形成前後から胚発生過程では，主にCpHpHメチル化（第1部-3参照）がリセットされリプログラミングされるがCpG，CpHpGメチル化は世代間ではあまり変化しない．また，植物の場合，動物とは異なり生殖細胞系列は発生において最終的な分化組織として体細胞系列と分離することが多く，そのため世代を通じて体細胞に起こったエピジェネティック変化が次世代に伝わりやすいと考えられている．実際，前述の環境変化による潜在的な経世代的エピジェネティック伝達についての議論とは別に，植物では**世代を超えたエピジェネティック変化の伝達**（→Keyword **3**）が数多く報告されている．これらの多くは植物体の形態的な変化を伴っており，その形態変化の原因がDNA塩基変異ではなく，発生関連遺伝子の発現がエピジェネティック変異（エピ変異）により影響を受けたためと考えられている．こうしたエピ変異は大きく2つ

に分けられ,
① 自然集団あるいは栽培集団中に何らかの要因で生じたエピジェネティック変化が遺伝子発現変化を引き起こし,その状態が世代を超えて伝達される,
② 人為的な操作（エピジェネティック修飾に関与する因子の変異など）により栽培集団中に生じたエピジェネティック変化が世代を超えて伝達される,

などがあげられる.両者の場合とも遺伝子近傍に存在する繰り返し配列やトランスポゾンのエピジェネティック変化が原因となることが多い.

エピ変異の安定性は世代を経る過程で頻繁に当初のエピジェネティック状態に復帰し形態が回復するものから,非常に安定に何世代も伝達されるものまでさまざまである.①に関して,細胞分裂の際のDNA鎖の複製と異なり,DNAメチル化パターンの維持は非常に不正確と考えられており,シロイヌナズナの「エピ」変異率はDNAの変異率の10^5ほど高いと見積もられている[4].ただしほとんどのエピ変異は遺伝子発現に直接は影響を与えない.②に関連する研究では,DNAメチル化酵素MET1やクロマチンリモデリング因子DDM1の変異によってゲノムにエピジェネティック修飾変化を導入したシロイヌナズナを数世代継代することでエピジェネティック組換え自殖系統（epigenetic recombinant inbred line）を作製し,開花時期やバイオマス,病原菌応答などの量的形質に関して集団中に多様性を付与した報告がある[5].

4. 今後の展望

植物は一次生産者として人類を含む地球上の生命を支えている.人類の活動によって引き起こされているとされる大気中のCO_2濃度の上昇とそれに伴う温暖化や水不足による乾燥など,環境変化によって植物がどのような影響を受けるのかをエピジェネティクスの観点から明らかにすることは,人類のエネルギー問題や食糧問題を考えるうえで非常に重要であると思われる.また,エピジェネティック変化が植物集団に引き起こす表現型の多様性と進化への貢献を明らかにすることも今後の大きな研究課題である.

参考文献

1) Kumar, S. V. & Wigge, P. A.: Cell, 140: 136-147, 2010
2) Pecinka, A. & Mittelsten Scheid, O.: Plant Cell Physiol., 53: 801-808, 2012
3) Grossniklaus, U. et al.: Nat. Rev. Genet., 14: 228-235, 2013
4) Schmitz, R. J. et al.: Science, 334: 369-373, 2011
5) Richards, E. J.: Genes Dev., 23: 1601-1605, 2009

参考図書

◆『植物のエピジェネティクス（植物細胞工学シリーズ24）』（島本 功,他／監修）,細胞工学別冊,秀潤社,2008

Keyword
1 春化

▶英文表記：vernalization

1) イントロダクション

植物には花成のために一定期間の低温期を経ることが必要な種が存在する．こうした低温処理によって植物の花成を促進させる過程を春化（vernalization）とよぶ．春化は，特に越冬して春に開花する植物種には重要である．春化により植物は低温期（冬期）を経たことを「記憶」し，その記憶は春になり気温が上昇した後も維持され開花が誘導される．この記憶の維持にエピジェネティックな機構が大きくかかわっており，モデル植物のシロイヌナズナを用いた研究によりその分子機構の理解が大きく進んだ[1]．

2) 春化の分子機構

冬季一年生（winter annual）シロイヌナズナ系統ではMADS box転写因子のFLC（flowering locus C）が下流の花成促進因子であるSOC1とFT遺伝子に結合して花成を抑制している．FLCが発現している状態ではたとえ植物を長日条件下においても花成は起こらず，植物は栄養成長を続け葉を形成する（図1）．一方，植物に数週間の低温処理をすることによってFLCの発現抑制が誘導され花成が引き起こされるが，この抑制状態の開始と維持にはnon-coding RNAとヒストン修飾が関与していることが明らかになっている．

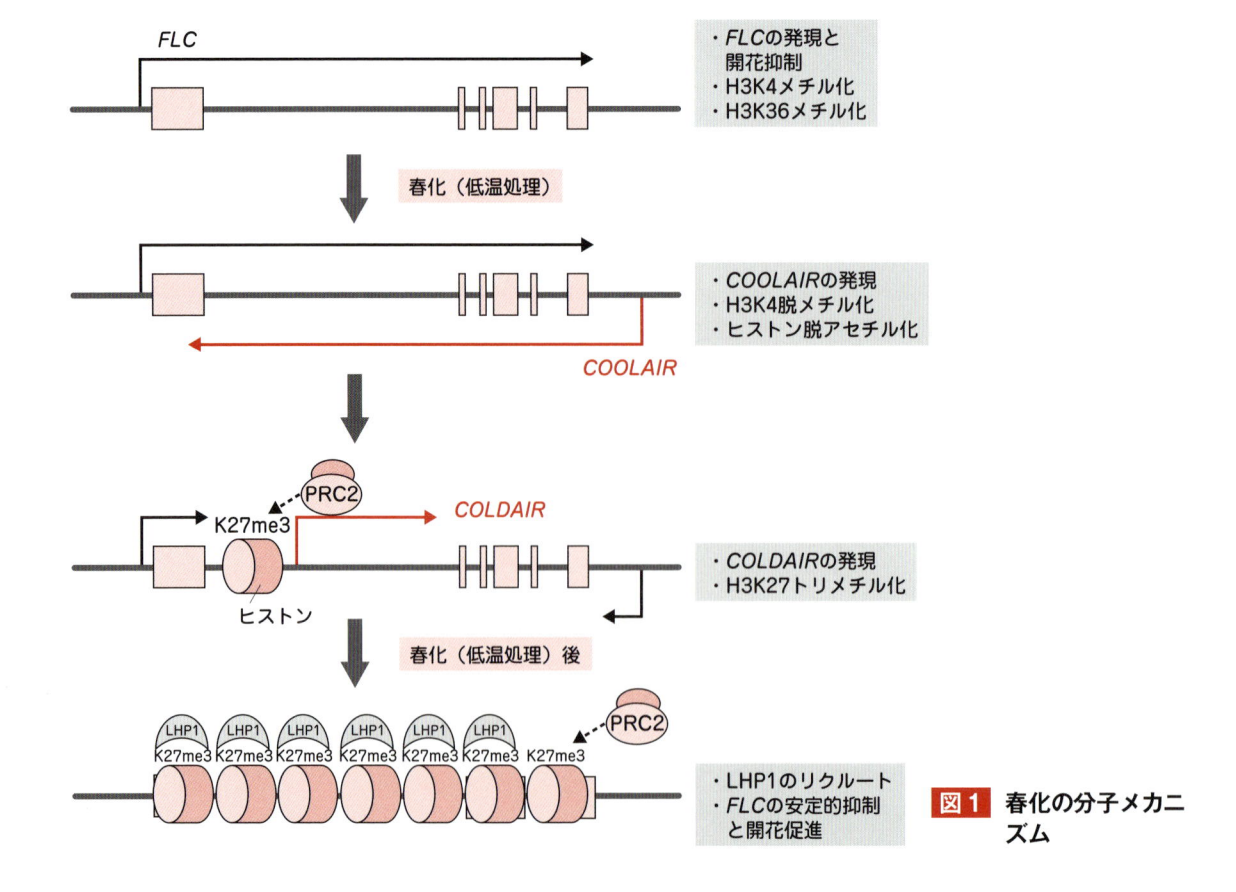

春化の過程ではFLC遺伝子座に対してアンチセンス鎖からCOOLAIRとよばれるnon-coding RNAが転写される．また，VIN3とよばれる因子がヒストン脱アセチル化を誘導する．COOLAIRの発現誘導に伴いH3K4の脱メチル化が起こり，動植物で保存されたPRC2（polycomb repressive complex2）複合体がFLC遺伝子座にリクルートされ，H3K27がトリメチル化される．PRC2のSu(z)12のホモログであるVRN2を欠いた変異体ではH3K27トリメチル化とFLCの安定した抑制が起こらなくなる．PRC2がFLCを標的とする機構としてFLCの第1イントロンからセンス方向に転写される2つ目のnon-coding RNA，COLDAIRの関与が指摘されており，PRC2のE(z)ホモログであるCURLY LEAFが直接

図1 春化の分子メカニズム

- FLCの発現と開花抑制
- H3K4メチル化
- H3K36メチル化

春化（低温処理）

- COOLAIRの発現
- H3K4脱メチル化
- ヒストン脱アセチル化

- COLDAIRの発現
- H3K27トリメチル化

春化（低温処理）後

- LHP1のリクルート
- FLCの安定的抑制と開花促進

COLDAIR RNAに結合し，*FLC*遺伝子座にリクルートされると考えられている[1]．PRC2によって導入されたH3K27me3はクロモドメインをもつLHP1（like heterochromatin protein 1）によって認識され抑制的なクロマチン構造を取る．興味深いことに春化によって引き起こされた*FLC*遺伝子座のエピジェネティック変化と発現抑制は世代を超える際にリセットされ，次世代の花成誘導には再度春化が必要とされる．

参考文献

1) Andrés, F. & Coupland, G.：Nat. Rev. Genet., 13：627-639, 2012

Keyword

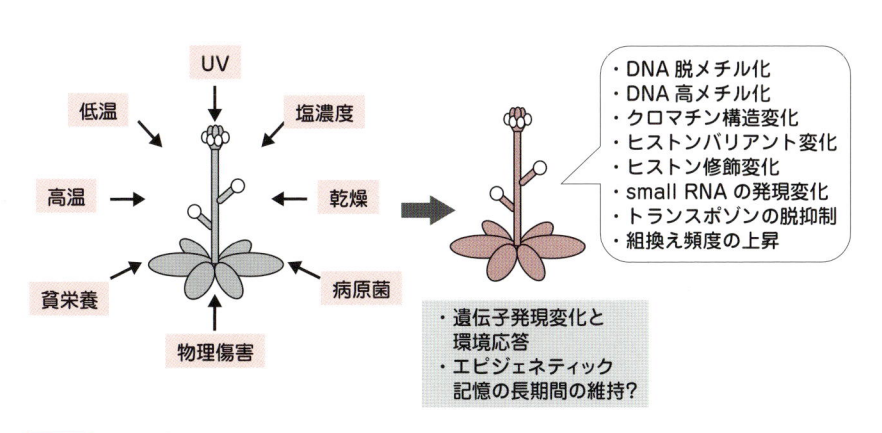

2 環境ストレスとエピジェネティック変化

▶英文表記：epigenetic changes in response to environmental stress

1）環境ストレスとは

植物は固着性の生活環をもつため，周囲の環境変化やストレスに対してさまざまに順応・適応し生存を図ろうとする．植物を取り巻く環境ストレスには温度変化や乾燥，塩濃度変化などの無生物的ストレス（abiotic stress）と病原菌感染などの生物的ストレス（biotic stress）とがある（図2）．

2）細菌感染に伴うDNAメチル化パターンの変化

モデル植物シロイヌナズナでは病原性細菌の感染に伴いDNAメチル化パターンが変化し，局所的に高DNAメチル化される領域と低DNAメチル化される領域が観察されるようになる[1]．RNA依存性DNAメチル化経路の変異体や維持性DNAメチル化酵素MET1の変異体は，病原性細菌に対して野生型に比べ高い抵抗性を示すようになることから，細菌に感染した際DNAメチル化を変化させることで抵抗性遺伝子群を活性化して，感染に応答する経路が存在していると考えられる．植物の場合トランスポゾンがDNAメチル化の標的となることが多いが，抵抗性反応に伴って遺伝子のプロモーター領域に存在するトランスポゾンのDNAメチル化が低下し，トランスポゾンと近傍の遺伝子の転写が活性化することが観察されている．積極的なDNAメチル化の低下にはDNA脱メチル化酵素の関与も報告されている[2]．

3）世代間伝達の可能性

こうした環境ストレスによって誘導されたエピジェネティック修飾の変化は世代を超えて伝達されるのか（3参照），もし伝わるとしたらエピジェネティック変化は植物個体の環境適応に貢献するのか，という問題に近年関心が集まっている．例えば病原性細菌に感染した植物個体では次の感染に対して抵抗性遺伝子の発現がより早く強力に反応するようになる「priming」という現象が知られているが，この効果が世代を超えて伝わるという報告がある[3]．この場合，感染を受けた植物の次世代では対照群と比較して病原性細菌感染に抵抗性を示し，植物ホルモンの一種サリチル酸によって誘導される抵抗性遺伝子群のプロモーター領域に，活性化エピジェネティック修飾であるH3K9アセチル化の蓄積がみられた．こうした世代を超える効果はDNAメチル化酵素やRNA依存

図2 環境ストレスとエピジェネティック変化

（低温，UV，塩濃度，高温，乾燥，貧栄養，病原菌，物理傷害 → DNA脱メチル化，DNA高メチル化，クロマチン構造変化，ヒストンバリアント変化，ヒストン修飾変化，small RNAの発現変化，トランスポゾンの脱抑制，組換え頻度の上昇 → ・遺伝子発現変化と環境応答 ・エピジェネティック記憶の長期間の維持？）

性DNAメチル化経路の変異体ではみられなくなるという[3]．また，シロイヌナズナに対する塩ストレスによって子孫が塩耐性を示すようになるという報告もある[4]が，この効果はすべてのシロイヌナズナ系統でみられるわけではない．

これらの結果が環境変化に対する植物の未知のエピジェネティック応答機構の存在を示唆しているのかどうか，今後のさらなる研究を待ちたい．

参考文献

1) Dowen, R. H. et al.：Proc. Natl. Acad. Sci. USA, 109：E2183-E2191, 2012
2) Yu, A. et al.：Proc. Natl. Acad. Sci. USA, 110：2389-2394, 2013
3) Luna, E. et al.：Plant Physiol., 158：844-853, 2012
4) Suter, L. & Widmer, A.：PLoS One, 8：e60364, 2013

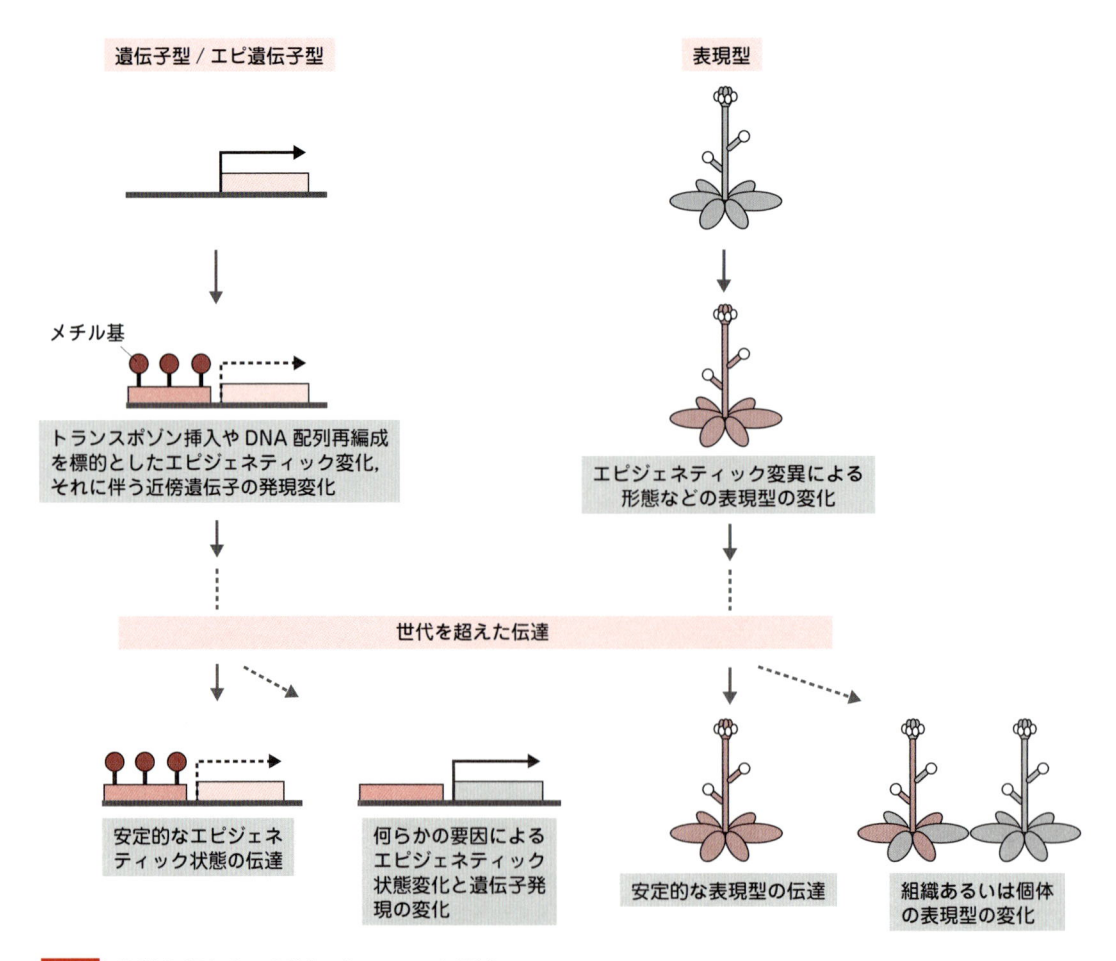

Keyword
3 世代を超えたエピジェネティック変化の伝達

▶英文表記：trans-generational epigenetic inheritance
▶別名：multi-/inter- generational epigenetic inheritance

1）経世代的エピジェネティック伝達

一度変化したクロマチンのエピジェネティック状態がそのまま維持され，しばしば世代を超えて後代に伝わることがある（図3）．例えば何らかの要因で引き起こされた高DNAメチル化状態や低DNAメチル化状態が減数分裂後その状態のまま次世代に伝達されるといった現象である．こうした現象を経世代的エピジェネティック伝達（trans-generational epigenetic inheritance，あるいはmulti-/inter- generational epigenetic inheritance）という．

図3 世代を超えたエピジェネティック伝達

2）表現型の伝達

エピジェネティック状態の変化が近傍の遺伝子発現の変化を伴っている場合，その遺伝子発現状態の変化もそのまま伝達されることがある．遺伝子のエピジェネティック状態の変化により植物に何らかの表現型が引き起こされ，非常に安定に世代間で伝達される場合，それは一見塩基配列の変化（変異）によって引き起こされた表現型と区別がつかない．高DNAメチル化による遺伝子のサイレンシングや低DNAメチル化による異所的な遺伝子の過剰発現などによる形態異常が世代を超えて伝わる場合，遺伝子変異と区別してエピジェネティック変異（エピ変異，epi-mutation）やエピ遺伝子座（epi-allele）とよぶ．また，エピジェネティック修飾は可逆的なため，偶発的に初期状態に戻ることがあり，そうした不安定なエピ遺伝子座を特に metastable epi-allele とよぶことがある．

3）具体例

よく知られる植物の世代を超えたエピジェネティック伝達にはホソバウンラン（*Linaria vulgaris*）の花の対称性変化を伴った高DNAメチル化[1]や，トマトの色素変化を引き起こす*Cnr*遺伝子座の高DNAメチル化[2]などがある．これに関連して，トランスポゾンの新規挿入や繰り返し配列の再編成など集団中に形成される塩基配列多型がエピジェネティック修飾の標的となって植物の形質に影響を与えることも多い．シロイヌナズナの*PAI*遺伝子座[3]などがこれにあたる．

なお，経世代的エピジェネティック伝達は植物を含む多くの生物で観察されている．DNAメチル化がほとんどないとされている線虫やショウジョウバエでも経世代的エピジェネティック伝達は観察されており，ヒストン修飾や小分子RNAがその情報伝達を担うと考えられている[4]．

参考文献

1）Cubas, P. et al.：Nature, 401：157-161, 1999
2）Manning, K. et al.：Nat. Genet., 38：948-952, 2006
3）Bender, J. & Fink, G. R.：Cell, 83：725-734, 1995
4）Grossniklaus, U. et al.：Nat. Rev. Genet., 14：228-235, 2013

第2部 生命現象とエピジェネティクス

8 エピジェネティクスによる記憶形成制御
epigenetic regulation of memory formation

木村文香, 野口浩史, 中島欽一

Keyword ❶海馬　❷LTP　❸神経幹細胞

概論 記憶形成を制御するエピジェネティクス機構

1. はじめに

　記憶形成の際には,特に海馬(→Keyword❶)での神経活動が重要な役割を担っている.神経活動が生じると,ニューロン同士で神経伝達物質を介した情報伝達が行われる.情報を受け取ったニューロンは,他のニューロンに情報伝達を行うだけでなく,情報を効率よく受け取るための転写活性非依存的なシナプスの変化が起こる.さらに神経活動依存的なタンパク質合成に伴う変化が起こることで,長期にわたり記憶を保持することができるようになる.

　近年,DNAメチル化やヒストンのメチル化,アセチル化といったエピジェネティックな変化による転写活性制御も記憶形成に重要であることが明らかとなってきた.なかでも,ヒストンアセチル化は転写活性制御において重要な役割を担う機構であり,記憶形成にも影響することがわかってきた.また,成体の脳においてもニューロンが新しく産生されることが知られているが,この新生ニューロンも記憶形成に関与することが報告されている.そこで本項ではエピジェネティック制御と記憶形成における転写制御,ニューロン新生との関係について概説する.

2. ヒストンアセチル化状態と記憶形成

1) ヒストンアセチル化による記憶形成の向上

　脳内で神経活動が起こると,ニューロンでは細胞内へのCa^{2+}流入が起こり,Ca^{2+}シグナル伝達経路が活性化される.そして,転写因子CREB (cyclic AMP response element-binding protein) がリン酸化されることにより活性化され,種々の遺伝子発現が誘導される(イラストマップA).この一連の反応が,記憶形成時に海馬で活性化されることが知られている.こうした転写調節機構にはエピジェネティック制御が関与しており,リン酸化CREBによりヒストンアセチル化酵素(HAT)(第1部-5参照)であるCBP (CREB binding protein)が標的遺伝子にリクルートされるが,このCBPのもつHAT活性が記憶形成に重要な役割を果たす.さらに,ヒストン脱アセチル化酵素(HDAC)(第1部-5参照)の阻害剤(第4部-6参照)の投与により,記憶形成の向上が示されている.

　例えば,HDAC阻害剤の1つTSA(トリコスタチンA)を海馬に直接投与した野生型マウスでは,恐怖記憶の増強や,記憶のin vitroモデルであるLTP(→Keyword❷)の増強が観察される[1].さらにこの報告では,CREB結合ドメインに変異を導入しCREBと結合できないCBP優性抑制型変異体を発現するトランスジェニックマウスでは,TSAを投与してもLTPの減弱が改善されないことが示されている.したがって,HDAC阻害剤が記憶向上の効果を示すには,このHDAC活性の抑制だけでなく,CREB-CBP複合体の形成により機能的CBPがCREBの標的遺伝子にリクルートされ,標的遺伝子領域のヒストンがアセチル化される必要があると推察される.

2) 記憶形成に寄与するHDAC

　さらに,生体内には十数種類存在するHDACについて,具体的にどのHDACが記憶形成に寄与しているかについても調べられている.先ほど紹介したHDAC阻害剤であるTSAのターゲットの1つにHDAC2がある.このHDAC2を,海馬を含む前脳ニューロン特異的に欠損さ

イラストマップ　記憶形成への関与が明らかになりつつあるエピジェネティクス機構

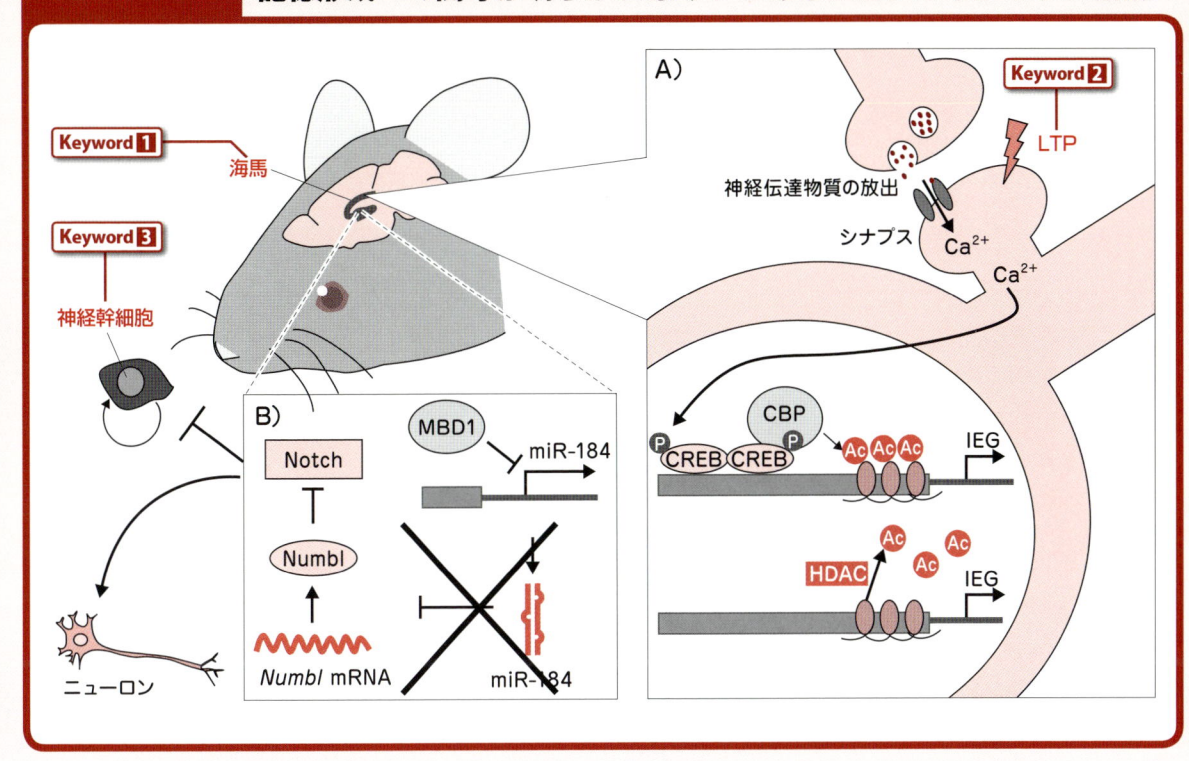

Keyword 1 海馬
Keyword 2 LTP
Keyword 3 神経幹細胞

A) 神経伝達物質の放出　シナプス　Ca^{2+}
CREB CREB CBP Ac Ac Ac IEG
HDAC Ac Ac Ac IEG

B) Notch　MBD1　miR-184
Numbl
Numbl mRNA　miR-184

ニューロン

せたHDAC2コンディショナルノックアウト（cKO）マウスでは，恐怖記憶の強化とLTPの増強が観察されると報告されている．しかし，記憶形成に重要な役割を果たしているのはHDAC2だけではない．

例えば，HDAC4を前脳特異的に欠損させたHDAC4 cKOマウスにおいても，恐怖記憶の増強や空間記憶の向上，LTPの増強が報告されている．また，別の報告では，HDAC4によって in vitro でCaMKⅡ，Synapsin1，VGLUT1，SNAP25といったニューロン同士の情報伝達やシナプスの機能に重要な分子の発現が抑制されていることが示されている．さらに，HDAC4がCaMKⅡやSynapsin1のプロモーター領域に直接結合することや，HDAC4過剰発現マウスでは空間記憶障害がみられるとの報告もある[2]．

このように記憶形成には特異的遺伝子のヒストンのアセチル化が重要であり，その逆のプロセスを触媒するHDACは，記憶形成に対して負の調節因子として機能していると考えられる．

3. 記憶関連因子のプロモーターのエピジェネティック制御

1）ヒストンメチル化による記憶形成促進

記憶形成時にCREBなどの神経活動依存的に活性化される転写因子により，IEG（immediate early gene）とよばれる遺伝子群の発現が誘導される．IEGの一例としてBdnf, Zif268が存在するが，ともに神経活動依存的にシナプスでの伝達効率を上昇させるために必要な分子である．IEGから転写・翻訳されたタンパク質は，シナプスの機能を強化することで長期的な記憶の維持に働くと考えられているが，そのIEGのプロモーター領域がエピジェネティックな修飾変化を受けることで，発現が制御されることがわかってきた．

例えば，恐怖記憶形成時には海馬で，BdnfやZif268のプロモーター領域において，遺伝子活性化の指標の1つであるヒストンH3の4番目のリジン残基のトリメチル化（H3K4me3）（第1部-6参照）の亢進が観察され，ヒストンのメチル化修飾を介してそれらの遺伝子の転写が誘導される[3]．

2）DNAメチル化による記憶形成低下

このようなヒストン修飾の変化に加え，DNAメチル化状態の変化が記憶形成に関与することも報告されている．DNAメチル化酵素（第1部-1参照）であるDNMT1とDNMT3aの両者を前脳ニューロン特異的に欠損させたダブルcKOマウスでは，恐怖記憶や空間記憶の形成が障害されることやLTPの減弱がみられることが示されている[4]．このダブルcKOマウスでは，間接的にシナプス形成を抑制する転写因子STAT1の遺伝子のプロモーター領域のDNAメチル化レベルが低下するとともに，その発現が増加していることから，こうした遺伝子のプロモーター領域の修飾状態が記憶に関与していると考えられる．

このように，プロモーター領域のヒストン修飾やDNAメチル化の状態も，記憶が形成されるうえで重要である．

4. ニューロン新生と記憶形成

1）ニューロン新生による記憶の向上

神経幹細胞（→Keyword 3）は，胎生期だけではなく成体の脳にも存在し，日々ニューロン新生を行っている．この神経幹細胞の数を，X線照射や薬剤投与などにより減少させた成体マウスにおいてはLTPが減弱することや，反対に自発的運動により増加させた場合には記憶が向上することが報告されている．これらのことから，ニューロン新生も記憶形成や保持に重要な役割を果たしていると考えられている．

2）MBD1によるニューロン新生の制御

MBD（methyl CpG binding）タンパク質（第1部-1参照）はメチル化されたCpG配列にHDACをリクルートし，特定遺伝子のヒストン脱アセチル化を引き起こす因子として知られている．MBD1 KOマウスでは，成体海馬ニューロン新生の減少が観察され，さらにLTPの減弱と空間記憶が低下することが示されているが，最近，MBD1によるニューロン新生制御機構の一端が明らかとなった．

MBD1が発現を抑制している遺伝子のなかにmiRNA（第1部-9参照）の1つであるmiR-184があり，その標的として*Numbl*（*Numblike*）mRNAが同定された[5]．NumblはNotchシグナル伝達の阻害因子であり，その作用によって神経幹細胞の自己複製を阻害すると同時にニューロンへの分化を促進させ，神経幹細胞の分化と増殖のバランスを制御する（イラストマップB）．MBD1 KOマウスではmiR-184の発現が亢進することで，Numblの発現量が低下する．その結果Notchシグナルが上昇することで神経幹細胞の自己複製の促進，ニューロンへの分化が抑制されるため記憶障害が観察されることが明らかとなった．このように，最近新しいエピジェネティック因子として加えられたmiRNAもニューロン新生を制御することで記憶形成に重要な役割を果たしている．

5. 今後の展望

このように，ヒストンやDNAの修飾およびmiRNAなどのエピジェネティック因子による遺伝子機能発現制御が記憶形成に重要であることが示唆されているが，これらの研究は緒に就いたばかりであり，依然詳細な機構は不明である．特にヒストンアセチル化，脱アセチル化以外のエピジェネティックな制御は明らかとなっていない点が多く，今後どのような遺伝子がどのようなエピジェネティクス機構により発現制御がなされているのか，その解明が期待される．

また，先に述べたように記憶形成にはニューロン新生も関与しており，ニューロン新生を亢進させると記憶形成が向上することも報告されている．ニューロン新生のエピジェネティックな制御機構が明らかとなり，それを人為的に操作することができるようになれば，加齢などによるニューロン新生減少を伴った記憶障害に対する新たな治療戦略となりうるため，今後もこの分野の研究は注目を集める続けるものと確信する．

参考文献

1) Vecsey, C. G. et al. : J. Neurosci., 27 : 6128-6140, 2007
2) Sando, R. 3rd, et al. : Cell, 151 : 821-834, 2012
3) Gupta, S. et al. : J. Neurosci., 30 : 3589-3599, 2010
4) Feng, J. et al. : Nat. Neurosci., 13 : 423-430, 2010
5) Liu, C. et al. : Cell Stem Cell, 6 : 433-444, 2010

参考図書

◆『エピゲノム研究最前線』（児玉龍彦/企画），別冊医学のあゆみ，医歯薬出版株式会社，2011

Keyword

1 海馬

▶英文表記：hippocampus

1) イントロダクション

　海馬は記憶に深く関与する脳領域であり，海馬を損傷すると記憶障害が引き起こされることが知られている．海馬はいくつかのサブ領域に分けられ，CA1, CA3, DG (dentate gyrus) から構成される（図1A）．他の脳領域から海馬に情報が入力される際，直接各領域に伝達される場合の他に海馬内での神経経路が存在し，まずDGで入力を受けとり，CA3，CA1の順に経由して，再び他の領域へと情報が伝達される．また，DGのSGZ (sub-granular zone) では，神経幹細胞からニューロンが日々産生されており，これら新生ニューロンも神経回路に組み込まれ，記憶形成に重要な役割を果たしている[1]．

2) Dnmt3a2による恐怖記憶の制御

　概論では海馬依存的な記憶として，恐怖記憶，空間記憶を取り上げた．恐怖記憶評価試験である恐怖条件づけ文脈試験（図1B）[2]では，チャンバーにマウスを入れて電気ショックを与えることでチャンバーと電気ショックを関連付けて記憶させ，電気ショックを与えられたことを覚えているかどうかを評価する．電気ショックを与えた翌日，同じチャンバーにマウスを入れた際，電気ショックを覚えているほどすくみ行動を示すため，すくみ行動を示した時間で記憶しているかを評価する．

　この恐怖条件づけ試験を用いて，老齢マウスにおける記憶障害の原因の一端が報告されている[3]．老齢マウスでは，若いマウスに比べて恐怖条件づけ文脈試験におけるすくみ行動を示す時間の減少がみられる．老齢マウス海馬において，DNAメチル化酵素Dnmt3aのアイソフォームであるDnmt3a2のmRNA発現量が，若いマウスに比べて低いことが報告されており，Dnmt3a2の発現量と老齢に伴う記憶障害の関連性が示唆されている．実際に，老齢マウスの海馬にレンチウイルスを用いてDnmt3a2を発現させた場合，恐怖記憶の障害が改善されることから，記憶形成には海馬におけるDnmt3a2の働きが必要であることが示されている．

3) miR-124による空間記憶の制御

　空間記憶評価の代表的な試験としては，モリス水迷路[4]があげられる（図1C）．この試験では，大きなプールに

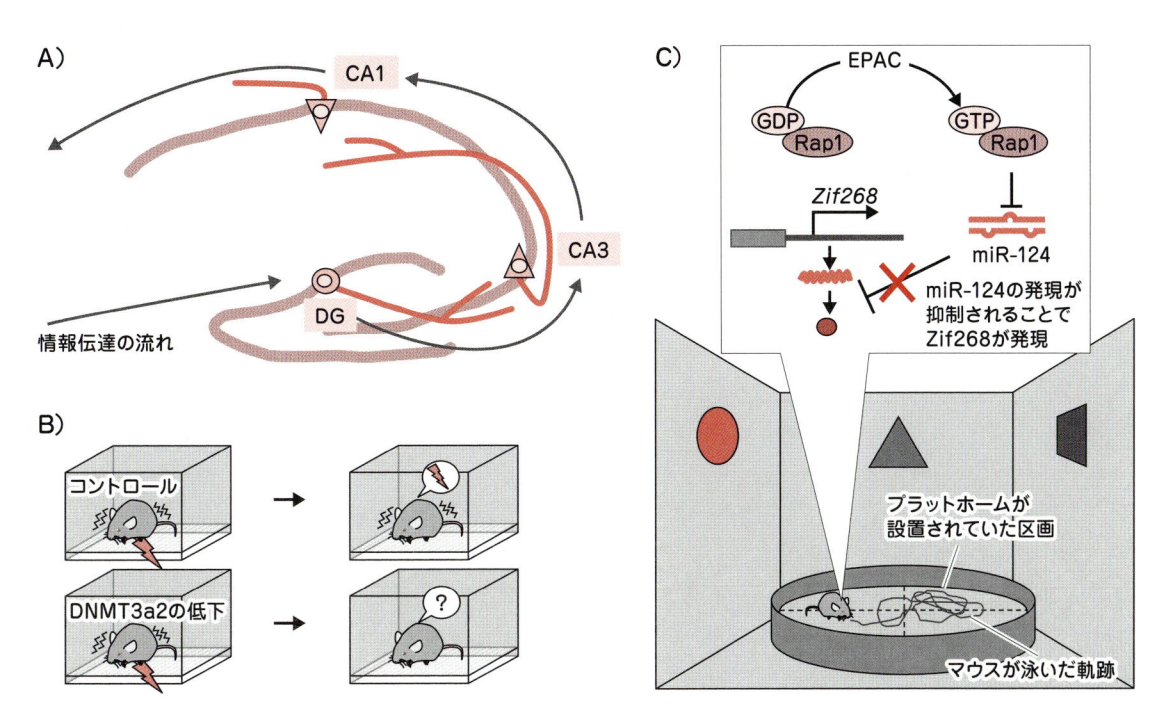

図1 **海馬依存的な記憶試験**

A) 海馬内での神経回路．ニューロン新生が起こるDGで受け取った情報はDG内とCA3のみに伝達される．B) DNMT3a2が減少したマウスでは恐怖記憶の障害が観察される．C) 空間記憶の一部はEPAC/miR-124経路を介して制御される

プラットホームとよばれる台を入れておき，マウスがプラットホームの位置を覚えているかを評価する．プラットホームはマウスにとってプールの水から回避できるゴールであり，何度かマウスをプールに入れるうちに，プラットホームの位置を学習する．その後，プローブテストとしてプラットホームを撤去した状態のプールにマウスを入れると，記憶力の高いマウスほどプラットホームの存在した周辺領域を泳ぎ続けるので，その時間を記憶の指標とする．

空間記憶についても，この評価試験を利用して海馬におけるエピジェネティック制御が記憶形成に重要な役割を果たしていることが示されている．グアニンヌクレオチド交換因子 EPAC (exchange protein directly activated by cAMP) は低分子量GTPアーゼである Rap1 (Ras-like small GTP-ase) に結合したGDPをGTPに交換することでRap1を活性化することが知られる．EPACコンディショナルノックアウト (cKO) マウスではプローブテストでプラットホームが設置されていた周辺領域を泳ぐ時間が野生型マウスに比べ減少することが報告されている[5]．

この報告では，Rap1によりmiR-124の発現が抑制されていることを示しており，EPAC cKOマウスではRap1が不活性型となることでmiR-124の発現上昇が観察される．miR-124はポストシナプスの変化を誘導して情報伝達効率を上げる*Zif268*を標的としており，*Zif268*が抑制されることで空間記憶の障害が引き起こされると推察されている．また，海馬にレンチウイルスを用いてmiR-124を導入すると*Zif268* mRNA発現量の低下や空間記憶の障害がみられることから，海馬におけるmiR-124を介した標的遺伝子発現制御の重要性が明らかになっている．

このように記憶形成は，海馬における遺伝子発現により制御されており，その遺伝子発現制御にはエピジェネティックな変化が関与していることが明らかとなっている．

参考文献

1) Deng, W. et al. : Nat. Rev. Neurosci., 11 : 339-350, 2010
2) Zovkic, I. B. & Sweatt, J. D. : Neuropsychopharmacology, 38 : 77-93, 2012
3) Oliveira, A. M. et al. : Nat. Neurosci., 15 : 1111-1113, 2012
4) Götz, J. & Ittner, L. M. : Nat. Rev. Neurosci., 9 : 532-544, 2008
5) Yang, Y. et al. : Neuron, 73 : 774-788, 2012

Keyword 2 LTP

▶ 和文表記：長期増強
▶ フルスペル：long-term potentiation

1) イントロダクション

LTPはシナプス伝達効率の高い状態が持続している現象であり，海馬培養スライスに脳内での信号を模した電気や薬理による刺激を与えることで誘導される（図2A）．具体的には，海馬培養スライスに挿入した電極からニューロンの細胞外電位を検出し，この電位が一定時間高い値を示す現象を指す．**概論**で取り上げた海馬LTPは，E-LTP (early-phase LTP) という短期記憶に相当する，記憶の*in vitro*モデルである[1]．E-LTPはタンパク質合成非依存的であり，神経伝達物質の放出・ポストシナプス膜上の受容体数が増加することで引き起こされ，およそ1～2時間にわたり持続する．実際の短期記憶もタンパク質合成非依存的であり，ポストシナプス膜上の受容体数の増加についても，成体海馬内ニューロンで起きていることが知られている．

また，短期記憶は固定化とよばれるタンパク質合成依存的なプロセスを経て長期記憶へと変換される．そのため，短期記憶に障害がみられると，長期記憶においても障害が生じる．短期記憶から長期記憶への変換には，神経活動依存的な転写活性化によるポストシナプスの機能強化や，記憶の保持にかかわるタンパク質の合成が必要である．長期記憶に相当するタンパク質合成依存的なLTPは，L-LTP (late-phase LTP) とよばれ[2]，LTP誘導時に生じる変化は，生体内でみられる変化と同一であることが示されている．

2) エピジェネティック制御とLTP

概論で紹介した報告以外でもさまざまなエピジェネティック関連因子がLTPに影響を与えることが報告されている．なかでも多くの種類が同定されているmiRNAは，記憶との関連性が明らかとなりつつあり[3]，その報告も劇的に増加してきた．そこで，ここではmiRNAと記憶との関連を，LTPの測定を用いて示した例を交えながら説明したい．

i) Dicer1 cKOマウスの解析

前脳のニューロン特異的にDicer1（第1部-9参照）

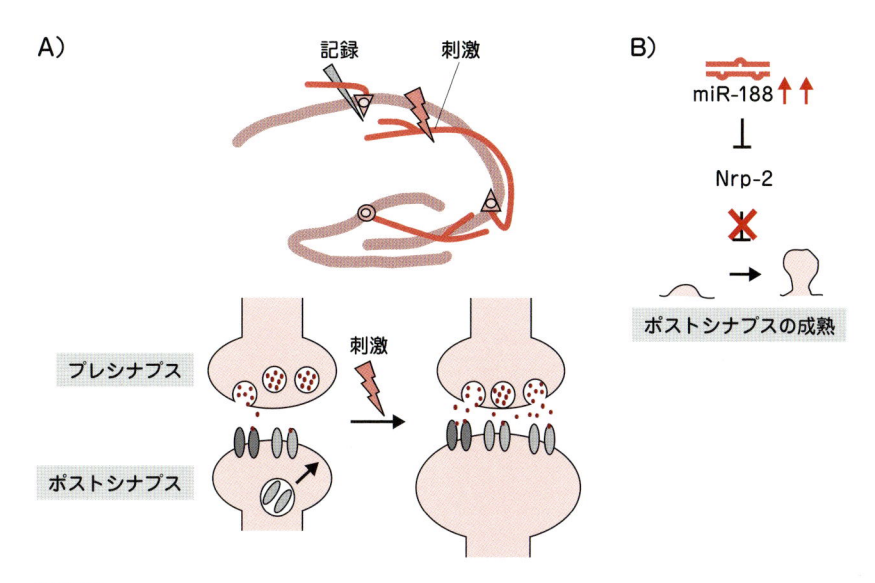

図2 エピジェネティック制御がLTPに与える影響
A) 海馬における神経活動測定法の一例（上図）．LTPはニューロンを直接刺激した際の神経伝達物質放出やポストシナプスにおける膜上の受容体数の増加などにより起こる（下図）．
B) miR-188はNrp-2を抑制することでポストシナプスを成熟させる

が欠損したコンディショナルノックアウト（cKO）マウスでは，Dicer1依存的にプロセシングされるmiRNAの発現が失われ，LTPの増強が観察されるとともに，恐怖記憶，空間記憶の向上が示されている[4]．しかしながら，このcKOマウスで発現が失われるmiRNAは多数存在しており，Dicer1 cKOマウスを用いた解析では，どのmiRNAが記憶形成に重要な役割を担うのかを特定するのは難しい．そこで，記憶評価試験を行うよりも容易に記憶への関与を示唆できるLTPの測定を用いて，特定のmiRNAを過剰発現またはノックダウンした海馬培養スライスのLTPを測定することにより，記憶形成に重要なmiRNAが特定されている．

ii）LTPによる記憶関連miRNAの発現制御

■で紹介したようにmiR-124については機能から記憶評価に至るまで詳細な解析が行われている．これに加えて，薬理刺激によりLTPを誘導した海馬培養スライスでは，刺激に依存してmiR-188の発現が上昇することが観察されており，miR-188と記憶形成との関係が示唆されている[5]．miR-188は *Nrp-2*（*Neuropilin-2*）mRNAの3′-UTRを標的としており，Nrp-2の翻訳を抑制することでそのタンパク質発現量を減少させることが明らかとなっている（図2B）．Nrp-2はポストシナプスの発達や情報伝達に抑制的に働くことが示されていることから，miR-188は神経活動依存的に発現することでNrp-2の発現量を調節し，これによりポストシナプスの働きを制御していると考えられる．

このように記憶形成の際のポストシナプスの変化にもエピジェネティックな変化が関与しており，LTPの測定を行うことで，エピジェネティック制御と記憶の関連性や，そのメカニズムが明らかになりつつある．

参考文献

1) Lamprecht, R. & LeDoux, J. : Nat. Rev. Neurosci., 5 : 45-54, 2004
2) Adams, J. P. & Dudek, S. M. : Nat. Rev. Neurosci., 6 : 737-743, 2005
3) McNeill, E. & Van Vactor, D. : Neuron, 75 : 363-379, 2012
4) Konopka, W. et al. : J. Neurosci., 30 : 14835-14842, 2010
5) Lee, K. et al. : J. Neurosci., 32 : 5678-5687, 2012

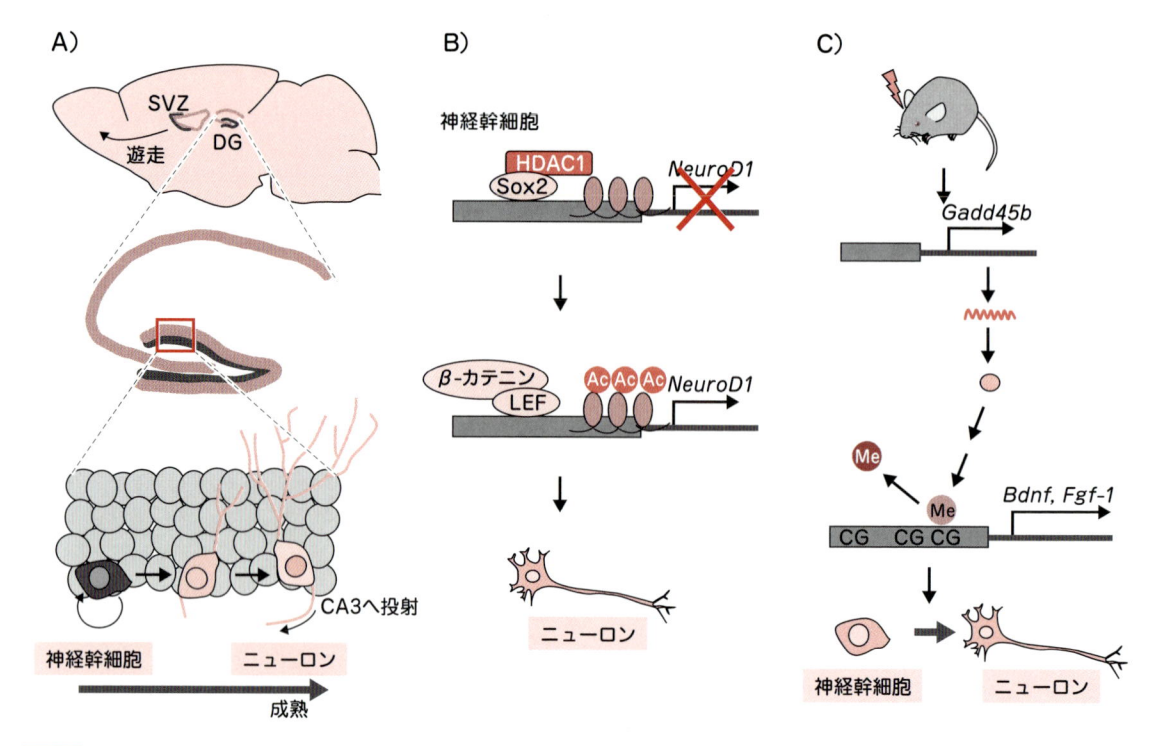

図3 成体神経幹細胞の脳内局在領域とニューロンへの分化制御機構
A）成体マウス脳の矢状断と神経幹細胞の局在領域（図中の赤枠で囲まれた ▬▬ の部分）．B）ヒストンの修飾状態がニューロン分化の誘導に関与している．C）神経活動依存的なDNAメチル化変化がニューロン分化を誘導する

Keyword
3 神経幹細胞

▶英文表記：neural stem cell

1）イントロダクション

長い間，神経幹細胞は胎生期に脳を形成する際にのみ存在し，成体の脳では存在しないと思われてきたが，実は成体脳でも神経幹細胞が存在しており，側脳室SVZ（subventricular zone）や海馬のDG（dentate gyrus）のSGZ（subgranular zone）で日々ニューロンを新生していることが明らかにされた．SVZで産生されたニューロンは嗅球へと移動するが，SGZで産生されたニューロンはそのままDGで成熟し（**図3A**），既存のニューロンとシナプスを形成して，神経回路に組み込まれる．神経幹細胞の自己複製や神経幹細胞の維持機構，ニューロンへの分化制御機構においてエピジェネティック制御が重要な役割を担っており[1]，ここでは，そのなかで記憶形成と最もかかわりの深いニューロンへの分化制御機構に焦点を当てて，その一端ではあるが紹介したい．

2）成体の神経幹細胞からニューロンへの分化とエピジェネティック制御

成体の神経幹細胞は，*in vitro*においてバルプロ酸やTSA（トリコスタチンA）などのHDAC（ヒストン脱アセチル化酵素）阻害剤存在下では，ニューロンへの分化が促進されることが報告されている[2]．HDAC阻害剤の処理により，ニューロン分化に促進的な役割をもつbHLH型転写因子*Neurogenin1*や*NeuroD1*などのmRNA発現量が増加することから，これらが神経幹細胞からのニューロンへの分化をHDAC阻害剤の下流で制御していると思われる．

i）ヒストンアセチル化によるニューロン分化制御

また，成体の神経幹細胞からのニューロン分化はWntシグナル伝達経路の活性化によっても誘導されることが知られる．Wnt刺激によって安定化されたβ-カテニンは，転写因子LEFと複合体を形成し，標的遺伝子の1つである*NeuroD1*のプロモーター内のLEF結合サイトに結合して*NeuroD1*の発現を誘導する．ところが興味深いことに，神経幹細胞の未分化性を維持する転写因子

Sox2と，このβ-カテニン/LEF複合体は同一配列（Sox/LEF結合サイト）を認識する．そのため未分化状態の神経幹細胞では，このSox/LEF結合サイトに発現の高いSox2とHDAC1が結合し，ヒストンH3のアセチル化レベルが低く保たれているために，*NeuroD1*の発現は抑制されている．しかしWntシグナルが活性化されると，安定化したβ-カテニンがLEF1とともにSox2/HDAC1複合体を押しのけるようにして結合するため，HDAC1によるヒストン脱アセチル化作用を受けなくなることで*NeuroD1*のヒストンアセチル化の亢進がみられる．これにより，*NeuroD1*の発現が誘導されることで，神経幹細胞のニューロン分化が促進されるというモデル[3]を図3Bに示した．

ii）DNAのメチル化とニューロン新生

最近では，神経活動依存的にニューロン新生が生じることを示唆する報告もなされている．神経活動依存的にニューロンより分泌されるBDNF（神経栄養因子）は，神経幹細胞からのニューロンへの分化にも重要な役割を果たすことが知られている．DNA修復や5-メチルシトシンの除去に関与することが報告されているGadd45b (growth arrest and DNA damage-inducible 45b) は神経活動依存的に発現が増加するIEG (immediate early gene) の1つであり，Gadd45bノックアウト（KO）マウスでは*Bdnf*や*Fgf-1*といったニューロン新生や神経幹細胞の増殖を促進させる遺伝子の発現低下が観察される[4]．Gadd45b KOマウスにおける*Bdnf*や*Fgf-1*プロモーター領域は，野生型マウスで観察される神経活動依存的なDNA脱メチル化が誘導されず，これによりBDNFやFGF-1の発現が低下し（**図3C**），新生ニューロンの数が野生型マウスに比べて減少することが報告されている．

近年，DNA脱メチル化のメカニズムとして，TET1 (ten-eleven translocation 1)（**第1部-2参照**）を介してシトシンに付加されたメチル基がヒドロキシル化されることが引き金となり，メチル化DNAが能動的に脱メチル化される機構の存在が示されている[5]．さらに，*Bdnf*や*Fgf-1*プロモーターの脱メチル化に関してもTET1の関与が示唆されている．また，神経活動依存的に複数の遺伝子プロモーターが脱メチル化されることが知られており，神経活動依存的なDNA修飾状態の変化もニューロンへの分化に重要であることが推察される．

このように記憶形成に重要な役割を果たす神経幹細胞からニューロンへの分化も，エピジェネティクス機構により厳密に制御されているという報告が相次いでいる．

参考文献

1) Ma, D. K. et al.: Nat. Neurosci., 13 : 1338-1344, 2010
2) Hsieh, J. et al.: Proc. Natl. Acad. Sci. USA, 101 : 16659-16664, 2004
3) Kuwabara, T. et al.: Nat. Neurosci., 12 : 1097-1105, 2009
4) Ma, D. K. et al.: Science, 323 : 1074-1077, 2009
5) Guo, J. U. et al.: Cell, 145 : 423-434, 2011

第2部 生命現象とエピジェネティクス

9 老化
senescence/aging

定家真人，成田匡志

Keyword ❶細胞老化 ❷個体老化 ❸テロメア

概論
老化とエピジェネティクス

1. 細胞老化と個体老化の相互理解

　老化とは，広義には，時間に依存した進行性の機能低下のことをいう．

　老化のメカニズムは，大雑把に分けて「**個体老化（器官・組織レベルも含む）**」（→**Keyword ❷**）と「**細胞老化**」（→**Keyword ❶**）という2つの状況で論じられる（イラストマップ）．細胞老化は，若齢個体から採取した体細胞を体外で培養する過程で，その増殖が安定に停止することを指し，厳密には，老化した個体から採取した細胞とは区別される．細胞老化は，細胞が増殖を止めるまでのキネティクスを追えるものであるのに対し，老化個体から採取した細胞は，個体の寿命の終期におけるある一点を切り取るものである．

　したがって，細胞老化は，複雑な個体老化を理解するための，詳細な解析がしやすい研究モデル系としての可能性をもち，実際にこのモデル系で発見された現象が，老齢個体内で再現されることによって，その地位を確立している．これは，細胞老化が単に培養系におけるアーティファクトではなく，生命現象そのものを体現するものであることを示している．一方で，老化個体から取得した細胞やサンプルから，個体老化を支配するキーファクターに迫ることができる．以上のように，細胞老化と個体老化の解析結果は，依然としてそれらの保存性に注意する必要があるものの，お互いをフィードバックさせ合うことで，加齢に伴い，個体でどのような機能・構造変化が起きるか予想できるようになってきた．細胞・個体老化の総合理解は，老いのメカニズムの解明とアンチエイジング治療の開発，そして，細胞老化がもつとされるがん抑制機能のメカニズムの解明と抗がん剤の開発につながる研究分野である[1]．

2. 老化に関与するエピジェネティック変化とその作用点

　細胞老化や個体老化は，遺伝子発現の大規模かつ組織的な変化を伴うことから，DNA配列の変化を必要としないエピジェネティックな変化による制御が注目されている．マイクロアレイやRNA-seq，ChIP on chipやChIP-seqなどのゲノムワイドなアプローチの進化とともに，老化に付随して変化する因子のダイナミクスが網羅的に明らかにされるようになってきた．個々の因子と老化との因果関係や，老化関連因子の組織特異性・共通性についてはまだまだわからない点が多いものの，老化へのエピジェネティックな変化の関与が示されはじめている．エピジェネティックな変化にかかわる因子には，他項でも示されているように，ヒストンの翻訳後修飾（第1部-4〜8参照），DNAのメチル化（第1部-1〜3参照），非コードRNA（第1部-9参照），染色体の構造（第1部-10参照），遺伝子や染色体の核内空間配置（第1部-11参照）などがあり，老化とのつながりも明らかにされてきた．それぞれのエピジェネティック因子はさまざまな作用点をもち，さまざまなレベルで（ゲノムワイドにあるいは局所的に），お互いに役割を分担あるいはオーバーラップしつつ進行的に老化を誘導する．

1）作用点1 ─ 遺伝子
ⅰ）ヒストンアセチル化のバランス
　ヒストンは多種の翻訳後修飾を受けることが知られて

イラストマップ　老化におけるエピジェネティクスの作用点

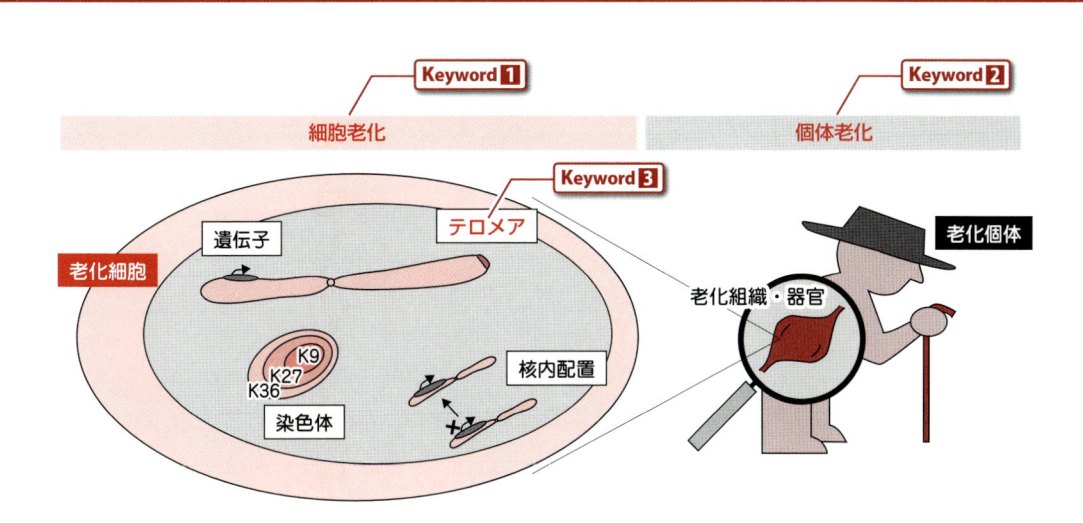

「細胞老化」は，体外で培養する細胞の増殖が安定に停止することを指し，「個体老化」は，組織や器官の機能低下など，個体の死の可能性を増す変化を指す．したがって，厳密には，細胞老化した細胞と，老化個体由来の細胞は区別される．しかし，細胞老化研究で突き止められた分子メカニズムが，老化個体で再現されることにより，個体老化のメカニズムの解明が進んでいる．老化に伴うエピジェネティック変化は，遺伝子発現，テロメア維持，染色体構造の変化，染色体の核内配置と関係している

いて，遺伝子の転写に対し，促進的に働くものと，抑制的に働くものがあり，その遺伝子発現状態の安定性にかかわる．老化を制御する代表的なヒストン修飾はアセチル化であり，ヒストンH3，H4のアセチル化は，遺伝子発現の活性化に働く．例えばハエ，線虫や酵母の個体寿命の延長にかかわるSir2は，ヒストン脱アセチル化酵素であり，遺伝子の不活性化を介して老化を抑制する．一方で，細胞・個体老化に伴い発現量が減少するp300アセチル化酵素も，老化に対し抑制的に働く[2)3)]．つまり，ヒストンアセチル化・脱アセチル化の作用点（ターゲット）は，それぞれ異なる遺伝子セットであり，ゲノムワイドにみれば，そのバランスが老化の進行を制御していることが予想される[4)]．

ii) ヒストンメチル化のバランス

ヒストンのリジン（K）残基のメチル化（ヒストンメチル化）も，遺伝子発現のマスター制御因子として広く認められている．メチル化されるヒストンやその修飾箇所は，遺伝子発現の状態と，一定の法則をもって対応している．簡単にいえば，H3K4とH3K36のメチル化は転写活性化と，H3K9やH3K27，H4K20のメチル化は転写抑制と対応している．H3K4メチル化は，活発に転写される遺伝子と密に対応する修飾であり，線虫の個体老化においては，ヒストンアセチル化に似た働きをもつ[5)]．つまり，メチル化・脱メチル化の標的遺伝子が別で，その遺伝子制御のバランスが老化の進行を指示していると考えられる．そのほか，老化にどうかかわるか明らかにされていないが，グローバルなH3K9メチル化やH3K27メチル化の減少と，H4K20メチル化の増加が早期老化症患者由来の細胞で認められる[6)7)]．正常線維芽細胞の老化でグローバルなH3K9メチル化は変化しないという報告もあるが[8)]，これは早期老化症患者の細胞との遺伝学的背景の違いを反映している可能性がある．

iii) DNAのメチル化

哺乳類体細胞のDNAメチル化は，CpGジヌクレオチドのシトシン（C）にみられる．CpGは，ゲノムDNA上に一様に広がっているわけではなく，セントロメアやレトロトランスポゾンなどの繰り返し配列や，遺伝子のプロモーター領域にあるCpGに富んだ「CpGアイランド」

とよばれる領域に濃縮されている．正常細胞では，主としてセントロメアとトランスポゾンのCpGがメチル化されており，CpGアイランドはメチル化されていない[9]．老化細胞・組織では，グローバルなメチル化の減少が誘導され[10]，これは主に「繰り返し配列」でのメチル化の減少によるものらしい．

一方でヒト老齢個体由来の細胞では，CpGアイランドでのメチル化は増加することが知られていて，そのターゲットは，バイバレントな遺伝子である傾向にある[11]．バイバレント遺伝子とは，その制御領域がH3K4トリメチル化とH3K27トリメチル化という，転写に対して相反する働きをもつヒストン修飾を同時に受けている遺伝子で，発生・分化に関連する遺伝子の多くがこの状態にある[12]．老化でのバイバレント遺伝子のメチル化の意義は不明であるが，がんでバイバレント遺伝子のメチル化が増加し[13]，発生・分化の抑制を介して細胞増殖の促進が起きているのではないかと予想されていることから，老化でのDNAメチル化の増加は，加齢とともに高まるがんの発生率に関与するのではないかと考えられている．

iv）miRNA

老化は，miRNA（micro RNA）によっても制御されているらしい．miRNAは短いRNAで，ターゲットとなるmRNAに相補的に結合し，その翻訳を阻害したり，mRNAそのものの分解を誘導することで，特定の遺伝子発現を阻害する．線虫やマウス，ヒトの老化に伴い，発現量が増加あるいは減少するmiRNAが見出されており，ヒトでは，サイクリン依存性キナーゼ（CDK）のインヒビターp21に対するmiRNAが老化に伴い減少したり，CDKに対するmiRNAが老化に伴って増加することが示されている[14]．

2）作用点2 — テロメア

細胞・個体老化に伴い，修復不可能なDNA損傷が蓄積するが[15]，そのほとんどは染色体末端の**テロメア**（→ Keyword 3）にマッピングされる[16]．これらDNA損傷部位では，γH2AXや53BP1の集積が認められることから，DNA損傷応答機構（DNA damage response：DDR）が機能していると考えられる．しかし，DDR後にDNA末端結合により修復されるテロメア以外の他の染色体領域とは異なり，テロメアのDNA末端結合反応は阻害されているらしい．この反応阻害によって，長期にわたってDDRが維持されることが，p53経路などを介して細胞老化を誘導するのではないかと予想されている[16]．つまり，γH2AXや53BP1を含むクロマチン構造がメモリーとなり，老化シグナルを発することから，老化におけるエピジェネティック変化のサブタイプと考えてもよいかもしれない．

3）作用点3 — 染色体内の遺伝子配置

老化の過程では，多くの遺伝子が調和的にその発現状態を変化させると考えられる．このためには，転写因子群により一次元的に調節されるだけではなく，核内コンパートメント形成や染色体ルーピングなどのように，目的に応じて二次・三次元的に遺伝子座位が再配置されると効率がよい．正常線維芽細胞の老化では，SAHF（senescence-associated heterochromatic foci）とよばれる，染色体ごとの凝縮が誘導されるが[17]，最近，SAHFは，H3K9メチル化，H3K27メチル化，H3K36メチル化にそれぞれ代表される，構成的ヘテロクロマチン，条件的ヘテロクロマチン，ユークロマチンを空間的に分けるような構造をとっていることが明らかにされ，染色体構造変換とエピジェネティック変化の相関が示された[8]．

4）作用点4 — 染色体核内配置

ゲノムワイドなエピジェネティック変化が，核内の染色体領域再配置により組織的に誘導されることが知られている．その1つの例が，核膜と染色体領域の相互作用の変化である．核膜は染色体と相互作用し，一般に遺伝子密度が低い染色体領域が核膜近傍に配置されること，核膜近傍に配置された遺伝子は転写活性が低いことが知られている[18]．ES細胞の分化では，この性質を利用して，遺伝子発現の組織的変化が誘導される．つまり，分化特異的に活性化される遺伝子は，その核内配置を核膜近傍から内部へと変化させる[19]．細胞・個体老化で，ラミンBの発現量が低下すること，核膜近傍のヘテロクロマチンが減少することなどから[20]，老化においても染色体の再配置により遺伝子発現が制御される可能性がある．早期老化症候群の1つであるHGPS（Hutchinson-Gilford progeria syndrome）の原因遺伝子がラミンAであることは，核膜の構造変化に伴って，染色体領域の核内配置の変化と遺伝子発現システムの変化が引き起こされている可能性を示している．

参考文献

1) Acosta, J. C. & Gil, J. et al.: Trends Cell Biol., 22：211-219, 2011

2) Bandyopadhyay, D. et al.：Cancer Res., 62：6231-6239, 2002
3) Li, Q. et al.：J. Gerontol. A. Biol. Sci. Med. Sci., 57：B93-B98, 2002
4) Campisi, J. & d'Adda, di Fagagna F.：Nat. Rev. Mol. Cell Biol., 8：729-740, 2007
5) Huidobro, C. et al.：Mol. Aspects Med., 34：765-781, 2013
6) Scaffidi, P. & Misteli, T.：Nat. Med., 11：440-445, 2005
7) Shumaker, D. K. et al.：Proc. Natl. Acad. Sci. USA, 103：8703-8708, 2006
8) Chandra, T. et al.：Mol. Cell, 47：203-214, 2012
9) Decottignies, A. & d'Adda, di Fagagna F.：Semin. Cancer Biol., 21：360-366, 2011
10) Fraga, M. F. & Esteller, M.：Trends Genet., 23：413-418, 2007
11) Rakyan, V. K. et al.：Genome Res., 20：434-439, 2010
12) Vastenhouw, N. L. & Schier, A. F.：Curr. Opin. Cell Biol., 24：374-386, 2012
13) Ohm, J. E. & Baylin, S. B.：Cell Cycle, 6：1040-1043, 2007
14) Smith-Vikos, T. & Slack, F. J.：J. Cell Sci., 125：7-17, 2012
15) Sedelnikova, O. A. et al.：Nat. Cell Biol., 6：168-170, 2004
16) Fumagalli, M. et al.：Nat. Cell Biol., 14：355-365, 2012
17) Narita, M. et al.：Cell, 113：703-716, 2003
18) Burke, B. & Stewart, C. L.：Nat. Rev. Mol. Cell Biol., 14：13-24, 2013
19) Peric-Hupkes, D. et al.：Mol. Cell, 38：603-613, 2010
20) Dechat, T. et al.：Cold Spring Harb. Perspect. Biol., 2：a000547, 2010

参考図書

◆ 『老化のバイオロジー』(Arking, R./著，鍋島陽一/監訳)，メディカルサイエンスインターナショナル，2000

Keyword
1 細胞老化

▶ 英文表記：cellular senescence
▶ 別名：cellular aging

1）イントロダクション

細胞がストレスに応答して増殖を停止し，代謝活性をもちながらもその増殖停止状態を安定に維持すること（図1）．主にcellular senescenceと表現されるが，cellular agingと表現されることもある．もともとは，ヒト個体より採取された正常線維芽細胞の分裂が一定回数に制限されていて（分裂寿命），その制限に達した細胞はそれ以上増殖しないという発見に由来する[1)〜3)]．この場合の分裂寿命を決定する細胞老化誘導因子は，後に，分裂に伴って短小化する染色体末端テロメアであることが明らかになり，この様式で誘導される細胞老化は複製老化（replicative senescence）とよばれる．テロメア，およびテロメアと老化の関係については，3を参照されたい．

2）早期老化とその分子機構

一方で，テロメア短小化が起こらない状況でも細胞老化が誘導されることが知られていて，このタイプの老化は早期老化（premature senescence）とよばれる．この場合の老化誘導因子としては，DNA損傷，強い増殖シグナル（がん遺伝子の発現など），エピジェネティック変化，がん抑制遺伝子の発現などがある[4)]．

老化を引き起こすDNA損傷には，放射線照射，エトポシドなどのDNA二本鎖切断導入剤，過酸化水素などのDNA塩基損傷・一本鎖切断導入剤（複製を経て二本鎖切断に変換される）がある．強い増殖シグナルは，$H\text{-}RAS^{V12}$，$BRAF^{E600}$などがある（異常なDNA複製に伴う損傷が老化誘導の原因だといわれている）．エピジェネティック変化による老化は，ヒストン脱アセチル化酵素の阻害剤などによるグローバルな遺伝子発現プログラムの変化により誘導される．また，p16などのがん抑制遺伝子の過剰発現でも細胞老化を誘導できる．マウス胚性線維芽細胞（MEF）やヒト上皮細胞は，培養を続けると一定回数分裂したのち老化するが，これはテロメア短小化を介さないことが知られていて，細胞の分裂寿命が培養条件の違いに左右されるらしい[5)]．したがってこの場合は，どちらかといえば早期細胞老化に分類されると考えられる．MEFは，ヒト細胞に比べてもともとテロメア繰り返しが長く，ヒトと違って，テロメアの短小化に拮抗するテロメア伸長酵素であるテロメラーゼが発現しており，テロメラーゼを欠失したMEFと野生型のMEFで老化するタイミングに差がないことから[6)]，そもそもヒト細胞の複製老化の概念が当てはまらない可能性がある．

3）バイオマーカー

細胞老化は，増殖停止状態の安定な維持という普遍的

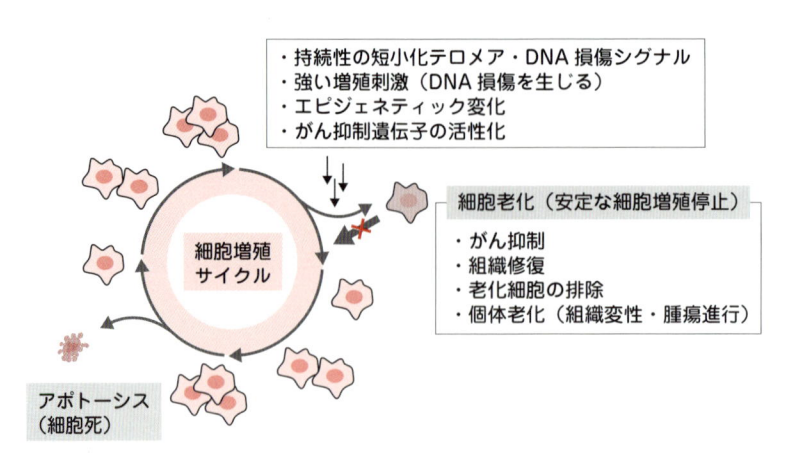

図1 細胞老化の概要
細胞老化は，DNA損傷や，テロメア短小化，がん遺伝子の活性化により，DNA損傷応答を介して誘導される．また，グローバルなエピジェネティック変化や，がん抑制遺伝子の過剰発現によっても誘導されることがわかっている．安定な細胞増殖の停止をもたらす細胞老化は，アポトーシスと同様，がん抑制機構の1つである．細胞老化は，組織修復や，免疫細胞による老化細胞の排除にもかかわると考えられているが，その一方で，組織変性や，腫瘍の進行にも促進的に働くとされ，個体の老化にもかかわると考えられている．詳細は本文参照

な表現型を示し，p53とRBに依存するという特徴があるものの，すべての老化細胞に共通するバイオマーカーは今のところ存在しない．ただし，老化細胞に特徴的な表現型・マーカーがいくつか発見されており，細胞老化誘導の指標として使われている．例えば，細胞の扁平・肥大化，SA-β-gal（senescence-associated beta galactosidase）活性の増加，がん抑制遺伝子p16の発現増加，TIF（telomere dysfunction-induced foci）あるいはDNA-SCARS（DNA segments with chromatin alterations reinforcing senescence）とよばれるテロメアへのDNA損傷応答タンパク質の集積，SAHF（senescence-associated heterochromatic foci）の形成，SASP（senescence-associated secretory phenotype）の活性化，オートファジーの活性化，DEC1発現の増加，LMNB1発現の減少などである[4]．

4）個体に対する役割

細胞老化は，がん遺伝子の発現に応答して増殖を安定に抑制するという性質から，アポトーシスと並んで，細胞に備わったがん抑制メカニズムの1つであると考えられている．SASPでは，サイトカイン，ケモカイン，成長因子，プロテアーゼなどのタンパク質（SASP因子）が分泌されるが，このうちのいくつかは，自己分泌様式で細胞の増殖を抑制したり，免疫細胞を誘引したりすることで，それぞれ，細胞老化と老化細胞の排除にかかわる[7]．また，傷害を受けた肝臓の肝星細胞は，老化することで過剰な繊維化を防ぎ，バランスの取れた組織修復に貢献する[8]．細胞老化は，以上のようにがん抑制や組織修復を通じて個体の維持に有利に働く一方で，一部のSASP因子の分泌を介して，組織変性や，がんの発生・進行を促進することで，個体の老化を押し進める性質も併せもつことが明らかになってきた❷も参照．

参考文献

1) HAYFLICK, L. & MOORHEAD, P. S.：Exp. Cell Res., 25：585-621, 1961
2) HAYFLICK, L.：Exp. Cell Res., 37：614-636, 1965
3) Kuilman, T. et al.：Genes Dev., 24：2463-2479, 2010
4) Campisi, J.：Annu. Rev. Physiol., 75：685-705, 2013
5) Wright, W. E. & Shay, J. W.：Nat. Biotechnol., 20：682-688, 2002
6) Blasco, M. A. et al.：Cell, 91：25-34, 1997
7) Acosta, J. C. & Gil, J. et al.：Trends Cell Biol., 22：211-219, 2011
8) Krizhanovsky, V. et al.：Cell, 134：657-667, 2008

Keyword
2 個体老化

▶英文表記：organismal aging

1）イントロダクション

時間に依存する，蓄積性・進行性・内因性・心身に有害性の機能・構造的変化で，死の可能性が徐々に増すプロセスのこと．細胞老化ほどの明確な定義はないが，終末点として個体の死を意識したもので，個体を構成する細胞，組織，器官の老化を包含するものである．個体老化では，DNA損傷の蓄積，テロメアの短小化，エピジェネティック変化，タンパク質恒常性の喪失などが原因となり，細胞老化，ミトコンドリアの機能低下，栄養の感受機能の低下が引き起こされる．これらにより，幹細胞の疲弊・枯渇や細胞間コミュニケーションの変化と，続いてさまざまな器官機能低下や疾患が引き起こされて，個体の死につながると考えられる（**表**）[1]．以上の老化に特徴的な現象は，早期老化症や，加齢に伴って発生率が高まる疾患の原因を特定すること（遺伝学的手法），また，原因を構成する因子を実験的に操作し，その表現型を調べること（逆遺伝学的手法）で明らかにされてきた．

2）個体老化に伴う特徴とその原因

特に，ダメージを受けやすい組織やターンオーバーが活発な組織で，その再生能力が減衰することは，個体老化の1つの特徴である．例えば，血球の新生は加齢とともに減少し，免疫力の低下や貧血のリスクを高める．若齢個体から採取した造血幹細胞に比べ，老齢個体から採取したそれは，細胞の分裂回数が少ないことから，幹細胞の老化が組織再生を制限していると考

表　個体老化の9つの特徴

老化で認められる特徴	特徴の種類
・DNA損傷の蓄積 ・テロメア短小化 ・エピジェネティック変化 ・タンパク質恒常性の喪失	ダメージの原因
・細胞老化 ・ミトコンドリア機能の低下 ・栄養の感受機能の低下	ダメージへの反応
・幹細胞の疲弊と枯渇 ・細胞間コミュニケーションの異常 （器官機能の低下や疾患）	個体老化の原因

Serranoらの総説で提案された，老化で認められる9つの特徴とその関係性．詳しくは本文を参照（文献1を元に作成）

えられる[2]．実際，老齢個体の造血幹細胞はDNA損傷の蓄積，p16の増加といった，細胞老化に特徴的な性質を示す．また，個体老化では，炎症反応の亢進と，免疫力の低下が認められる．炎症反応の亢進は動脈硬化の原因となるが，炎症性サイトカインの発現を伴うことが知られている細胞老化が，その一因だと考えられる．さらに，個体老化での免疫力の低下は，炎症反応の原因となる老化細胞の排除を停滞させ，慢性的な炎症反応を許すものと考えられる．

細胞老化の原因となるDNA損傷は，DNA複製エラーや活性酸素種などによる内因性のものと，紫外線や化学物質などによる外因性のものがあり，加齢に伴うそれらの蓄積が，幹細胞の疲弊・枯渇につながる．個体老化へのDNA損傷の影響は明白で，それを裏付けるように，ウェルナー症候群，ブルーム症候群，コケイン症候群，などの早期老化症の原因はDNA損傷修復にかかわる遺伝子の変異であることが知られている[1]．細胞老化の別の原因として知られているテロメアの短小化は，個体老化との関係が古くから示されており[3]，また，テロメアの伸長を担うテロメラーゼの異常によるテロメアの短小化は，先天性角化異常症や，特発性肺繊維症の原因となり，非可逆的な臓器不全を引き起こす[4]．老化に伴い蓄積するDNA損傷は核内DNAに限らず，ミトコンドリアDNAにもおよぶ．ミトコンドリアDNAの複製を担当するDNAポリメラーゼγの変異マウスは，早期老化の症状を呈することが知られている[5]．ミトコンドリアの機能低下は，老化における呼吸とそれに伴うATP合成の減衰という形で現れる．

個体老化は，代謝調節の変化や，タンパク質恒常性の低下を伴うことも示されている．エネルギー欠乏のシグナル伝達と異化の指示にかかわるAMPKやサーチュインは，その機能の活性化が，個体寿命の延長をもたらす．これに対し，富栄養のシグナル伝達と同化の指示にかかわるmTOR経路は，その機能を低下させると，寿命が延長される[1]．これは，細胞の成長速度や代謝活性が緩やかになり，細胞がダメージを受けるリスクが減ることが一因だと思われる．タンパク質恒常性については，正しく折り畳まれないタンパク質のフォールディングにかかわるシャペロンや，分解にかかわるユビキチン-プロテアソームシステム，オートファジー-リソソームシステムの働きが，老化に伴って弱まることから，タンパク質の品質コントロールが働かず[6]，加齢に伴う疾患である

アルツハイマー病やパーキンソン病につながる可能性がある．

参考文献

1) López-Otín, C. et al.：Cell, 153：1194-1217, 2013
2) Rossi, D. J. et al.：Nature, 447：725-729, 2007
3) Blasco, M. A.：Nat. Chem. Biol., 3：640-649, 2007
4) Armanios, M. & Blackburn, E. H.：Nat. Rev. Genet., 13：693-704, 2012
5) Trifunovic, A. et al.：Nature, 429：417-423, 2004
6) Koga, H. et al.：Ageing Res. Rev., 10：205-215, 2011

Keyword
3 テロメア

▶英文表記：telomeres

1) イントロダクション

真核生物の線状染色体末端に形成されるタンパク質と核酸の複合体で，放射線照射などで引き起こされる破壊性の切断で生じるDNA二本鎖末端と，染色体DNA末端を区別する役割を担う．染色体末端であることを特徴づけるために，テロメア繰り返し配列という，ヒトでは5′-TTAGGG-3′という決まった配列の繰り返しが染色体の端にあり，これにテロメア繰り返しを認識して結合するタンパク質と，その他のテロメア特異的タンパク質が集合して，テロメアを形成する．

2) 構造と構成要素

テロメアを構成するこの基本複合体はシェルタリンとよばれ，テロメア繰り返しの二本鎖部分に結合するTRF1，TRF2，最末端の一本鎖部分に結合するPOT1，そしてこれらのタンパク質と親和性をもつTPP1，TIN2，RAP1からなる．Gテイルともよばれるテロメア一本鎖突出部分は，テロメア二本鎖部分に潜り込み，tループとよばれる投げ輪構造をとることが知られている．

3) テロメアのthree-state model

Cesareらのモデルによれば，tループ構造を形成できるテロメアは，DNA損傷応答や，それに続くDNA末端結合反応に対し抵抗性があるが（閉環状態），繰り返し配列の短小化などによりtループを形成できない状態になると，DNA損傷応答が一部働き，γH2AXや53BP1などがテロメアに動員される（中間状態）（図2）[1]〜[3]．この中間状態では，TRF2が依然としてテロメアに局在できるために，p53依存的な細胞周期の停止は引き起こ

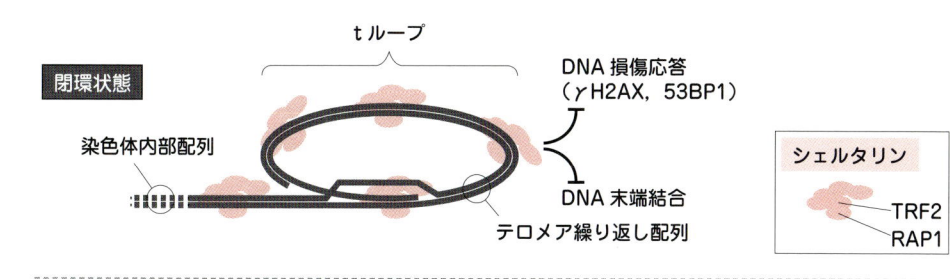

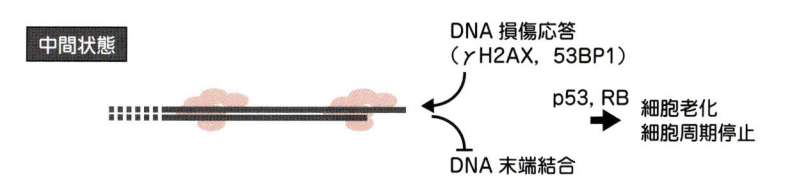

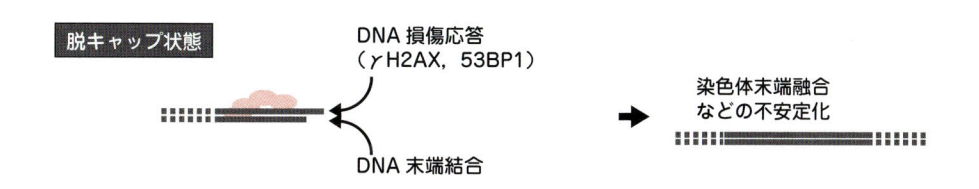

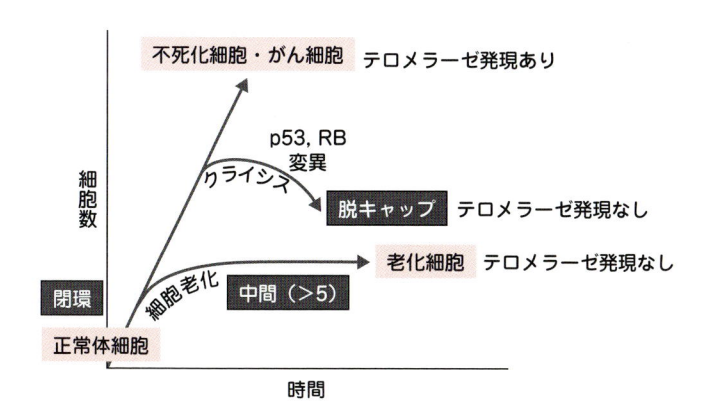

図2 テロメアのthree-state modelと細胞の運命

テロメアには閉環・中間・脱キャップの3つの状態があると考えると，テロメアと細胞の表現型の関係を理解する際にわかりやすい．テロメアにはシェルタリンとよばれる複合体が結合しており，テロメア繰り返し配列が十分な長さに維持されている場合は，tループとよばれる投げ縄状の構造を取るのではないかと考えられている．この「閉環状態」にあるテロメアには，DNA損傷応答やDNA末端結合を担う装置が作用できない．正常体細胞で徐々にテロメアが短小化すると，閉環状態を保てないテロメアが「中間状態」として蓄積し，正常細胞では，この状態にあるテロメアが5つ以上集まると，細胞老化が誘導されるらしい．「中間状態」のテロメアには，DNA損傷応答にかかわるタンパク質が動員されて，細胞老化を誘導するものの，シェルタリン中のTRF2とRAP1がテロメアに引き続き局在するため，染色体の末端融合は回避される．中間状態のテロメアをもつ細胞が，細胞老化に必要なp53とRBの機能を失うことでさらに増殖を続けると，テロメアは，TRF2を保持できないほどに短小化し，「脱キャップ状態」になると考えられる．この状態のテロメアには，DNA損傷応答と，DNA末端結合にかかわるタンパク質群がアクセス可能となり，末端融合などの染色体不安定化と，細胞死が誘導されると考えられる（この状態をクライシスという）．テロメア繰り返し配列を伸長するテロメラーゼの発現を獲得した細胞は（不死化細胞・がん細胞），細胞老化やクライシスを回避して増殖し続けることができる．いずれの場合も，細胞内のテロメアの状態は均一ではないと考えられる（文献2を元に作成）

されるものの，DNA末端結合は回避される．ヒト正常細胞では，この「中間状態」テロメアが核内に5つ以上あると，細胞の老化が誘導されるらしい[4]．

p53変異などで細胞老化を免れた細胞は，さらに分裂を続けることができ，もはやTRF2を保持できないほどにテロメア繰り返しが短小化した「脱キャップ状態」となり，ただちに染色体末端融合などの不安定化と細胞死が引き起こされると考えられる（この状態をクライシスという）．がん細胞や生殖細胞，幹細胞は，その増殖を維持するために，テロメラーゼというテロメア繰り返し配列を伸長させる特殊な逆転写酵素を活性化させるが，中間・脱キャップ状態を回避したり，中間状態に対する感受性を低くしたりすることで，細胞老化を免れているのかもしれない．

詳細は他の総説に譲るが，テロメラーゼ活性が検出されない，ほとんどの正常体細胞では，染色体末端のDNAはS期を経るごとに徐々に短小化し[5]，ある一定回数分裂すると，中間状態のテロメアが蓄積することで細胞増殖を停止する．この中間状態のテロメアは何カ月も維持されるほど安定であることが示されており[6]，細胞老化の分子基盤の1つであろうと考えられている．

4) がんとの関連

臨床がん症例の約90％は，テロメラーゼを活性化させることで，また残りの10％はテロメア繰り返し同士でのDNA相同組換えにより，安定なテロメアが維持され，活発な細胞増殖を可能にしていると考えられている．したがって，テロメラーゼ，あるいはDNA相同組換えによるテロメア維持機構は抗がん剤のターゲットとして注目されている[7][8]．

参考文献

1) Cesare, A. J. et al.: Nat. Struct. Mol. Biol., 16: 1244-1251, 2009
2) Cesare, A. J. & Karlseder, J.: Curr. Opin. Cell Biol., 24: 731-738, 2012
3) Price, C. M.: EMBO Rep., 13: 5-6, 2011
4) Kaul, Z. et al.: EMBO Rep., 13: 52-59, 2011
5) Palm, W. & de Lange T.: Annu. Rev. Genet., 42: 301-334, 2008
6) Fumagalli, M. et al.: Nat. Cell Biol., 14: 355-365, 2012
7) Shay, J. W. et al.: Science, 336: 1388-1390, 2012
8) Williams, S. C.: Nat. Med., 19: 6, 2013

第3部

疾患と
エピジェネティクス

1 がん
2 糖尿病
3 腎疾患
4 心血管疾患
5 自己免疫・アレルギー疾患
6 神経疾患
7 精神疾患
8 産科婦人科疾患 子宮筋腫と子宮内膜症
9 先天性疾患
10 再生医療
11 エピジェネティクス治療

第3部 疾患とエピジェネティクス

1 がん

近藤 豊，新城恵子

> **Keyword** ❶エピジェネティック異常誘発因子 ❷エピジェネティック制御遺伝子の突然変異 ❸エピゲノム異常 ❹がん治療 ❺がん予防

概論 がんにおけるエピジェネティクス異常と医療応用

1. がんとエピジェネティクス異常

DNAメチル化（第1部-1～3参照）は最も早くから，がん化との関連が研究されており，1980年代にJohns Hopkins大のグループから，がん細胞で特異的なDNAメチル化異常（DNA低メチル化）が存在することが報告された[1]．1990年代にRb遺伝子，CDKN2A/p16遺伝子といった重要ながん抑制遺伝子のプロモーターCpGのDNAメチル化（DNA高メチル化）と，遺伝子発現抑制との関連が見出され，その後相次いで，他のがん関連遺伝子でも同様にDNAメチル化と発現抑制との関連が報告された．2000年代になりクロマチン免疫沈降（ChIP）法の普及とともに，プロモーター領域のヒストン修飾変化とがん関連遺伝子の発現異常の関連が見出された．このようにエピゲノム異常（→Keyword ❸）が，がん関連遺伝子の発現調節異常に密接に関与している事実が数々のがん細胞で明らかとなり，発がん誘導の1つの機序として認識された．一方で遺伝子制御にかかわるエピジェネティックな変化は可逆的であるため，不可逆なゲノム異常（遺伝子変異・欠失）のように恒常的な発がん誘導の維持は難しいかもしれないという考えも存在した．

しかしながら，近年の次世代シークエンス法による解析により，がん細胞では予想以上に多くのエピジェネティック制御遺伝子の突然変異（→Keyword ❷）が蓄積していることが明らかとなった[2]．すなわちこうしたゲノム異常が，がん細胞のエピジェネティック異常誘発因子（→Keyword ❶）であることが示唆される．

一方これまで，慢性胃炎や慢性肝炎などの「field cancerization」（前がん病態）から，DNAメチル化異常が多数のゲノム領域で存在しており，慢性炎症によるエピゲノム異常の誘導が示唆されてきた．実際に動物モデルで慢性炎症によるDNAメチル化異常が示されており，炎症によるサイトカインや活性酸素（reactive oxygen species：ROS）産生などの免疫の活性化がエピジェネティック異常誘発因子としてかかわっていると考えられる[3]．

また，次世代シークエンス法を用いた大腸がんの解析から，大腸がんには高度遺伝子変異蓄積症例群（hyper-mutated type）が存在し，それらの症例の多くで，ミスマッチ修復遺伝子であるhMLH1のDNAメチル化異常が検出された．おそらくDNAメチル化による修復遺伝子の不活化（エピゲノム異常）が，ゲノム異常の蓄積に関与していると考えられる．

発がん過程では，ゲノム異常とエピゲノム異常は相互に異常を誘発する関係にあり，互いに遺伝子機能異常を導くことにより細胞の分化・増殖の異常を介して腫瘍形成に深くかかわっていると考えられる．

2. エピゲノム制御異常

がん細胞のDNAメチル化プロファイルは正常細胞と異なっており，全ゲノムレベルでは低メチル化状態にある（イラストマップ）．こうしたがん細胞の低メチル化はゲノム内に多数存在する反復配列が異常に脱メチル化していることに起因する．一方で遺伝子プロモーターCpGアイランドの高メチル化によって，しばしば多数の

イラストマップ　がんにおけるエピジェネティクス異常と医療応用

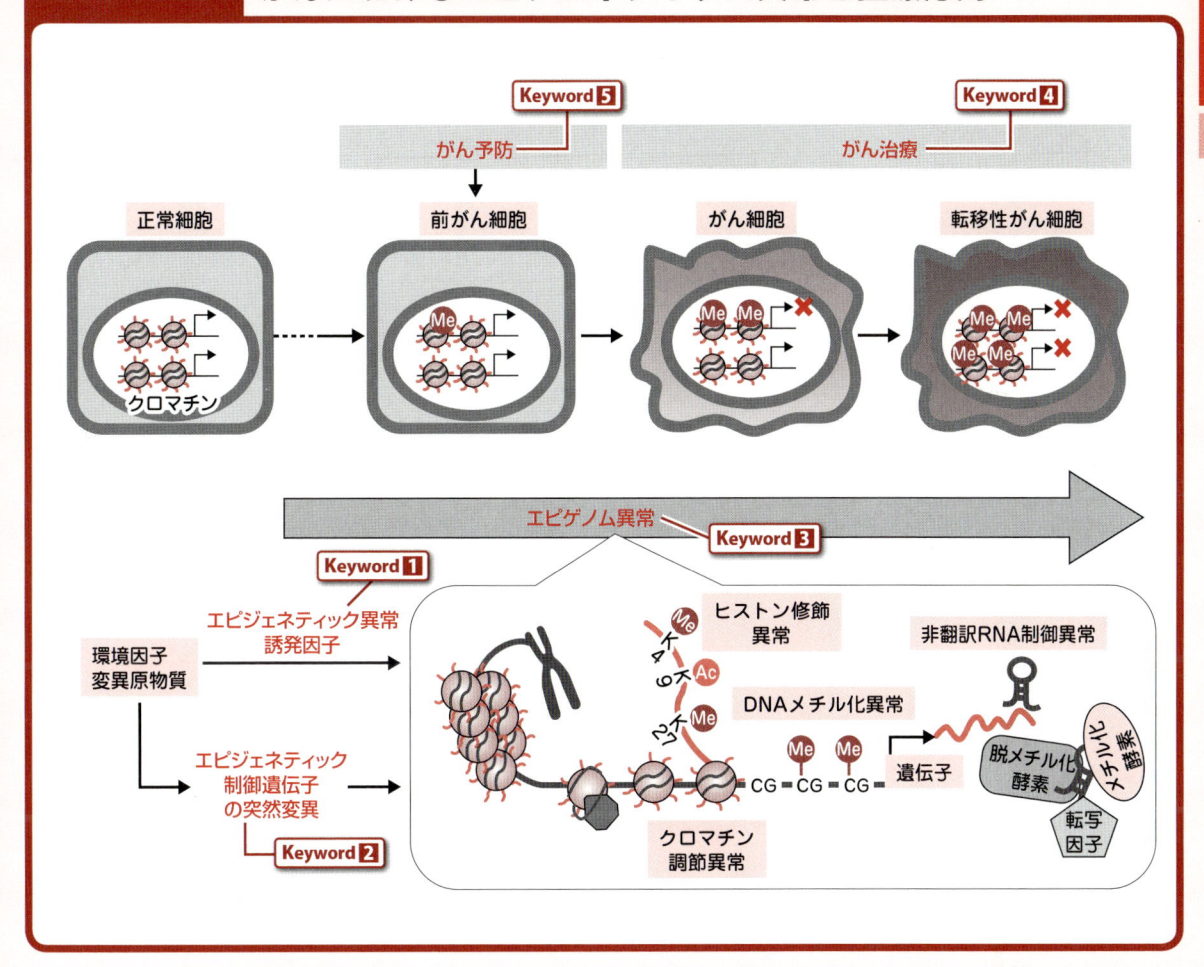

遺伝子の発現が抑制されている．

　ヒストン修飾（第1部-4〜8参照）のうち特にアセチル化やメチル化が転写に影響を与える可能性については1960年代から示唆されていた．現在では，さまざまなヒストン修飾様式が報告されており，転写，修復，複製などの制御に関与していることがわかっている．がん細胞にはヒストン修飾異常も蓄積していることが明らかとなりつつある[2]．

　こうしたエピゲノムは，①chromatin writer（書き込み），および②chromatin eraser（消去）にかかわるエピゲノム修飾酵素群と，③chromatin reader（読み取り）にかかわるエピゲノム修飾認識タンパク質群の，3つのグループのタンパク質によって決定されている．また，これら3つのタンパク質を複合体のようにつなぎ合せる場（scaffold）として，long non-coding RNA（long ncRNA：lncRNA）などの非翻訳RNAが働いている場合もある．がん細胞では，chromatin writer, reader, eraserのいずれのグループでもエピジェネティック制御遺伝子の突然変異が発見されており，またlncRNAの発現異常も報告されている．

　エピゲノムは細胞の分化・増殖を精緻に制御している．がんは細胞の分化異常と増殖調節機構の破綻が原因であるため，その制御にかかわるエピゲノム異常の蓄積は，発がんへの強い誘導因子となる．一方で前述のエピゲノム関連タンパク質に遺伝子変異をきたした場合どのようなエピジェネティクス異常を誘導し，どのように発がんに至るのか？　また，どのエピジェネティクス機構を標的とすることが，よりがん細胞に特異的で有効な治療法となるか見極めていくことが重要な課題である．今後の研究の展開が期待される．

3. エピゲノムを標的とした診断・治療法

1) 診断マーカーとしての利用

がん細胞の発生および進展にはゲノム異常に加えてエピゲノム異常が関与していることはほぼ疑いがない．そのため欧米を中心にエピゲノム異常を標的とした診断・治療法の開発が急速に進んでおり，がんの治療戦略の新たな選択肢となりつつある．診断的な観点からみると，エピゲノム異常は，ほとんどすべてのがん細胞に存在するため診断マーカーとしての有用性が期待できる[4]．特にDNAメチル化はきわめて安定した化学修飾であり，がん細胞における解析も他のエピゲノム異常と比較して最も進んでいる．

近年のゲノムワイドな解析から，がん特異的なDNAメチル化異常が，がん患者の遺伝子の広範な領域で検出されることが明らかとなった．すなわち数多くの遺伝子座でマーカーが設計できる可能性があり，診断マーカーとしてより有効なマーカーを選び出す選択肢が広い．実際にDNAメチル化と治療感受性などの病態との関連から，治療決定時のマーカーとして**がん治療**（→Keyword 4）の際に応用が試みられている．また食道がん，胃がん，肝細胞がんなどでは，一見正常にみえる慢性炎症の組織からすでにDNAメチル化異常が蓄積している．がんに進展する前に，慢性炎症病変組織でDNAメチル化異常を評価することによりリスク診断が可能であり，環境因子などによるエピジェネティック異常の誘発防止を行うことで**がん予防**（→Keyword 5）も期待できる．

2) エピゲノム治療薬

エピゲノムを標的としたがん治療では，これまでDNAメチル化酵素阻害剤としてアザシチジンが骨髄異形成症候群に，ヒストン脱アセチル化酵素（HDAC）阻害剤としてボリノスタットが皮膚T細胞性リンパ腫の治療薬として登場し一定の効果をあげている．エピゲノム異常を標的とした治療法は，これまでの分子標的薬とは異なる階層の治療薬であり，新しいがん治療戦略として有効である可能性を秘めている．そのため最近ベンチャー企業や製薬企業ではヒストンメチル化酵素や脱メチル化酵素などのエピゲノムを標的とした化合物の開発が加速度的に進んでいる[5]．

またエピゲノム治療薬はこれまでの治療薬とは作用点の異なる新しいクラスのがん医薬品であり，他のがん治療薬との併用の可能性も報告されている．例えばプロテアソーム阻害剤であるボルテゾミブとボリノスタットの併用が多発性骨髄腫に対して，またアザシチジンとHDAC阻害剤であるバルプロ酸（valproic acid）およびオールトランスレチノイン酸（ATRA）の併用療法が白血病に対して臨床治験が行われている．肺がんではチロシンキナーゼ阻害剤（TKI）に耐性を示すようになったEGFR変異型肺がん細胞株に対して，HDAC阻害剤とTKIの併用投与ががん細胞の増殖能抑制に効果があることが示された．

がんに特異的なエピゲノム異常を「早期」に「確実」に捉えて診断に活用し，エピゲノム治療薬や従来の治療薬を併用することで，がんの急所を抑えることができれば，新たながん治療戦略を展開することが期待できる．

参考文献

1) Feinberg, A. P. & Tycko, B.：Nat. Rev. Cancer, 4：143-153, 2004
2) Dawson, M. A. & Kouzarides, T.：Cell, 150：12-27, 2012
3) Chiba, T. et al.：Gastroenterology, 143：550-563, 2012
4) Laird, P. W.：Nat. Rev. Genet., 11：191-203, 2010
5) Nebbioso, A. et al.：Mol. Oncol., 6：657-682, 2012

参考図書

◆『エピジェネティクス医科学』（中尾光善，他/編），実験医学増刊，24 (8)，羊土社，2006
◆『エピジェネティクスと疾患』（牛島俊和，他/編），実験医学増刊，28 (15)，羊土社，2010
◆『造血器腫瘍とエピジェネティクス』（木崎昌弘/編），医薬ジャーナル社，2012

Keyword

1 エピジェネティック異常誘発因子

▶英文表記：cause of epigenetic dysregulation

1）イントロダクション

ほとんどすべてのがん細胞にはエピジェネティクス異常が蓄積している．その誘発因子として，①特定の環境因子への曝露によるエピゲノム異常の直接的な誘発（図1A）と，②変異原性物質などへの曝露によるエピジェネティック制御遺伝子の突然変異を介した間接的なエピゲノム異常の誘導経路が存在すると思われるが，後者については 2 で述べる．

①に関して，米国NCI（National Cancer Institute）のPresident's Cancer Panelの2008〜2009年報告（http://deainfo.nci.nih.gov/advisory/pcp/annualReports/pcp08-09rpt/PCP_Report_08-09_508.pdf）で，発がんにかかわる環境因子がまとめられているが，そのなかにエピジェネティック異常を誘発する環境因子として食事，喫煙，ヒ素などの化学物質への曝露，感染などがあげられている．

2）生活習慣とエピゲノム異常

食事に関しては，古くから葉酸欠乏症による低DNAメチル化との関連が示唆されてきた．細胞内ではDNAやヒストンのメチル化は，S-アデノシルメチオニン（SAM）をドナーとした酵素反応でメチル基が付加される．SAMの合成には葉酸が必要なため細胞内のメチ

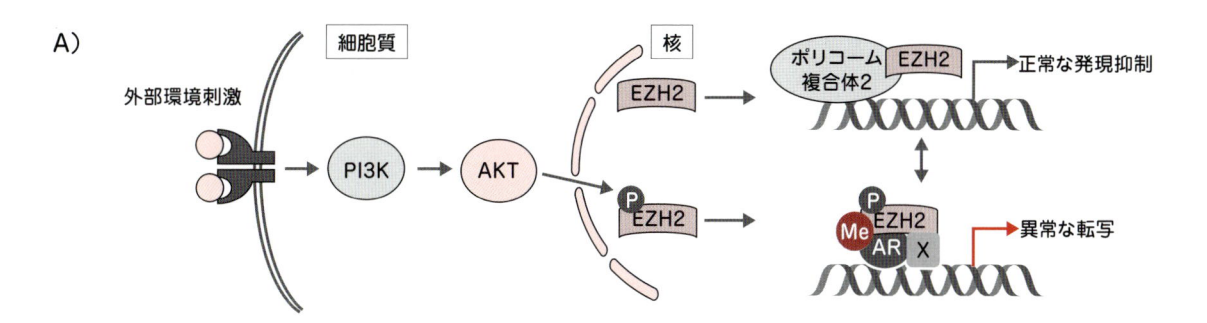

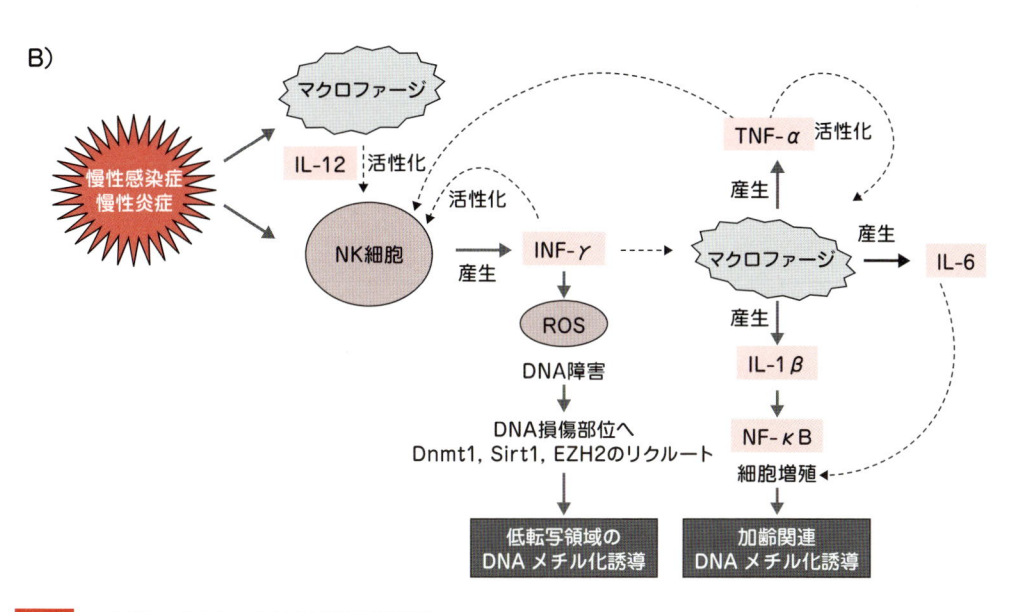

図1 エピジェネティクス異常誘発因子

A）細胞外刺激によりPI3K/AKTシグナル伝達経路が活性化されると，H3K27メチル化酵素EZH2のセリン（S）21がリン酸化される．EZH2はAR（アンドロゲン受容体）と複合体を形成し，エピゲノムリプログラミングおよび異常な遺伝子転写が誘導される．Xは未知の因子．B）感染・炎症反応により，マクロファージ，NK細胞による免疫系が活性化される．INF-γ（インターフェロンガンマ）やROS（活性酸素）を介したDNAメチル化誘導の他，NF-κBやIL-6による細胞増殖の亢進を介したDNAメチル化誘導が考えられる．後者は年齢相関的（age-related）にDNAメチル化レベルが上昇する遺伝子が主な標的となる

化反応に影響をおよぼすと考えられている.

喫煙はがんの重要な危険因子であり、肺がん・喉頭がん・食道がん・大腸がんなどの発生を促進する. タバコのなかの発がん物質はTP53遺伝子をはじめとする遺伝子の変異を誘導することが示されてきたが、DNAメチル化異常の誘導と関連することが肺がん、食道がんなどで示されている[1].

3）慢性感染・慢性炎症とエピゲノム異常

がんのうち10〜15％は慢性感染症に、約25％は慢性炎症に起因するが、これらの慢性感染・炎症の過程でエピゲノム異常が誘導されると考えられている（図1B）. 例えばB型肝炎ウイルス感染症では、ウイルスタンパク質であるHBxがDNAメチル化酵素を活性化することが報告されており、*IGFBP3*遺伝子などの遺伝子のDNAメチル化誘導にかかわっている[2]. EBウイルスのEBNA（Epstein-Barr virus nuclear antigen）タンパク質はCtBP（C-terminal binding protein）と相互作用し、*CDKN2A/p16/INK4A*遺伝子のクロマチン構造に影響を与える[3]. こうした病原体の産生タンパク質による直接的なエピジェネティクス関連タンパク質への影響のみならず、慢性胃炎、慢性肝炎、潰瘍性大腸炎などの慢性炎症もエピゲノム異常の誘導にかかわっている.

動物実験モデルでエピジェネティック異常誘発因子としてサイトカインや活性酸素（reactive oxygen species：ROS）の関与が示され、特に組織マクロファージの存在とIL-1β、TNF-αおよびROSがDNAメチル化異常の誘導に重要であることが知られている[4]. さらにROSによるDNA/クロマチンの障害により、障害部位にエピジェネティクス関連タンパク質のリクルートが誘導され、エピゲノム変化をきたすことが示された[5].

特定の環境因子への曝露は、慢性炎症などを通じてエピゲノム異常を誘発し、エピゲノム異常の蓄積ががん発症の素地を形成する可能性が高いと考えられる.

参考文献

1) Damiani, L. A. et al.：Cancer Res., 68：9005-9014, 2008
2) Zheng, D. L. et al.：J. Hepatol., 50：377-387, 2009
3) Skalska, L. et al.：PLoS Pathog., 6：e1000951, 2010
4) Chiba, T. et al.：Gastroenterology, 143：550-563, 2012
5) O'Hagan, H. M. et al.：Cancer Cell, 20：606-619, 2011

Keyword
2 エピジェネティック制御遺伝子の突然変異

▶英文表記：mutations affecting epigenetic regulators

1）イントロダクション

シークエンス技術の発展により、予想以上に数多くのがんでエピジェネティック制御遺伝子の変異が発見され、これまで独立して発がんに関与していると考えられていたゲノムとエピゲノムのクロストークが明らかとなりつつある（図2）. またさらに最近では、ヒストンタンパク質そのものの変異も脳腫瘍で発見されている[1].

2）エピジェネティック制御因子の遺伝子変異

エピゲノム修飾遺伝子のうち、遺伝子転座による制御異常は、古くはヒストンH3リジン（K）4メチル化酵素遺伝子である*MLL*（myeloid/lymphoid or mixed-lineage leukemia）遺伝子の融合遺伝子（*MLL-AF4*や*MLL-AF9*など）や、ヒストンアセチル化酵素であるCBP（cyclic AMP response element-binding protein）の融合遺伝子（*CBP-MOZ*など）などが血液腫瘍で知られていた[2]. 1996年にヒストンアセチル化酵素p300の点突然変異（ミスセンス突然変異）が大腸がん、胃がんで発見されたものの、こうした機能異常につながる点突然変異はなかなかみつからなかった. アレイ技術や次世代シークエンス技術により、2009年にヒストンH3K27の脱メチル化酵素UTXで不活化変異がさまざまながんで発見され、2010年にはH3K27のメチル化酵素EZH2の変異がB細胞性リンパ腫で発見された. EZH2の変異のうち、チロシン（Y）641番残基およびアラニン（A）677番残基の変異は活性型変異であり、UTXは機能喪失型変異であるため、ともにH3K27メチル化の亢進に機能する. しかし一方で骨髄異形成症候群やB細胞性リンパ腫で、EZH2の機能喪失型変異も相次いで発見されており、EZH2が発がんに対して促進的に働くのか抑制的に働くのかは、変異が入る細胞や分化状態によって異なるようである[3].

またDNAメチル化修飾に影響を与える遺伝子については、次に述べるIDH（isocitrate dehydrogenase）の変異が脳腫瘍で高頻度にみつかり、さらにDNA脱メチル化作用のあるTET2やDNAメチル化酵素DNMT3Aの遺伝子変異が白血病で発見された[3].

クロマチン調節因子の報告も相次いでいる. SWI/SNF（switch/sucrose nonfermentable）複合体のサブユニッ

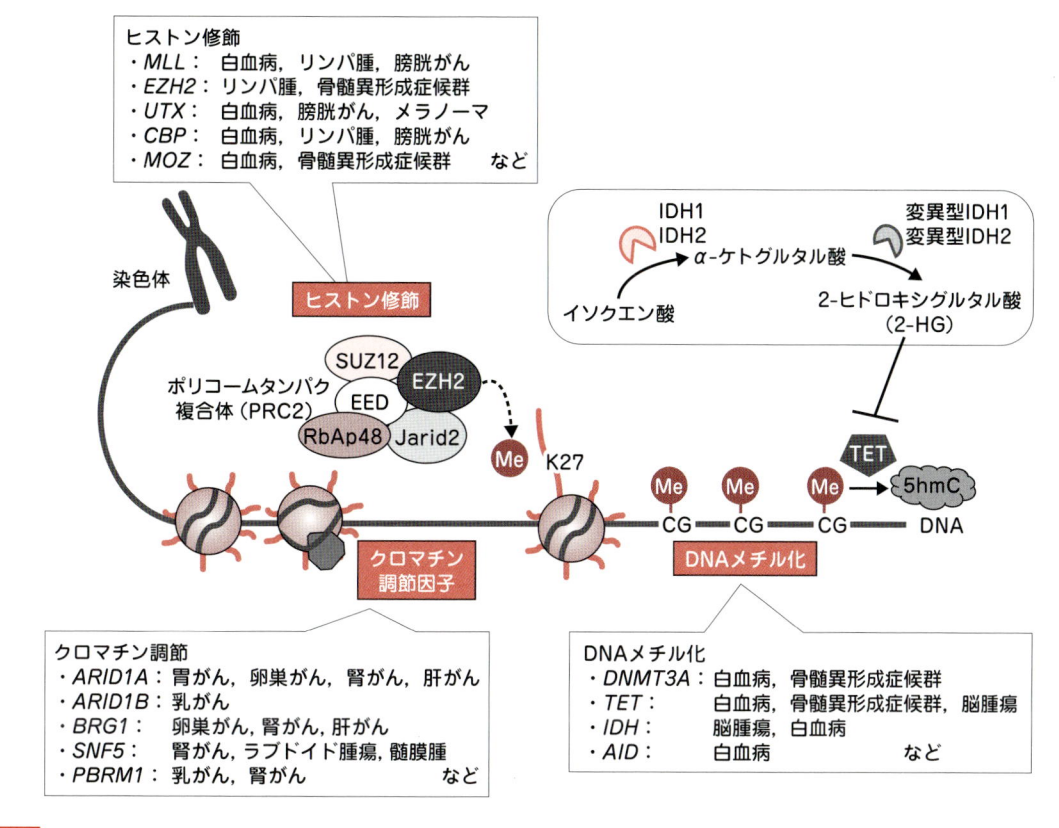

ヒストン修飾
- *MLL*： 白血病，リンパ腫，膀胱がん
- *EZH2*： リンパ腫，骨髄異形成症候群
- *UTX*： 白血病，膀胱がん，メラノーマ
- *CBP*： 白血病，リンパ腫，膀胱がん
- *MOZ*： 白血病，骨髄異形成症候群　　など

クロマチン調節
- *ARID1A*： 胃がん，卵巣がん，腎がん，肝がん
- *ARID1B*： 乳がん
- *BRG1*： 卵巣がん，腎がん，肝がん
- *SNF5*： 腎がん，ラブドイド腫瘍，髄膜腫
- *PBRM1*： 乳がん，腎がん　　など

DNAメチル化
- *DNMT3A*： 白血病，骨髄異形成症候群
- *TET*： 白血病，骨髄異形成症候群，脳腫瘍
- *IDH*： 脳腫瘍，白血病
- *AID*： 白血病　　など

図2　エピジェネティクス制御遺伝子の突然変異

さまざまなクラスのエピジェネティクス制御遺伝子で変異がみつかっている．AID (activation-induced cytosine deaminase), ARID1A/1B (AT rich interactive domain 1A/1B), BRG1 (brahma-related gene 1), CBP (CREB binding protein), DNMT (DNA methyltransferase), EZH2 (enhancer of zeste homolog 2), IDH (isocitrate dehydrogenase), MBD (methyl-CpG binding domain protein), MLL (myeloid/lymphoid or mixed-lineage leukemia), MOZ (monocytic leukemia zinc finger protein), PBRM1 (polybromo 1), SNF5 (SWI/SNF complex component SNF 5), TET (Ten-eleven translocation), UTX (ubiquitously transcribed X chromosome tetratricopeptide repeat protein)

トであるARID1A/1B (AT rich interactive domain 1A/1B) や別のサブユニットであるBRG1 (SMARCA4) の変異が卵巣がん，腎がん，胃がん，乳がん，肝細胞がんをはじめさまざまながん種で発見されている[4]．

さらにゲノム・エピゲノム統合的解析から，代謝経路にかかわる遺伝子の異常がエピゲノム異常を誘導することもわかってきた．例えばIDH遺伝子は，クエン酸回路に属する酵素で，NADPH依存性にイソクエン酸からα-ケトグルタル酸 (α-ketoglutarate：α-KG) への転換を触媒する（第1部-2参照）．IDH1は細胞質に，IDH2はミトコンドリアに局在するが，遺伝子変異により基質特異性が変化し，その結果つくられた代謝物2-ヒドロキシグルタル酸 (2-HG) が，脱メチル化にかかわる酵素群の機能を抑制することで，エピゲノム異常を誘導することが明らかとなった[5]．

3) まとめ

このようにエピジェネティック制御遺伝子の変異は，エピゲノム形成にかかわるさまざまな経路で発見されている．1つの遺伝子の変異が多くの遺伝子のエピゲノムおよび機能に影響するため，発がん過程で多彩な役割を演じていると考えられる．

参考文献

1) Schwartzentruber, J. et al.：Nature, 482：226-231, 2012
2) Dawson, M. A. & Kouzarides, T.：Cell, 150：12-27, 2012
3) Margueron, R. & Reinberg, D.：Nature, 469：343-349, 2011
4) You, J. S. & Jones, P. A.：Cancer Cell, 22：9-20, 2012
5) Guo, C. et al.：Curr. Opin. Neurol., 24：648-652, 2011

Keyword
3 エピゲノム異常

▶英文表記：cancer as epigenetic dysregulation

1）イントロダクション

　がん細胞に存在するエピゲノム異常には，DNAメチル化異常，ヒストン修飾異常，非翻訳RNA制御異常，そしてクロマチン構造の異常がある（**図3A**）．エピジェネティクスは遺伝子制御ヒエラルキーの上位で機能するため，その制御異常は発がんにかかわる複数のパスウェイに影響を与える[1]．エピゲノム異常はがんの発生・進展に寄与し，特にがん細胞の特性の1つである，「周囲環境への適応と可塑性」にかかわるため，がんの浸潤・転移を抑制していくためにもエピゲノム異常について理解することは重要な課題である[2]．

2）がん細胞のDNAメチル化異常

　これまでがん細胞とDNAメチル化異常の関連が最もよく研究されてきた[1]．がん細胞はゲノム全体に多数存在する反復配列の低メチル化を反映して，DNAは低メチル化状態にある（**図3B**）．一方で遺伝子制御にかかわるエンハンサーやプロモーター領域では，がん細胞特異的な高メチル化と低メチル化が存在する．一般に高メチル化を示す遺伝子の方が多く，複数のがん関連遺伝子がCpGアイランドの異常高メチル化によりしばしば抑制されている．そのため治療に対する感受性や，転移・浸潤

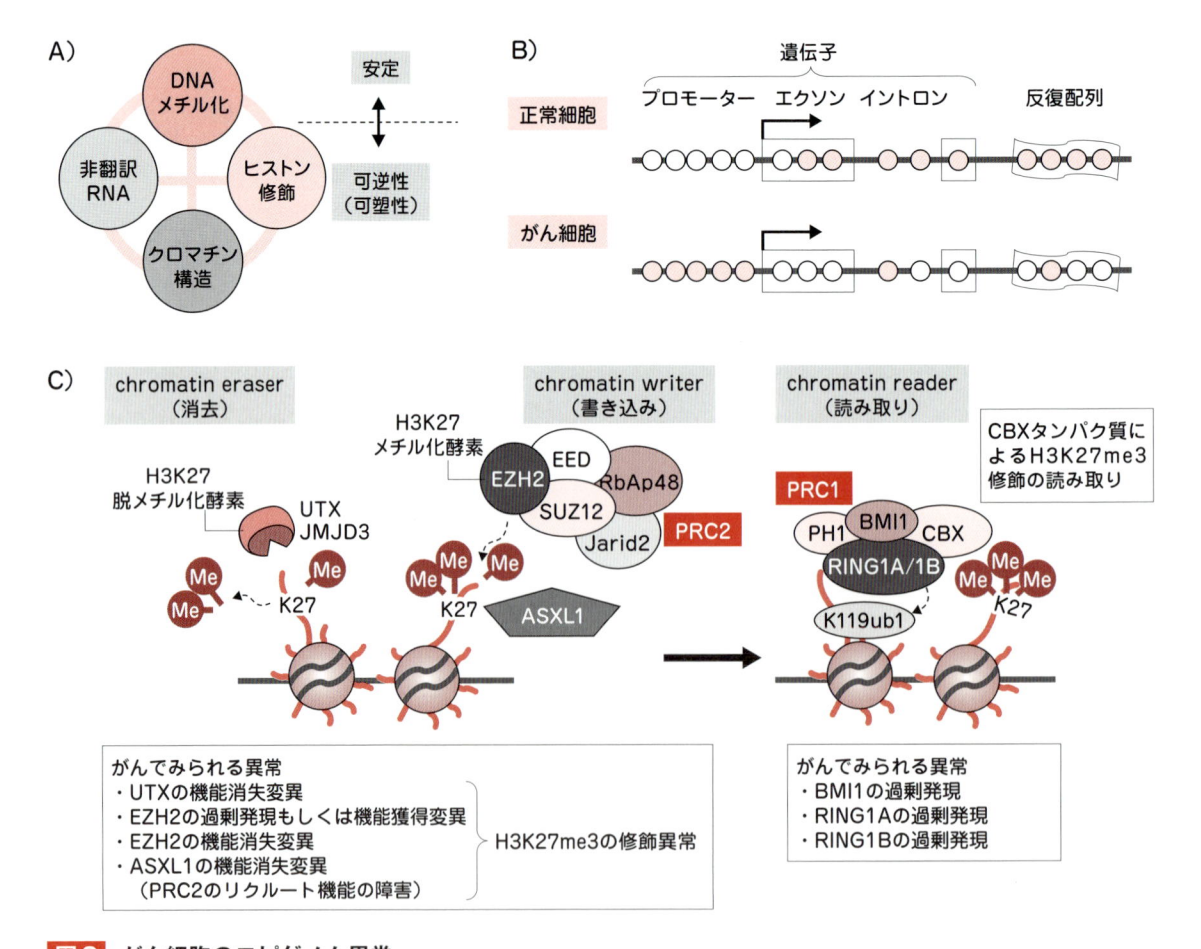

図3　がん細胞のエピゲノム異常

A）がん細胞にはさまざまなエピゲノム異常が蓄積している．このうち遺伝子発現にかかわるCpGプロモーター上のDNAメチル化は安定した修飾であるのに対して，非翻訳RNA，ヒストン修飾，クロマチン構造による遺伝子発現制御には可逆性が保たれている．B）正常細胞とがん細胞のDNAメチル化様式．○は非メチル化CpG．●はメチル化CpGを示す．がん細胞ではゲノムワイドにDNAメチル化様式が破たんしている．C）ヒストン修飾は書き込み，読み取り，消去によって調節される．1例としてヒストンH3K27のメチル化修飾にかかわる分子をあげる．これらの分子の異常はヒストン修飾異常を介して遺伝子機能の制御異常をきたす

能に影響を与える．また大腸がん，乳がん，肺がん，脳腫瘍の一部の症例では，DNAメチル化が高頻度に数多くの遺伝子座で蓄積し，特異な臨床像を示す．これをCIMP（CpG island methylator phenotype）という[3]．

3）がん細胞のヒストン修飾異常

一方，がん形成に寄与するエピゲノム異常は，DNAメチル化のみならず，ヒストン修飾による遺伝子の不活化も重要な役割を果たしている．ヒストン修飾酵素のうち，ヒストンH3K27のトリメチル化（H3K27me3）酵素であるEZH2を含むポリコームタンパク質複合体（polycomb repressive complex 2：PRC2）と発がんの関連がよく研究されている（図3C）．抑制性ヒストン修飾であるH3K27me3はDNAメチル化に非依存的に遺伝子を不活化する[4]．特にPRC2によるH3K27me3修飾は，トリソラックスタンパク質群（trithorax-group）によるH3K4me3修飾（活性化修飾）とともに胚性幹細胞（ES細胞）の分化過程に重要なエピゲノム修飾であり，発がん過程に対しても強い影響をおよぼすと考えられる．

EZH2は数多くのがんで過剰発現しており，またB細胞性リンパ腫（DLBCL）で活性型変異もみつかっている．一方，機能喪失型変異も骨髄異形成症候群（myelodysplastic syndrome：MDS）やDLBCLでみつかっている．EZH2はES細胞の幹細胞性の維持，細胞増殖，そして細胞分化などさまざまな事象にかかわっているため，その制御異常による表現型のアウトプットは単一ではなく，細胞それぞれの状態・性格に依存していると思われる．

このようにエピジェネティック制御遺伝子は単純に「がん遺伝子」「がん抑制遺伝子」のどちらかに分類することは困難で，発がん過程において，どのタイミングで，どの遺伝子異常とともに，どのエピゲノム異常が入るのかによって発がんへの寄与が変わってくると考えられる[5]．

参考文献

1) Baylin, S. B. & Jones, P. A.：Nat. Rev. Cancer, 11：726-734, 2011
2) Natsume, A. et al.：Cancer Res., 73：4559-4570, 2013
3) Issa, J. P.：Clin. Cancer Res., 14：5939-5940, 2008
4) Kondo, Y. et al.：PLoS One, 3：e2037, 2008
5) Margueron, R. & Reinberg, D.：Nature, 469：343-349, 2011

4 がん治療

▶英文表記：epigenetic therapy of cancer

1）イントロダクション

エピジェネティクスは遺伝子制御機構の最上層で機能しているため，その制御異常により多くの発がんにかかわるパスウェイに影響を与える．多くの遺伝子発現の正常化をめざしたエピゲノム治療薬は，有効ながん治療のための重要な選択肢になる可能性が高く，現在エピゲノムを標的とした化合物の開発が急速に進んでいる（図4）[1]．

2）DNAを標的とした治療

DNAメチル化を標的とした治療薬としてはDNAメチル化酵素阻害剤のアザシチジンとデシタビンがある．日本ではアザシチジン（商品名：ビダーザ®）が認可され骨髄異形成症候群（MDS）の治療に使用されている．この薬の登場により，それまで治療法のなかったMDS患者のQOL（生活の質）の改善や生存期間の延長が可能となった．これらの薬剤を固形がんの治療に用いる治験も行われており，脱メチル化剤とHDAC阻害剤との併用は一定の効果を上げている[2]．

3）ヒストン修飾を標的とした治療

i）ヒストン脱アセチル化酵素（HDAC）阻害剤

脱アセチル化は遺伝子発現抑制やタンパク質の機能調節にかかわるため，HDAC阻害剤により，がん細胞で遺伝子発現が抑制されている遺伝子の機能が調節され，アポトーシス，分化，増殖停止に導くと報告されている．日本ではボリノスタット（商品名：ゾリンザ®）が認可され，皮膚T細胞性リンパ腫の治療に用いられている．

ii）ヒストンアセチル化酵素（HAT）阻害剤

HATはヒストンおよびヒストン以外のタンパク質のリジンのアセチル化を触媒することで，多くの遺伝子の発現にかかわる．HAT阻害剤で唯一臨床試験に入っているのはクルクミンである．クルクミンはがんだけではなく，炎症性疾患や喘息などの疾患の治療にも試みられている．

iii）BET阻害剤

アセチル化したヒストンはブロモドメインをもったchromatin readerタンパク質によって認識される．BETファミリー（BRD2，BRD3，BRD4，BRDT）はアセチル化ヒストンを認識し結合する．BRD4は転座によってNUT（nuclear protein in testis）と融合タンパク質をつくり，NUT-midline carcinomaとよばれる若年者の

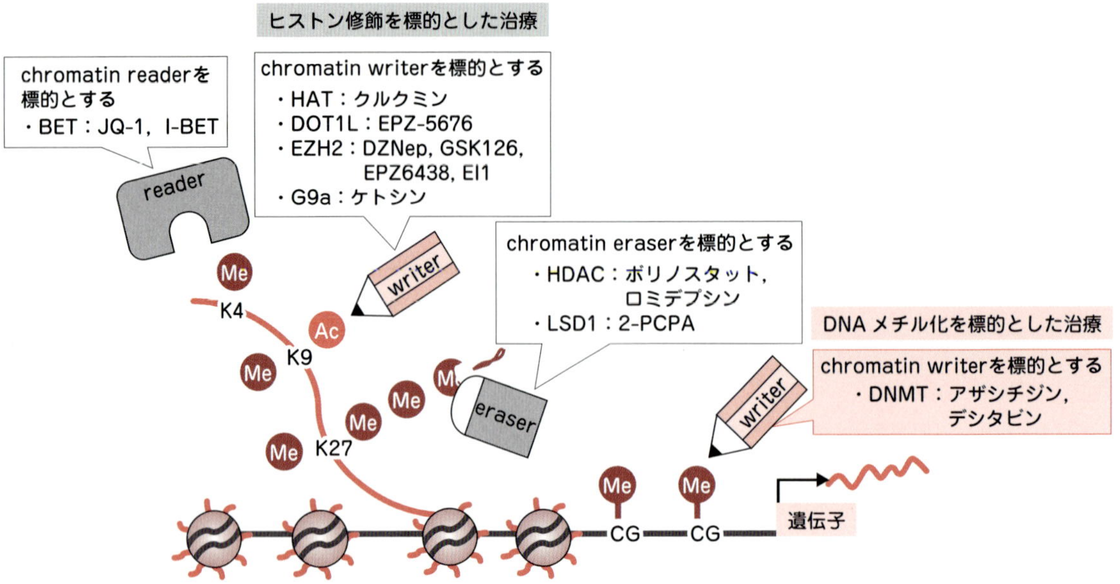

ヒストン修飾を標的とした治療

chromatin readerを標的とする
・BET：JQ-1, I-BET

chromatin writerを標的とする
・HAT：クルクミン
・DOT1L：EPZ-5676
・EZH2：DZNep, GSK126, EPZ6438, EI1
・G9a：ケトシン

chromatin eraserを標的とする
・HDAC：ボリノスタット, ロミデプシン
・LSD1：2-PCPA

DNAメチル化を標的とした治療

chromatin writerを標的とする
・DNMT：アザシチジン, デシタビン

図4 エピジェネティクスを標的としたがん治療

DNAメチル化を標的とした治療薬，ヒストン修飾を標的とした治療薬が開発されている．chromatin readerを標的としたBET (bromodomain and extra-terminal family) 阻害剤．chromatin writerであるHAT (histone acetyl transferase), DOT1L (histone H3K79 methyltransferase), EZH2 (histone H3K27 methyltransferase), G9a (histone H3K9 methyltransferase), DNMT (DNA methyltransferase) などを標的とした阻害剤．chromatin eraserであるHDAC (histone deacetylase), LSD1 (histone H3K4, K9 demethylase) を標的とした阻害剤が開発されている．このうちアザシチジン，デシタビン，ボリノスタット，ロミデプシンは臨床応用がすでにはじまっている．DZNep (3-デアザネプラノシンA), 2-PCPA (トラニルシプロミン)

がんの原因となる．BET阻害剤はこのようながんや，多くの血液腫瘍で有効な抗腫瘍効果を示めすことが明らかとなった[3]．

iv) ヒストンメチル化酵素阻害剤

DOT1LはH3K79メチル化酵素であるが，この阻害剤はMLLリアレンジメントのある急性白血病患者での第I相試験がアメリカで2012年に開始された[4]．

EZH2はH3K27メチル化酵素である．EZH2の過剰発現が多くのがんで確認されており，予後不良との関連が指摘されている．近年の次世代シークエンス解析から，びまん性B細胞リンパ腫でEZH2のSETドメイン内の変異が多くの症例で存在することが明らかとなった．3-デアザネプラノシンAは最初に報告されたEZH2の阻害剤であるが特異性に乏しかった．その後EZH2特異的阻害剤 (GSK126, EPZ6438, EI1) が相次いで2012年に報告され，いずれもEZH2の遺伝子変異があるB細胞リンパ腫細胞株で治療効果が高いことが示されている[5]．

参考文献

1) Nebbioso, A. et al.：Mol. Oncol., 6：657-682, 2012
2) Juergens, R. A. et al.：Cancer Discov., 1：598-607, 2011
3) Dawson, M. A. et al.：Nature, 478：529-533, 2011
4) Daigle, S. R. et al.：Blood, 122：1017-1025, 2013
5) McCabe, M. T. et al.：Nature, 492：108-112, 2012

Keyword

5 がん予防

▶英文表記：implications for cancer prevention

1) イントロダクション

エピゲノム異常は，正常にみえる前がん組織ですでに蓄積している．エピゲノム異常の蓄積を抑制すること，またがんを発症する前にエピゲノム異常を評価すること (リスク診断) によりがん予防が可能となる (図5)．

2) エピゲノム異常とがん予防

i) 一次予防

がんの一次予防とはがんにならないような生活習慣にするということである．

エピジェネティクス異常を引き起こすものとして，感染，食事，喫煙，環境物質への曝露などがある．食事で

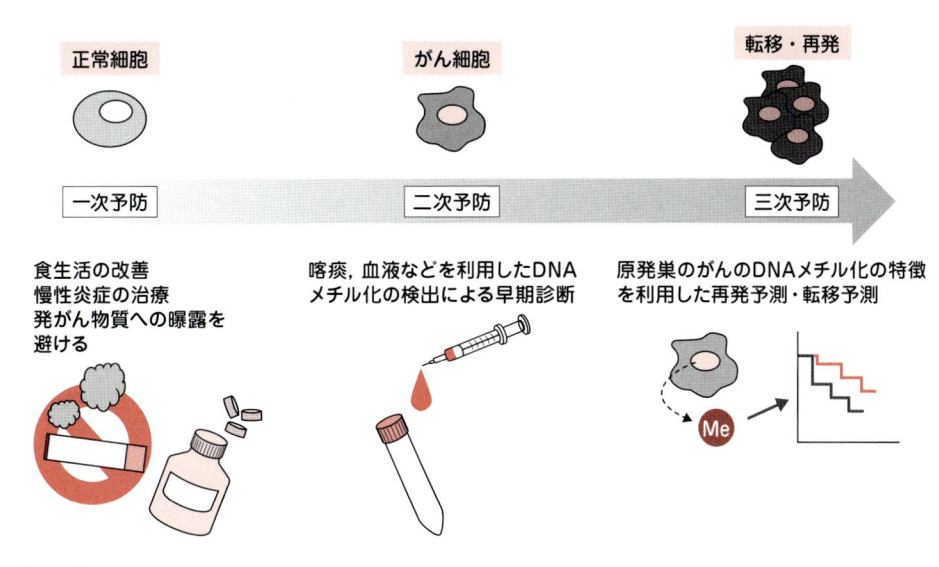

図5 がん予防とエピジェネティクス異常
エピゲノム異常を検出することで，リスク診断，早期発見，再発予測などがん予防への応用が期待できる

摂取する葉酸やビタミンB2, B6, B12はDNAメチル化に影響を与えることが報告されている．ヘリコバクターピロリは胃潰瘍の原因として知られているが，ピロリ菌の感染により，胃粘膜の慢性炎症が引き起こされると同時に，胃粘膜細胞のDNAメチル化が誘導されることが示されている[1]．除菌により，正常粘膜のDNAメチル化レベルが低下することから，ピロリ菌の除菌は胃がんの予防につながると考えられる．

ii）二次予防

がんの二次予防とは，検診などで早期発見することで，がんの早期から治療を行ってがん死亡率の低下を目指すことである．

多くのがんでは前がん病変からDNAメチル化が検出されることが報告されている．これをepigenetic field defectというが，その例として肝炎ウイルス感染による慢性肝炎でDNAメチル化異常がすでに蓄積していることがあげられる[2]．ウイルス感染者でDNAメチル化異常が多い患者は，肝がんの高リスク群と考え注意深い経過観察が必要となる．

喫煙は肺がんの大きな原因である．喫煙者の喀痰中のCDKN2A/p16, MGMTのメチル化は肺がんの早期診断マーカーとして有用であると報告がある．

iii）三次予防

がんの三次予防とは，すでにがん治療を受けた人の再発，転移を防ぐことである．

ステージIの非小細胞性肺がんの術後の検討では，がんに*p16*, *CDH13*, *RASFF1A*, *APC*遺伝子のうち2遺伝子以上のメチル化のある群では，再発のリスクが有意に高い（オッズ比15.5）ことが示されている[3]．DNAメチル化マーカーを用いることで再発予測が可能であり，高リスクがんでは慎重な経過観察をすることができる．例えば大腸がんでは，肝転移症例で*UPK3A*と*TIMP3*のDNAメチル化が高頻度に観察される．このようなDNAメチル化マーカーは肝転移予測マーカーとして使用できる可能性がある[4]．

3）まとめ

DNAメチル化異常は安定した修飾であり前がん病変から，進行がんにいたるまで観察できる．一部の遺伝子のDNAメチル化の有無は，がんの性格を反映することがわかっており，DNAメチル化の蓄積状態からがんの病態についての情報を得ることが可能となる[5]．今後がんのリスク診断としての有用性が期待される．

参考文献

1) Maekita, T. et al.：Clin. Cancer Res., 12：989-995, 2006
2) Kondo, Y. et al.：Hepatology, 32：970-979, 2000
3) Brock, M. V. et al.：N. Engl. J. Med., 358：1118-1128, 2008
4) Ju, H. X. et al.：Am. J. Pathol., 178：1835-1846, 2011
5) Baylin, S. B. & Jones, P. A.：Nat. Rev. Cancer, 11：726-734, 2011

第3部 疾患とエピジェネティクス

2 糖尿病
diabetes mellitus

橋本貢士，小川佳宏

Keyword　❶メタボリックメモリー　❷Barker説

概論
糖尿病におけるエピジェネティクス修飾と治療への期待

1. はじめに

　糖尿病，特に2型糖尿病の発症と進行には遺伝的素因と環境因子が重要である．大規模臨床試験から得られた疫学データから，胎内環境や，過去の血糖コントロールの状況が**メタボリックメモリー**（→**Keyword❶**）を引き起こすことが知られている．このメタボリックメモリーに重要な役割を果たしているのがエピジェネティックな遺伝子修飾である．

　動物の体細胞のゲノムは，一部の例外を除いて同一の塩基配列を有し，個々の細胞の特性は発現する遺伝子の組合わせによって決定される．細胞核内のクロマチン構造や染色体の構築の制御には，塩基配列の変化を伴わずに遺伝子発現を調節するエピジェネティックな修飾が重要である．具体的にはDNAのメチル化（第1部-1～3参照）やヒストンのメチル化・アセチル化（第1部-4～8参照）などであり，例えば遺伝子プロモーター領域のDNAメチル化により遺伝子発現が抑制される．これらの修飾を受けたゲノムをエピゲノムと称する．次世代シークエンサーによる技術革新により，エピゲノム修飾が糖尿病（1型，2型含む）の発症，進展に深く関与することが近年急速に解明されつつある．

2. 胎生期～新生期の環境が将来の健康を規定する

　疫学的にエピジェネティクスが糖尿病に深く関与していることを示唆する事実として Dutch Famine（オランダ飢餓）がある．第二次世界大戦末期（1944年12月～1945年4月）にオランダ西部で起こった飢餓事件であるが，そのときに妊娠中もしくは妊娠し，低栄養状態に曝露された母親から生まれた子供には，メタボリックシンドローム，糖尿病，虚血性心疾患，精神疾患などの疾患が多く発症している．これは胎生期の低栄養状態，それによる低出生体重が成人病の発症リスクを高めることを示唆したもので，**Barker説**（→**Keyword❷**），あるいはFOAD（fetal origins of adult disease）説，成人病胎児期発症説ともよばれる．最近ではさらにその考えを拡大して，胎生期，新生児期の環境が将来の健康と疾病罹患を規定するという DOHaD（developmental origins of health and disease）という概念が提唱されている．疫学的事実に加え，このDOHaDを実証する研究データが蓄積されてきている．

3. 子宮内発育遅延における Pdx1遺伝子の抑制

　Pdx1は膵臓の発生とβ細胞の分化に重要な転写因子である（イラストマップA）．動物実験でPdx1の発現量を低下させると2型糖尿病が発症する．妊娠中の母獣を低栄養にすると子宮内発育遅延（intra-uterine growth retardation：IUGR）となり，産仔が成長後，糖尿病を含む生活習慣病を発症しやすいことが示されている[1]．このIUGRのモデル動物の膵臓β細胞では，コントロール群に比べて，*Pdx1*遺伝子プロモーターのDNAメチル化が顕著に増加し，同時にPdx1の発現量は低下していた．さらにそのプロモーターにはDNAメチル化酵素であるDnmt1およびDnmt3aがリクルートされていた．また*Pdx1*遺伝子プロモーターではHDAC1やSin3Aがリクルートされ，活性型ヒストン修飾であるヒストンH3,

イラストマップ　主要代謝臓器におけるエピジェネティクスの関与

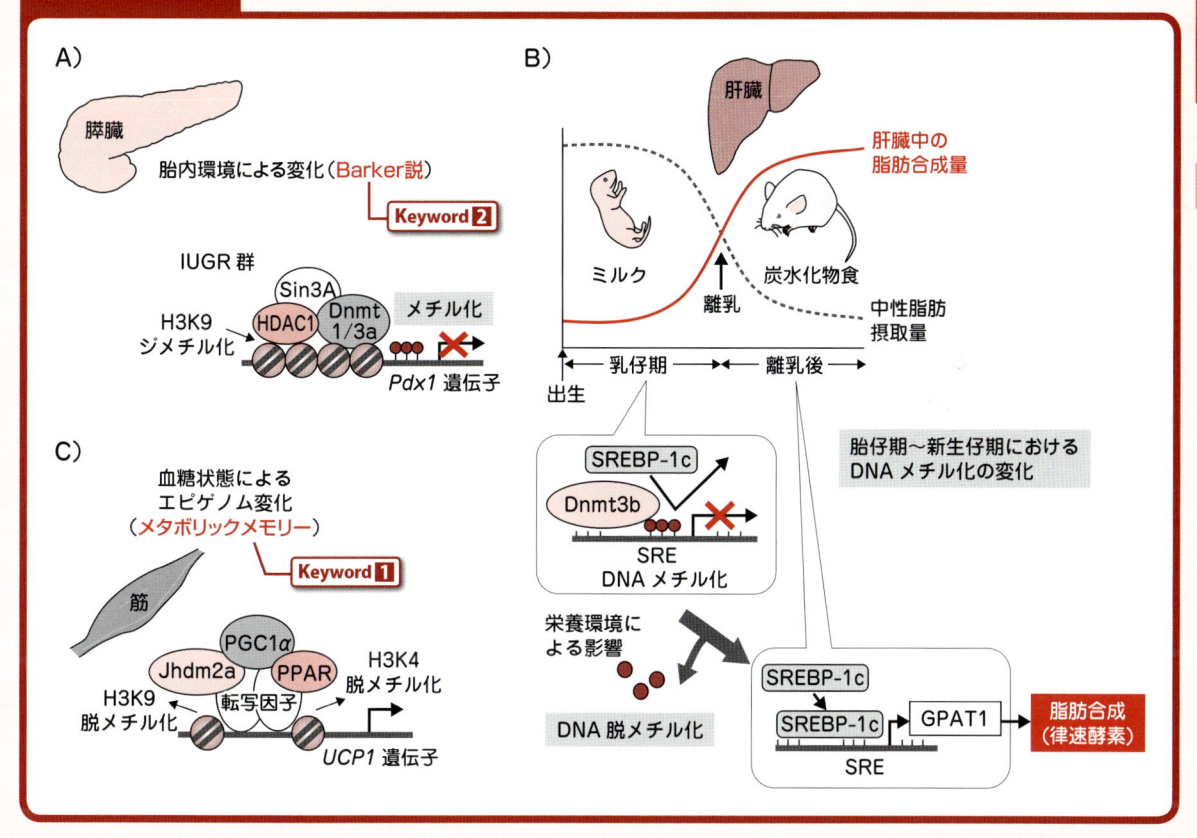

H4 のアセチル化およびヒストン H3K4（4 番目のリジン残基）のトリメチル化が低下し，また転写抑制型ヒストン修飾であるヒストン H3K9（9 番目のリジン残基）のジメチル化が増加していた．このように，IUGR により *Pdx1* 遺伝子プロモーターのクロマチン構造が転写抑制型となるために転写不活性となり，Pdx1 の発現低下，さらには 2 型糖尿病の発症に至ることが報告されている．

4. 肝臓の脂質代謝における GPAT1 の制御

　肝臓の脂質代謝機能の異常はインスリン抵抗性や脂肪肝を引き起こす．肝臓の脂質代謝機能は胎仔期〜新生仔期に曝された栄養環境にしたがって，エピジェネティクス制御を受けて調節されることが明らかになってきた（イラストマップ B）．われわれは脂肪合成の律速酵素 GPAT1 が DNA メチル化による制御を受け，栄養環境によって DNA メチル化状態が変動しうることを見出した． *GPAT1* 遺伝子プロモーターは胎仔期には DNA メチル化酵素 Dnmt3b により DNA メチル化され，転写因子 SREBP-1c のプロモーター（SRE）へのリクルートが阻害されているが，生後 DNA 脱メチル化が生じ発現が増加してくる．さらに胎仔期〜新生仔期における母獣の過栄養が新生仔の GPAT1 プロモーターの DNA メチル化を減少させた．以上より GPAT1 は新生仔期に DNA メチル化によるエピジェネティックな制御を受けることが明らかとなった[2]．

　可塑性の高い胎児期・新生児期の代謝臓器において，栄養環境に応じて変化する代謝機能にエピジェネティクス制御が果たす役割を解明することにより，胎児期から新生児期の栄養環境の変化が成人後の糖尿病を含む生活習慣病の発症を左右する分子機構を知る手掛かりとなることが期待される．

5. 臨床応用と今後の展望

1) 1 型糖尿病の調査研究

　一方，早期の治療介入による血糖値の是正は，長期に

わたってその後の合併症や総死亡を抑制することを示すエビデンスが存在する（**1**参照）．1つは米国で1型糖尿病患者を対象に行われた調査研究であるDCCT（diabetes control and complications trial）でそれまでの標準的なインスリン療法を行う「従来療法群」と，強化インスリン療法を行う「強化療法群」に分け研究が行われた．その結果，後者の方が血糖コントロールは良好で細小血管障害（網膜症や腎症など）の発症も著明に少なかった．DCCTの終了後，同じ患者を引き続き経過観察する研究（epidemiology of diabetes interventions and complications：EDIC）が行われたが，DCCT終了によって強化療法群と従来療法群の間に血糖コントロール状態の差はなくなったものの，細小血管障害の発症は平均11年経過した後も，強化療法群で抑制されていた．またDCCT終了時点では差がなかった大血管障害（動脈硬化性疾患）の発症も強化療法群で減少していた．これは厳格な血糖コントロールの効果はその期間中ばかりでなく長期的にも合併症の発症抑制に効果があることを示唆している．

2）2型糖尿病の調査研究

同様の現象は他の大規模臨床研究でも認められている．2型糖尿病への積極的介入を行った大規模臨床研究であるUKPDS（united kingdom prospective diabetes study）では，試験終了後10年経過しても積極的介入群は対照群と比べて，細小血管障害や重篤な心筋梗塞そしてすべての死亡の減少が継続的に認められた．これらの疫学的事実が示すメタボリックメモリーの成因として，エピジェネティックな遺伝子制御機構によるものが最も有力と考えられており，最近の研究で徐々にその分子メカニズムが解明されつつある．

2型糖尿病におけるインスリン抵抗性の原因の1つとして，骨格筋におけるミトコンドリアの機能低下が関連する可能性が示唆されている．PGC1α（PPARγ coactivator 1α）は骨格筋におけるミトコンドリアの生合成に重要な役割を担う転写因子である（**イラストマップC**）．健常者の骨格筋と比較して，糖尿病患者ではPGC1α遺伝子プロモーターのDNAメチル化が増加しており，PGC1αのmRNAは低下し，ミトコンドリア量およびミトコンドリア関連遺伝子群の発現も低下していた[3]．一方，ヒストンH3K9脱メチル化酵素（活性型クロマチンを形成する）のJhdm2a欠損マウスはミトコンドリアでのエネルギー消費にかかわる遺伝子発現が低下し，肥満を発症し，血中のインスリンや中性脂肪，コレステロール含量が高く，メタボリックシンドロームの特徴を有するが[4,5]，この現象はPPAR/PGC1α/Jhdm2a複合体が形成されないため，熱産生に重要なUCP1の発現が誘導されないことによる[4]．

PGC1αは骨格筋以外でも肝臓における糖新生，褐色脂肪組織での熱産生など，エネルギー代謝の遺伝子活性化に重要である．PGC1αのエピジェネティック制御の異常は糖尿病を含む代謝疾患と深く関連していると考えられる．

参考文献

1）Park, J. H. et al.：J. Clin. Invest., 118：2316-2324, 2008
2）Ehara, T. et al.：Diabetes, 61：2442-2450, 2012
3）Barrès, R. et al.：Cell Metab., 10：189-198, 2009
4）Tateishi, K. et al.：Nature, 458：757-761, 2009
5）Inagaki, T. et al.：Genes Cells, 14：991-1001, 2009

参考図書

◆『エピジェネティクスと疾患』（牛島俊和，他／編），実験医学増刊，28 (15)，羊土社，2010
◆『代謝エピジェネティクス』（中尾光善／企画），実験医学，29 (14)，羊土社，2011

Keyword

1 メタボリックメモリー

▶英文表記：metabolic memory

1）1型糖尿病患者の血糖コントロール研究

米国で1型糖尿病患者を対象に10年間行われた調査研究であるDCCT（diabetes control and complications trial）では，注射回数が1日2回以下のインスリン療法を行う「従来療法群」と，1日3回以上注射する「強化療法群」に分けて研究が行われた．その結果，後者において著明に細小血管障害（腎症，網膜症）が少なく血糖コントロールも良好であった[1]．DCCTの終了後，同じ患者を引き続き経過観察する研究（epidemiology of diabetes interventions and complications：EDIC）が行われたが，DCCT終了によって強化療法群と従来療法群の間に血糖コントロール状態の差はなくなったものの，DCCT後約11年経過した後も細小血管障害の発症は，強化療法群で抑制されていた．またDCCT終了時点では差がなかった大血管障害の発症も強化療法群で減少しており，厳格な血糖コントロールの効果はその期間中ばかりでなく長期的にも合併症の発症抑制に効果があることを示唆した（図1）[2]．

2）2型糖尿病患者の血糖コントロール研究

2型糖尿病患者を対象としたUKPDS（united kingdom prospective diabetes study）では，10年間の研究終了時には，インスリンやスルホニルウレア（SU）薬で厳格に血糖をコントロールすると，細小血管障害は有意に抑制されることが証明されたが，大血管障害の発症抑制や死亡率の減少は認められなかった[3]．UKPDS終了後，さらに10年間のフォローアップ研究が行われたが，食事療法が原則であったかつての標準群でも自由にインスリン，SU薬，メトホルミンの使用が可能となった．その結果，UKPDSの終了後1年でかつての厳格群と標準群のHbA1Cの差異（1〜2カ月の血糖状態の指標）は消失した．またフォローアップ期間中の体重，脂質および血圧についても厳格群と標準群とで差異はなかった．にもかかわらず，かつての厳格群は標準群に比して，①すべての糖尿病関連イベント，②糖尿病関連死，③全死亡，④心筋梗塞，⑤細小血管障害で有意な抑制効果を呈した．したがって，初期の10年間で厳格に血糖をコントロールすると，たとえ次の10年間ではかつての標準群と血糖コントロール状態に差異がなくとも大血管障害抑制効果が認められることが判明した[4]．これはlegacy effect（レガシーエフェクト）もしくはメタボリックメモリーとよばれる．

3）モデルマウスにおける解析

糖尿病マウスから得た血管内皮細胞では，採取後に生理的なブドウ糖濃度下で2〜3週間培養しても，血栓性疾患の成因に重要なPAI-1をコードする*Serpine 1*遺伝子プロモーターのヒストン修飾（H3K4のトリメチル化）が遷延し，PAI-1発現が亢進していた[5]．このようにメタボリックメモリーの成立にエピジェネティクスが深く関与することが示唆されている．

なお，メタボリックメモリーの分子機構は**概論**も参照のこと．

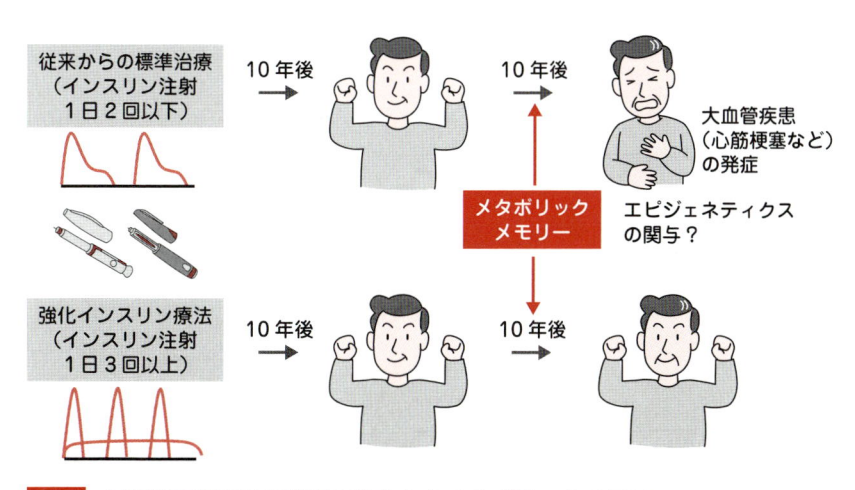

図1 1型糖尿病患者の研究でみられたメタボリックメモリー

参考文献

1) The Diabetes Control and Complications Trial Research Group：N. Engl. J. Med., 329：977-986, 1993
2) Nathan, D. M. et al.：N. Engl. J. Med., 353：2643-2653, 2005
3) UK Prospective Diabetes Study (UKPDS) Group：Lancet, 352：837-853, 1998
4) Holman, R. R. et al.：N. Engl. J. Med., 359：1577-1589, 2008
5) Takizawa, F. et al.：Biochem. Biophys. Res. Commun., 433：66-72, 2013

Keyword
2 Barker 説

▶別名：FOAD (fetal origins of adult disease) 説，成人病胎児期発症説，DOHaD (developmental origins of health and disease) 説

1）イントロダクション

欧州では以前から死産や新生児，乳児期の子の死亡を経験した女性に心臓疾患が多いこと，新生児，乳児死亡率の高い地域では成人の心疾患による死亡率が高いことが知られていた．英国Southampton大学の疫学者David Barkerらは1901～1910年のEnglandとWalesの地域別乳児死亡率と1968～1978年の虚血性心疾患による死亡率を比較し，きわめて高い相関を見出した．すなわち乳児死亡率の高い地域で生まれると，成人期に虚血性心疾患で死亡する危険が高いということを示唆した[1]．

これを受けてBarkerらはHertfordshireという地域に残っていた1901～1945年までの新生児の身長，体重や分娩経過の記録と出生1年後の発育状況を解析した．その人々を出生時の体重別に分類し，心筋梗塞での死亡率を検討した．その結果，出生時体重と生後（成人期）の心筋梗塞による死亡率には明らかな相関があり，出生時体重が2,500 g以下の低出生体重児は，成人期に心血管障害で死亡する危険が高く，また出生児体重が4,400 g以上でも心筋梗塞での死亡率が高くなると報告した[2]．出生児体重と成人病の発症リスクがきわめて相関をもつという概念で，これをBarker仮説という（図2）．他にFOAD (fetal origins of adult disease) 説，成人病胎児期発症説ともよばれる．

このBarker説はさらにその概念が拡大され，胎生期および新生児期が生後の健康や疾病の罹患を規定するとして，現在ではDOHaD (developmental origins of health and disease) 説とよばれている．

2）Dutch Famine事件でみられた実証例

胎児期の低栄養が成人病の発症リスクを高めることを証明した有名な事件としてDutch Famine（オランダ飢餓）がある．第二次世界大戦末期（1944年12月～1945年4月）にオランダ西部に，ナチスドイツが侵攻して食糧遮断を行った．約1カ月後に連合軍によって食糧供給が再開されたが，その間住民は著しい低栄養状態に曝露され，多くの餓死が出た．1日摂取エネルギーは400～800 kcalと栄養失調状態にあり，そのときに妊娠中もしくは妊娠し，低栄養状態に曝露された母親から生まれた子供には，メタボリックシンドローム，糖尿病，虚血性心疾患，精神疾患などの疾患が多く発症している[3,4]．これはまさに胎生期の低栄養が疾患発症リスクを高めるというBarker説を実証したものである．

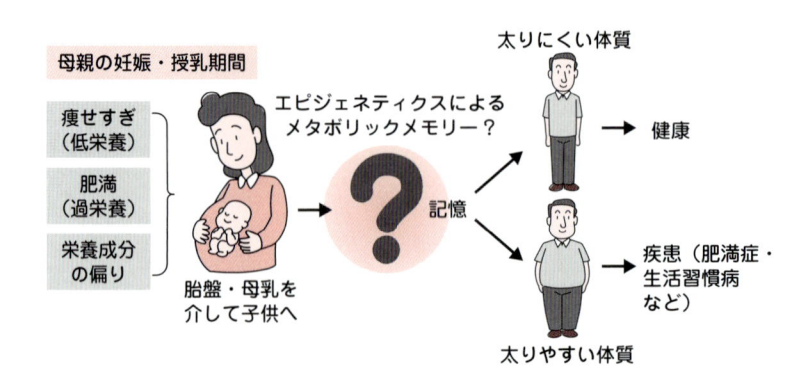

図2 Barker説（developmental origin of health and disease：DOHaD）

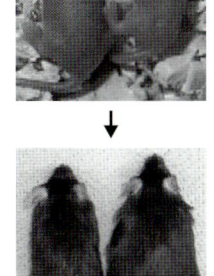

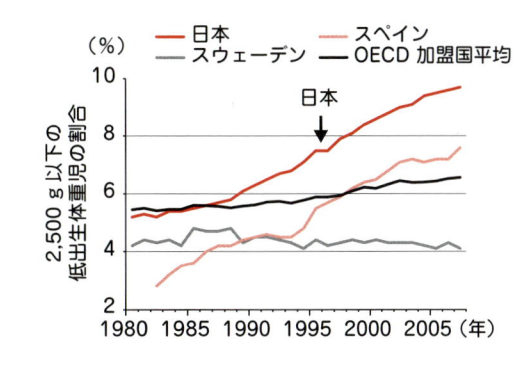

図3 ❙ Barker説の実験的実証と低体重児の出生率
A) 低栄養の母親から生まれた低出生体重マウスは太りやすい. B) わが国では低出生体重児が急増している（文献6より引用）

3）モデルマウスによる実験的証明

またわれわれは妊娠期に低体重となった母マウスから生まれた低体重マウスは成獣期に肥満となることを報告しており，Barker説を実験的に証明した（**図3A**）[5]．現在，わが国の全出生に対する低体重出生児の割合はOECD加盟国のなかでもトップクラスであり（**図3B**），今後の成人病への罹患の増加が懸念されている．

なお，Barker説の分子機構は**概論**も参照のこと．

参考文献

1) Barker, D. J. & Osmond, C. : Lancet, 1 : 1077-1081, 1986
2) Hales, C. N. et al. : BMJ, 303 : 1019-1022, 1991
3) Ravelli, A. C. et al. : Am. J. Clin. Nutr., 70 : 811-816, 1999
4) Painter, R. C. et al. : Am. J. Clin. Nutr., 84 : 322-327; quiz 466-467, 2006
5) Yura, S. et al. : Cell Metab., 1 : 371-378, 2005
6) 『Health at a Glance 2009 : OECD INDICATORS』, OECD, 2009（http://www.oecd.org/els/health-systems/49105858.pdf）

第3部 疾患とエピジェネティクス

3 腎疾患
kidney disease

丸茂丈史，藤田敏郎

Keyword　❶高血圧に伴う腎障害　❷糖尿病性腎症　❸HDAC阻害薬

概論
腎疾患とエピジェネティック異常

1. はじめに

　腎疾患が進行して腎機能不全にいたると透析療法が必要になる．透析療法導入の原因疾患第一位は**糖尿病性腎症**（→**Keyword❷**）であり，次に慢性糸球体腎炎，高血圧による腎硬化症がそれに続く．糖尿病や高血圧に対して多くの治療薬が開発されてきているにもかかわらず，糖尿病性腎症および腎硬化症による透析導入は増え続けている．それは，抗糖尿病薬や降圧薬で糖尿病による代謝異常や高血圧を完全にはコントロールしきれていないことに加えて，これらの腎疾患が一度発症すると不可逆的に進行することによる．病態が進行性である要因には腎臓構成細胞が，繊維性・炎症性に形質変化をしていることがあげられる．腎臓に形質変化を生じさせる原因をつきとめることが，慢性腎臓病の重症化に対する新規診断・治療法を開発するための鍵になる．近年では腎臓構成細胞の形質変化の源にエピジェネティック異常が存在するのではないかと考えられ，精力的に研究が進められている（イラストマップ）．

2. 腎臓にエピジェネティック異常をきたす環境因子

1）後天的要因

　エピジェネティックな状態は発生期に形づくられるが，生まれたのちも環境因子によって変化していくことが，DNA塩基配列が同一の一卵性双生児に対する研究で明らかになった．腎疾患でエピジェネティック異常をきたす環境因子として明確に示されたものはいまだ少ないが，候補として次のものがあげられる．糖尿病性腎症では，高血糖をはじめとして代謝異常が，**高血圧に伴う腎障害**（→**Keyword❶**）では細動脈・糸球体に対する圧力や交感神経活性化が，慢性糸球体腎炎では免疫複合体や補体系の活性化による慢性炎症などが誘因になりうる．

2）尿毒素物質と尿タンパク

　原因となる疾患にかかわらず慢性腎臓病が進行すると，インドキシル硫酸などの尿毒素物質が体内に蓄積して尿毒素症状を呈する．慢性腎臓病では腎臓での抗加齢因子Klothoの発現が減少することが知られているが，尿毒素物質がDNAメチル化を介してKlothoの発現を低下させていることが報告された[1]．また，腎臓は血流を介しての刺激とともに，腎障害で生じるタンパク尿による管腔側から尿細管に対する影響も受ける．近位尿細管はメガリンなどを介してアルブミンをはじめとするさまざまな分子を再吸収している．病態によっては増加した尿タンパクやアルブミンに吸着している分子の変化が尿細管にエピゲノムの変化を生じさせる可能性も考えられる．

3）虚血

　腎臓の血管系は2回毛細血管を形成するという特徴がある．第一の毛細血管は糸球体であり，原尿を濾過したのち輸出細動脈を経て，次に尿細管周囲に第二の毛細血管を形成する．慢性腎臓病では，尿細管周囲の毛細血管が障害され，虚血性変化が生じていることが知られている．近位尿細管はミトコンドリアを多く含み，ATPを大量に消費して水・ナトリウムの再吸収を行っているため，虚血によって影響を受けやすい．われわれはマウスモデルを用いて，一時的な虚血が近位尿細管のヒストン修飾

イラストマップ　腎疾患にかかわるエピジェネティック異常

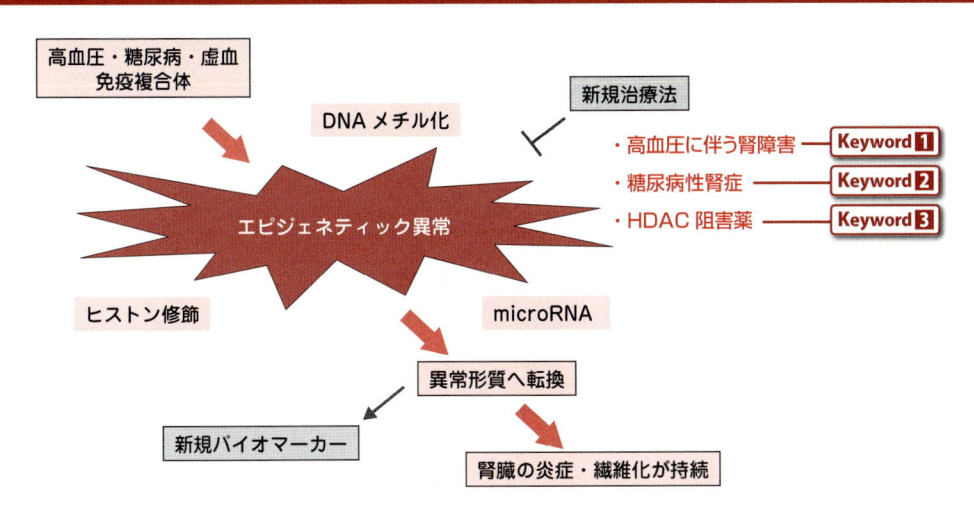

高血圧や糖尿病，虚血，免疫複合体などの環境因子により，腎臓にエピジェネティック異常が生じると考えられ，新たな診断・治療のターゲットとして注目されている

のダイナミックな変化とBMP7の遺伝子発現変化を引き起こすことを示した[2]．可逆性のエピジェネティック変化は，刺激が慢性化すると蓄積され，次第に元に戻りにくい安定なエピジェネティック異常に進行していくことも予想される．虚血が慢性腎臓病で病変進展にかかわる安定なエピジェネティック異常を引き起こしている可能性も考えられる．

3．治療・診断への応用

1）新たな治療薬の候補

エピジェネティック異常にもとづいて発現が変化する腎障害の増悪因子や保護因子を明らかにすることができれば，その因子をターゲットとして新たな治療法の開発が視野に入る．また，エピジェネティック異常に至る代謝・情報伝達経路を標的とすれば，不可逆的な状態になることを予防する新たな治療法の開発につなげることができる．さらに，異常を生じさせる誘因を除いたうえで，ヒストン修飾酵素阻害薬，DNAメチル化修飾薬などのエピジェネティック作用薬でエピジェネティック異常を是正できれば理論上は寛解療法をめざすことができる．

葉酸負荷という特殊なモデルではあるが，慢性腎臓病モデルでRAS抑制遺伝子RASAL1のDNAメチル化が腎臓間質の繊維化にかかわっていることが報告された[3]．このモデルでは脱メチル化薬5′-アザシチジンを投与することによりRASAL1のDNAメチル化を抑制し，繊維化を予防することができた．そのほかにも，ヒストン脱アセチル化酵素（HDAC）が腎障害モデルで発現と活性が変化しており，HDAC阻害薬（→Keyword 3）を投与することによって治療可能であることがさまざまな腎障害モデルで報告されている．

2）治療法選択への活用

さらに治療のみならず，腎臓細胞のエピゲノム調節異常は，不可逆性に陥っているかどうかの病期診断に利用できると期待される．厳格な血糖治療は糖尿病患者の初期には必要だが，進行した例ではかえって生命予後を悪化させることが知られている．その病期の区切りは現在明確でないが，腎臓のDNAメチル化異常にもとづいて病期診断を行って，厳格に治療するかどうか，ステージに応じた治療法選択に役立てることができる可能性がある．腎臓DNAメチル化異常の検出には，尿中に落下してくる腎臓細胞のDNAメチル化を解析する方法や，DNAメチル化異常にもとづいて発現の変化する分子を尿中バイオマーカーに設定する方法が候補としてあげられる．

4. 腎臓構成細胞ごとの解析

　DNAメチル化をはじめエピジェネティックな状態は受精から各臓器の形成までの発生段階ごとに大きく変化し，各々の臓器特異的なエピジェネティック状態が完成されていく．確かに腎臓に発現している輸送体のプロモーターDNAメチル化は，発現していない肝臓が高メチル状態であるのに対し，低メチル状態であることが報告されている[4]．

　腎臓は尿を生成して体液の恒常性を保つという複雑な機能を果たすため，多くの種類の細胞から構成されている．大きく分けて糸球体，尿細管，間質，血管系の細胞から成り立ち，それぞれが固有の遺伝子発現パターンを形成している．糸球体はさらに内皮，メサンギウム細胞，ポドサイト，壁側上皮細胞に分かれ，尿細管も糸球体直後の近位尿細管と腎盂にいたる集合管では，発現している輸送体の種類は大きく異なっている．このように多様な腎臓構成細胞の間では，臓器間でみられるようなエピジェネティック状態の違いが同様に存在する．

　さらに慢性腎臓病では正常腎臓細胞とはエピジェネティック状態の全く異なる線維芽細胞や炎症性細胞が増加するため，腎臓全体でDNAメチル化を解析すると単なる線維芽細胞増殖や炎症細胞浸潤をメチル化変化としてとらえてしまう恐れもある．

　したがって腎疾患でのエピジェネティック状態の解析には，レーザーマイクロダイセクションやセルソーターによる腎臓構成細胞ごとの解析が有用である．最近，遺伝子特異的なヒストン修飾の変化を組織化学的に示す新技術が報告された[5]．こうした手法を用いることにより，腎疾患にかかわりのあるエピジェネティック変化をより正確に捉えることができる．

参考文献

1) Sun, C. Y. et al. : Kidney Int., 81 : 640-650, 2012
2) Marumo, T. et al. : J. Am. Soc. Nephrol., 19 : 1311-1320, 2008
3) Bechtel, W. et al. : Nat. Med., 16 : 544-550, 2010
4) Kikuchi, R. et al. : Kidney Int., 78 : 569-577, 2010
5) Gomez, D. et al. : Nat. Methods, 10 : 171-177, 2013

参考図書

- Cowley, A. W. Jr. et al. : Hypertension, 59 : 899-905, 2012
- Reddy, M. A. & Natarajan, R. : J. Am. Soc. Nephrol., 22 : 2182-2185, 2011
- He, J. C. et al. : Kidney Int., 81 : 22-39, 2012

Keyword

1 高血圧に伴う腎障害

▶英文表記：renal abnormalities in hypertension

1）イントロダクション

　高血圧は直接腎障害を惹起して腎硬化症の原因になるとともに，糖尿病性腎症やIgA腎症などの慢性糸球体腎炎の腎障害を悪化させる危険因子でもある．高血圧によって腎臓でエピジェネティック異常が生じることが次第に報告されはじめている．腎臓に発現しているアンジオテンシン変換酵素（ACE1）は増加すると高血圧の維持や腎障害進展にかかわると考えられているが，高血圧動物モデルではヒストン修飾が変化してACE1の発現が増加し，降圧薬治療を行うことによってそれが改善することが示されている[1]．

　腎臓は高血圧によって障害を受けるが，ナトリウムの再吸収システムに異常が生じると高血圧の発症・維持の原因となる．腎臓尿細管に発現しているナトリウム輸送系がエピジェネティック機構によって調節されていることが明らかにされてきている．

2）上皮型ナトリウムチャネルのヒストンメチル化

　上皮型ナトリウムチャネル（ENaC）は遠位尿細管後半から腎臓皮質集合管に発現している．ENaCの遺伝子異常による過剰活性化は食塩感受性高血圧，低カリウム血症，代謝性アルカローシスを呈するLiddle症候群をきたすことが知られている．ENaCのαサブユニットのプロモーター領域にはヒストンメチル化酵素Dot1が存在し，H3K79をメチル化することによってENaC遺伝子の発現を抑制していることが示された．アルドステロンは，このエピジェネティックな抑制を外すことによってENaC転写を活性化する[2]．高血圧や腎障害で，このエピジェネティック経路の異常によりENaCの活性化が変化するかどうかについては，今後の解明が待たれる．

3）クロマチン構造変化と食塩感受性高血圧

　Na-Cl共輸送体（NCC）は遠位尿細管に発現しナトリウム再吸収にかかわる．NCCの活性を抑制しているWNK4に遺伝子異常が生じると，NCC活性上昇を介して食塩感受性高血圧を呈する（Gordon症候群）．また，肥満者や食塩感受性高血圧患者では，食塩摂取時に腎臓における交感神経系の不適切な活性化が生じ，ナトリウム排泄が低下することが知られていたが，そのメカニズムは明らかではなかった．

　われわれは，腎臓の交感神経の活性化がWNK4プロモーター領域のクロマチン構造の緩みをきたすことを明らかにした（図1）[3]．クロマチン構造変化はcAMPを介したHDAC8の遊離により引き起こされ，続いて緩んだクロマチンの糖質コルチコイド陰性制御領域が刺激されるため，WNK4の発現が減少することがわかった．WNK4の発現低下はNCCを活性化し食塩感受性高血圧を発症させた．

　高血圧での腎臓のエピジェネティック異常についての報告はいまだ断片的であるが，今後体系的な検討が進み，

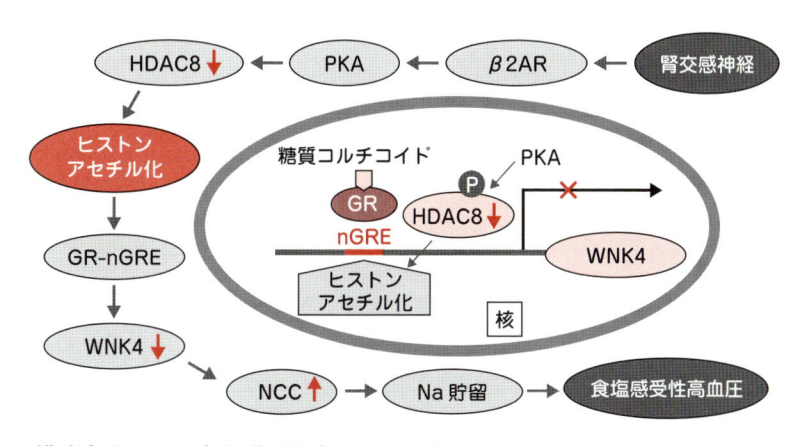

図1　クロマチン構造変化による食塩感受性高血圧の発症

腎交感神経活性化は，プロテインキナーゼA（PKA）を活性化させ，HDAC（ヒストン脱アセチル化酵素）8を低下させる．WNK4のプロモーター部位のヒストンはアセチル化され糖質コルチコイド受容体（GR）がアクセスしやすくなる．この部位の糖質コルチコイド反応配列は陰性制御配列（nGRE）であるため，GRによりWNK4の発現は低下する．するとNa-Cl共輸送体（NCC）はWNK4による抑制を解かれて発現が上昇する．NCCの活性増加はナトリウムの貯留につながり，食塩感受性高血圧の発症をきたす（文献3より改変して転載）

エピジェネティック変化にいたる経路が解明されることにより，新たな治療標的が明らかになるものと期待される．

参考文献
1) Lee, H. A. et al.：Hypertension, 59：621-626, 2012
2) Zhang, D. et al.：Kidney Int., 75：260-267, 2009
3) Mu, S. et al.：Nat. Med., 17：573-580, 2011

Keyword 2 糖尿病性腎症

▶英文表記：diabetic nephropathy

1）イントロダクション

大規模臨床試験UKPDSおよびEDIC試験で，糖尿病患者に対する早期血糖コントロールの心血管保護ならびに腎障害予防効果は10年以上にわたり継続することが示された．悪い血糖コントロールが悪い遺産として残ることから血糖の「レガシーエフェクト」とよばれるが，その成立機序にヒストンメチル化異常が関与することが示されている．

2）高血糖とエピジェネティクス異常

高血糖環境で血管内皮細胞を培養すると，その後正常糖濃度に戻しても転写因子NF-κB活性化と炎症性サイトカイン産生が持続する．高血糖によってもたらされる炎症の持続は，ヒストンメチル化酵素Set7によるNF-κB構成因子p65のプロモーター領域のH3K4me1化として細胞記憶に取り込まれることによると示された[1]．

腎臓の細小血管やネフロンでヒストン異常にもとづくNF-κB活性化が生じているのかどうかはまだ不明であるが，糖尿病性腎症でもエピジェネティック異常の存在が指摘されている．1型ならびに2型糖尿病動物モデルの腎臓では，ヒストン脱アセチル化酵素HDAC2の活性が上昇しており，その活性を抑制すると繊維化が抑えられることが示された[2]．また，糖尿病動物モデルの糸球体ではmiR-192が上昇しており，メサンギウム細胞でのTGF-βによるコラーゲンの増加にmiR-192がかかわることが報告された[3]．

3）糖尿病性腎症におけるエピジェネティック異常の重層化

糖尿病患者の骨格筋，ランゲルハンス島などではDNAメチル化が変化することが報告されている．糖尿病性腎症でのDNAメチル化変化についてはいまだ明確にされていないが，ヒストン修飾，miRNAレベルでの異常は報告されており，エピジェネティック要素はお互いに影響をおよぼし合うことからDNAメチル化にも変化が生じていることが予想される．糖尿病性腎症の進展には，高血糖，脂質異常や酸化的ストレス（ROS），TGF-βをはじめとしたサイトカイン/成長因子などの関与が示されている．どの要素もエピジェネティック変化を起こしうることが他の臓器や細胞系で報告されている．またケトン体βヒドロキシ酪酸がHDAC阻害作用をもつことが示され[4]，糖尿病性腎症でもケトン体がヒストン修飾変化を促している可能性も考えられる．

糖尿病性腎症の進展過程ではこうした要因が複数重なり合い慢性に刺激を与えているため，当初は可逆性のエピジェネティック変化も次第に重層化して安定的なエピジェネティック変化を形成し，腎臓に不可逆性の形質変化を生じさせていると予想される（図2）．

大規模臨床試験で発症早期で血糖を厳格にコントロールする強化療法が合併症予防に重要であることが示された一方で，進行した糖尿病患者に対する強化療法はかえって予後を悪化させることが報告されている．強化療法に反応する病期を過ぎると不可逆性が加速するわけであるが，その病期の進行をエピジェネティック機構が規定している可能性があり，解明が進められている．

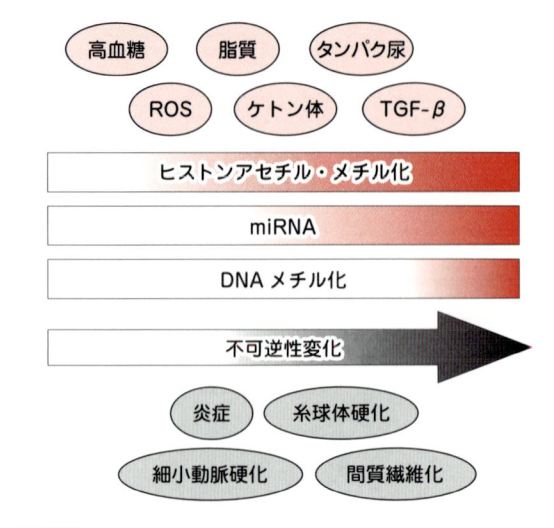

図2 糖尿病性腎症で生じるエピジェネティック異常

糖尿病では，高血糖に加えてさまざまな因子が刺激となり，エピジェネティック異常の重層化が生じて組織障害にいたると予想される

参考文献

1) El-Osta, A. et al.：J. Exp. Med., 205：2409-2417, 2008
2) Noh, H. et al.：Am. J. Physiol. Renal Physiol., 297：F729-F739, 2009
3) Kato, M. et al.：Proc. Natl. Acad. Sci. USA, 104：3432-3437, 2007
4) Shimazu, T. et al.：Science, 339：211-214, 2013

Keyword
3 HDAC阻害薬

▶英文表記：histone deacetylase inhibitor

1）イントロダクション

　HDAC（ヒストン脱アセチル化酵素）が腎疾患の進展にかかわることはループス腎症モデルを用いて示されている[1]．HDAC阻害薬トリコスタチンA（TSA）を投与すると，脾臓での免疫細胞のサイトカイン発現を抑制することから，抗炎症作用がHDAC阻害薬による腎臓糸球体障害の抑制作用にかかわっていると考察されている．糸球体障害には糸球体構成細胞であるメサンギウム細胞の活性化がかかわるが，HDAC阻害薬はHDAC2の抑制を介してメサンギウム細胞でのNF-κBの活性化とNOの過剰産生を抑制することが報告されており[2]，糸球体への直接作用もHDAC阻害薬の糸球体保護作用に関与すると思われる．

2）HDAC阻害薬の腎保護効果

　尿細管・間質での炎症と繊維化は腎障害の予後を規定する．そこでわれわれは，培養尿細管細胞を用いて，HDAC阻害薬TSAの抗繊維化作用を検討した．繊維化因子TGF-βは尿細管細胞でのコラーゲン発現を増加させ，上皮系マーカーE-カドヘリンおよび抗繊維化因子BMP7を減少させる．TSAはTGF-βによるこれらの繊維化反応を抑制した[3]．TSA処理によりE-カドヘリンとBMP7のプロモーター領域のヒストンアセチル化は増加しており，HDAC阻害がエピジェティック制御を介してこれらの抗繊維化因子を増加させていると考えられた．次に尿管結紮マウスを用いて生体内でのHDACの尿細管・間質障害での役割について検討を加えた．尿管結紮を行うと病初期から尿細管細胞にHDAC1，HDAC2が誘導されることが観察された[4]．HDAC阻害薬TSAを投与すると尿管結紮マウスでみられるケモカインCSF-1誘導とマクロファージの浸潤ならびに繊維化反応は抑制されることがわかった．

　このほかにもHDAC阻害薬が腎保護作用をもつことは

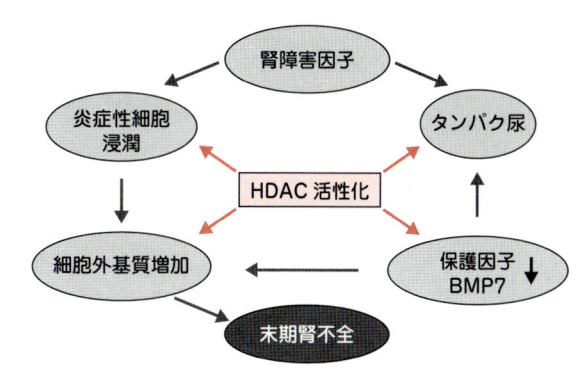

図3　腎障害におけるHDACの関与
腎障害因子によってもたらされるタンパク尿，炎症性細胞浸潤，繊維化などに対してHDAC阻害薬が有効であることが各種モデルで示されてきている

相次いで報告されている．その作用点は抗タンパク尿効果，抗炎症効果，抗繊維化効果，抗増殖効果などと多岐にわたる（図3）．HDAC阻害薬は当初ヒストンのアセチル化を増加させ，クロマチン構造を変化させるために効果を発揮すると考えられてきた．しかし，HDACはヒストンの他に，転写因子やチューブリンなどを基質とすることが明らかにされ，直接エピジェネティクスを介さない作用もHDAC阻害薬の腎保護効果にかかわっていると思われる．

3）アイソザイム特異的HDAC阻害薬

　HDAC阻害薬はエピジェネティック異常をターゲットとした新しい抗がん薬として開発され，血液系の疾患に対して臨床で用いられている．抗てんかん薬として安全に使われてきたバルプロ酸もHDAC阻害作用をもつことが着目されて新たな適応疾患が検討されているが，最近，抗タンパク尿効果を有することが報告された[5]．HDACアイソザイム特異的な阻害薬も次々に開発されていることから，腎臓病でのHDACの変化とその役割が解明されることにより，HDACアイソザイム特異的な治療も可能となることが期待される．

参考文献

1) Mishra, N. et al.：J. Clin. Invest., 111：539-552, 2003
2) Yu, Z. et al.：J. Am. Soc. Nephrol., 13：2009-2017, 2002
3) Yoshikawa, M. et al.：J. Am. Soc. Nephrol., 18：58-65, 2007
4) Marumo, T. et al.：Am. J. Physiol. Renal Physiol., 298：F133-F141, 2010
5) Van Beneden, K. et al.：J. Am. Soc. Nephrol., 22：1863-1875, 2011

第3部 疾患とエピジェネティクス

4 心血管疾患
cardiovascular disease

堀 優太郎, 森下 環, 中村 遼, 小柴和子, 竹内 純

Keyword ❶先天性心疾患 ❷心筋症 ❸高血圧症 ❹心不全

概論 エピジェネティック因子と心臓発生・心疾患

1. 心血管疾患とは

心臓は発生学上,最初期に機能しはじめる臓器であり,心臓の停止が死の象徴として扱われるようにその拍動は個体の死まで続く.そのため自然と,心血管疾患は重篤な結果となるものが少なくない.心血管疾患は,悪性新生物に次いで日本人の死因の第2位で実に約16％を占めている.

心血管疾患とは心臓や血管系における疾患全般を指し,代表的なものとして虚血性心疾患（ischemic heart disease）,**心筋症（cardiomyopathy）**（→Keyword❷）,**高血圧症（hypertension）**（→Keyword❸）,動脈硬化症（atherosclerosis）,不整脈（cardiac dysrhythmia）などがあげられる.また,心血管系では心室中隔欠損症（ventricular septal defect）など**先天性心疾患（congenital heart disease）**（→Keyword❶）が新生児の約100人に1人と少なくない割合で発生することが知られている.

心臓は虚血,過剰な圧,遺伝的・免疫的負荷など外的,内的なストレスに対して心収縮を増加させるのみならず,心肥大や心拡大といった方法でその形までも変化させ,これに対応しようとする.この過程は遺伝的,機能的に非常に迅速に起こり,病的なものというよりはあくまでも生理的な過程として捉えられる.しかしながら,このような状態が長時間続くことで心血管系の恒常性は崩壊へと向かい,種々の疾患を生じ,最終的には心不全（heart failure）（→Keyword❹）などの重篤な病態へと至ることとなる.これが多くの成人心血管疾患の発症までの過程である.

2. 心血管疾患の発症原因とエピジェネティクス

1）遺伝的要因と外的要因

過剰な塩の摂取が高血圧の主な原因であるなど,心血管疾患の多くは生活習慣と強い関係があることが知られている.本態性高血圧を例に取ると,その発症機序は複数の遺伝的要因やさまざまな外的要因が絡み合って生じるとするモザイク説がよく知られている.実際に胎児期の断水が食塩感受性高血圧の原因となるなど,外的要因がエピジェネティクスとして固定されることで疾患が起きやすい遺伝的環境をつくっていることを示唆する実験結果は複数存在し,この説をエピジェネティクスの方面から支持しているといえる.

二次大戦中のオランダの飢饉の際に母親の胎内にいた子供の出生後における追跡調査では,*IGF2*のプロモーター領域が低メチル化状態になっていることが判明するなど,外因がどの遺伝子座に影響を与え,病因となっているかということまでも明らかになっている例も存在する[1].しかしながら,現状としては発症の分子的メカニズムを具体的に与える研究の多くが,遺伝子改変マウスの表現型を解析し,既知の心血管疾患との関連性を見出すといったものである.

全身疾患とのかかわりなども強く,成人心血管疾患に関しては単独の原因に帰するのは難しい場合が多い.一方で先天性心疾患に関しては,近年の発生学の大きな進歩により,心臓発生に重要な転写因子,分泌因子さらに

イラストマップ 心臓発生・心疾患発症に関与するエピジェネティック因子群

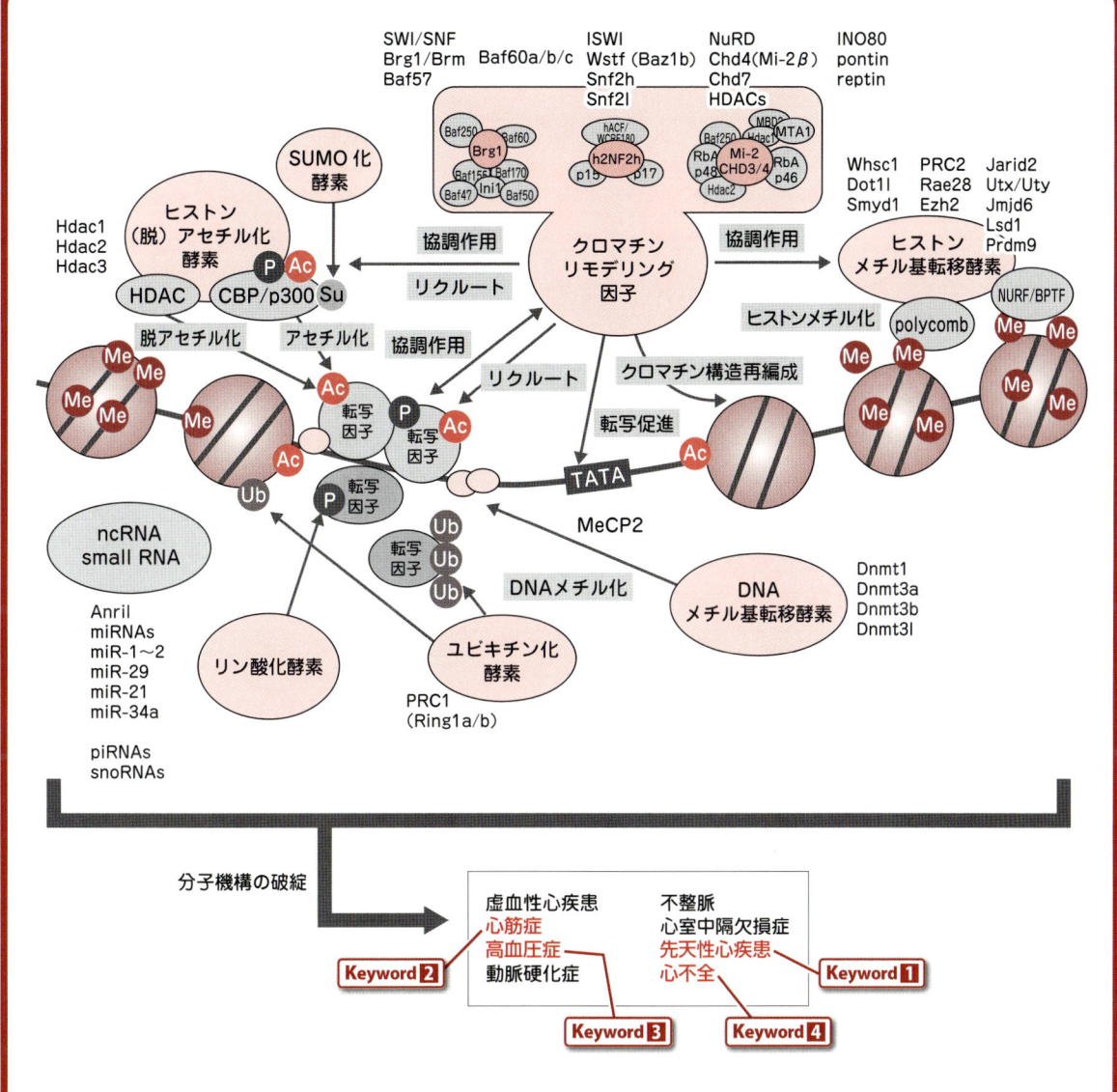

第3部 4 心血管疾患

心臓発生，ストレス応答においては他の臓器と同様にヒストンのアセチル化，メチル化，DNAのメチル化などが一般的な転写調節因子として働いているほか，SWI/SNFやNuRDなどのクロマチンリモデリング複合体が選択的な遺伝子発現において中心的な機能を果たしている（文献6を改変して転載）

エピジェネティック因子が多数同定され，その原因遺伝子や発症機序が解明されつつある（表）．ほとんどのヒストン修飾酵素（第1部-4〜8参照）やDNAメチル化酵素（第1部-1〜3参照）のノックアウトマウスは心臓発生に重篤な異常を生じ，その多くが胎生致死となることが知られている．

2）明らかになりつつあるエピジェネティクス因子

さらに，さまざまなエピジェネティック因子の改変マウスが先天性心疾患のみならず心筋症などの成人心疾患と酷似した表現型を示すということがわかってきた．そのなかでも心疾患の理解に特に重要と考えられるエピジェネティック因子が，哺乳類SWI/SNF型クロマチン

表　心疾患を発症するエピジェネティック因子群

エピジェネティック因子・遺伝子	遺伝的改変・異常	表現型
Jmjd6	欠損	両大血管右室起始症，心室中隔欠損
Jarid2	欠損	両大血管右室起始症，肉柱の過発達
Utx	欠損	ルーピング異常，心筋の菲薄化
Mll2	Kabui症候群患者において変異	心室・心房中隔欠損症，大動脈縮窄症
Whsc1	Nkx2-5とのダブルヘテロ	心室・心房中隔欠損症
Chd7	ヘテロ欠損	大動脈弓の発達異常
Wstf	欠損	心室中隔欠損症，肉柱の低形成
miR-1-2	欠損	心室中隔欠損症，刺激伝導系の異常
Brg1	成体における高発現	肥大型心筋症
	欠損	心室中隔欠損症，心筋層の菲薄化，胎生致死
	ヘテロ欠損	心室・心房中隔欠損症，拡張型心筋症
Dot1l	欠損	拡張型心筋症
Rae28	欠損	拡張型心筋症
Hdac1，Hdac2	ダブルノックアウト	拡張型心筋症，不整脈
Hdac3	欠損	肥大型心筋症
Dnmt1	親の低タンパク質食による発現レベル低下	高血圧症
Lsd1	ヘテロ欠損	食塩感受性高血圧症

リモデリング複合体のコア因子であり，ATPase活性をもつ*Brg1*（*Smarca4*）と心臓特異的サブユニットである*Baf60c*（*Smarcd3*）である[2]．*Brg1*は転写因子などと協調して働くことで，心臓発生に重要であるだけでなく，心筋症などの成人心疾患発症にも大きくかかわることが示唆されており，近年盛んに研究されている分子であるので，**1**と**2**で詳細にその解説を述べた．

イラストマップに示すように心臓においては他のタイプのクロマチンリモデリング因子も重要な働きを有しており，NuRD（nucleosome remodeling and histone deacetylase）複合体のコア因子である*Chd7*は大動脈弓の発達を制御することが報告されており[3]，また，ISWI（imitation-SWI）複合体に属するWICH〔Wstf（Wiliams syndrome transcription factors）-ISWI chromatin remodeling〕複合体の構成因子である*Wstf*（*Baz1b*）欠損マウスは肉柱の低形成や心室・心房中隔欠損を発症することが報告されている[4]．

3. 臨床応用とこれからの展望

心筋がほとんど細胞分裂を起こさないことは有名で，傷ついた心臓が再生することは基本的にない．そのため心血管疾患は予防が第一に重要であり，心血管疾患のリスクファクターとなる環境要因やその下流のエピジェネティックな変異などを特定し，予防に役立てることは重要なテーマといえる．

1) モデル動物解析の問題点

心疾患とエピジェネティクスの関係に関しては，研究が進みつつあるとはいえ未解明な点が多く，マウスやゼブラフィッシュなどモデル生物での知見がどの程度ヒトに適応できるか，という点も明らかでないことが多い．臨床データやヒトサンプルを用いた研究を，実験動物や細胞などを用いた基礎研究と付き合わせ，実際に心血管疾患の発症や進行にどのようにエピジェネティクスがかかわっているかを明らかにすることが，これからの課題といえるだろう．

2）再生医療への期待

また，特定遺伝子群などの強制発現によって幹細胞を介す，または介さない心筋細胞へのリプログラミングが注目されている．われわれの研究によって，胎児性中胚葉細胞から心筋細胞を誘導するためには*Tbx5*や*Gata4*といった転写因子のみならず，SWI/SNF型クロマチンリモデリング複合体の心臓特異的サブユニットである*Baf60c*が必須であるということが明らかになった[5]．これはクロマチン因子がダイレクトリプログラミングに必要であることを示した最初の事例であり，クロマチン状態の細胞運命の決定における重要性を強く示唆している．このことから，どのようなエピジェネティックな変化が心筋へのリプログラミング，分化に際して起こっているのかを明らかにすることが，効率よく心筋細胞を作製する方法の開発とその現象の理解に必須であると考えられる．また，現在知られている方法で誘導された心筋細胞はあくまでも胎児性の心筋であり，移植に使えるような生理的，機能的に成熟した心筋を誘導する方法というのはいまだ開発されていない．そのため，心筋前駆細胞から成熟心筋に至る過程をエピジェネティクスのレベルで詳細に解明することが，移植治療にも使用可能な心筋を*in vitro*でつくるという再生医療の目標のため不可欠であると考えられる．

さらに，患者から採取した細胞をもとにiPS細胞を作製し，これを心筋細胞などに分化させるという方法を取ることで，疾患の*in vitro*モデル系をつくることが可能である．これはドラッグスクリーニングなど，治療法の開発のために非常に有用であり，これから幅広く用いられる手法と考えられる．しかしながら，特に遺伝的なリスク因子が必ずしも関係する疾患を引き起こさない，いわゆるpenetranceが低い場合にはその発症にエピジェネティクスが大きく関係していると考えられ，適切なモデル系を立ち上げるためには患者のエピゲノムを詳細に解析し，どのような条件下で病的な表現型を示すのかという点を明らかにする必要があると考えられる．

参考文献

1) Heijmans, B. T. et al.：Proc. Natl. Acad. Sci. USA, 105：17046-17049, 2008
2) Lickert, H. et al.：Nature, 432：107-112, 2004
3) Randall, V. et al.：J. Clin. Invest., 119：3301-3310, 2009
4) Yoshimura, K. et al.：Proc. Natl. Acad. Sci. USA, 106：9280-9285, 2009
5) Takeuchi, J. K. & Bruneau, B. G.：Nature, 459：708-711, 2009
6) van Weerd, J. H. et al.：Cardiovasc. Res., 91：203-211, 2011

参考図書

◆ 中村 遼, 他：実験医学, 30：2923-2931, 2012
◆ Chang, C. P. & Bruneau, B. G.：Annu. Rev. Physiol., 74：41-68, 2012
◆ 塚原由布子, 他：Heart View, 15：55-63, 2011

Keyword

1 先天性心疾患

▶英文表記：congenital heart disease

1）先天性心疾患とは

　ここで先天性心疾患として取り上げるのは遺伝的，エピジェネティックな要因で成人になってからはじめて発症する心筋症のようなものではなく，出生時にすでにみられる中隔欠損症などの形態的，機能的異常である．先天性心疾患は心臓の形態形成が正常に行われなかった結果といえ，その発症にかかわる因子は心臓特異的転写因子を中心に多数報告されている．近年，クロマチンリモデリング複合体をはじめさまざまなエピジェネティック因子が心臓発生，先天性心疾患に大きくかかわっていることが明らかになりつつあるので，ここにその一端を紹介する．

2）*Brg1*と先天性心疾患

　われわれの研究において*Nkx2-5::Cre*を用いた*Brg1*の心筋特異的ノックアウトマウスでは心筋層の菲薄化，心室中隔欠損がみられ，そのほとんどが胎仔期（E10.5）で致死となることがわかった．一方で*Brg1*$^{+/-}$マウスでは部分的に胎仔性致死となっていると考えられるものの，一定数の個体が出生した．そのうち半数程度の個体が3週齢以内に死亡し，拡張型心筋，心室中隔欠損，心房中隔欠損といった表現型が観察された．これらの実験より，正常な心臓発生において*Brg1*の発現量が決定的な役割を果たしていることが明らかになった．さらに，心臓転写因子*Tbx5*と*Brg1*のダブルヘテロマウスではほぼ100％の個体で左室低形成と心室中隔欠損がみられ，クロマチンリモデリング複合体と先天性心疾患責任転写因子との間の複雑なクロストークが示唆されている（通常*Tbx5*ヘテロマウスでは39％の割合で左室低形成を呈する）．つまり，クロマチン因子はヒト心疾患重篤化のリスクファクターとなっていることが示唆される．また，*Brg1*をノックダウンしたゼブラフィッシュでは心腔の狭窄がみられ，*Brg1*の心臓発生における働きが広く保存されていることが示唆されている[1]．

3）ヒストンメチル化酵素と先天性心疾患

　Kabuki症候群は常染色体上優性遺伝の遺伝疾患で心室中隔欠損，心房中隔欠損，大動脈狭窄症が患者の約半数にみられる．患者サンプルを用いたエキソームシークエンシング解析によってKabuki症候群患者の多くが，Trithoraxグループに属するH3K4のメチル化酵素である*MLL2*に変異を有しているということが明らかになった．この変異により*MLL2*のターゲット遺伝子の発現が，正常に活性化されなくなっていることが病因と考えられる[2]．

　H3K36のメチル化酵素である*Whsc1*は酵母Set2ホモログの1つである．*Nkx2-5*と*Whsc1*は各々のシングルヘテロマウスでは異常を示さないのに対し，ダブルヘテロマウスでは心房心室中隔欠損が多くの個体でみられることから，これらが協調することで発生期において不適切な遺伝子発現を抑制しているものと考えられている[3]．

4）ヒストン脱メチル化酵素と先天性心疾患

　ヒストン脱メチル化活性をもつJmjCドメインを有する*Jmjd6*の欠損マウスは両大血管右室起始症，心室中隔欠損が観察される[4]．一方，同じJumonjiグループに属する*Jarid2*は，JmjCドメイン中の変異によりヒストン脱メチル化活性をもたないと考えられるが，欠損マウスでは両大血管右室起始症や心筋の肉柱過多を生じることが知られている[5]．これらの因子はその脱メチル化活性または，他のエピジェネティック因子とのタンパク質間での相互作用を介してその流出路や中隔の形成に寄与していると考えられる．

　X染色体上に存在するH3K27の脱メチル化酵素である*Utx*欠損マウスではルーピング異常，心筋の菲薄化がみられ，胎仔性致死となる．Y染色体上のホモログである*Uty*はこの表現型を部分的に回復することができることが報告されている[6]．

5）microRNAと先天性心疾患

　心臓特異的な*Dicer*の欠損マウスは胎生12.5日までに致死となり，miRNA経路が心臓発生において必要であることがわかる．特に筋特異的なmiRNAであるmiRNA-1-2の欠失マウスでは心室中隔欠損，刺激伝導系の異常など，種々の心臓発生異常が生じる[7]．

参考文献

1）Takeuchi, J. K. et al.：Nat. Commun., 2：187, 2011
2）Ng, S. B. et al.：Nat. Genet., 42：790-793, 2010
3）Nimura, K. et al.：Nature, 460：287-291, 2009
4）Schneider, J. E. et al.：BMC Dev. Biol., 4：16, 2004
5）Lee, Y. et al.：Circ. Res., 86：932-938, 2000
6）Lee, S. et al.：Dev. Cell, 22：25-37, 2012
7）Zhao, Y. et al.：Cell, 129：303-317, 2007

Keyword
2 心筋症

▶英文表記：cardiomyopathy

1）心筋症とは

心筋症は「心機能障害を伴う心疾患」の総称であり，高血圧，感染，炎症などの明らかな外因によるものを除外して定義される．心筋症の分類としては主に左心室心筋の肥大がみられる肥大型心筋症（hypertrophic cardiomyopathy）と心筋の細胞脱落，繊維化と心腔の拡大が典型的な症状である拡張型心筋症（dilated cardiomyopathy）があり，より頻度の低いものとして拘束型，不整脈源性右室心筋症，分類不能型がある．心筋症の定義上，その病態・病因はさまざまではあるが，特に肥大型は遺伝的要因が原因の多くを占めるということが判明している．一方で拡張型も多くが炎症や感染が原因なのではないかと疑われているが，20〜35％程度が遺伝的要因に帰されるということが近年わかってきた．これまでに家族性心筋症などの研究によって同定されてきた心筋症の遺伝的原因の多くは，心筋βミオシン重鎖遺伝子（*MYH7*）や心筋トロポニンT遺伝子（*TNNT2*）などサルコメア因子の変異が主であったが，近年エピジェネティック因子が発症に関与することを示唆する研究が多く得られている．

ここでは，先天的と後天的に発症する心筋症にかかわるエピジェネティック因子を1つにまとめて紹介する．

2）ミオシンタイプの切り換えと肥大型心筋症

図1で示すように，*Brg1*は心臓発生において非常に重要な働きをもつことが知られるが，成人における肥大型心筋症の発症にも大きく関与するということがわかってきた．胎児期の心筋ではサルコメア構造の構成因子であ

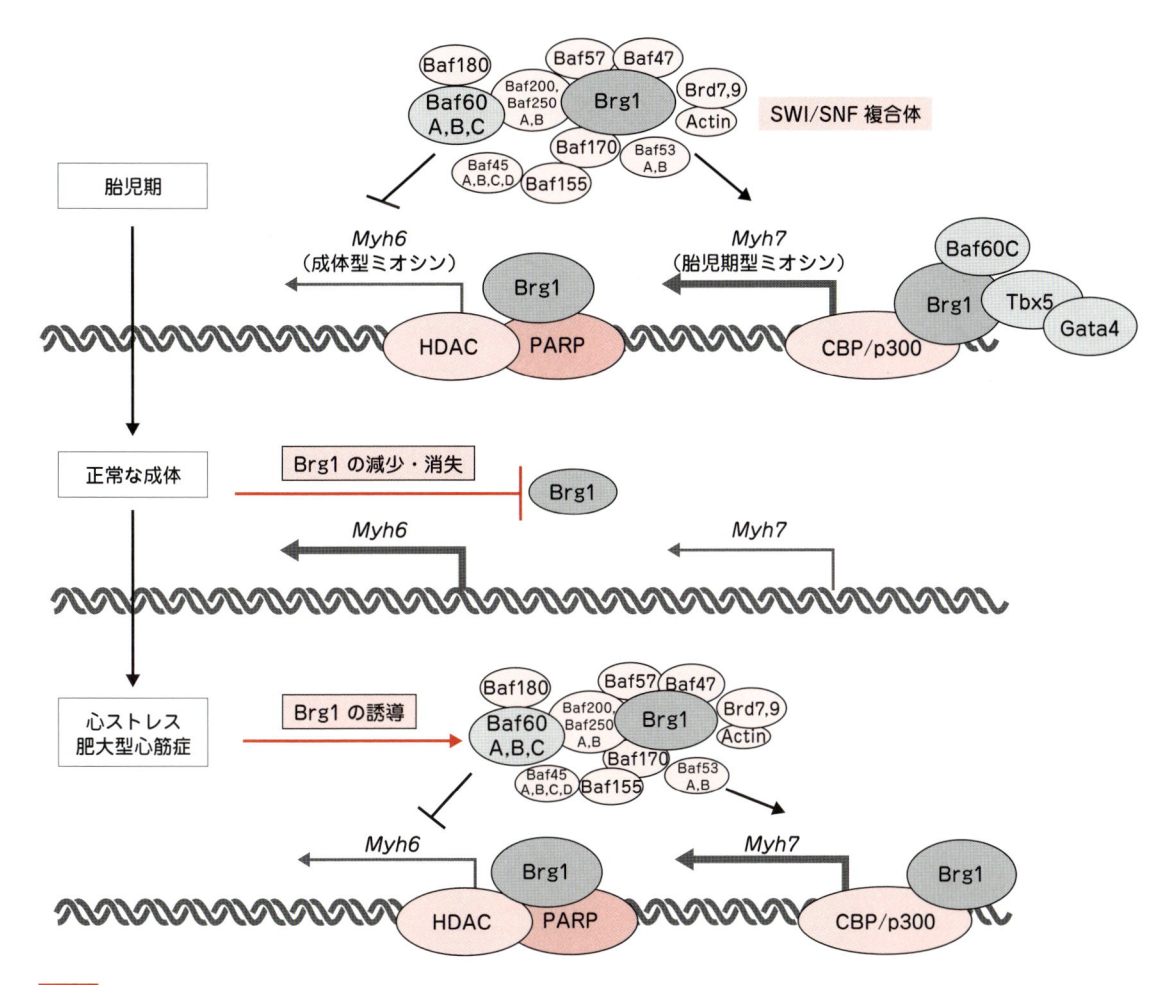

図1　Brg1が制御する心筋におけるミオシンタイプの切り換え

るミオシン重鎖型がβ-myosin heavy chain（βMHC, Myh7）だが，成体心筋ではαMHC（Myh6）に切り替わる．*Brg1*はこのミオシン重鎖（myosin heavy chain：MHC）の切り替えに大きく寄与していることが報告されており，*Brg1*存在下では胎児期型のβMHC（*Myh7*）が維持されるのに対し，*Brg1*非存在下では成体型のαMHC（*Myh6*）へと切り替えが起こる．原因不明な肥大型心筋症の患者から得られた心臓組織と正常な心臓組織とを比較すると，*BRG1*の発現レベルと心筋症の重症度，さらにMHCの切り替えの程度に相関がみられるということがわかった[1]．

これは成体における心筋症と胎児期心臓のエピジェネティクスとが強い関連性をもっているという一般的な原理を示唆している．また，αMHCのイントロンにコードされるmiR-208は骨格筋因子の発現を抑制する一方でβMHCの発現を誘導し，これらのスイッチングに関与するということが知られている[2]．

3）*Dot1l*と拡張型心筋症

*Dot1l*はH3K79のメチル基転移酵素であり，マウスにおいて心臓特異的に欠損させることで拡張型心筋症様の表現型がみられ，著しくその生存率が低下することが知られている．この表現型は*Dot1l*の欠損が，筋ジストロフィー症の原因遺伝子である*Dmd*（*Dystrophin*）の発現低下を引き起こすことによるということが報告されている[3]．

4）PRCと心筋症

*Rae28*はPRC1（polycomb repressive complexes 1）のサブユニットをコードする遺伝子で，心臓では心筋発生に重要な転写因子である*Nkx2-5*の発現の維持に関与していることが知られている．*Rae28*のノックアウトマウスは流出路の中隔形成異常を起こすのに対し，*Rae28*を心臓特異的に過剰発現させたマウスは新生仔期には異常な表現型を示さない．しかしながら成長につれて拡張型心筋症を発症し，9カ月以内に100％の個体が死に至る[4]．

PRC2のサブユニットである*Ezh2*を心臓前駆細胞特異的に欠損させたマウスではその下流遺伝子である転写因子*Six1*の発現抑制が解除されることで，その下流に位置する骨格筋遺伝子群が活性化され，成体において心肥大が引き起こされる[5]．

5）ヒストン脱アセチル化酵素と心筋症

Hdac1，*Hdac2*は機能的に重複しており，一方の心特異的欠損マウスでは表現型がみられないが，両者を心筋特異的に欠損させることで，不整脈，拡張型心筋症を発症し，生後2週間以内に死亡する[6]．また，*Hdac2*のジーントラップ変異体を用いた解析では肥大型心筋症を発症することが報告されている．*Hdac2*はホメオドメイン型抑制因子である*Hopx*と共役複合体を形成し，心筋増殖活性を抑制していることが明らかにされた[7]．一方で*Hdac3*の心臓特異的欠損マウスでは重篤な心肥大と繊維化がみられ，生後3〜4カ月でほとんどの個体が死亡することが知られている．興味深いことに，この心筋特異的な*Hdac3*欠損マウスでは*PPARα*のプロモーターが活性化された結果，メタボリック遺伝子の発現変化が引き起こされていた[8]．さらに，*Hdac5*と*Hdac9*は機能的に重複しており，筋分化・増殖にかかわっていることが報告されている[9]．

参考文献

1) Hang, C. T. et al.：Nature, 466：62-67, 2010
2) van Rooij, E. et al.：Science, 316：575-579, 2007
3) Nguyen, A. T. et al.：Genes Dev., 25：263-274, 2011
4) Koga, H. et al.：Lab. Invest., 82：375-385, 2002
5) Delgado-Olguín, P. et al.：Nat. Genet., 44：343-347, 2012
6) Montgomery, R. L. et al.：Genes Dev., 21：1790-1802, 2007
7) Trivedi, C. M. et al.：Nat. Med., 13：324-331, 2007
8) Montgomery, R. L. et al.：J. Clin. Invest., 118：3588-3597, 2008
9) Chang, S. et al.：Mol. Cell. Biol., 24：8467-8476, 2004

Keyword

3 高血圧症

▶英文表記：hypertension

1）高血圧症とは

高血圧症とはその名の通り，血圧が病的に高い状態を示す用語である．その発症にはナトリウムの排出，再吸収を行う腎臓が大きくかかわっていることが知られている．血管も血圧を調節するうえで重要な器官で，血管平滑筋の収縮や血管内皮機能障害，血管リモデリングなどにより末梢血管抵抗が増大することで血圧が上昇するということが知られている．高血圧は血管に強いずり応力を加えることで粥腫（atheroma）の形成を引き起こし，動脈硬化を誘引する．動脈硬化は虚血性心疾患，心肥

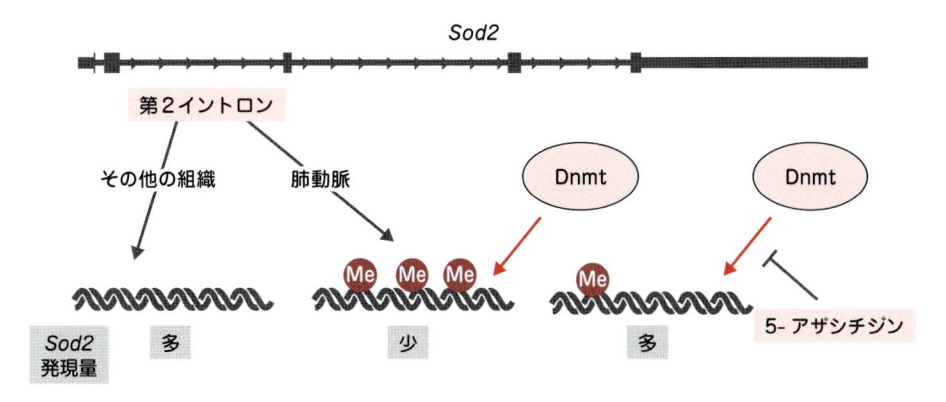

図2 肺動脈性高血圧症の責任遺伝子 *Sod2* 座位における DNA メチル化制御と治療法

大，脳卒中など重大な合併症の原因となるため，高血圧発症機序の解明は急務だといえよう．

2）胎仔期環境と高血圧症

妊娠ラットに低タンパク質食を与えると，その仔供で高血圧が観察されることが知られている．この発症にはさまざまな遺伝子発現の変化が伴っていることが知られ，特に高血圧の発症に関与するとされる糖質コルチコイド受容体（*Nr3c1*）が肝臓において発現上昇する．さらに，これらの遺伝子のプロモーター領域は有意に低メチル化状態になっており，ヒストン修飾も転写を活性化する状態となっていることがわかった．CpG メチル化の維持に機能する *Dnmt1* の発現レベルの低下もみられたことから，このことがグローバルなメチル化状態の低下を引き起こし，病的な状態を引き起こした可能性が考えられる[1]．また，血圧調節に決定的な作用をもつRAS（renin-angiotensin system）を構成する因子であるアンジオテンシンII受容体AT_{1b}（*Agtr1*）の発現も副腎において同様に上昇，そのプロモーターの低メチル化がみられることが報告されている[2]．

3）*Lsd1* と高血圧症

Lsd1（*Kdm1a*）はH3K4やH3K9の脱メチル化に働くことが知られている因子であるが，食塩感受性高血圧とかかわりがあるということがわかってきた．低塩食を与えられた$Lsd1^{+/-}$マウスはWT（野生型マウス）と変わらない収縮期血圧を有するが，塩分の多い食事を与えると$Lsd1^{+/-}$マウスはWTと比較し有意に収縮期血圧が上昇することがわかった．また，アドレナリン作動性神経の働きを再現するフェニレフリンを大動脈環に与えた際の収縮力が強くなる一方で，大動脈環の弛緩を起こすアセチルコリンへの反応性が低下していた．平滑筋の弛緩に寄与するNO-cGMP経路の主要な因子であるeNOS（*Nos3*）とグアニル酸シクラーゼの発現量を心臓と大動脈で検討したところ，$Lsd1^{+/-}$マウスで有意にこれらの発現量が低下しており，これが高血圧の原因となっていると考えられた[3]．*LSD1* にSNPを有するヒトでも同様の反応が起こることがわかっており，その臨床における重要性が示唆されている[4]．

4）肺動脈性高血圧症とエピジェネティクス

肺動脈性高血圧症（pulmonary artery hypertension：PAH）は肺動脈の高血圧がみられる疾患で，全身の酸素欠乏状態が顕著な症状である．PAHの原因遺伝子の1つとしてがん抑制遺伝子である *Sod2* があげられる．*Sod2* は *Hif1a* などの発現を調節していることが知られており，PAH患者の肺動脈では *SOD2* の発現レベルが著しく低いことが報告されている．図2に示すように，PAH様の症状を呈するFawn hoodedラットの *Sod2* 座位におけるDNAメチル化状態をさまざまな組織で調べると，肺動脈において転写開始点の5′側は他の組織と同じくメチル化されていなかったが，第2番のイントロンが特異的にメチル化されていることがわかった．驚くべきことにこのイントロン部位は多くのがん細胞でもメチル化されている箇所であることがわかった．さらに，DNAメチル基転移酵素の機能を阻害する5-アザシチジンを投与することで，*Sod2* の発現状態が通常に戻り，異常な細胞増殖が抑えられるということが見出された[5]．

参考文献

1) Lillycrop, K. A. et al. : Br. J. Nutr., 97 : 1064-1073, 2007
2) Bogdarina, I. et al. : Circ. Res., 100 : 520-526, 2007
3) Pojoga, L. H. et al. : Am. J. Physiol. Heart Circ. Physiol., 301 : H1862-H1871, 2011
4) Williams, J. S. et al. : Am. J. Hypertens., 25 : 812-817, 2012
5) Archer, S. L. et al. : Circulation, 121 : 2661-2671, 2010

Keyword
4 心不全

▶英文表記：heart failure

1）心不全とは

　心疾患の死亡率のうち最も多くの割合を占めるのが心不全である．心不全とは心筋梗塞・心筋症・不整脈・弁膜症などの心臓疾患の慢性化により心臓のポンプの状態が低下し，末梢主要臓器の酸素需要量に見合うだけの血流量を拍出できない状態のことである．

2）miRNAと心不全

　近年のゲノム科学の進展により新しくみつかったRNA群は，タンパク質のアミノ酸配列情報をコードせず，それ自身が独自の機能をもつのではないかと考えられている．これらはncRNA（ノンコーディングRNA）とよばれており，ヒトでは，ゲノムの70〜90％から転写されうる[1]．そのなかでも特に，miRNA（microRNA）とよばれる18〜23ヌクレオチドのRNAは，主に，翻訳阻害により複数のmiRNAを制御していることが明らかにされている．ここ10年でヒト疾患，特に，悪性新生物おいて発現が上昇または減少するmiRNAが数多く報告され，ヒト疾患におけるmiRNAの機能が注目されつつある．

　心臓においてもmiRNAと心疾患との関連性が多数報告されている．マウスの心臓においてmiRNA全体の生成過程に障害が起こると，心不全や拡張型心筋症を発症し最終的に死に至る[2]．そのためmiRNAは心臓に必須であり，ヒトにおいてもその発現変化が心疾患発症に影響をおよぼすと考えられる．以下，心不全に関与するmiRNAについていくつか解説したい．

3）心不全に関与するmiRNAの分子種

　miR-29は心筋梗塞後に減少し，心臓の繊維化を亢進させることが報告されている[3]．miR-29は*Col1a1*や*Fbn1*などの繊維化関連因子の阻害を介して心筋の繊維化を抑制する．また，miR-21は，心臓損傷部の線維芽細胞において，*Spry1*（sporoutry homologue 1）の阻害を介したMAPKシグナル経路の活性を制御することが報告された[4]．通常，心臓損傷時，miR-21は増加するが，miR-21の人為的な発現抑制により，ERK-MAPKシグナル活性の低下が引き起こされ，間質性繊維化の阻害・心機能不全の回復につながることが明らかにされた．さらに，心臓の老化と機能を調節するmiRNAとして，miR-34aが同定されている[5]．miR-34aは老化心臓で誘導されるが，miR-34aの発現抑制により急性心筋梗塞後に起こる心臓の繊維化を減少させ，心機能回復に寄与する．さらに，miR-34aは，心筋細胞においてテロメアの短縮化・アポトーシス・DNA損傷応答の阻害に働く*Pnuts*（*Ppp1r10*）を標的とし，その発現を抑制することが明らかにされ，急性心筋梗塞予後における治療応用への発展が期待される．

　このように，心不全の原因となる疾患が複数のmiRNAの増加もしくは減少により引き起こされることが明らかにされてきた．近い将来，miRNA，またはその下流因子を標的とした治療薬の開発やバイオマーカーへの応用といった，新たな治療法の開発へと発展しうるであろう．

参考文献

1) Lee, J. T. : Science, 338 : 1435-1439, 2012
2) Chen, J. F. et al. : Proc. Natl. Acad. Sci. USA, 105 : 2111-2116, 2008
3) van Rooij, E. et al. : Proc. Natl. Acad. Sci. USA, 105 : 13027-13032, 2008
4) Thum, T. et al. : Nature, 456 : 980-984, 2008
5) Boon, R. A. et al. : Nature, 495 : 107-110, 2013

第3部 疾患とエピジェネティクス

5 自己免疫・アレルギー疾患
autoimmune and allergic diseases

長谷耕二，古澤之裕，尾畑佑樹

Keyword ①花粉症　②潰瘍性大腸炎　③制御性T細胞

概論 自己免疫・アレルギー疾患とエピジェネティクス

1. 免疫・アレルギー疾患の発症要因

自己免疫・アレルギー疾患とは，免疫応答の異常が個体に悪影響をおよぼし発症する疾患の総称である．自己免疫疾患は内因性の抗原に対する免疫応答を原因とし，アレルギー疾患は外来性抗原に対する過剰な免疫応答を原因とする点は異なるが，抗原に対する免疫系の異常応答を病態の機序とする点は共通している．

1) アレルギー疾患の増加

花粉症（→Keyword❶）やアトピー性皮膚炎など何らかのアレルギー疾患をもつ人々は，衛生環境の改善に伴い先進諸国で増加の一途をたどり，現在では日本国民の3人に1人が何らかのアレルギーに罹患している．先進国におけるアレルギー疾患の増加の理由として，衛生仮説（hygiene hypothesis）（イラストマップ）とよばれる学説が注目されている．

衛生仮説は，1989年にStrachanが提唱した，『乳幼児期までの非衛生的な環境が，その後のアレルギー発症の低下に重要である』との学説である．つまり胎児期では母体内での生存のためにIL-4産生性のTh2（2型ヘルパー）細胞が優位となっているが，生後はIFN-γ産生性のTh1（1型ヘルパーT）細胞が出現することで，免疫バランスが正常化される．疫学的な調査からも，乳幼児期における細菌由来のエンドトキシンへの十分な曝露がTh1細胞を誘導することでTh2応答を減少させ，アレルギー体質の改善につながることが示唆されている．

生育期に抗生物質を投与することで微生物への曝露が少ないマウスは，成獣となった後もTh2型優位の体質を維持し，血清中のIgE値も高いことが証明されている．

2) アレルギー疾患の発症要因

以上のように，近年におけるアレルギー疾患患者の急増の原因として環境因子が疑われているが，その作用機序としてエピジェネティクスを介した調節機構の破綻が注目されている[1]．

エピジェネティクス修飾の特徴として，環境因子の影響を受けやすいこと，塩基配列の突然変異よりも高い頻度で起こること，変化が蓄積することがあげられる．このため，ある種の環境因子への持続的な曝露がエピジェネティクス修飾変化の蓄積を引き起こし，炎症やアレルギーの原因となる遺伝子群の発現量を変化させることで，発症に至ることが想定される．花粉症患者では，花粉抗原特異的なTh2細胞が増加しており，花粉の飛散時期を過ぎてもそれらの一部が記憶Th2細胞として残存している．

T細胞の分化や免疫記憶には，ヒストンやDNAのメチル化をはじめとするエピジェネティック修飾が関与する[2]．例えば新生児ではCD4$^+$T細胞における*IFNG*遺伝子プロモーターのDNAメチル化が顕著にみられるが，成人では新生児に比べこの領域の脱メチル化が認められる．これは成人におけるTh1応答の増強を反映しているのかもしれない．

3) 自己免疫疾患の遺伝的素因

自己免疫疾患は臓器非特異的・臓器特異的自己免疫疾患の2種類に大別され，前者の代表例としては全身性エリテマトーデスや慢性関節リウマチ，後者の代表例としては1型糖尿病があげられる．

炎症性腸疾患の1つである**潰瘍性大腸炎**（→Key-

201

イラストマップ　衛生仮説

胎児　　　新生児

子宮内（無菌環境）　　常在菌の定着

Th1/Th2 バランス

Keyword 1
花粉症やアトピー性皮膚炎などアレルギー疾患の抑制

Keyword 2
潰瘍性大腸炎など炎症性腸疾患の抑制

Keyword 3
制御性T細胞（Treg）

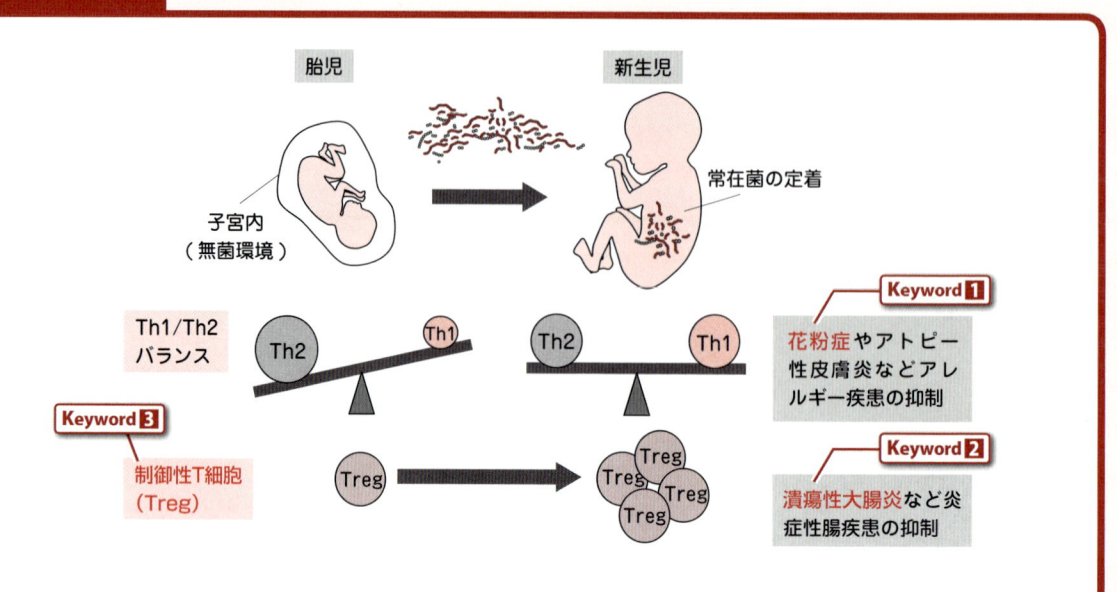

無菌環境下にある胎児ではTh2応答にかかわる*IL4*遺伝子プロモーターのヒストンメチル化・アセチル化による発現亢進と，Th1応答にかかわる*IFNG*遺伝子のDNAメチル化による発現低下が認められる．これより胎児ではTh2が優位である．一方，環境微生物に曝露された新生児では*IL4*遺伝子のヒストン脱メチル化・脱アセチル化と*IFNG*遺伝子のDNA脱メチル化が誘導され，Th1/Th2バランスが改善される．さらに*FOXP3*遺伝子ののヒストンアセチル化とDNA脱メチル化が誘導されることで，Treg分化が促進すると考えられる

---

word 2）も，血清中にみられる自己抗体の存在から，広義には臓器特異的な自己免疫性疾患とみなされる．潰瘍性大腸炎は，若年者に好発する炎症性腸疾患であり，持続性または反復性の下痢，下血，発熱，腹痛を主症状とし，粘血便を呈する．潰瘍性大腸炎の病変は直腸から連続性に存在するが，基本的に大腸に限局する．発症に関しては，罹患率に民族的な偏りがみられることや，一卵性双生児間の罹患率が高いことから，遺伝学的素因の関与が古くから推定されていた．最近ではGWAS（genome wide association study）により，潰瘍性大腸炎と遺伝子多型との関連が報告されている．

4）自己免疫疾患の環境因子

しかしながらこの数十年間で，潰瘍性大腸炎患者の爆発的な増加が世界的にみられることや，発展途上国の同一民族が先進国へ移住することで罹患率が高くなることから，発症要因として遺伝学的素因以外にも，環境因子が大きく関与していると推測されている[3]．潰瘍性大腸炎患者の上皮細胞におけるエピゲノム変化を追跡した研究例があり，*ER*，*MYOD*，*P16*，*CSPG2*，*PAR2*といっ

たいくつかの遺伝子についてDNAメチル化の亢進が観察されているが，発症との因果関係の解明には至っていない．

2. 免疫寛容とエピジェネティクス

1）免疫寛容とは

自己免疫・アレルギー疾患とも，抗炎症薬や免疫抑制剤などを用いた対症療法が主流であるが，近年，免疫寛容を誘導する治療法が注目を集めている．免疫寛容とは，抗原に対する特異的免疫反応が欠如もしくは抑制されている状態を指す．

2）Tregによる免疫寛容

免疫寛容には，ヘルパーT細胞亜集団の1つである**制御性T細胞**（regulatory T cell：Treg）（→Keyword 3）が関与している．Tregは主として抗炎症性サイトカインであるIL-10やTGF-βの分泌を介して，免疫応答を負に調節している．生体内でこのTregの数を増やし免疫抑制効果を高めることができれば，自己免疫疾患やアレルギーといった生体に不都合な免疫反応を抑

制することが可能となる．前述の花粉症では，減感作を目的として，舌下粘膜を介した抗原エキスの投与が行われているが，この際にも末梢血における花粉抗原特異的なTreg誘導がみられる．炎症性腸疾患に関してもTreg誘導を介した治療が試みられているが，現在のところまだ応用には至っていない．血球成分除去療法では，エフェクターT細胞が除去された結果，治療開始からTregが活性化し，免疫寛容が正常化することが報告されている．

3）Tregの発現制御

Tregのマスター転写因子である*FOXP3*遺伝子に変異を有する患者は，IPEX症候群とよばれる重症の自己免疫性疾患を発症する．*Foxp3*遺伝子変異を有するScuffyマウスでもTregが減少し，同様の症状を呈する．Tregは胎児期では少ないが，成人とともにT細胞集団に占める割合が増加していく．Tregの分化はエピジェネティクスにより緻密に制御されている．*Foxp3*遺伝子座におけるプロモーター領域やCNS (conserved non-coding sequence) 1〜3とよばれるエンハンサー領域における，ヒストンアセチル化とDNAメチル化は本遺伝子の誘導および安定性に寄与している[4]．さらにmiRNA（マイクロRNA）の産生や成熟に必須なDrosha またはDicerをT細胞特異的に欠損したマウスは，Tregの減少と機能低下により，致死性の自己免疫性疾患を発症する．TregにはとくにmiR-155やmiR-146aが高発現しており，Tregの増殖や機能維持に必須な役割を果している．疾患原因遺伝子の配列情報を外部から変化させることは容易ではないが，エピゲノム修飾は可逆的であるため，薬剤などにより変化を誘導することが可能である．そのため，疾患の原因となるエピジェネティックな変化を特定し，疾患の進行に関与するヒストン修飾やDNAメチル化を制御することで，免疫・アレルギー疾患の治療をめざすエピジェネティクス創薬への取り組みが期待される．

参考文献

1) North, M. L. & Ellis, A. K.：Ann. Allergy. Asthma Immunol., 106：355-61; quiz 362, 2011
2) Weng, N. P. et al.：Nat. Rev. Immunol., 12：306-315, 2012
3) Scarpa, M. & Stylianou, E.：Inflamm. Bowel Dis., 18：1982-1996, 2012
4) Zheng, Y. et al.：Nature, 463：808-812, 2010

Keyword

1 花粉症

▶英文表記：pollinosis

1）イントロダクション

アレルギー性鼻炎は好発時期から通年性と季節性に大別され，前者の代表例はダニ・ハウスダストアレルギー，後者の代表例が花粉症である．花粉症は，抗原である花粉に接触して30分以内に症状が出現するため，即時型（I型）アレルギーに分類される．花粉が鼻粘膜で肥満細胞に接触し，肥満細胞表面のIgE抗体と反応して脱顆粒し，ヒスタミンやロイコトリエンなどの化学伝達物質が放出される．続いて，好酸球を主体とする炎症反応，すなわち遅延相反応により症状が悪化する．遅延相反応では，Th2細胞から分泌されるサイトカインにより，好酸球が浸潤し，細胞傷害性タンパク質MBP（major basic protein）などを放出して鼻粘膜上皮細胞を傷害し（抗酸球炎），慢性の鼻閉の原因となる．

2）Th2応答のエピジェネティクス制御

花粉症を含む種々のアレルギーの原因となるTh2細胞は，ナイーブCD4$^+$T細胞が抗原刺激とTh2誘導サイトカインの刺激を受けて分化することで生じる．Th2細胞はIL（インターロイキン）-4，IL-5，IL-13などのサイトカイン（Th2サイトカイン）分泌を介して，抗体産生や好酸球遊走を促すことから，アレルギー疾患の発症と深くかかわっている．Th2サイトカインをコードする遺伝子群は，ヒトでは5番染色体，マウスでは11番染色体上にクラスターを形成しており，Th2遺伝子座とよばれている（図1）．そのためTh2サイトカインは協調して発現が制御されているが，その発現がエピジェネティクスにより制御を受けている．ヒト，マウスのいずれにおいても*IL13*遺伝子と*IL4*遺伝子は近接しており，*IL4*遺伝子の上流と下流には進化的に保存されたCNS1，CNS2とよばれるエンハンサー領域が存在する[1]．Th2のマスター転写因子であるGATA3はCNS1，CNS2に作用して，クロマチンの構造変化を引き起こし，Th2サイトカインの発現を誘導する．

記憶型Th2細胞は抗原刺激を受けると速やかにサイトカインを放出するが，これは記憶型Th2細胞の*IL4*遺伝子上流のヒストンH3K4me3が維持されているためである．マウスの上気道炎モデルにおいて，ヒストンH3K4メチル基転移酵素であるMLL1（mixed-lineage leukemia 1）やMLL1複合体を形成するMenin（multiple

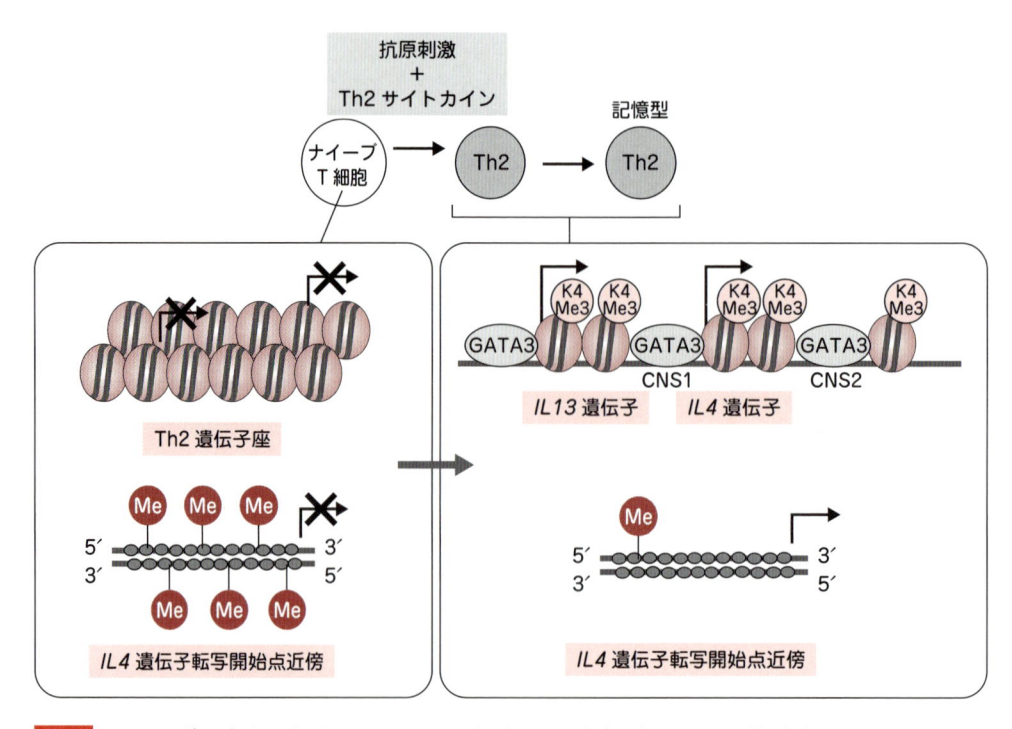

図1 アレルギー疾患におけるヘルパーT細胞のエピジェネティック修飾変化

endocrine neoplasima）などが，Th2サイトカイン遺伝子座のエピジェネティック変化とTh2細胞の記憶の維持に必要であるとの報告がなされている[2]．

*IL4*遺伝子の転写開始点近傍から第4エキソンの下流では，多数のCpGアイランドが存在する[3]．このCpGアイランドにおけるシトシン脱メチル化は，Th2細胞におけるIL-4発現に重要な役割を果たしている．分化前のナイーブCD4$^+$T細胞ではプロモーター領域においては60％以上，他の領域では90％以上のCpGがメチル化されている一方，分化誘導したTh2細胞では*IL4*遺伝子のDNAメチル化が減少することや，記憶型Th2細胞においても脱メチル化が維持されている[4][5]．

参考文献

1) Loots, G. G. et al.：Science, 288：136-140, 2000
2) Yamashita, M. et al.：Immunity, 24：611-622, 2006
3) Wilson, C. B. et al.：Semin. Immunol., 17：105-119, 2005
4) Lee, D. U. et al.：Immunity, 16：649-660, 2002
5) Makar, K. W. et al.：Nat. Immunol., 4：1183-1190, 2003

Keyword
2 潰瘍性大腸炎

▶英文表記：ulcerative colitis

1）イントロダクション

潰瘍性大腸炎患者においては，病変粘膜内のリンパ球の侵入だけでなく，上皮細胞の減少や機能変化がみられる．上皮細胞は物理的なバリアを形成し，粘液や抗菌物質を産生することで腸内細菌からの感染防御を行っている．潰瘍性大腸炎患者における上皮細胞や免疫担当細胞のエピジェネティクス変化については，その一部しか明らかにされていない[1]．

2）潰瘍性大腸炎とエピジェネティクス修飾

i）IFN-γとIL-17のDNAメチル化

潰瘍性大腸炎患者のT細胞では，炎症性サイトカインであるIFN-γやIL-17などの発現が異常に亢進している[1]．*IFNG*遺伝子や*IL17*遺伝子については，転写開始点近傍のプロモーター領域にCpGアイランドが存在していることから，潰瘍性大腸炎患者における炎症性サイトカイン遺伝子のエピジェネティクス修飾の変化が病因の1つとなっているかもしれない．また，Tregの機能異常がエフェクターT細胞の活性化につながり，潰瘍性大腸炎の発症につながる可能性も指摘されている．実際に，われわれは，T細胞特異的にDNAメチル化アダプター分子を欠損させたマウスにおいて，腸管Tregの増殖低下と機能不全が起こり，大腸炎を自然発症することを見出している（投稿中）．

ii）*Foxp3*のヒストンアセチル化

ヒトの消化管にはおよそ1,000種類以上，総数として100兆個もの腸内常在菌が生息している．近年，腸内細菌の存在しない無菌動物や，抗生物質投与により腸内細菌叢を撹乱した動物を用いた研究から，腸内細菌が宿主免疫系の成熟や機能維持に大きく影響することが明らかとなっている．腸内常在菌が定着すると腸管にTregが誘導され，常在菌に対する過度の免疫応答が抑制されるため，炎症は未然に防止されている[2][3]．腸内細菌によるTreg誘導のメカニズムとして，われわれは腸内細菌が産生する酪酸がHDAC（ヒストン脱アセチル化酵素）阻害作用を介して，*Foxp3*遺伝子座におけるプロモーターとCNS領域（エンハンサー）のヒストンアセチル化を促進し，Tregが誘導される事実を見出している（図2）[4]．

iii）*Cxcl16*のDNAメチル化

さらに常在菌の定着は宿主のDNAメチル化状態にも影響を与えることが知られている．無菌マウスでは，卵白アルブミン誘導性喘息や薬剤誘導性大腸炎における症状が悪化するが，これは無菌マウスの肺や大腸などの粘膜組織には，通常飼育マウスと比べて，多くのiNKT細胞（インバリアントナチュラルキラーT細胞，特定のT細胞受容体α鎖を発現するNKT細胞）が存在し，活発にサイトカインを産生するためである[5]．iNKTはケモカイン受容体であるCxcr6を発現しており，そのリガンドであるCxcl16の発現は，そのメカニズムは不明であるものの，遺伝子の5'領域に存在するCpGアイランドのメチル化と正の相関を示す[5]．

無菌マウスの粘膜上皮では*Cxcl16*遺伝子の高メチル化に伴う発現量の亢進が観察されるが，生育期のマウスに常在菌を定着させると，*Cxcl16*の脱メチル化が促進され遺伝子発現量が低下する．そのため，通常飼育マウスではiNKT細胞は粘膜組織から脾臓や肝臓へと遊走する．以上の知見は，腸内細菌などの常在菌が宿主のエピゲノム状態を変化させる可能性を示しており，今後そのメカニズムや病態とのかかわりについて解明が進むと予想される．

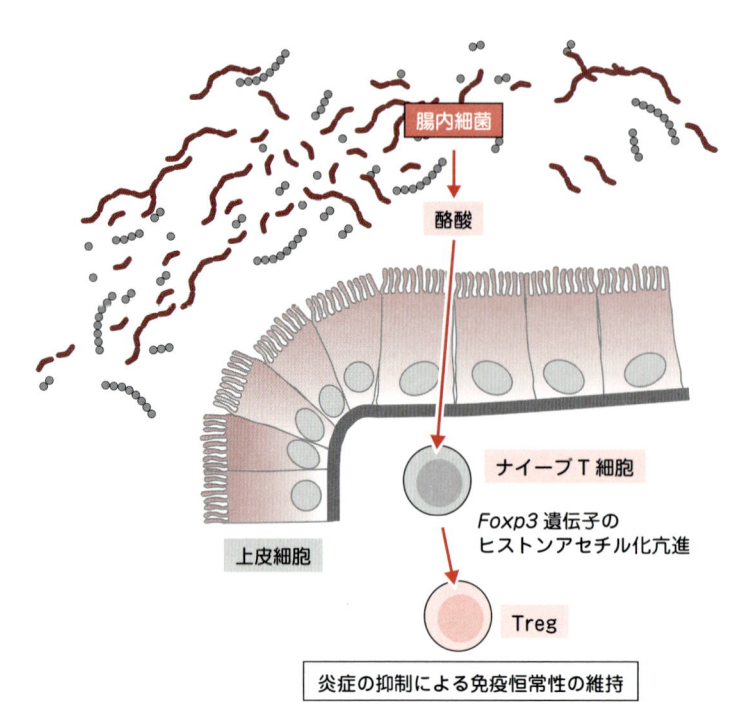

図2 腸内細菌によるエピジェネティックなTreg誘導

腸内細菌によって産生される酪酸はHDAC阻害活性を有しており，ナイーブT細胞の*Foxp3*遺伝子プロモーターおよびエンハンサー領域のヒストンアセチル化を亢進させることでTregへの分化を促進する[4]

参考文献

1) Scarpa, M. & Stylianou, E.：Inflamm. Bowel Dis., 18：1982-1996, 2012
2) Atarashi, K. et al.：Science, 331：337-341, 2011
3) Geuking, M. B. et al.：Immunity, 34：794-806, 2011
4) Furusawa, Y. et al.：Nature, 2013, in press
5) Olszak, T. et al.：Science, 336：489-493, 2012

Keyword 3 制御性T細胞

▶英文表記：regulatory T cell
▶略称：Treg

1) イントロダクション

免疫寛容を司るTregの分化や機能維持には，マスター制御因子であるFoxp3（fork head box P3）の発現が必須である[1]．Foxp3はヒストンアセチル基転移酵素（histone acetyl transferase：HAT）の1つであるTIP60（60 kDa Tat interactive protein）や，HDAC7, 9と直接的に相互作用して標的遺伝子発現の調節を行う．*Foxp3*遺伝子の誘導や発現維持にもエピジェネティクス修飾が欠かせない役割を果たしている．

2) *Foxp3*遺伝子のエピジェネティックな発現制御

i) *Foxp3*遺伝子の構造

*Foxp3*遺伝子は，プロモーター領域に加えて，イントロン領域に進化的に保存された3つのエンハンサー（CNS1〜3）を有している（図3）．CNS1はTregを誘導する抑制性サイトカインであるTGF-βの応答領域であり，TGF-β下流の転写因子であるSmad3の結合配列を有する[2]．一方，CNS3は，c-Rel結合配列を有し，抗原刺激に対するT細胞受容体を介したシグナル伝達の下流として応答している[3]．

ii) CNS1, CNS3領域の制御

プロモーター領域，CNS1およびCNS3領域では，Tregにおいて高レベルのヒストンアセチル化が認められるが，ナイーブT細胞やB細胞ではほとんど認められない．広域スペクトルを有するHDAC阻害剤を投与したマウスでは，脾臓およびリンパ節中のFoxp3$^+$ヘルパーT細胞の数が増加することが示されており，HDAC阻害剤がこれら*Foxp3*遺伝子発現調節領域のヒストンアセチル化を介してTregを誘導している可能性がある．

iii) CNS2領域の制御

CNS2にはFoxp3やCREBなどの転写因子結合配列が含まれており，特徴的な点としてCpGアイランドが存在

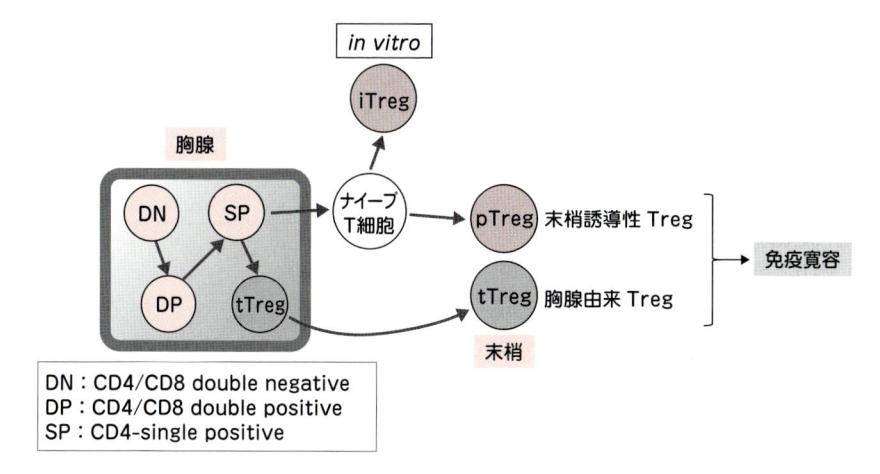

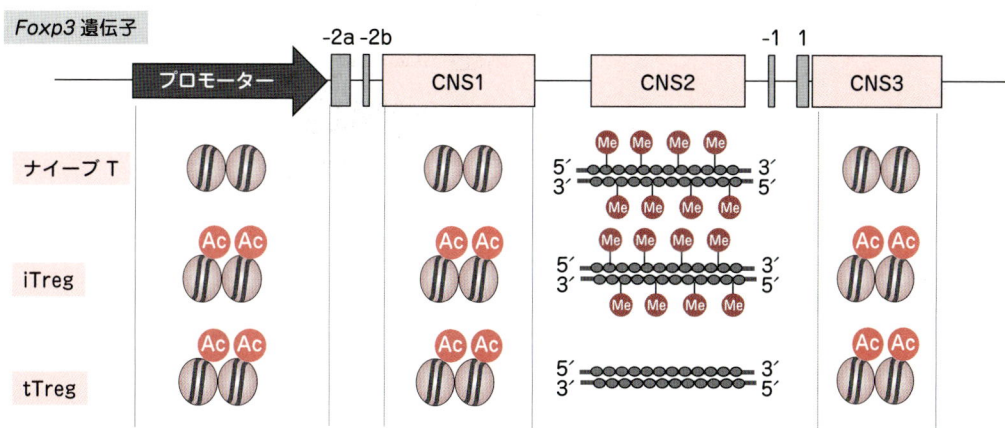

図3 Tregにおけるエピジェネティクス修飾変化
ナイーブT細胞，in vitro誘導性Treg（iTreg），胸腺由来Treg（tTreg）におけるFoxp3遺伝子のエピゲノム状態を示す．−2a〜1はエクソンの番号を示す

していることがあげられる．CNS2領域のCpGアイランドのメチル化の度合いはFoxp3の発現維持に関係している．胸腺由来のTreg（tTreg）はCNS2領域が完全に脱メチル化されており，Foxp3の安定発現に寄与している．一方，ナイーブT細胞ではこの領域がほぼ完全にメチル化されている．

3）Foxp3の発現制御と治療への期待

in vitroにおいて，TGF-β存在下でナイーブT細胞をTregに分化誘導した場合（iTreg）には，プロモーター領域，CNS1およびCNS3領域におけるヒストンアセチル化の亢進が観察され，Foxp3が発現誘導されるが，CNS2領域のDNAメチル化がほとんど解除されずFoxp3の発現を失いやすい状態になっている．マウスではTregを生体に移入することにより，腸炎モデルにおける炎症を抑制することができるが，in vitroで分化誘導したTregを移入した場合には，多くの細胞でFoxp3の発現低下が認められるため，その抑制効果は限定的なものとなる[4]．ヒトにおいても炎症抑制のためのTregの移入が治療法として期待されているが，in vitroで分化したTregを移入した場合には，Tregの機能が限定されてしまう点に注意を払う必要がある．

参考文献

1) Hori, S. et al.：Science, 299：1057-1061, 2003
2) Li, M. O. & Flavell, R. A.：Cell, 134：392-404, 2008
3) Zheng, Y. et al.：Nature, 463：808-812, 2010
4) Ohkura, N. et al.：Immunity, 37：785-799, 2012

第3部 疾患とエピジェネティクス

6 神経疾患
neurological disease

岩田　淳

Keyword ❶パーキンソン病　❷Rett症候群　❸HSAN1E

概論　神経変性疾患におけるエピジェネティクスの関与

1. はじめに

　神経疾患のなかで「神経変性疾患」といわれる一群の疾患はその原因がいまだ解明されきっておらず，したがってそれらの治療法が非常に限られたものしかない．数多くの疾患が含まれるが，患者数の多いものとしてはアルツハイマー病，**パーキンソン病**（→Keyword❶）といったものがあげられる．まれな場合を除き通常は50歳以上，多くは60歳以上で発症することが多い．これらの疾患の大半は孤発性の症例であるが，ごくまれに家族性の発症パターンを呈するものがあり，それぞれの原因遺伝子が特定されている（表1）．重要なことは，アルツハイマー病で発見された*PSEN1*，*PSEN2*，*APP*（amyloid precursor protein）の遺伝子異常はすべて*APP*を切断して産生されるAβ_{42}という易凝集性ペプチドの産生を増加させ，家族性パーキンソン病で発見された*SNCA*（α-シヌクレイン）遺伝子の異常はその遺伝子産物であるα-シヌクレインの凝集性を増強させることである．Aβ_{42}もα-シヌクレインもこれらの遺伝子異常を有さない孤発例においても凝集性を増して脳内に蓄積している．すなわち，これらの遺伝子産物は孤発例と家族例を結びつける重要なファクターである．

　したがって，孤発例においても何らかの形で家族性において特定された異常遺伝子の関与が想定はされるが，当然のことながら孤発例でそれらの変異は発見されない．一方で，ごく少数の症例ではあるが，若年（20歳代から40歳代）発症のアルツハイマー病[1]や，パーキンソン病[2)3)]で遺伝子の重複保持例が発見されており（表2），これらの症例ではAPPもしくはα-シヌクレインの発現量が1.5～2倍と増加している．さらに，以前よ

表1　家族性アルツハイマー病とパーキンソン病の原因遺伝子

疾患	遺伝形式	遺伝子異常	遺伝子産物の機能	遺伝性の割合
アルツハイマー病	常染色体性優性遺伝	PSEN1	Aβ_{42}の産生増加	＜1％
		PSEN2		
		APP		
パーキンソン病	常染色体性優性遺伝	SNCA	α-シヌクレインの凝集増加	＜5％
		LRRK2	？	
	常染色体性劣性遺伝	PARK2	傷害ミトコンドリアの処理	
		PINK1		
		DJ1		

イラストマップ❶ パーキンソン病発症の機序仮説

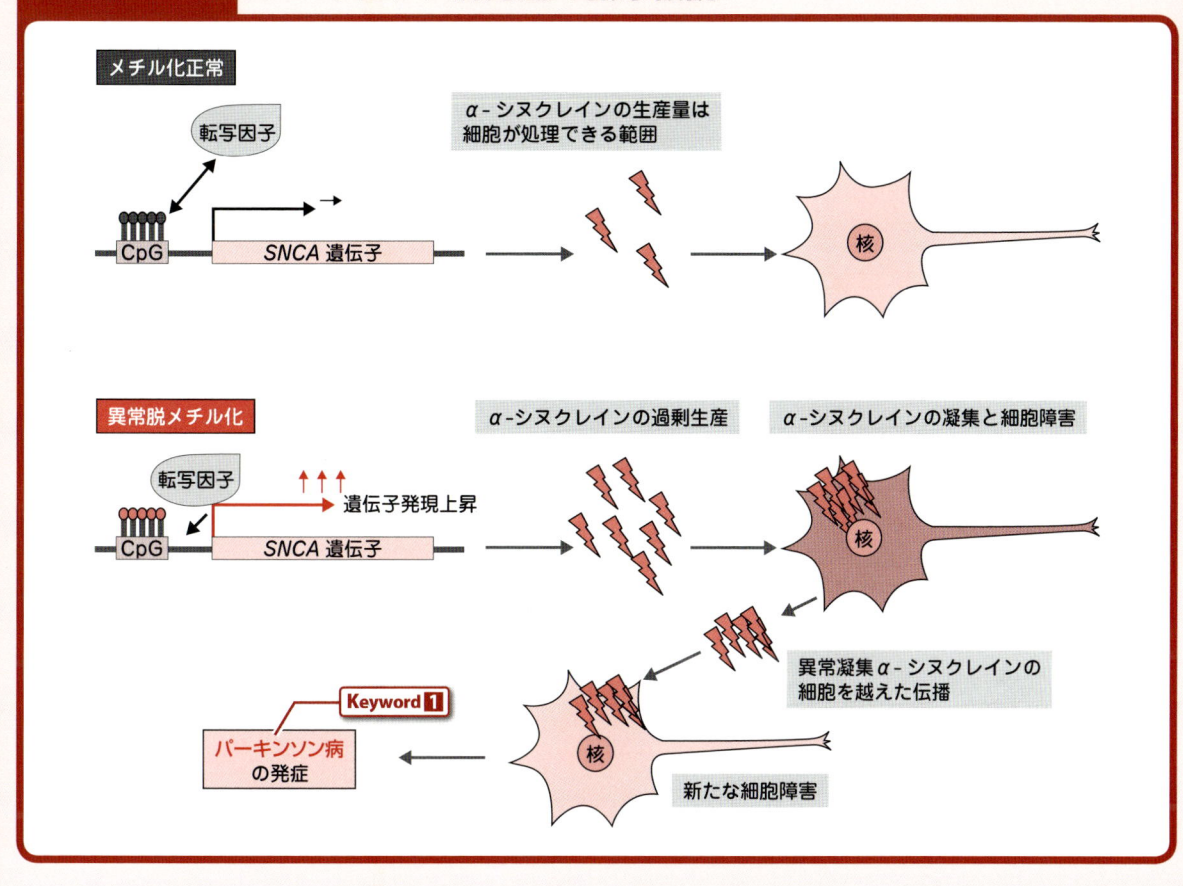

り知られていたことだが，ダウン症候群の成人患者では高率にアルツハイマー病と同様の病理所見がみられる．ダウン症候群で重複する21番染色体上にはAPP遺伝子があり，これもAPPに限ればduplicationと同様の現象が生じていることが想定される．すなわち，1.5倍程度の遺伝子発現量の増加が「早期発症」のアルツハイマー病，パーキンソン病の原因となることが想定される．もし高齢発症の孤発例でAPPやα-シヌクレインの発現増加が疾患の発症と関連するならば1.5倍未満の発現量の増加で十分であるということになる．しかしながら，死後脳を使用したmRNA解析では発現増加とする報告，発現低下とする報告が入り交じっており一定した結論はいまだ得られていない[4]〜[6]．これは死後のmRNAが不安定であることや死戦期の影響を排除できないことに原因があると考えられる．これに比してエピゲノム情報は比較的安定と考えられ[7]，より正確に疾患特異的な影響を反映している可能性がある．

表2 神経変性疾患とコピー数多型

疾患	遺伝子	コピー数異常
アルツハイマー病	APP	duplication
パーキンソン病	SNCA	duplication
		triplication
ダウン症候群	21番染色体	duplication

2. パーキンソン病における エピゲノム異常

われわれは孤発性パーキンソン病においてエピゲノムの異常を想定し，少数例ではあるが解析を行った．まず，SNCA遺伝子のCpGアイランドを同定し，各種の薬剤で培養細胞を刺激，α-シヌクレインの発現変化に応じてCpGのメチル化が変化する領域を同定，その領域について疾患例と正常対照例でメチル化率を比較した．そ

イラストマップ❷ Rett症候群の進行

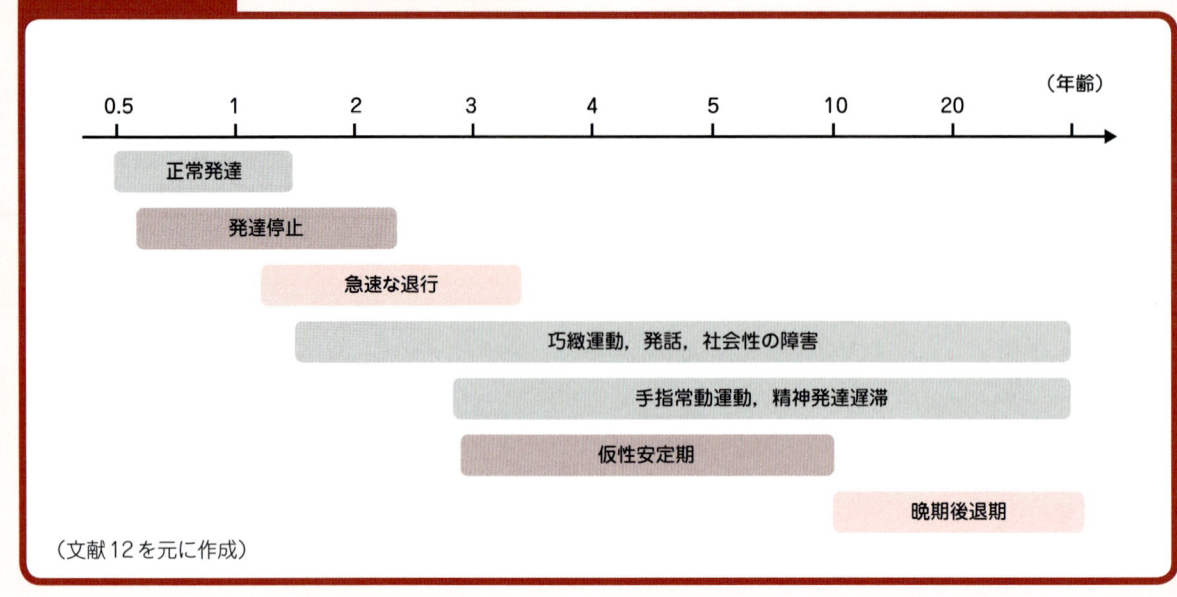

```
           0.5    1      2      3      4      5     10     20      (年齢)
            ├─────┼──────┼──────┼──────┼──────┼──────┼──────┼──────→

              [正常発達]
                   [発達停止]
                        [急速な退行]
                             [巧緻運動，発話，社会性の障害          ]
                                  [手指常同運動，精神発達遅滞       ]
                                  [仮性安定期            ]
                                                    [晩期後退期    ]
```

（文献12を元に作成）

の結果 *SNCA* 遺伝子の特定領域においてパーキンソン病患者特異的にメチル化が低下している領域を見出した[8]．同領域を使用したルシフェラーゼアッセイではメチル化の増加は下流遺伝子の発現低下と相関しており，メチル化低下がα-シヌクレインの発現上昇と相関していることが示された．

3. エピゲノム異常によるパーキンソン病発症機序の考察

最近，神経変性疾患の進展に関して興味深い仮説が提唱されている．神経変性疾患の原因と密接に関与する凝集タンパク質の蓄積が，1つの細胞から別の細胞へと伝播するというものである[9)10]．これは，外部より投与した凝集タンパク質がエンドサイトーシスによってもともと凝集タンパク質を有していない細胞に取り込まれた後に，その細胞内の正常タンパク質をも巻き込み毒性を発揮，さらに別の細胞へと異常が伝播していくという説である．これは以前より謎とされてきた神経変性疾患固有の臨床症状の広がりや進行パターンを説明しうる説として広く検証が進められている．

さて，エピゲノム異常がこの仮説のなかでどのような役割を演じるのだろうか．現在のところ，筆者が想定しているメカニズムを**イラストマップ❶**に示す．メチル化異常を有する細胞はおそらくは脳内にさほど多くは存在してない．それはわれわれと同様のデータを示している報告からも想定される[11]．このため，メチル化異常をもつ細胞は，凝集タンパク質の初期産生に関与し，そこから凝集タンパク質の伝播が開始するというメカニズムが想定される．

同様のメカニズムはアルツハイマー病などの他の神経変性疾患でも想定されており，現在研究が進められている．

4. Rett症候群とHSAN1E

神経疾患のなかでもエピジェネティクスに直接関与する原因遺伝子の変異によって生ずる疾患がある．そのなかで有名なものは **Rett症候群** （→Keyword❷）と **HSAN1E** (hereditary sensory autonomic neuropathy) （→Keyword❸）である．

Rett症候群は女児に生ずる運動機能異常，精神遅滞を主徴とする中枢神経疾患で，患児のおよそ95％が *MeCP2* 遺伝子の変異を有する（**イラストマップ❷**）．MeCP2はメチル化シトシンに結合するタンパク質であり，変異が引き起こす *MeCP2* 遺伝子の機能異常の程度と臨床症状には相関があるため，MeCP2がメチル化シトシンへ結合することで，転写活性を制御する機構の異常が想定されている．

HSAN1EはDNMT1（DNA methyltransferase 1）の変異によって生じる常染色体性優性遺伝性疾患である．

主要な症状は末梢神経障害，認知機能低下，難聴である．現在までに発見されている変異はN末端のreplication focus targeting sequence内に限定されているが，前半部の変異では小脳失調が少なく，後半部の変異ではナルコレプシー，幻覚を合併することが多い．

参考文献

1) Rovelet-Lecrux, A. et al.：Nat. Genet., 38：24-26, 2006
2) Chartier-Harlin, M. C. et al.：Lancet, 364：1167-1169, 2004
3) Singleton, A. B. et al.：Science, 302：841, 2003
4) Dächsel, J. C. et al.：Mov. Disord., 22：293-295, 2007
5) Chiba-Falek, O. et al.：Mov. Disord., 21：1703-1708, 2006
6) Beyer, K. et al.：Neuropathol. Appl. Neurobiol., 30：601-607, 2004
7) Barrachina, M. & Ferrer, I.：J. Neuropathol. Exp. Neurol., 68：880-891, 2009
8) Matsumoto, L. et al.：PLoS One, 5：e15522, 2010
9) Holmes, B. B. & Diamond, M. I.：Curr. Opin. Neurol., 25：721-726, 2012
10) Aguzzi, A. & Rajendran, L.：Neuron, 64：783-790, 2009
11) Jowaed, A. et al.：J. Neurosci., 30：6355-6359, 2010
12) Chahrour, M. & Zoghbi, H. Y.：Neuron, 56：422-437, 2007

Keyword
1 パーキンソン病

▶英文表記：Parkinson's disease

1）イントロダクション

　パーキンソン病は振戦（手足の震え），無動（体の動きが遅くなる），筋強剛（関節の被動性が低下し，硬くなる），姿勢反射障害（バランスを崩しやすい）を4徴とする疾患で多くは50歳以降に発症し，進行性の経過をたどる．病理学的には中脳黒質のドーパミン産生細胞の脱落が顕著であり，主な症状は中枢神経内でのドーパミンの不足によると考えられる．ドーパミンは線条体のドーパミン受容体へ結合し，運動を調節しているモノアミン神経伝達物質であるが，過剰な場合は統合失調症や強迫性障害などの発症に関与するといわれる．

　パーキンソン病の治療にはドーパミンの前駆体であるL-DOPAやドーパミン受容体作動薬が主に使用され，現在では運動症状のコントロールは比較的容易に行うことができるようになった．しかしながら，その進行を抑制し，病態の本態へと迫ることのできる薬剤はいまだ存在しない．iPS細胞を使った再生医療も模索されてはいるが，胎児のドーパミン作動性ニューロンを移植した研究では移植された神経細胞内にもレビー小体様の構造物が生じていることより，根本的な病態を修飾するような治療法の開発が必須であると思われる．

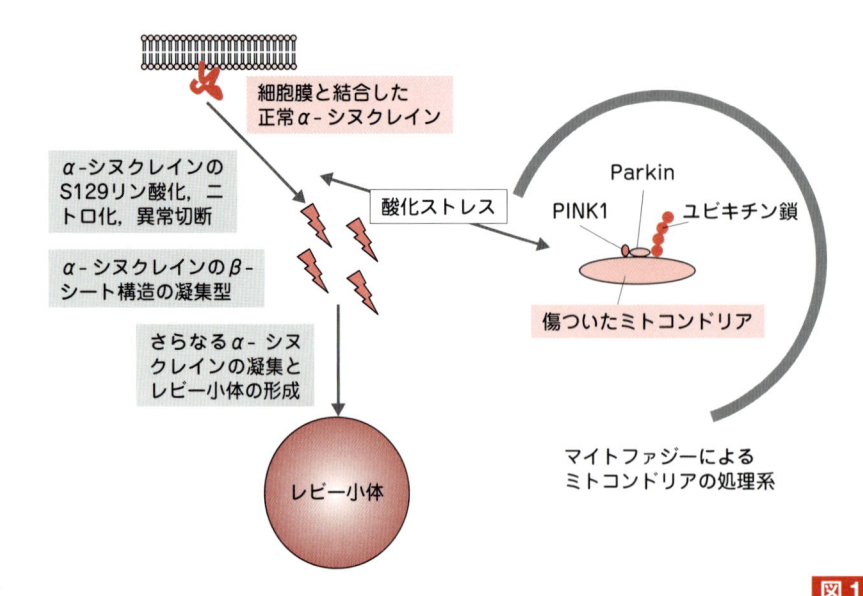

2）パーキンソン病の分子病態

　パーキンソン病でみられる病理学的特徴は神経細胞内の「レビー小体」の出現と神経細胞突起内の「レビーニューライト」の出現であるが，これらはともにα-シヌクレインが異常にリン酸化され，凝集したものであることが判明している（図1）[1]．α-シヌクレインは本来は細胞膜やシナプス小胞膜に結合し，その機能調節を行っているタンパク質と考えられているが，異常な修飾や酸化ストレスなどで凝集性を増すと考えられる．

　α-シヌクレインには現在A30P, E46K, G51D, A53Tの4種類の遺伝子変異が同定されており，それぞれ非常にまれな家族性パーキンソン病の原因となっている．それぞれの変異はそれだけでα-シヌクレインの凝集性を増やすことが想定されている．一方で比較的多い家族性パーキンソン病の原因遺伝子には*PARK2*があり，その遺伝子産物はユビキチンリガーゼのParkinである．*PARK2*の症例ではレビー小体やレビーニューライトは観察されないため，α-シヌクレインとの病態でのつながりが模索されていた．

　近年，Parkinは，傷害されたミトコンドリアをもう1つの家族性パーキンソン病の原因遺伝子産物PINK1と共同でユビキチン化することが示され，細胞内での酸化ストレスの軽減に寄与していることが示唆されている．また前述のように酸化ストレスはα-シヌクレインの凝

図1　パーキンソン病の分子病態

集を惹起することが知られており，パーキンソン病の分子病態におけるそれぞれの遺伝子産物のネットワークが徐々に明らかにされつつある[2]．

参考文献

1) Fujiwara, H. et al.：Nat. Cell Biol., 4：160-164, 2002
2) Dawson, T. M. & Dawson, V. L.：Science, 302：819-822, 2003

参考図書

◆ 『精神・神経疾患』（櫻井 武，澤 明/編），実験医学増刊，30 (13)，羊土社，2012

Keyword
2 Rett症候群

▶英文表記：Rett syndrome

1）イントロダクション

Rett症候群はX連鎖性優性遺伝の自閉症，歩行障害，常同運動（手もみ運動や息止めなど），てんかんなどを呈する疾患である．発症のほとんどは女児で，男児はごくまれな場合を除いて遺伝子異常を有する場合胎生致死となる．患児は発達初期にはあまり異常を認めないが，幼児期になって異常を認めるようになる．その後，成長に伴って症状の進行そして安定期などを経て，最終的には重度の運動障害を呈する．

2）原因遺伝子MeCP2

原因の多くはX染色体長腕にある*MeCP2* (*methyl CpG binding protein2*) 遺伝子の変異であることが示されている（図2）[1]．*MeCP2*の変異はほとんどが精子由来の*de novo*変異といわれ，X染色体の不活性化による表現型の多様性とも相まってその同定を困難にしたと考えられている．MeCP2はメチル化シトシン結合タンパク質で，転写因子の結合を制御し，遺伝子発現の調節を行っていることが知られている．おそらくは神経細胞の発達に伴って調節が必要となる遺伝子の精緻な発現調節を撹乱する原因となっていることが想定される．*MeCP2*遺伝子は，それを含む領域の重複症例，すなわちXp28 duplication syndromeの報告があり[2]，それ自身の発現や機能が非常に精密にコントロールされている必要性も想定される．

参考文献

1) Amir, R. E. et al.：Nat. Genet., 23：185-188, 1999
2) Vandewalle, J. et al.：Am. J. Hum. Genet., 85：809-822, 2009
3) Bienvenu, T. & Chelly, J.：Nat. Rev. Genet., 7：415-426, 2006

Keyword
3 HSAN1E

▶フルスペル：hereditary sensory autonomic neuropathy with dementia and hearing loss

1）原因遺伝子DNMT1

HSAN1E常染色体性優性遺伝の神経変性疾患である．原因としてDNMT1 (DNA methyltransferase 1)（第1部-1参照）のミスセンス変異が同定されている（図3A）[1]．DNMT1はシトシンの維持メチル化に関与するDNAメチル化酵素であり（図3B），変異を生じるホットスポットとしてエキソン20にある495番目アミノ酸のチロシンの変異が同定されており[2]，同部位はヘテロクロマチンとの結合に重要な役割を担っていることが想定されている．DNMT1の変異にはエキソン21のA570V，

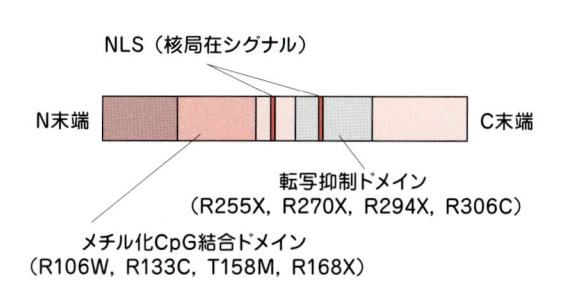

図2　MeCP2の構造と主な変異部位
（文献3を元に作成）

（N末端―メチル化CpG結合ドメイン (R106W, R133C, T158M, R168X)―NLS（核局在シグナル）―転写抑制ドメイン (R255X, R270X, R294X, R306C)―C末端）

A）DNMT1の構造と変異

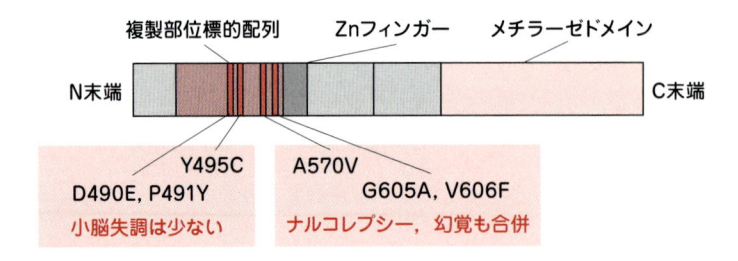

N末端　複製部位標的配列　Znフィンガー　メチラーゼドメイン　C末端

D490E, P491Y
Y495C
小脳失調は少ない

A570V
G605A, V606F
ナルコレプシー，幻覚も合併

B）DNMT1の機能

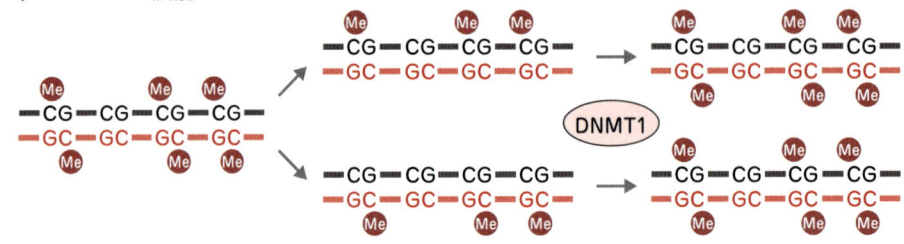

DNA複製時に新たなDNA鎖を鋳型にしたがってメチル化する

図3 DNMT1の構造と機能

G605A，V606Fも知られている．

2）臨床症状と今後の課題

これらの変異もヘテロクロマチン結合部位内に存在するが，臨床的には発症は30歳代以降で，難聴，感覚性ニューロパチー，ナルコレプシー，小脳性運動失調，認知機能低下などを呈する．変異部位による表現型の差が生じる原因は特定されてはいない．変異を有する細胞ではグローバルな低メチル化と少数の部位特異的な高メチル化が観察され，細胞ごとのメチル化のバランスの崩れが多様な症状の原因として想定されている．

参考文献

1）Klein, C. J. et al.：Nat. Genet., 43：595-600, 2011
2）Klein, C. J. et al.：Neurology, 80：824-828, 2013

第3部 疾患とエピジェネティクス

7 精神疾患
psychiatric disorders

村田 唯, 文東美紀, 岩本和也

Keyword ❶うつ病・双極性障害 ❷統合失調症

概論 精神疾患におけるエピジェネティクスの関与

1. はじめに

　代表的な精神疾患である，うつ病・双極性障害（躁うつ病）（→**Keyword ❶**），統合失調症（→**Keyword ❷**）は，生涯罹患率が計約20％に達する非常に身近な疾患であり，社会経済的な影響も甚大である．しかしながら，その発症に至る生物学的メカニズムや根治可能な治療法はいまだ確立されていない．精神疾患は脳機能の障害であると考えられ，20世紀前半では脳病理学的研究が盛んに行われてきた．しかし，アルツハイマー病やパーキンソン病（第3部-6参照）などの神経変性疾患とは異なり，確定的な脳神経系細胞の異常は見出されておらず，責任脳部位の同定もされていない．

　家系や双生児研究から遺伝要因の関与は明らかであり，古くから連鎖解析や候補遺伝子群における関連解析が行われてきた．しかしこれらの研究では，研究間で一致した所見が得られないなど再現性に欠くものがほとんどであり，また近年の大規模なゲノムワイド関連解析（genome-wide association study：GWAS）においても，オッズ比が1.4未満の因子の同定に留まっている．こういった状況から，効果の小さな多数の遺伝因子の組合わせが重要と考えられる（common variant仮説）．一方，効果は大きいが非常にまれな遺伝因子により発症する（rare variant仮説）といった考え方も提唱されており，いくつかのコピー数多型（copy number variation：CNV）領域が候補因子として同定されている[1]．いずれにせよ，これまでの遺伝学研究からは精神疾患の原因の大部分が説明できていないと考えられている．

　なお，精神疾患の診断に用いられてきた国際基準である，精神障害の診断と統計の手引き（Diagnostic and Statistical Manual of Mental Disorders fourth ed：DSM-IV）が，2013年に第5版（DSM-5）に改訂された．改訂版では，気分障害や感情障害といった表現が削除されるなど，疾患の分類と定義についての変更が行われている．実際の研究分野への影響は未知数であるが，十分な注意が必要である．

2. 精神疾患とエピジェネティクス

　主要な精神疾患では，遺伝と環境双方の要因が複雑に相互作用し発症に至ると考えられている．DNAメチル化（第1部-1～3参照）やヒストンタンパク質の修飾（第1部-4～8参照）など，エピジェネティックな修飾状態は，環境要因の影響を受けて変動すると考えられており，精神疾患との関連が古くから注目されてきた（イラストマップ）．

1) 一卵性双生児における知見

　例えば，同じゲノムをもつと考えられる一卵性双生児では，同胞兄弟や二卵性双生児よりも双極性障害や統合失調症の発症一致率は高く40～70％程度であるが，100％ではないことが知られている[2]．このことから，一卵性双生児間でのエピジェネティックな差異が発症不一致に影響している可能性が考えられている．実際，一卵性双生児健常者群において，エピゲノム差異は加齢とともに大きくなって行くことが示されている[3]．一卵性双生児から出発するエピゲノム差異同定の試みは，精神疾患研究において，有望な戦略の1つとみなされており，過去何度か研究が行われている．

イラストマップ　精神疾患におけるエピジェネティクスの関与

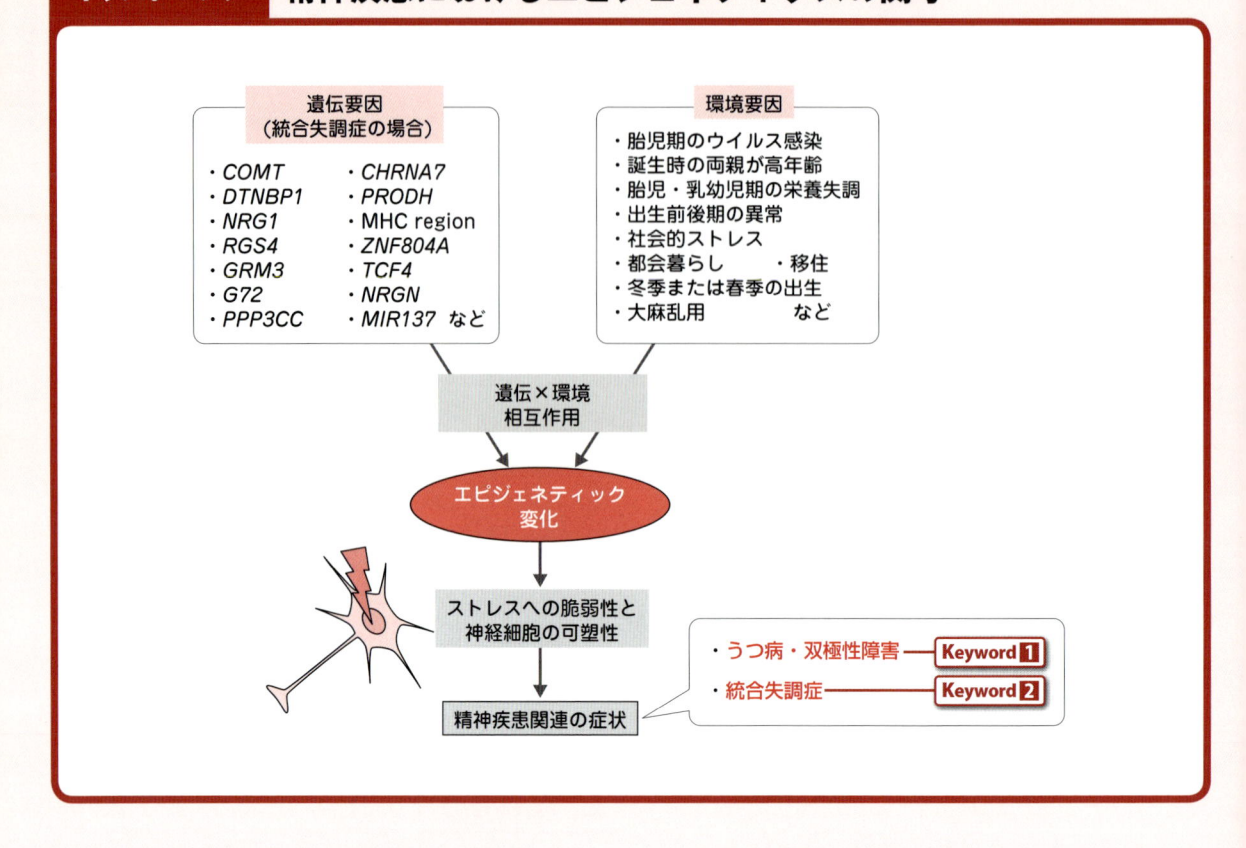

遺伝要因（統合失調症の場合）
- COMT
- DTNBP1
- NRG1
- RGS4
- GRM3
- G72
- PPP3CC
- CHRNA7
- PRODH
- MHC region
- ZNF804A
- TCF4
- NRGN
- MIR137　など

環境要因
- 胎児期のウイルス感染
- 誕生時の両親が高年齢
- 胎児・乳幼児期の栄養失調
- 出生前後期の異常
- 社会的ストレス
- 都会暮らし　・移住
- 冬季または春季の出生
- 大麻乱用　など

遺伝×環境相互作用
↓
エピジェネティック変化
↓
ストレスへの脆弱性と神経細胞の可塑性
↓
精神疾患関連の症状

- うつ病・双極性障害 —— Keyword 1
- 統合失調症 —— Keyword 2

2）エピジェネティクス関連因子の関与

また，インプリンティング遺伝子や，DNAメチル化関連酵素遺伝子群の変異により，精神遅滞をはじめとする疾患を呈することが広く知られている．例えばメチル化シトシン結合タンパク質である*MECP2*の変異はRett症候群（Rett Syndrome）の，メチル化酵素である*DNMT3*遺伝子の変異はICF症候群（immunodeficiency, centromeric instability, facial anomaly syndrome）の原因となることが知られている（第3部‐9参照）．

薬理学的には，双極性障害患者に処方される気分安定薬の一種であるバルプロ酸は，ヒストン脱アセチル化酵素阻害剤としての作用があることが知られている．また，難治性のうつ病患者に適用される電気けいれん療法や統合失調症患者に処方される抗精神病薬がヒストン修飾状態に影響を与えることが，動物モデルを使った研究から示唆されている．動物モデルを用いた研究からは，低養育や恐怖条件付け，慢性変動ストレス条件下などで，神経機能に重要な役割をもつ遺伝子のDNAメチル化およびヒストン修飾状態の変動が報告されている[4]．

3. 問題点と今後の展開

近年の急速な分子生物学的解析技術の進歩により，定量的かつ包括的な研究が可能になりつつあり，精神疾患におけるエピジェネティクス研究は，大規模な遺伝学的研究の次のステップとしても大きな注目を集めている[5]．しかし，臨床試料を用いた研究では，投薬歴やたばこ，アルコールへの曝露，生活習慣などの環境要因や性別，年齢など，さまざまな因子が複雑に関与していると考えられるため，注意深い実験デザインとデータの解釈が必要となる．

特に死後脳組織を利用する場合は，サンプル数や入手先が限定されることに加え，死因や死後経過時間，脳組織の細胞比率の構成といった要因が結果に影響を与えると考えられる．一方，唾液や血液試料といった末梢組織の利用は簡便であり大規模研究が可能であるが，末梢組織におけるエピジェネティックな差異が疾患の何を反映しているのか不明である場合が多い．近年，複数の研究

において脳と末梢組織における共通のエピゲノム変化が同定されており，一部のゲノム領域については末梢組織が脳組織の代替試料として利用できる可能性が出てきている．また，末梢試料は，時間経過を追った縦断的な研究，症状の種類や軽重との対応関係を調べられるなど，脳組織ではできない研究の展開も可能であり今後の研究が期待される．

今後の課題として，現在までの精神疾患におけるエピゲノム研究の多くは，差異の同定に留まっており，疾患との因果関係の証明ができていないことがあげられる．この点では臨床試料を用いた研究のみでは明らかに限界がある一方，精神疾患の信頼できる動物モデルもいまだ確立されていないといってよい．このため，動物モデルの特定脳部位におけるエピゲノム状態を人為的に操作できうるような技術の確立が望まれる．

参考文献

1) Tam, G. W. et al.：Biol. Psychiatry, 66：1005-1012, 2009
2) Kato, T. et al.：Mol. Psychiatry, 10：622-630, 2005
3) Fraga, M. F. et al.：Proc. Natl. Acad. Sci. USA, 102：10604-10609, 2005
4) Tsankova, N. et al.：Nat. Rev. Neurosci., 8：355-367, 2007
5) Nishioka, M. et al.：Genome Med., 4：96, 2012

1 うつ病・双極性障害

- 英文表記：major depression and bipolar disorder
- 別名（うつ病）：major depressive disorder, unipolar depression
- 略称（うつ病）：MD, MDD, UD
- 別名（双極性障害）：bipolar affective disorder, manic-depressive disorder
- 略称（双極性障害）：BD

1) イントロダクション

大うつ病性障害（major depression：MD）と躁うつ病としても知られている双極性障害（bipolar disorder：BD）は，双方ともうつ状態（depressive state）を呈するが異なる疾患である．MDの有病率は約10〜20％と精神疾患のなかでも高く，2週間以上の慢性的な憂うつ感や気分の落ち込みあるいは興味喪失を呈し（表），自殺の危険性も高い．女性の有病率は男性の約2倍とされており，妊娠，出産，閉経など，ホルモン状態が大きく変動するライフイベントを経験することと関係していると考えられている．治療には，主に抗うつ薬が処方されるが，セロトニン，ドーパミン，ノルアドレナリンの輸送体に結合し活性を阻害し，シナプス間隙での神経伝達物質濃度を増加させる作用があると考えられている．

一方BDは，気分の高揚などの躁状態（manic state）とうつ状態を繰り返す病気である．症状の重さによってBD Ⅰ型とBD Ⅱ型に分かれ，それぞれの有病率はⅠ型では0.4〜1.6％，Ⅱ型では0.5％とMDに比べ低いが，特に躁状態による社会生活への影響は顕著である．治療では，リチウムやカルバマゼピン，HDAC（ヒストン脱アセチル化酵素）阻害効果をもつバルプロ酸などが気分安定薬として処方される（表）．

2) うつ病・双極性障害とエピジェネティクス

うつ病一卵性双生児不一致例（双生児の片方は疾患を有しており，もう片方は有していない例）の血液試料における網羅的なDNAメチル化解析により，患者双生児においてメチル化差異が増大することが報告されている．また，うつ病患者死後脳における網羅的DNAメチル化解析では，神経細胞膜タンパク質をコードするPRIM1の高メチル化が見出されている．双極性障害患者死後脳における網羅的解析では，HLA複合体の因子である*HCG9*遺伝子の低メチル化が報告されている．

候補遺伝子解析では，グルココルチコイド受容体（GR）や，脳由来神経栄養因子（BDNF），セロトニン輸送体（SLC6A4）に着目した研究が多く行われている．GR遺伝子においては，虐待経験のある自殺者死後脳においてDNAメチル化上昇と遺伝子発現低下が見出されているほか，動物モデルにおいて胎児期ストレスの影響を受けることが示されている．BDNFは標的細胞にあるTrkB受容体と結合し，神経細胞の生存や成長にかかわるタンパク質である．自殺者患者死後脳，および双極性

表　主要な精神疾患の症状と疫学

	うつ病	双極性障害	統合失調症
症状	抑うつ気分，興味・喜びの減退，体重減少または増加，食欲減退または増加，不眠または睡眠過多，無価値観，罪責感，思考力・集中力の減退，希死念慮，自殺企図 など	抑うつ気分や興味・喜びの減退などのうつ状態と気分の高揚や易怒性，誇大性，睡眠欲求の減少，活動性の増加などの躁状態	妄想気分，幻覚，解体した会話や行動，感情の平板化，思考の貧困，意欲の欠如 など
経過	多くは1度	再発と寛解を繰り返す	再発と寛解を繰り返す
発症年齢	青年期以降，生涯	思春期以降	思春期以降
治療薬	抗うつ薬	気分安定薬	抗精神病薬
治療期間	3ヵ月〜1年	長期	長期
治療薬の主な効果	セロトニン再取り込み阻害，ノルアドレナリン再取り込み阻害，モノアミン酸化酵素阻害 など	大部分は不明．IMPase活性阻害や神経保護作用があるとされる．抗てんかん薬として使用されていたものが多い	ドーパミンD2受容体の阻害
発症率	10〜20％	約1％	約1％
発症要因	環境要因＞遺伝要因	環境要因＆遺伝要因	環境要因＆遺伝要因

障害患者前頭葉試料でのDNAメチル化上昇が認められている．また，うつ病患者血液試料において，*BDNF*遺伝子プロモーター領域のDNAメチル化変動が報告されている．

動物モデルでは，社会敗北ストレスが，BDNFプロモーター領域におけるH3K27meを亢進させること，また抗うつ薬投与によりH3のアセチル化レベルが上昇しmRNA量が回復することが報告されている．抗うつ薬の主要な標的であるセロトニン輸送体においては，HTTLPR（serotonin-transporter linked polymorphic region）多型のタイプとともにプロモーター領域のDNAメチル化解析が多く行われている．双極性障害においては，血液，脳試料ともに高DNAメチル化が報告されており，細胞モデルを用いた気分安定薬投与の実験により低DNAメチル化が誘導されることが示されている．

参考図書

- Mill, J. & Petronis, A.：Mol. Psychiatry, 12：799-814, 2007
- Iwamoto, K. & Kato, T.：Neuropsychobiology, 60：5-11, 2009
- Labrie, V. et al.：Trends Genet., 28：427-435, 2012

Keyword
2 統合失調症

▶英文表記：schizophrenia

1）イントロダクション

統合失調症（schizophrenia）は，最も社会的に影響の大きい精神疾患の1つであり，妄想，幻覚，幻聴といった陽性症状や，社会能力の低下，感情の平板化などの陰性症状，そして認知機能の障害を主症状とする（表）．罹患率は約1％である．抗精神病薬が投与され作用機序はドーパミンD2受容体阻害作用を中心とする．

2）統合失調症とエピジェネティクス

統合失調症患者においては，血液試料における全体的なDNAメチル化率の低下が報告されている．統合失調症および双極性障害患者死後脳を用いた網羅的解析からは，GABA系経路などを含む神経伝達物質に関連する遺伝子群におけるDNAメチル化状態の変化が同定された．また一卵性双生児不一致例末梢血試料を用いた研究では，神経発達やドーパミン受容体やグルタミン受容体シグナルに関連した遺伝子などといった精神疾患に関連する遺伝子群でのDNAメチル化状態の変化が同定されている．統合失調症におけるGABA系経路のエピジェネティックな異常に関しては，脳組織でH3K4me3レベルがGABA合成酵素の*GAD1*（glutamate decarboxylase 1）遺伝子のプロモーター領域で減少していたことや，仲介神経細胞でDNMT1が過剰発現していたことが報告されている．これらの変化は，前頭葉や海馬などの複数の脳領域でGAD1の発現量が低下していた過去の数多くの報告と一致している．

候補遺伝子解析では，末梢血においてドーパミン受容体の高DNAメチル化が検出されているほか，セロトニン1A受容体の高DNAメチル化，唾液試料でのセロトニン2A受容体の低DNAメチル化が報告されている．また，ドーパミンなどモノアミン分解にかかわるCOMT（カテロール-O-メチルトランスフェラーゼ）は死後脳と唾液試料での低DNAメチル化の報告がある．また，オリゴデンドロサイトにおける転写因子SOX10（sex determining region Y-box 10）は死後脳試料において高DNAメチル化が認められ，SOX10を含む多数のオリゴデンドロサイト関連遺伝子群の発現量との逆相関が報告されている．

参考図書

- Rutten, B. P. & Mill, J.：Schizophr. Bull., 35：1045-1056, 2009
- Nishioka, M. et al.：Genome Med., 4：96, 2012
- Labrie, V. et al.：Trends Genet., 28：427-435, 2012

第3部 疾患とエピジェネティクス

8 産科婦人科疾患 子宮筋腫と子宮内膜症
uterine leiomyoma and endometriosis in gynecological diseases

杉野法広

Keyword ❶子宮筋腫特異的DNAメチル化異常 ❷子宮内膜症特異的DNAメチル化異常

概論 子宮筋腫・子宮内膜症におけるエピジェネティクスの関与

1. エピジェネティクスが関与する産婦人科疾患

1) 子宮筋腫

子宮筋腫（子宮平滑筋腫）は，子宮平滑筋細胞に由来する良性の腫瘍である．女性生殖器に発生する腫瘍性疾患のなかで最も頻度が高く，性成熟期女性の20〜30％に子宮筋腫が認められ，現在，子宮筋腫を有する女性は200万人以上と見積もられている．良性疾患ではあるが，重度の月経痛や貧血を引き起こすほか，不妊症や流産の原因にもなる．治療としては，腫瘍の縮小や症状の軽減のため薬物療法も行われるが，根治のためには外科的な子宮摘出術や子宮筋腫核出術が必要である．子宮筋腫の頻度の高さから考えれば，女性のQOL（quality of life）を著しく損なうだけでなく，社会活動の制限や治療費など社会的損失はきわめて大きいほか，わが国の抱える少子化問題を考えれば，看過できない疾患である．

2) 子宮筋腫とエピジェネティクス

ⅰ) 子宮筋腫の発生起源

子宮筋腫はモノクローナル発生であることが知られている．つまり，筋腫の発生母地（子宮平滑筋細胞，子宮組織幹細胞）と考えられる細胞に何らかの異常が生じて筋腫細胞となり，この1個の筋腫細胞が増殖して腫瘤を形成する．細胞の腫瘍化にはいくつかの遺伝子異常が関与するが，突然変異を含めて何らかの原因で遺伝子異常が起こることは十分考えられる．

子宮筋腫の発生起源についてはいまだ不明である．子宮筋腫発症のリスク因子として，人種（アフリカ系），高BMI（body mass index），早期の初経開始，高血圧，骨盤内炎症性疾患の既往，肉食などがあげられ，一方，リスクを下げる因子として，経口避妊薬の服用，喫煙，多産，菜食などがあげられている．このような疫学的情報をみると，個人の遺伝的背景も関与すると考えられるが，後天的な因子であるホルモン環境，栄養，生活環境などが大きく影響していることが予想される．すなわち，エピジェネティックな影響が関与していても何ら不思議はない．

ⅱ) DNAメチル化異常の可能性

われわれ人類は，さまざまな化合物（薬物，食品添加物，環境汚染物質），栄養因子，ウイルスなどに曝露されており，ゲノムワイドにエピジェネティクスな変化が引き起こされる可能性がある．実際に，種々の化合物が母体・臍帯血清に含まれていることや[1]，有機リン酸系殺虫剤や重金属などが生体の血中レベルの濃度で，マウスES細胞においてエピゲノム変異を誘発することが明らかにされている[2]．DNAメチル化は細胞分裂に際して忠実に保存されるしくみで，DNAメチル化によるがん抑制遺伝子のサイレンシングが，発がんに関与することが多くのがん種で知られている．環境エストロゲン物質の曝露により子宮筋腫の発生頻度が増加することから[3]，種々の化合物の曝露が，子宮平滑筋細胞や子宮組織幹細胞にDNAメチル化異常を引き起こし，子宮筋腫の発生に関与することが考えられる．

3) 子宮内膜症

子宮内膜症は，子宮内膜あるいはその類似組織が子宮以外の部位（骨盤腹膜，卵巣など）で発育・増殖する疾

イラストマップ　子宮筋腫・子宮内膜症の発生・進展とエピジェネティクス

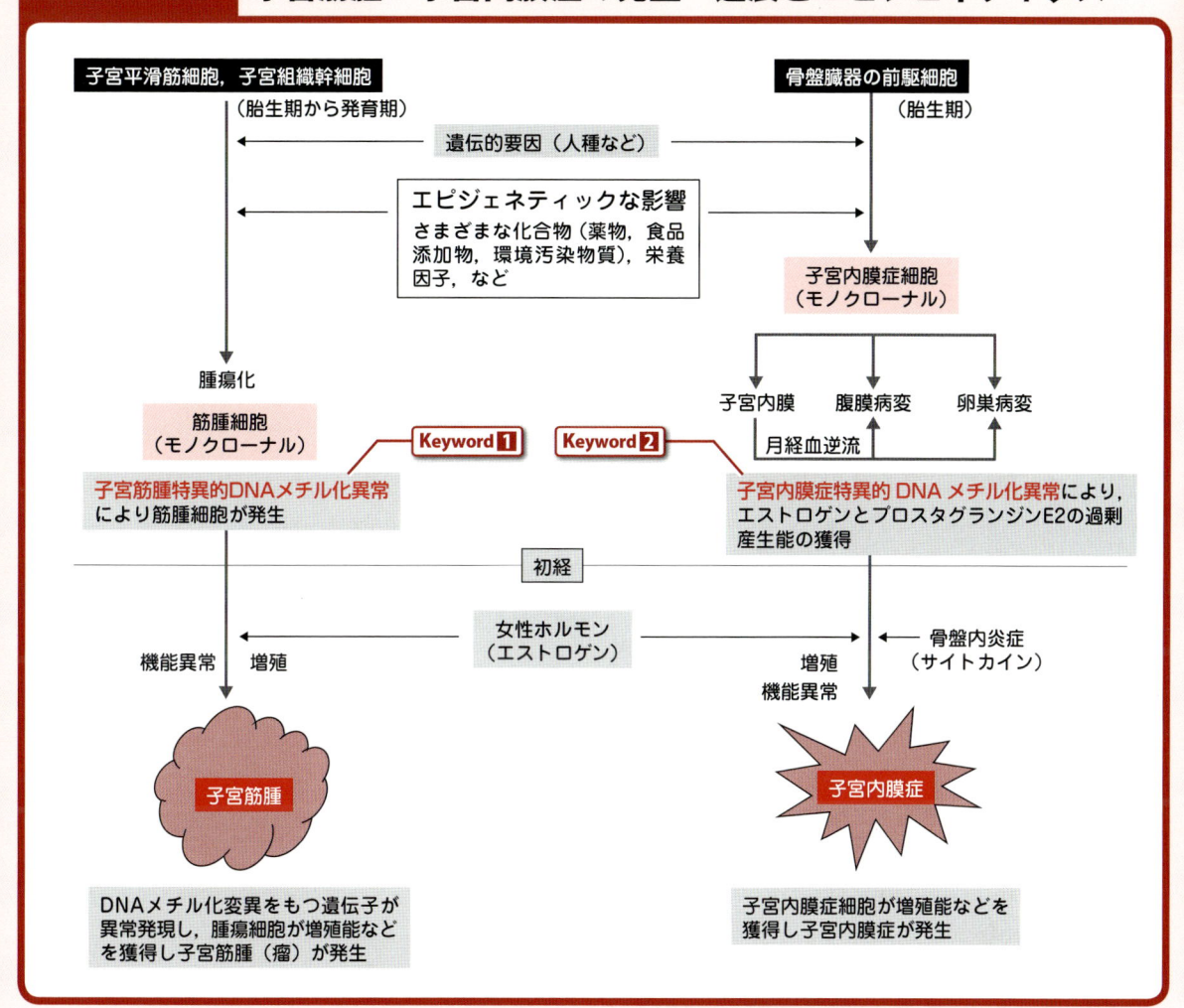

```
子宮平滑筋細胞，子宮組織幹細胞                        骨盤臓器の前駆細胞
      （胎生期から発育期）                                （胎生期）
            ←―――――― 遺伝的要因（人種など） ――――――→
            ←―――― エピジェネティックな影響 ――――→
                   さまざまな化合物（薬物，食品
                   添加物，環境汚染物質），栄養
                   因子，など
                                                      子宮内膜症細胞
       腫瘍化                                          （モノクローナル）
      筋腫細胞                                    子宮内膜  腹膜病変  卵巣病変
    （モノクローナル）   [Keyword 1]   [Keyword 2]      月経血逆流
   子宮筋腫特異的DNAメチル化異常         子宮内膜症特異的 DNA メチル化異常により，
   により筋腫細胞が発生                 エストロゲンとプロスタグランジンE2の過剰
                                        産生能の獲得
                              ―― 初経 ――
                    ←―― 女性ホルモン ――→   ←―骨盤内炎症―
     機能異常  増殖      （エストロゲン）      増殖     （サイトカイン）
                                            機能異常

        子宮筋腫                                    子宮内膜症
   DNAメチル化変異をもつ遺伝子が              子宮内膜症細胞が増殖能などを
   異常発現し，腫瘍細胞が増殖能など           獲得し子宮内膜症が発生
   を獲得し子宮筋腫（瘤）が発生
```

患である．性成熟婦人の約10％が罹患するエストロゲン依存性の疾患である．月経痛，性交痛，慢性骨盤痛，不妊などの症状を呈し，患者のQOLを著しく損なう．良性疾患であるにもかかわらず，増殖・浸潤し周囲組織と強固な癒着を形成することから，類腫瘍性病変，慢性炎症性疾患と位置づけられている．なぜ異所性に子宮内膜が存在するかについては，月経血が腹腔内に逆流し月経血に含まれる子宮内膜が生着して発生するという子宮内膜移植説（月経血逆流説），腹膜上皮から発生するという体腔上皮化生説などの学説があるが，いまだ明確な結論は出ていない．

4）子宮内膜症とエピジェネティクス

子宮内膜症の発症には，慢性炎症，内分泌的要因，遺伝性素因，免疫学的要因などのさまざまな病因が関与していると考えられている．子宮内膜症の発症には，この他にも，重金属やダイオキシンの曝露の関与が示唆されている．ダイオキシンの受精卵への曝露はインプリント遺伝子のDNAメチル化プロファイルを変化させる．実際に，サルでは慢性的なダイオキシン投与が子宮内膜症を発生させた[4]．また，子宮内膜症患者の腹水中には，病変のない女性に比べ高い濃度のダイオキシンが含まれていたという報告もある．したがって，子宮内膜症の発症にも，ゲノムワイドなエピゲノム異常が関与している可能性がある．

しかし，その一方で，遺伝的な関与も指摘されている．例えば，子宮内膜症の家族歴のある女性はない女性に比

べ7倍の発症の危険率があることや，染色体10q26に子宮内膜症の発症と関連する部位がある（遺伝子は不明）こと，染色体9p21上の*CDKN2BAS*遺伝子（cyclin-dependent kinase inhibitor 2B anti-senseRNAをコードする）の一塩基多型（SNP）が日本人における子宮内膜症の発症と関与することが報告されている[5]．

2. 子宮筋腫や子宮内膜症の発生・進展とエピゲノム異常

　子宮筋腫や子宮内膜症の発生・進展とエピゲノム異常との関係は以下のように想定している（**イラストマップ**）．

　子宮筋腫については，子宮組織幹細胞などの特定の細胞が，胎生期あるいは出生以降も継続的にさまざまな化合物（薬物，食品添加物，環境汚染物質），栄養因子のような後天的要因（エピ変異原）の曝露を受けて，ゲノムワイドにDNAメチル化などのエピジェネティクス変異が起こり，**子宮筋腫特異的DNAメチル化異常**（**→Keyword 1**）が惹起され腫瘍細胞となる．そして，初経以降におけるエストロゲンの曝露により，エストロゲン制御下にある遺伝子群のうち，DNAメチル化変異を受けた遺伝子群の機能亢進または機能低下が生じることにより，腫瘍細胞が増殖能とコラーゲン産生能を獲得し子宮筋腫という瘤（こぶ）が発生する．

　子宮内膜症については，子宮内膜，骨盤腹膜や卵巣上皮の前駆細胞が胎生期に，子宮筋腫と同じようにエピジェネティックな影響を受け，複数の遺伝子にDNAメチル化異常（**子宮内膜症特異的DNAメチル化異常**（**→Keyword 2**）が起こり，エストロゲンとプロスタグランジンE2の過剰産生能を獲得した前駆細胞が発生する．この細胞が子宮内膜，骨盤腹膜や卵巣上皮に分化し，異所性病変の子宮内膜症細胞に変化する．これが，初経後のエストロゲンの曝露により，細胞増殖が起こり子宮内膜症が発症する．

3. 臨床応用と今後の展望

　子宮筋腫や子宮内膜症の発生・進展メカニズムの解明のため，遺伝子発現の基盤となるエピゲノムに焦点を当てることは意義がある．すなわち，エピゲノムの解析は，子宮筋腫や子宮内膜症の発症の分子機構にもとづいた分子標的薬の開発につながり，女性のQOLの向上につながるだけでなく，子宮を温存した状態での治療が可能になれば，わが国の抱える少子化問題の対策にもつながる．さらに，子宮筋腫や子宮内膜症をエピゲノム異常関連疾患として位置づけ，病変発生に関与するエピ変異原が同定されれば，子宮筋腫や子宮内膜症の予防法の確立にもつながる．

参考文献

1) Iwasaki, Y. et al.：Biomed. Chromatogr., 25：503–510, 2011
2) Arai, Y. et al.：J. Reprod. Dev., 57：507–517, 2011
3) Greathouse, K. L. et al.：Mol. Cancer Res., 10：546–557, 2012
4) Rier, S. E. et al.：Fundam. Appl. Toxicol., 21：433–441, 1993
5) Uno, S. et al.：Nat. Genet., 42：707–710, 2010

Keyword

1 子宮筋腫特異的DNAメチル化異常

▶英文表記：uterine leiomyoma-specific aberrant DNA methylation

1）イントロダクション

　最近，Navarroら[1]は，Infinium HumanMethylation27 Beadchip（illumina社，略称：HumMeth27）を用い，アフリカ系アメリカ人の子宮筋腫のゲノムワイドDNAメチル化解析を報告した．プロモーター領域のDNAメチル化異常および発現異常をきたしていた遺伝子は55個あった．多くは高メチル化で低発現の遺伝子であり，パスウェイ解析ではcancer process（がん化過程）のカテゴリーに分類される機能をもつ遺伝子が多く含まれており，がん抑制遺伝子（*KRT19*，*KLF11*，*DLEC1*など）の抑制などが子宮筋腫の発生・進展に関与すると報告している．

　われわれは，同一患者の子宮筋腫と正常子宮筋，および子宮筋腫合併のない患者の正常の子宮筋の3群について，illumina社のHumMeth 450（Infinium HumanMethylation450 BeadChip）を使用してゲノムワイドなDNAメチル化解析（DNAメチローム解析）およびトランスクリプトーム解析を行い，子宮筋腫の発生と進展メカニズムを推測させる興味深い結果を得たので概説する[2]．なお，Navarroらが解析に用いたHumMeth 27はゲノム上の27,000のCpG配列が対象であるのに対し，われわれの用いたHumMeth 450は16倍以上の45万のCpG配列を解析しているため，より詳細にメチル化変異を検出している．

2）主成分解析とクラスター解析

　主成分解析とクラスター解析の結果から，DNAメチロームのほうがトランスクリプトームと比較し，子宮筋腫と正常子宮筋をより明確に区別できた（**図1**）[2]．この結果は，子宮筋腫特異的なマーカーとしてDNAメチル化パターンがmRNA発現より有用であることを示している．

3）子宮筋腫の発生

　子宮筋腫は多発することが多いので，一見正常にみえる子宮筋でも，将来子宮筋腫を発生するポテンシャルをすでに獲得しているのではないかと，われわれは考えていた．しかし予想に反して，子宮筋腫症例の子宮筋のDNAメチル化プロフィールは，子宮筋腫の合併のない

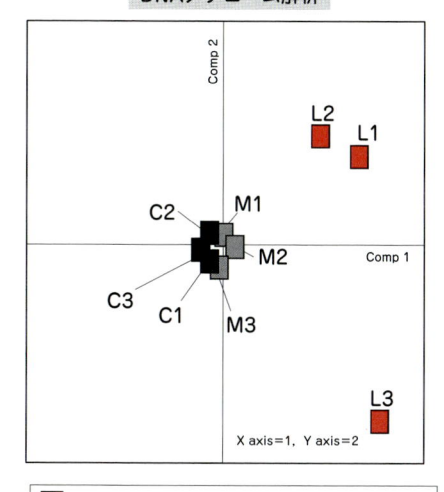

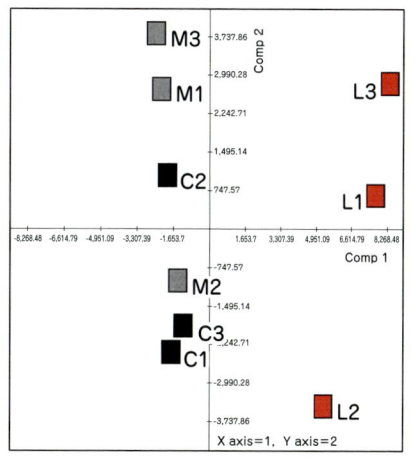

図1 子宮筋腫・筋層における主成分解析の結果
子宮筋腫はDNAメチローム解析では正常筋層と区別されるが，トランスクリプトーム解析では，縦軸（主成分2）で正常筋層と区別されない（文献2より改変して転載）

- L1～3：子宮筋腫
- M1～3：子宮筋腫患者の正常筋層
- C1～3：子宮筋腫のない患者の正常筋層

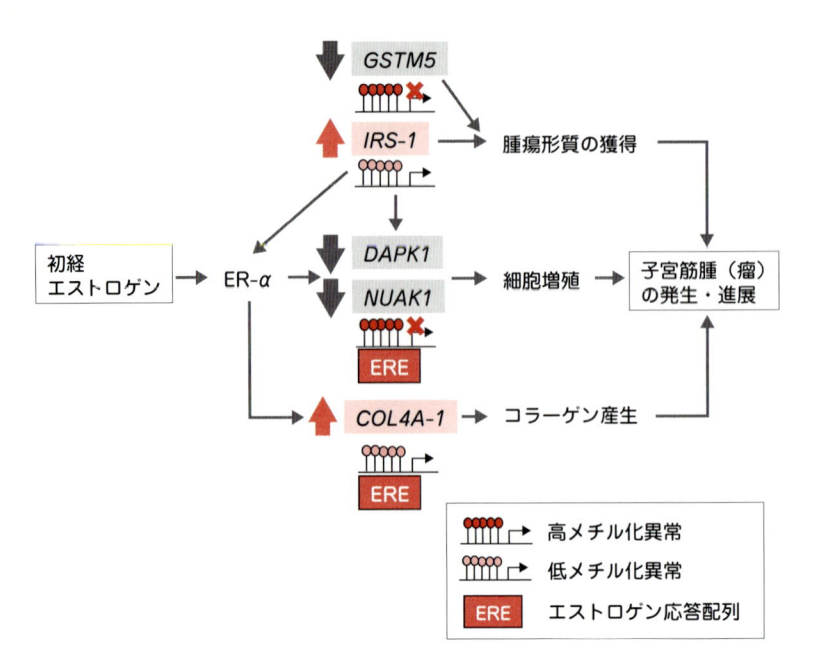

図2 子宮筋腫特異的DNAメチル化異常遺伝子

正常の子宮筋とほとんど違いはなかった．この結果は，子宮筋腫がある子宮筋は子宮筋腫発生に関連するようなDNAメチル化異常が蓄積されていないことを示唆するのかもしれないが，一方で，DNAメチル化異常をもつ細胞が実際には存在するが，その数が少ないため検出できなかったという可能性も考えられる．すなわち，DNAメチル化異常がある限られた細胞にのみ起こっているのかもしれない．近年，子宮筋や子宮筋腫には組織幹細胞や腫瘍幹細胞が存在することが示されている[3]．また，子宮筋腫は単一細胞から発生するモノクローナルな腫瘍である．これらのことを総合的に考えると，DNAメチル化異常を蓄積した腫瘍幹細胞が発生し，これが子宮筋腫を形成する可能性が考えられる．

4）子宮筋腫特異的DNAメチル化異常遺伝子

HumMeth 450とトランスクリプトーム解析の結果，子宮筋腫特異的にDNAメチル化変異が生じ，mRNA発現の変化が伴う遺伝子を120個特定した．オントロジー解析の結果，特定した遺伝子にはがん化過程に分類される遺伝子が最も優位に含まれていた[2]．がんの増殖・転移や悪性化という細胞の形質転換に関与する*IRS–1*は子宮筋腫で低メチル化で高発現していた（図2）．細胞外基質の構成成分であるコラーゲンファミリー分子*COL4A–1*，*COL4A–2*および*COL6A–3*は子宮筋腫で低メチル化で高発現しており，硬い筋腫の瘤（こぶ）を形成するのに関与していると考えられる．*COL*遺伝子はまた*IRS–1*により発現が増加する．アポトーシス抑制に関連する*GSTM5*は子宮筋腫で高メチル化で低発現であり腫瘍細胞の増殖に関与すると考えられる．

5）X染色体における低メチル化異常

子宮筋腫における低メチル化変異はX染色体で高頻度に生じている（図3）[2)4)]．X染色体の低メチル化に関しては，雌性がん由来細胞株および乳がん組織において，不活性型X染色体が欠失し，活性型X染色体が重複することでX染色体の低メチル化が生じるとの報告がある．われわれが解析に用いた検体は，多型解析により，すべて両親由来のX染色体が存在することを確認しているため，子宮筋腫におけるX染色体の低メチル化変異は上記とは異なる機序で生じたことが考えられる．したがって，子宮筋腫におけるX染色体の低メチル化変異はこれまでに他の疾患で報告のない知見であり，子宮筋腫に特異的な現象であると考えられる．X染色体不活性化（第2部－1参照）に関与する*XIST*の発現は子宮筋腫で変化しないこと，PRC1/2の構成因子であるポリコームグループの発現や，PRC1/2の機能には異常がないことが確かめられたので，*XIST*がX染色体へ結合する過程の異常によるものかもしれない．染色体における低メチル化異常については，その意義や機序は今後の課題である．

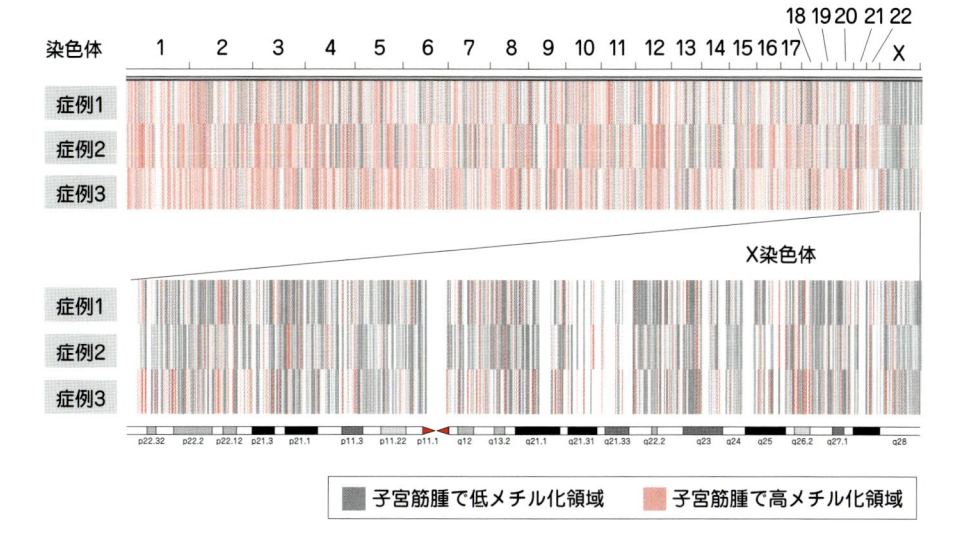

図3 子宮筋腫におけるメチル化変異領域の染色体分布（巻頭のカラーグラフィクス図4参照）
メチロームデータを症例ごとに子宮筋腫と正常筋層で比較し，子宮筋腫で高メチル化（赤）・低メチル化（灰）の領域を染色体別にプロットした．3症例ともにX染色体において子宮筋腫で低メチル化の領域が高頻度に検出される（文献2より改変して転載）

6）エストロゲン受容体の標的遺伝子のDNAメチル化異常

i）エストロゲン感受性

子宮筋腫はエストロゲンに対する感受性が高い腫瘍であり，性成熟期に発症し，閉経後は徐々に縮小していく．特に興味深いのは，子宮筋腫は初経後に発症し，それ以前には発症しないことである．子宮筋におけるエストロゲンの作用は主にER-α（estrogen receptor alpha）によって仲介される．出生直後からの子宮の発育過程で環境エストロゲン（genistein）に曝露されると，成長後の子宮では，エストロゲン受容体（ER）標的遺伝子のエストロゲンに対する反応性が過剰になり，子宮腫瘍の発生頻度が増加することが報告されている[5]．また，胎児期にビスフェノールAに曝露されると，成長後の子宮で，妊娠成立に重要な遺伝子HOXA10のプロモーターの低メチル化が引き起こされ，ERの過剰な結合が起こってしまう[6]．

すなわち，胎児期や出生後に何らかの環境化学物質の曝露によってER標的遺伝子のプロモーターに異常なDNAメチル化が起こると，成熟・初経後にエストロゲンが作用するとエストロゲンに過剰に反応したり，逆に反応が低下することが予想される．例えば，プロモーターが低メチル化異常となれば，ER-αが結合しやすくなりエストロゲンに反応してしまい，逆に高メチル化異常となればエストロゲンに反応しなくなってしまう．すなわち，エピジェネティックな異常がエストロゲン作用を修飾し，筋腫の発生・発育に関与する可能性がある．

ii）エストロゲンの制御を受ける遺伝子

そこで，エストロゲンにより直接的に制御を受ける遺伝子として，配列解析ソフトを用いて転写開始点上流にER-αの認識配列をもつ遺伝子を抽出した．抽出した遺伝子のうち，子宮筋腫で共通してメチル化および発現の異常が生じていた遺伝子は22個あった．興味深いことに，これらの遺伝子にはcancer processから抽出した*COL4A-1*および*COL4A-2*が含まれているほか，子宮筋腫で共通して高メチル化で低発現状態にある*DAPK1*，*NUAK1*といったがん抑制遺伝子が含まれていた（図2）[2]．*COL4A-1*のプロモーターの低メチル化によりERの結合が増加し，過剰発現となる．*DAPK1*，*NUAK1*はエストロゲンの作用によりアポトーシスを引き起こす機能をもつので，プロモーターの高メチル化によりERの結合が低下し細胞増殖に働くようになる．すなわち，初経後，エストロゲンに対する異常な反応が筋腫の発生・発育に関与する可能性が考えられる．

参考文献

1) Navarro, A. et al. : PLoS One, 7 : e33284, 2012
2) Maekawa, R. et al. : PLoS One, 8 : e66632, 2013
3) Ono, M. et al. : PLoS One, 7 : e36935, 2012
4) Maekawa, R. et al. : J. Reprod. Dev., 57 : 604-612, 2011
5) Greathouse, K. L. et al. : Mol. Cancer Res., 10 : 546-557, 2012
6) Bromer, J. G. et al. : FASEB J., 24 : 2273-2280, 2010

Keyword

2 子宮内膜症特異的DNAメチル化異常

▶英文表記：endometriosis-specific aberrant DNA methylation

1) イントロダクション

われわれは，子宮内膜症のない女性の子宮内膜，子宮内膜症病変（卵巣子宮内膜症）を有する女性の子宮内膜および卵巣子宮内膜症病変の3者から分離した間質細胞を4日間培養することによって生体環境の影響を除いた後に，ゲノムワイドにDNAメチル化を調べた．子宮内膜症のない女性の子宮内膜と子宮内膜症病変を有する女性の子宮内膜のDNAメチル化プロファイルはほとんど変わらず，卵巣子宮内膜症病変だけが異なったDNAメチル化プロファイルを呈していた．この結果は，**1**でも述べたように，DNAメチル化異常をもつ細胞が子宮内膜には実際に存在するが，その数が少ないため単に検出できなかったという可能性が考えられる．すなわち，DNAメチル化異常がある限られた細胞にのみ起こっているのかもしれない．

2) 子宮内膜症病変の発生

子宮内膜症病変の発生に関しては，単一の病変は単一の前駆細胞から発生すると報告されている．すなわち，単一の細胞がエピジェネティック異常により子宮内膜症細胞に変化するにあたり，DNAメチル化異常とそれに伴う遺伝子発現の変化により子宮内膜症に特異的な機能変化を獲得するのではないかと考えられている（**概論のイラストマップ**）．月経血逆流説では，種々の環境化学物質などによりDNAメチル化異常を起こした単一の子宮内膜の前駆細胞が免疫機構を免れ卵巣や腹膜に生着し，子宮内膜症細胞となる．また，体腔上皮化生説では，DNAメチル化異常を起こした腹膜上皮細胞の前駆細胞が分化して腹膜病変の子宮内膜症細胞となる．それらの子宮内膜症細胞はDNAメチル化異常に伴う遺伝子発現異常により，エストロゲンとPGE2（プロスタグランジンE2）の過剰産生という子宮内膜症細胞の形質を獲得し，増殖能を得て病変を形成する[1]．さらに，骨盤内炎症性環境などの影響や初経後のエストロゲンの曝露により病変の増殖・進展が引き起こされる．

3) 子宮内膜症細胞におけるエストロゲンとプロスタグランジンの過剰産生

興味深いことに，正常の子宮内膜ではエストロゲンは産生されないが，子宮内膜症では，病変において，エストロゲンやPGE2の産生が亢進しており，これが病変の進展に大きく関与すると報告されている．この病変での代謝異常にエピジェネティクス機構の異常が関与している（図4）[1]．

ⅰ) エストロゲン産生の増加

子宮内膜症病変の間質細胞では，転写因子SF-1をコードする遺伝子*NR5A1*のプロモーター領域が低メチル化異常をきたし，SF-1の発現が増加している（正常の子宮内膜ではSF-1は発現していない）．このSF-1はエストラジオール（E2）産生酵素のアロマターゼ発現を増加させる．また，プロゲステロン合成を調節するStAR（steroidogenic acute regulatory）タンパクのプロモーター領域も低メチル化異常をきたし，StAR発現が増加しプロゲステロン産生が増加し，エストラジオール合成の基質となる．

ⅱ) プロスタグランジンE2産生の増加

さらに，子宮内膜症病変の間質細胞では，ER-β（estrogen receptor-β）をコードする遺伝子*ESR2*のプロモーター領域も低メチル化異常をきたし，ER-βの発現が増加している[2]．正常の子宮内膜では，エストロゲンの作用はER-αを介するが，子宮内膜病変では逆にER-α発現が低下し，ER-β発現が著しく増加している．このER-βを介したエストラジオールの作用によりCOX-2（cyclooxygenase-2）の発現とPGE2の産生が亢進する．また，骨盤内の炎症により増加したサイトカインによってもCOX-2の発現とPGE2の産生が増加する．

ⅲ) エストロゲン代謝の異常

子宮内膜症病変の上皮細胞では，エストロゲン活性の高いエストラジオールを活性の低いエストロン（E1）に代謝する酵素である17β-HSD2の発現が低下し，その結果エストラジオール産生が増加するという異常も起き

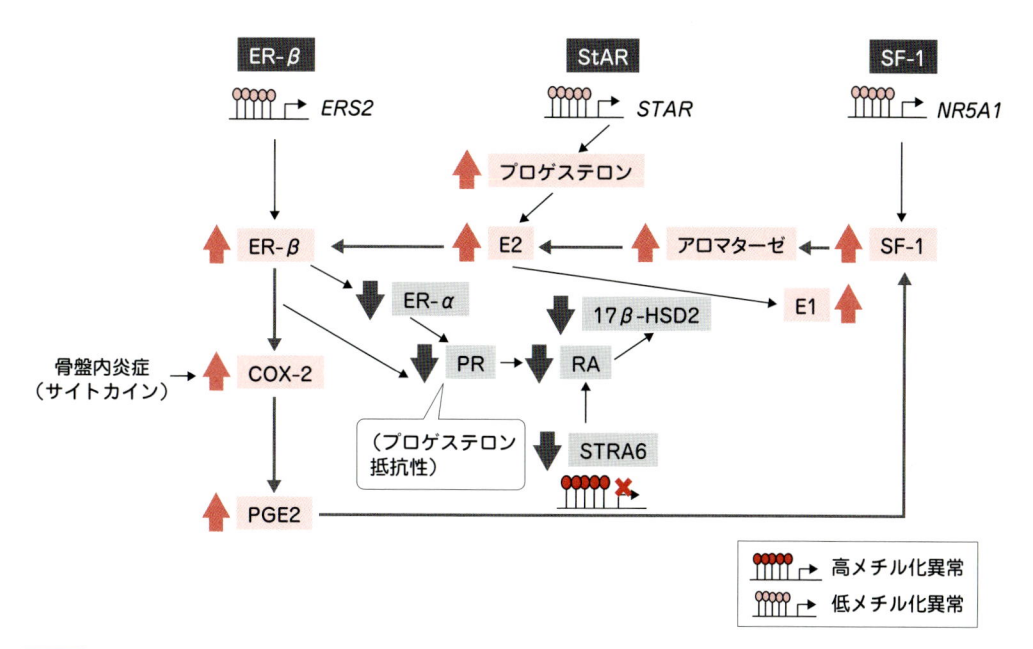

図4 子宮内膜症特異的DNAメチル化異常

ている．17β-HSD2の発現は間質細胞から産生されるRA（レチノイン酸）で調節されているが，子宮内膜症病変では，このレチノイン酸の産生が低下している[3]．この機序として，レチノイン酸の産生はプロゲステロンにより増加するが，過剰なER-βがPR（progesterone receptor，プロゲステロン受容体）のプロモーターに結合しその発現を低下させることや，ER-βがPRの誘導に関与するER-αの発現を抑制することが報告されている．さらに，われわれは，レチノイン酸の取り込みに必要な受容体タンパク質であるSTRA6がそのプロモーターの高メチル化異常により発現が低下していることを見出している．

4）プロゲステロン抵抗性

子宮内膜症の特徴の1つにプロゲステロン抵抗性が知られている．これはPRの発現低下による．この機序としては，前述したように，過剰なER-βがPRのプロモーターに結合しその発現を低下させることがある．さらに，PRはER-αによって誘導されるが，このER-αのプロモーターに過剰なER-βが結合しその発現を低下させることが考えられている．すなわち，このプロゲステロン抵抗性という特徴ももとはER-β遺伝子のプロモーター領域の低メチル化異常によるER-βの高発現が原因となっている．

5）SCARB1の低メチル化異常

最近，Borgheseらは，methylated DNA IP-on-Chip/promoter assayを用い，子宮内膜症の網羅的DNAメチル化解析を報告した[4]．正常の子宮内膜と比べ子宮内膜症病変では，病変タイプの違いにもよるが，約100〜230領域にDNAメチル化異常が認められた．プロモーター領域のDNAメチル化異常および発現異常をきたしていた遺伝子は35個あった．このうち，SCARB1（scanvenger receptor class B, member 1）は低メチル化高発現の遺伝子で，血中の高密度リポタンパク質からコレステロールをステロイド産生経路へ輸送する機能を考えると，子宮内膜病変局所でのエストロゲン産生の増加に関与すると考えられる．

参考文献

1) Bulun, S. E. : N. Engl. J. Med., 360 : 268-279, 2009
2) Bulun, S. E. et al. : Semin. Reprod. Med., 30 : 39-45, 2012
3) Pavone, M. E. et al. : Hum. Reprod., 26 : 2157-2164, 2011
4) Borghese, B. et al. : Mol. Endocrinol., 24 : 1872-1885, 2010

第3部 疾患とエピジェネティクス

9 先天性疾患
congenital disorders

久保田健夫

Keyword ❶ゲノムインプリンティング疾患　❷ICF症候群　❸Rett症候群

概論
先天性疾患におけるエピジェネティクスの関与

1. はじめに

　ヒトゲノムには,多数の繰り返し配列が存在する.これは感染したレトロウイルスなどが自らの配列(レトロトランスポゾン)をゲノムのあちこちに挿入するレトロトランスポジションという現象によって生じたと考えられている.この現象を抑制するために,感染されたヒト宿主側はDNA上のレトロウイルス配列をメチル化させ,レトロトランスポジションを抑制し,ゲノム配列の正常維持に努めている.すなわちヒトにおけるエピジェネティクスの役割は,感染性挿入配列の沈静化であった.

　さらに,エピジェネティックなゲノム修飾は遺伝子のON/OFF調節にも関与していることが理解されるようになった.

　以上のような知見があるにもかかわらず,当初,DNA上の修飾は文字通り「飾り物」でその重要性が疑問視されていた向きもあったが,1992年,DNAをメチル化させる酵素遺伝子のノックアウトマウスが胎生致死となることが判明したことから[1]), エピジェネティクスは生命誕生に必須であり,その重要性が確固たるものとなった.

2. ゲノムインプリンティング疾患

　また,「両親から受け継いだ1対の染色体は父由来のものと母由来のものが同等に働いている」という従来の定説を打ち破るかのように,ゲノムインプリンティング(第2部-2参照)という概念が提唱された.マウスの1対の6番染色体がともに母由来となっている個体と,ともに父由来となっている個体で表現型が異なることから,父由来染色体と母由来染色体の機能は同等ではないことが示された[2]).のちに,ヒトでもマウス6番染色体にあたるヒト15番染色体上〔**ゲノムインプリンティング疾患**(→**Keyword❶**)のPrader-Willi症候群とAngelman症候群の領域〕にゲノムインプリンティング遺伝子が存在することが示され,さらに発現差異のメカニズムがDNAのメチル化,すなわちエピジェネティックなゲノムの修飾であることが明らかにされた(**イラストマップA**).

3. X染色体不活化異常症

　ゲノムインプリンティングが遺伝子レベルでのエピジェネティックな抑制メカニズムであるとすると,X染色体の不活化(X不活化)(第2部-1参照)は,染色体レベルのエピジェネティックな抑制メカニズムである.X不活化は女性特有の2本のX染色体の片方が不活性化されている現象である.これは,男性(X染色体と小さく遺伝子数が少ないY染色体)と女性(2本のX染色体)の性染色体間の遺伝子数の差異を埋めるメカニズムと考えられている.もしX染色体の不活化が生じないと,その個体は流産すると考えられている.実際,精子と卵子の受精からの正常な発生ではなく,成熟した核を初期化して発生させる体細胞クローン技術で作製された個体においてX染色体不活化が正常に生じずに流産しているものがあることがわかっている.一方,片方のX染色体が非常に小さい場合は,生誕する例があり,X染色体不活化異常症とよばれている(**イラストマップB**).ただし出生直後から重篤な症状を呈する[3]).

イラストマップ　エピジェネティクスの関与する先天性疾患

A）ゲノムインプリンティング疾患 ── Keyword 1
異常な遺伝子抑制

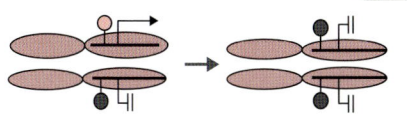

B）X染色体不活性化異常症
異常な染色体の活性化

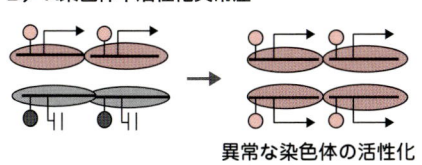

C）DNAメチル化酵素異常症（ICF症候群）── Keyword 2
不十分なメチル化

D）メチル化DNA結合タンパク質異常症（Rett症候群）
Keyword 3
異常な制御

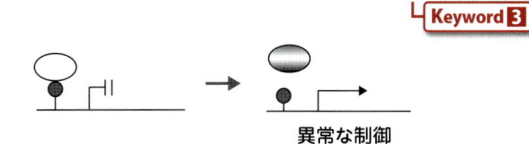

4. DNAメチル化酵素異常症

　以上のようなゲノムインプリンティングやX染色体といった基本的な生命現象が判明して以来、今日にいたるまでエピジェネティックな遺伝子発現制御にかかわるさまざまな酵素やタンパク質も同定されてきた。このようなタンパク質の代表的なものに、DNAをメチル化させる酵素（DNAメチル基転位酵素：DNMT）がある。これまで数種が同定され、そのうちの1つDNMT3bの遺伝子の変異がICF症候群（**特有な顔貌を伴う先天性免疫不全症候群**）（→Keyword 2）の原因であることが判明した（イラストマップC）。DNMT3bは、メチル化されていないDNAにメチル基（CH_3基）を連れてきて結合させる酵素で、その異常により、DNA上のメチル化が低下する。低下はとりわけヘテロクロマチン領域にみられ、これにより構造が脆弱化し、染色体標本上に断裂像が観察され、これが本疾患の診断指標となっている。

5. メチル化DNA結合タンパク質異常症

　またエピジェネティックな遺伝子発現制御にかかわるタンパク質として重要なものに、メチル化されたDNA領域を認識し、遺伝子の発現抑制に向かわせる働きをするメチル化DNA結合タンパク質がある（**イラストマップD**）。これまで数種が同定され、そのうちの1つであるMeCP2（メチル化CpG結合タンパク質2）の遺伝子変異が自閉症疾患のRett症候群（→Keyword 3）の原因であることが明らかにされた。本疾患患者が多彩な精神・神経症状を呈することから、エピジェネティックな遺伝子調節の破綻が脳機能異常を生じさせること、すなわち、脳の正常な発達や維持に正常なエピジェネティックなメカニズムが必須であることが理解されるようになった。

6. 今後の課題と治療の可能性

1）X染色体不活化

　以上、これまで明らかにされてきたエピジェネティクスが関与する先天性疾患について述べてきた。近年、ゲノムインプリンティングにおける片親由来の遺伝子の発現抑制には、DNAのメチル化だけでなく非コードRNA（タンパク質をつくらないRNA, non-coding RNA）が関与していることが明らかにされ、X染色体不活化においてもX染色体上の*XIST*遺伝子を中心とした不活化のメカニズムの理解が急速に深まっている。しかしながら、15番染色体の上で多数のインプリンティング遺伝子をコントロールしているインプリンティングセンターの実態や、X染色体上のセントロメア付近の*XIST*から発せられたRNAがX染色体の両端に向かって広がっていくメカニズムについてはまだ不明な点が多く、ゲノムインプリンティング疾患の理解のためにも解明が期待されている。

2）DNAメチル化酵素異常

ICF症候群においては，治療上重要な症状である免疫不全の病態がメモリーB細胞の著減であることが判明しているものの，DNAメチル化酵素異常の関係はまだ明らかでなく，特有の顔貌を呈さない患者が先天性免疫不全症候群患者のなかに埋もれている可能性も十分ある．今後の患者の実態解明が期待される．

3）ヒストンタンパク質修飾酵素の変異

メチル化DNA結合タンパク質とともにエピジェネティックな遺伝子発現抑制にかかわるタンパク質に，染色体ヒストンタンパク質にメチル化やアセチル化といった化学修飾を施すさまざまな酵素（ヒストンタンパク質修飾酵素）がある（第1部-4～8参照）．最近，このような酵素のうちの1つ（ヒストンH3K9脱メチル化酵素：EHMT）の遺伝子変異が，精神遅滞や特異顔貌などを認めるKleefstra症候群の原因であることが明らかにされた[4]．近年の次世代シークエンサーの普及とともに，比較的少数の患者から先天性疾患の遺伝子を同定することが可能となり，最近同定された遺伝子のいくつかはヒストンタンパク質修飾酵素遺伝子であった．これより，未解明の先天性疾患のなかから，ヒストンタンパク質修飾酵素遺伝子変異が原因である疾患が見出されることが期待されている．

4）メチル化DNA結合タンパク質異常

Mecp2ノックアウトマウスは，Rett症候群のヒトの患者の神経症状をよく模倣するマウスである．近年，このマウスに正常Mecp2遺伝子をOFFの状態で導入し，生後数週間経過後，神経症状の発症を認めてから薬剤を投与してONにしたところ，神経機能が回復したとする研究成果が発表された．これにより，MECP2発現を上昇させる薬物を見出し投与することで，ヒトでも症状改善が期待できる可能性が示唆された．

その一方，Mecp2ノックアウトマウスを脳を刺激するような良好な環境で飼育すると神経症状が軽度になるとの報告もなされた．すなわちエピジェネティクスタンパク質異常症のRett症候群は適確な治療により回復可能な疾患であり，また適切な養育環境で症状を軽減することも可能な疾患といえる．実際，適確な介入効果がヒト患者においてみられたとの報告もなされている[5]．

通常，先天異常症は，脳の形成の途中のステップで必要なタンパク質が欠損する例では，脳の形成が完成した生後にこのタンパク質を補充しても効果が低く，治療法がない疾患が多い．一方，エピジェネティクスタンパク質は脳の部品をコードしているのではなく，脳の「潤滑油」をコードしている．したがって生後の補充でも治療効果が期待される．エピジェネティクスが関与する先天異常症は，ON/OFFの切り替えが可能なエピジェネティクスの可逆性を土台にした，治療改善の可能性を有する疾患と考えられる．

参考文献

1) Cattanach, B. M. & Kirk, M. : Nature, 315 : 496-498, 1985
2) Kubota, T. et al. : Cytogenet. Genome Res., 99 : 276-284, 2002
3) Sakazume, S. et al. : Hum. Genet., 131 : 121-130, 2012
4) Kleefstra, T. et al. : Am. J. Hum. Genet., 91 : 73-82, 2012
5) Lotan, M. et al. : Dev. Neurorehabil., 15 : 19-25, 2012

参考図書

◆『エピゲノム研究最前線』（児玉龍彦，他／編），別冊医学のあゆみ，医歯薬出版株式会社，2011
◆『Prader-Willi症候群の基礎と臨床』（永井敏郎，他／編），診断と治療社，2011
◆『Neurodegenerative Diseases』（Ahmad, S. I., ed.），Springer, 2012

1 ゲノムインプリンティング疾患

▶英文表記：genomic imprinting disease

1）イントロダクション

遺伝子は両親から1対受け継がれる．すなわち父由来染色体と母由来染色体のそれぞれに存在し，同等に発現していると考えられてきた．このようななか，父由来染色体上では「発現する」が，母親の染色体上では「発現しない」との情報が刷込まれている遺伝子がある．このような遺伝子をゲノムインプリンティング遺伝子とよび，「片親発現」の現象をゲノムインプリンティング（第2部-2参照）とよんでいる．この「インプリンティング（刷込み）」のメカニズムとして，片親発現遺伝子の抑制されている側の遺伝子プロモーター領域のDNAのメチル化が明らかにされ，ヒトで最初に見出されたエピジェネティックな現象となった．

2）インプリンティング疾患とその原因

ゲノムインプリンティング疾患として知られているものに，Beckwith-Wiedemann症候群（臍帯ヘルニア，口から少し出るほどの大きな舌，4,000 gを超える巨大児出生などが主症状），Prader-Willi症候群（新生児期の筋緊張の低下，過食，肥満などが主症状），Angelman症候群（難治性てんかん，笑い発作，重度精神遅滞などが主症状）などが知られている．

Beckwith-Wiedemann症候群は11番染色体（11p15）に存在する父方片親発現遺伝子や母方片親発現遺伝子をめぐる種々の異常によって生ずることが明らかにされている[1]．Prader-Willi症候群は，15番染色体（15q12）領域に存在する「父方」片親発現遺伝子の発現低下が原因と考えられており，父由来15番染色体の欠失や，15番染色体が1対とも母から伝達される母方片親性ダイソミー，父由来15番染色上でこの領域のインプリンティングを司るインプリンティングセンター領域の変異や微細欠失が原因であることが判明している（図1 A）[2]．Angelman症候群では，15番染色体（15q12）領域に存在する「母方」片親発現遺伝子の発現低下が原因と考えられており，母由来15番染色体の欠失や，15番染色体が1対とも父から伝達される父方片親性ダイソミー，母由来15番染色上でこの領域のインプリンティングセンター領域の変異や微細欠失が原因であることが判明している（図1 B）．これらの知見をもとに，今では簡便な遺伝子検査により診断が可能となった[3]．

インプリンティング領域は，精子内，卵子内で真逆の

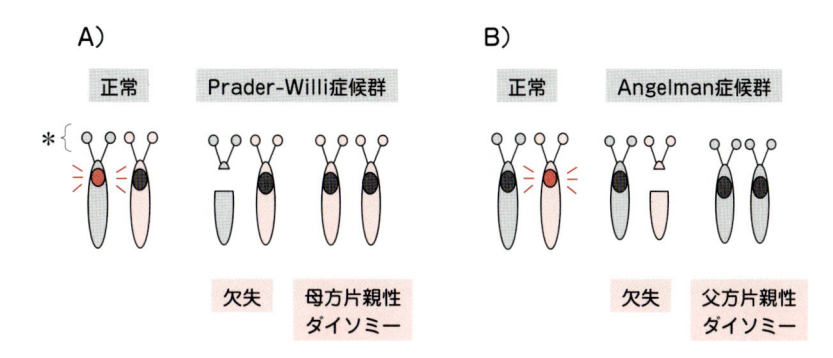

図1　Prader-Willi症候群とAngelman症候群のインプリンティング遺伝子異常

A）Prader-Willi症候群に関係する遺伝子は，父由来の染色体上で発現し，母由来の染色体上ではメチル化を受け発現が抑制されている．患者では，発現側の父由来染色体に欠失があるか，一対とも無発現の母由来染色体（母方片親性ダイソミー）となっている．B）またAngelman症候群に関係する遺伝子は，母由来の染色体上で発現し，父由来の染色体上では発現が抑制されている．患者では，発現側の母由来染色体に欠失があるか，一対とも無発現の父由来染色体（父方片親性ダイソミー）となっている．○：父由来染色体，○：母由来染色体，●：発現抑制遺伝子，●：発現している遺伝子．なお図中の15番染色体は短腕がなく，代わりにサテライト〔くり返し配列部分（＊）を有している〕

修飾が施される．すなわち精子のなかでは母親から受け継いだ刷込みが消去され，卵子内では父親から受け継いだ刷込みが消去される．したがって消去可能な「可逆性のあるメカニズム」であることが必要であり，この点で不可逆的なDNA配列変化（変異）ではなく，DNA上のメチル基の着脱によるエピジェネティックなメカニズムがこの考え方にフィットした．

　このようなインプリンティング領域の修飾の完全消去を根拠に，DNAのメチル化は精子，卵子内で完全に消去が完了すると考えられてきたが，最近，ゲノム上のDNA修飾が領域によっては消去されずに残存し，次世代に伝達される可能性が示されはじめ，獲得形質の次世代遺伝のメカニズムとして考えられるようになっている[4]．

参考文献

1) Kubota, T. et al.：Am. J. Med. Genet., 49：378-383, 1994
2) Glenn, C. C. et al.：Hum. Mol. Genet., 2：2001-2005, 1993
3) Kubota, T. et al.：Nat. Genet., 16：16-17, 1997
4) Franklin, T. B. et al.：Biol. Psychiatry, 68：408-415, 2010

Keyword 2 ICF症候群

▶英文表記：ICF syndrome
▶フルスペル：immunodeficiency, centromeric instability, facial anomaly syndrome

1) イントロダクション

　エピジェネティックな遺伝子発現の抑制は，メチル化されたDNAに結合するタンパク質（**3**のMeCP2など）によって遺伝子の発現抑制が達成される．この土台となるDNAのメチル化を達成させる酵素がDNAメチル基転位酵素（DNA methyltranseferese）である．具体的には，DNMT1, DNMT2, DNMT3a, DNMT3bなど数種の酵素が明らかにされており，DNA上のCpGの2塩基配列のシトシン上にメチル基（CH_3）を結合させる．これらの酵素のなかで，唯一，その変異で疾患が発症することが判明した酵素がDNMT3bで，変異の結果，発症する先天性疾患がICF症候群である[1]～[3]．

2) ICF症候群の特徴

　ICF症候群は，免疫不全（immunodeficiency），染色体セントロメアの脆弱性（centromere instability），特異顔貌（facial anomaly）の3主要症状の頭文字より命名された，世界でも20家系程度しか報告のないきわめてまれな疾患である．患者は免疫グロブリンの異常があるため定期的な点滴補充が必要であり，全体に粗な感じがみられる特徴的な顔貌を呈する．染色体標本を作製した際に1, 9, 16番染色体のセントロメア付近のヘテロ

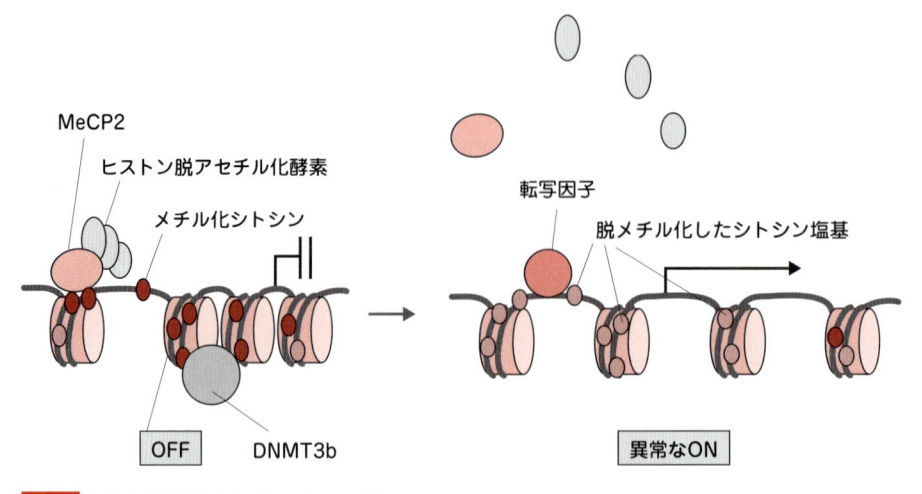

図2 ICF症候群の病態メカニズム
DNMT3b酵素の異常により，ヘテロクロマチン領域に正常なメチル化修飾がなされず脱メチル化が生ずる．このため，抑制されていた遺伝子の発現が解除され，異常発現が生ずることが予測されている

クロマチン領域での断裂像がみられるため，これが診断の決め手となるが，染色体解析担当者に浸透していないため，このような所見が標本作製の失敗と判断され，見逃される例が少なくないといわれている．

3）原因遺伝子と今後の課題

DNMT3bは染色体上のヘテロクロマチン領域をメチル化させ，この領域の染色体構造の安定化に寄与していると考えられている．また，*DNMT3b*遺伝子に変異がみられないICF症候群患者において，第2の責任遺伝子である*ZBTB24*に変異が見出された[4]．まだDNMT3bタンパク質の機能の詳細は不明であるが，ヘテロクロマチン領域を標的とする機能を有することが示唆されている[5]．

一方，特徴的な顔貌を呈さない免疫不全症患者において，原因となる遺伝子の探索が行われた際，偶然，*DNMT3b*に変異が見出された．このことから，先天性免疫不全の患者のなかに*DNMT3b*変異患者がさらに見出される可能性があり，どの程度の患者が本変異に起因しているかを明らかにする実態調査と，免疫担当細胞内での異常な脱メチル化（図2）による免疫不全の発症メカニズムの解明が，今後の課題となっている．

参考文献

1）Okano, M. et al.：Cell, 99：247-257, 1999
2）Shirohzu, H. et al.：Am. J. Med. Genet., 112：31-37, 2002
3）Kubota, T. et al.：Am. J. Med. Genet. A, 129A：290-293, 2004
4）de Greef, J. C. et al.：Am. J. Hum. Genet., 88：796-804, 2011
5）Nitta, H. et al.：J. Hum. Genet., 58：455-460, 2013

Keyword
3 Rett症候群

▶英文表記：Rett syndrome

1）イントロダクション

エピジェネティックな遺伝子の発現抑制は，まず遺伝子のプロモーター領域にメチル化修飾がなされる．これを認識して結合するタンパク質（メチル化CpG結合タンパク質）がメチル化されたDNAに結合し，さらにヒストン脱アセチル化タンパク質がよび寄せられてタンパク質複合体が形成される．最終的には脱アセチル化によるヒストンタンパク質の凝集により転写因子の結合が妨げられて遺伝子発現が抑制されると考えられている．ここで，遺伝子発現抑制にきっかけをつくるメチル化CpG結合タンパク質の1つがMeCP2（methyl-CpG-binding protein 2）である．

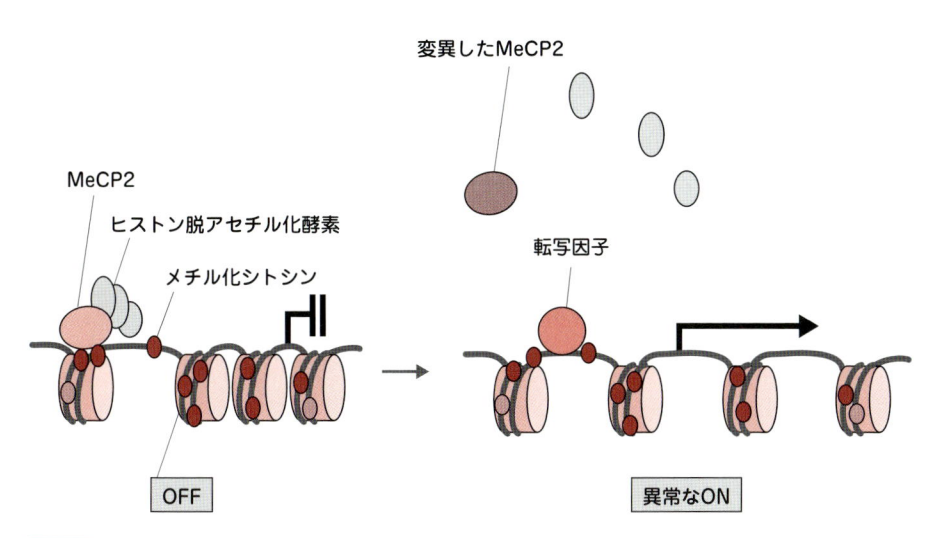

図3 Rett症候群の病態メカニズム

MeCP2タンパク質の異常により，DNA上に正常なメチル化修飾がなされていても，MeCP2がメチル化DNAに結合できず（もしくはタンパク質複合体の相手であるヒストン脱アセチル化酵素タンパク質に結合できず），本来の遺伝子の抑制を達成させることができない．このため，抑制されていた遺伝子の発現が解除され，異常発現が生ずる

2) 原因遺伝子 *MeCP2* の発見

一方，自閉症疾患の1つであるRett症候群の原因がMeCP2タンパク質をコードする遺伝子の変異であることが判明した．Rett症候群は女児のみに発症し，男児は胎生致死となる遺伝形式（X連鎖優性遺伝）であることから，責任遺伝子はX染色体上に存在すると考えられた．連鎖解析でさらに存在場所を絞ってから，大規模な遺伝子同定作業が行われた．その結果，患者の変異が見出されたのが，自閉症にかかわる神経伝達物質の遺伝子ではなく，神経機能へのかかわりが未知の*MECP2*であった[1]．

3) 症状と病態メカニズム

Rett症候群患者の臨床経過は，出生後半年程度は無症状であるが，その後，発達の遅れがみられるようになり，徐々に両手で手を揉むような動作，失調性歩行，てんかん発作，自閉的傾向を呈するようになる．患者は1万人に1人程度の頻度であり，女性の自閉症患者の60人に1人程度にあたる．

病態メカニズムは，MeCP2が結合して本来抑制されるべき遺伝子の脳細胞（神経細胞，グリア細胞）中の異常発現が想定され（図3），実際，脳栄養因子や神経細胞接着因子，RNAスプライシング因子など，多様な脳内因子をコードする遺伝子がMeCP2の被調節遺伝子として同定された[2][3]．

4) ノックアウトマウスの表現型と治療の可能性

*Mecp2*ノックアウトマウスやヒト患者変異を導入した*Mecp2*ノックインマウスが作製され，いずれもRett症候群様の症状を発現することが確認された．最近，*Mecp2*ノックアウトマウスを脳によい刺激を与える環境で養育すると，神経・行動障害が軽減することが明らかにされた[4]．さらに，*Mecp2*ノックアウトマウスに正常な*Mecp2*遺伝子を別に挿入させておき，神経症状が出そろったころにこの正常挿入遺伝子のスイッチをONにすると，症状が消失することも示された[5]．いずれもマウスでの研究ではあるが，これらの知見から生後の後天的な養育環境や治療により，改善させる可能性が期待できる疾患であると理解され，本格的な治療研究が開始されている．

参考文献

1) Amir, R. E. et al.：Nat. Genet., 23：185-188, 1999
2) Miyake, K. et al.：BMC Neurosci., 12：81, 2011
3) Miyake, K. et al.：PLoS One, 8：e66729, 2013
4) Lonetti, G. et al.：Biol. Psychiatry, 67：657-665, 2010
5) Guy, J. et al.：Science, 315：1143-1147, 2007

第3部 疾患とエピジェネティクス

10 再生医療
regenerative medicine

梅澤明弘, 西野光一郎

Keyword ❶細胞品質評価 ❷細胞がん化能 ❸細胞位置情報

概論 再生医療におけるエピジェネティクスの重要性

1. はじめに

　ヒト多能性幹細胞は，その作製段階にてエピゲノム改変を生じ，再生医療における細胞評価に用いられる．細胞固有のエピゲノムパターンは細胞の組織特異的遺伝子発現パターンを決める記憶装置として働き，各細胞の性質を決定づける基盤となる．ヒト多能性幹細胞のエピジェネティクス研究は，リプログラミング機構の解明につながるだけでなく，細胞の特性，未分化および分化制御機構の解明，さらには再生医療応用における移植細胞の細胞評価や規格化への応用につながる重要な領域である．ヒト体性細胞および多能性幹細胞のエピゲノム状態を定量することで**細胞品質評価**（→**Keyword❶**）システムを構築できる（イラストマップ）．

2. 再生医療とは

　再生医療とは，細胞，組織，足場を利用して組織の再生を促すことで，組織の機能を回復させる治療戦略である．ここでは，主に細胞製品の特性解析としてエピゲノムの試験が有用であることを紹介したい．細胞製品の特性解析には，分化能，ゲノム解析，タンパク質解析，感染物質の混入，また造腫瘍性試験がある．これらの試験に加え，細胞の個性を決めるエピゲノムの試験が有効であることが明らかとなってきた．すなわち，エピゲノムの状態を明らかにすることで，細胞の品質（スペック）が決められる．エピゲノム試験を行う対象としては，最終製品および原材料である細胞となる．それらの細胞は，有限の寿命を有する体細胞だけでなく，無限の寿命を有するiPS細胞やES細胞がある．有限の寿命を有する体細胞では，クローンでないことより一定の解析結果を得ることは難しいようにも思える．一方，iPS細胞およびES細胞ではクローンからなることより，正確なエピゲノム解析が可能となる．体細胞の場合でも，腫瘍性増殖が生じることにより均一の細胞集団となり，正確なエピゲノム解析が可能となる場合もありうる．それぞれのエピゲノム解析結果を判断するための評価指標および評価基準は，これからの基礎的研究の成果に依存する．

　そもそもリプログラミングによって作製されたiPS細胞では，エピゲノム試験評価項目および評価基準が一部明らかになっており，本項では，それらを例にして今後の再生医療におけるエピゲノム試験の理解を深めたい．

3. エピゲノム試験方法

　再生医療におけるエピゲノム試験は，通常の研究に用いる方法を利用することが一般的である．エピゲノム解析には，基礎研究ではヒストン修飾，ゲノムメチル化，クロマチン構造，miRNAなどが含まれるが，再生医療の特性解析としてはその科学的評価が定まっていることより，ゲノムメチル化のみを行う．

　エピゲノム解析の共通するプラットホームとしては，近年目覚ましい進歩がみられる包括的な解析方法として，Illumina Infinium HumanMethylation27 Beadchip，およびIllumina Infinium HumanMethylation450 Beadchipを用いたThe Infinium Methylation Assayがよいと思われる．また，ゲノムDNAの抽出を含めた試験方法は，illumina社が推奨する方法を採用している．

イラストマップ　再生医療製剤（最終製品・原材料）の品質管理

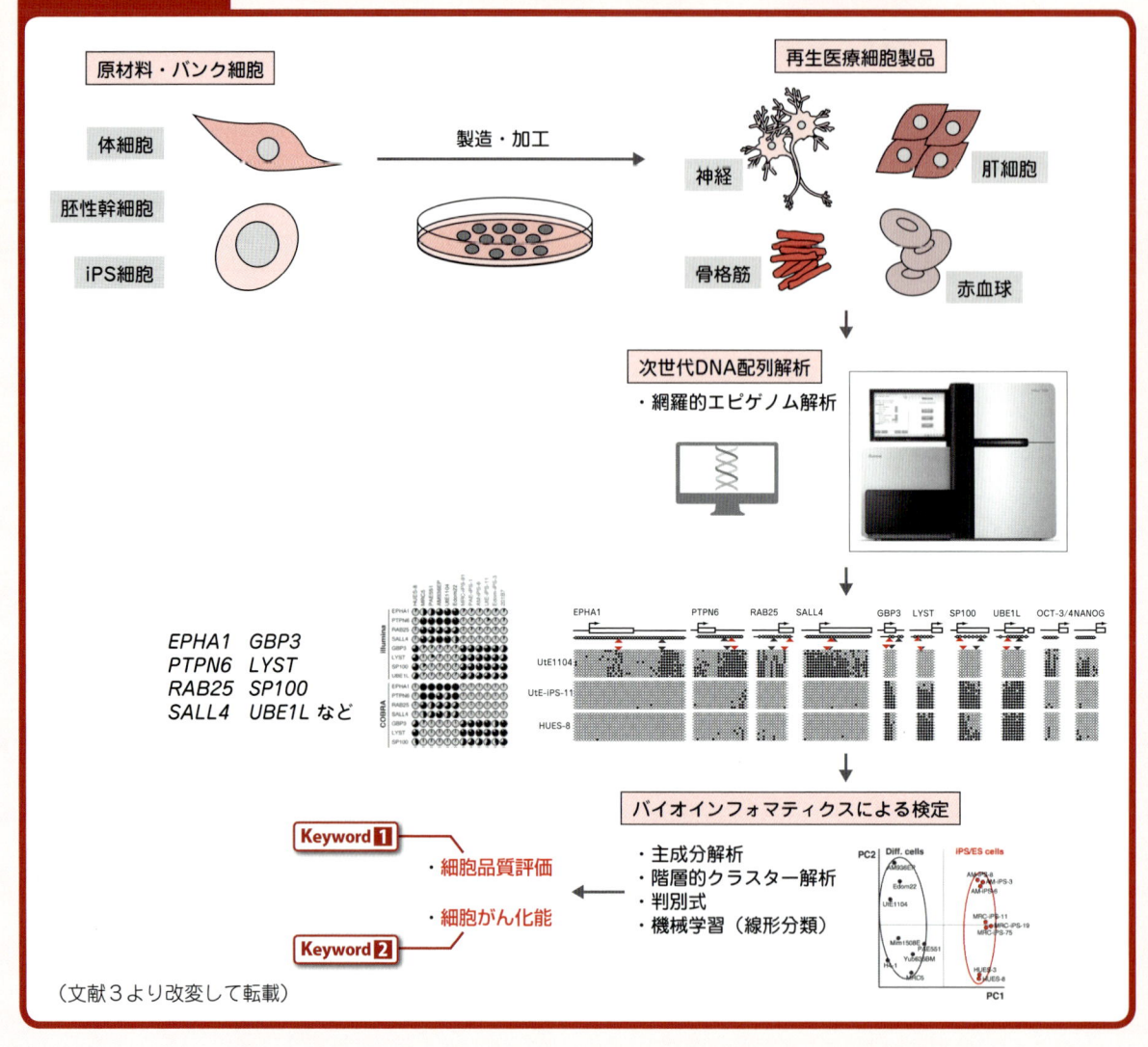

原材料・バンク細胞
- 体細胞
- 胚性幹細胞
- iPS細胞

→ 製造・加工 →

再生医療細胞製品
- 神経
- 肝細胞
- 骨格筋
- 赤血球

↓

次世代DNA配列解析
・網羅的エピゲノム解析

↓

EPHA1　GBP3
PTPN6　LYST
RAB25　SP100
SALL4　UBE1L　など

↓

バイオインフォマティクスによる検定
・主成分解析
・階層的クラスター解析
・判別式
・機械学習（線形分類）

Keyword 1：細胞品質評価
Keyword 2：細胞がん化能

（文献3より改変して転載）

これらの試験方法のみならず試験手順を固定することは、再生医療製品の評価を一般化するためにも必要不可欠である．当初は27Kのフォーマットを使用していたが、現在では450Kを使用している．少なくとも現時点においてはillumina社のフォーマットは上位互換（450Kのプローブ中に27Kはすべて含まれる）となっているため、過去のデータを利用することができ、エピゲノム試験による特性評価に一貫性が担保できる．試験結果に対して評価判断基準は、判別式、主成分解析、階層的クラスター解析（線形分類）を用いる．

4. iPS細胞に対するエピゲノム解析

iPS細胞のエピゲノム解析はリプログラミング機構の解析であり、iPS細胞を理解するうえで必要不可欠な研究である[1]．この問題を解決するため、われわれは8種類のヒト組織（子宮内膜、胎盤動脈、羊膜、胎児肺線維芽細胞、月経血、網膜、耳介軟骨、指皮膚）からヒトiPS細胞を300株以上樹立した[2]〜[4]．幹細胞はいろいろな遺伝子が発現可能であるために全ゲノム的には低メチル化状態であり、分化細胞では特定の遺伝子以外はメチル化されて抑制されているために全ゲノム的には高メチル化状態であると考えられていた．しかし、実際にDNAメチル化解析を行い詳細に調べてみると、全く逆の結果

となった[3)4)]. iPS細胞やES細胞では分化した体細胞より高メチル化部位が明らかに多いのである. さらにiPS細胞を分化させてみると, 高メチル化部位の数が減少した. 多分化能を有する多能性幹細胞の方が分化細胞より高メチル化状態である. これらの結果から, 未分化状態とは分化をメチル化で抑えている状態であり, 分化とは必要な遺伝子のメチル化を外し, ONにしているということになる.

5. 多能性幹細胞特異的DNAメチル化領域

われわれは体細胞からiPS細胞へリプログラミングされるときの特異的遺伝子である8遺伝子を同定した[4)]. *EPHA1*, *PTPN6*, *RAB25*, *SALL4*はES細胞, iPS細胞では低メチル化状態かつ高発現遺伝子であり, 一方, *GBP3*, *LYST*, *SP100*, *UBE1L*は体細胞で低メチル化状態かつ高発現, ES細胞, iPS細胞で高メチル化状態かつ発現抑制されている遺伝子である. これまでiPS細胞樹立におけるエピジェネティックマーカーとしては*OCT4*および*NANOG*遺伝子しか知られていなかった. ここで同定された8遺伝子は, 新たなエピジェネティックマーカーとして, iPS細胞の同定や細胞の評価マーカーとして有用性が高い.

また, iPS細胞は, ES細胞とは異なるメチル化可変領域があることが明らかとなった. 200～300領域においてES-iPS細胞間で異なるDNAメチル化可変部位 (異常メチル化部位) が検出された. 異常メチル化部位は, iPS細胞樹立初期ほどその数は多く, 培養とともに減少していく[4)]. つまりiPS細胞は培養初期では, ES細胞との違いが大きく, iPS細胞株間の違いも大きいが, 培養を続けていくと株間の違いが小さくなり, ES細胞に近づいていく. iPS細胞における異常メチル化はゲノムDNA上にランダムに起こる現象である.

6. エピジェネティクスによる形質転換の推測

培養細胞の形質転換, すなわち**細胞がん化能**(→Keyword**2**) は, 増殖因子依存性の低下, 増殖速度の増加, 形態変化 (小型化, 不ぞろいな形, アポトーシス), 接触阻止の喪失と積み重なり (パイルアップ), 運動性向上, 足場依存性の喪失 (軟寒天コロニー形成), 分化能の変化によって判断されてきた. 特に, 免疫不全動物への培養細胞の移植は, 形質転換の生体におけるアッセイで最も大事である. また, 腫瘍化過程にテロメラーゼ活性の出現, つまりhTERT遺伝子発現は必要不可欠である. これらの変化のみならず, 現在は再生医療用の細胞製剤にてゲノム試験を行う可能性について, 医薬品医療機器総合機構科学委員会細胞組織加工製品専門部会にて議論がなされるようになってきた.

ゲノムの変化に加え, エピゲノム変化が細胞がん化に直接的な原因となることが基盤的研究から解明されてきている. 再生医療製品の形質転換に関しても, それらの知見から判断することができる可能性が出てきた. 正常な細胞のエピゲノム状態および形質転換した細胞のエピゲノム状態にかかるデータベースが, 細胞医療製品の特性解析評価における判断基準を決める際の基盤となると考えられる.

7. おわりに

細胞固有のエピゲノムパターンは細胞の組織特異的遺伝子発現パターンを決める記憶装置として働き, 各細胞の性質を決定づける基盤となっている[5)]. そのことより, 再生医療応用における原材料および最終製品としてのヒト体性細胞の細胞評価や規格化へのエピゲノム試験応用は重要な領域である.

参考文献

1) Takahashi, K. et al. : Cell, 131 : 861-872, 2007
2) Toyoda, M. et al. : Genes Cells, 16 : 1-11, 2011
3) Nishino, K. et al. : PLoS One, 5 : e13017, 2010
4) Nishino, K. et al. : PLoS Genet., 7 : e1002085, 2011
5) Umezawa, A. et al. : Mol. Cell. Biol., 17 : 4885-4894, 1997

謝辞

原稿作成に関し支援いただいた鈴木絵李加氏に感謝します.

Keyword

1 細胞品質評価

▶英文表記：assessment of cell quality

1）細胞品質評価の規格化

　ヒト細胞の医療応用に際して必要となる特性解析では，特異的遺伝子や分化マーカー遺伝子の発現量の定量，インプリンティング遺伝子についてその発現安定性，細胞表面抗原のフローサイトメトリー解析および免疫組織染色，移植細胞の組織学的解析が行われている．これらの特性解析は，特に原材料となるヒトES細胞およびiPS細胞において国際的に標準化が進められている[1]．iPS細胞は，その作製段階にてエピゲノム改変が求められることより細胞評価に用いられる．山中らは，ヒトiPS細胞樹立にかかる論文にてエピゲノム解析を細胞評価の試験法として利用している[2]．ヒトiPS細胞のエピジェネティクス研究は，リプログラミング機構の解明につながるだけでなく，iPS細胞の特性，未分化および分化制御機構の解明，さらには再生医療応用における移植細胞の細胞評価や規格化，安全性の担保の応用につながる重要な領域である．

2）エピゲノム変化による評価

　分化した体細胞からiPS細胞への変換とはまさに発生の逆行であり，体細胞型エピゲノムから多能性幹細胞型エピゲノムへの劇的変化を示すものである．つまり，リプログラミングは全ゲノム的なエピジェネティック変化を伴う時間の巻き戻しである．エピゲノム変化を細胞評価として定量するに当たり，具体的なエピゲノム変化距離という指標を提唱できるのではないかと考えられている（図1）．このエピゲノム変化距離は，進化におけるゲノム変化距離を模倣したものであり，継代ごと（population doublingごと）の変化をみることで，安全性指標としての利用価値について検証している．

3）再生医療のガイダンス

　医薬品医療機器総合機構（PMDA）は，医薬品・医療機器審査等業務の一環として再生医療にかかるガイダンスなどを一覧したホームページを作製した（http://www.pmda.go.jp/）．公表資料，基準，製品開発において参考になる資料，リンクが掲載されており，きわめて有用である．また，随時更新されている点が特筆される．

参考文献

1）Schwartz, S. D. et al.：Lancet, 379：713-720, 2012
2）Takahashi, K. et al.：Cell, 131：861-872, 2007
3）Nishino, K. et al.：PLoS Genet., 7：e1002085, 2011

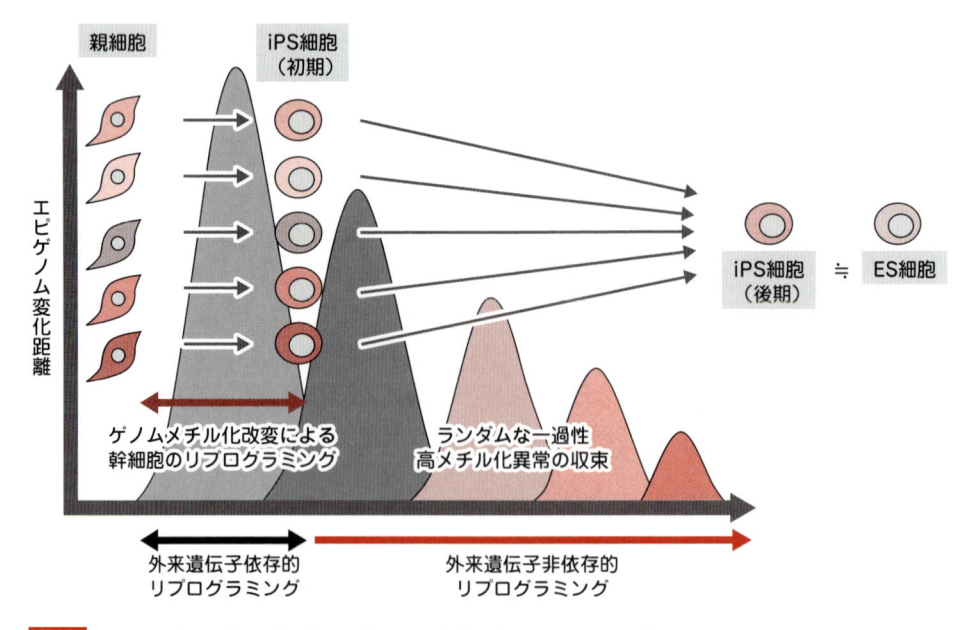

図1　iPS細胞リプログラミングのエピジェネティックモデル

外来遺伝子依存的リプログラミングでは，OCT4，NANOGを含むiPS/ES細胞特異的DNAメチル化可変遺伝子群の適切なDNAメチル化変化が生じる．長期培養における外来遺伝子非依存的リプログラミングでは，ランダムに起こる一過性の高メチル化異常の波が徐々に収束し，ES細胞に近づく（文献3より改変して転載）

Keyword
2 細胞がん化能

▶英文表記：cell transformation

1）イントロダクション

再生医療を念頭においた場合，培養という過程は「がん化」への一歩を進んでいるといえる．移植する細胞を培養することのない骨髄移植および臍帯血移植において，ドナー細胞が白血病化したという報告はあるものの，その頻度が決して高くないことから造血幹細胞移植は，変わらぬ高い評価を受けている．前述した「細胞培養が，がん化への一歩を進むことと」と「現実に施行されている細胞移植にてがん化が報告されていないこと」は矛盾する内容であるが，培養過程によるリスクを正確に捉え，再生医療・細胞移植を進めることが肝要となる．

2）造腫瘍性試験

培養細胞における形質転換でみられる，具体的な変化を表に示す．ここでいう形質転換という言葉は，培養細胞におけるがん化である．免疫不全動物への培養細胞の移植（造腫瘍性試験）は，形質転換の有無を生体において検討するアッセイで最も大事である．免疫不全動物は，ヌードマウスを使用することになるものの，NOD/SCIDまたはNOD/SCID/IL-2受容体γ欠損マウス（NOGマウス）にする必要があるかどうかのコンセンサスは得られていない．移植する場所は皮下が一般的であるが，各臓器に移植することも可能であり，投与方法にしたがって造腫瘍性試験を行うことが理想的である．

3）形態学的評価

形態学的な細胞評価は，きわめて重要である．形質転換の際には一般的に形態は変化する．特に，培養細胞の一部が顕著な増殖を示し，コロニー状を示したり，重層することがあり，これらの形態学的な変化を位相差顕微鏡下で検出することは，培養細胞全体の増殖速度の変化を認めることとともに肝要である．また，細胞がマイコプラズマなどの感染源に汚染されることにより形態が変化することもあり，増殖速度が減じることが形態をみることで明らかにできることもある．さらに，表皮製剤などでは形態学的に一枚のシート状に製造されているか，ここの細胞が敷石状配列をとっているかなどの観察は，細胞製剤の有効性に影響を与え，出荷判定基準として用いられる．

4）テロメラーゼ活性の評価

また，ES細胞やiPS細胞においては，原材料として未

表 培養細胞の形質転換でみられる変化

①増殖因子依存性の低下
②増殖速度の増加
③形態変化
・小型化
・形が不ぞろい
・アポトーシス
④接触阻止の喪失とパイルアップ
⑤運動性
⑥足場依存性の喪失
・軟寒天コロニー形成
⑦分化能の変化

分化状態が維持されているかどうかが形態学的にわかる．また，ES細胞およびiPS細胞は，hTERT遺伝子を未分化状態で発現し不死である．一方，体細胞はhTERT遺伝子を発現しておらず，腫瘍化過程にテロメラーゼ活性の出現，つまりhTERT遺伝子発現は必要不可欠である．hTERT遺伝子の発現が必要でない場合も確認されているが，hTERT遺伝子が腫瘍化過程の第一歩であることは間違いないことより，将来的には細胞評価の必須な項目になることはありうる．

参考図書

◆ Günes, C. & Rudolph, K. L.：Cell, 152：390-393, 2013

Keyword
3 細胞位置情報

▶英文表記：positional information of cells

1）イントロダクション

多能性幹細胞による多細胞体構築技術が開発され，眼杯，下垂体，消化管にみる三次元構造体構築は発生をうかがわせ，次世代の「リアルな多細胞体の再構築」が実現し，細胞と細胞の集団を自在に動態制御できる時代が訪れようとしている[1]．高度な臓器形成である脳や腎臓や肺をめざすには技術革新が必要であり，組織と組織の相互作用の設計も重要である．細胞と組織の細胞生物学的あるいは物理学的に動態を定量的かつ多次元的にとらえる発生の分野では，時間と空間を解析・制御することが研究そのものであってきた．

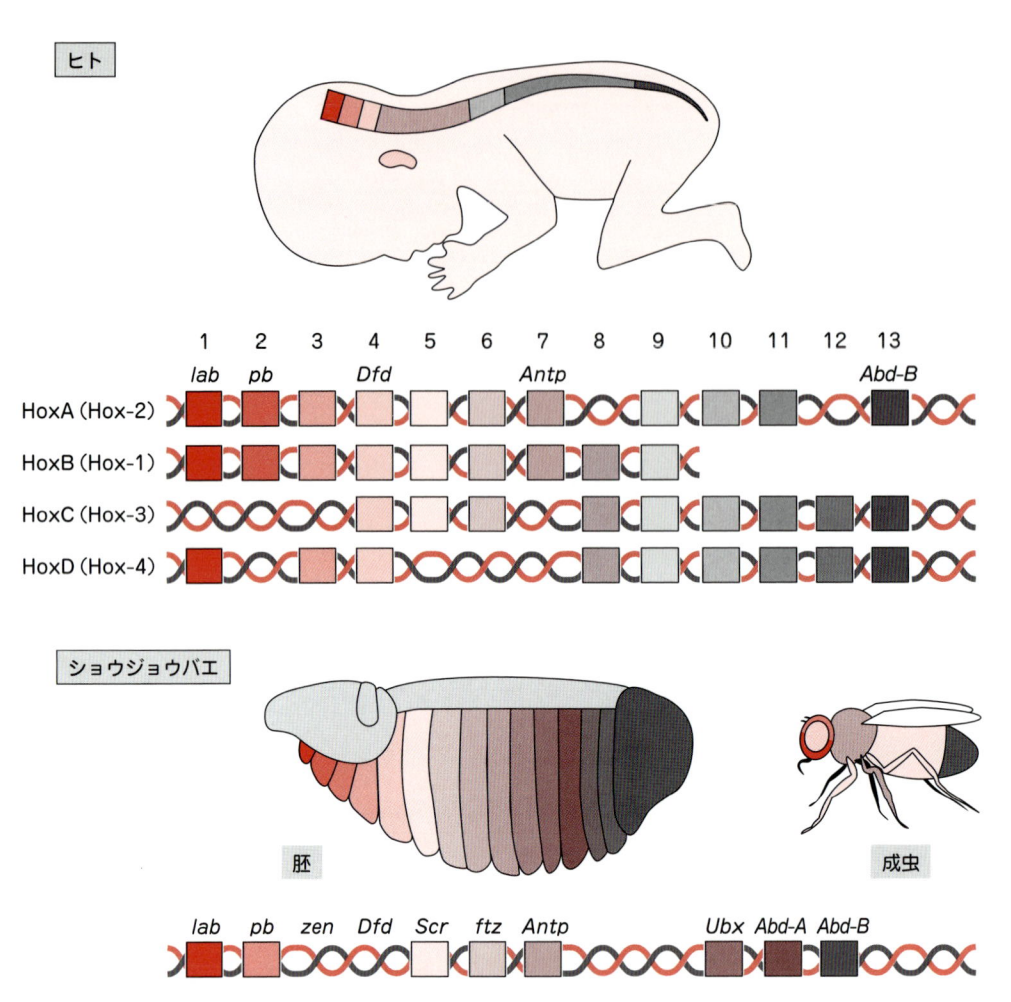

図2　ショウジョウバエとヒトのホメオティック遺伝子の比較

ショウジョウバエで8種類みつかったホメオティック遺伝子は，ヒトの場合は13種類あり，HoxA～Dの4コピーある．ショウジョウバエの場合は，頭部で働く遺伝子は前に，腹部で働く遺伝子は後ろというように，DNA上でも働く場所の順番に並んでいる．ヒトの遺伝子も同じような順番で並んでおり，その4組は別々の染色体にある．なお，各体節の色はそこで発現するホメオティック遺伝子の色と対応している

　再生医学でも同様であり，幹細胞の時系列解析・空間情報に注目し，時空間的なアプローチを積極的に導入することで，「自己組織化にみられる創発」を意識し，そのためには生きた状態で三次元的にリアルタイム計測をする．得られたデータからモデルまたはシミュレーションを行い，それが本当に正しいかどうかを確認するためには，実験系に再び戻り，モデルと同じ変化が現れるかをみていかなくてはならない．エンジニアリング分野の研究者との連携も含め，大量のデータ処理，画像処理のインフラを含めて構築することが肝要である．

2）ホメオティック遺伝子による位置決定

　細胞の位置情報を規定するのは，三次元上の3つの軸，すなわち頭尾軸，左右軸，背腹軸である．その頭尾軸を規定するのは，ホメオティック遺伝子である（図2）．ショウジョウバエでは，8種類のホメオティック遺伝子が知られる．各体節は，特定の1つのホメオティック遺伝子か，あるいは複数の遺伝子が組合わさって発現され，各体節の構造を決定する．これらの遺伝子のDNA上の配列は，体の軸に沿って遺伝子が発現する順番とほぼ一致している．ヒトなどの脊椎動物においても，ショウジョウバエの体節で次々にホメオティック遺伝子が発現される様式にきわめてよく似ている．

　脊椎動物では4組のホメオティック遺伝子が存在し，これらの遺伝子はショウジョウバエの遺伝子とおおまか

な対応をつけることができ，染色体中での配列も一致する．そして発生中の胚で，これらのホメオティック遺伝子は，ショウジョウバエでも脊椎動物でも頭部から尾部へと順に発現される．これらの遺伝子の発現は，エピジェネティクスにより制御されることは明らかである．このエピジェネティクスの解明は，細胞の位置情報を提供することにとどまらず，三次元培養の技術革新につながる．

3）今後の展望

複数の異なった細胞種から構成され，複雑な構造をもつ器官の発生様式は複雑なものであり，全貌が明らかになったとはいえない．また，ヒトES細胞やヒトiPS細胞から機能的なヒト臓器を $in\ vitro$ で得るためには，多くの技術的困難に打ち勝たなくてはならない．$in\ vitro$ での機能的な生体組織形成の試みは，組織の発生過程を再現できるような新たな培養技術や，その形成原理に迫ることができるような定量化技術あるいは細胞工学技術の開発が進み，形と機能を備えたヒト生体組織を試験管内で再現することに近づいている．エピジェネティクス研究がその一助になることは間違いないだろう．

参考文献

1）永楽元次：実験医学増刊，30：1626-1631, 2012

第3部 疾患とエピジェネティクス

11 エピジェネティクス治療
epigenetic therapy

小林幸夫

Keyword ❶DNA脱メチル化薬 ❷ヒストン脱アセチル化阻害薬 ❸Ezh2阻害剤

概論 エピジェネティクス薬開発の背景と現在の開発状況

1. はじめに

　造血器腫瘍ではエピジェネティクスが関係していると考えられている腫瘍は多く，すでに骨髄異形成症候群に対して，**DNA脱メチル化薬**（→Keyword❶）としてデシタビン，アザシチジンが使用されている．薬剤投与後には腫瘍抑制遺伝子をはじめとするDNAの脱メチル化が実際生じていて，そのことが抗腫瘍活性となっているのかどうかは必ずしも明らかではないが，第Ⅲ相試験の結果では，効果があることがはっきりと示されている．

　今ひとつ，エピジェネティクスが関連していると考えられる機序はヒストンのアセチル化である．**ヒストン脱アセチル化阻害薬**（→Keyword❷）であるボリノスタット（suberoylanilide hydroxamic acid：SAHA）は，それまで薬剤がなかった皮膚T細胞性リンパ腫（CTCL）に対してはじめて有効であることが示された．

　これら2種類の薬剤は近年腫瘍化の分子基盤が解明されることで再度脚光を浴びた治療であり，1980年代に分化誘導療法として細胞株で検討された経緯があり，いわば再発見された治療法ともいえる．

　さらに，最近になり，PcG（polycomb group proteins）を構成するタンパク質である，ヒストンのリジンのメチル化酵素のEzh2が悪性リンパ腫の一部で変異が生じていることが発見され，この抑制剤も開発されている（**Ezh2阻害剤**）（→Keyword❸）．

2. DNA脱メチル化薬

　近年，メチル化に関係する酵素の変異が急性骨髄性白血病（AML）および骨髄異形成症候群（MDS）でみつかっている．DNAのメチル化酵素にはDNMT1/3a/3b（第1部-1参照）が知られているが，これら遺伝子の発現増加は白血病などの細胞株で知られていたが[1]，さらにDNMT3a遺伝子はAMLの一部で変異が生じていることが判明した[2]．この酵素の変異はCpGアイランドでシトシンのメチル化を生じさせる．AMLの20％で生じており，予後は悪い．白血病化への機序ははっきりしないことが多いが，この酵素の減少で造血幹細胞をリンパ球系ではなく骨髄系へ分化させることが報告されている[3]．

　Tet2遺伝子はMDS，AML，一部の慢性骨髄増殖性疾患で変異がみつかっている．MDSでは変異のある場合に予後がよかったとの報告がある[4]．類似の遺伝子のTet1遺伝子は5-mC（5-メチルシトシン）を5-hmC（5-ヒドロキシメチルシトシン）に変換することがわかっていたが（第1部-2参照），Tet2遺伝子の変異のある場合にもDNA全体で5-hmCが少なく，ことにCpGアイランドでの低メチル化が生じていた[5]．この遺伝子変異は，IDH1/2遺伝子の変異のあるAMLとは重複を生じていない（相互排他的）．

　IDH1/2遺伝子はTCAサイクルの酵素であり，本来α-ケトグルタル酸が産生されるが，変異があるとその代わりにα-HG（2-ヒドロキシグルタル酸）を産生するようになる．ところが，α-ケトグルタル酸がTet2の基質として必要なため，IDH1/2の変異はTet2の失活と同様の結果を引き起こしていたことがわかった．これらの変異があるとDNAの高メチル化が生じることになる（イラストマップ❶）[6]．

イラストマップ❶ 脱メチル化剤による抗腫瘍作用

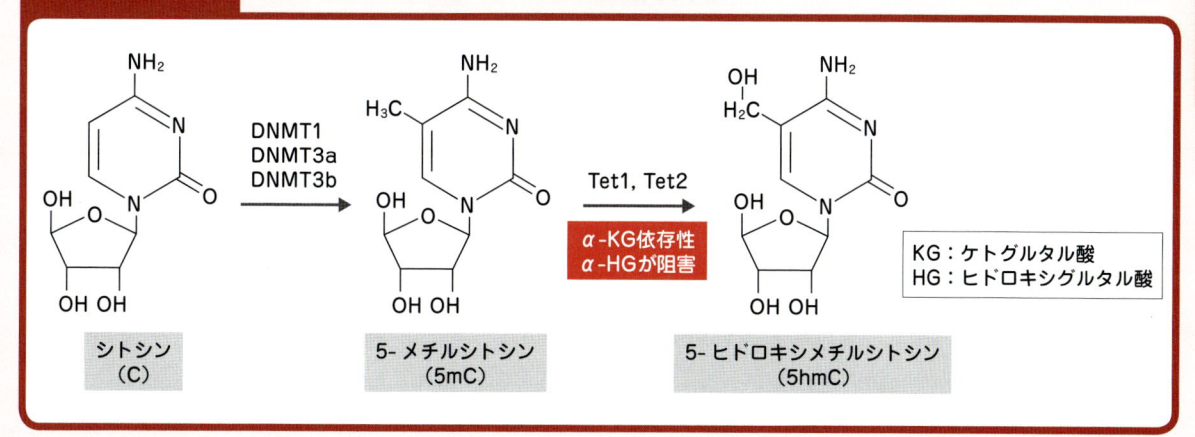

シトシン（C） → [DNMT1, DNMT3a, DNMT3b] → 5-メチルシトシン（5mC） → [Tet1, Tet2／α-KG依存性 α-HGが阻害] → 5-ヒドロキシメチルシトシン（5hmC）

KG：ケトグルタル酸
HG：ヒドロキシグルタル酸

イラストマップ❷ アザシチジンとデシタビンの代謝経路

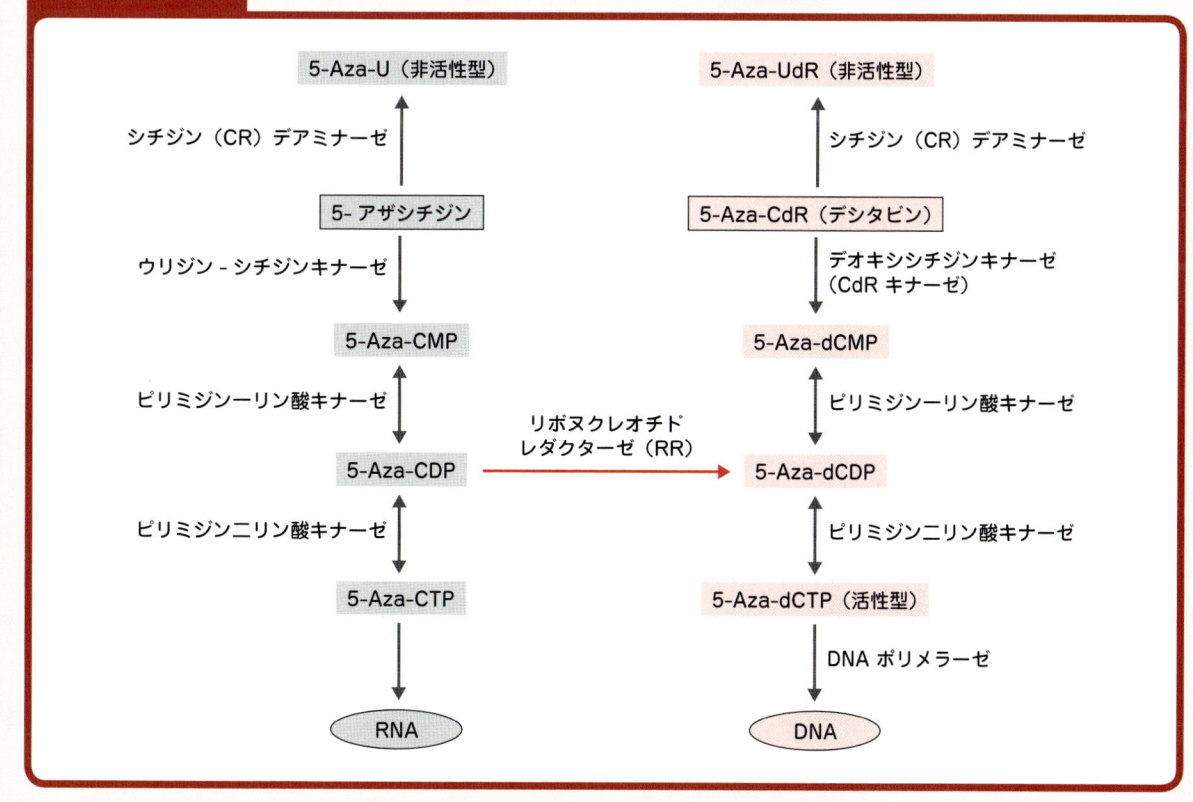

左経路：
- 5-Aza-U（非活性型） ←[シチジン（CR）デアミナーゼ]— 5-アザシチジン
- 5-アザシチジン ↔[ウリジン-シチジンキナーゼ] 5-Aza-CMP
- 5-Aza-CMP ↔[ピリミジン一リン酸キナーゼ] 5-Aza-CDP
- 5-Aza-CDP ↔[ピリミジン二リン酸キナーゼ] 5-Aza-CTP
- 5-Aza-CTP → RNA

リボヌクレオチドレダクターゼ（RR）：5-Aza-CDP → 5-Aza-dCDP

右経路：
- 5-Aza-UdR（非活性型） ←[シチジン（CR）デアミナーゼ]— 5-Aza-CdR（デシタビン）
- 5-Aza-CdR（デシタビン） ↔[デオキシシチジンキナーゼ（CdRキナーゼ）] 5-Aza-dCMP
- 5-Aza-dCMP ↔[ピリミジン一リン酸キナーゼ] 5-Aza-dCDP
- 5-Aza-dCDP ↔[ピリミジン二リン酸キナーゼ] 5-Aza-dCTP（活性型）
- 5-Aza-dCTP →[DNAポリメラーゼ] DNA

以上の遺伝子変化は，AMLだけではなく，MDSでも生じており，これらの変異があることが，DNA脱メチル化薬が，有効である機序と考えられているが，真のバイオマーカーの探索を含めてわかっていない部分が多い．

3. 転写因子とヒストンアセチル化[7]

HAT（ヒストンアセチル基転移酵素）であるCBPおよびp300の転座は多くの遺伝子の融合を生じさせて急性白血病の原因となることが知られてきたが，HDAC（ヒストン脱アセチル化酵素）活性がある遺伝子も腫瘍化に

関係していることがわかっている．急性前骨髄性白血病（APL）でのPML/RARAはHDAC活性をもつコリプレッサーであるし，悪性リンパ腫の一部ではbcl-6が過剰発現しておりHDACをリクルートする．したがって，これらの転写因子を阻害するためにHDAC阻害薬を使用すると効果が期待される．レチノイン耐性であるt（11；17）転座型のAPLではさらにHDAC阻害薬であるトリコスタチンAを加えることによって効果が認められている[8]．

HDAC阻害薬が実用化されているのは，T細胞性腫瘍である．ボリノスタットとロミデプシンがFDA承認を受けているが，この腫瘍では薬剤が限られていたことと臨床試験の好成績が承認につながっているが，造血器腫瘍，ことになぜT細胞性腫瘍なのかということに関しては，機序など不明である．

4. 併用療法の可能性

原理的にこれらの薬剤は相乗作用が期待される．少数例での報告に留まるが併用療法が報告されている．実験的には低用量のDNA脱メチル化薬を使用してその後にHDAC阻害薬を使用するとより有効である．白血病・MDSでは5-アザシチジン後にフェニルブチレートを組合わせて50％の有効率の報告[9]，デシタビンにバルプロ酸を組合わせた報告がある[10]．なお，アザシチジンとデシタビンの代謝経路をイラストマップ❷に示す．

5. おわりに

MDSは急性白血病と異なり「増殖」速度が問題とならないため，分化異常を改善することで治療効果が出現すると考えられるが，真の作用点を含めて今後の解析が必要である．

参考文献

1) Robertson, K. D. et al.：Nucleic Acids Res., 27：2291-2298, 1999
2) Ley, T. J. et al.：N. Engl. J. Med., 363：2424-2433, 2010
3) Bröske, A. M. et al.：Nat. Genet., 41：1207-1215, 2009
4) Kosmider, O. et al.：Blood, 114：3285-3291, 2009
5) Ko, M. et al.：Nature, 468：839-843, 2010
6) Figueroa, M. E. et al.：Cancer Cell, 18：553-567, 2010
7) Melnick, A. M. et al.：J. Clin. Oncol., 23：3957-3970, 2005
8) Lin, R. J. et al.：Nature, 391：811-814, 1998
9) Cameron, E. E. et al.：Nat. Genet., 21：103-107, 1999
10) Giles, F. et al.：Clin. Cancer Res., 12：4628-4635, 2006

Keyword
1 DNA脱メチル化薬

1）歴史
　薬剤の開発の歴史はきわめて古い．1960年代にシトシンのアナログの開発が進み，Ara-Cが骨髄性白血病で使用されるようになったのであるが，このときすでにデシタビンとアザシチジンとが開発されている（図1）．1980年代に臨床試験も行われたがAra-C以上の効果は得られず，開発はいったん終了していたが，DNAメチル化と腫瘍化，分化の機序の報告とともに，投与方法を変更した結果，2004年アザシチジンが，2006年にデシタビンが骨髄異形成症候群（MDS）に対して米国FDAで承認された．

2）アザシチジンとデシタビンとの違い
　デシタビン（5-Aza-2′-デオキシシチジン：5-Aza-CdR）はピリミジンの5位の炭素が窒素に置換されており，デオキシシチジンキナーゼの作用によってリン酸化を受けて一リン酸化された5-Aza-dCMPを経て，三リン酸化された5-Aza-dCTPへと変化を受ける（**概論のイラストマップ❷**）．これはDNAポリメラーゼのよい基質でありDNAに取り込まれる．このDNAに取り込まれた5-Aza-dCTPはDNMT（DNAメチル基転移酵素）と強固に結合する．その結果，DNMT活性を抑えDNA全体で低メチル化となり，がん抑制遺伝子でのメチル化によるサイレンシングも解除され脱腫瘍化が生じると考えられている．

　アザシチジンはデシタビンのデオキシリボースがリボースであることによりRNA componentとしても拮抗する．すなわち，ウリジン-シチジンキナーゼの働きにより5-Aza-CMPとなり，さらにモノリン酸およびジリン酸キナーゼの働きにより5-Aza-CDPを経て5-Aza-CTPとなる．これはRNAに取り込まれるのでRNA代謝阻害を起こし，ひいてはタンパク質合成阻害を引き起こす．一方5-Aza-CDPは，リボヌクレオチドレダクターゼ（RR）によって5-Aza-dCDPへ還元される．これ以降はデシタビンの経路と同様DNAに取り込まれる．すなわち，デシタビンでのDNA拮抗作用にRNA阻害が加わったものと考えられてきた．しかし，最近になり，むしろ，代謝拮抗剤としてのRNA阻害がアザシチジンの作用であるとする報告が行われた．Aimiuwuらはアザシチジンは，RRを抑制することによって用量依存性にdTTP，dATP，dCTP，dGTPも枯渇させており，むしろ代謝拮抗剤として働いていると報告した[1]．

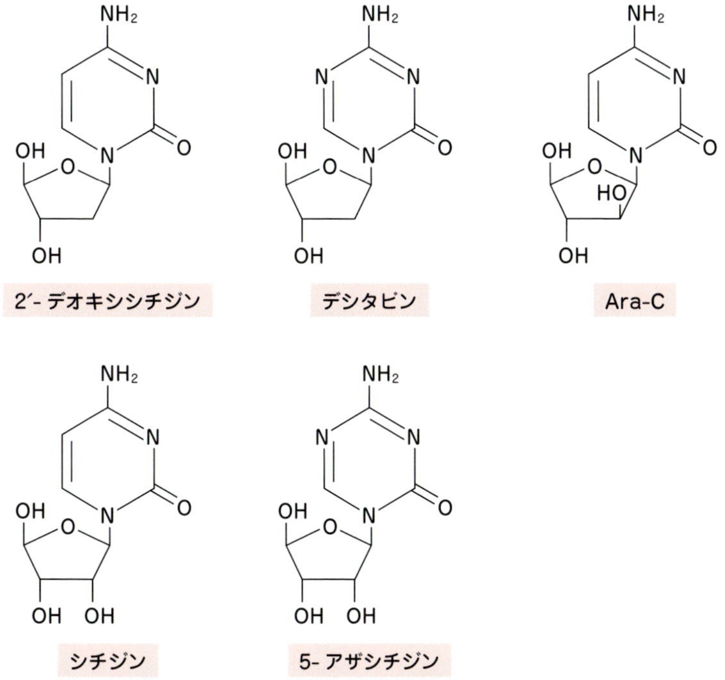

図1 シトシンおよびそのアナログ

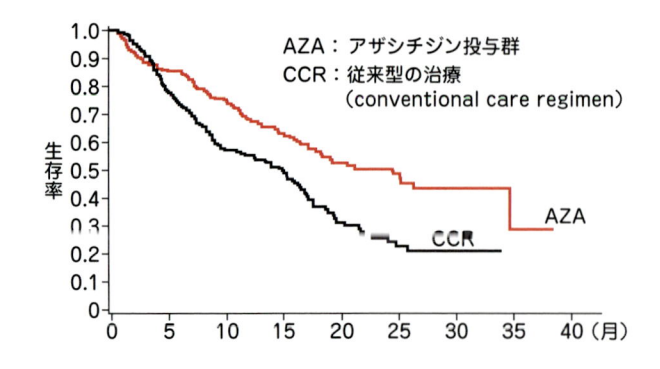

図2 AZA001試験
医師の選んだ治療に対して，いずれの場合もアザシチジン使用群が，生存率で凌いだ（文献2より引用）

3) 臨床的効果

生存率を主要評価項目とした臨床試験も行われており，ヨーロッパで，通常療法，すなわち主治医による標準的な白血病の寛解療法，低容量Ara-C，支持療法のいずれかを選んだ治療法との比較試験がされ，通常療法の場合の15カ月の生存期間中央値に対してアザシチジンでは24.4カ月で有意に生存率が延長していた（図2）[2)3)]．日本でも比較的汎用される低用量Ara-Cよりも生存期間が延長した点は重要である．

有効例をあらかじめ選択するためのバイオマーカーは**概論**で述べたメチル化に関連する遺伝子変異の有無など盛んに検討されているが，いまだ，一定ではない．

参考文献

1) Aimiuwu, J. et al.: Blood, 119: 5229-5238, 2012
2) Fenaux, P. et al.: Lancet Oncol., 10: 223-232, 2009
3) Fenaux, P. et al.: Br. J. Haematol., 149: 244-249, 2010

Keyword 2 ヒストン脱アセチル化阻害薬

▶英文表記：HDACI

1) イントロダクション

分化誘導剤としてDMSO（図3A）が知られてきたが，その機序がヒストン脱アセチル化阻害であることがわかり，実用化された．トリコスタチンA（TSA）は実験でよく使われる試薬である（図3B）．薬剤としてはボリノスタット（suberoylanilide hydroxamic acid：SAHA）（図3C）とロミデプシン（デプシペプチド，FK-228）（図3D）であり，HDACの触媒ポケットに直接結合する．抗腫瘍活性をもち，これらの作用は多くの抗がん剤と相乗的，相加的である．抗てんかん薬であるバルプロ酸も評価され，単剤も試験が行われているが，造血器領域では効果は限られているので，併用療法として使用された[1)~3)]．

HDACは遺伝子構造からいくつかの種類に分類されるが，薬剤によって，抑制される遺伝子が異なる[4)]．

2) 臨床試験

i) ボリノスタット

ボリノスタットでは50例の固形がんと23例の造血器腫瘍で第I相試験が行われた[5)]．有害事象は全身倦怠感，消化器毒性，高血糖であり，血液毒性が用量規制因子であった．ヒストンH3のアセチル化を末梢血単核球で観察しているが，Olsenらは200~600 mgの経口投与量で抑制を認めている．

さまざまながん腫のなかではじめて成功したのは，今まで有効な薬剤がなかった皮膚T細胞性リンパ腫であった．発表されている第II相試験では推奨用量1日1回400 mgを投与された74例中22例で重症度を加味した浸潤面積での改善を認めた[6)]．また，無増悪期間の中央値は5カ月，また奏効までの中央値は2カ月未満であった．有効例22例のうち14例が解析時点で試験が継続中であった．これらのデータで米国FDA承認が2006年になされた．

わが国でも悪性リンパ腫を対象に第I相試験を行い，米国と同用量の安全性が確認され，少数例であるが，10例中3例の有効例が認められ[7)]，わが国でも2011年に承認された．

ii) ロミデプシン（図3D）

ロミデプシンは藤沢製薬（現アステラス製薬）で山形県の土壌中細菌から抽出された．抗菌作用はなかったが，細胞株に対してのみ増殖抑制活性を示したため，抗腫瘍剤として開発された．開発は米国で進められ，1997年の第I相試験の後に前立腺がん，多発性骨髄腫，膵臓が

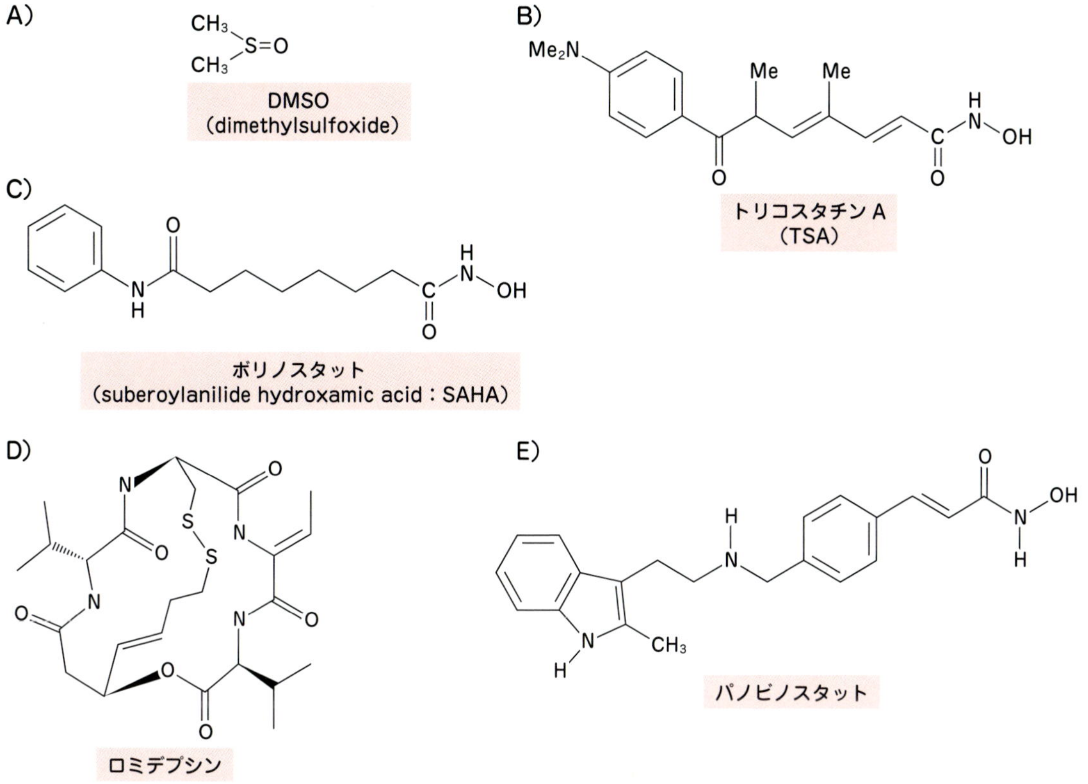

図3 ヒストン脱アセチル化阻害薬の構造式

A) DMSO (dimethylsulfoxide)
B) トリコスタチンA (TSA)
C) ボリノスタット (suberoylanilide hydroxamic acid : SAHA)
D) ロミデプシン
E) パノビノスタット

ん，乳がん，卵巣がん，悪性黒色腫，神経内分泌腫瘍，白血病で第Ⅱ相試験が行われたが，最も有効であったのが皮膚T細胞リンパ腫と末梢性T細胞性腫瘍であった．2009年に米国FDAで承認されており，わが国でも試験中である（2013年7月現在）．

iii）パノビノスタット（LBH589）（図3E）

造血器腫瘍腫瘍，急性骨髄性白血病（AML），急性リンパ性白血病（ALL），骨髄異形成症候群（MDS）で先行した[8]．CTCLをはじめとして有効例が認められているが[9]，固形がんではあまり有効例はなかった[10]．多発性骨髄腫でボルテゾミブとデキサメタゾンに対する上乗せ効果をプラセボとの比較試験がされており，わが国でもアザシチジンとの併用療法でMDSに対する試験が進行している（2013年4月現在）．

参考文献

1) Duenas-Gonzalez, A. et al.：Cancer Treat. Rev., 34：206-222, 2008
2) Garcia-Manero, G. et al.：Blood, 108：3271-3279, 2006
3) Soriano, A. O. et al.：Blood, 110：2302-2308, 2007
4) Haberland, M. et al.：Nat. Rev. Genet., 10：32-42, 2009
5) Kelly, W. K. et al.：J. Clin. Oncol., 23：3923-3931, 2005
6) Olsen, E. A. et al.：J. Clin. Oncol., 25：3109-3115, 2007
7) Watanabe, T. et al.：Cancer Sci., 101：196-200, 2010
8) Giles, F. et al.：Clin. Cancer Res., 12：4628-4635, 2006
9) Dickinson, M. et al.：Br. J. Haematol., 147：97-101, 2009
10) Prince, H. M. et al.：Future Oncol., 5：601-612, 2009

3 Ezh2阻害剤

▶英文表記：Ezh2 inhibitor

1）骨髄異形成症候群からみつかった *Ezh2* 遺伝子変異

ポリコーム複合体2（polycomb repressive complex 2：PRC2）はヒストン修飾を行い分化抑制する[1]．DNAのメチル化を維持しているが，このヒストンリジンメチル化の本体が*Ezh2*遺伝子である[2]．*Ezh2*遺伝子はその

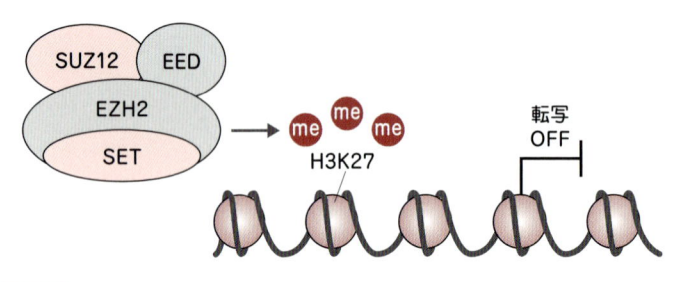

図4 EZH2の変異と転写調節

A) *Ezh2*遺伝子変異

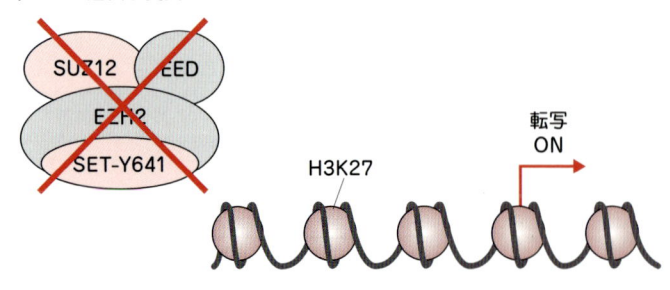

B) *Ezh2*過剰発現

図5 Ezh2阻害剤

変異および，欠失が第7番染色体の長腕の欠失をもつ骨髄異形成症候群（MDS）から発見された[3]．一方のアレルでの欠失ともう片一方のアレルでの変異が生じているので，古典的ながん抑制遺伝子と考えられる．

2）濾胞性リンパ腫における*Ezh2*遺伝子変異

一方，1）とは別に，悪性リンパ腫の1つの型である濾胞性リンパ腫（DLBCL）の全エキソンおよび全トランスクリプトームの解析（whole transcriptome shotgun sequencing：WTSS）を行い，変異と考えられるもののうち，タンパク質構造を変化させるものを選び出した．そのうちの1つが，*Ezh2*遺伝子のエキソン15であり，Y641でアミノ酸置換が生じてHになっていた[4)5]．この部分は，SETドメインの部位でありPRC2複合体の触媒部位であり，H3K27のメチル化を引き起こす（図4）．他のびまん性大細胞型悪性リンパ腫でのWTSSの結果も31例中で，4例でこのYに集中してアミノ酸置換が生じていた．この変異はMDSでの変異部位とは異なる．興味あることにこの変異があるものは，DLBCLのうちでも，胚中心由来B細胞と考えられるものに限られていた．この変異体は*in vitro*のH3K27のメチル化活性で検討すると，7分の1以下の活性であった．Ezh2は乳がんや前立腺がんでmRNAが増加しているのでがん化と関係すると考えられてきたが，リンパ節の胚中心でもmRNAは増加しており，このSETドメインを発現させなくするとB細胞は分化できなくなる[6]．

3）臨床への展望

この酵素の阻害剤は設計がすでに行われており，野生型か変異体かを区別せずに150分の1に活性を下げる小分子化合物がスクリーニングされた（図5）．現在，米国で臨床試験がはじまっている[6]．

参考文献

1) Margueron, R. & Reinberg, D. : Nature, 469 : 343-349, 2011
2) Xu, C. et al. : Proc. Natl. Acad. Sci. USA, 107 : 19266-19271, 2010
3) Nikoloski, G. et al. : Nat. Genet., 42 : 665-667, 2010
4) Morin, R. D. et al. : Nat. Genet., 42 : 181-185, 2010
5) McCabe, M. T. et al. : Proc. Natl. Acad. Sci. USA, 109 : 2989-2994, 2012
6) McCabe, M. T. et al. : Nature, 492 : 108-112, 2012

第4部

エピジェネティクス解析技術

1 DNAメチル化解析法①
  個別領域のDNAメチル化解析
2 DNAメチル化解析法②
  網羅的なDNAメチル化解析
3 ヒドロキシメチル化DNA解析法
4 ヒストン修飾検出法
5 高次構造解析
6 エピジェネティック修飾を標的とする阻害剤
7 インフォマティクス解析

第4部 エピジェネティクス解析技術

1 DNAメチル化解析法①
個別領域のDNAメチル化解析
methods of DNA methylation analysis of individual genomic regions

竹島秀幸，牛島俊和

Keyword ❶バイサルファイト処理 ❷メチル化特異的PCR法 ❸MethyLight法
❹パイロシークエンス法 ❺MassARRAY®法

概論
個別領域のDNAメチル化解析手法の概略

1. はじめに

　DNAメチル化を正確に解析することは，個体発生や細胞分化のしくみの解明，がんなどのさまざまな疾患の本態解明に重要であるだけでなく，疾患の正確な診断などにも有用である．メチル化を解析する手法は，①個別領域を解析する手法と，②ゲノム網羅的に解析する手法（第4部-2参照）の2つに大別できる．本項では，個別領域におけるメチル化解析手法について，各手法の原理と特徴について述べる．

2. DNAメチル化解析手法の原理

　個別領域の解析・ゲノム網羅的な解析にかかわらず，DNAメチル化を解析する手法の多くは，**バイサルファイト処理**（→Keyword❶）による塩基変換，メチル化感受性の制限酵素によるDNA切断，抗体やメチル化DNA結合領域（methylated DNA binding domain：MBD）をもつタンパク質によるメチル化DNAの濃縮のいずれかの原理を利用している[1]．

1）バイサルファイト処理を利用した解析

　❶で詳しく述べるように，DNAをバイサルファイト処理することで，DNAメチル化状態の違いが塩基配列の違いに変換される．この塩基配列の違いを検出することで，メチル化状態を知ることができる．バイサルファイト処理後の塩基配列の違いは，①メチル化されたDNA，または，されていないDNAに由来する塩基配列に特異的なプライマーを用いたPCR〔**メチル化特異的PCR**（methylation-specific PCR：MSP）法[2]（→Keyword❷）およびMethyLight法[3]（→Keyword❸）〕，②塩基配列自体の解析〔バイサルファイトシークエンシング法，**パイロシークエンス法**[4)5)]（→Keyword❹）〕，③塩基配列の違いから生じる質量差の解析（**MassARRAY®法**）（→Keyword❺），④制限酵素認識配列の変化によるDNA切断の有無の解析（combined bisulfite restriction analysis：COBRA法）などにより検出することができる．

2）メチル化感受性酵素を利用した解析

　Hpa II（認識配列：5′-CCGG-3′）や*Hha* I（認識配列：5′-GCGC-3′）などの一部の制限酵素は，その認識配列内に存在するCpG部位がメチル化されていると，DNAを切断することができない．これを利用して，特定の認識配列について，切断された（メチル化されていなかった）DNA量と切断されなかった（メチル化されていた）DNA量を測定することで，DNAメチル化レベルを算出することができる．

3）メチル化DNAを認識するタンパク質を利用した解析

　5-メチルシトシンを認識する抗体（メチル化DNA免疫沈降法，methylated DNA immunoprecipitation：MeDIP）やMBDをもつタンパク質（methylated-CpG island recovery assay：MIRA）を用いることで，DNAメチル化を解析することができる．これらのメチル化DNAを認識するタンパク質を用いて，短く断片化したDNAを免疫沈降することで，メチル化DNA断片を濃縮する．濃縮されたDNA量をリアルタイムPCRなどで定量的に測定することで，メチル化レベルを算出すること

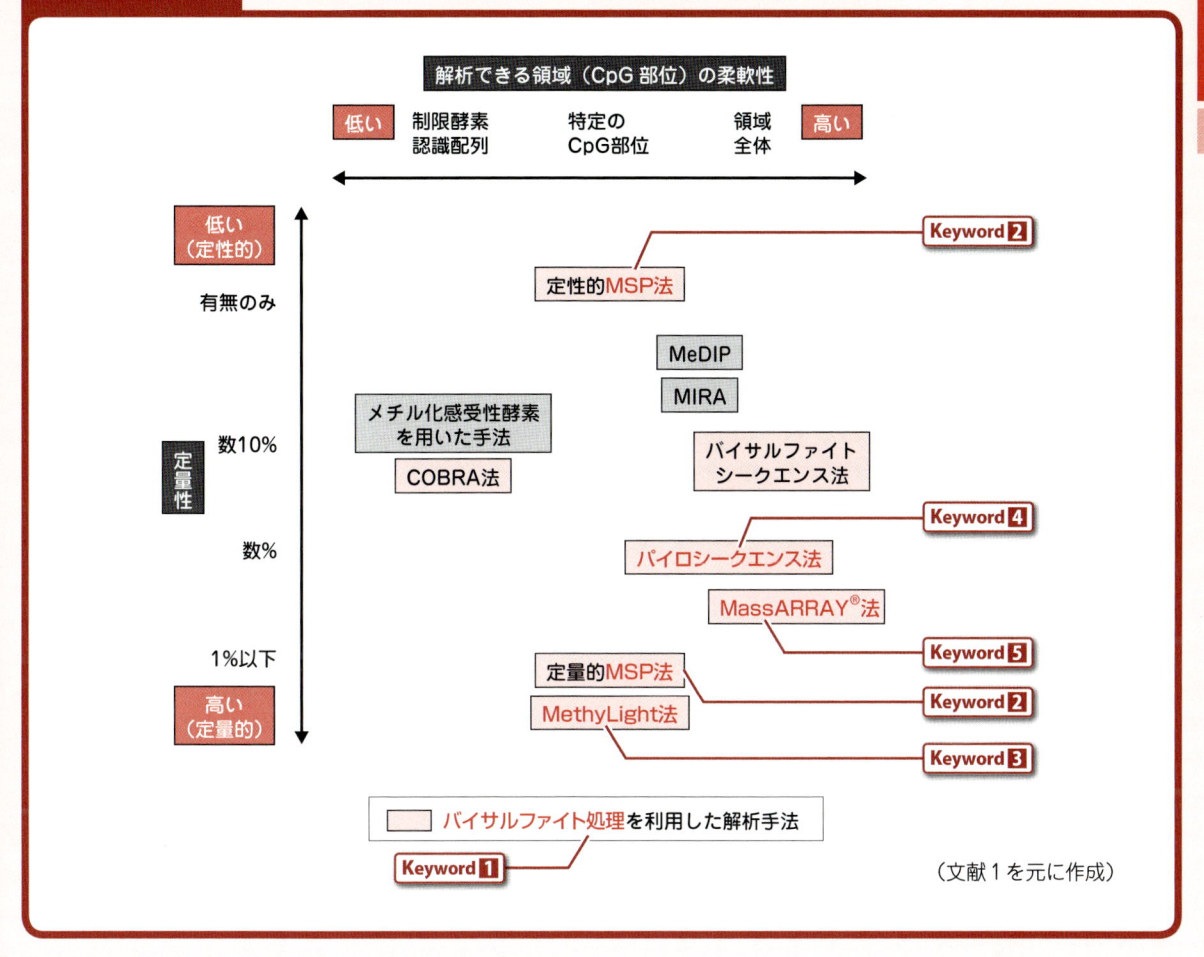

イラストマップ❶ 個別領域のDNAメチル化解析手法の特徴

解析できる領域（CpG部位）の柔軟性

低い ← 制限酵素認識配列 ／ 特定のCpG部位 ／ 領域全体 → 高い

定量性
- 低い（定性的）：有無のみ
- 数10％
- 数％
- 1％以下
- 高い（定量的）

配置：
- 定性的MSP法 — Keyword❷
- MeDIP
- MIRA
- メチル化感受性酵素を用いた手法
- COBRA法
- バイサルファイトシークエンス法
- パイロシークエンス法 — Keyword❹
- MassARRAY®法 — Keyword❺
- 定量的MSP法 — Keyword❷
- MethyLight法 — Keyword❸

■ バイサルファイト処理を利用した解析手法 — Keyword❶

（文献1を元に作成）

3. 各解析手法の特徴

解析できるCpG部位の数や定量性は，どのDNAメチル化解析手法を選ぶかによって異なる（**イラストマップ❶**）．これらを踏まえて，実験の目的に合った解析手法を選ぶ必要がある．

1）解析できる領域（CpG部位）の柔軟性

DNAメチル化感受性酵素を利用した解析手法やバイサルファイト処理後の制限酵素認識配列の変化を利用した解析手法（COBRA法）は，認識配列内のメチル化状態しか解析できない．これらに対して，MSP法やMethyLight法は，CpG密度の高い領域であれば，ほぼ任意の領域を解析することができる．一方で，バイサルファイトシークエンス法，パイロシークエンス法，MassARRAY®法は，CpG密度によらずほぼ任意の領域の解析が可能であり，解析領域の柔軟性が高い．

2）定量性の違い

DNAメチル化レベルの定量においては，精度（測定値がどれくらい正しいのか）と感度（どの程度のメチル化レベルまで検出可能か）の両方が重要となってくる．定性的MSP法は，1,000分子に1分子程度のメチル化でも検出することができるが，定量性はほとんどない．また，MeDIPやMIRAも免疫沈降にもとづいた解析手法であるため，精度・感度ともにそれほど高くはない．一方で，パイロシークエンス法，MassARRAY®法，定量的MSP法およびMethyLight法は，精度・感度ともに高く信頼性の高い解析が可能である．特に，定量的MSP法およびMethyLight法は，1％以下から100％まで非常に幅広い範囲でのメチル化レベルの定量が可能である．

イラストマップ❷　CpGアイランドのメチル化パターンの違い

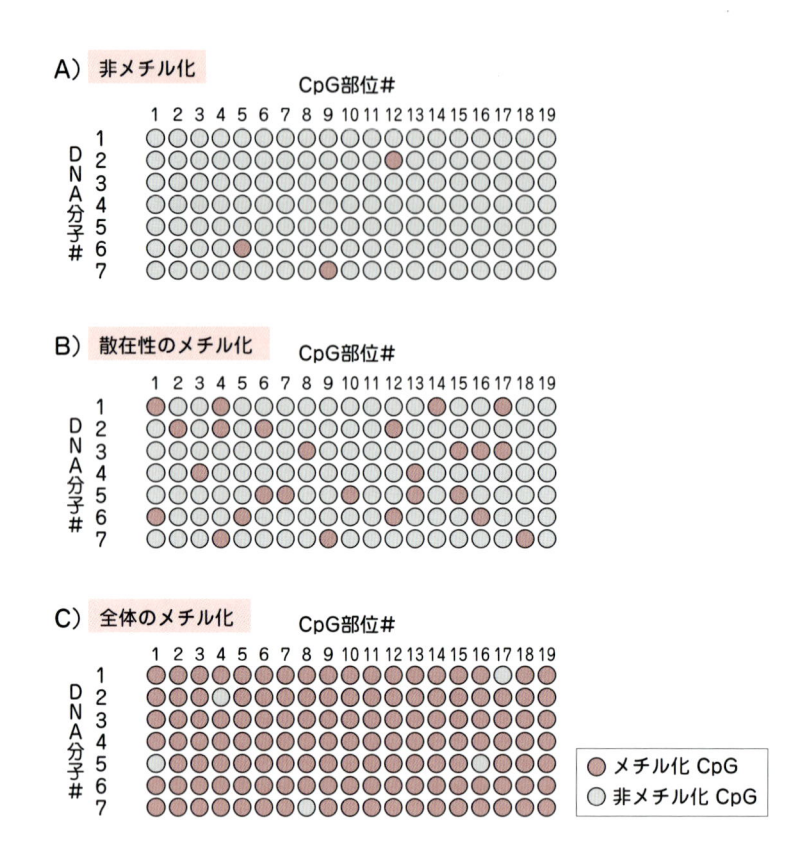

A) 非メチル化
B) 散在性のメチル化
C) 全体のメチル化

● メチル化 CpG
○ 非メチル化 CpG

3) 解析コスト・機器の違い

　個別領域の解析手法を選ぶうえで，各手法のコストや解析に必要な機器も考慮する必要がある．定性的MSP法は，必要な機器がサーマルサイクラーのみであり最も簡便な手法である．定量的MSP法，MethyLight法では，PCR増幅をリアルタイムで検出できるサーマルサイクラーが必要となるが，手法自体は比較的簡便である．ただし，MethyLight法は，TaqMan®プローブが高価であるのが難点である．一方で，パイロシークエンス法やMassARRAY®法は，試薬がやや高価であり，解析に専用の機器が必要となる．

4. メチル化された領域およびメチル化パターンの意義

　個別遺伝子のDNAメチル化を解析する場合には，遺伝子のどの領域を解析するかで結果の解釈が異なってくる．また，検出したいメチル化のパターンによって選択すべき解析手法が異なってくる．

1) DNAメチル化領域と遺伝子転写の関係

　遺伝子のどの領域がメチル化されているかによって，転写との関係が大きく異なる．遺伝子の転写開始点直上にみられるヌクレオソーム非存在領域（転写開始点から約200 bp上流までの領域）にCpGアイランドが存在する場合，その領域がメチル化されていると下流の遺伝子の転写は常に抑制される[6]．一方で，遺伝子体部（gene body）に存在するCpGアイランドのメチル化は転写活性化と相関する場合がある．したがって，転写抑制の原因となるメチル化を解析したい場合は，ヌクレオソーム非存在領域のメチル化を解析する必要がある．

2）CpGアイランドのメチル化パターンの違い

CpGアイランドのメチル化パターンは，アイランドに含まれるほとんどのCpG部位がメチル化されていない状態（非メチル化），一部のCpG部位のみがメチル化された状態（散在性のメチル化），ほぼすべてのCpG部位がメチル化された状態（全体のメチル化）に分けられる（**イラストマップ❷**）．散在性のメチル化は，転写抑制には関与しないものの，CpGアイランド全体のメチル化が誘発される際の「種」("seeds" of methylation)[7]として重要である．また，脱メチル剤処理後など特殊な状況下でも認められる．このようなメチル化の検出には，バイサルファイトシークエンス法が適している．一方で，CpGアイランド全体のメチル化は，転写抑制の原因として重要である．このようなメチル化の検出には，バイサルファイトシークエンス法，MSP法，MethyLight法およびMassARRAY®法が適している．

3）DNA分子ごとのメチル化様式

ある個別領域のDNAメチル化レベルが50％である場合，「完全にメチル化されたDNA分子と完全に非メチル化のDNA分子が等量存在する場合」と「CpG部位がランダムにメチル化されている場合」の2通りが考えられる．インプリント遺伝子などのメチル化可変領域や臨床検体などヘテロな材料のメチル化レベルを解析する際には，バイサルファイトシークエンス法によりDNA分子ごとのメチル化様式を解析することも重要となる場合がある．

5. おわりに

以上のように，個別領域のDNAメチル化を解析するためにさまざまな解析手法が開発されている．それぞれの手法により，解析できるCpG部位の柔軟性や定量性が異なるため，実験の目的に合わせて適切な解析手法を選択する必要がある．個別領域のメチル化解析手法の具体的なプロトコールについては，参考図書として紹介した書籍などで詳しく解説されているので，参照されたい．

参考文献

1）牛島俊和，服部奈緒子：『エピジェネティクス実験プロトコール』（牛島俊和，眞貝洋一/編），実験医学別冊，18-29，羊土社，2008
2）Herman, J. G. et al.：Proc. Natl. Acad. Sci. USA, 93：9821-9826, 1996
3）Eads, C. A. et al.：Nucleic Acids Res., 28：E32, 2000
4）Colella, S. et al.：Biotechniques, 35：146-150, 2003
5）Tost, J. et al.：Biotechniques, 35：152-156, 2003
6）Lin, J. C. et al.：Cancer Cell, 12：432-444, 2007
7）Song, J. Z. et al.：Oncogene, 21：1048-1061, 2002

参考図書

◆ 『エピジェネティクス実験プロトコール』（牛島俊和，眞貝洋一/編），実験医学別冊，羊土社，2008
◆ 『DNAメチル化研究法（生物化学実験法）』（塩田邦夫，服部 中/編），実験医学別冊，学会出版センター，2006
◆ 『DNA Methylation Protocols (Methods in Molecular Biology)』(Mills, K. I. & Ramsahoye, B. H. ed.), Humana press, 2002

Keyword
1 バイサルファイト処理

▶英文表記：bisulfite treatment

1）はじめに

　早津らが発見したバイサルファイト処理によるシトシンからウラシルへの変換[1]は，1994年に，オーストラリアのClarkらにより，はじめてDNAメチル化解析に応用された[2]．現在では，バイサルファイト処理による塩基変換は，個別領域のメチル化解析のみならずゲノム網羅的なメチル化解析にも応用されており，メチル化解析の最も標準的な原理といえる．

2）塩基変換の原理

　バイサルファイト処理によるシトシンからウラシルへの変換は，次の3つの反応に分けられる（図1A）．一本鎖DNAを低pH条件下（pH 5〜5.5）で重亜硫酸ナトリウム（sodium bisulfite：$NaHSO_3$）により処理することで，シトシンの6位がスルホン化され，シトシンスルホン酸ができる（反応❶）．シトシンスルホン酸の4位のアミノ基が加水分解（脱アミノ化）されることで，ウラシルスルホン酸ができる（反応❷）．その後，アルカリ処理を行うことで，6位のスルホン酸基が加水分解（脱スルホン化）され，ウラシルができる（反応❸）．

　シトシンがメチル化されていない場合（図1B②）は，バイサルファイト処理により効率よくシトシンからウラシルへの変換が進む．一方で，シトシンがメチル化されている場合（図1B①）は，バイサルファイト処理によるスルホン化が非常に起こりにくいため，シトシンのまま残る．すなわち，バイサルファイト処理により，DNAメチル化状態の違いが塩基配列の違い〔シトシンとウラシル（チミン）の違い〕に変換される（図1B）．

3）注意点

　通常のDNAとは異なり，バイサルファイト処理後のDNAは相補的ではなく，それぞれtop鎖あるいはbottom鎖とよばれる．また，バイサルファイト処理では，処理時間に依存してDNAの分解が起こり，PCR可能なDNA分子が10分の1程度になってしまう．これらの点に十分注意し，バイサルファイト変換にもとづいたDNAメチル化解析を行う必要がある．

4）バイサルファイト処理を用いたメチル化解析手法

　バイサルファイト処理による塩基変換はさまざまなDNAメチル化解析手法に応用されている．バイサルファイト処理したDNAをPCRにより増幅した後，クローニングして配列決定することでメチル化状態を知ることが

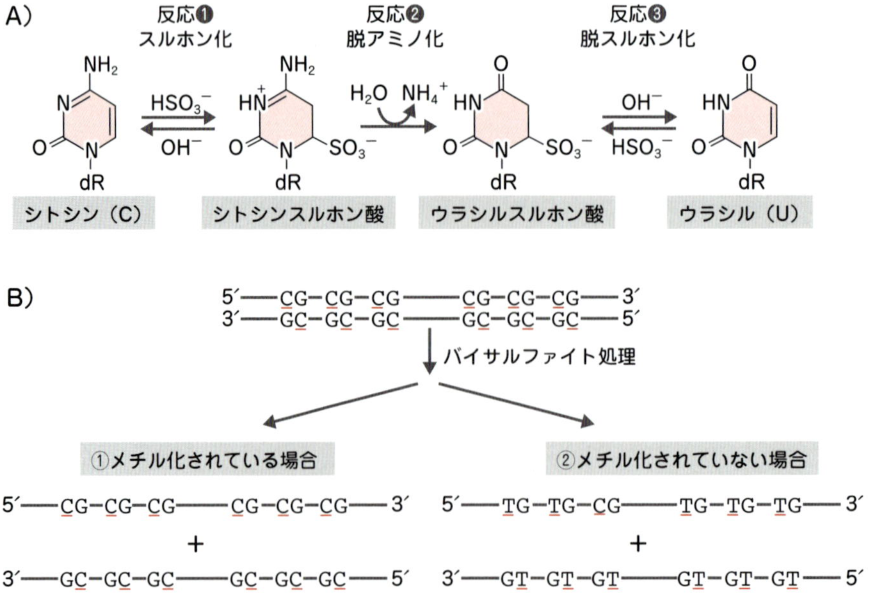

図1　バイサルファイト処理による塩基変換
A）バイサルファイト処理によるシトシンからウラシルへの変換．B）メチル化DNAおよび非メチル化DNAのバイサルファイト変換．DNAメチル化状態の違いが塩基配列の違いに変換される

できる（バイサルファイトシークエンス法）．クローニングを行うことで，DNA分子ごとのメチル化様式を解析することが可能となる．この他にも，MSP法，MethyLight法（**3**参照），パイロシークエンス法（**4**参照），MassARRAY®法およびCOBRA法などが開発されており，今では多くの研究室で用いられている．

参考文献

1）Hayatsu, H. et al.：J. Am. Chem. Soc., 92：724-726, 1970
2）Clark, S. J. et al.：Nucleic Acids Res., 22：2990-2997, 1994

Keyword
2 メチル化特異的PCR法

▶英文表記：methylation-specific PCR
▶略称：MSP法

1）はじめに

メチル化特異的PCR法（MSP法）は，バイサルファイト処理したDNAを鋳型として，メチル化DNAまたは非メチル化DNA由来の配列に特異的なプライマーを用いてPCRを行う手法である．PCR産物が増幅されるかどうかでDNAメチル化状態を判定することができる[1]．

2）原理

MSP法によるDNAメチル化解析は，①ゲノムDNAのバイサルファイト処理，②メチル化DNAまたは非メチル化DNA由来の配列に特異的なプライマーを用いたPCR増幅の各ステップに分けられる（図2）．

PCRに用いるプライマーは，CpG部位がメチル化されている場合，あるいは，メチル化されていない場合を想定して設計する．片側のプライマーにつきCpG部位が2～4個程度含まれるようにし，プライマーの3′末端をCpG部位のCにすることが，高い特異性をもたせるために重要である．メチル化DNA由来の配列に特異的なプライマーを用いたPCRでは，解析領域がメチル化されていた場合にのみ産物が増幅される．一方で，非メチル化DNA由来の配列に特異的なプライマーを用いたPCRでは，解析領域が非メチル化の場合にのみ産物が増幅される（図2）[2]．

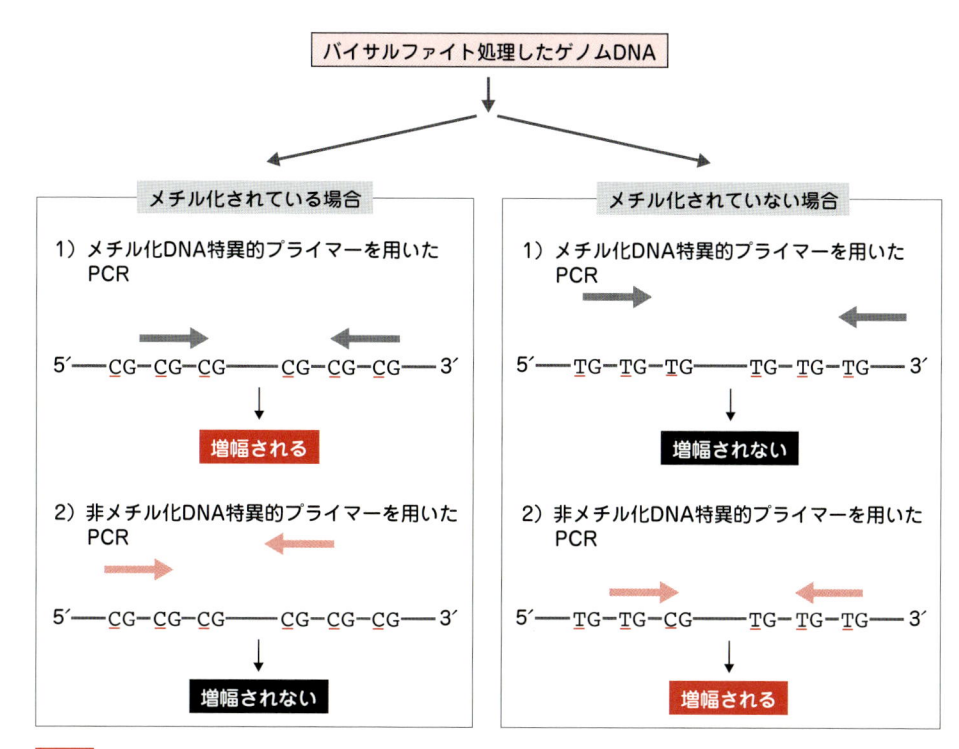

図2　MSP法の概略
バイサルファイト処理したDNAを鋳型として，メチル化DNAまたは非メチル化DNA由来の配列に特異的なプライマーを用いたPCRを行う．PCR産物の増幅の程度から，DNAメチル化状態を判定する

MSP法では，増幅されたPCR産物を，アガロースゲル電気泳動（定性的MSP法）または，二本鎖DNA特異的に結合するインターカレーター（SYBR® Green Iなど）を用いたリアルタイムPCR（定量的MSP法）により検出する．定量的MSP法では，メチル化DNA，および，非メチル化DNAの分子数を直接測定するため，正確なメチル化レベルを算出することができる．

3）注意点

MSP法では，いかにメチル化DNAまたは非メチル化DNA由来の配列に対して特異性の高いプライマーが設計できるかが重要となる．SYBR® Green Iを用いた定量的MSP法では，PCRの特異性を客観的に評価するために，融解曲線分析を行うことが望ましい．また，top鎖でのプライマー設計が困難な場合はbottom鎖にプライマーを設計することも可能である．

4）解析できるゲノム領域

MSP法は，プライマーがハイブリダイズする領域にある複数のCpG部位のメチル化状態を同時に検出するため，CpGアイランドのようにCpG密度の高い領域の解析に適している．つまり，CpGアイランドが非メチル化であるのか全体としてメチル化されているのかを解析することができる．ただし，厳密には，プライマーがハイブリダイズするCpG部位のメチル化しか検出していない点に注意が必要である．

参考文献

1) Herman, J. G. et al. : Proc. Natl. Acad. Sci. USA, 93 : 9821-9826, 1996
2) 丹羽 透，他：『エピジェネティクス実験プロトコール』（牛島俊和，眞貝洋一/編），実験医学別冊，48-61，羊土社，2008

Keyword
3 MethyLight法

1）はじめに

Lairdらにより開発されたMethyLight法は，メチル化DNAまたは非メチル化DNAに由来する配列に特異的なプライマーを用いた定量的PCRとTaqMan®プローブによるPCR産物の検出を組合わせたDNAメチル化解析手法である[1]．

2）原理

MethyLight法もMSP法（**2**参照）と同様に，バイサルファイト処理したDNAを鋳型として，メチル化DNAまたは非メチル化DNA由来の配列に特異的なプライマーを用いてPCRを行うことでDNAメチル化を解析する手法である．しかしながら，MethyLight法とMSP法とでは，PCR産物の検出方法が大きく異なる．

MethyLight法では，増幅されたPCR産物を，TaqMan®プローブ〔5′末端を蛍光色素により，3′末端をクエンチャー（消光剤）により標識したオリゴヌクレオチド〕を用いて検出する（**図3**）．TaqMan®プローブの蛍光色素は，Taq DNAポリメラーゼのもつ5′→3′エキソヌクレアーゼ活性により遊離することで蛍光を発するようになる．メチル化DNAまたは非メチル化DNA由来の配列に特異的なプライマーおよびTaqMan®プローブのセットを用いて，メチル化DNA，および，非メチル化DNAの分子数を測定することで，DNAメチル化レベルを算出することができる．

3）注意点

MethyLight法では，メチル化DNAまたは非メチル化DNA由来の配列に特異的なPCRプライマーおよびTaqMan®プローブを用いるため，定量的MSP法よりも特異性が高いとされる．しかしながら，SYBR® Green Iを用いた定量的MSP法のように，PCR後に特異性を客観的に評価することができない．また，特異性が高いために，ファミリー遺伝子や繰り返し配列など類似のゲノム領域のメチル化状態を同時に検出したい場合にはあまり適していない．

4）解析できるゲノム領域

MethyLight法もMSP法と同様に，CpGアイランドのようにCpG密度の高い領域の解析に適しており，CpGアイランド全体としてのメチル化状態を解析することができる．

参考文献

1) Eads, C. A. et al. : Nucleic Acids Res., 28 : E32, 2000

Keyword
4 パイロシークエンス法

▶英文表記：pyrosequencing

1）はじめに

パイロシークエンス法は，もともとは一塩基多型

図3　MethyLight法の概略

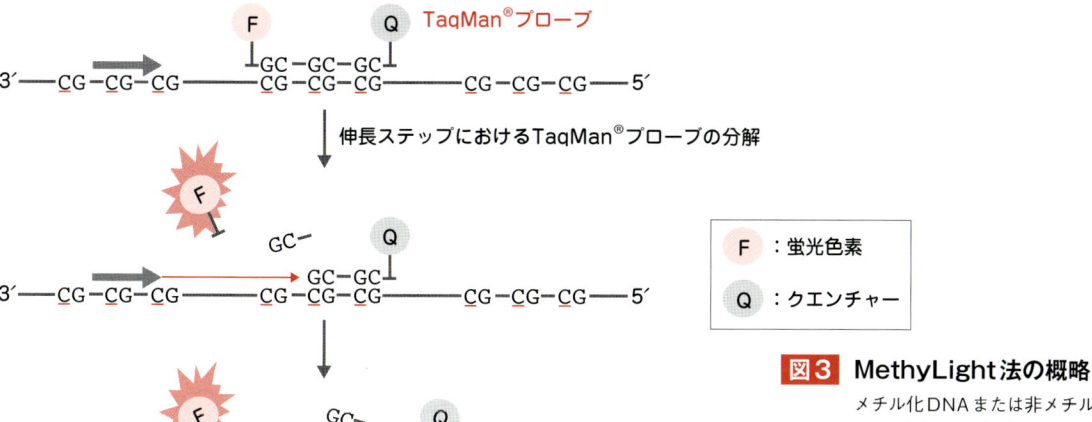

メチル化DNAまたは非メチル化DNA由来の配列に特異的なプライマーを用いたPCRを行い，増幅されたPCR産物を，TaqMan®プローブを用いて検出する

(single nucleotide polymorphism：SNP) の検出に用いられていたが，バイサルファイト処理したDNAを鋳型に用いることで，30 bp程度の領域のDNAメチル化を解析することができる[1)2)]．

2) 原理

パイロシークエンス法によるDNAメチル化解析は，①ゲノムDNAのバイサルファイト処理，②解析領域のビオチン化プライマーを用いたPCRによる増幅，③ビオチン化されたDNAの回収，④パイロシークエンサーを用いた塩基配列の決定の各ステップに分けられる（図4）[3)]．

まず，バイサルファイト処理したゲノムDNAを鋳型として，メチル化を解析したい領域をPCRにより増幅する．PCRに用いるプライマーは，CpG部位を含まないように設計し，さらに，一方のプライマーはビオチンにより標識しておく．増幅したPCR産物を熱変性により一本鎖にし，ストレプトアビジン（ビオチンに特異的に結合するタンパク質）でコーティングされたビーズなどを用いることで，ビオチン標識された一本鎖DNAを回収する．この回収したDNAの塩基配列を，パイロシークエンサーにより決定する．

パイロシークエンサーは，ヌクレオチドがDNA鎖に取り込まれた際に放出されるピロリン酸を，ATPに変換し，ルシフェリンとルシフェラーゼによる化学発光として検出することで塩基配列を決定する．CpG部位の解析では，dGTPまたはdATPを1種類ずつ加えていくことで，取り込まれた塩基の割合を知ることができる．この割合から，CpG部位のメチル化レベルを算出することができる．

3) 注意点

パイロシークエンス法によるDNAメチル化解析は，比較的定量性が高い方法ではあるが，解析したい領域によっては20％以下の低いメチル化レベルや80％以上の高いメチル化レベルにおける定量性に問題がある場合があるので注意が必要である．また，解析機器や試薬が比較的高価であるという難点もある．

4) 解析できるゲノム領域

パイロシークエンス法によるDNAメチル化解析は，解析する領域選択の柔軟性が比較的高い．また，範囲は限定的ではあるが，個々のCpG部位のメチル化レベルが測定できるという点が大きな特徴である．また，測定の精度・感度も比較的高いため[4)]，メチル化を用いた疾患の診断などにも非常に有用な解析手法である．

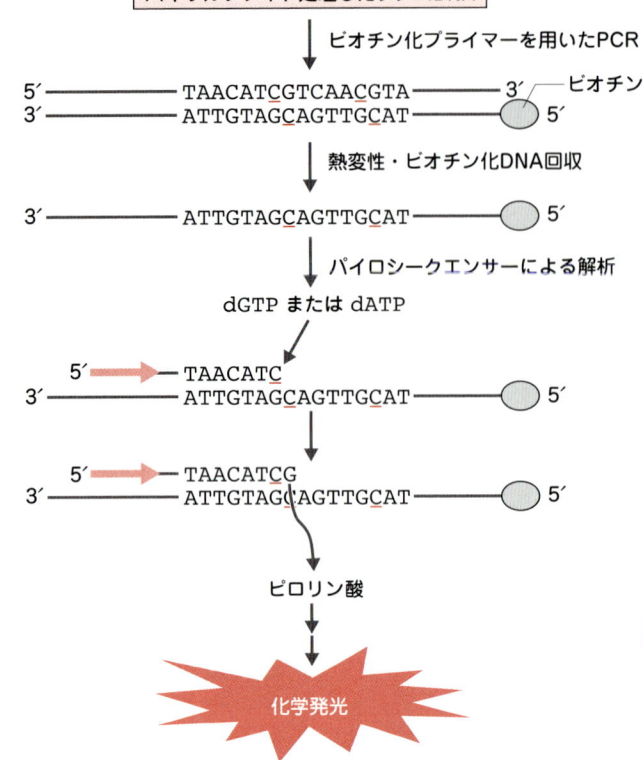

図4 パイロシークエンス法の概略
ヌクレオチドがDNA鎖に取り込まれる際に生じるピロリン酸を最終的に化学発光として検出することで，バイサルファイト処理したDNAの塩基配列を決定する

参考文献

1) Colella, S. et al.：Biotechniques, 35：146-150, 2003
2) Tost, J. et al.：Biotechniques, 35：152-156, 2003
3) 近藤 豊：『エピジェネティクス実験プロトコール』（牛島俊和，眞貝洋一／編），実験医学別冊，77-91，羊土社，2008
4) 牛島俊和，服部奈緒子：『エピジェネティクス実験プロトコール』（牛島俊和，眞貝洋一／編），実験医学別冊，18-29，羊土社，2008

Keyword 5 MassARRAY® 法

1）はじめに

質量分析装置（MassARRAY®）を用いることで，DNAの塩基配列の違いから生じる分子量の差を検出することができる[1]．この手法は，ゲノム中のSNPの検出などに用いられているが，バイサルファイト処理したDNAを用いることで，200～500 bp程度の領域のDNAメチル化を解析することもできる[2]．

2）原理

MassARRAY®によるDNAメチル化解析は，①ゲノムDNAのバイサルファイト処理，②解析領域のPCRによる増幅，③in vitro転写，④RNaseによるin vitro転写産物の塩基特異的切断，⑤質量分析装置による質量差（塩基配列の違い）の検出の各ステップに分けられる（図5）[3]．

パイロシークエンス法（4参照）によるDNAメチル化解析と同様に，まず，バイサルファイト処理したゲノムDNAを鋳型として，メチル化解析対象領域をPCRにより増幅する．PCRの際は，T7プロモーター配列を含むプライマーを用いる．次に，PCRにより増幅した産物を鋳型として，T7プロモーターを利用したin vitro転写を行う．この得られたin vitro転写産物を塩基特異的に切断する（例えば，ウラシル特異的な切断など）ことで，短いDNA断片が得られる．得られたDNA断片の分子量を質量分析装置により解析する．図5に示すように，top strandが鋳型となるようにin vitro転写を行うと，もともとメチル化されていたシトシンはグアニン（G：分子量151.13）として，もともとメチル化されていなかったシトシンはアデニン（A：分子量135.13）として転写される．つまり，メチル化CpG部位が1個存在するごと

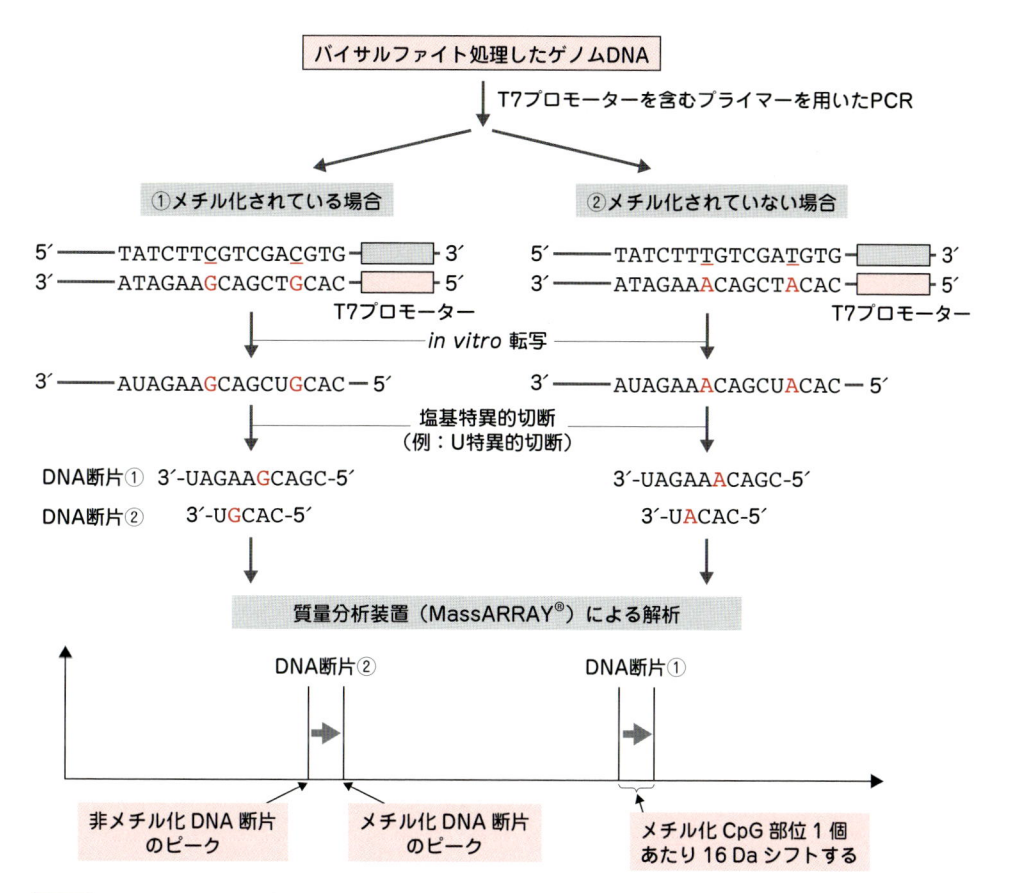

図5 MassARRAY®法の概略

質量分析装置（MassARRAY®）を用いることで，バイサルファイト処理したDNAの塩基配列の違いから生じる分子量の差を検出する

に，解析した短いDNA断片の分子量のピークが，16 Da（グアニンとアデニンの分子量の差）だけシフトする．シフトしたピークの割合から，解析した短いDNA断片のメチル化レベルが算出できる．

3）注意点

MassARRAY®によるDNAメチル化解析もパイロシークエンス法と同様，解析に用いる試薬が比較的高価であるという難点がある．また，特殊な解析機器を使用しなければならないという制限もある．

4）解析できるゲノム領域

MassARRAY®によるDNAメチル化解析は，解析する領域選択の柔軟性が比較的高く，解析できる範囲も広いため，CpGアイランド全体のメチル化状態の解析に適している．また，解析の精度や感度も高い[4]ため，疾患の診断などに有用な解析手法であるといえる．

参考文献

1) Stanssens, P. et al.：Genome Res., 14：126-133, 2004
2) Ehrich, M. et al.：Proc. Natl. Acad. Sci. USA, 102：15785-15790, 2005
3) 金田篤志：『エピジェネティクス実験プロトコール』(牛島俊和，眞貝洋一/編)，実験医学別冊，92-103，羊土社，2008
4) 牛島俊和，服部奈緒子：『エピジェネティクス実験プロトコール』(牛島俊和，眞貝洋一/編)，実験医学別冊，18-29，羊土社，2008

第4部 エピジェネティクス解析技術

2 DNAメチル化解析法②
網羅的なDNAメチル化解析
comprehensive profiling of DNA methylation

永江玄太，油谷浩幸

Keyword ❶ BeadChip ❷ WGBS ❸ MeDIP-seq法

概論
網羅的解析のための各手法の長所と短所

1. 網羅的DNAメチル化解析法の基本原理

　細胞の時空間的な転写制御にエピゲノム修飾は不可欠であるが，なかでもDNAメチル化とヒストン修飾はその中心的な役割を果たしている．DNAメチル化という修飾情報そのものは，PCR反応（polymerase chain reaction）では複製されないため，増幅前にメチル化DNAと非メチル化DNAを区別できるよう情報を変換する必要がある．これまで数多くの検出方法が開発されてきたが，以下に示す3つ（**1）〜3)**）に大別される[1)2)]．いずれもゲノム解析技術の進歩とともに網羅的解析への展開が可能となり，さまざまな生命現象におけるDNAメチル化の意義解明に大きく貢献してきた．本項では，数多くあるなかから，複数の研究グループで利用されてきた有用な手法について，その特徴と長所・短所を概説する．

1) バイサルファイト変換を用いる方法

　バイサルファイト（sodium bisulfite, 亜硫酸水素ナトリウム，以下BSと省略）処理を用いる方法は，シトシンがウラシルに変換されるのに対してメチル化シトシンはシトシンのまま変換されない性質を利用している（イラストマップ❶）．すなわち，メチル化情報を塩基の違いに変換して検出している．特定の領域のメチル化状態を1塩基の解像度で検出することが可能であり，メチル化状態を定量的に評価する際のゴールデンスタンダードとされる．

ⅰ) 全ゲノムの網羅的解析

　これを全ゲノムの網羅的解析に展開した手法として，**全ゲノムバイサルファイトシークエンス法（whole-genome bisulfite sequencing：WGBS）**（→Keyword❷）[3)]およびPBAT法（post-bisulfite adaptor tagging）[4)]があげられる．両者ともBS処理されたゲノムDNAを次世代シークエンサーによって全ゲノムシークエンスする方法だが，WGBS法ではアダプター配列を付加後にBS処理してPCR増幅しているのに対して，PBAT法ではBS処理後のcDNA合成時に対してアダプター配列を付加しており，PCR増幅を行っていない点が大きく異なる．本手法は，メチル化シトシンの有無にかかわらず，すべてのDNA断片を解析対象としてシークエンスを行う．

　原理上，リファレンスゲノムが存在するあらゆる生物種に適用可能だが，ヒトをはじめとするゲノムサイズの大きな高等生物の場合には，シークエンスコストが高額になるだけでなく，データ解析の負担も大きくなる．そこで，RRBS法（reduced representation bisulfite sequencing）[5)]のように，制限酵素処理を用いたDNA断片に対してサイズ選択を行うことで，比較的CpG配列の多い領域を効率よく集めて，解析を行うなども考案されている．

ⅱ) 限定された領域の解析

　あらかじめ決められたCpG領域のメチル化を定量する方法が，ビーズマイクロアレイ〔BeadChip（illumina社のInfinium HumanMethylation BeadChip）〕（→Keyword❶）による方法である．塩基配列の違いを検出するプローブ設計により，現在のプラットホームは

イラストマップ❶ DNAメチル化解析の基本原理

	①バイサルファイト変換	②メチル化シトシン濃縮	③メチル化感受性制限酵素
シトシン（非メチル化）	CCGCGAGGTGGCGG GGCGCTCCACCGCC ↓ TTGTGAGGTGGTGG GGTGTTTTATTGTT シトシンはウラシルに変換されチミンとして読まれる	CCGCGAGGTGGCGG GGCGCTCCACCGCC メチル化シトシンを含まないので，抗体・MBDタンパク質で捕捉されない	CCGCGAGGTGGCGG GGCGCTCCACCGCC メチル化感受性制限酵素でも切断される
メチル化シトシン	CCGCGAGGTGGCGG GGCGCTCCACCGCC ↓ TCGCGAGGTGGCGG GGCGCTTTATTGCT メチル化シトシンは，シトシンのまま変換されない	CCGCGAGGTGGCGG GGCGCTCCACCGCC（抗体・MBDタンパク質で濃縮される）	CCGCGAGGTGGCGG GGCGCTCCACCGCC メチル化感受性制限酵素で切断されない
網羅的解析法	**WGBS**, PBAT RRBS **BeadChip** （Keyword 2） （Keyword 1）	**MeDIP-seq** MIRA-seq （Keyword 3）	HELP-seq HELP-tagging MRE-seq

ヒトゲノムの45万カ所を一度に解析できる．解析対象の数は限定されているが，ヒトゲノムのほとんどの遺伝子プロモーターとCpGアイランド周囲に複数のプローブが配置されているため，おおよそのメチル化プロファイルを俯瞰するには非常に有用な方法となっている．

iii）注意点

このようにBS処理を主体とした解析法は，メチル化修飾の有無を塩基の違いに変換し，これを検出することによって，定量的な解析を可能にしている．BS処理を用いた方法の問題点は，メチル化シトシンとヒドロキシメチル化シトシンはBS処理による挙動が同じであるため，両者を区別できない点である．詳細は第4部-3を参照されたいが，これを解決すべく，ヒドロキシメチル化シトシンのみを検出する方法として，第5位の水酸基に対するグルコース付加とTETタンパク質によるシトシン酸化反応を併用したTAB-seq法[6]が開発された．

2）抗体を用いたメチル化シトシンを含む断片を濃縮する方法

メチル化シトシンを多く含む断片を濃縮する方法の代表例が，抗メチル化シトシン抗体を用いたMeDIP法（methylated DNA immunoprecipitation）である[7]．2005年に発表された網羅的DNAメチル化解析手法で，ヒストン修飾や転写因子結合領域を対象とするクロマチン免疫沈降法をメチル化シトシンに応用した手法である（MeDIP-seq法）（→Keyword 3）．すなわち，抗体を用いてメチル化シトシンを含むDNA断片を回収し，この断片の分布を次世代シークエンサーで解析することで，メチル化シトシンの多い領域をゲノムワイドに同定する方法である（イラストマップ❶）．特異的抗体の代わりにメチル化DNA結合タンパク質（methyl-CpG binding domain protein）で濃縮するMIRA法（methylated-CpG island recovery assay）[8]などもある．MeDIP法では抗体認識の効率を上げるために，一本鎖DNAに熱変性処理を行う必要があるのに対して，MIRA法では二本鎖DNAのままメチル化シトシンを捕捉することが可能である．

こうしたメチル化シトシンに対するアフィニティを利用した方法のメリットは，CpGアイランドなどCpG密度の高い（CpG配列の多い）領域に対して検出感度が高い点である（イラストマップ❷）．また，他の方法と異

イラストマップ❷　網羅的DNAメチル化解析法の選択

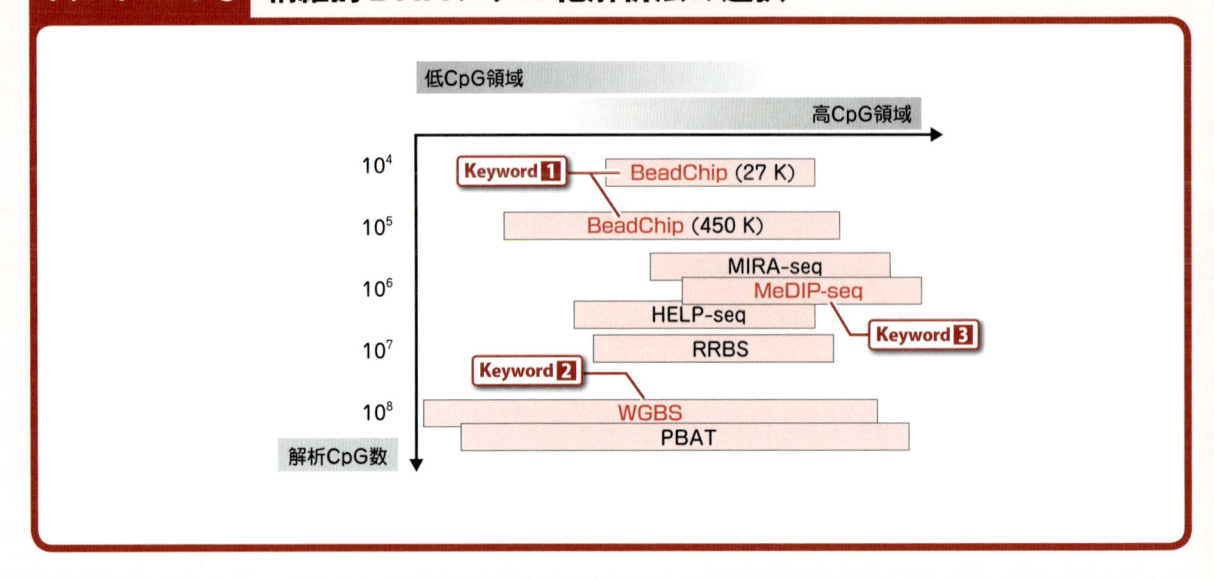

```
                低CpG領域
                                          高CpG領域 →
  10⁴     ┌─Keyword❶─┐ BeadChip (27 K)
  10⁵              BeadChip (450 K)
  10⁶                    MIRA-seq
                         MeDIP-seq ──Keyword❸
                    HELP-seq
  10⁷                 RRBS
            ┌─Keyword❷─┐
  10⁸            WGBS
                      PBAT
  ↓
解析CpG数
```

なり，ヒドロキシメチル化シトシンは認識していないことからメチル化シトシンに特異的な検出も可能である．逆に，CpG密度の低い領域は感度が落ちるため，組織特異的発現遺伝子に多くみられる低CpGプロモーターや転写制御領域として重要なエンハンサー領域などでの検出率が劣るという欠点もある．また，捕捉している断片の大きさが数百塩基であり，断片中のどのCpGがメチル化しているかは確定できないため，特定の領域の詳細なメチル化率の定量は困難である．

3）メチル化感受性制限酵素による方法

メチル化感受性制限酵素による方法は，制限酵素処理で非メチル化DNAが切断されるのに対して，メチル化DNAは切断されない性質を利用している（**イラストマップ❶**）．代表例として，CCGG配列を認識するアイソシゾマーであるメチル化感受性の*Hpa* IIと非感受性の*Msp* Iを用いたHELP法（hpa II tiny fragment enrichment by ligation-mediated PCR）[9]がある．両者で切断後のDNA断片を次世代シークエンサーで比較することで，認識配列部位のCpGのメチル化判定が可能になる．*in silico*でも断片の分布は推定可能だが，非感受性制限酵素の切断と比較することで，認識部位に存在する多型や変異の影響を低減できる．1カ所のCpGでメチル化断片と非メチル化断片を区別しうるため，CpG密度の低いプロモーター領域でも可能だが，解析対象が制限酵素の認識配列が存在する領域に限定される．現在では，制限酵素認識配列の有無に依存しないゲノムワイドに解析が可能な1）や2）の方法が広く利用されている．

4）その他の手法

以上の1）〜3）に述べた一般的な網羅的DNAメチル化解析だけでなく，最近では，ヌクレオソームの位置[10]やヒストン修飾[11]などエピジェネティック情報と合わせてシトシンメチル化を解析する方法が開発されている．NOMe-seq法[10]では，GpCメチル化酵素M. CviPIを用いてヌクレオソームを形成していないフリーの領域のGpC配列にメチル化修飾を入れることで，ヌクレオソームの位置とDNAメチル化状態を同時に検出している．これによって，アリル間で異なるエピジェネティック制御を受けている領域の，それぞれのメチル化状態を解析することを可能にしている．

2. 最適な解析手法の選択

以上に述べたように各手法で一長一短があるため，現状では実験系や解析対象により最適な方法を選択するのが肝要と考えられる[1,2,12,13]．考慮すべき点としては，解析に必要な解像度，定量的解析の必要性，解析対象領域のCpG密度，調製可能なDNA量，解析を行う生物種，メチル化シトシン以外の修飾との区別の必要性，などがあげられる．

1塩基レベルの解像度でメチル化シトシンを検出したい場合，植物細胞や特定の動物細胞（多能性幹細胞な

ど）のようにCpG配列以外のメチル化シトシンも検出したい場合など，詳細なメチル化情報が必要な際にはBS処理を用いたWGBS法やPBAT法が第一選択となる．WGBS法は通常数μgのDNAを必要とするが，PBAT法は1μgより少量から解析が可能である[4]．

限られた検体のなかで効率よく多数のサンプルのメチル化プロファイルを俯瞰，比較解析したい場合には，BeadChipやMeDIP-seq法が有用である．CpG密度が高いCpGアイランドの領域に注目している場合にはMeDIP-seq法が有利だが，CpG密度の低い遺伝子プロモーターにも注目している場合にはBeadChipの方がわずかなメチル化の変化を検出しうる．得られるDNAサンプルが数十ngより少量の場合には，PBAT法[4]あるいは，RRBS法[14]も有効とされている．微量検体の網羅的メチル化解析においては，過度のPCR増幅によってメチル化率の定量性が失われることに対する注意が必要である．

3. 展望

以上にあげた方法の他に，全く新しい方法として第3世代の1分子リアルタイムDNAシークエンサーを用いてメチル化修飾を直接検出する試みもはじまっている[15]．現時点では，ゲノムサイズの大きな生物種での網羅的解析は困難だが，少なくとも微生物ゲノムではすでに応用されており，今後の発展が期待される．

参考文献

1) Bock, C.：Nat. Rev. Genet., 13：705-719, 2012
2) Laird, P. W.：Nat. Rev. Genet., 11：191-203, 2010
3) Lister, R. et al.：Nature, 462：315-322, 2009
4) Miura, F. et al.：Nucleic Acids Res., 40：e136, 2012
5) Meissner, A. et al.：Nature, 454：766-770, 2008
6) Yu, M. et al.：Cell, 149：1368-1380, 2012
7) Weber, M. et al.：Nat. Genet., 37：853-862, 2005
8) Rauch, T. et al.：Cancer Res., 66：7939-7947, 2006
9) Khulan, B. et al.：Genome Res., 16：1046-1055, 2006
10) Kelly, T. K. et al.：Genome Res., 22：2497-2506, 2012
11) Statham, A. L. et al.：Genome Res., 22：1120-1127, 2012
12) Bock, C. et al.：Nat. Biotechnol., 28：1106-1114, 2010
13) Harris, R. A. et al.：Nat. Biotechnol., 28：1097-1105, 2010
14) Gu, H. et al.：Nat. Protoc., 6：468-481, 2011
15) Flusberg, B. A. et al.：Nat. Methods, 7：461-465, 2010

参考図書

◆ 『改訂第5版 新遺伝子工学ハンドブック』（村松正實，他/編），実験医学別冊，羊土社，2010
◆ 『エピジェネティクスと疾患』（牛島俊和，他/編），実験医学増刊，28（15），羊土社，2010
◆ 『次世代シークエンサー』（菅野純夫，鈴木 穣/監），細胞工学別冊，学研メディカル秀潤社，2012

Keyword
1 BeadChip

▶別名：Infinium HumanMethylation
▶和文表記：ビーズマイクロアレイ

1）イントロダクション

　BS（バイサルファイト）処理後に生じるメチル化DNAと非メチル化DNAの塩基の違いを認識できるようプローブが設計された，ヒトゲノムのメチル化解析用のマイクロアレイである（**概論**参照）．メチル化DNA由来の断片はCpG配列がシトシンのままであるメチル化用プローブにハイブリダイズする．一方，ウラシルに変換された非メチル化DNA由来の断片は非メチル化用プローブにハイブリダイズする．鋳型DNAがプローブにハイブリダイズした状態でCpGの相補部位に対する1塩基伸長反応を行い，ここに取り込まれる蛍光ラベルしたdNTPのシグナル強度からメチル化状態を定量する（**図1**）．

2）illumina社のBeadChipの特徴

　初期の27Kビーズアレイ（Infinium HumanMethylation27 BeadChip Kit）[1]は，この設計方法で14,495のRefSeq遺伝子のプロモーター領域，計27,578カ所（1遺伝子あたり1〜2プローブ）にプローブが配置されていた．現在主流となっている第2世代の450Kビーズアレイ（Infinium HumanMethylation450 BeadChip Kit）[2]では，上記の設計方法（Type I，135,764プローブ）でプローブを拡充させるとともに，さらに高密度にプローブを配置すべく，アニールする部分は共通の配列にして1塩基伸長反応の段階でメチル化状態を判定できるプローブ（Type II，350,288プローブ）が追加されている．ほとんどすべてのRefSeq遺伝子のプロモーター領域（1遺伝子あたり平均約10プローブ）およびCpGアイランド（CpG island）とその周辺領域（CpG island shore）にプローブが設計されており（計485,764カ所），ヒトゲノム中のおおよそのプロモーター領域のメチル化状態を解析できる．

　現在このプラットホームがヒトゲノムの網羅的メチル化解析として広く使われている理由としては，良好な実験再現性，メチル化の定量性，高いサンプルスループットなどがあげられる．われわれの検討でも同一サンプルの再現性実験で0.99を超える高い相関を示しており，また，合成メチル化コントロールでの検証においても25％程度のメチル化の差はほぼ完全に再現可能であった．DNA増幅の過程で，PCR増幅ではなく等温DNAポリメラーゼによるリニア増幅を採用していることも高い定量性に寄与していると考えられる．また，1枚のビーズアレイで12サンプルを解析できることから，多数例の網羅的メチル化解析を比較検討するのに適していると考えられる．現時点では，ヒトゲノムに対するアレイのみが提供されているが，今後マウスをはじめとする他生物種での開発が期待される．

参考文献
1）Bibikova, M. et al.：Epigenomics, 1：177-200, 2009
2）Bibikova, M. et al.：Genomics, 98：288-295, 2011

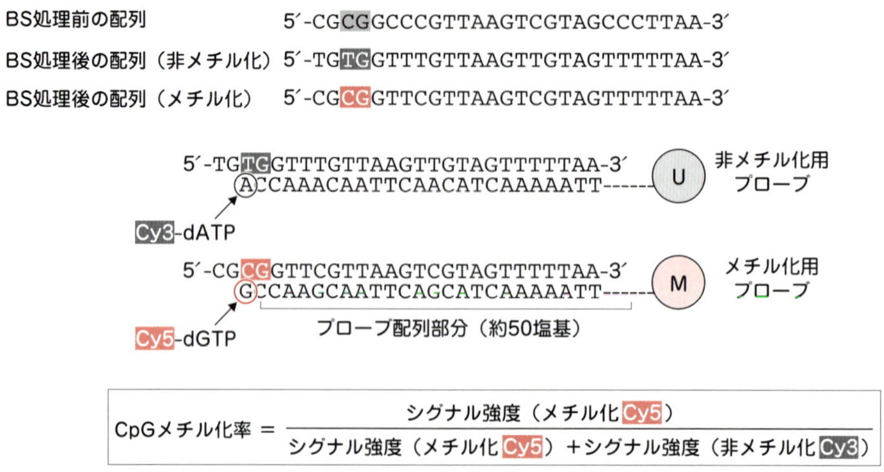

BS処理前の配列　　　　　　　　　5′-CGGCCCGTTAAGTCGTAGCCCTTAA-3′
BS処理後の配列（非メチル化）　5′-TGTGGTTTGTTAAGTTGTAGTTTTTAA-3′
BS処理後の配列（メチル化）　　 5′-CGCGGTTCGTTAAGTCGTAGTTTTTAA-3′

5′-TGTGGTTTGTTAAGTTGTAGTTTTTAA-3′　　U　非メチル化用プローブ
　　　　ACCAAACAATTCAACATCAAAAATT-----
Cy3-dATP

5′-CGCGGTTCGTTAAGTCGTAGTTTTTAA-3′　　M　メチル化用プローブ
　　　　GCCAAGCAATTCAGCATCAAAAATT-----
Cy5-dGTP　　　　プローブ配列部分（約50塩基）

$$\text{CpGメチル化率} = \frac{\text{シグナル強度（メチル化 Cy5）}}{\text{シグナル強度（メチル化 Cy5）}+\text{シグナル強度（非メチル化 Cy3）}}$$

図1 BeadChip（illumina社のInfinium HumanMethylation BeadChip）の原理

Keyword
2 WGBS

▶ フルスペル：whole-genome bisulfite sequencing
▶ 和文表記：全ゲノムバイサルファイトシークエンス法

1）解析のワークフロー

BS（バイサルファイト）処理を行ったDNA断片のショットガンシークエンスを行い，1塩基の解像度で全ゲノムのシトシンのメチル化状態を決定する方法である．最初にゲノムDNAを数百塩基に断片化し，メチル化修飾を施したアダプター配列を付加する（図2）．その後，BS処理でDNA断片中のシトシンをウラシルに変換する（アダプターはメチル化修飾のため変換を受けない）．数回のPCR増幅でライブラリを作製し，次世代シークエンサーで配列を決定する（増幅時のバイアスを最小限に抑えるためにPCRのサイクル数は4〜8回程度までとする）．得られた配列はBS処理された配列であるため，通常のゲノムにあてるマッピングプログラムではなく，BS処理DNA専用のものを使用する．それぞれのDNA断片に対してCを除いたリファレンス配列にマッピングを行うため，4塩基で行われる通常のゲノムマッピングより効率が落ちるが，現在，BS Seeker[1]やBismark[2]など多くのプログラムが発表されている[3]．

2）注意点

シトシンごとのメチル化率を正確に算出するためには，その部位を数十以上のシークエンス配列断片がカバーする必要があることから，定量的解析には全ゲノムシークエンスを数十回行う必要がある（例えば，30億塩基のヒトゲノムの場合，CpG配列はその1％程度しか存在しないが，それ以外の配列もすべてシークエンスを行うため，30回読むには最低900億塩基のシークエンスが必

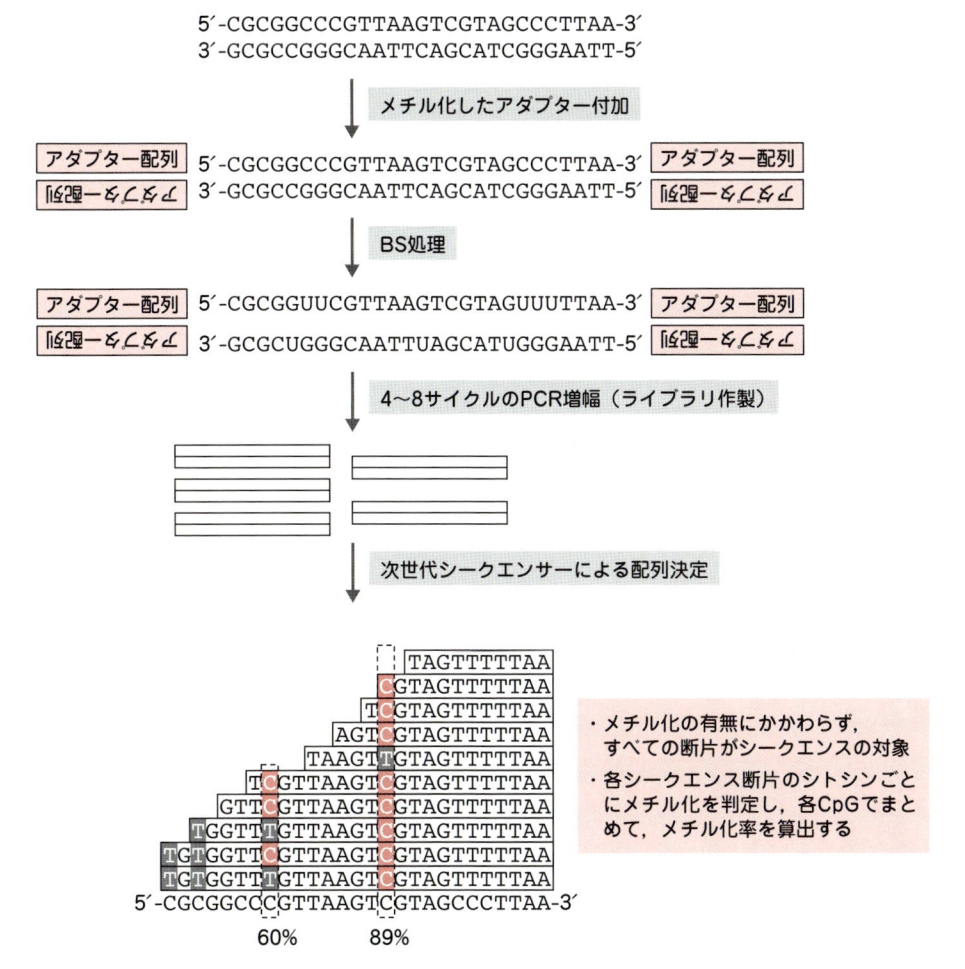

図2 WGBS（whole-genome bisulfite sequencing）の原理

要になる).

参考文献

1) Chen, P. Y. et al.：BMC Bioinformatics, 11：203, 2010
2) Krueger, F. & Andrews, S. R.：Bioinformatics, 27：1571-1572, 2011
3) Fonseca, N. A. et al.：Bioinformatics, 28：3169-3177, 2012

Keyword ❸ MeDIP-seq 法

▶ フルスペル：methylated DNA immunoprecipitation-sequencing
▶ 和文表記：メチル化DNA免疫沈降シークエンス法

1) 解析のワークフロー

ヒストン修飾やクロマチン状態，転写因子の結合領域などの網羅的解析に広く用いられるChIP-seq法をメチル化シトシンの検出に応用した方法である．最初にゲノムDNAを200～800塩基程度に物理的に断片化し，メチル化シトシンに対する特異的抗体を用いてメチル化DNA断片を回収する（図3）．その後，次世代シークエンサー解析に必要なアダプター配列を付加し，PCR増幅でライブラリを作製する．作製したライブラリの末端より数十塩基の並列シークエンスを行い，メチル化シトシンを含んでいたゲノム断片の配列を決定する．ゲノム上でのポジションを特定（マッピング）することで，メチル化シトシンが有意に集中している領域をゲノムワイドに同定する（図3）．

2005年の開発当初は高密度タイリングマイクロアレイと併用するMeDIP-chip法として紹介されたが[1]，その後，次世代シークエンサーとの併用（MeDIP-seq法）で広く普及し，現在ではあらゆる生物種で利用されている．

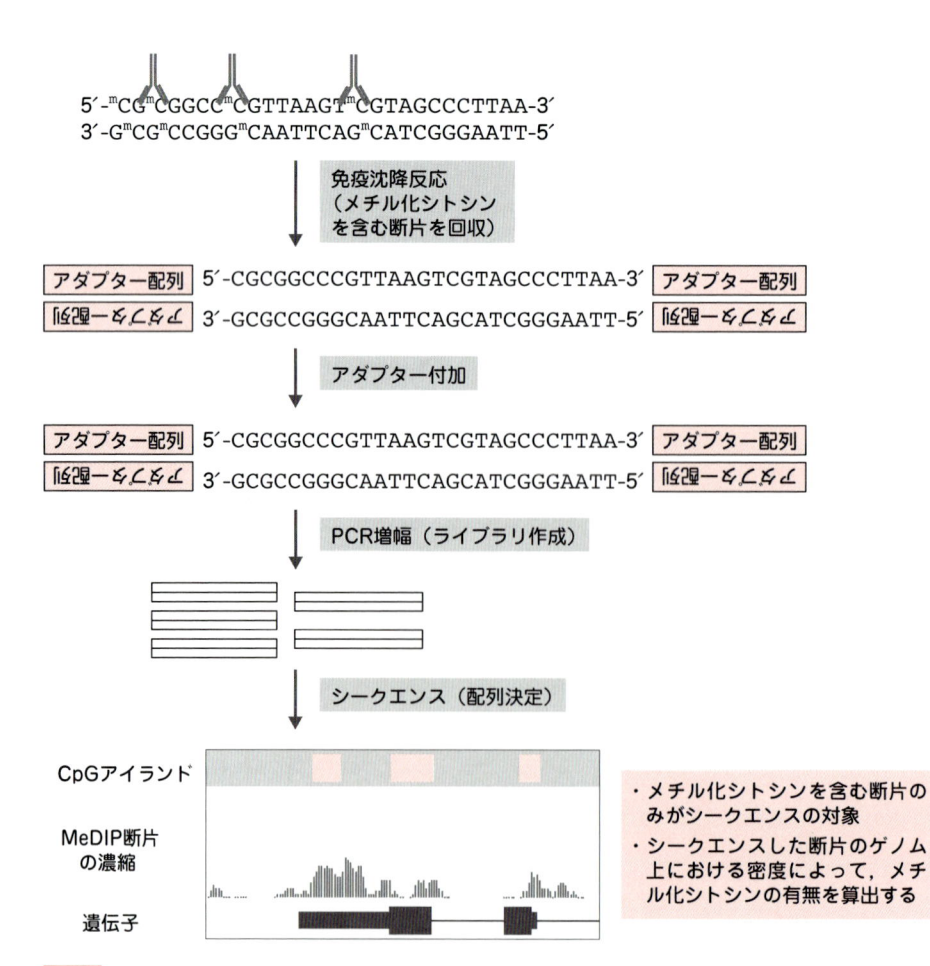

図3 MeDIP (methylated DNA immunoprecipitation) の原理

2）注意点

　DNA断片の含むメチル化シトシンが多いほど捕捉しやすくなるため，CpG配列が多い領域ほど検出感度が高くなる傾向にある．メチル化しているCpGアイランドの領域では，MeDIP法では数十倍〜数百倍の濃縮が可能である．メチル化しているCpGアイランドの領域は，通常，全ゲノムのごく一部の領域であるため，**2**の全ゲノムをシークエンスする方法に比べると，解析に必要なシークエンスリード数ははるかに少なくてすむ．一方，CpG配列がもともと少ない領域は検出感度が低いため，周辺のCpG配列の密度を考慮した解析アルゴリズムなども考案されているが，定量的解析は困難である．

　近年では，メチル化シトシン以外に，ヒドロキシメチル化シトシンなどの他の核酸修飾にも応用されている．

参考文献

1）Weber, M. et al.：Nat. Genet., 37：853-862, 2005

第4部 エピジェネティクス解析技術

3 ヒドロキシメチル化DNA解析法
methods for detection of 5-hydroxymethylcytosine

三浦史仁, 伊藤隆司

Keyword　①hMeDIP法　②GLIB法, hMe-Seal法—グルコシル化を利用した手法　③1分子シークエンシング法

概論
5-hmC検出の各手法とその発展状況

1. 5-hmCの特性と誘導体

哺乳類細胞中での存在が明らかになって以降, 5-hmC（5-ヒドロキシメチルシトシン）は5-mC（5-メチルシトシン）の代謝（脱メチル化）における重要な中間体として, あるいは機能的意味をもつ1つの独立したエピジェネティック修飾として研究者達の注目を浴びている.

5-hmCは存在量が細胞・組織ごとに大きく異なり, またその絶対量が5-mCと比べて少ないため検出の難易度が高く, その検出法は現在もなお進化し続けている. 5-hmCの検出は, 5-hmCに対する抗体や制限酵素を用いた直接認識による方法以外に, **イラストマップ**に示した酵素反応あるいは化学反応を用いて誘導体を得ることにより行うことができる. これらの性質を用いて, ①制限酵素による切断の有無の検出, ②アフィニティ精製と濃縮率の定量, ③修飾特異的な塩基変換反応を利用したDNAシークエンサーによる読み分け, ④**1分子シークエンシング法**（→Keyword③）による塩基修飾の直接読み出し, といった4種類に大別される手法で検出・定量が行われている.

2. 制限酵素消化による5-hmCの検出

5-mCの検出には, 5-mCが認識配列上にあると切断活性が変化する制限酵素を用いる手法が古くから用いられてきた. 5-hmCも同様で, 5-hmCあるいはその誘導体が認識配列上に存在する場合に制限酵素の切断活性が抑制あるいは促進される一部の酵素の特性を利用した検出が可能である.

例えばMsp Ⅰという制限酵素は認識配列（5′-CCGG-3′）上の内側のシトシンが5-mCや5-hmCに置換された場合でも切断活性を有するが, このシトシンがβ-GT（β-グルコシルトランスフェラーゼ）によってグルコシル化され5-ghmC（β-グルコシル-5-ヒドロキシメチルシトシン）に変換された場合は切断活性が阻害される. β-GTの活性は5-hmCに対して特異的であるため, β-GT処理の前後でMsp Ⅰによる切断の結果を比較すれば5-hmCの有無を判断できることになる. このような特性を示す制限酵素は他にもGla Ⅰ, Hae Ⅲ, Taq Ⅰ, Mbo Ⅰなどがある. この方法は必要なサンプルDNAの量が少なくて済むうえにキット化も進んでいるため, 目的とする遺伝子領域に制限酵素の認識配列が存在する場合は最も容易に利用可能な検出方法の1つである.

一方, 5-hmC特異的に切断が起こる酵素の開発も進んでいる. 制限酵素AbaS Ⅰは5-ghmCを認識してその3′側の11〜13塩基目を切断する. したがって, サンプルDNAをβ-GTで処理した後DNAの切断の有無を調べれば5-hmCを検出することが可能になる. β-GT処理後にAbaS Ⅰで切断したDNA断片を次世代シークエンサーで配列決定することでゲノム規模に5-hmCの存在箇所を同定することも可能である[1].

3. アフィニティ精製による5-hmCとその誘導体の濃縮

修飾塩基に対して特異的な抗体を利用したDNA免疫沈降（DNA immunoprecipitation：DIP）法は5-hmC

イラストマップ　シトシンの誘導体とその反応

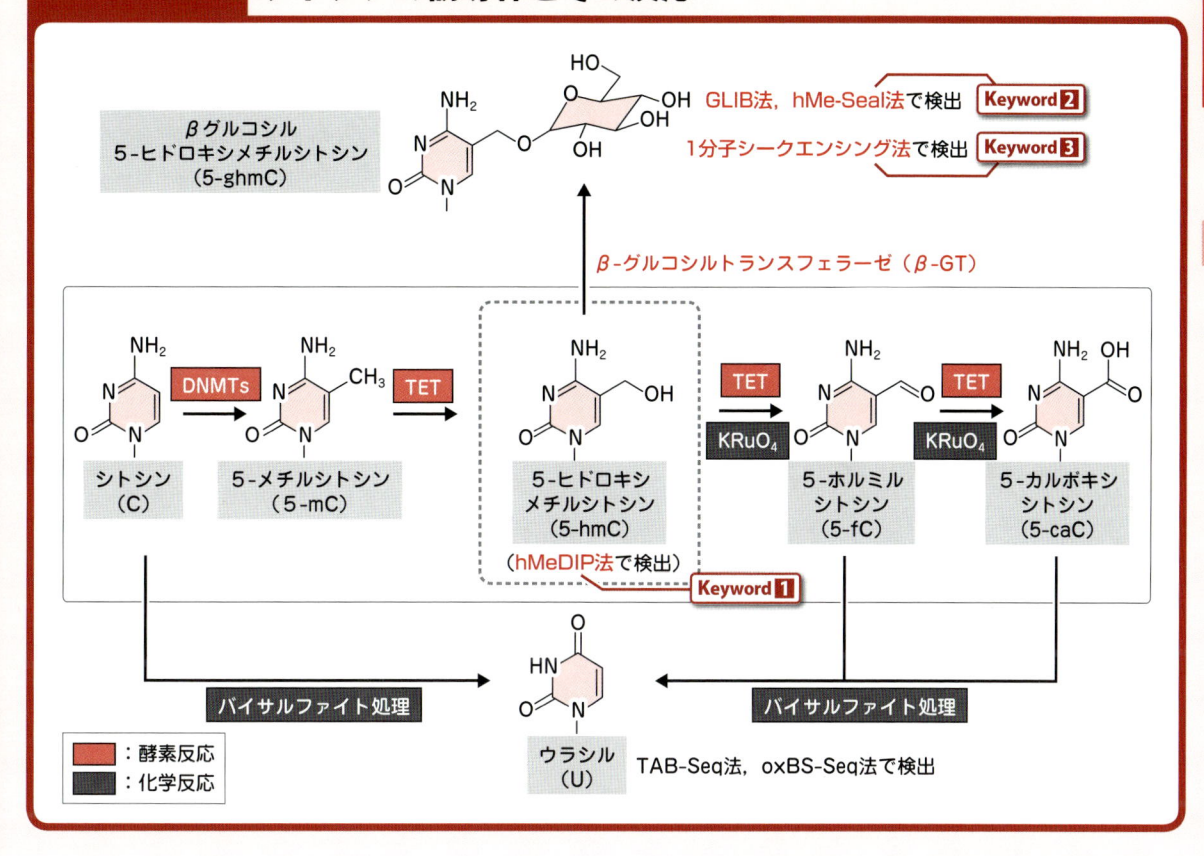

の検出に対しては特に hMeDIP 法（→ Keyword 1）とよばれる．hMeDIP 法はすでに数社が試薬キットを販売するなど，5-hmC の検出においては最も普及の進んでいる方法の1つであるが，使用される抗体の修飾塩基に対する結合強度や特異性，ロット間のばらつきはしばしば問題になることがあり，また，hMeDIP による 5-hmC の濃縮は必ずしも 5-hmC の濃度に直線的な関係を示さないことが示されている点に注意する必要がある．一方，β-GT の 5-hmC に対する特異性を利用し，より強い結合強度と高い特異性で 5-hmC を含む DNA を濃縮するGLIB 法や hMe-Seal 法（→ Keyword 2）が開発されており，より高感度かつ定量的な 5-hmC の検出を行うことが可能である．

4. シングルヌクレオチド解像度の検出方法

1）バイサルファイトシークエンスと 5-hmC

5-mC の検出に古くから用いられている BS-Seq（バイサルファイトシークエンス）法では，バイサルファイトが未修飾のシトシン（C）をウラシル（U）へと変換する一方で，5-mC はこの変換を免れるという原理を利用する（第4部-1参照）．その結果，DNA 塩基配列決定の際に C はチミン（T）として，5-mC は C として読み出されることになるため，修飾状態の判別が可能となる．しかし，BS-Seq では 5-mC と 5-hmC のいずれも C として配列決定されるため，5-hmC と 5-mC を見分けることができない．そこで，酵素反応あるいは化学反応を BS-Seq と組合わせることによって 5-hmC と 5-mC を分別しようとする TAB-Seq（TET assisted bisulfite sequencing）および oxBS-Seq（oxidative bisulfite sequencing）とよばれる手法が開発されている．

2）TAB-Seq 法

5-hmC は 5-mC の酸化によって生成されるが，この反応は TET1～3 という酵素ファミリー（TET）が担っていることが知られている（イラストマップ）（第1部-2参照）．5-hmC は TET によってさらに酸化され，5-fC

(5-ホルミルシトシン) や 5-caC (5-カルボキシシトシン) へと変換されるが，この反応は，5-hmC が β-GT によってグルコシル化された 5-ghmC の状態では起こらない．また，5-fC や 5-caC はバイサルファイト処理によって U へと変換されるため，あらかじめ β-GT 処理した DNA を TET で酸化してから BS-Seq を行えば，C や 5-mC は T として，5-hmC は C として配列決定することができる．これが TAB-Seq とよばれる手法の原理である[2]．TAB-Seq では 5-hmC のみを C として検出することが可能なポジティブディスプレイが可能であり，準備が難しかった高活性の TET 酵素や反応キットもアメリカのベンチャー企業 (Wise Gene 社) から供給されるようになった．TET による 5-hmC の変換効率が不十分であるという問題は依然残っているものの，TAB-Seq は現時点で最も有力なシングルヌクレオチド解像度の 5-hmC の検出原理である．

3) oxBS-Seq 法

一方，5-hmC を化学的に酸化することによって 5-fC や 5-caC を得ることも可能である．過ルテニウム酸カリウム ($KRuO_4$) はアルコールに作用する酸化剤であり，5-hmC を $KRuO_4$ で処理することにより 5-fC や 5-caC が誘導体として得られる (イラストマップ)．この処理は 5-mC に影響を与えないため，$KRuO_4$ で処理した DNA を BS-Seq すれば，C や 5-hmC は T として，5-mC は C として検出されることになる．この結果判明した 5-mC の定量結果を BS-Seq で得られた 5-hmC と 5-mC の総量から差し引くことによって 5-hmC を検出・定量するのが oxBS-Seq とよばれる手法である[3]．oxBS-Seq は，$KRuO_4$ が比較的入手しやすい試薬であるという利点があるものの，5-hmC と 5-mC の総量から 5-mC 量を差し引いて 5-hmC 量を求めるという点で，5-hmC に対しては間接的な定量になってしまう点に注意が必要である．また $KRuO_4$ が DNA を分解する性質がこの方法の実用上のボトルネックになっており，より効率的でかつ温和な反応条件や酸化剤の開発が求められている．

5. 1分子シークエンサーによる直接検出

パシフィックバイオサイエンス社 (Pacific Bioscience 社) やオクスフォードナノポア社のシークエンサーはサンプル DNA 分子の塩基配列を直接読み出すことができる．このような **1分子シークエンシング法** (→Keyword 3) では，読み出される鋳型上の 5-メチル化や 5-ヒドロキシメチル化などの化学修飾が配列決定時のシグナルパターンに影響を与えるため，塩基配列情報と同時にそれらの修飾情報も取得することが可能である．

参考文献

1) Sun, Z. et al.: Cell Rep., 3: 567-576, 2013
2) Yu, M. et al.: Cell, 149: 1368-1380, 2012
3) Booth, M. J. et al.: Science, 336: 934-937, 2012

参考図書

◆ Song, C. X. et al.: Nat. Biotechnol., 30: 1107-1116, 2012

> Keyword

1 hMeDIP法

▶ フルスペル：hydroxymethylated DNA immunoprecipitation

1）hMeDIP

5-hmC（5-ヒドロキシメチルシトシン）に対する抗体を用いてDNAを免疫沈降し，DNAの濃縮の度合いから5-hmCの有無を判断する方法をhMeDIPという．抗体を用いた検出方法は抗体が準備できさえすれば実施可能であるため，哺乳類の細胞で5-hmCの存在が明らかになって以降，hMeDIPしたDNA断片を次世代シークエンサーで大量に配列決定するhMeDIP-Seq解析の報告が相次いでいる（**図1A**）．これまで報告されているゲノム上の5-hmCの分布を調べた論文は多くがhMeDIPによるもので，hMeDIPは5-hmCの検出・解析において重要な技術であるといえる．

2）比較hMeDIP

5-hmCは細胞の種類によってその存在量が桁違いに異なるため，サンプル間でそのゲノム上の分布を比較したい場合は，サンプル間の5-hmCの存在量比を考慮する必要がある．一般的なhMeDIP-Seqのプロトコールでは，鋳型DNAに配列決定のためのアダプター配列を付加した後に，抗体による5-hmCの濃縮を行い，鋳型濃度をそろえて配列決定を行う（**図1A**）．結局，それぞれのサンプルで同じ数のリードが得られることになってしまい，5-hmCの存在量比がサンプル間で大きく異なる場合は各サンプルのリードの重みが異なることになってしまう．比較hMeDIP-Seq[1]は，5-hmCの存在量をリード数に反映することでこの問題を解決しようとするユニークな方法である（**図1B**）．比較hMeDIP-Seqではサンプルのアダプター配列を付加する際に，サンプルごとに異なるインデックス配列を付加しておく．これらのアダプター付加済みDNAを混合した後，hMeDIPを行うと，各サンプルからは含まれる5-hmC量に応じて，鋳型分子が回収されることになる（**図1B**）．この結

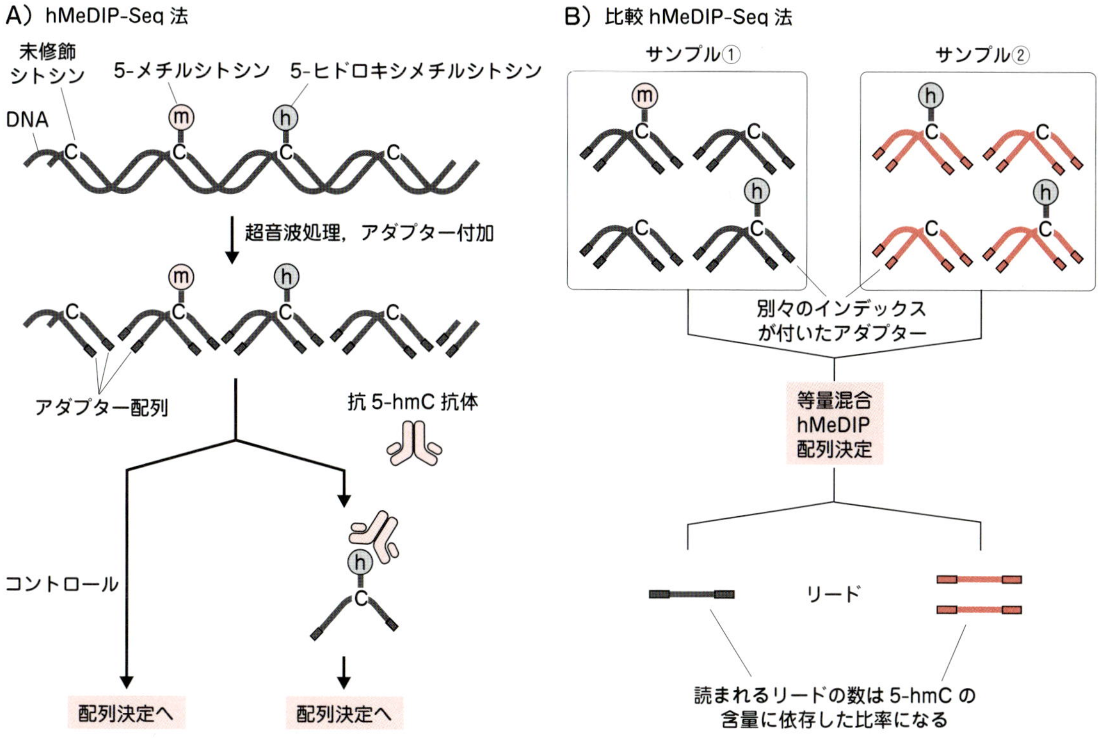

図1 hMeDIP-Seq法
A）hMeDIP-Seqの原理．断片化してアダプターを付加されたDNAは抗5-hmC（5-ヒドロキシメチルシトシン）抗体で免疫沈降されたのちにPCR増幅を経て次世代シークエンサーによる配列決定がなされる．この際，免疫沈降前の鋳型もアダプター付加効率などのコントロールとして配列決定される．B）比較hMeDIP-Seqでは，あらかじめサンプルごとに異なるインデックス配列を含むアダプターを付加した後にこれらを混合してhMeDIPを行う．こうすることでサンプル間の5-hmC含量の違いに由来する鋳型調製効率の差などを考慮することなく直接データを比較することが可能になる

果，ゲノム上の5-hmCの局在情報と同時にサンプル間の5-hmC存在量比がリード数の比として得られることになる．この方法は非常に単純なアイデアではあるが，出力されるデータの付加価値を高めるうえにhMeDIPのコスト低減にも寄与するため，その効果は絶大であると考えられる．

3) hMeDIP-Seqの注意点

hMeDIPにおける注意点は，抗5-hmC抗体による濃縮が，どちらかというと5-hmCの存在頻度ではなく，CpG配列の密度に依存するというバイアスの存在が指摘されている点であろう．hMeDIP-Seqで検出できなかったゲノム領域の5-hmCがGLIB法やhMe-Seal法（**2**参照）で検出できた例が存在することから，hMeDIP-Seqの5-hmCに対する検出感度が少なくともこれら2つの手法に比べて低いことが指摘されている．一方で，hMeDIP-Seq法とhMe-Seal法の双方のデータがほぼ同等の質であったとする報告もある[2]．結局，hMeDIP-Seqを行う場合はこれらのことに留意し，十分な検証を行う必要であることは間違いない．

参考文献

1) Tan, L. et al.：Nucleic Acids Res., 41：e84, 2013
2) Sérandour, A. A. et al.：Nucleic Acids Res., 40：8255-8265, 2012

Keyword
2 GLIB法，hMe-Seal法
── グルコシル化を利用した手法

1) イントロダクション

T4バクテリオファージ由来のβ-GT（β-グルコシルトランスフェラーゼ）は，UDP-グルコースからグルコースを5-hmC（5-ヒドロキシメチルシトシン）に転移して，5-ghmC（β-グルコシル-5-ヒドロキシメチルシトシン）を生成する（**概論のイラストマップ**）．5-hmCの代表的検出方法の多くはこの反応を利用しており，β-GTによるグルコシル化は5-hmC検出には欠かせないツールとなっている．グルコシル化を利用した検出法の利点として，その特異性と反応効率の高さがあげられる．ここではβ-GTによる5-hmC特異的なグルコシル化を利用して強力なアフィニティ精製タグであるビオチンを導入し，5-hmCを含むゲノム領域を効率的に回収する手法として開発されたGLIB法とhMe-Seal法を紹介する．

2) GLIB法

GLIB（glucosylation, periodate oxidation, biotinylation）法[1]ではβ-GTを用いて5-hmCから得た5-ghmCのグルコシル基を過ヨウ素酸ナトリウムで処理して2つのアルデヒド基に変換する（**図2上段**）．これ

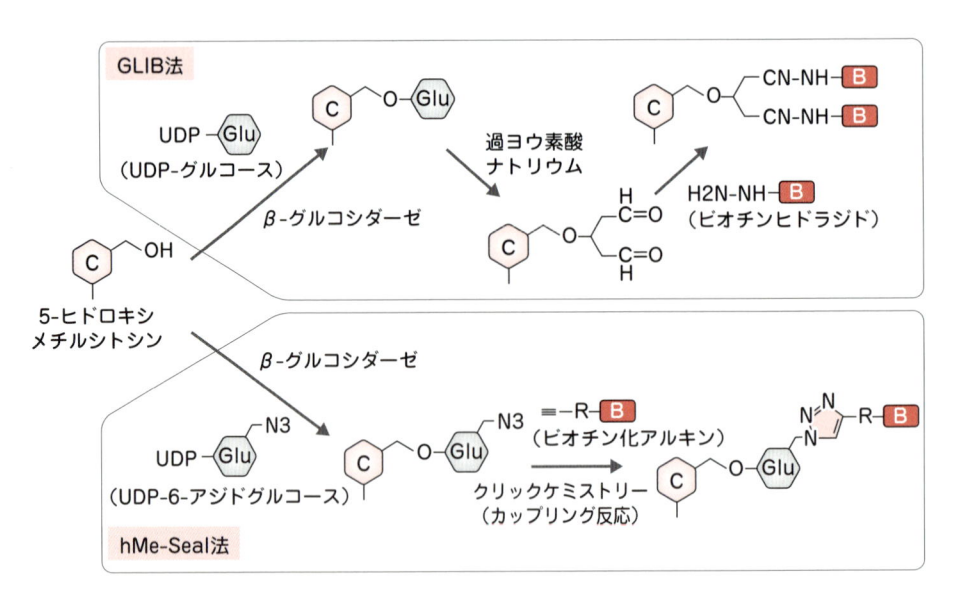

図2　GLIB法とhMe-Seal法

GLIB法およびhMe-Seal法ではβ-GT（β-グルコシルトランスフェラーゼ）の5-hmC（5-ヒドロキシメチルシトシン）に対する高い特異性を利用して，5-hmC部位をビオチン化標識する．ビオチン化標識により，5-hmCを含んだDNA断片はストレプトアビジンビーズ上に高効率に濃縮することが可能になる　B：ビオチン

にビオチンヒドラジドを反応させることで5-hmCに対して特異的にビオチン化修飾を導入することが可能となる．このビオチン化により5-hmCを含んだDNA断片をストレプトアビジンビーズを用いて特異的かつ高効率に回収することが可能となる．GLIB法による5-hmCを含んだDNA断片の濃縮は5-hmCの量依存的で定量性が高い上に，検出感度も高いという利点を備えている．

3）hMe-Seal法

GLIB法と同様にβ-GTを介して5-hmCをビオチン化する手法としてhMe-Seal法がある（**図2下段**）[2]．hMe-Seal法ではβ-GTの基質としてUDP-グルコースの代わりにグルコースの6位がアジド化されたUDP-6-アジド-グルコースを基質として用いる．このアジド基はいわゆるクリックケミストリーとよばれるカップリング反応を利用するための修飾で，さまざまな官能基をより穏和な条件下で容易に導入することを可能にするが，hMe-Seal法ではビオチン化修飾の導入に利用する．hMe-Seal法はGLIB法と同様にビオチン-ストレプトアビジンの親和性を利用した濃縮が行えるため，5-hmCに対する定量性や感度が高い．また，GLIB法に比べてより温和な条件下で反応を進めることが可能で，かつ反応やDNA精製のステップが少ないという利点がある．唯一の欠点としては基質となるUDP-6-アジド-グルコースが市場で手に入らないという点があげられたが，これも最近になって解消されている．

参考文献
1) Pastor, W. A. et al.：Nature, 473：394-397, 2011
2) Song, C. X. et al.：Nat. Biotechnol., 29：68-72, 2011

Keyword
3 1分子シークエンシング法

1）イントロダクション

いわゆる1分子シークエンサーは，配列決定の際にDNAを増幅することなくそのままの状態で読み出す．この際DNAの塩基上に何らかの化学修飾が存在すると，配列決定時のシグナルパターンに変化が現れるため，1分子シークエンサーではDNA塩基配列だけでなく，その上の化学修飾までも同時に検出することが可能になる．パシフィックバイオサイエンス（PacBio）社およびオッ クスフォードナノポア社のシークエンサーでは，いずれも5-mC（5-メチルシトシン）や5-hmC（5-ヒドロキシメチルシトシン）の直接検出が可能であることが示されている[1,2]．

2）原理

PacBio社のSMRT®シークエンサーでは，DNAポリメラーゼがヌクレオチドを取り込んで伸長を行う際に，基質のヌクレオチドに付加された蛍光体がDNAポリメラーゼ上に留まる間だけ励起されて蛍光を発する原理を利用しDNAの塩基配列を決定する（**図3 A, B**）[3]．それぞれのヌクレオチドが取り込まれる際に発せられる蛍光シグナルをパルスとよび，パルス間の時間間隔をIPD（inter pulse duration）という（**図3 B, D**）．化学修飾された塩基上をDNAポリメラーゼが通過すると，その近傍で未修飾の塩基とは異なるIPDが観察されるようになるため，この性質を利用すると化学修飾の直接検出が可能となる（**図3 D**）．ただ，5-mCや5-hmCはIPDの変化が未修飾のシトシンに比べてわずかであるためその判別が難しく，繰り返し同一分子の配列決定を行って確率を計算するなど検出には少なからず工夫が必要だった[1]．これに対して5-hmCをβ-グルコシダーゼ（β-GT）処理によってグルコシル化することでIPDの変化を大きくする工夫がなされている[4]．

3）hMe-Seal法を応用した5-hmCの検出

5-mCに比べて存在量の少ない5-hmCを検出するためには，5-hmCが含まれるDNAを濃縮して解析することが効果的だが，このための方法としてhMe-Seal法（**2**参照）が利用されている[4]．hMe-Seal法で使用するビオチン化基質にあらかじめジスルフィド結合を導入しておけば，ストレプトアビジンビーズ上での濃縮後にDTTなどの還元剤で処理することにより，回収されたDNA断片を容易にビーズから溶出することが可能となる（**図3 C**）．

4）TETを利用した5-mCの検出

5-hmCに加えて，SMRT®シークエンサーでは5-mCの検出における精度向上も実現している．TETタンパク質（TET）は，5-mCから5-hmCを誘導しさらには5-fC（5-ホルミルシトシン）や5-caC（5-カルボキシシトシン）をもたらす（**概論のイラストマップ**）．5-caCは5-mCに比べてより大きなIPDの変化を示すため，5-hmC同様に高い信頼性で5-mCの検出を行うことが可能になった[5]．これらの酵素反応は組合わせて利用することが可能であるため，SMRT®シークエンサーでは

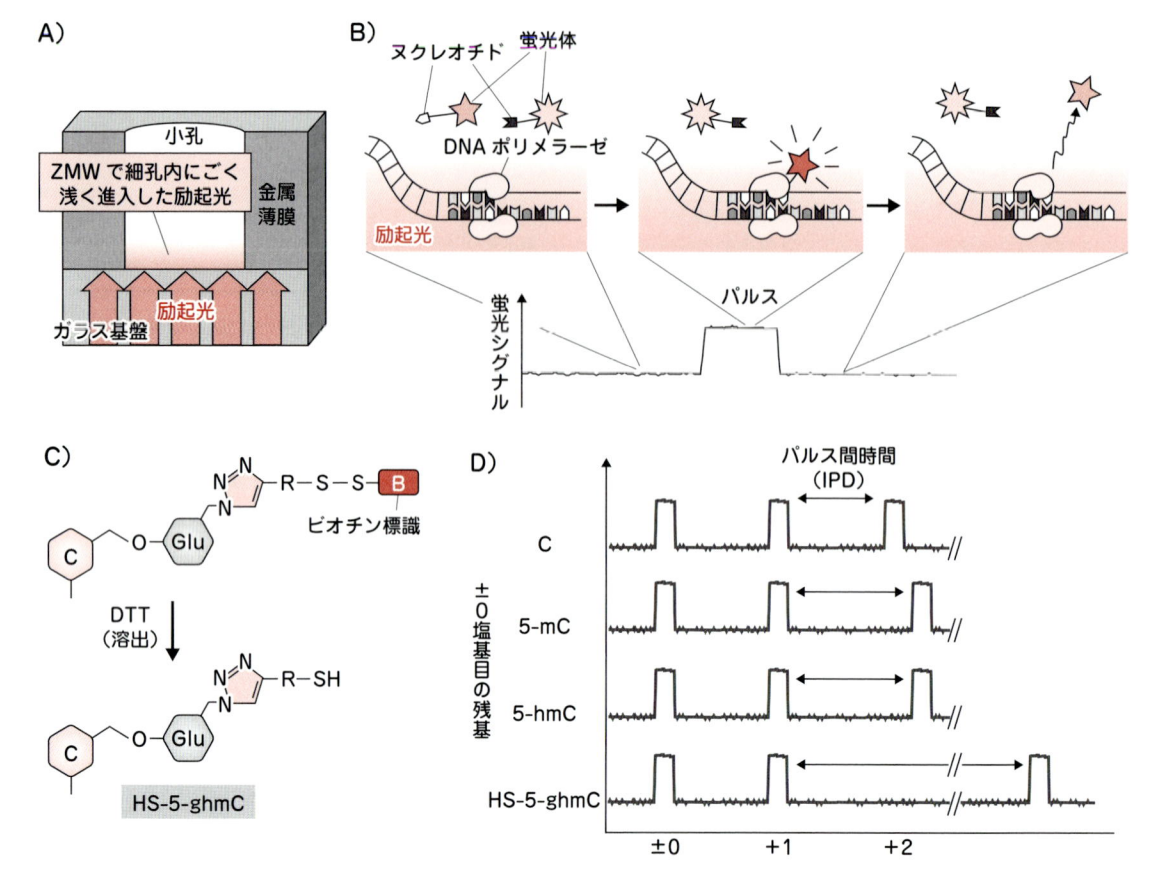

図3　1分子シークエンシングによる5-ヒドロキシメチルシトシンの検出

A）金属薄膜上に作製したナノスケールの小孔には，その大きさと形に依存して特定の波長以上の光を透過させない性質がある．パシフィックバイオサイエンス（PacBio）社のシークエンサーでは，ガラス基板上に金属薄膜を形成して小孔を作製し，この小孔の底にDNAポリメラーゼを固定化しDNA合成反応を行う．ガラス基板側からの入射光は小孔内部に入り込むと急激に減衰するが，きわめて限られた距離だけ小孔内部に入り込むことができる．これをゼロ-モードウェーブガイド（zero-mode waveguide：ZMW）とよぶ．ZMWにより，小孔底部に固定化されたDNAポリメラーゼ近傍の蛍光物質のみを励起することが可能になる．B）DNAポリメラーゼが基質とするヌクレオチドは蛍光標識されており，ポリメラーゼがヌクレオチドを取り込んでいる間だけこの蛍光体が励起され蛍光が発せられる．この蛍光シグナルをパルスとよぶ．C）5-hmC（5-ヒドロキシメチルシトシン）を濃縮するために使用されるビオチン化修飾．hMe-Seal法（2参照）により5-hmC特異的にビオチン化を導入する．このビオチン化修飾にはあらかじめジスルフィド結合（図中のS-S）が導入されている．ジスルフィド結合はDTTなどを含む還元状態で容易に開裂するため，効率的にビーズ上から溶出することが可能になる．D）パルス間の時間間隔をIPD（inter pulse duration）とよぶ．IPDは塩基の化学修飾状況の影響を受け，化学修飾を受けた塩基が存在するとその塩基近傍のヌクレオチドを取り込んだ際にIPDに変化がみられる（図の場合，化学修飾塩基の相補鎖取り込みの2塩基後のパルス）．この性質を利用してPacBio社のシークエンサーでは直接塩基の化学修飾を検出する．しかし，5-mC（5-メチルシトシン）や5-hmC（5-ヒドロキシメチルシトシン）によるIPDの変化は小さいため，検出の信頼性が低かった．5-hmCをhMe-Seal法でグルコシル化したり，5-mCをTETで5-fCや5-caCに変換するとIPDが大きくなるため，より高い信頼性でそれぞれを検出できるようになる

同一分子上に存在する5-mCと5-hmCを同時に検出・解析することが可能である．

参考文献

1) Flusberg, B. A. et al.：Nat. Methods, 7：461-465, 2010
2) Wallace, E. V. et al.：Chem. Commun. (Camb)., 46：8195-8197, 2010
3) Eid, J. et al.：Science, 323：133-138, 2009
4) Song, C. X. et al.：Nat. Methods, 9：75-77, 2011
5) Clark, T. A. et al.：BMC Biol., 11：4, 2013

第4部 エピジェネティクス解析技術

4 ヒストン修飾検出法
detection of histone modifications

木村 宏

> **Keyword** ❶クロマチン免疫沈降法　❷ヒストン修飾特異的抗体　❸エピジェネティックイメージング

概論 各種ヒストン修飾解析法の使い分け

1. はじめに

ヒストン修飾の検出には，さまざまな方法があり，目的に応じて方法を使い分ける必要がある（イラストマップ）．特定の遺伝子領域の修飾状態の解析には，**ヒストン修飾特異的抗体**（→Keyword❷）を使用した**クロマチン免疫沈降**（chromatin immunoprecipitation：ChIP）**法**（→Keyword❶）が用いられる[1,2]．一方，例えば細胞分化過程におけるクロマチン全体の修飾レベルの変化は，修飾特異的抗体によるウエスタンブロッティングのほか，質量分析や電気泳動などにより解析できる．また，個々の細胞レベルにおける修飾状態の解析や局在性の変化などには，免疫染色による**エピジェネティックイメージング**（→Keyword❸）が用いられる．なお，ヒストン修飾特異的抗体は，幅広い用途に使用できる非常に便利なツールであるが，それぞれの抗体の特性を十分に理解しておくことが結果の適切な解釈に重要である[1,2]．

2. 特定の遺伝子領域の修飾

ヒストン修飾は遺伝子の転写活性化や抑制と密接にかかわるため，それらのゲノム上の局在を解析することで，特定の遺伝子領域のエピジェネティクス制御に関する情報を得ることができる．例えば，H3K4のトリメチル化の局在は，転写される遺伝子の転写開始点の指標になるほか，H3K4のモノメチル化とH3K27のアセチル化は活性化状態にあるエンハンサーの指標となりうる．

特定の遺伝子領域のヒストン修飾状態は，修飾特異的抗体を用いた免疫沈降により回収されたDNAを，定量PCR（ChIP-qPCR）を用いて解析することができる[1]．また，マイクロアレイ上へのハイブリダイゼーション（ChIP-on-chip）や，大規模シークエンス（ChIP-seq）を行うことで，全ゲノム領域におけるヒストン修飾の局在性を網羅的に調べることも可能である[2]．ヒストン修飾抗体を用いたChIPを行うためには，少なくとも10^3（通常は10^5〜10^6程度）の細胞数が必要であり，得られるヒストン修飾の情報は細胞集団のものである．したがって，不均一な細胞集団を用いたChIP解析では，ヒストン修飾状態の平均値を検出することになる．

最近，ヒストン修飾特異的抗体を用いた免疫染色（後述）とISH（*in situ* hybridization）を組合わせたPLA（proximity ligation assay）技術により，単一細胞レベルでハイブリダイゼーションプローブ近傍での特定の修飾の存在を検出できることが示された．このISH-PLA法は，スループットは低いものの，均一な細胞集団が得られないような組織サンプルなどでヒストン修飾を解析するのに有用であると考えられる．

3. 修飾レベルの比較

クロマチン全体のヒストン修飾の総量は，細胞周期や細胞種によって異なる．細胞周期に応じて総量が変動する修飾としては，H4K5のアセチル化，H4K20のモノメチル化，H3S10のリン酸化などがある．H4K5のアセチル化は，新規に合成されたヒストンH4に付加されるため，クロマチンが複製されるS期にレベルが高くなる．それに対して，H4K20のモノメチル化レベルは，G2後

イラストマップ　ヒストン修飾検出法

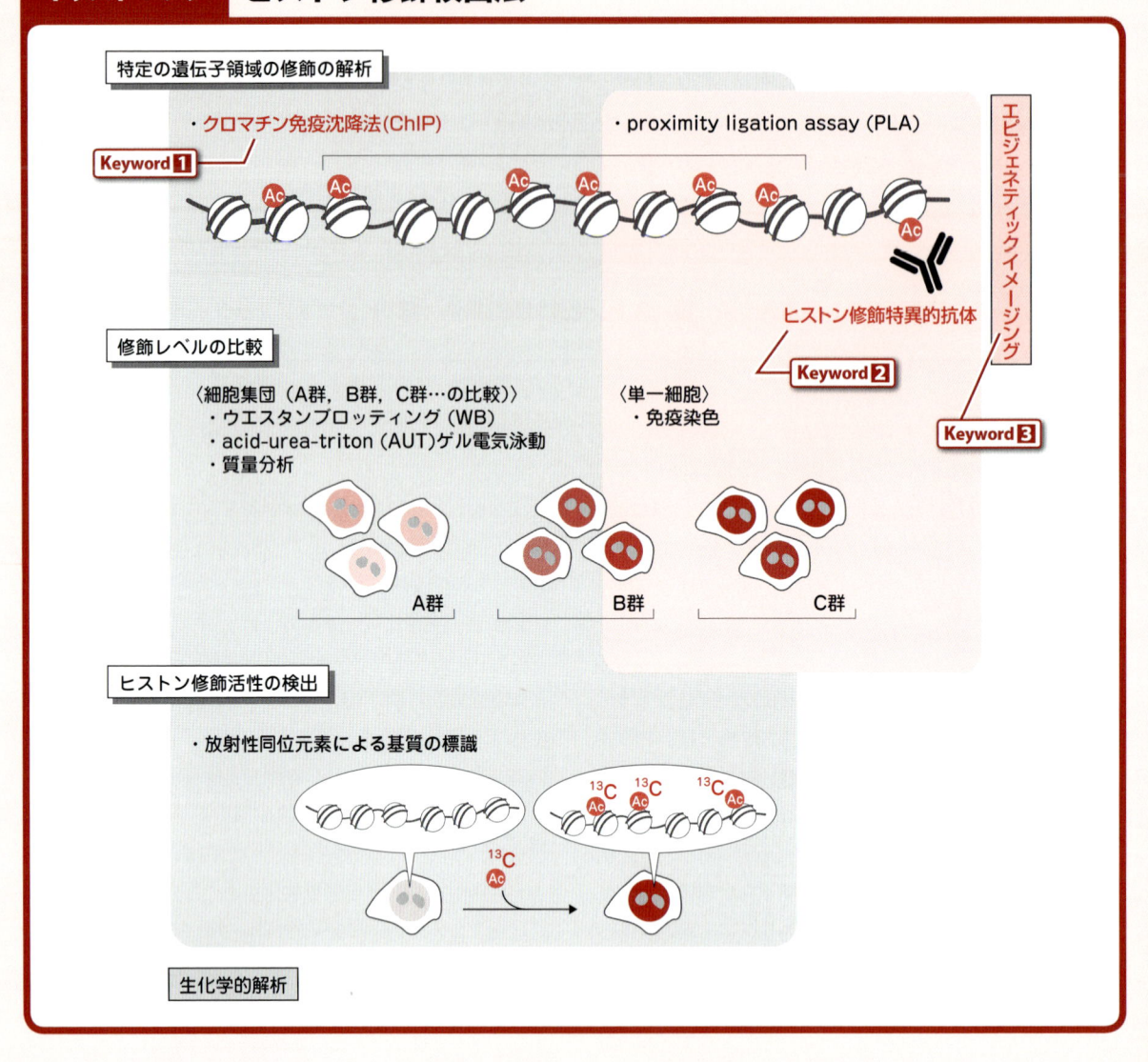

特定の遺伝子領域の修飾の解析
- クロマチン免疫沈降法（ChIP） **Keyword 1**
- proximity ligation assay（PLA）

ヒストン修飾特異的抗体 **Keyword 2**

エピジェネティックイメージング **Keyword 3**

修飾レベルの比較

〈細胞集団（A群，B群，C群…の比較）〉
- ウエスタンブロッティング（WB）
- acid-urea-triton（AUT）ゲル電気泳動
- 質量分析

〈単一細胞〉
- 免疫染色

A群　B群　C群

ヒストン修飾活性の検出
- 放射性同位元素による基質の標識

生化学的解析

期からM期にかけて上昇する．また，H3S10のリン酸化もM期に顕著に上昇する．これらの修飾レベルを検出することで，任意の細胞や細胞集団が細胞周期のどの位置にあるのか推定することができる．

　特定のヒストン修飾総量は細胞種や組織によっても異なり，例えば，未分化胚性幹細胞を分化誘導するとH3K9アセチル化が減少することが示されている．また，がん化した細胞におけるヒストン修飾総量の変化も多数みつかっている．そのため，特定の遺伝子領域のヒストン修飾状態に限らず，ヒストン修飾の総量を異なる細胞やサンプル間で比較することも重要である．この目的には，次のような手法が用いられる．

1）ウエスタンブロッティング

　細胞集団の特定のヒストン修飾レベルの比較は，ウエスタンブロッティングにより容易に行うことができる．細胞から全タンパク質（あるいは，酸抽出による塩基性タンパク質の濃縮画分）をSDS-ポリアクリルアミドゲル電気泳動で分離後，膜に転写し，ヒストン修飾抗体および検出のための標識二次抗体と反応させることで，サンプル間での修飾レベルを簡便に比較できる．定量解析には，適切な希釈系列を用いた標準化とローディングコントロールが必要である．

2）acid-urea-tritonゲル電気泳動による分離

AUT（acid-urea-triton）ゲル電気泳動では，電荷に影響を与えるアセチル化やリン酸化などの修飾レベルをその移動度から判別できる．例えば，分子量の小さいH4では，アセチル化修飾が移動度に比較的大きく影響するため，同一分子上でいくつかのアミノ酸残基がアセチル化修飾を受けている場合，アセチル化修飾の数に応じて異なる移動度を示す．また，AUTゲル電気泳動とSDS-ポリアクリルアミドゲル電気泳動とを組合わせた二次元電気泳動によって，より高分解能の解析が可能である．AUTゲル電気泳動は，ヒストンバリアント間の分離もできることから，ウエスタンブロッティングと組合わせることで，異なるバリアント上の修飾も解析できる．

しかしながら，AUTゲル電気泳動は，ゲルの調製と泳動が比較的繁雑であることや，修飾部位の特定ができないこと，メチル化の検出が困難であることなどから，修飾特異的抗体を用いたウエスタンブロッティングに比較するとその用途が限られる．

3）質量分析

細胞集団からヒストンを調製し，質量分析装置で解析することで，修飾に応じた分子量のペプチドが検出される．質量分析では，サンプル中に存在する多数の修飾やその組合わせを網羅的に検出することができる[3]．ヒストン修飾抗体は既知の修飾に対して開発されるため，新規の修飾を見出すことはできないが，質量分析では新規の修飾や，既存の抗体が反応しない新たな修飾の組合わせなども検出することができる．また，安定同位体による標識と質量分析を組合わせることで，細胞内のヒストン修飾・脱修飾のキネティクスを測定することも可能になっている．

このように，質量分析法はヒストン修飾の定量的な検出に非常に有効な方法であるが，比較対象との分子量の差が小さい場合は，検出が難しい．例えばアセチル化とトリメチル化の分子量の差はわずか0.036 Daであり，両者を区別するには高分解能の質量分析装置が必要である．

4）免疫染色

個々の細胞間でのヒストン修飾レベルは，ヒストン修飾抗体を用いた免疫染色により比較できる．培養細胞や組織を固定後，ヒストン修飾抗体および標識二次抗体と反応させることで，個々の細胞の修飾を顕微鏡下で検出できる．このようなエピジェネティックイメージングにより，細胞周期や異なる分化過程におけるヒストン修飾の差異を細胞間で比較することが可能である．さらに，組織染色を行うことで，例えば，がん組織と正常組織の修飾状態の差を比較することなども可能である．また，多重免疫蛍光染色により，細胞核内におけるヒストン修飾の分布やクロマチン構造の違いを検出することもできる．

4. ヒストン修飾活性の検出

ヒストンの翻訳後修飾は，放射性同位元素により標識された基質の取り込みによっても検出できる．例えば，^{13}Cや^{3}Hで標識されたアセチルCoA（アセチル基の供与体）を培地中に添加することで，細胞内のアセチル化やそのターンオーバーを検出できる．しかしながら，放射性物質を用いた検出法では修飾部位の同定は困難であることなどから，汎用性は低く，最近は細胞の標識にはあまり用いられない．この目的には，前述のような安定同位体と質量分析を組合わせた方法が一般的になりつつある．一方，放射性同位元素による修飾活性の検出は，その簡便性から in vitro のアッセイ系では威力を発揮する．

参考文献

1）Collas, P.：Mol. Biotechnol., 45：87-100, 2010
2）Kimura, H.：J. Hum. Genet., 58：439-445, 2013
3）Britton, L. M. et al.：Expert Rev. Proteomics, 8：631-643, 2011

参考図書

◆『エピジェネティクスと病気』（佐々木裕之/監，中尾光善，中島欽一/編）遺伝子医学MOOK, 25, メディカルドゥ, 2013
◆『エピジェネティクスと疾患』（牛島俊和，他/編），実験医学増刊，28 (15)，羊土社，2010
◆『エピジェネティクス実験プロトコール（注目のバイオ実験シリーズ）』（牛島俊和，眞貝洋一/編），実験医学別冊，羊土社，2008

Keyword

1 クロマチン免疫沈降法

▶英文表記：chromatin immunoprecipitation
▶略称：ChIP

1）イントロダクション

　ChIPでは，細胞からクロマチン断片を調製し，特異的抗体を用いて免疫沈降した後，回収されたDNAの配列を解析することで，任意のゲノム領域上にその修飾が濃縮されているかどうかを検討する（図1）[1]．ヒストンはDNAと比較的強く結合しているため，細胞の固定（DNAとタンパク質の架橋）は必ずしも必要ではない．架橋しないクロマチンのChIPはnative-ChIP（ネイティブChIP）やN-ChIP，一方，ホルムアルデヒドで架橋したクロマチンのChIPはcrosslinked-ChIPやX-ChIPとよばれることがある．一般に，native-ChIPの方が免疫沈降の効率がよい．

2）定量PCR解析（ChIP-qPCR）

　ヒストン修飾を調べるゲノム領域が限定されている場合は，ChIPによる回収率を定量PCR（ChIP-qPCR）で解析し，ChIPを行う前のサンプル（インプット）に対する割合（％インプット）として相対的に評価する．X-ChIPでは抗体の標的となる修飾ヒストンをもつクロマチンがすべて免疫沈降で回収されるわけではないため，例えば回収率が1％であった場合でも，全体の1％にその修飾が存在するとは解釈できない．また，異なる抗体では回収率も異なるため，抗体（修飾）間の数字の比較は意味をもたないことが多い．特定の修飾抗体を用いたときの回収率が，コントロールIgGを用いたChIPの回収率，および，その修飾が存在しないコントロール領域と比較して有意に高ければ，目的の修飾が濃縮されていると判断できる．

3）全ゲノム解析（ChIP-on-chip, ChIP-seq）

　ゲノム上のヒストン修飾の分布を俯瞰的に解析したい場合は，ChIPで回収されたDNAを増幅し，ゲノムタイリングアレイを用いたハイブリダイゼーション（ChIP-

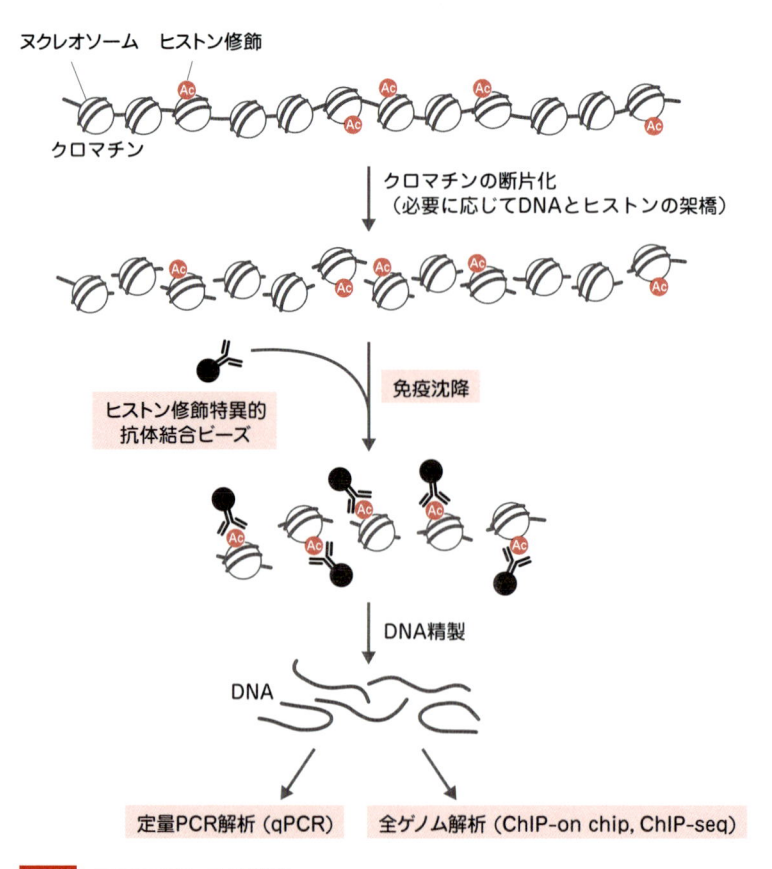

図1　クロマチン免疫沈降

on-chip）を行うか，次世代シークエンサーで配列を決定しリファレンスゲノム上にマップする（ChIP-seq）．大規模シークエンスの精度が向上したことやそのコストが軽減されたことなどから，最近は，ChIP-on-chip法よりもChIP-seq法が主流になっている[2)3)]．

このChIP-seq法では，全ゲノムに対する特定の領域の濃縮率が明らかになる．転写される遺伝子の転写開始点付近に限局するようなH3K4のトリメチル化やH3K27のアセチル化などは，局所への濃縮率が高いため比較的少ないシークエンスのリード数でも明らかなピークとして検出されやすい．それに対して，H3K9のジメチル化やトリメチル化などの不活性クロマチンにみられる修飾は，ブロードに局在するため，局所への濃縮率が低く明確なピークが検出されづらい．そのため，より多くのシークエンスのリードが必要となる．

4）ChIP-qPCRとChIP-seqのデータの見方

ゲノム上の特定領域のヒストン修飾に着目した場合，ChIP-qPCRではインプットに対する回収率を測定するのに対して，ChIP-seqでは全ゲノムに対する濃縮率を測定するという違いがある．そのため，ChIP-qPCRは，対象としている修飾が他のゲノム領域でどのような分布をしているのかにかかわらず，特定の領域における修飾の存在を評価できる．それに対して，ChIP-seqにおける濃縮率は他のゲノム領域との比較となる．したがって，H3K9のジメチル化などゲノム上で広く分布する修飾は，ChIP-seqでは特定の領域への濃縮率が低い場合でも，ChIP-qPCRでは容易に濃縮が検出できる場合がある．

5）re-ChIP（sequential ChIP）

同一（または近傍）のヌクレオソーム上に2つの修飾を同時にもつようなクロマチンを調製する場合，1つの修飾抗体を用いたChIPにより回収されたクロマチンを，別の修飾抗体を用いてもう一度免疫沈降することができる．この方法はre-ChIPやsequential ChIPとよばれる[1)]．

参考文献

1) Collas, P. : Mol. Biotechnol., 45 : 87-100, 2010
2) Park, P. J. : Nat. Rev. Genet., 10 : 669-680, 2009
3) Furey, T. S. : Nat. Rev. Genet., 13 : 840-852, 2012

Keyword
2 ヒストン修飾特異的抗体

▶英文表記：histone modification specific antibody

1）イントロダクション

特定部位の修飾特異的抗体は，ChIP，ウエスタンブロッティング，免疫染色など，さまざまなヒストン修飾解析に使用可能である．しかしながら，個々の抗体の特異性には注意が必要であり，標的以外の修飾との交差性や標的近傍の修飾の影響が厳密に調べられていることが望ましい[1)～3)]．

2）抗体の交差性

交差性については，標的のアミノ酸残基に入りうる他の修飾，および，他の部位に入る同様の修飾と反応しないことが確認されるべきである（図2）．例えば，H3K9トリメチル化抗体は，H3K9のジメチル化やモノメチル化，また，H3K27トリメチル化などと反応する可能性がある〔H3K9とH3K27は，近傍にAR（K）Sという配列が共通している〕．

3）近傍の修飾の抗体反応への影響

ヒストンのN末端には修飾を受けるアミノ酸が多く，抗体の標的近傍のアミノ酸配列の修飾の抗体反応への影響も考慮しなければならない．例えば，前述のようにH3K9とH3K27の隣には，メチル化されるアルギニン（H3R8とH3R26）やリン酸化されるセリン（H3S10とH3S28）が存在し，アルギニンのメチル化やセリンのリ

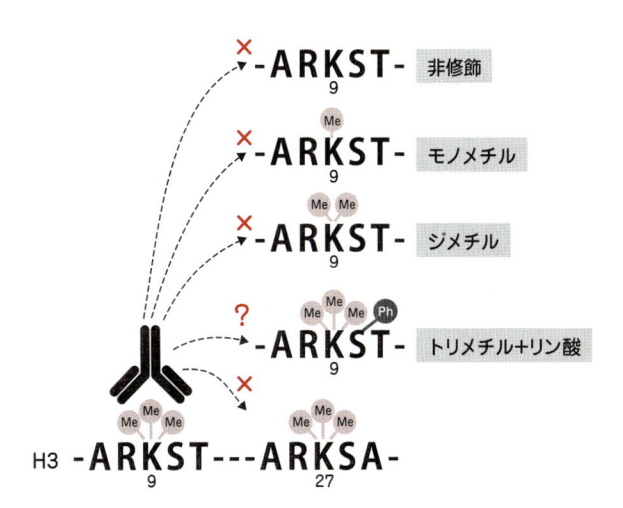

図2 ヒストン修飾特異的抗体の特異性

ヒストン修飾特異的抗体は，標的の修飾に対する特異性（他の修飾や類似の配列への反応性，近傍の修飾への反応性）を確認して使用することが重要である

第4部　4　ヒストン修飾検出法

ン酸化が修飾リジン特異的抗体の結合に影響する場合がある．このような抗体の標的以外の修飾の影響は，隣ではなく数アミノ酸離れた場所でも問題となりうる．

4）適切な抗体の選択

抗体を用いたヒストン修飾解析には，用いた抗体の特性をよく把握しておくことが重要である．実際，米国のmodENCODEプロジェクトで，さまざまなヒストン修飾抗体の評価を行った結果，20〜25％の抗体は特異性などに関して問題があったことが示されている[4]．その結果は，データベースとして公開されている[5]が，ポリクローナル抗体の場合はロットによって差があることに注意する必要がある．

参考文献

1) Clayton, A. L. et al. : Mol. Cell, 23 : 289-296, 2006
2) Kimura, H. et al. : Cell Struct. Funct., 33 : 61-73, 2008
3) Kimura, H. : J. Hum. Genet., 58 : 439-445, 2013
4) Egelhofer, T. A. et al. : Nat. Struct. Mol. Biol., 18 : 91-93, 2011
5) Antibody Validation Database（http://compbio.med.harvard.edu/antibodies/）

Keyword 3 エピジェネティックイメージング

▶英文表記：epigenetic imaging

1）イントロダクション

細胞周期，細胞分化，発生などの過程で起こるエピジェネティック修飾レベルの変化は，主に修飾特異的抗体を用いたイメージング（エピジェネティックイメージング）により明らかにすることができる（図3）．個々の細胞のヒストン修飾レベルの比較は，修飾特異的抗体を用いた免疫染色により行われる（図3A）．例えば，さまざまな修飾抗体を用いたがん組織に対する組織染色の解析から，種々のがんの進行度や重篤性と特定のヒストン修飾レベルの関連なども見出されている．また，各種抗体を用いて異なる分化過程にある細胞のヒストン修飾レベルの差や核内局在性の違いを検出することも可能である（図3A，B）．

2）免疫染色の応用による修飾の共局在性のイメージング

ヒストン修飾特異的抗体を用いたイメージングは，通常の免疫染色に留まらず多様な発展性をみせている．ここでは，PLA（proximity ligation assay）を用いた，2つの修飾の共局在や特定のゲノム領域とヒストン修飾の共局在の検出法に触れたい[1,2]．未分化幹細胞では，転写活性化に関与するH3K4トリメチル化と転写抑制に関与するH3K27トリメチル化が共存する「bivalent」な状態にある遺伝子が多く存在する．このような2つの修飾にそれぞれ特異的な抗体を用いて免疫染色を行い，PLAにより高感度で検出することで，2つの修飾の共局在性を定量的に解析することができる（図3C）[1]．このiChmo（imaging of a combination of histone modifications）法により，初期分化過程における胚性幹細胞の不均一性などが示されている．また，近接する2つの蛍光抗体の検出は，共鳴エネルギー移動（fluorescence resonance energy transfer：FRET）を用いて行うことも可能である[3]．

3）特定のゲノム領域のヒストン修飾のイメージング

PLAをヒストン修飾特異的抗体を用いた免疫染色とin situ hybridizationに適用することで，ハイブリダイゼーションプローブ近傍での特定の修飾の存在を検出できることが示されている（図3D）[2]．このISH-PLA（in situ hybridization and proximity ligation assay）法は，スループットは低いものの，均一な細胞集団が得られない組織サンプルなどで特定の遺伝子領域のヒストン修飾を解析するのに有用であると考えられる．

4）生細胞エピジェネティックイメージング

ヒストン修飾やDNAメチル化の生細胞イメージング用のプローブの開発が進んでおり，生細胞や生体内の修飾動態を検出することが可能になってきた[4,5]．例えば内在性のヒストン修飾の検出のため，蛍光標識されたヒストン修飾特異的抗原結合断片（Fab）を直接細胞に導入する方法（Fab-based live endogenous modification labeling：FabLEM）が開発され，さまざまなヒストン修飾の動態が観察されている（図3E）．また，ヒストン修飾レベルの計測のためのFRETプローブも開発されている．内在性のDNAメチル化も，メチル化結合タンパク質のメチル化結合ドメインと蛍光タンパク質の融合プローブによって可視化できる．

A) 修飾レベル   B) 核内局在

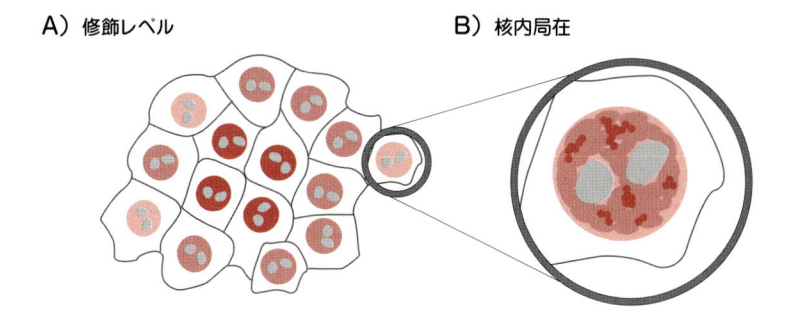

C) 修飾の共局在性   D) 特定のゲノム領域の修飾

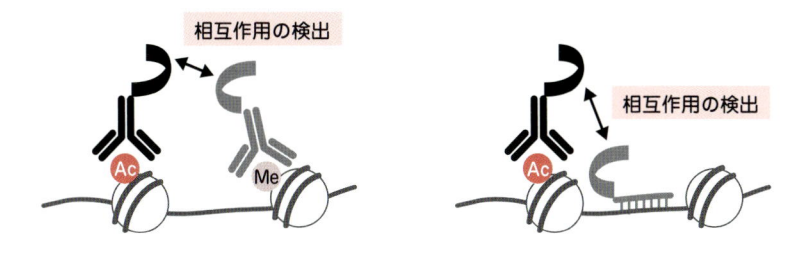

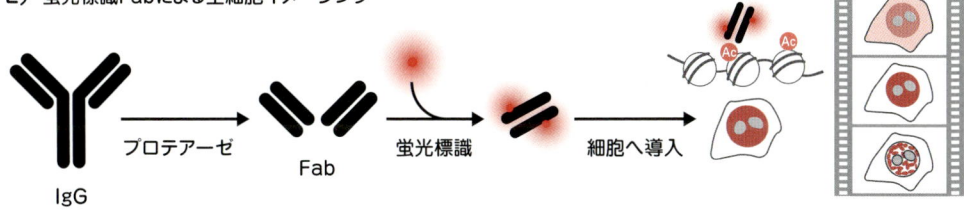

相互作用の検出

E) 蛍光標識Fabによる生細胞イメージング

IgG → プロテアーゼ → Fab → 蛍光標識 → 細胞へ導入

図3　エピジェネティックイメージング
修飾特異的抗体を用いたイメージングとその応用により，多彩なエピジェネティックイメージングが可能である．A) 組織・細胞染色による単一細胞における修飾レベルの比較．B) 細胞核内分布．C) 修飾の組合わせの検出（iChmo法）．D) 特定のゲノム領域の修飾の検出（ISH-PLA法）．E) 生細胞ヒストン修飾イメージング（FabLEM法）．タイムラプスイメージングが可能になる（右）．

参考文献

1) Hattori, N. et al.：Nucleic Acids Res., 41：7231-7239, 2013
2) Gomez, D. et al.：Nat. Methods, 10：171-177, 2013
3) Chen, J. et al.：J. Cell Sci., 125：2954-2964, 2012
4) Kimura, H. et al.：Curr. Opin. Cell Biol., 22：412-418, 2010
5) Sasaki, K. et al.：Bioorg. Med. Chem., 20：1887-1892, 2012

第4部 エピジェネティクス解析技術

5 高次構造解析
analysis of higher-order chromatin structure

石原 宏，中元雅史，中尾光善

Keyword　❶クロマチンループ　❷DNase I 高感受性　❸3C, 4C, 5C, HiC 解析
❹*in situ* ハイブリダイゼーション

概論 クロマチン構造解析の手法

1. はじめに

　個体発生，細胞の増殖・分化，シグナル応答のようなさまざまな生物学的事象の制御に，エピジェネティックな遺伝子発現調節が重要な役割をもつことがわかっている．DNAメチル化や各種ヒストン修飾に代表されるエピジェネティックな遺伝子制御に加え，遺伝子プロモーター，エンハンサー，サイレンサー，インスレーター，遺伝子座制御領域（locus control region：LCR）などの遺伝子制御領域の相互作用に関与するクロマチン高次構造もエピジェネティックな遺伝子制御に重要な要素であると考えられる（イラストマップ）．遺伝子制御配列の同定とそれがどのようにどの遺伝子に作用するのかを，クロマチン高次構造による制御という視点から明らかにする研究が進められている．
　本項ではヌクレオソームの高次構造を指標とした遺伝子制御配列の同定法とクロマチンの高次構造を解析する3C法とその発展型の解析法について紹介する．

2. ヌクレオソームの構造

　哺乳類のゲノムDNAはさまざまなタンパク質因子とともにコンパクトに折り畳まれて細胞核内に納められている．DNAとタンパク質の複合体であるクロマチンの基本単位をヌクレオソームとよんでおり，ヒストンH2A，H2B，H3，H4がそれぞれ2つずつの八量体を形成してDNAが約2周巻き付く形で構成されている（第1部-10参照）．これらヒストンの翻訳後修飾がエピジェネティックな遺伝子発現制御に重要な役割をもつことがよく知られている（第1部-4〜8参照）．さらに，ヌクレオソームとヌクレオソームの間のDNA（リンカーDNA）にはヒストンH1が結合し，ヌクレオソーム間の相互作用に働き，30 nm線維とよばれるヌクレオソームの高次構造形成とクロマチンの凝集に関与すると考えられている．また，ヌクレオソームはゲノムDNA上に均一に存在しているわけではなく，転写因子などの特定のDNA配列を認識して結合するタンパク質が存在すると，ヌクレオソーム構造が形成されないことがある．さらに，クロマチンリモデリング因子の働きにより，ヌクレオソームがそのDNA領域から除去されたり位置をスライドさせられたりすることでヌクレオソームが存在しない，もしくは減少しているDNA領域がつくられる．このような領域は遺伝子のプロモーター，エンハンサー，サイレンサー，インスレーター，遺伝子座制御領域などの転写制御配列が含まれることが知られている．

3. DNase I による遺伝子制御領域の同定

　デオキシリボヌクレアーゼ I（DNase I）はヌクレオソームが密に巻き付いて高次構造を形成している状態のDNA領域よりもヌクレオソームの結合が少ないDNA領域を消化しやすい特性をもっている．この特性を利用し，**DNase I 高感受性（DNase I hypersensitivity）**（→**Keyword❷**）な部位を探すことで遺伝子の制御領域を同定することができる．以前は低濃度のDNase I で細胞核を処理しDNAを抽出後，サザンブロッティング法で検出をしていたが，近年では大規模シークエンスが可能となったため，ゲノムワイドにDNase I の高感受性部

イラストマップ　クロマチンの高次構造と解析手法

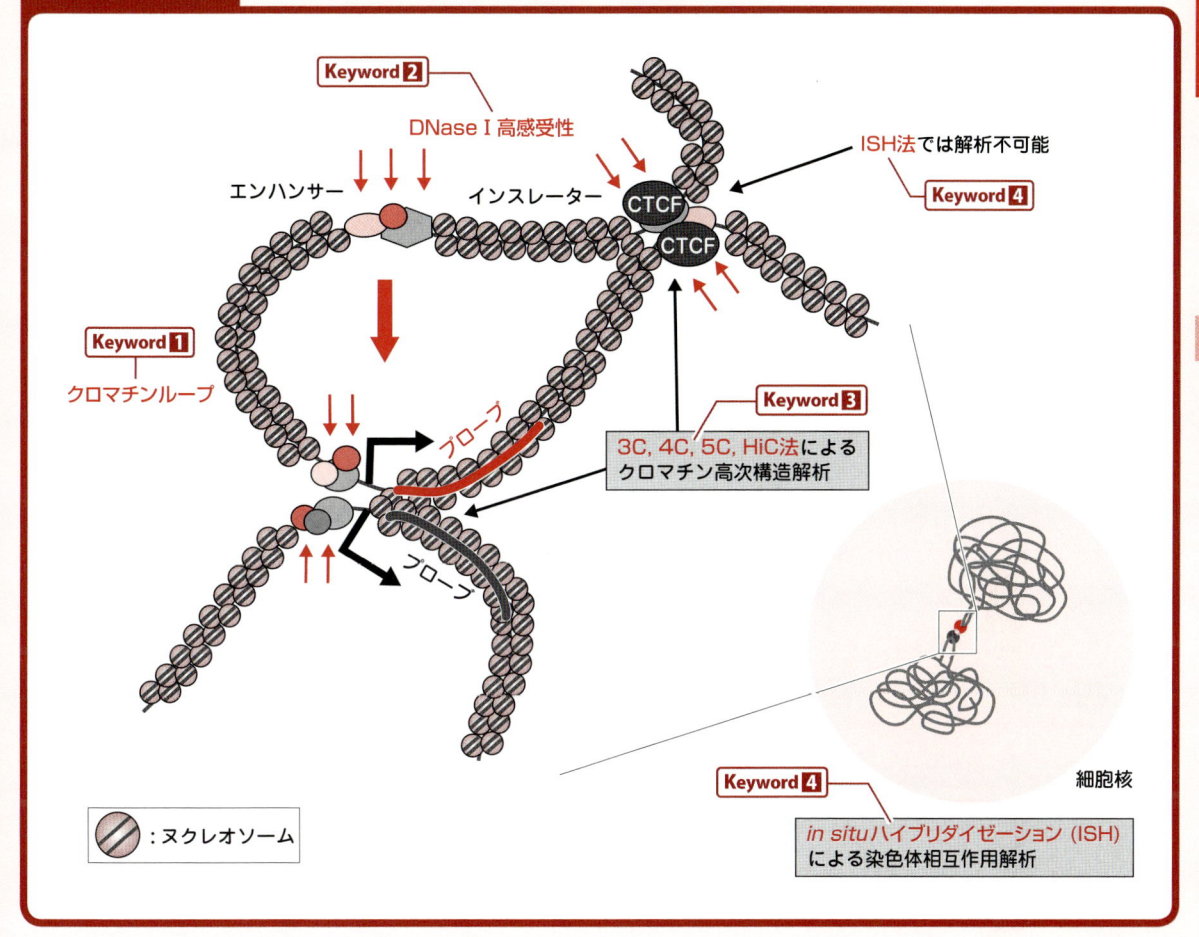

位（＝転写制御配列）を同定する方法が開発された[1]．

サザンブロッティング法では1度の実験で数kbの領域だけしか解析できなかったが，このDNase-seq法によりすべての遺伝子領域を一度に解析でき，また遺伝子から遠く離れた制御配列の同定も可能となった．細胞・発生段階特異的なDNase I高感受性部位とクロマチン免疫沈降（ChIP法）によるさまざまな転写因子の結合部位の同定，ヒストン修飾の解析（第4部-4参照）を組合わせることで，より正確に細胞・発生段階特異的な転写制御部位の同定を行うことが可能となっている．

4. クロマチン相互作用解析の手法

1) クロマチンの相互作用

遺伝子発現を制御するエンハンサーなどの制御配列は標的遺伝子の近傍に存在するものだけでなく，数10～数100 kb以上離れたものや，別の染色体上に存在することもある．これらの遺伝子から遠く離れた制御配列が標的遺伝子に作用するために，**クロマチンループ**（→**Keyword 1**）を形成して空間的に両者が接近できるようにしている．このようにエンハンサーは遠く離れたさまざまな遺伝子にも作用しうるが，インスレーターが存在することで，特定の遺伝子にのみに作用するように調節されている（第1部-11参照）．インスレーターにはCTCFというタンパク質がコヒーシンなどの共役タンパク質とともに結合し，2つ以上のインスレーターが近接することでクロマチンループを形成している．このインスレーターはクロマチンの高次構造を形成することで，正しいエンハンサーとプロモーターの相互作用を制御している[2]．このインスレーターによるクロマチン高次構造の調節が，エピジェネティックな遺伝子制御に重要な役割をもつこ

とがわかっている.

2) *in situ* ハイブリダイゼーション

　これまでに細胞核内の染色体の構造を調べる方法として*in situ* ハイブリダイゼーション（*in situ* hybridization：ISH）法（→Keyword 4）がよく用いられてきた．この方法を用いることで染色体の構造変化を1細胞レベルで観察できる．例えば，*HOX*遺伝子領域が転写の活性化に伴い染色体テリトリーからループアウトすることが示されている．さらに，タンパク質の免疫染色法と組合わせることで，特定のDNA領域と核内構造体，あるいは特定のタンパク質との関係を視覚的にとらえることが可能である．このようにISH法は細胞核内のゲノム構造の解析に有用である．一方で染色体の相互作用をISH法で調べようとしたとき，染色体上の任意の2点に対し異なるラベルを施すことで相互作用を観察することができるが，同一染色体上の2点の相互作用を観察する場合，数10 kb～数100 kb以上離れていないと2つの点として認識できないという顕微鏡の解像度の問題があった．

3) 3C，4C，5C，HiC法

　しかし，Dekkerらによって開発された**染色体コンフォメーションキャプチャー（chromosome conformation capture：3C）解析**（→Keyword 3）を用いて，細胞核内における特定のゲノム領域間の相互作用を数kbの解像度で調べることが可能になった[3]．この3C法では，ホルムアルデヒドなどの架橋剤でDNAとクロマチンタンパク質を架橋し，制限酵素でクロマチンを断片化する．このとき，近接するゲノム領域は1つの複合体に含まれる．さらに低濃度の溶液中でライゲーション反応を行い複合体に含まれるDNA断片を連結する．DNAを精製後，定量的PCRを行うことで，細胞核におけるゲノム間の相互作用を調べることができる．3C法では特定の領域に対するプライマーをつくり，1対1の相互作用を調べることができるが，3C法を発展させ，1つのゲノム領域に対して相互作用する領域を網羅的に解析する**4C（circular 3C, 3C-on-chip）**（→Keyword 3）や，複数の解析したい領域に対するオリゴヌクレオチドを準備することで複数の領域対複数の領域の相互作用を調べる**5C（3C carbon copy）**（→Keyword 3）や，全ゲノム領域の相互作用を網羅的に解析する**HiC法**（→Keyword 3）が開発された[4]．

　これらの解析法により，クロマチン高次構造が遺伝子の転写，複製，組換えなどさまざまなゲノム機能に関与することが示されている．しかし，これらの実験法を用いて得られたクロマチンの高次構造の情報はあくまでも予測であり，また，個々の細胞のクロマチン形態をみることはできていない．したがって，顕微鏡を用いた解析も必要であり，ISH法の改良や新しい実験法の開発，顕微鏡の解像度のさらなる向上が必要である．

参考文献

1）Boyle, A. P. et al.：Cell, 132：311-322, 2008
2）Watanabe, T. et al.：Mol. Cell. Biol., 32：1529-1541, 2012
3）Dekker, J. et al.：Science, 295：1306-1311, 2002
4）de Wit, E. & de Laat, W.：Genes Dev., 26：11-24, 2012

参考図書

◆『クロマチン・染色体実験プロトコール』（押村光雄，平岡 泰／編），実験医学別冊，羊土社，2004
◆『遺伝情報の発現制御』（Latchman, D. S.／著，五十嵐和彦，他／監訳），メディカルサイエンスインターナショナル，2012

Keyword

1 クロマチンループ

▶英文表記：chromatin loop

1）イントロダクション

同一染色体上の2つの領域が細胞核内で相互作用するとクロマチンループがつくられる．例えば，標的遺伝子から遠く離れたエンハンサーや遺伝子座制御領域（locus control region：LCR）が標的遺伝子を活性化するとき，お互いが近接し相互作用することでクロマチンループがつくられる．このようなクロマチンループ形成には転写因子の結合が必要で，GATA1などが知られている．

2）LCRとプロモーターのループの例

GATA1は赤血球系の遺伝子発現を制御する転写因子で，βグロビン遺伝子のLCRと遺伝子プロモーターの双方に結合する（図1）．さらにGATA1にLdb1というタンパク質が結合し，Ldb1同士が多量体を形成することで2つの領域が相互作用し，クロマチンループを形成している[1]．

3）インスレーター同士の例

クロマチンループ形成はエンハンサーと遺伝子プロモーターの相互作用だけでなく，クロマチンインスレーターでもその活性に必要であることがわかっている．インスレーター配列にはCTCFとその共役因子であるコヒーシン複合体が結合し，インスレーター同士が相互作用することでクロマチンループが形成される．インスレーターによりつくられたクロマチンループは各制御配列の位置関係により，エンハンサーと遺伝子プロモーターの相互作用を阻害または促進する．また，CTCFによるクロマチンループ構造は細胞の種類や状態で異なり，炎症応答によるシグナル，発生・分化のシグナルでその構造を変化させ，遺伝子発現制御に関与することが示されている[2)〜4)]．

この他に，メチル化DNA結合タンパク質MeCP2（methyl CpG binding protein 2），ATに富むマトリックス付着部位に結合するSATB1（special AT-rich sequence-binding protein 1），転写抑制に働くポリコームタンパク質群などがクロマチンループ形成に関与する因子として知られているが，ループ形成における分子メカニズムの詳細はよくわかっていない．

参考文献

1) Deng, W. et al.：Cell, 149：1233-1244, 2012
2) Mishiro, T. et al.：EMBO J., 28：1234-1245, 2009
3) Watanabe, T. et al.：Mol. Cell. Biol., 32：1529-1541, 2012
4) Hirosue, A. et al.：Aging Cell, 11：553-556, 2012

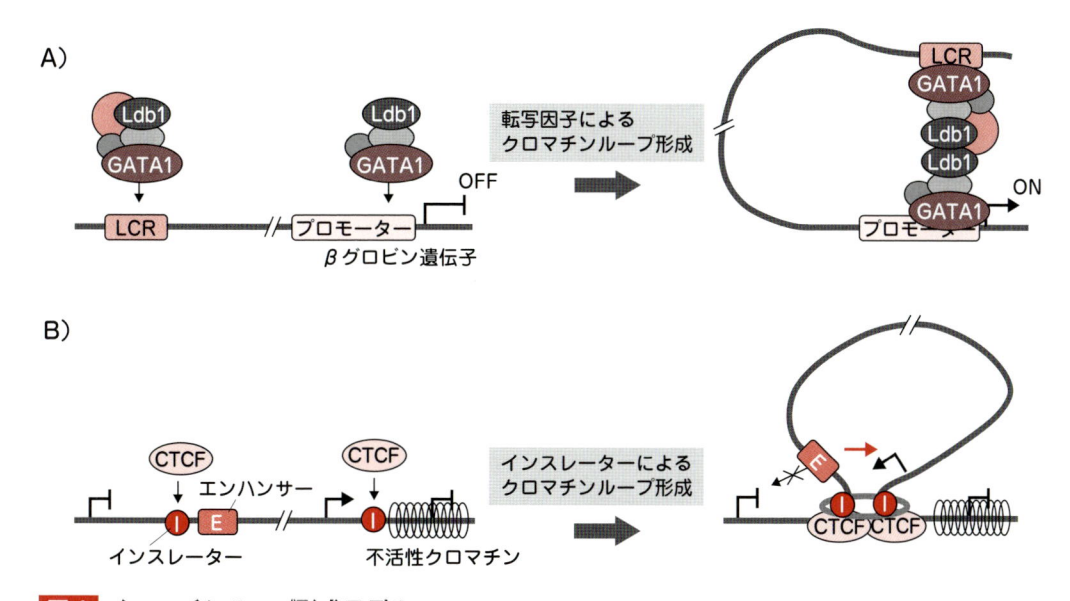

図1 クロマチンループ形成モデル
A) 転写因子GATA1複合体によりLCRとプロモーターの相互作用が確立する．B) インスレーターの相互作用によるクロマチンループ形成により正しいエンハンサーとプロモーターの相互作用が確立される

Keyword

2 DNase I 高感受性

▶英文表記：DNase I hypersensitivity

1）イントロダクション

核酸分解酵素の1つであるデオキシリボヌクレアーゼI（DNase I）で細胞核を処理すると低濃度の酵素でも選択的に切断されるゲノム領域が存在する．このようなDNase Iに高感受性（DNase hypersensitivity）な領域はヌクレオソームの高次構造がない，もしくはヌクレオソーム自体が少ないゲノム領域で，以前から遺伝子プロモーター，エンハンサー，インスレーター，遺伝子座制御領域（locus control region：LCR）などの転写制御領域であることが知られている．DNase 高感受性部位を探すことで遺伝子の制御領域を同定するという手法は30年以上前から行われている[1]．

低濃度のDNase Iで細胞核を処理し，DNAを抽出後，どの位置で選択的にDNAが切断されるかをサザンブロッティング法で検出するが，実験の性質上，解析範囲が数kbの領域に限られるため広範囲の解析は難しかった．また，DNase Iの至適濃度の検討や全ゲノムを用いたサザンブロッティングでわずかなバンドを検出するという大変難しい実験でもあった．

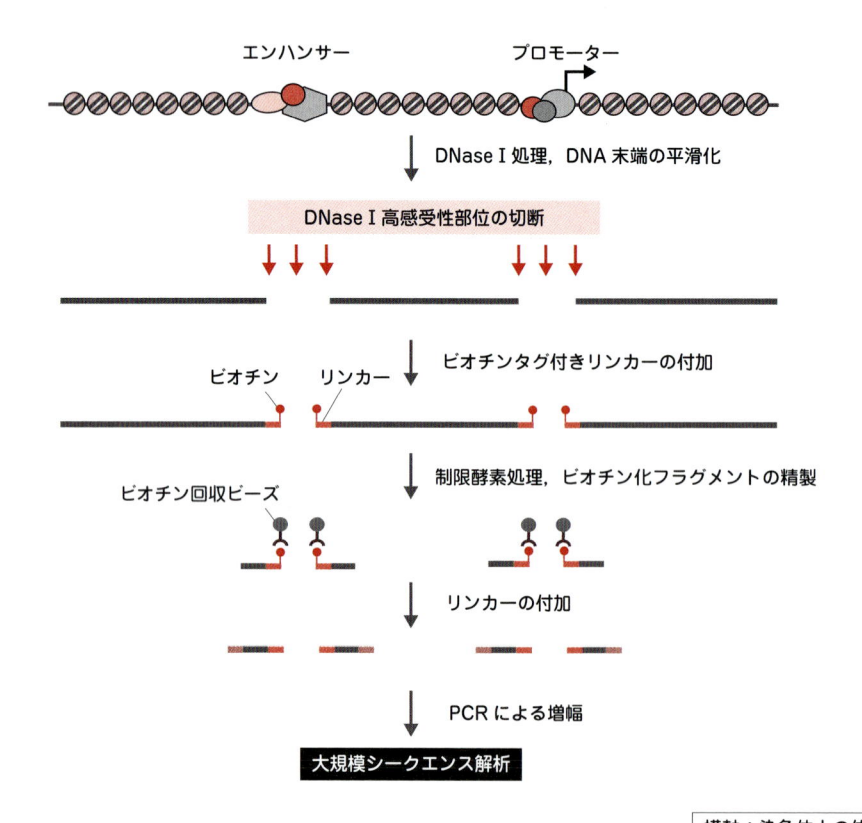

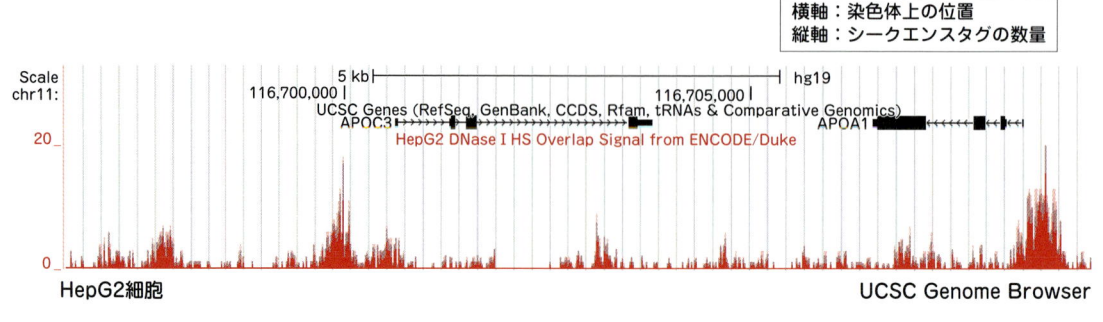

図2 DNase-seq法の原理

2) DNase-seq法の開発

近年大規模シークエンスが可能となり，ゲノムワイドにDNase Iの高感受性部位を同定する方法が開発された[2]．このDNase-seq法では，まず，細胞核を適切な濃度のDNase Iで処理し，DNase I高感受性部位でDNAを切断する（図2）．その後，ビオチンタグを付加したリンカーをDNA断片に連結する．さらにリンカー内には制限酵素（Mme I）の認識部位があり，この酵素によりリンカーから20塩基の長さでDNAを切断する．この断片がDNase I高感受性部位に隣接する領域である．さらに別のリンカーを付加し，PCRで増幅後シークエンスを読むことでDNase I高感受性部位を同定できる．この解析法はサザンブロッティングより高感度でより正確にDNase I高感受性部位を同定できる．

参考文献
1) Wu, C. et al.：Cell, 16：807-814, 1979
2) Boyle, A. P. et al.：Cell, 132：311-322, 2008

③ 3C，4C，5C，HiC解析

- 3C：chromosome conformation capture
- 4C：circular 3C/3C-on-chip
- 5C：3C carbon copy

1) イントロダクション

3C（chromosome conformation capture）法[1]は2002年にDekkerらによって開発された，ゲノム上の2つの領域の相互作用を定量的に調べる実験法である．エンハンサーなどの制御配列とその標的遺伝子の相互作用やインスレーターによるクロマチン高次構造の形成，転写が活発に起こる核内ドメインにおける遺伝子間の相互作用などを調べることが可能である．

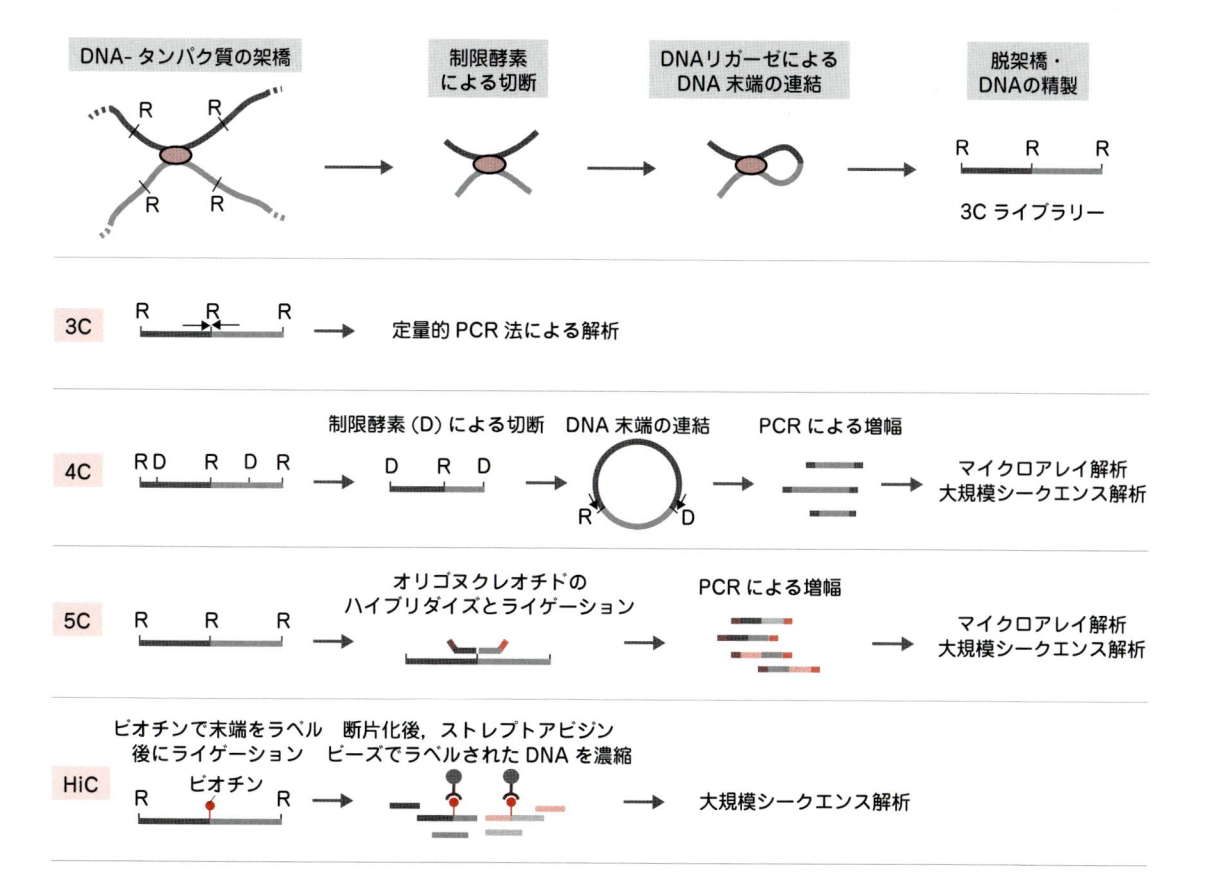

図3 3C，4C，5C，HiC法の原理

2) 3C法の原理

3C法では，まず，ホルムアルデヒドなどの架橋剤でDNAとクロマチンタンパク質を架橋し，制限酵素でクロマチンを断片化する（図3）．このとき，細胞核内で何らかのタンパク質を介して相互作用して空間的に近接するゲノム領域は1つのDNA-タンパク質の複合体として存在することになる．さらに低濃度の溶液中でライゲーション反応を行い複合体に含まれるDNA断片同士を連結する（分子内ライゲーション）．DNAを精製後，目的の領域に設定したプライマーを用いて定量的PCRを行い，2つの領域の相互作用の頻度を計測する．3C法では1対1の相互作用しかみることができないが，より多くの領域間の相互作用を解析するために，3C法を発展させた4C（circular 3Cまたは3C-on-chip），5C（3C carbon copy），HiCといった解析法が開発された．

3) 4C，5C，HiC法の原理

これらの方法は細胞核内で近接するDNA領域を制限酵素で切断し，分子内ライゲーションを行い，3Cライブラリーを作製するところまでは基本的に3C法と同じだが，検出法がそれぞれ異なっている．

i）4C法

4C法では3Cライブラリーをさらに別の4塩基認識の制限酵素で切断し，再びライゲーション反応を行い，環状のDNAをつくる．研究対象のゲノム領域のDNA断片の両端にプライマーを設定しPCRを行うことで，相互作用する領域のDNA断片を増幅できる．得られたPCR産物をゲノムタイリングアレイのジーンチップ解析，もしくは大規模シークエンス解析を行うことで特定のゲノム領域と相互作用するゲノム領域を網羅的に調べることができる[2]．

ii）5C法

一方，5C法は解析したい複数のゲノム領域の相互作用を一度に調べることができる．まず，すべての解析対象のDNA断片の末端にハイブリダイズするオリゴヌクレオチドを準備する．これを3Cライブラリーにハイブリダイズさせライゲーション反応を行う．3Cライブラリー中で特定のゲノムDNA領域が連結している場合のみライゲーション反応が起こる．オリゴヌクレオチドに付加したリンカー配列を用いてPCRを行い，ゲノムタイリングアレイのジーンチップもしくは大規模シークエンスにより解析を行う[3]．

iii）HiC法

HiC法は3Cライブラリー作製時の分子内ライゲーションの前にビオチンラベルした塩基でDNA末端を埋めて平滑末端にし，ライゲーション反応を行う．その後，超音波処理でDNAを断片化し，ビオチンラベルされたDNAをストレプトアビジンビーズで回収する．得られたDNA断片の大規模シークエンス解析により全ゲノム領域の相互作用を明らかにできる[4]．

参考文献

1) Dekker, J. et al.：Science, 295：1306-1311, 2002
2) Simonis, M. et al.：Nat. Genet., 38：1348-1354, 2006
3) Dostie, J. et al.：Genome Res., 16：1299-1309, 2006
4) Lieberman-Aiden, E. et al.：Science, 326：289-293, 2009

Keyword 4 in situ ハイブリダイゼーション

▶英文表記：in situ hybridization
▶略称：ISH

1) イントロダクション

ISH（in situ hybridization）法は細胞や組織における染色体上の特定のDNA領域の位置，またはRNAの分布を調べる方法である．標識（ラベル）した核酸プローブを固定した細胞，組織切片，個体に導入し，細胞内のin situ（その場所）で核酸のハイブリダイゼーションをさせる．もともと，核酸プローブは放射線同位体で標識し，オートラジオグラフィーで検出していたが，近年ではジゴキシゲニン（digoxigenin：DIG），フルオレセインイソチオシアネート（fluorescein isothiocyanate：FITC）などの小分子を付加したヌクレオチドで核酸プローブを標識し，小分子に対する抗体で検出する手法が用いられている．検出において，蛍光物質を用いて蛍光顕微鏡で観察する場合を特にFISH（fluorescence in situ hybridization）とよぶ．

2) FISH法の応用

FISH法では異なる蛍光色素を用いることで複数のプローブを同時に使用できる．特定の染色体全体をプローブとして用いる染色体ペインティングFISH法により，染色体は核内で染色体テリトリーとよばれる固有のスペー

スを占めることが示され，現在ヒトの24種類の染色体を染め分けることができる[1]．また，染色体ペインティング法と特定の遺伝子のDNA-FISHを組合わせることで，転写時における遺伝子の核内配置の変化を観察できる．*HOX*遺伝子座などは染色体テリトリーからループアウトしながら転写が活性化されることが示されている[2]．さらに，タンパク質の免疫染色法と組合わせることで，特定のDNA領域と核内構造体，あるいは特定のタンパク質との関係を調べることもできる（図4）．

3）ISH法によるRNAの検出

ISH法はDNAだけでなくRNAも細胞内での局在を観察できる．例えば，X染色体の不活性化に働くnon-coding RNAであるXist RNA（第2部-1参照）が不活性X染色体に集積しているのがRNA-FISHで観察される[3]．また，イントロン部分をプローブに用いると，新生mRNAとハイブリダイズするため，転写の行われている染色体部位を検出できる．さらに，組織切片やマウス胚などの個体を使ったISH法では特定のmRNAの発現を個々の細胞で観察でき，細胞・発生段階特異的遺伝子発現の解析に非常に有用な実験法である．

参考文献

1) Cremer, T. & Cremer, C.: Nat. Rev. Genet., 2:292-301, 2001
2) Chambeyron, S. et al.: Development, 132:2215-2223, 2005
3) Clemson, C. M. et al.: J. Cell Biol., 132:259-275, 1996

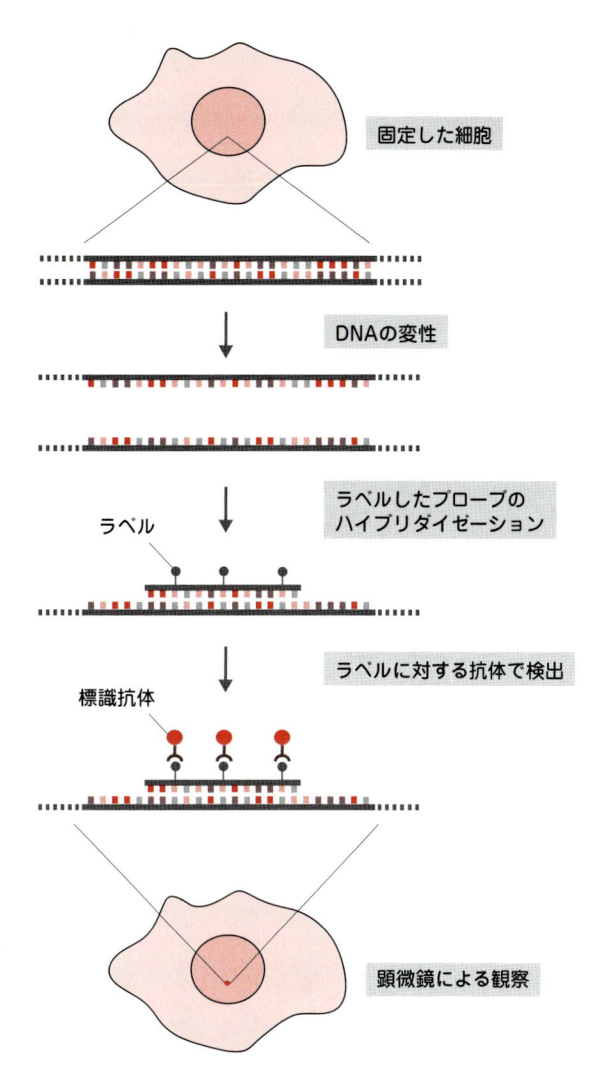

図4 細胞核内の特定のゲノム領域をマッピングするDNA-FISHの例

固定した細胞を，ホルムアミドで処理し，DNAを一本鎖にする．次にDIGなどの小分子でラベルしたプローブを加えハイブリダイズさせる．洗浄後，蛍光色素で標識された抗体を加え，蛍光顕微鏡で観察する

第4部 エピジェネティクス解析技術

6 エピジェネティック修飾を標的とする阻害剤
inhibitors of epigenetic modifications

伊藤昭博，小林大貴，吉田　稔

Keyword ❶ HDAC阻害剤　❷ HAT阻害剤　❸ KMT阻害剤　❹ KDM阻害剤

概論 阻害剤の種類と作用のしくみ

1. はじめに

1) 化合物の標的

エピジェネティクスとは，DNAの塩基配列の変化を伴わずに遺伝子発現の多様性を生み出すしくみのことである．すなわち，いつ，どこで，どのような遺伝子の発現をするのかを決定するシステムのことであり，生命現象を操り，細胞の運命を決定する司令塔であるといっても過言ではない．その分子基盤の中心はDNAのメチル化およびヒストンの化学修飾である．ヒストンの化学修飾は，主にリジン（K）残基上で起こるアセチル（ac）化とメチル（me）化がその中心を担う．これらの化学修飾は可逆的であり，必要時に翻訳後修飾酵素（writer）により情報（修飾基）が書き込まれ，修飾基認識タンパク質（reader）により修飾情報が読み取られた後，脱翻訳後修飾酵素（eraser）により削除される（第1部-1～8参照）．これらの因子はすべてエピジェネティクス制御化合物開発の標的となる（イラストマップ）．

2) 疾患治療薬の可能性

近年，DNAのメチル化およびヒストン化学修飾の異常が，がんなどの疾患と密接にかかわっていることが明らかになりつつあり，エピジェネティックな修飾を制御するタンパク質はこれら疾患の治療標的として注目されている．実際，DNMT（DNAメチル化酵素）の阻害剤である5-アザシチジン（Vidaza®）は骨髄異形成症候群（MDS）の，HDAC（ヒストン脱アセチル化酵素）阻害剤であるsuberoylanilide hydroxamic acid（SAHAあるいはボリノスタット/Zolinza™）とFK228（ロミデプシン/Istodax®）は皮膚T細胞リンパ腫（CTCL）の治療薬として用いられている．このように，エピジェネティクス制御因子を標的とした小分子化合物は，エピジェネティクス制御における個々の因子の機能を調べるためのツールとして有益なだけでなく，がんなどの疾患の治療薬になる可能性があることから，多くの大学，企業が参入して激しい開発競争が行われている．

2. ヒストンのアセチル化を標的とした化合物

1) アセチル化の概略

ヌクレオソームを形成する4種類のコアヒストン（H2A，H2B，H3，H4）のN末端に存在する複数のリジン残基がアセチル化を受ける（第1部-5参照）．アセチル化は基本的に遺伝子発現を活性化する方向に働くことが知られている．そのレベルはHAT（ヒストンアセチル基転移酵素）およびHDACによって可逆的に制御される．また，ヒストンアセチル化の情報は，アセチル化リジンを特異的に認識するブロモドメインタンパク質によって読み取られる．したがって，ヒストンのアセチル化を標的とした化合物は，HDAC阻害剤（→Keyword❶），HAT阻害剤（→Keyword❷），ブロモドメイン阻害剤の3つに大別することができる．

2) HDAC阻害剤（表1）

HDAC阻害剤は最も開発が進んでいるエピジェネティクス制御化合物である．TSA（トリコスタチンA）は，放線菌が産生する抗カビ抗生物質として報告された微生物二次代謝産物である．われわれのグループにより，フレンド白血病細胞に分化を誘導する化合物として再発見

イラストマップ　エピジェネティック修飾を標的とする阻害剤

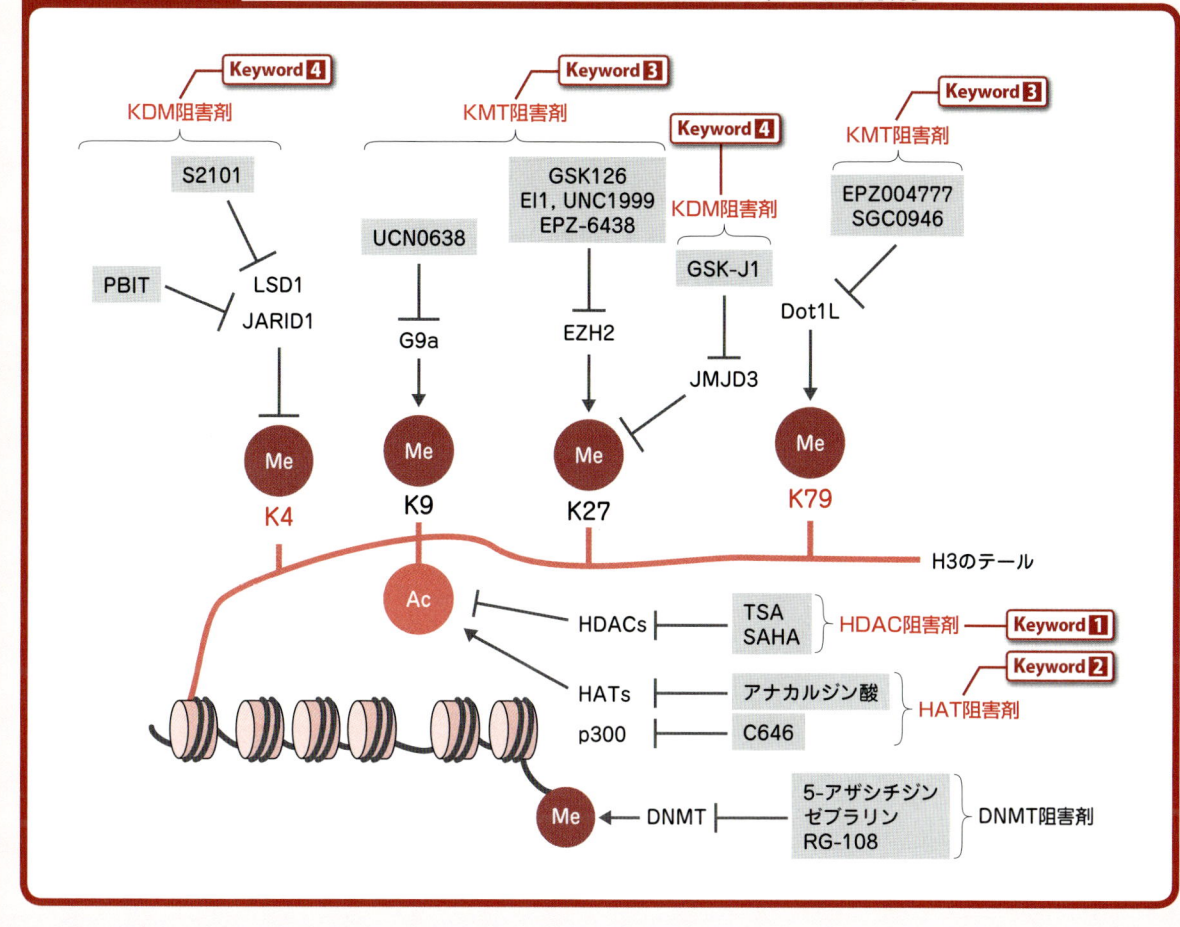

され，その後，特異的にHDAC活性を阻害することが示された最初の化合物である[1]．TSAの登場により人為的にヒストンのアセチル化レベルを変化させることが可能になり，TSAはエピジェネティクス研究を飛躍的に発展させる契機となった化合物である．

TSAは医薬には至らなかったが，同じくヒドロキサム酸を有するSAHA（別名：ボリノスタット）と環状デプシペプチド系HDAC阻害剤FK228がCTCLの治療薬として米国で認可された．最近，いくつかのHDAC阻害剤がクローン胚やiPS細胞の誘導に必要なゲノムの初期化を強力に促進することが相次いで報告され[2]，HDAC阻害剤は抗がん剤だけでなく，再生医療の分野でも期待されている．

その他のHDAC阻害剤については，**Keyword 1**を参照されたい．

3）HAT阻害剤（表2）

最初に報告されたHAT阻害剤（→**Keyword 2**）は，アセチル基供与体であるアセチルCoAとアセチル基受容体であるリジン残基の両基質を模倣したCoA類縁体（Lys-CoAおよびH3-CoA-20）である．これらのCoA類縁体は，サブマイクロモル濃度のIC50値で選択的にp300およびPACFをそれぞれ阻害するが，細胞膜透過性に問題があった．一方，アナカルジン酸やクルクミンなどの植物由来の天然物がHAT阻害活性を有することが報告されたが，これら天然物はHAT阻害活性以外にもさまざまな薬理活性を有することが知られており，その特異性に問題がある．これらの問題を打破するために，細胞膜透過性を上昇させたCoA類縁体や，特異性の高い小分子阻害剤が最近開発されている．詳細については，**Keyword 2**を参照されたい．

4）ブロモドメイン阻害剤（表3）

JQ1は最初に同定された特異的で強力なBET（bromodomain and extra-terminal）ブロモドメインタンパク質の阻害剤である[3]．JQ1とBETファミリーに属する

BRD4との共結晶構造解析によって，JQ1はブロモドメインのアセチル化リジン結合ポケットに結合することにより，BRD4によるアセチル化リジンの認識を阻害することがわかった．BRD4の転座によってNUTタンパク質との融合タンパク質が生成されると，NMC（NUT midline carcinoma）という致死性の高い悪性腫瘍を生じる．JQ-1は，NMCに対してin vitroおよびin vivoで強力な抗腫瘍活性を示すことが報告された．加えて，急性骨髄性白血病，多発性骨髄腫などのがん種にもJQ-1は抗がん活性を示すことが相次いで報告された．

一方，類縁のBETファミリータンパク質阻害剤であるI-BETは，マクロファージで炎症誘発性遺伝子の活性化を阻害し，マウスモデルで抗炎症作用を示す[4]．また，MLL再構成白血病細胞に対して強力な抗がん活性を示すことも最近報告された．

創薬の標的としてはこれまで，writerおよびeraserが注目を集めていたが，JQ1およびI-BETの登場により，readerを介したヒストン化学修飾の認識が薬物開発の標的になるという概念が証明された．

3. ヒストンのメチル化を標的とした化合物

コアヒストンのN末端に存在する複数のリジン残基は，モノ，ジ，トリメチル化を受ける（第1部-6参照）．修飾部位に加えて，メチル基が導入される数によりメチル化の転写への寄与は異なり，KMT（リジンメチル基転移酵素）およびKDM（リジン脱メチル化酵素）によって可逆的に制御される．ヒストンメチル化の情報は，メチル化リジンを特異的に認識するクロモドメイン，PHDドメイン，Tudor（チューダー）ドメインなどを含有するタンパク質によって読み取られる．リジンメチル化を標的とした化合物としては，**KMT阻害剤**（→**Keyword 3**）（表4），**KDM阻害剤**（→**Keyword 4**）（表5）の2種類が報告されている．

4. DNAのメチル化を標的とした化合物

1）DNAメチル化の概略

DNA中のシトシン塩基の5位の炭素が，DNMT（DNAメチルトランスフェラーゼ）によりSAM（S-アデノシルメチオニン）をメチル基供与体としてメチル化修飾を受ける（第1部-1参照）．脊椎動物ではCpG配列が選択的にメチル化される．DNAのメチル化は，結合モチーフをメチル化することで転写因子の結合を阻害し，あるいはメチル化されたDNAを特異的に認識するMBD（メチル化CpG結合ドメインタンパク質）を介して不活性なヘテロクロマチン構造に変換し，遺伝子の発現を抑制する．最近，DNAの脱メチル化機構（第1部-2参照）の存在が明らかになり，ヒストンの化学修飾と同様にDNAのメチル化も可逆的であることがわかった．このようにDNAメチル化を標的とした化合物として，DNMT（writer），DNA脱メチル化酵素（eraser），MBD（reader）の阻害剤が考えられるが，現在報告されているのはDNMT阻害剤のみである．

2）DNMT阻害剤 （表6）

DNMT阻害剤は核酸アナログと非核酸アナログの二種類に分類される．古くから知られている核酸アナログに5-アザシチジン（Vidaza®）や5-アザ-2′-デオキシシチジン（デシタビン）がある．これらの化合物はゲノムDNAに取り込まれ，DNAのメチル化を抑制することで，遺伝子の発現を促進し，さまざまながん細胞に対し増殖阻害活性を発揮する．現在，MDSに対し臨床で用いられている．しかしこれらの化合物は生体内での半減期が短く，または毒性代謝物を生成するという問題点がある．この問題点を解決するために，ゼブラリン（Zebularine）などの核酸アナログが開発されている．

一方，非核酸アナログの化合物はDNMTの触媒部位に直接結合することでDNAのメチル化を阻害する．RG108はDNMT1の触媒ポケットを標的として開発された化合物であり，in vitroおよび細胞内でのDNMT活性の阻害が報告されている[5]．

参考文献

1) Yoshida, M. et al.: J. Biol. Chem., 265: 17174–17179, 1990
2) Huangfu, D. et al.: Nat. Biotechnol., 26: 1269–1275, 2008
3) Filippakopoulos, P. et al.: Nature, 468: 1067–1073, 2010
4) Nicodeme, E. et al.: Nature, 468: 1119–1123, 2010
5) Brueckner, B. et al.: Cancer Res., 65: 6305–6311, 2005

表1 HDAC阻害剤

化合物名	標的分子	活性	構造
TSA（トリコスタチンA）	クラスⅠ, Ⅱ HDAC	IC50：6 nM（HDAC1）	
SAHA（ボリノスタット）	クラスⅠ, Ⅱ HDAC	IC50：50 nM前後（クラスⅠ, Ⅱ HDAC）	
MS-275（エチノスタット）	クラスⅠ, HDAC	IC50：300 nM（HDAC1）	
FK228（デプシペプチド）	クラスⅠ, Ⅱa HDAC	IC50：1 nM（HDAC1）	
TPX A（トラポキシンA）	クラスⅠ, Ⅱa HDAC	IC50：0.82 nM（HDAC1）	
PCI-34051	HDAC8	IC50：10 nM（HDAC8）	
EX-527（SEN0014196）	SIRT1	IC50＝98 nM（SIRT1）	
AGK2	SIRT2	IC50＝3.5 μM（SIRT2）	
tenovin-6（テノビン）	SIRT1〜3	IC50：21 μM（SIRT1） 10 μM（SIRT2） 67 μM（SIRT3）	

表2　HAT阻害剤

化合物名	標的分子	活性	構造
アナカルジン酸	p300/CBP	IC50：8.5 μM（p300） 8.5 μM（PCAF）	
C646	p300/CBP	Ki：0.4 μM（p300）	

表3　ブロモドメイン阻害剤

化合物名	標的分子	活性	構造
（+）-JQ1	BRD4	IC50：77 nM（BRD4-BD1） 33 nM（BRD4-BD2）	
I-BET	BETブロモドメインタンパク質	IC50：32.5 nM（BRD2-BD1,2） 42.4 nM（BRD3-BD1,2） 36.1 nM（BRD4-BD1,2）	

表4 KMT阻害剤

化合物名	標的分子	活性	構造
UNC0638	G9a	IC50：＜15 μM	
GSK126	Ezh2	Ki：0.5〜3 nM	
EI1	Ezh2	IC50：15 nM（野生型） 13 nM（変異型）	
EPZ-6438 （E7438）	Ezh2	IC50：11 nM（野生型） 2〜38 nM（変異型）	
UNC1999	Ezh2	IC50：＜10 nM	
EPZ004777	Dot1L	IC50：0.4 nM	
SGC0946	Dot1L	IC50：0.3 nM	

表5 KDM阻害剤

化合物名	標的分子	活性	構造
トラニルシプロミン（パルネート）	LSD1	IC50：184 μM	
S2101	LSD1	IC50：0.99 μM	
NOG（N-オキサリルグリシン）	JMJD2	IC50：250 μM（KDM4A）	
NCDM-32	JMJD2	IC50：3.0 μM（KDM4A）	
Methylstat	JMJD2	IC50：4.3 μM（KDM4A）	
GSK-J1	JMJD3	IC50：60 nM	
PBIT	JARID1	IC50：3 μM（JARID1B）	

表6 DNMT阻害剤

化合物名	標的分子	活性	構造
5-アザシチジン	DNMT	GI50：〜400 nM（さまざまながん細胞株の増殖を抑制する濃度）	
ゼブラリン	DNMT	GI50：5〜20 μM（さまざまながん細胞株の増殖を抑制する濃度）	
RG-108	DNMT	IC50：115 nM	

1 HDAC 阻害剤 (概論の表1)

▶ 英文表記:histone deacetylase inhibtors
▶ 別名:ヒストン脱アセチル化酵素阻害剤

1) イントロダクション

ヒトHDACは18種類のアイソフォームが存在し，4つのクラスに分類されている．クラスI（HDAC1, 2, 3, 8），II（HDAC4, 5, 6, 7, 9, 10），IV（HDAC11）のHDACは，活性中心に亜鉛を有し，加水分解反応によって基質タンパク質を脱アセチル化する（図1 A）．一方，クラスIIIに属するHDAC（SIRT1〜7）は，酵母Sir2と相同性が高くSirtuinとよばれ，酸化還元反応の補酵素であるNAD$^+$を基質として，リジン残基上のアセチル基をNAD$^+$のリボース部位に転移することにより脱アセチル化する（図1 B）．よってHDAC阻害剤は，亜鉛依存的HDAC阻害剤とNAD依存的Sirtuin阻害剤2つに大別することができる．

2) 亜鉛依存的HDAC阻害剤

このクラスのHDAC阻害剤の構造は，活性中心の亜鉛と配位するリガンド部位，基質結合ポケットの入り口付近と相互作用するキャップ構造，その両者をつなぐスペーサー部位からなり，リガンド部位およびキャップ構造の違いにより分類することが可能である．

i) ヒドロキサム酸

リガンド部位にヒドロキサム酸を含む代表的なHDAC阻害剤としてTSA（トリコスタチンA）およびSAHA（ボリノスタット）が知られており，亜鉛依存的なすべてのクラス（I，II，IV）のHDACの活性を阻害する．最近，共結晶構造解析の情報をもとにデザインされたHDAC8選択的な阻害剤であるPCI-34051は，他のHDACに比べて200倍以上HDAC8を選択的に阻害する[1]．PCI-34051は，T細胞リンパ腫およびT細胞白血病のアポトーシスを誘導し，現在前臨床試験が行われている．また，このヒドロキサム酸を含む阻害剤にはHDAC6選択阻害剤としてtubacinが報告されている[2]．

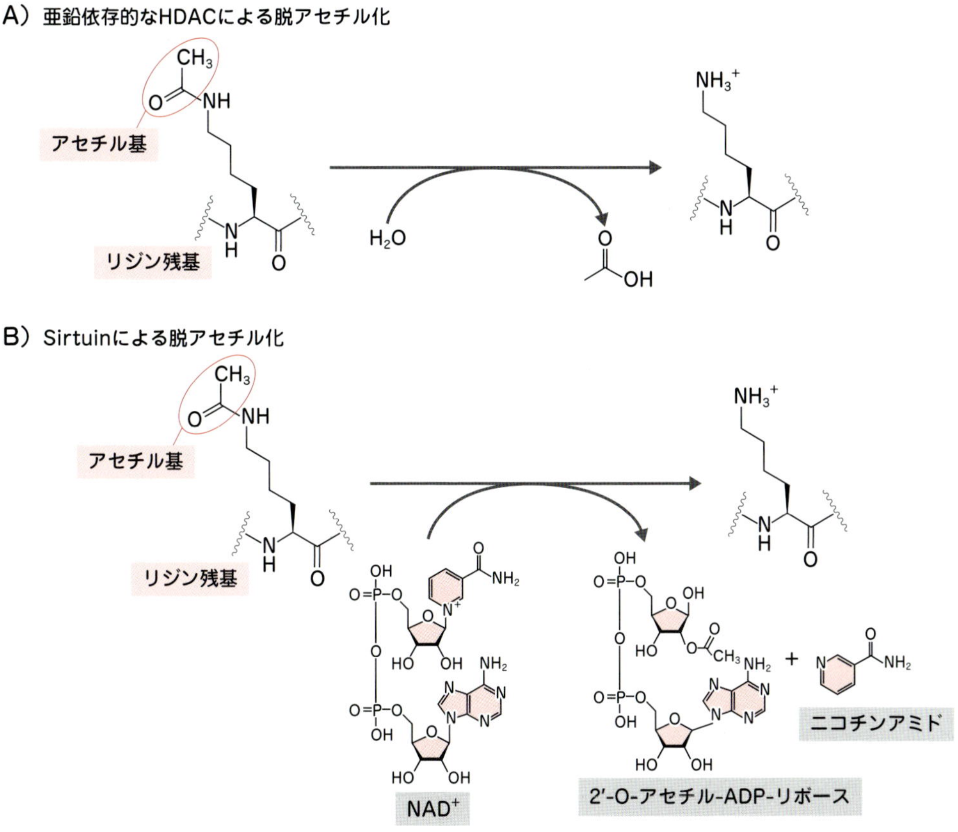

図1 ヒストン脱アセチル化メカニズム

A) 亜鉛依存的なHDACによる脱アセチル化

B) Sirtuinによる脱アセチル化

ii）カルボン酸

リガンド部位にカルボン酸を有するHDAC阻害剤としてバルプロ酸（VPA）や酪酸などの短鎖脂肪酸がある．これらはキャップ構造をもっていないのでHDAC阻害剤活性は比較的弱い．しかし，バルプロ酸は抗てんかん薬として長年臨床で使われてきた薬剤であり，その安全性は確立されているため，抗がん剤などへの適用が検討されている．

iii）ベンズアミド

リガンド部位にベンズアミドを有するHDAC阻害剤としてMS-275（SNDX-275/Entinostat）がよく知られている．クラスIのHDACを選択的に阻害し，抗腫瘍活性が報告されている．ベンズアミド系HDAC阻害剤の阻害メカニズムについてはよくわかっていなかったが，共結晶構造が解明されたことにより，酵素活性中心にアミノアニリド部分が安定に結合していることが明らかとなった．

iv）環状テトラペプチド

環状テトラペプチドであるトラポキシン（TPX）は活性基にエポキシケトンを有し，エポキシが開環することでHDACに共有結合し，不可逆的にHDACを阻害すると考えられている．このTPXの共有結合能を利用してHDACははじめて同定された．亜鉛依存的なHDACのなかでHDAC6だけは阻害しないというTPXの選択性を利用して，αチューブリンがHDAC6の基質であることが見出されている．一方，環状デプシペプチドであるFK228の分子内にジスルフィド結合が存在する．このジスルフィドが細胞内で還元されることによってチオール基が出現し，それがリガンド部位として機能し，HDAC活性を阻害する[3]．

3）Sirtuin阻害剤

酵母を用いたスクリーニング系によってサーチノール，スプリトマイシンなどのβ-ナフトール類がNAD類縁体ではない最初のSirtuin阻害剤として同定された．β-ナフトール類骨格を有するSirtuin阻害のなかでも置換チオウラシルを有するカンビノールは細胞でよく効き，SIRT1あるいはSIRT2選択性を有する複数のカンビノール誘導体が合成されている．一方，インドール環を基本骨格としたEX-527はSIRT1を選択的に阻害し，細胞レベルでp53のアセチル化を増加させる．SIRT2選択的阻害剤としてはAGK2が知られている[4]．パーキンソン病モデルショウジョウバエにおいて，AGK2はα-シヌクレイン依存的な神経細胞死を抑制したことから，SIRT2は

パーキンソン病治療薬の標的因子になりうると期待されている．一方，p53の活性化剤として同定されたテノビン-1の水溶性を増加させたテノビン-6が慢性骨髄性白血病（CML）がん幹細胞のアポトーシスを誘導し，*in vitro*および*in vivo*において抗CML活性を示すことが報告された[5]．

参考文献

1) Balasubramanian, S. et al.: Leukemia, 22: 1026-1034, 2008
2) Haggarty, S. J. et al.: Proc. Natl. Acad. Sci. USA, 100: 4389-4394, 2003
3) Furumai, R. et al.: Cancer Res., 62: 4916-4921, 2002
4) Outeiro, T. F. et al.: Science, 317: 516-519, 2007
5) Li, L. et al.: Cancer Cell, 21: 266-281, 2012

Keyword

2 HAT阻害剤（概論の表2）

▶英文表記：histone acetyltransferase inhibitors
▶別名：ヒストンアセチル化転移酵素阻害剤

1）イントロダクション

HATはアセチルCoAをアセチル基供与体として用いてリジン残基のεアミノ基にアセチル基を付加する酵素である（図2）．初期のHAT阻害剤は特異性の低い天然物や，細胞膜透過性に欠けるCoA類縁体が主であったが，最近特異性が高く細胞レベルで効く小分子阻害剤が複数報告されている．

2）食品由来天然物

クルクミン（ターメリック），アナカルジン酸（カシューナッツ），ガルシノール（ガーリック）など，食品由来の成分がHAT阻害活性を有することが報告されている．最近，アナカルジン酸が筋萎縮性側索硬化症（ALS）運動ニューロンの神経突起の長さを改善する効果があることが報告され[1]，ALSの治療薬開発や病態解明において注目された．しかしこれらの天然物は，HAT阻害活性以外にも多くの薬理活性が存在することが知られている．例えば，アナカルジン酸はHAT阻害活性より強いタンパク質SUMO化阻害活性を有していることが報告されている．これら天然物をHAT阻害剤として使用する場合は，注意を要する．

3）bisubstrate（二基質）阻害剤

Lys-CoAおよびH3-CoA-20は，アセチル基供与体で

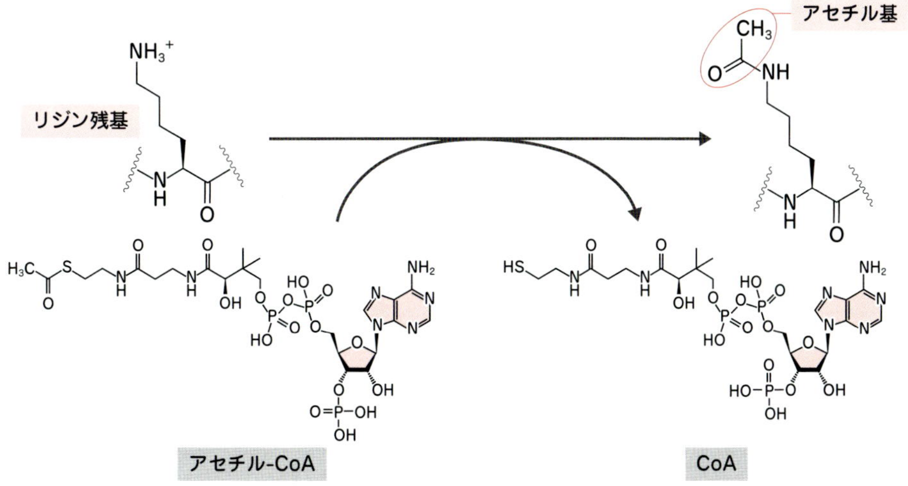

図2 ヒストンアセチル化メカニズム

あるアセチルCoAとアセチル基受容体であるリジン残基の両基質を模倣したbisubstrate阻害剤であり，p300およびPCAFをそれぞれ選択的に阻害することが示されている[2]．しかし，Lys-CoAは細胞膜透過性が乏しいため，細胞内p300の機能を調べるためのツールとして使用するのは難しかった．この問題点を克服するため，細胞膜透過性を上昇させるためTatペプチドを付加させたLys-CoA-Tatが合成された[3]．

4）C646

C646は，p300とLys-CoAの共結晶構造をもとにした*in silico*スクリーニングにより市販化合物ライブラリーから同定された[4]．C646はp300を選択的に阻害し（Ki値 400 nM），現在最もよく使用されている市販HAT阻害剤である．メラノーマにおいて，C646はアセチル化H3およびH4のレベルを減少させ，細胞増殖を抑制する一方，マウス胎仔線維芽細胞NIH3T3細胞の増殖には影響を与えない．さらに最近，前立腺がんや，AML1-ETO融合遺伝子を有する急性骨髄性白血病に対しても抗がん活性を発揮することが示されている[5]．

参考文献

1) Egawa, N. et al. : Sci. Transl. Med., 4 : 145ra104, 2012
2) Lau, O. D. et al. : Mol. Cell, 5 : 589-595, 2000
3) Guidez, F. et al. : Mol. Cell. Biol., 25 : 5552-5566, 2005
4) Bowers, E. M. et al. : Chem. Biol., 17 : 471-482, 2010
5) Gao, X. N. et al. : PLoS One, 8 : e55481, 2013

3 KMT阻害剤（概論の表4）

▶ 英文表記：lysine methylase inhibitors
▶ 別名：リジンメチル化阻害剤

1）イントロダクション

KMT（リジンメチル基転移酵素）はSET〔Su(var)3-9, enhancer of zeste, trithorax〕ドメインとよばれる共通の触媒ドメインを有するサブグループとSETドメインを含有しないサブグループに分類されるが，両タイプともSAM（S-アデノシルメチオニン）をメチル基供与体として用いて，リジン残基のεアミノ基にメチル基を付加する酵素である（図3）．リジンメチル基転移酵素阻害剤は，メチル基供与体であるSAMの類縁体と，それ以外の小分子化合物に大別することができる．ここでは，最も開発が進んでいるG9a, Ezh2, Dot1L阻害剤について概説する．

2）G9a阻害剤

ヒストンH3K9のジメチル化酵素であるG9aは胚形成などの発生過程に必須である一方，前立腺がん，乳がんなどのさまざまながん細胞で過剰発現しており，抗がん剤開発の新しい標的としても注目されている．最初に報告されたG9a阻害剤は天然物であるケトシンである[1]．ケトシンは，ヒストンH3K9のトリメチル化酵素であるSUV39H1の阻害剤スクリーニングで同定された．一方，G9aを特異的に阻害する化合物としてBIX01294が発見され，さらにBIX01294との共結晶構造情報などをもと

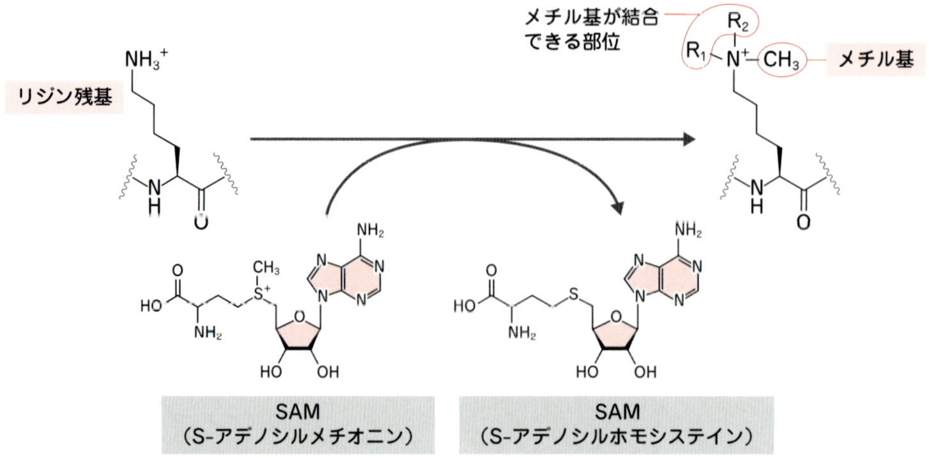

図3 リジンメチル化メカニズム

に，より低濃度でG9aを阻害し，かつ細胞膜透過性が高い化合物としてUNC0638が開発された[2]．X線共結晶解析の結果，UNC0638はメチル基受容体であるリジン残基に拮抗してG9aを阻害することが示されている．UNC0638はG9aの細胞内の機能を明らかにするための強力なツールになると期待されている．

3）Ezh2阻害剤

Ezh2はポリコームPRC2複合体の触媒サブユニットで，ヒストンH3K27トリメチル化を触媒することで遺伝子発現の抑制に関与する．最近，びまん性大細胞型B細胞リンパ腫（DLBCL）および，ろ胞性リンパ腫において基質親和性を変化させるEzh2の変異がいくつかみつかっている．これらの変異が上記リンパ腫においてドライビングフォースになることが示唆され（第3部-1参照），抗がん剤開発の観点からEzh2阻害剤の開発が注目された．実際，欧米の製薬会社を中心としたグループからEzh2阻害剤の報告が相次いで最近報告された[3]．

これらの阻害剤はEzh2変異を有するDLBCLの増殖を選択的に抑制し，小分子化合物によるEzh2の阻害は，Ezh2変異リンパ腫に対する有望な治療戦略となる可能性が示された．興味深いことに，報告されたEzh2阻害剤の骨格構造は類似しており，すべてSAMと拮抗阻害することが示唆されている．Ezh2阻害活性を有する化合物の構造多様性は小さいのかもしれない．

4）Dot1L阻害剤

ヒストンH3K79のメチル化を触媒するDot1Lは，MLL再構成白血病細胞の発症に深くかかわることが知られている．Dot1Lの阻害剤として最近報告されたEPZ004777はDot1Lの結晶構造，反応機構からSAMをベースにデザインされたSAM類縁体である[4]．EPZ004777は高い選択性を有し，Dot1Lに対するIC50値は0.4 nMと非常に低濃度で，MLL再構成白血病細胞に対して強力な抗がん活性を示す．EPZ004777とDot1Lの共結晶構造情報をもとに合成されたSGC0946は，EPZ004777より低濃度で細胞内H3K79me2レベルを下げることが示されている[5]．

参考文献

1) Greiner, D. et al.：Nat. Chem. Biol., 1：143-145, 2005
2) Vedadi, M. et al.：Nat. Chem. Biol., 7：566-574, 2011
3) McCabe, M. T. et al.：Nature, 492：108-112, 2012
4) Daigle, S. R. et al.：Cancer Cell, 20：53-65, 2011
5) Yu, W. et al.：Nat. Commun., 3：1288, 2012

Keyword
4 KDM阻害剤 （概論の表5）

▶英文表記：lysine demethylase inhibitors
▶別名：リジン脱メチル化阻害剤

1）イントロダクション

現在知られているすべてのHMTがSAM（S-アデノシルメチオニン）をメチル基供与体としてヒストンメチル化を触媒するのに対し，ヒストン脱メチル化は二種類の異なる酸化メカニズムにより触媒される．LSD1（lysine specific demethylase 1）はH3K4の脱メチル化に補酵素としてFAD（flavin adenine dinucleotide）を

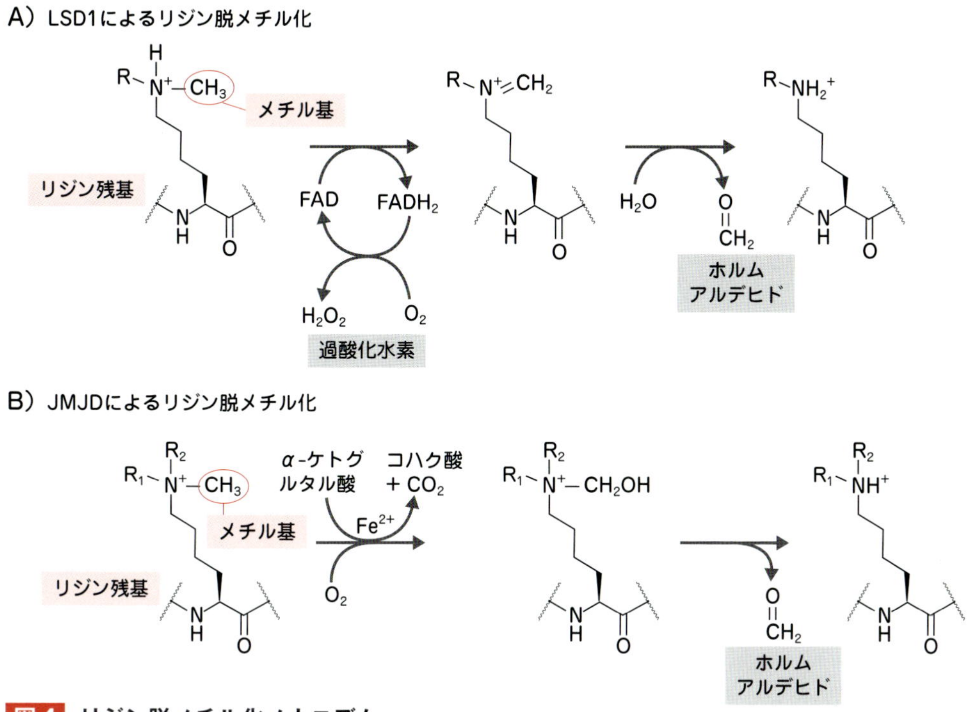

図4 リジン脱メチル化メカニズム
A) LSD1によるリジン脱メチル化
B) JMJDによるリジン脱メチル化

必要とし，副生成物として過酸化水素およびホルムアルデヒドを生じる酸化酵素である（図4A）．一方，JumonjiタンパクでみつかったJumonji-Cドメインを触媒ドメインとして有する脱メチル化酵素，JMJD（JmjC domain-containing histone demethylase，別名histone demethylase：JHDM）はその活性にα-ケトグルタル酸と鉄イオンを必要とし，副生成物としてコハク酸とホルムアルデヒドを生じる（図4B）．JMJDは現在までに20種類以上のアイソフォームの存在が報告されている．ここではLSD1阻害剤とJMJD阻害剤を紹介する．

2) LSD1阻害剤

LSD1はヒストンH3K4モノメチルおよびジメチルを特異的に脱メチル化するが，その酵素活性ドメインはMAO（モノアミンオキシダーゼ）と相同性が高く，MAO阻害剤であるトラニルシプロミンはLSD1も阻害する．このことからLSD1がかかわる生命現象を解析するツールとしてトラニルシプロミンがよく用いられてきた．しかしトラニルシプロミンのLSD1阻害活性はさほど強くなく，またMAO阻害との選択性も低い．現在ではX線共結晶構造情報をもとにトラニルシプロミンをリード化合物として合成展開されたS2101[1]など，より選択的なLSD1阻害剤が複数開発されている．

3) JMJD阻害剤

JMJD阻害剤としてはα-ケトグルタル酸の類縁体であるNOG（N-oxalylglycine）が知られるが，同じ鉄イオン/α-ケトグルタル酸要求性酵素であるPHD（prolyl hydroxlase）タンパク質も阻害するうえ，細胞膜を透過しない．浜田らはJMJD2とトリメチルリジンペプチドおよびNOGのX線共結晶構造とホモロジーモデルをもとにPHDを阻害しないJMJD2阻害剤NCDM-32を開発している[2]．LuoらもJMJDの構造情報から同一分子内に補酵素擬似構造と，基質擬似構造を有したJMJD2阻害剤Methylstatを開発しており，実際に細胞レベルで効果があることを示した[3]．最近は，JMJD3阻害剤GSK-J1およびGSK-J4[4]，JARID1阻害剤PBIT[5]など，よりアイソフォーム特異的に作用する阻害剤の開発が試みられており，今後もその種類は増加していくと考えられる．

参考文献

1) Mimasu, S. et al.：Biochemistry, 49：6494-6503, 2010
2) Hamada, S. et al.：J. Med. Chem., 53：5629-5638, 2010
3) Luo, X. et al.：J. Am. Chem. Soc., 133：9451-9456, 2011
4) Kruidenier, L. et al.：Nature, 488：404-408, 2012
5) Sayegh, J. et al.：J. Biol. Chem., 288：9408-9417, 2013

第4部 エピジェネティクス解析技術

7 インフォマティクス解析
informatics analysis

関 真秀, 鈴木絢子, 鈴木 穣

Keyword ❶DNAメチル化の次世代シークエンスデータ ❷エピジェネティック修飾相互作用

概論 エピジェネティクス研究のインフォマティクス解析の重要性

1. はじめに

　ヒストン修飾やDNAメチル化修飾などによるエピジェネティック制御は相互に影響をおよぼしあうことで転写活性,転写抑制,ヘテロクロマチン形成などに関与している.これらの修飾を検出するため,従来,個別の遺伝子に着目したPCR,あるいは全ゲノムアレイチップを用いた手法が用いられてきた.近年,次世代シークエンサーの導入により,これらの解析についての精度,簡便性が格段に向上している.ただし,産出されるシークエンスデータを意味のある生物学的データに変換するためには,インフォマティクス解析が必須の要件である.

　これまでシークエンスデータを解析するためのさまざまなソフトウェアが開発されてきた.エピジェネティック修飾部位の同定,またその相互作用(**エピジェネティック修飾相互作用**)(→Keyword❷)を理解するためには,ヒストンやDNAの修飾,転写因子の結合パターンなどの統合的な解析が必要である.本項では,いわゆる次世代シークエンスによるエピジェネティック解析(ヒストン修飾やDNAのメチル化)に用いられているバイオインフォマティクスツールとそのワークフローについて概説する.

2. ヒストン修飾の解析

1) ChIP-Seq解析のワークフロー

　ヒストン修飾をゲノムワイドに検出する手法として,ChIP-Seq (chromatin immunoprecipitation sequencing) が広く用いられている (**イラストマップ**)[1].ヒストン修飾のChIP-Seqでは,修飾ヒストンを抗原とする抗体でクロマチン免疫沈降して得られたDNAをシークエンスする.シークエンサーの出力データから塩基配列を決定(ベースコール)した後,BowtieやBWAなどの一般的な配列アライナー(ゲノムマッピングソフト)を用いてシークエンスタグのリファレンスゲノムへのマッピングを行う.ゲノム上にマップしたタグが有意に濃縮される領域をピークとして検出することで,ヒストンが修飾されているゲノム上の位置を同定することができる.

2) ChIP-Seqのピーク検出のソフトウェア

　ChIP-Seqのピーク検出にはさまざまなソフトウェアが存在する.頻繁に用いられているMACSのピーク検出の方法について例に示す[2].MACSでは,タグをフォワード鎖とリバース鎖にマップしたタグに分けてそれぞれでピークをつくり,そのピークの頂点と頂点の間の幅からインサートの長さを推定する.さらに全タグの位置を推定のインサートの中心の位置にシフトする.シークエンスタグの分布をポアソン分布によりモデル化して,有意にタグが濃縮する領域をピークとして検出する.

　ほとんどのピーク検出用のソフトウェアは,H3K4me3やH3K27acなどでみられる局所的にタグが集中するシャープなピークを検出するように設計されている.これに対して,H3K27me3やH3K36me3などの修飾ではタグが広域に散在するブロードなピークを形成するため,これらのソフトウェアでは検出しにくいという問題がある.BroadPeakや隠れマルコフモデルを用いたRSEG,空間クラスタリングを用いたSICERなどのソフトウェアはブロードなピークを検出するために設計されている[3].また,MACSの2.0.8以降のバージョンでは,ブロード

イラストマップ　次世代シークエンサーを用いた解析のワークフロー

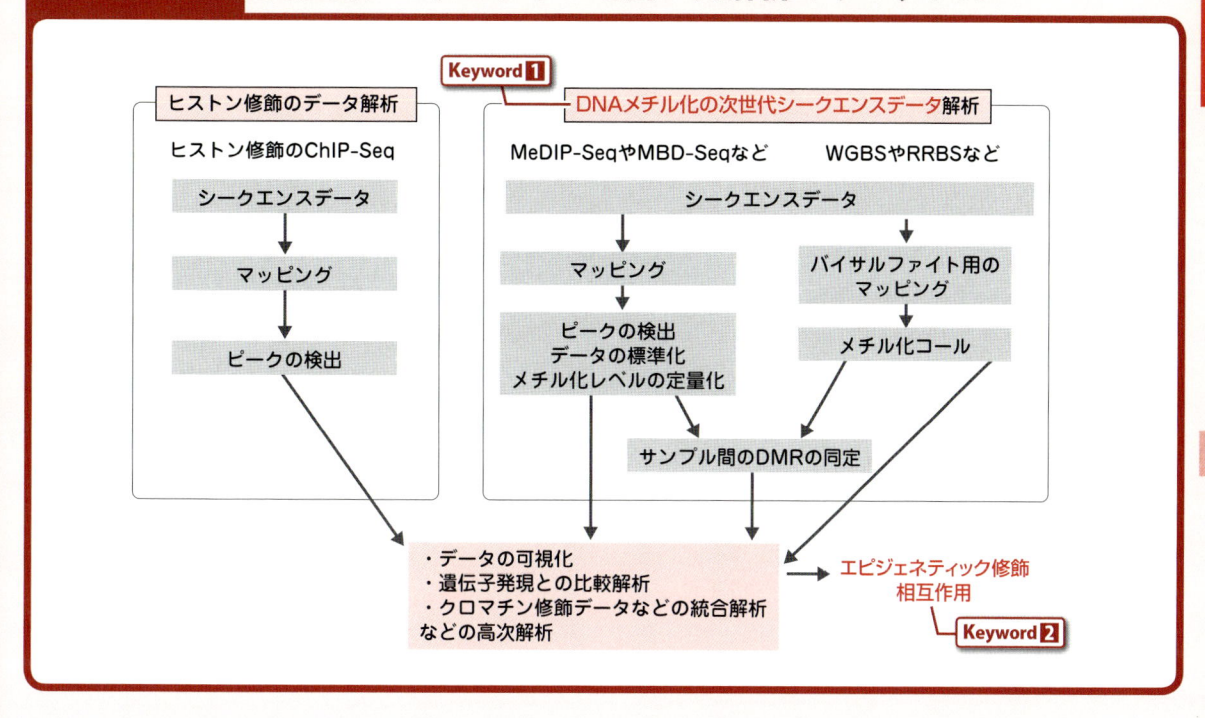

ヒストン修飾のデータ解析
- ヒストン修飾のChIP-Seq
  - シークエンスデータ
  - ↓
  - マッピング
  - ↓
  - ピークの検出

DNAメチル化の次世代シークエンスデータ解析（Keyword 1）
- MeDIP-SeqやMBD-Seqなど / WGBSやRRBSなど
  - シークエンスデータ
  - ↓
  - マッピング / バイサルファイト用のマッピング
  - ↓
  - ピークの検出、データの標準化、メチル化レベルの定量化 / メチル化コール
  - ↓
  - サンプル間のDMRの同定

・データの可視化
・遺伝子発現との比較解析
・クロマチン修飾データなどの統合解析
などの高次解析

エピジェネティック修飾相互作用（Keyword 2）

なピークを検出するためのオプションが実装されている．ブロードな修飾パターンを示すヒストン修飾を解析する際には，これらを利用することも有用である．

3. DNAのメチル化データの解析

1）解析方法の種類

次世代シークエンスによりDNAメチル化の解析の方法をおおまかに分類すると，主に2種類存在する．1つ目は，MeDIP-Seq（methylated DNA immunoprecipitation sequencing）（第4部-2, 3参照）や，MBD-Seq（methyl-CpG binding domain protein enriched genome sequencing）などのメチル化DNAに対してアフィニティーのある抗体やタンパク質を用いて，メチル化DNAを濃縮する方法である（**イラストマップ**）．もう1つは，WGBS（whole genome bisulfite sequencing）（第4部-2参照）やRRBS（reduced representation bisulfite sequencing）などのバイサルファイト処理によってメチル化されていないシトシンをウラシルに変換したDNAをシークエンスする方法である．これらの**DNAメチル化の次世代シークエンスデータ**（→Keyword 1）は異なった方法で初期解析する必要がある[4]．

2）DNAのメチル化領域の検出

メチル化DNAの濃縮を利用する手法の場合，ChIP-Seqの解析と同様に有意にタグが分布する領域の検出によりシトシンのメチル化が起きている領域が同定できる．また，標準化してデータのバイアスを除くことで，メチル化レベルの定量化も可能である．バイサルファイトを用いた方法の場合，非メチル化シトシンがウラシルに変換されるが，メチル化シトシンは変換されないので，アラインメント時にウラシルに変換されなかったシトシンを検出することで，メチル化シトシンの位置を特定することができる．

バイサルファイト処理を用いた方法では，1 bpの解像度でメチル化率を定量することが可能である．次世代シークエンサーの塩基配列決定能力の向上を背景に，急速にバイサルファイト法が普及するようになっている．全ゲノムでのバイサルファイトに加え，転写制御領域などをDNAのハイブリダイゼーションを利用したキャプチャー法により濃縮，その領域のみを解析する手法もキット化され，用いられるようになっている．

いずれにせよ，サンプル間でDNAのメチル化状態を比較する際は，互いにメチル化のレベルが異なる領域であるDMR（different methylated region）を検出する

こととなる．DMRの検出には，t検定やウィルコクソン順位和検定などが用いられ，サンプル間でメチル化の状態に有意な差がある領域を検出する．

4. データの可視化と統合解析

1）ビューアーによるデータの可視化

タグの分布により検出されたピークの確認や，サンプル間や複数種類のエピジェネティック修飾間，その他アノテーションデータとの比較にはデータを可視化して視覚的に確認することは重要である．可視化のために，シークエンスタグのファイルをビューアーに対応している形式に変換する必要がある場合がある．SAMToolsやWigglerなど形式変換に用いることができるツールが開発されており，これらを利用することで形式を相互に変換することが可能である．ビューアーには，UCSC Genome BrowserやEnsembel Genome Browserなどの自分のデータをウェブ上にアップロードしてインターネット上でみるタイプのものと，IGV（Integrative Genomics Viewer）やIGB（Integrated Genome Browser）などのパソコン上で動かすタイプが存在する．前者はデフォルトで実装されているアノテーションデータが多いメリットがある．後者はそれらのデータを利用するためにはデータをダウンロードする必要があるが，自身のデータをアップロードする必要がないことや前者に比べて動作が速いなどのメリットがある．

2）データの統合解析とデータベース

特にプロモーター領域ではH3K4me3やH3K9acの修飾が，エンハンサー領域にはH3K4me1やH3K27acが，また転写領域にはH3K36me3が多く存在することが知られており，転写制御上の機能的なドメインがエピジェネティックな修飾のパターンによって見分けられることが示唆されるようになった．エピジェネティックデータやゲノムのアノテーションから，そのパターンを自動的にアノテーションするソフトウェアがいくつか開発されている．ENCODE計画で用いられたChromHMMは多変量隠れマルコフモデルを，Segwayはダイナックベイジアンネットワークをそれぞれ用いた方法で複数のゲノムデータからパターンを検出し，ゲノムの領域を特徴のあるグループに分類することができる[5]．

その他，エピジェネティック制御に関する大量のシークエンスデータがウェブ上で公開されている．ENCODEやRoadmap Epigenomics Projects，IHEC（International Human Epigenome Consortium）などさまざまなプロジェクトではヒストン修飾やDNAメチル化を含むエピジェネティック修飾の大規模なデータが解析されており，これらのプロジェクトによって得られたデータはウェブ上からダウンロードすることができる．また，研究に使用された次世代シークエンスデータの多くはNCBIのSRA（Squence Read Archive）などのINSD（international nucleotide sequence database）やNCBIのGEO（Gene Expression Omnibus）にアップロードされており，これらのデータも有効活用が可能になっている．

3）プログラミングスキルは不可欠

数多くの有用なプログラム，データ群が利用可能になっているものの，その多くは利用するに際し，LINUX系の端末でのコマンドライン操作が必要であり，統計解析にはRを，データ間の比較やテキスト処理にはPerlやJavaのようなコンピューター言語を用いることが必須になっている．GalaxyやThe Genomic HyperBrowserのようなマッピングをはじめとするさまざまな処理と解析がウェブブラウザ上で行えるプラットホームも存在する．また，Avadis NGS（Agilent Technologies社）など，有償の統合解析パッケージも存在する．しかし，これらは依然として実装されているソフトウェアが限られることや解析の自由度に制約があることから，次世代シークエンスでエピジェネティック解析をするためにはある程度の情報処理技術，プログラミングスキルが不可欠である．

参考文献

1) Landt, S. G. et al.：Genome Res., 22：1813-1831, 2012
2) Feng, J. et al.：Nat. Protoc., 7：1728-1740, 2012
3) Wang, J. et al.：Bioinformatics, 29：492-493, 2013
4) Bock, C.：Nat. Rev. Genet., 13：705-719, 2012
5) The ENCODE Project Consortium：Nature, 489：57-74, 2012

参考図書

◆ 『次世代シークエンサー　目的別アドバンストメソッド』（菅野純夫，鈴木 穣／監），細胞工学別冊，学研メディカル秀潤社，2012
◆ 『使えるデータベース・ウェブツール』（有田正規／編），実験医学増刊，29（15），羊土社，2011
◆ 『次世代シークエンサーで変わる臨床ゲノム学』（菅野純夫／編），別冊医学のあゆみ，医歯薬出版株式会社，2012

1 DNAメチル化の次世代シークエンスデータ

▶英文表記：next generation sequencing data of DNA methylation

1）イントロダクション

概論で述べた通り，次世代シークエンサーを用いてDNAのメチル化を解析する方法は，大きく2つの種類に分類することができる．それぞれのデータの性質の違いから別々の方法で，メチル化部位の検出や定量が行われる[1]．ここではそれぞれのデータの初期解析の方法について述べる．

2）MeDIP-SeqとMBD-Seqなどのデータ解析

MeDIP-Seq（methylated DNA immunoprecipitation sequencing）はメチル化シトシンを認識する抗体で，MBD-Seq（methyl-CpG binding domain protein enriched genome sequencing）などはMBD1/2などのメチル化CpGに結合するタンパク質で，メチル化されているDNAを濃縮する手法である．そのため，MACSなどのChIP-Seq（chromatin immunoprecipitation sequencing）用ピーク検出ソフトを用いて，有意にタグが濃縮されている領域を検出することでメチル化されている領域を検出することができる[2]．しかし，MeDIPでは抗体の結合の問題でCpG密度が高いとあまりメチル化率が高くなくてもタグが強く濃縮され，逆にCpG密度が低いとメチル化率が高くても比較的濃縮されにくいという問題が存在する[2]．また，ゲノム上の領域によってシークエンスされやすさにバイアスがあり，タグの濃縮度がそのままメチル化の度合いを示しているわけではない．

そのため，MEDIPSやBATMANなどのデータの標準化を行うためのソフトウェアが開発されている．MeDUSAやMeQAは，BWAやMEDIPSなどを統合することで，シークエンスリードのクオリティコントロールおよびマッピングからメチル化のレベルの定量までを行うことのできるパイプラインである〔MeDUSAはDMR（different methylated region）の同定まで可能〕[3]．これらのパイプラインはMBD-Seqなどの他の方法にも用いることが可能である．

3）バイサルファイトシークエンスのデータ解析

バイサルファイト処理によって，メチル化されていないシトシンはウラシルに変換されてしまうため，通常通りリファレンスゲノムにマッピングを行うとミスマッチが多くマッピングできないタグが多く生じてしまう．そのため，マッピングには主に次の2つの方法が用いられる（図1）．1つは，ワイルドカードアラインメントでリファレンスゲノムのCをワイルドカードにして，シークエンスタグ中のCとTの両方にマッチするようにする方法である（RMAP，BSMAPなど）．もう1つは，スリーレターアラインメントで，タグとリファレンスゲノムの両方もしくは，リファレンスゲノムのみをCをすべてT

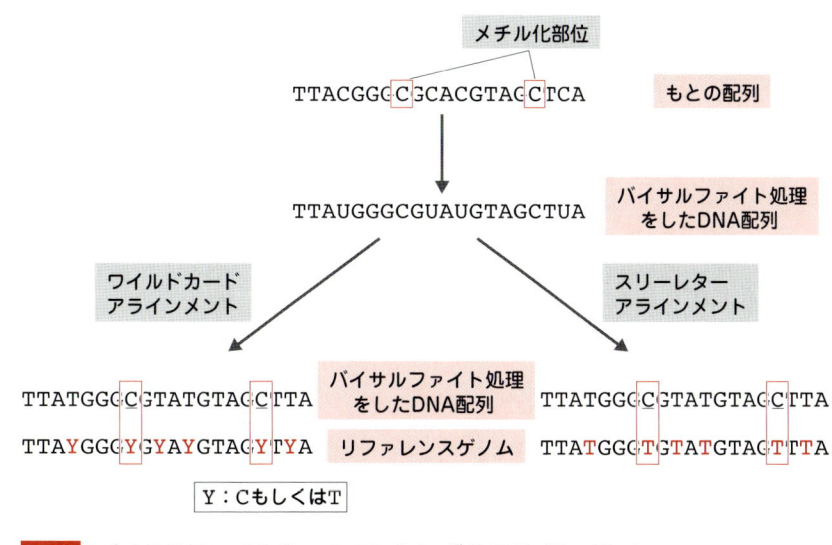

図1 バイサルファイトシークエンシングのアラインメント

に変換した後にマッピングをする方法である（Bismark や BS seeker など）[4]．

前者の方法は，ゲノムへのマッピング率は高いが，プロセスが複雑になるためマッピングに長時間かかる．それに対して，後者の方法はリファレンスゲノムの配列のCがすべてTに代わることで配列が単調になりタグがユニークにマップしにくくなるが，比較的に処理時間は短い．

BSmoothはマッピングからDMRの検出まで可能なパイプラインであり，マッピングの方法は上記の2種類から選択することができる[5]．

参考文献

1) Bock, C. : Nat. Rev. Genet., 13 : 705-719, 2012
2) Sati, S. et al. : PLoS One, 7 : e31621, 2012
3) Wilson, G. A. et al. : Gigascience, 1 : 3, 2012
4) Krueger, F. et al. : Nat. Methods, 9 : 145-151, 2012
5) Hansen, K. D. et al. : Genome Biol., 13 : R83, 2012

Keyword
2 エピジェネティック修飾相互作用

▶英文表記：epigenetic modification interaction

1）イントロダクション

DNAメチル化やヒストン修飾は互いに影響をおよぼしあうことにより，遺伝子発現の調節やクロマチンの構造変化を制御している．ここでは，転写制御にかかわるエピジェネティック修飾相互作用の例について述べる．

2）ヒストン修飾によるDNAメチル化の阻害

X染色体の不活性化などの長期的な遺伝子発現のサイレンシングが起こった遺伝子では，転写開始点付近のCpGサイトのメチル化が行われている．それに対して，CpGサイトをもつ大半の遺伝子では，転写の活性の有無にかかわらず転写開始点付近のCpGサイトはメチル化を受けていないことがわかっており，非メチル化状態を維持する機構が存在することが知られている[1,2]．DNAメチル化酵素Dnmt1がもとのDNA鎖のメチル化状態を新しく複製されたDNA鎖に正確にコピーしてDNAメチル化を維持する機能を担っているのに対して，Dnmt3はメチル化されていないDNAに de novo のメチル化を行う．Dnmt3がもつADDドメインは，H3K4がメチル化されていないヒストンに結合することが知られている（図2）．転写因子Cfp1はCXXCドメインを介してメチル化されていないCpGに結合する．Cfp1はヒストンメチル化酵素であるSet1a/bと相互作用することで，周辺のH3K4をトリメチル化する．H3K4のトリメチル化によりDnmt3のリクルートが阻害され，プロモーターのCpGの低メチル化状態が維持される．

また，エンハンサーのCpGのメチル化状態は低レベルであることが知られている．H3K4me1の修飾によってもDnmt3の結合が阻害されることが示されており，エンハンサーでみられるH3K4me1の修飾がDnmt3のリクルートを阻害することで，低メチル化状態を維持している可能性が考えられている[3]．

3）エピジェネティック修飾による協調的な抑制機構

ES細胞の分化の過程で起こる多能性にかかわる遺伝子のサイレンシングは，ヒストン修飾とDNAメチル化により多段階で行われることがわかっている[4]．まず，抑制性の転写因子による転写の抑制が行われる．そこにH3K9のメチル化酵素G9aや，ヒストン脱アセチル化酵素HDACや，H3K4の脱メチル化酵素などがリクルートされて，転写活性化にかかわるヒストン修飾が除去され，H3K9にメチル化が導入される．メチル化されたH3K9

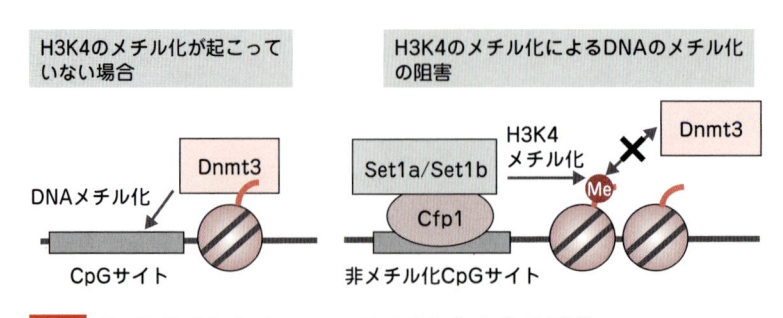

図2 CpGサイトの de novo のメチル化からの保護

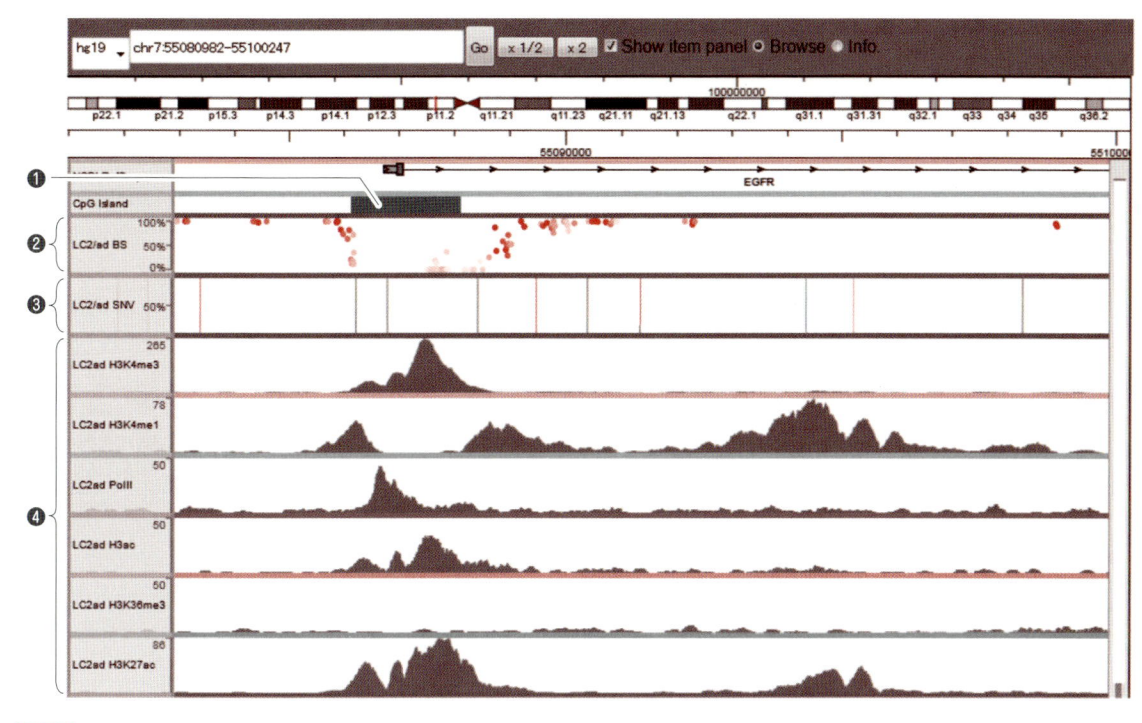

図3　ヒト肺腺がん由来細胞株におけるヒストン修飾とDNAメチル化の相関
EGFR遺伝子プロモーター領域を示す．❶のボックスはCpGアイランド．❷：バイサルファイト法により測定されたDNAメチル化率．5回以上シークエンスされたCG領域についてのみデータを示す．赤色の濃さはシークエンスタグ数．❸：全ゲノムシークエンスから見出された変異部位．線の高さと色はそれぞれのバリアントタグ数と種類を示す．❹：付記されたヒストン修飾についてのChIP-Seqタグ密度

にHP1が結合することにより，ヘテロクロマチン形成が促される．最後に，G9aがDnmt3をリクルートして，DNAに de novo メチル化が導入される．DNAメチル化がなくても遺伝子発現抑制を行えることがわかっているが，DNAがメチル化されていないと抑制が容易に解除されてしまうことがわかっている．DNAのメチル化はただ抑制を行うためには必須ではないが，抑制された状態を維持するため役割をもっていると考えられている．

4）エピジェネティック修飾相互作用のインフォマティクス解析

代表的なエピゲノム状態の相関関係について，例えばヒストン修飾とDNAメチル化の相関については，その体系的な解析がはじまったばかりである．前述のようにヒストン修飾因子とDNAメチル化因子の間にはさまざまな相互作用があることが示唆されていることから，これらの相互に密接に連携した制御因子のアウトプットとして，最終的な転写量が決定されると思われる．しかし，ゲノム規模で実際にヒストンのChIP-Seqとバイサルファイトシークエンスデータを情報学的に統合解析した例はない．ただし，それぞれのデータ要素は図3に示すように急速に蓄積していることから，この分野でも急速に情報解析パイプラインの整備，生物学的知見の蓄積が進むことが期待される．

参考文献

1）Smith, Z. D. & Meissner, A. : Nat. Rev. Genet., 14 : 204-220, 2013
2）Jones, P. A. : Nat. Rev. Genet., 13 : 484-492, 2012
3）Calo, E. & Wysocka, J. : Mol. Cell, 49 : 825-837, 2013
4）Bergman, Y. & Cedar, H. : Nat. Struct. Mol. Biol., 20 : 274-281, 2013

索引
INDEX

索引

和文

あ

アカパンカビ	32, 33, 35
アクセシビリティ制御	138, 141
アザシチジン	242, 245
アセチル化	40
アセチルコエンザイムA	43
亜硫酸水素ナトリウム	260
アルツハイマー病	208
アンキリンリピート	55
維持メチル化酵素	111
位置情報	239, 240, 241
遺伝子座制御領域	282
遺伝子座短縮	141
インスレーター	96, 282
インスレーターモデル	110
インターカレーター	256
インプリンティング	37
インプリント型XCI	100
インプリント型X染色体不活性化	125
インプリント制御領域	123
ウエスタンブロッティング	276
うつ病	218
衛生仮説	201
エストロゲン	222, 225
エストロゲン受容体	225
エピ遺伝子座	151
エピゲノム異常	170, 176, 221
エピゲノム治療薬	172, 177
エピゲノム変異	220
エピジェネティクス	290
エピジェネティック制御遺伝子の突然変異	174
エピジェネティック異常誘発因子	173
エピジェネティックイメージング	280
エピジェネティック機構	109
エピジェネティック組換え自殖系統	147
エピジェネティック修飾相互作用	306
エピジェネティック制御遺伝子の突然変異	174
エピジェネティック制御遺伝子の変異	174
エピジェネティック制御因子の遺伝子変異	174
エピジェネティックメモリー	133
エピ変異	151
塩基除去修復	28
炎症性腸疾患	201
炎症反応	166
オランダ飢餓	184

か

解析領域の柔軟性	251
海馬	155
潰瘍性大腸炎	201, 205
核小体	91
核スペックル	92
核内再配置	141
核膜	91, 95
核膜孔複合体	93
片親性重複	109
カハールボディー	93
花粉症	201, 204
カルボン酸	298
がん化	239
がん化能	239
環境ストレスとエピジェネティック変化	149
幹細胞	165
環状テトラペプチド	298
がん治療	177
がん予防	178
記憶	145, 148
規格化	238
キネトコア	116, 120
急性骨髄性白血病	242
急性前骨髄性白血病	244
虚血	186
グリオーマ	31
グルコシル化を利用した手法	272
クロマチンインスレーター	97
クロマチン高次構造	81, 282
クロマチンドメイン	93
クロマチンバウンダリー	96
クロマチン免疫沈降法	278
クロマチンリモデリング	45, 51
クロマチンリモデリング因子	81, 88
クロマチンループ	283, 285
クロモドメイン	48, 57
クロモメチル化酵素	33
形質転換	237, 239
経世代的エピジェネティック伝達	150
ゲノムインプリンティング	109, 112, 228
ゲノムインプリンティング疾患	231
ゲノムインプリンティングの発見	112
ゲノム刷込み	109
ゲノムワイドの脱メチル化	111
コアクチベーター	50
高血圧	186
高血圧症	198
高血圧に伴う腎障害	189
高血糖	190
抗体	261
抗体の交差性	279
個体老化	160, 165
骨髄異形成症候群	177, 242
コヒーシン	118, 121
コリプレッサー	51

さ

サーチュイン	49
再生医学	240
再生医療	236
細胞位置情報	239
細胞がん化能	239
細胞記憶	140, 143
細胞評価	238
細胞品質評価	238
細胞分裂	61
細胞老化	160, 164
ジェム	93
シェルタリン	166
子宮筋腫	220
子宮筋腫特異的DNAメチル化異常	223
子宮組織幹細胞	222
子宮内発育遅延	180
子宮内膜症	220
子宮内膜症特異的DNAメチル化異常	226
始原生殖細胞	30, 101, 111, 123
雌性単為発生胚	109
次世代シークエンサー	260, 261, 262, 265, 266
次世代シークエンス法	170
質量分析	277
シナプス	153
自閉症	213
重亜硫酸ナトリウム	254
春化	148
食塩感受性高血圧	189, 192
植物	145
シロイヌナズナ	32, 34, 35, 36, 37, 38, 145
心筋症	197
神経活動	156

INDEX

◆色文字は本書キーワード

神経活動依存的	157
神経幹細胞	158
神経変性疾患	208
心血管疾患	192
腎障害	189
腎臓構成細胞	186, 188
診断マーカー	172
心不全	200
腎保護効果	191
ストレプトアビジン	257
スライサー活性	77
スリーレターアラインメント	305
スルホン化	254
制御性T細胞	202, 206
生殖細胞形成	126
生殖質説	130
精神疾患	215
成人病胎児期発症説	184
世代を超えたエピジェネティック変化の伝達	150
セパレース	118
繊維化	187
全ゲノム解析	278
全ゲノムバイサルファイトシークエンス法	265
染色体コンフォメーションキャプチャー	284
染色体の均衡転座	109
染色体分配	116, 120
先天性疾患	228
先天性心疾患	196
セントロメア	81, 116, 120
全能性	125
双極性障害	218
早期老化	164, 166
早期老化症候群	162
造血器腫瘍	242

た

ダイオキシン	221
大規模シークエンス	287
体細胞核移植	130, 133
胎生	111
胎盤	128
対立遺伝子排除	139, 142
脱メチル化	111
脱ユビキチン化酵素	67, 72
脱リン酸化酵素	66
多能性幹細胞	237
タンパク尿	186
父親性インプリント領域	109
父親性発現を示す遺伝子群	109
着床前胚	128
長期増強	156
長鎖ncRNA	75
腸内細菌	205
定量PCR解析	278
定量性	251
デシタビン	242, 245
テロメア	166
テロメラーゼ	168
転移因子	74
転写干渉	80
転写ファクトリー	91
統合失調症	219
糖尿病性腎症	186, 190
ドーパミン	212
ドーパミンD2	219
トランスクリプトーム解析	223
トランスポゾン	74, 118, 146
トランスポゾンと遺伝子のDNAメチル化	38
トランスポゾン抑制	121
トリコスタチンA	48, 143, 191, 246, 290
トリソラックスタンパク質群	177

な

ニューロン	152
ニューロン新生	154
ニューロン分化	158
尿毒素物質	186
ヌアージュ	80
ヌクレオソーム	81, 282
ネオセントロメア	120
脳由来神経栄養因子	218
ノンコーディングRNA	73

は

パーキンソン病	208, 212
バイオインフォマティクス	236
バイサルファイトシークエンス	255, 269
バイサルファイト処理	250, 254, 303
バイサルファイト変換	260, 261
胚発生	127
バイバレント遺伝子	162
パイロシークエンス法	250, 256
バウンダリーエレメント	93, 96
パノビノスタット	247
母親性インプリント領域	109
母親性発現を示す遺伝子群	109
パラスペックル	80
バルプロ酸	158, 191, 216, 218
ビーズマイクロアレイ	264
ビオチン化	257
比較hMeDIP	271
非コードDNA領域	73
ヒストンH1	37
ヒストンK脱メチル化酵素	58
ヒストンKメチル化酵素	56
ヒストンKメチル化認識分子	57
ヒストンRメチル化酵素	59
ヒストンアセチル化	161
ヒストンアセチル化酵素阻害剤	177
ヒストン化学修飾	290
ヒストンシャペロン	81, 86
ヒストン修飾	40, 141
ヒストン修飾異常	171
ヒストン修飾特異的抗体	279
ヒストン脱アセチル化酵素阻害剤	177, 216
ヒストン脱アセチル化阻害薬	246
ヒストンバリアント	81, 85
ヒストンメチル化	161
ヒストンメチル化酵素阻害剤	178
ヒドロキサム酸	297
皮膚T細胞性リンパ腫	242
品質管理	236
品質評価	235, 238
ピンポン経路	77
複製老化	164
プライマリーmiRNA	76
プライマリー経路	77
プレT細胞受容体	142
プロゲステロン受容体	227
プロゲステロン抵抗性	227
プロスタグランジンE2	226
プロ精原細胞	124
ブロモドメイン	43, 48, 55, 291
ブロモドメイン阻害剤	294
ヘテロクロマチン	45, 162
ヘテロクロマチン化	73
ヘミメチル化DNA	70
ヘルパーT細胞	140
ベンズアミド	298
ホメオティック遺伝子	240, 241

索 引

ポリコームグループ複合体 75
ポリコームタンパク質複合体 177
ポリコーム複合体1 68

ま

マイクロRNA 76
マイクロRNAスター 77
慢性炎症 174
慢性腎臓病 186
ミトコンドリア 80
メタボリックメモリー 180, 183
メチル化 42
メチル化DNA結合タンパク質 24
メチル化DNA結合Znフィンガー
タンパク質 25
メチル化DNA免疫沈降シークエンス法
.... 266
メチル化感受性制限酵素 262
メチル化特異的PCR 250, 255
メディエーター複合体 50
免疫寛容 202
免疫グロブリン 138
免疫染色 277

や〜わ

ユークロマチン 162
雄性発生胚 109
ユビキチン化 42
ユビキチン化酵素 67, 71
ラミン 95
ラミンB 162
卵母細胞 124
リスク診断 172, 178
リプログラミング
.... 123, 126, 127, 130, 235, 238
リプログラミングの障壁 136
リンカーヒストンB4 133
リン酸化 42
リン酸化酵素 65
レガシーエフェクト 190
レトロトランスポゾン
.... 118, 121, 124, 228
レビー小体 212
老化 160
濾胞性リンパ腫 248
ロミデプシン 246
ワイルドカードアラインメント 305

欧文

A

ACE1 189
acid-urea-tritonゲル電気泳動 277
AGO3 78
AGO4 36
AML 242
amplifier 135
Angelman症候群 231
APL 244
APP 208
Argonaute 73
ARID1A/1B 175
ATMキナーゼ 63
ATRキナーゼ 63
Aub 78
Aubergine 78
Aurora B 61, 65
Avadis NGS 304

B

BAF 95
Barker説 180, 184
BATMAN 305
Bdnf 153
BDNF 218, 219
BeadChip 264
Beckwith-Wiedemann症候群 231
BETファミリー 177
BET阻害剤 177
Bismark 306
bisulfite 254
BMI-1 71
BMP7 187
Bowtie 302
BRD4 177
Brg1 .... 196, 197
BRG1 175
BroadPeak 302
BSMAP 305
BSmooth 306
BS seeker 306
BS-Seq 269
BTB/POZ 25
Bub1 65
BWA 302, 305
B細胞 138
B細胞受容体 142

C

C646 299
CAF-1 .... 83, 86
CARM 60
CBP 152, 174
CENP-A 81, 83, 85, 116, 120
Cfp1 306
CHD 88
CHD1複合体 90
Chd2 90
ChIP 278
ChIP-on-chip 278
ChIP-qPCR 278
ChIP-Seq 278, 302
chromatin eraser 171
chromatin reader 171
chromatin writer 171
ChromHMM 304
chromosome conformation capture
.... 284
Chz1 88
CIMP 177
CMT 35
c-Myc 131
CoREST 51
CpG island methylator phenotype ... 177
CpGアイランド
.... 253, 261, 263, 264, 267
Cse4 85
CTCF 97
CUL4 71
Cxcl16 205
CXXCドメイン 29
cyclic AMP response element–binding
protein 174

D

DamID 95
DAXX 88
DCCT 182
DDM1 .... 21, 147
DDM1/LSH 37
DDR 162
de novoのDNAメチル化酵素 111
developmental origins of health and
disease 180, 184
DG 155

INDEX

◆色文字は本書キーワード

diabetes control and complications trial ... 182	DUSP1 ... 66	H2A.B ... 86
Dicer ... 77	Dutch Famine ... 184	H2A.X ... 86
Dicer1 ... 157	DxPas34 ... 107	H2A.Z ... 83, 85, 89, 145
differentially methylated region ... 109		H2A.Z–H2B ... 88
dim-2 ... 33	**E**	H3.1 ... 83, 86
DIM-5 ... 21	EDIC ... 182	H3.2 ... 86
Dlk/Zip ... 61, 65	ENCODE ... 304	H3.3 ... 83, 86, 90
DMNT1 ... 58	Enhancer of Zeste ... 54	H3K27me3 ... 75, 134
DMR ... 109, 303	Ensemble Genome Browser ... 304	H3K4me3 ... 134
DMSO ... 246	EPAC ... 156	H3K9 ... 32, 33, 35
DNase I 高感受性 ... **286**	epidemiology of diabetes interventions and complications ... 182	H3K9me3 ... 74
DNase-seq 法 ... 287	epigenetic field defect ... 179	H3T ... 86
DNA 型トランスポゾン ... 118, 121	ER ... 225	Haspin ... 61, 65
DNA 損傷応答 ... 61, 63, 67	ER-β ... 226	**HAT** ... 42, **47**, 290
DNA 損傷応答機構 ... 162	ES 細胞 ... 235, 237	**HAT 阻害剤** ... 294, **298**
DNA 脱メチル化 ... 36, 143	EYA1/2/3 ... 66	**HDAC** ... 42, **48**, 290
DNA 脱メチル化薬 ... **245**	Ezh2 ... 56, 141	HDAC9 ... 143
DNA メチル化 ... 20, 74, 109, 142, 161, 220, 250, 260, 261, 262	EZH2 ... 174, 177, 178	**HDAC 阻害剤** ... 152, 290, 293, **297**
DNA メチル化異常 ... 170, 176	**Ezh2 阻害剤** ... **247**, 300	**HDAC 阻害薬** ... **191**
DNA メチル化酵素 Dnmt3b ... 181		**HiC** ... **287**
DNA メチル化酵素阻害剤 ... 177	**F**	HIRA ... 83, 88
DNA メチル化の次世代シークエンスデータ ... **305**	Fab ... 280	HJURP ... 83, 88
DNA メチル化非依存的インプリンティング ... 128	FabLEM ... 280	hMeDIP-Seq ... 272
DNA メチル基転移酵素 ... **23**, **26**	fetal origins of adult disease 説 ... 184	**hMeDIP 法** ... **271**
DNA メチローム解析 ... 223	FISH ... 288	**hMe-Seal 法** ... **272**
DNMT ... 229, 292	FLC ... 145, 148	HOTAIR ... 75
Dnmt1 ... 21, 23, 126, 306	fluorescence in situ hybridization ... 288	HOXA クラスター ... 75
DNMT1 ... 213	FOAD 説 ... 184	HP1 ... 55, 57
Dnmt1/Uhrf1 ... 128	Foxp3 ... 203, 205, 206	**HSAN1E** ... **210**, **213**
Dnmt3 ... 306	FRET ... 280	
DNMT3 ... 35		**I**
Dnmt3a ... 20, 23, 128	**G**	ICF ... 23
Dnmt3a2 ... 155	G9a ... 54	**ICF 症候群** ... **232**
Dnmt3a/Dnmt3L ... 126	G9a 阻害剤 ... 299	iChmo ... 280
Dnmt3b ... 20, 23, 128	Gadd45b ... 159	ICR ... 123
DNMT3b ... 232	Galaxy ... 304	IDH ... 175
Dnmt3l ... 20	GATA3 ... 143	**IDH1/2** ... 26, **30**
DNMT 阻害剤 ... 296	GEO ... 304	IGB ... 304
DOHaD ... 180, 184	germline 転写 ... 141	*Igf2/H19* ... **114**
Dot1l ... 198	**GLIB 法** ... **272**	IGF2 ... 192
DOT1L ... 136, 178	GNAT ... 47	IGV ... 304
Dot1L 阻害剤 ... 300	GPAT1 遺伝子 ... 181	IHEC ... 304
Dppa3 ... 128		imprint control region ... 123
DRM2 ... 35	**H**	iNKT 細胞 ... 205
Drosha ... 77	**H19** ... **114**	INO80 ... 88
	H19/Igf2 ... 97	INO80 複合体 ... 89
	H1foo ... 133	*in situ* ハイブリダイゼーション ... 284, **288**

索引

intra-uterine growth retardation ……… 180
iPS 細胞 ……… 30, 235, 236, 237, 238
iPS 細胞作製のための4因子 ……… 134
ISH ……… 284, 288
ISH-PLA ……… 280
Isw1 ……… 89
ISWI ……… 88
IUGR ……… 180

J～L

Jarid2 ……… 55
JmjC ……… 196
JmjC ドメイン ……… 55, 58
JMJD 阻害剤 ……… 301
Jumonji ……… 55, 196
Kap1 ……… 128
KDM ……… 58, 292
Kdm2b ……… 136
KDM 阻害剤 ……… 296, **300**
Klf4 ……… 131
KMT ……… 292
KMT 阻害剤 ……… 295, **299**
KRAB ……… 25
KRYPTONITE ……… 21
LAP2β ……… 95
LCR ……… 282
legacy effect ……… 183
LINE ……… 121
lncRNA ……… 56, **80**
Lnx3 ……… 106
locus control region ……… 282
long non-coding RNA ……… 80, 171
Lsd1 ……… 199
LSD1 ……… 55
LSD1 阻害剤 ……… 301
Lsh ……… 21
LTP ……… **156**

M

macroH2A ……… 86
MACS ……… 302
MassARRAY® 法 ……… 250, **258**
maternally expressed genes ……… 109
MBD ……… 24, 154, 250
MBD-Seq ……… 303
MBD タンパク質 ……… 24
MBP ……… 204
MDS ……… 242

MeCP2 ……… 24, 213, 233
MECP2 ……… 216
MeDIP ……… 250
McDIP-chip 法 ……… 266
MEDIPS ……… 305
MeDIP-seq ……… **266**, 303
MeDUSA ……… 305
Meg ……… 109, **113**
MEN ……… 80
MeQA ……… 305
MET1 ……… 35, 147, 149
methyl-CpG binding domain ……… 24
MethyLight 法 ……… 250, **256**
microRNA ……… 76
Mili ……… 78
miR-124 ……… 156
miR-21 ……… 200
miR-29 ……… 200
miR-34a ……… 200
miRNA ……… 73, **76**, 162
miRNA* ……… 77
miRNA precursor ……… 77
Miwi ……… 78
Miwi2 ……… 78
MLL ……… 144, 174, 204
MSP 法 ……… 255
mTOR ……… 166
myeloid/lymphoid or mixed-lineage leukemia ……… 174
MYST ……… 47

N・O

NAD⁺ ……… 48
NCoR ……… 25, 52
NeuroD1 ……… 158
Neurogenin1 ……… 158
Nkx2-5 ……… 196
non-coding RNA ……… 289
non-CpG メチル ……… 33
non-CpG メチル化 ……… **35**
NR5A1 ……… 226
Nuage ……… 80
NuRD ……… 24, 51, 194
NURF 複合体 ……… 89
Oct3/4 ……… 131
OSKM-DBRs ……… 136
OTUB1 ……… 69, 72
oxBS-Seq 法 ……… 270

P

p16 ……… 164, 166
p53 ……… 165, 166
PARK2 ……… 212
Parkin ……… 212
paternally expressed genes ……… 109
PCNA ……… 23
Peg ……… 109, **113**
Peg/Meg ……… **113**
Peg10 ……… 112
PEV ……… 53
PGC ……… 101, 111, 123, 126
PGC1α ……… 182
PHD ドメイン ……… 55
PHD フィンガー ……… 48
pioneer factor ……… 135
piRNA ……… 73, **77**
piRNA クラスター ……… 77
Piwi ……… 78
PIWI ……… 73
Piwil1 ……… 78
PLA ……… 280
PML ボディー ……… 92
polycomb ……… 145
polycomb repressive complex 2 ……… 177
PP1γ ……… 66
PP2C ……… 66
PP4C ……… 66
PPARγ coactivator 1α ……… 182
PR ……… 227
Prader-Willi 症候群 ……… 231
PRC1 ……… 56, 103, 198
PRC2 ……… 56, 103, 148, 177, 198
pre-miRNA ……… 77
primary miRNA ……… 76
priming ……… 149
pri-miRNA ……… 76
primordial germ cell ……… 111, 123
PRMT1～9 ……… 59
pyrosequencing ……… 256

R

RAD6 ……… 71
RAG1 ……… 138
RAG2 ……… 138
RAP80 複合体 ……… 67
RdDM ……… 33, **36**
re-ChIP ……… 279

Rett症候群 24, 210, 213, 233	Su (var) 3-9 53	WGBS 265, 303
RING1 56	SUV39H1 53	Wip1 66
RING1B 71	SUV39H1/2 136	WNK4 189
RISC 73	SUVH 25	XCI 100, 104, 105
RITS 73	SUVH4 21	Xic 104
RMAP 305	SWI/SNF 88, 174, 193	*Xist* 75, 105, 128, 134
RNAサイレンシング 73	switch/sucrose nonfermentable 174	XIST 224, 229
RNAポリメラーゼII 80	SWR1複合体 89	X染色体 98, 224
RNA干渉 73	SYBR® Green I 256	X染色体不活性化 100, 104, 224
RNF168 67	S-アデノシルメチオニン 23, 173	**X染色体不活性化センター** 104
RNF20-RNF40 69		Yb顆粒 80
RNF8 67	**T**	ZBTB24 233
Roadmap 304	T7プロモーター 258	Zfp57 128
RRBS 303	TAB-Seq法 269	
RSEG 302	TaqMan®プローブ 252, 256	**数字・記号**
Rsx 106	t-complex 112	
	TDG 28	1分子シークエンシング法 273
S	TET 26, 273	2-ヒドロキシグルタル酸 31
SAHA 246	**TETタンパク質** 29	27Kビーズアレイ 264
SAHF 162	Tet1 126	3-デアザネプラノシンA 178
SAM 23	Tet2 126	**3C** 284, 287
Scm3 88	TET2 174	450Kビーズアレイ 264
Segway 304	Tet3 128	**4C** 287
Set1a/b 306	Th1 201	5-hmC 268
SET and ring finger associated 24	Th2 143, 201	5-mC 268
SETドメイン 54	The Genomic HyperBrowser 304	5-カルボキシシトシン 28
SGZ 155	totipotency 125	5-ヒドロキシメチルシトシン 26
SICER 302	Treg 143, 202, 206	5-ホルミルシトシン 28
Sin3 51	trithorax 54	5caC 28
SINE 121	trithorax-group 177	**5C** 287
Sir2 161	TSA 134, 191, 246	5fC 28
siRNA 73	*Tsix* 75, 107	5hmC 26, 126, 128
SirT 49	Tudorドメイン 48	5mC 26, 126
Sirtuin 297	tループ 166	α-KG 26
Sirtuin阻害剤 298	T細胞 138	α-ケトグルタル酸 26
SMARCA4 175	T細胞受容体 139	α-シヌクレイン 208, 212
SMRT 52		β-グルコシルトランスフェラーゼ 272
SMRT®シークエンサー 273	**U～Z**	βグロビン遺伝子 97, 285
SNCA 208	UCSC Genome Browser 304	βヒドロキシ酪酸 190
Snf2ファミリー 89	Uhrf1 126	γ-H2A.X 63, 86
SNP 257, 258	Uhrf1/Np95 21, 25, 70	
Sox2 131	UHRF1/NP95 71	
SRA 24, 304	UKPDS 183	
SRAドメインタンパク質 25	united kingdom prospective diabetes study 183	
SRCAP複合体 89	UTX 174	
SREBP-1c 181	V (D) J組換え 138	
STAT5 141	Wdr5 134	
STRA6 227		

執筆者一覧

■ 編　集

牛島俊和	国立がん研究センター研究所エピゲノム解析分野
眞貝洋一	理化学研究所基幹研究所眞貝細胞記憶研究室

■ 執　筆 (50音順)

油谷浩幸	東京大学先端科学技術研究センターゲノムサイエンス分野
有村泰宏	早稲田大学大学院先進理工学研究科
生田宏一	京都大学ウイルス研究所生体応答学研究部門生体防御研究分野
石野史敏	東京医科歯科大学難治疾患研究所エピジェネティクス分野
石原　宏	熊本大学大学院先導機構
伊藤昭博	理化学研究所吉田化学遺伝学研究所
伊藤伸介	理化学研究所統合生命医科学研究センター免疫器官形成研究グループ
伊藤隆司	東京大学大学院理学系研究科生物化学専攻
岩田　淳	東京大学医学部附属病院分子脳病態科学神経内科学
岩本和也	東京大学大学院医学系研究科分子精神医学講座
牛島俊和	国立がん研究センター研究所エピゲノム解析分野
鵜木元香	九州大学生体防御医学研究所ゲノム機能制御学部門
梅澤明弘	国立成育医療センター研究所生殖・細胞医療研究部
大貫茉里	京都大学iPS細胞研究所初期化機構研究部門
小川佳宏	東京医科歯科大学大学院医歯学総合研究科分子内分泌代謝学分野
越阪部晃永	早稲田大学理工学術院先進理工学部・研究科
尾畑佑樹	東京大学医科学研究所国際粘膜ワクチン開発研究センター粘膜バリア学分野
角谷徹仁	国立遺伝学研究所育種遺伝研究部門
木村文香	九州大学大学院医学研究院応用幹細胞医科学部門基盤幹細胞学分野
木村　宏	大阪大学大学院生命機能研究科細胞核ダイナミクス研究室
木村博信	大阪大学蛋白質研究所エピジェネティクス研究室
久保田健夫	山梨大学大学院医学工学総合研究部環境遺伝医学講座
胡桃坂仁志	早稲田大学理工学術院先進理工学部・研究科
小柴和子	東京大学大学院理学系研究科生物科学専攻／東京大学分子細胞生物学研究所エピゲノム疾患研究センター心循環器再生分野
小林大貴	理化学研究所吉田化学遺伝学研究室
小林幸夫	国立がん研究センター中央病院血液腫瘍科
近藤　豊	愛知県がんセンター研究所ゲノム制御研究部
斉藤典子	熊本大学発生医学研究所細胞医学分野
佐々木裕之	九州大学生体防御医学研究所ゲノム機能制御学部門
佐瀬英俊	沖縄科学技術大学院大学植物エピジェネティクスユニット
定家真人	京都大学大学院生命科学研究科統合生命科学専攻
佐藤　薫	東京大学大学院理学系研究科生物化学専攻
佐渡　敬	九州大学生体防御医学研究所ゲノム機能制御学部門
塩見美喜子	東京大学大学院理学系研究科生物化学専攻
眞貝洋一	理化学研究所基幹研究所眞貝細胞記憶研究室
新城恵子	愛知県がんセンター研究所ゲノム制御研究部
進藤軌久	がん研究会がん研究所実験病理部
杉野法広	山口大学大学院医学系研究科産科婦人科学

鈴木絢子	東京大学大学院新領域創成科学研究科メディカルゲノム専攻
鈴木　穣	東京大学大学院新領域創成科学研究科情報生命科学専攻
関　真秀	東京大学大学院新領域創成科学研究科メディカルゲノム専攻
髙橋和利	京都大学iPS細胞研究所初期化機構研究部門
竹内　純	東京大学大学院理学系研究科生物科学専攻／東京大学分子細胞生物学研究所エピゲノム疾患研究センター心循環器再生分野／JSTさきがけiPS細胞と生命機能
竹島秀幸	国立がん研究センター研究所エピゲノム解析分野
田嶋正二	大阪大学蛋白質研究所エピジェネティクス研究室
立花　誠	京都大学ウイルス研究所附属感染症モデル研究センター
永江玄太	東京大学先端科学技術研究センターゲノムサイエンス分野
中尾光善	熊本大学発生医学研究所細胞医学分野
中島欽一	九州大学大学院医学研究院応用幹細胞医科学部門基盤幹細胞学分野
中西　真	名古屋市立大学大学院医学研究科細胞生化学
中村　遼	東京大学大学院理学系研究科生物科学専攻／東京大学分子細胞生物学研究所エピゲノム疾患研究センター心循環器再生分野
中元雅史	熊本大学発生医学研究所細胞医学分野
中山潤一	名古屋市立大学大学院システム自然科学研究科
成田匡志	英国がん研究所ケンブリッジ研究所
西野光一郎	宮崎大学農学部獣医機能生化学
西淵剛平	名古屋市立大学大学院システム自然科学研究科
西山敦哉	名古屋市立大学大学院医学研究科細胞生化学
野口浩史	九州大学大学院医学研究院応用幹細胞医科学部門基盤幹細胞学分野
橋本貢士	東京医科歯科大学大学院医歯学総合研究科メタボ先制医療講座
長谷耕二	東京大学医科学研究所国際粘膜ワクチン開発研究センター粘膜バリア学分野
広田　亨	がん研究会がん研究所実験病理部
藤田敏郎	東京大学先端科学技術研究センター臨床エピジェネティクス講座
藤原沙織	熊本大学発生医学研究所細胞医学分野
古澤之裕	東京大学医科学研究所国際粘膜ワクチン開発研究センター粘膜バリア学分野
文東美紀	東京大学大学院医学系研究科分子精神医学講座
堀　優太郎	東京大学大学院理学系研究科生物科学専攻／東京大学分子細胞生物学研究所エピゲノム疾患研究センター心循環器再生分野
松森はるか	熊本大学発生医学研究所細胞医学分野
丸茂丈史	東京大学先端科学技術研究センター臨床エピジェネティクス講座
三浦史仁	東京大学大学院理学系研究科生物化学専攻
村田　唯	東京大学大学院医学系研究科分子精神医学講座
森下　環	東京大学大学院理学系研究科生物科学専攻／東京大学分子細胞生物学研究所エピゲノム疾患研究センター心循環器再生分野
安田洋子	熊本大学発生医学研究所細胞医学分野
山口留奈	名古屋市立大学大学院医学研究科細胞生化学
吉田　稔	理化学研究所吉田化学遺伝学研究室
Mohamed O. Abdalla	熊本大学発生医学研究所細胞医学分野

編者紹介

牛島俊和（うしじま　としかず）

1986年東京大学医学部医学科卒業．内科研修医・血液内科医を経て，'89年からがん研究振興財団リサーチレジデント．'91年国立がんセンター研究所発がん研究部研究員，'94年同室長，'99年同部長，2011年から同研究所上席副所長．専門は分子腫瘍学，エピジェネティクス．さまざまな腫瘍で多くのDNAメチル化異常を同定し，エピジェネティックな発がんの素地の解明や，臨床的に有用性が高いバイオマーカーの開発に取り組んできた．最近は，慢性炎症などによるエピジェネティック異常誘発機構の解明に取り組んでいる．'11年から国際ヒトエピゲノムコンソーシアム科学委員も務める．

眞貝洋一（しんかい　よういち）

1984年山形大学理学部卒業，'86年筑波大学大学院医科学研究科修士課程修了，'90年順天堂大学大学院医学研究科博士課程修了，'90年コロンビア大学医学部博士研究員，'91年ハーバード大学医学部博士研究員，'95年日本ロシュ株式会社研究所主幹研究員，'98年京都大学ウイルス研究所助教授，2003年同教授，'11年理化学研究所眞貝細胞記憶研究室主任研究員（'11年は京都大学と兼務）．専門は分子生物学，細胞生物学，発生工学．研究テーマは，遺伝子発現制御，エピジェネティクス，細胞分化など．新しい観点や方法論から，現在解き明かされていない重要な生物学・医学の問題にチャレンジしたい．

イラストで徹底理解する
エピジェネティクスキーワード事典
分子機構から疾患・解析技術まで

2013年12月1日　第1刷発行	編　集	牛島俊和，眞貝洋一
	発行人	一戸裕子
	発行所	株式会社 羊　土　社
		〒101-0052
		東京都千代田区神田小川町2-5-1
		TEL　03（5282）1211
		FAX　03（5282）1212
ⓒ YODOSHA CO., LTD. 2013		E-mail　eigyo@yodosha.co.jp
Printed in Japan		URL　http://www.yodosha.co.jp/
ISBN978-4-7581-2046-3	印刷所	株式会社加藤文明社

本書に掲載する著作物の複製権，上映権，譲渡権，公衆送信権（送信可能化権を含む）は（株）羊土社が保有します．
本書を無断で複製する行為（コピー，スキャン，デジタルデータ化など）は，著作権法上での限られた例外（「私的使用のための複製」など）を除き禁じられています．研究活動，診療を含み業務上使用する目的で上記の行為を行うことは大学，病院，企業などにおける内部的な利用であっても，私的使用には該当せず，違法です．また私的使用のためであっても，代行業者等の第三者に依頼して上記の行為を行うことは違法となります．

[JCOPY]　＜（社）出版者著作権管理機構　委託出版物＞
本書の無断複写は著作権法上での例外を除き禁じられています．複写される場合は，そのつど事前に，（社）出版者著作権管理機構（TEL 03-3513-6969, FAX 03 3513 6979, e-mail : info@jcopy.or.jp）の許諾を得てください．

羊土社おすすめ書籍

実験医学別冊
もっとよくわかる！脳神経科学
～やっぱり脳はスゴイのだ！

工藤佳久／著・画

難解？ 近寄りがたい？ そんなイメージを一掃する驚きの入門書！ 研究の歴史・発見の経緯や身近な例から解説し、複雑な機能もスッキリ理解．ユーモアあふれる著者描きおろしイラストに導かれて、脳研究の魅力を大発見！

- 定価（本体 4,200円＋税）
- B5判 255頁 ISBN 978-4-7581-2201-6

進化医学
人への進化が生んだ疾患

井村裕夫／著

がん、肥満、糖尿病、高血圧、うつ病…人はなぜ病気になるのか？ 進化に刻まれた分子記憶から病気のメカニズムに迫る「進化医学」．診断、治療法の確立にも欠かせない、病気の新しい考え方をわかりやすく解説！

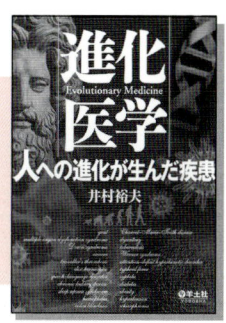

- 定価（本体 4,200円＋税）
- B5判 239頁 ISBN 978-4-7581-2038-8

日本人研究者のための
120％伝わる英語対話術
～ネイティブの発音＆こなれたフレーズで研究室・国際学会を勝ち抜く英語口をつくる！

浦野文彦, Marjorie Whittaker, Christine Oslowski／著

伝わってるか自信がない…そんな不安を吹き飛ばそう！ 米国で活躍中の日本人研究者＆ネイティブ英語教師の強力タッグで、通じる発音のポイント、ラボ・学会で伝わるフレーズを伝授．さあ、英語でコミュニケーション！

- 定価（本体 3,800円＋税）
- B5判 190頁 ISBN 978-4-7581-0844-7

バイオ実験に絶対使える
統計の基本 Q&A
論文が書ける 読める データが見える！

秋山 徹／監
井元清哉, 河府和義, 藤渕 航／編

統計を「ツール」として使いこなすための待望の解説書！ 研究者の悩み・疑問の声を元に、現場で必要な基本知識を厳選してQ&A形式で解説！ 豊富なケーススタディーでデータ処理の考え方とプロセスがわかります．

- 定価（本体 4,200円＋税）
- B5判 254頁 ISBN 978-4-7581-2034-0

発行 羊土社 YODOSHA　〒101-0052 東京都千代田区神田小川町2-5-1　TEL 03(5282)1211　FAX 03(5282)1212
E-mail : eigyo@yodosha.co.jp
URL : http://www.yodosha.co.jp/

ご注文は最寄りの書店、または小社営業部まで

羊土社おすすめ書籍

イラストで徹底理解する シグナル伝達キーワード事典

山本　雅, 仙波憲太郎, 山梨裕司／編

第1部ではシグナル伝達の主要な経路31を, 第2部では重要な因子115を網羅！豊富なイラストで各因子の詳細機能から疾患・生命現象とのかかわりまでネットワークの全体像が一望できる決定版の一冊です.

- ■ 定価（本体6,600円＋税）
- ■ B5判　■ 351頁　■ ISBN 978-4-7581-2033-3

実験医学増刊　Vol.31 No.15
ゲノム 医学・生命科学研究 総集編
〜ポストゲノムの10年は何をもたらしたか

榊　佳之, 菅野純夫, 辻　省次, 服部正平／編

ヒトゲノムの完全解読宣言から10年, 私たちはゲノムをどこまで理解できたのか？国際的に活躍する科学者が語るゲノム研究の"いま", そして"未来"とは？すべての医学・生命科学研究者が必読の1冊！

- ■ 定価（本体5,400円＋税）
- ■ B5判　■ 234頁　■ フルカラー　■ ISBN 978-4-7581-0333-6

実験医学増刊　Vol.31 No.7
生命分子を統合する RNA —その秘められた役割と制御機構

分子進化・サイレンシング・non-coding RNAから RNA修飾・編集・RNA—タンパク質間相互作用まで

塩見春彦, 稲田利文, 泊　幸秀, 廣瀬哲郎／編

様々な種類のRNAについて最先端の研究をまとめたレビュー集. 分子の性質や制御機構から, 世代間シグナル, 感染記憶, 核内構造体構築, 人工リボスイッチなどのRNAの知られていなかった機能に迫る総力特集！

- ■ 定価（本体5,400円＋税）
- ■ B5判　■ 236頁　■ ISBN 978-4-7581-0330-5

注目のバイオ実験シリーズ
エピジェネティクス実験プロトコール

DNAメチル化とヒストン修飾を網羅的・領域特異的, 定量的に解析する実験手法のすべて

牛島俊和, 眞貝洋一／編

この領域のメチル化状態は？この酵素のアセチル化活性は？より広い領域の修飾状態を調べるには？目的に応じた手法の選択から実験の原理・コツまで余さず解説. この1冊で実験開始からデータを得るまで迷うことなし！

- ■ 定価（本体5,600円＋税）
- ■ B5判　■ 268頁　■ ISBN978-4-89706-391-1

発行　羊土社 YODOSHA
〒101-0052　東京都千代田区神田小川町2-5-1　TEL 03(5282)1211　FAX 03(5282)1212
E-mail：eigyo@yodosha.co.jp
URL：http://www.yodosha.co.jp/

ご注文は最寄りの書店, または小社営業部まで